Interpretation von Massenspektren

Fred W. McLafferty • František Tureček

Interpretation von Massenspektren

Aus dem Englischen übersetzt von Birgit Schenk

Fred W. McLafferty
Chemistry and Chemical Biology
Cornell University
Ithaca, USA

František Tureček
Department of Chemistry
University of Washington
Seattle, USA

Aus dem Englischen übersetzt von Dr. Birgit Schenk.

ISBN 978-3-642-39848-3

Die Deutsche Nationalbibliothek verzeichnet diese Publikation in der Deutschen Nationalbibliografie; detaillierte bibliografische Daten sind im Internet über http://dnb.d-nb.de abrufbar.

Springer Spektrum
Übersetzung der amerikanischen Ausgabe „Interpretation of Mass Spectra. Fourth Edition“ von Fred W. McLafferty und František Tureček, erschienen bei University Science Books, Mill Valley, CA, USA, 1993.

Redaktion: Claudia Weiner

Gedruckt auf säurefreiem und chlorfrei gebleichtem Papier

Springer Spektrum ist eine Marke von Springer DE.
Springer DE ist Teil der Fachverlagsgruppe Springer Science+Business Media.
www.springer-spektrum.de

für Tibby und Olga

Inhaltsverzeichnis

Vorwort XI

Danksagung XIII

Glossar und Abkürzungen XV

1. Einleitung 1
1.1 Das Massenspektrum 1
1.2 Die Entstehung eines Massenspektrums 4
1.3 Massentrennung 7
1.4 Messung der Ionen-Häufigkeit 11
1.5 Proben-Einlaßsysteme 12
1.6 Analyse von Gemischen 12
1.7 Struktur-Informationen 13
1.8 Das Standard-Interpretationsverfahren 14
1.9 Allgemeine Literatur 16

2. Die Elementarzusammensetzung 19
2.1 Stabile Isotope: Einteilung nach natürlichen Häufigkeiten 19
2.2 „A+2"-Elemente: Sauerstoff, Silicium, Schwefel, Chlor und Brom 20
2.3 „A+1"-Elemente: Kohlenstoff und Stickstoff 23
2.4 „A"-Elemente: Wasserstoff, Fluor, Phosphor und Iod 25
2.5 Ringe und Doppelbindungen 27
2.6 Übungen 28
2.7 Die Elementarzusammensetzung der Fragment-Ionen 30
2.8 Regeln zur Ableitung der Elementarzusammensetzung 34

3. Das Molekül-Ion 37
3.1 Bedingungen für das Molekül-Ion 37
3.2 Ionen mit ungerader Elektronenzahl 38
3.3 Die Stickstoff-Regel 39
3.4 Relative Wichtigkeit der Peaks 40
3.5 Logische Abspaltungen von Neutralteilchen 41
3.6 Zusammenhang zwischen Intensität und Struktur des Molekül-Ions 43
3.7 Typische Massenspektren 43

4. Ionen-Fragmentierungsmechanismen: Grundlagen 53
4.1 Monomolekulare Ionen-Zerfälle 53
4.2 Faktoren, die die Ionen-Häufigkeit beeinflussen 54

4.3 Radikal- und ladungsinduzierte Reaktionen 56
4.4 Reaktionstypen 56
4.5 Dissoziation einer sigma-Bindung (σ) 58
4.6 Radikalisch induzierte Spaltung (α-Spaltung) 59
4.7 Ladungsinduzierte Spaltung (induktive Spaltung, *i*) 66
4.8 Ringspaltungen 70
4.9 Radikalische Umlagerungen 74
4.10 Ladungsinduzierte Umlagerungen 81
4.11 Zusammenfassung der verschiedenen Reaktionsmechanismen 85

5. Die Bestimmung der Molekülstruktur 87
5.1 Das allgemeine Erscheinungsbild des Spektrums 87
5.2 Ionen-Serien im unteren Massenbereich 93
5.3 Abspaltung kleiner Neutralteilchen 99
5.4 Charakteristische Ionen 100
5.5 Plausible Strukturvorschläge 102
5.6 Die Auswahl der wahrscheinlichsten Struktur 103

6. Hilfstechniken 105
6.1 Weiche Ionisierungsmethoden 105
6.2 Ionisierung von großen Molekülen 108
6.3 Exakte Massenbestimmung (Hochauflösung) 109
6.4 Tandem-Massenspektrometrie (MS/MS) 111
6.5 Kombinierte Techniken 115
6.6 Die Shift-Technik 115
6.7 Chemische Derivate 116
6.8 Allgemeine Literatur 117

7. Theorie des monomolekularen Ionen-Zerfalls 119
7.1 Energieverteilungs- und Geschwindigkeitsfunktionen, $P(E)$ und $k(E)$ 119
7.2 Wechselspiel zwischen thermodynamischen und kinetischen Effekten 121
7.3 Die Quasi-Gleichgewichts-Theorie 122
7.4 Die Ableitung von $P(E)$-Funktionen 125
7.5 Die Berechnung von $k(E)$-Funktionen 130
7.6 Thermochemische Beziehungen und Energiehyperflächen 132
7.7 Beispiele 137
7.8 Allgemeine Literatur 139

8. Ionen-Fragmentierungsmechanismen: ausführliche Behandlung 141
8.1 Monomolekulare Ionen-Zerfälle 141
8.2 Produkt-Stabilität 144
8.3 Sterische Faktoren 157
8.4 Radikal- und ladungsinduzierte Reaktionen 167
8.5 Reaktionseinteilung 172
8.6 Dissoziation der sigma-Bindung (σ) 176
8.7 Radikalisch induzierte Reaktion (α-Spaltung) 178

8.8 Ladungsinduzierte Reaktionen (induktive Spaltung, i) 181
8.9 Zerfälle von cyclischen Strukturen 185
8.10 Wasserstoffwanderungen 197
8.11 Andere Umlagerungen 221
8.12 Allgemeine Literatur 231

9. Massenspektren der einzelnen Verbindungsklassen 233
9.1 Kohlenwasserstoffe 234
9.2 Alkohole 249
9.3 Aldehyde und Ketone 255
9.4 Ester 261
9.5 Säuren, Anhydride und Lactone 268
9.6 Ether 270
9.7 Thiole und Sulfide 277
9.8 Amine 278
9.9 Amide 284
9.10 Nitrile und Nitroverbindungen 286
9.11 Aliphatische Halogenide 288
9.12 Andere Verbindungstypen 290

10. Computerunterstützte Identifizierung von unbekannten Massenspektren 293
10.1 Die EI-Referenzspektren-Sammlung 293
10.2 Spektrensuche: das Probability Based Matching System (PBM) 294
10.3 Interpretation: das intelligente Interpretations- und Such-System STIRS (Self-Training Interpretive and Retrieval System) 298
10.4 Die Anwendung von PBM und STIRS 301
10.5 Allgemeine Literatur 301

11. Lösungen der Aufgaben 303

Literatur 331

Anhang 349

Tabelle A.1 Massen und Isotopenhäufigkeiten 349
Tabelle A.2 Natürliche Häufigkeiten von Kombinationen aus Chlor, Brom, Silicium und Schwefel 350
Tabelle A.3 Ionisierungsenergien und Protonenaffinitäten 353
Tabelle A.4 Molekül-Ion-Intensitäten in Abhängigkeit vom Verbindungstyp 356
Tabelle A.5 Häufige neutrale Bruchstücke 358
Tabelle A.6 Häufige Fragment-Ionen 361
Tabelle A.7 Häufige Elementarzusammensetzungen von Molekül-Ionen 365

Index 369

Vorwort

Die organische Massenspektrometrie zeigt bis heute ein exponentielles Wachstum. Ein großer Teil der Anwendungen besteht immer noch in der Identifizierung von unbekannten Massenspektren. Die erste Ausgabe dieses Buches wurde vor mehr als 25 Jahren herausgegeben, als die meisten Massenspektrometer nur wenige Spektren pro Stunde messen konnten. Im Vorwort zur dritten Auflage (1980) wurde der weltweite Verkauf von Geräten auf etwa 1 000 Spektrometer pro Jahr geschätzt. Heutzutage beträgt er ein Vielfaches davon und es gibt mehr als ein Dutzend bedeutende Herstellerfirmen. Die heutigen Geräte sind außerdem weitaus leistungsfähiger. Der überwiegende Teil besteht aus computergesteuerten Systemen, bei denen ein Gaschromatograph mit dem Massenspektrometer gekoppelt ist (GC/MS). Diese GC/MS-Systeme können während eines zehnminütigen Laufes bis zu 100 Massenspektren von unbekannten Verbindungen aufnehmen. Obwohl die automatische Computerauswertung solcher Spektren jetzt schnell genug ist, um mit dieser Informationsflut Schritt zu halten, stellt sie nur eine Hilfe dar und kann den erfahrenen Interpreten nicht ersetzen. So zog auch der Kursus „Interpretation of Mass Spectra for Teachers of Interpretation Courses", den die Autoren 1991 auf der Konferenz über Massenspektrometrie der American Society gehalten haben, 30 Teilnehmer an.

Die wichtigste Ergänzung in diesem Buch ist nach Meinung des Autors der Co-Autor Frank Tureček, der jetzt an der Universität von Washington als Associate Professor arbeitet. Er blickt auf eine bemerkenswerte Forscherkarriere mit weit über hundert Veröffentlichungen auf vielen Gebieten der Massenspektrometrie, die für dieses Buch von Bedeutung sind, zurück. Insbesondere hat er wichtige Beiträge zu den Mechanismen in den Kapiteln 7–9, die mehr als ein Drittel des Buches einnehmen, geliefert. Unsere ausführlichen Überarbeitungen hatten das Ziel, die Mechanismen der Ionen-Dissoziation auf breiterer Basis mit Ionisierungsenergien, Protonenaffinitäten und Bindungsdissoziationsenergien zu korrelieren. Außerdem haben wir versucht zu zeigen, wie diese Mechanismen auf die monomolekularen Dissoziationen von Ionen angewandt werden können. Dabei haben wir neben den gebräuchlichen Ionisierungsmethoden auch die interessante Vielfalt neuer Methoden eingeschlossen, mit denen Massenspektren von großen Molekülen erhalten werden können.

Eines hat sich allerdings nicht geändert: unsere Überzeugung, daß die Praxis beim Erlernen des Interpretierens von Massenspektren das Wichtigste ist. So wie dieses Buch seit mehr als 25 Jahren die Studenten dazu anhält, sollten auch Sie in jeder Vorlesungs-Stunde oder beim Selbststudium versuchen, eine oder zwei unbekannte Verbindungen zu identifizieren. Versuchen Sie ernsthaft, die Aufgaben zu lösen, bevor Sie die Antworten in Kapitel 11 nachschlagen. Notieren Sie Ihre Berechnungen zur Elementarzusammensetzung, mögliche Strukturen und angenommene Mechanismen, damit Sie sie später mit den Angaben in Kapitel 11 vergleichen können. Wenden Sie diese Schritte auch bei allen unbekannten Verbindungen aus Ihrer eigenen Forschung an. Dann werden Sie merken, daß es *Spaß* macht, die Teile des MS-Puzzles zusammenzusetzen. Uns hat es jedenfalls Spaß gemacht.

Die Vorworte zu den beiden vorausgegangenen Auflagen enthielten Zitate des berühmten Massenspektrometrikers Mao Tse-Tung. Wie von Dr. Roy W. King und Dr. Kain Sze Kwok vorgeschlagen, muß daneben auch William Shakespeare als Massenspektrometriker zitiert werden, wenn er in *Hamlet* sagt: „Witness this army, of such mass and charge". Vielleicht hat er mit seinen Worten in *Coriolanus* „Get you home, you fragments" die Überarbeitungen des Co-Autors in Kapitel 8 vorausgesehen.

Fred W. McLafferty
Ithaca, New York

František Tureček
Seattle, Washington

April 1992

Danksagung

Dieses Buch ist nur durch die Beiträge vieler möglich geworden. Die folgenden haben dabei geholfen, die Kurse, in denen dieses Material entwickelt wurde, zu planen und durchzuführen: I. J. Amster, J. W. Amy, W. E. Baitinger, R. D. Board, E. Bonelli, A. L. Burlingame, M. M. Bursey, B. K. Carpenter, W. D. Cooke, D. C. DeJongh, R. B. Fairweather, J. N. Gerber, M. L. Gross, I. Howe, P. Laszlo, K. L. Rinehart, J. W. Serum, S. Stallberg-Stenhagen, E. Stenhagen, N. Turro, G. E. Van Lear, C. Wesdemiotis und C. F. Wilcox.

Die im folgenden genannten Studenten, Postdoktoranden und Gastwissenschaftler haben das Manuskript kritisch gelesen und die Aufgaben bearbeitet: M. F. Ali, P. J. Arpino, B. L. Atwater (Fell), M. A. Baldwin, M. P. Barbalas, P. F. Bente, III, R. D. Board, F. M. Bockhoff, E. M. Chait, M. T. Cheng, S. L. Cohen, M. M. Cone, P. O. Danis, B. G. Dawkins, H. E. Dayringer, J. D. Dill, D. E. Drinkwater, L. B. Dusold, P. P. Dymerski, R. Feng, A. Fura, J. J. P. Furlong, W. F. Haddon, K. S. Haraki, H. Hauer, K. D. Henry, A. Hirota, S.-H. Hsu, M. S. Kim, C. Köppel, K.-S. Kwok, J. G. Lawless, S. P. Levine, K. Levsen, B. Leyh, B. Leyh-Nihant, S. Y. Loh, J. A. Loo, E. R Lory, M. Marchetti, D. J. McAdoo, D. C. McGilvery, I. K. Mun, T. Nishishita, G. M. Pesyna, R. M. Prinstein, C. J. Proctor, J. P. Quinn, M. Senn, J. W. Serum, T. W. Shannon, M. Sharaf, W. Staedeli, D. B. Stauffer, A. Tatematsu, P. J. Todd, B. Van de Graaf, C. C. Van de Sande, R. Venkataraghavan, T. Wachs, B. H. Wang, C. G. Warner, E. R. Williams, J. Winkler, P. C. Wszolek und M.-Y. Zhang.

J. Scriber, D. E. Drinkwater und M. W. Senko halfen bei den Abbildungen und E. M. Romanik und S. E. Pohl tippten einen Großteil des Manuskripts.

F. T. bedankt sich bei der österreichischen Regierung, da er die Kapitel 7–9 teilweise während eines zehnmonatigen Aufenthalts in einem österreichischen Flüchtlingslager, der bis April 1988 dauerte, durchsehen und überarbeiten konnte.

Seit dieses Buch zum ersten Mal erschienen ist, sind 50 000 Exemplare von wenigstens genausovielen Chemikern gelesen worden. Sie verdienen besonderen Dank, da Ihre ungezählten Vorschläge, sowohl positive wie auch negative, die wichtigsten Grundlagen für alle Verbesserungen darstellen, die diese vierte Ausgabe jetzt enthält.

Glossar und Abkürzungen

+·	Radikalkation, Ion mit ungerader Elektronenzahl (z. B. $CH_4^{+\cdot}$)
↷	Übertragung eines Elektronenpaares
↷ (engl. fishhook)	Übertragung eines einzelnen Elektrons
[ ]	relative Intensität des eingeklammerten Ions
α, alpha-Spaltung	$R \nmid C_\alpha - \overset{+\cdot}{Y}$; Spaltung einer Bindung des α-ständigen Atoms (= C_α-Atom), das dem Atom, das das einsame Elektron trägt, benachbart ist; die Bindung zu dem Atom, das das einsame Elektron trägt, *bleibt erhalten.*
amu, μ	atomare Masseneinheit, Dalton
AE	Auftrittsenergie, früher: Auftrittspotential
„A"-Element	Element, das nur als ein natürliches Isotop vorkommt (Wasserstoff wird ebenfalls zu den „A"-Elementen gezählt.)
„A + 1"-Element	Element, das ein Isotop besitzt, dessen Masse 1 amu größer ist als die des häufigsten Isotops, aber nicht zu den „A + 2"-Elementen gehört
„A + 2"-Element	Element, das ein Isotop besitzt, dessen Masse 2 amu größer ist als die des häufigsten Isotops
A-Peak	Peak, dessen Elementarzusammensetzung nur aus jeweils dem häufigsten Isotop jedes beteiligten Elements besteht
(A + 1)-Peak	Peak, der eine Masseneinheit über dem A-Peak liegt
Basispeak	Peak mit der höchsten Intensität im Spektrum
B	magnetische Flußdichte (proportional zur Magnetfeldstärke *H*); magnetischer Analysator

CA — Stoßaktivierung, Stoßanregung (Collisional Activation)

CAD — stoßaktivierte Dissoziation; auch CID: stoßinduzierte Dissoziation

CI — chemische Ionisierung

Cyclisierung, *rc* — Reaktion, bei der ein cyclisches Produkt (entweder Ion oder Neutralteilchen) gebildet wird

D(A – B) — Dissoziationsenergie der A – B-Bindung

Dalton — atomare Masseneinheit ($^{12}C = 12$ Daltons; 1.66×10^{-24} g)

DI, Desorption — direkte Erzeugung von Ionen aus einer Feststoffprobe

distonisches Radikalkation — ein Radikalkation $R^{+\cdot}$, bei dem das einsame Elektron und die Ladung räumlich voneinander getrennt sind

einfacher Bindungsbruch — Ionenzerfallsreaktion, bei der eine einzige Einfachbindung bricht

Eliminierung, *re* — Reaktion, bei der die Bildung einer Bindung zwischen zwei Teilen eines Ions zum Verlust der Gruppe führt, die diese Teile vorher verbunden hat

$E_0(M^{+\cdot} \rightarrow D^{+\cdot})$ — kritische Energie für die Reaktion $M^{+\cdot} \rightarrow D^{+\cdot}$; auch Aktivierungsenergie E_a

$E_s(M^{+\cdot} \rightarrow D^{+\cdot})$ — innere Energie der Ionen, die benötigt wird, damit die Hälfte der $M^{+\cdot}$-Ionen zu $D^{+\cdot}$ zerfallen, bevor sie die Ionenquelle verlassen

E — elektrostatischer Analysator

EA — Elektronenaffinität

EE^+, Ion mit gerader Elektronenzahl — Ion, bei dem die Außenelektronen alle gepaart sind; (“even electron”)

EI — Elektronenstoß-Ionisierung

EIEIO — elektroneninduzierte Anregung in organischen Molekülen

eV — Elektronenvolt = 96.487 kJ/mol = 23.06 kcal/mol

FAB	Fast Atom Bombardment
FD, FI	Felddesorption, Feldionisation
FTMS	Fourier-Transform-Massenspektrometrie
GC/MS	Kopplung eines Gaschromatographen mit einem Massenspektrometer, wobei der Gaschromatograph zur Trennung von Substanzgemischen und als Einlaß zum Massenspektrometer verwendet wird; das Massenspektrometer dient als Detektor
Hybrid-MS/MS	Kombination von zwei verschiedenen, hintereinandergeschalteten Massenspektrometertypen, z. B. doppelfokussierendes Gerät und Quaddrupol-Massenspektrometer
ICR	Ionencyclotronresonanz
IE	Ionisierungsenergie, früher: Ionisierungspotential
i	induktive Einleitung einer Reaktion durch Elektronenentzug, hervorgerufen durch die Ladungsstelle
Int.	relative Intensität eines Peaks
isobar	Teilchen mit derselben nominellen Masse, aber mit unterschiedlicher Elementarzusammensetzung
Isotopenpeak	Peak, dessen Elementarzusammensetzung mindestens ein weniger häufiges Isotop enthält
$k(E)$	Funktion, die die Änderung der Geschwingigkeitskonstante k für eine spezielle Fragmentierung mit Änderung der inneren Energie E des Ausgangs-Ions beschreibt
LC/MS	Kopplung eines Flüssigkeitschromatographen mit einem Massenspektrometer
LD	Laserdesorption zur Ionisierung nichtflüchtiger Proben
m/z	Quotient aus der Masse eines Ions in amu und seiner Ladung (gewöhnlich 1); Einheit: Thomson; früher: m/e
m^***, metastabiles Ion**	Ion, das zwischen Ionenquelle und Detektor des Massenspektrometers zerfällt

$M^{+\cdot}$, Molekül-Ion	das ionisierte Molekül; der „Molekülpeak" ist der Peak des ionisierten Moleküls, der nur die Isotope mit größter natürlicher Häufigkeit enthält
$(M-1)^+$	Ion, das durch Verlust einer Masseneinheit aus dem Molekül-Ion entsteht
Me	Methyl, CH_3
MH^+	protoniertes Molekül, $(M + H)^+$
MI-Spektren	Massenspektren, die durch metastabile Ionen-Zerfälle entstehen
mmu, Millimasse	0.001 atomare Masseneinheiten = 1 Millidalton
MS	Massenspektrometrie
MS/MS, MS^n	Tandem-MS mit mehreren (n) Analysatoren; Ionen, die im ersten Analysator nach Masse getrennt wurden, dissozieren (freiwillig oder nach Aktivierung) und bilden neue Ionen, die im nächsten Analysator nach ihrer Masse getrennt werden
***n*-Elektronen**	nichtbindende Elektronen
nichtisotopischer Peak	Peak, dessen Elementarzusammensetzung nur Isotope der größten natürlichen Häufigkeit enthält
NR	Neutralisation-Reionisierung
$OE^{+\cdot}$, Ion mit ungerader Elektronenzahl	Ion, in dem ein Außenelektron ungepaart ist; ein Radikalkation
Pa	Pascal (1 Pa = 0.0075 Torr; 1 atm = 1.013×10^5 Pa)
PA	Protonenaffinität
Produkt-Ion (Tochter-Ion)	das Ion, das bei einem Zerfall aus dem Mutter-Ion entsteht
***P*(*E*)**	Verteilungsfunktion, die die Wahrscheinlichkeit bestimmter innerer Energiewerte eines Ions beschreibt
PD	Plasmadesorptions-Ionisierung, z. B. mit ^{252}Cf
Q	Quadrupol-Analysator

***r*, Umlagerung**	Reaktion, bei der die Atome im neutralen oder ionischen Produkt anders miteinander verbunden werden als im Vorläufer-Ion
r+db	Anzahl der Doppelbindungsäquivalente (= Zahl der Ringe plus Doppelbindungen)
***rc*, *rd*, *re*, *r*H**	Umlagerungen, die Cyclisierungen, Substitutionen, Eliminierungen bzw. Wasserstofftransfer einschließen
RDA	Retro-Diels-Alder-Reaktion
relative Häufigkeit	Häufigkeit eines Ions relativ zum häufigsten Ion im Spektrum (oder, wenn so festgelegt, relativ zur Σ_{Ionen})
σ, sigma-Elektronen-Ionisierungsreaktion	einfacher Bindungsbruch, der durch Ionisierung einer σ-Bindung eingeleitet wird
Σ_{Ionen}	Gesamtintensität aller Ionen im Spektrum
Σ_{40}	Gesamtintensität aller Ionen im Spektrum mit der Masse 40 und größer
SIM	(engl. selected ion monitoring), selektive Messung einzelner, ausgewählter Massen (Ionen)
SIMS	Sekundär-Ionen-Massenspektrometrie
Substitution, *rd*	Reaktion, bei der eine neue Bindung an einem Kohlenstoffatom (oder einem anderen Atom) gebildet wird und gleichzeitig ein anderer Rest von diesem Atom abgespalten wird
Thomson	Einheit für m/z
Tochter-Ion	siehe Produkt-Ion
V	Volt; hier speziell Beschleunigungsspannung
Vorläufer, Mutter-Ion	das Ausgangs-Ion des jeweiligen Zerfalls
z	Anzahl der Ladungen eines Ions (früher: e)

1. Einleitung

1.1 Das Massenspektrum

Die Arbeitsweise, um einfache Moleküle anhand ihrer EI-Massenspektren zu identifizieren, ist schnell gelernt. Die Interpretation ist viel einfacher als bei anderen Spektrentypen, *da das Massenspektrum die Molekülmasse und Massen von Molekülteilen zeigt*. Der Chemiker muß nichts Neues lernen – nur ein bißchen knobeln. Versuchen Sie es einmal mit Aufgabe 1.1.

Aufgabe 1.1

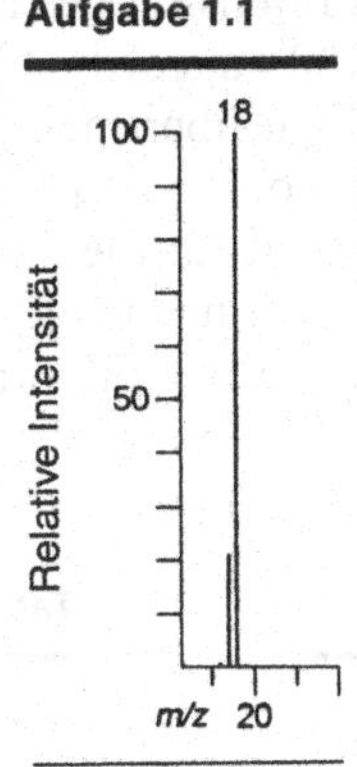

Im Massenspektrum (vergl. das Spektrum in Aufgabe 1.1) wird auf der Abszisse die Masse (eigentlich m/z, das Verhältnis der Masse zur Anzahl der Ladungen des betreffenden Ions) und auf der Ordinate die relative Intensität aufgetragen. Als Hinweis: die Atomgewichte von Wasserstoff und Sauerstoff betragen 1 bzw. 16. Überprüfen Sie Ihre Antwort (Die Lösungen zu den Aufgaben finden Sie in Kapitel 11.).

Versuchen Sie es nun mit einem anderen einfachen Spektrum (Aufgabe 1.2). Ihr Strukturvorschlag ist korrekt, wenn die Massen des Moleküls und seiner Molekülteile mit denen im Spektrum übereinstimmen. (Versuchen Sie ernsthaft, jede Aufgabe selbst zu lösen, bevor Sie die Lösung nachschlagen. Das Buch ist nach dieser Arbeitsweise aufgebaut.)

Die unbekannte Verbindung 1.3 enthält Kohlenstoff-, Wasserstoff- und Sauerstoff-Atome. Die Anordnungsmöglichkeiten dieser Atome in einem Molekül mit dem Molekulargewicht 32 sind begrenzt. Vergleichen Sie jede Möglichkeit mit den Hauptpeaks im Spektrum.

Aufgabe 1.2

Relative Intensität

100

50

16

m/z 20

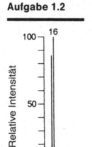

Aufgabe 1.3

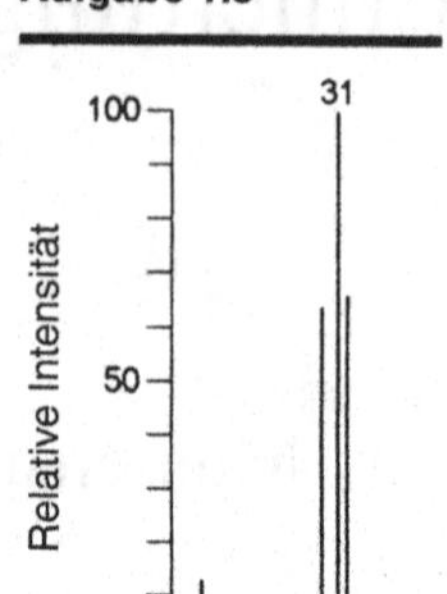

In den Tabellen der Meßdaten zu den Aufgaben 1.1, 1.2 und 1.3 werden zusätzliche, weniger intensive Peaks aufgeführt, die aber auch wichtig sein können. („Int." bedeutet die relative Intensität des Peaks. Dem intensitätsstärksten Peak wird dabei die Intensität 100 zugeordnet.) Der dynamische Bereich von Massenspektrometern erstreckt sich über mehr als drei Zehnerpotenzen. Dies bedeutet, daß Ionenhäufigkeiten von $<<0.1\%$ reproduzierbar gemessen werden können. Die Reproduzierbarkeit für die Aufgaben in diesem Buch beträgt $\pm 10\%$ relativ oder ± 0.2 absolut, je nachdem, welcher Wert größer ist. Diese Werte werden von modernen Geräten schon mit relativ kleinen Probenmengen und kurzen Meßzeiten erreicht.

Tabelle 1.1

m/z	Int.
1	<0.1
16	1.0
17	21.
18	100.
20	0.2

Tabelle 1.2

m/z	Int.
1	3.1
12	1.0
13	8.1
14	16.
15	85.
16	100.
17	1.1

Tabelle 1.3

m/z	Int.	*m/z*	Int.
12	0.3	28	6.3
13	1.7	29	64.
14	2.4	30	3.8
15	13.	31	100.
15.5	0.2	32	66.
16	0.2	33	1.0
17	1.0	34	0.1

Die Datentabellen zu den Aufgaben 1.1 bis 1.3 enthalten auch kleine Peaks mit Massen, die *größer* sind als das jeweilige Molekulargewicht. Sie entstehen durch den Einbau von schwereren Isotopen. In der Natur tritt zum Beispiel Kohlenstoff-12 immer zusammen mit 1.1 % Kohlenstoff-13 auf. Mit Hilfe dieser Isotopenpeaks kann die Elementarzusammensetzung des Moleküls und seiner Fragmente abgeleitet werden (Kapitel 2). Elementarzusammensetzungen können auch durch Bestimmung der exakten Masse eines Peaks (Kapitel 6) ermittelt werden. Dafür sind aber hochauflösende Geräte nötig, die im allgemeinen seltener verfügbar sind. Die Spektren in diesem Buch sind mit einer Auflösung von einer Masseneinheit (x-Achse) abgebildet, ohne zu berücksichtigen, daß die Massen der Isotope von ganzzahligen Werten abweichen (Tabelle A.1, Annahme Kohlenstoff = 12.000000).

Die Spektren aus Aufgabe 1.1 bis 1.3 enthielten zusätzliche (nicht aufgeführte) Peaks, die vom „Untergrund" des Gerätes herrühren. Sie entstehen durch Substanzen, die von den Wänden des Gerätes desorbiert werden, oder durch kleine Lecks einströmen. Um Fehlinterpretationen zu vermeiden, wird gewöhnlich in einem Leerlauf ein „Untergrund-Spektrum" aufgenommen, bevor die Probe analysiert wird. Solch ein Spektrum ist in Aufgabe 1.4 abgebildet. Können Sie die Komponenten bestimmen?

Aufgabe 1.4

m/z	Int.
14	4.0
16	0.8
17	1.0
18	5.0
20	0.3
28	100.
29	0.8
32	23.
34	0.1
40	2.0
44	0.10

Eine der reinen Komponenten aus Aufgabe 1.4 ergibt das Spektrum in Aufgabe 1.5. Können Sie sie identifizieren?

Abbildung 1.1 zeigt ein echtes Massenspektrum der Mars-Atmosphäre (nach Eliminierung von CO und CO_2), aufgenommen von der Viking-Sonde der NASA.

Aufgabe 1.5

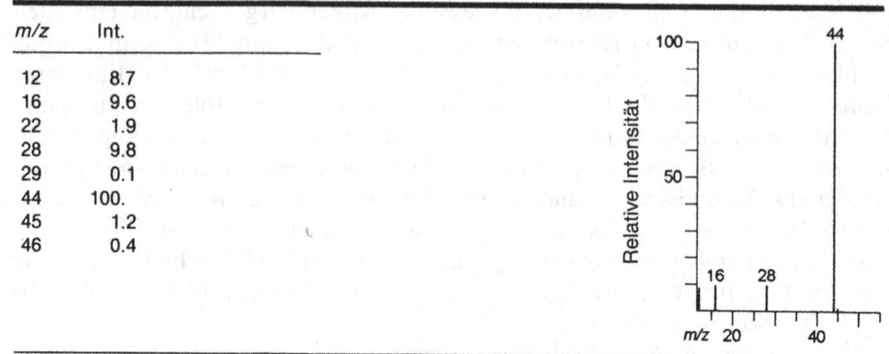

m/z	Int.
12	8.7
16	9.6
22	1.9
28	9.8
29	0.1
44	100.
45	1.2
46	0.4

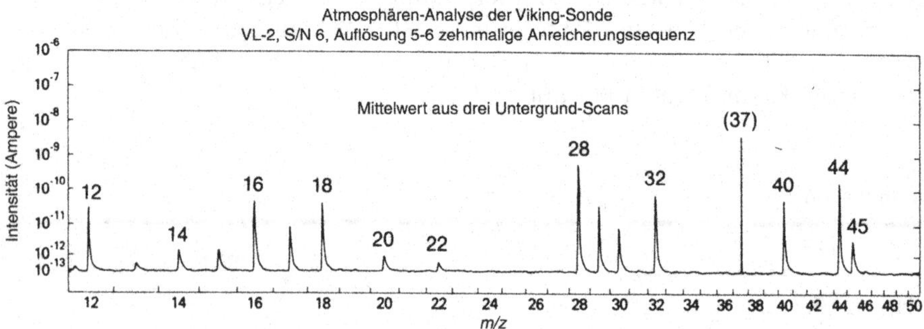

1.1 Massenspektrum (logarithmische Intensitätsskala) von Gasen der Marsathmosphäre.

1.2 Die Entstehung eines Massenspektrums

Massenspektren basieren auf der Chemie gasförmiger Ionen. Sie können mit einer Vielzahl von Methoden erzeugt und mit einem breiten Spektrum an unterschiedlichen Geräten nach Massen getrennt und detektiert werden. Die wichtigsten Methoden werden in diesem Buch kurz diskutiert. Die Einzelheiten können in den ausgezeichneten Büchern nachgelesen werden, die am Ende dieses Kapitels aufgelistet sind. Zusammenstellungen von Literaturverweisen zur Massenspektrometrie sind auch in *Chemical Abstracts* und *The Mass Spectrometry Bulletin* der Royal Society of Chemistry zu finden.

Wie bei vielen Geräten, die in der Analytik eingesetzt werden, ist der Hauptzweck des Massenspektrometers, die Probe in meßbare Produkte umzuwandeln, die auf das ursprüngliche Molekül hinweisen. Die gebildeten Produkte sind allerdings ziemlich ungewöhnlich: positiv geladene gasförmige Ionen. Im Spek-

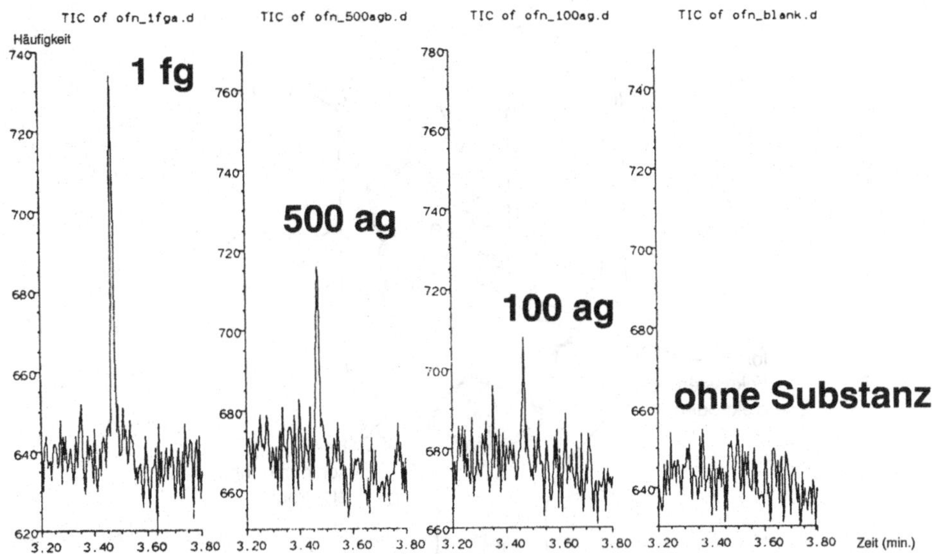

1.2 Gaschromatogramm von 10^{-15} bis 10^{-16} g (200000 Moleküle) Octafluornaphthalin; Detektion des *m/z* 272-$M^{-\cdot}$-Ions nach negativer chemischer Ionisierung (McLafferty und Michnowicz 1992).

trum werden ihre Massen und relativen Häufigkeiten wiedergegeben. Negativ geladene Ionen können zwar bei Molekülen mit elektronenziehenden Gruppen zu höheren Empfindlichkeiten führen, ihre Fragmentierungsreaktionen (Budzikiewicz 1981; Bowie 1989; Hites 1988) werden jedoch nur selten zur Strukturaufklärung eingesetzt. Diese Methode wird deshalb hier nicht diskutiert. Allgemein gibt es zwei Arten der Ionisierung. Die „harte" Ionisierung, z.B. mit 70-eV-Elektronen, führt zu vielen Molekül-Ionen mit hoher innerer Energie. Bevor sie die Ionen-Quelle verlassen, fragmentieren sie zu Ionen, die wichtige Rückschlüsse auf vorhandene Substrukturen im Molekül zulassen. „Weiche" Ionisierungsarten hingegen vermeiden solche Fragmentierungen weitgehend. Dies ist hilfreich, um zum Beispiel Substanzgemische zu charakterisieren.

Elektronenstoß-Ionisierung (EI). Bei dieser „harten" Ionisierungsmethode (Abb. 1.3) werden die Ionen mit Hilfe eines hochenergetischen (ungefähr 70 eV) Elektronenstrahls erzeugt. Dieser Elektronenstrahl wird von einem glühenden Heizdraht (Glühkathode) emittiert und quer durch die Ionisierungskammer (Ionen-Quelle) zur Anode („Elektronenfalle"; electron-trap) hin beschleunigt. Dabei stoßen die Elektronen senkrecht mit einem Strom von gasförmigen Molekülen der Probe zusammen, der bei einem Druck von ungefähr 10^{-3} Pa (10^{-5} Torr) in die Ionen-Quelle eintritt. Neben einer Vielzahl von Produkten entstehen durch Herausschlagen von Elektronen aus den Molekülen auch positive Ionen. Diese werden durch eine relativ geringe „Abstoßungs"- oder „Zieh"-Spannung aus der Quelle herausgeführt, anschließend beschleunigt und in die Massenana-

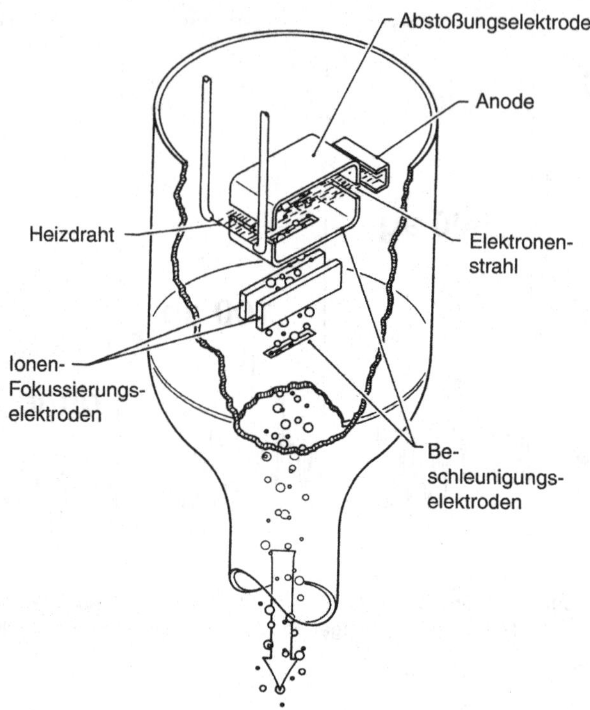

1.3 Ionen-Quelle eines Massenspektrometers.

lysator-Einheit geleitet. Die Effektivität der Elektronenstoß-Ionisierung ist mit $\approx 1/10^5$ gering. Die überwiegende Mehrzahl der Probenmoleküle wird kontinuierlich durch Vakuumpumpen, die an die Ionen-Quelle angeschlossen sind, entfernt. Mit EI können auch größere Moleküle (Molekulargewichte 500–1 500) analysiert werden, wenn die Teilchen-Strahl-Technik (particle beam, auch „MAGIC" genannt) eingesetzt wird.

Weiche Ionisierungsverfahren. Erhöht man den Druck in der Ionen-Quelle auf $\approx$100 Pa (0.75 Torr), wird sichergestellt, daß die Moleküle Hunderte von Zusammenstößen erleiden, bevor sie die Quelle verlassen. Dazu wird Methan oder ein anderes Reaktand-Gas in die geschlossene Ionen-Quelle (teilweise gesperrte Pumpenausgänge) eingeleitet. Durch Elektronenbeschuß entstehen daraus eine Fülle von „Reagenz"-Ionen wie z. B. CH_5^+. Sie reagieren mit den vorhandenen Probemolekülen in einer Vielzahl von *Ionen-Molekül-Reaktionen* unter anderem zu stabilen Addukten aus Reagenz-Ion und Probemolekül. Mit dieser „weichen" chemischen Ionisierung (CI; s. Munson und Field 1966; Harrison 1983) und den entsprechenden positiven oder negativen Reagenz-Ionen können unterschiedliche Substanzklassen selektiv ionisiert werden. Moleküle mit Heteroatomen, wie z. B. Amine und Ether, ergeben dabei gewöhnlich intensive MH^+-Ionen, gesättigte Kohlenwasserstoffe führen oft zu $(M-1)^+$-Ionen. Beide

Ionentypen können zur Bestimmung des Molekulargewichts verwendet werden. Sie sind oft in CI-Spektren vorhanden, selbst wenn unter EI-Bedingungen kein Molekül-Ion gebildet wird. Um stabile Molekül-Ionen von großen Molekülen (Molekulargewichte bis zu $>10^6$; s. Abschn. 6.1) zu erhalten, können zum Beispiel die „weichen" Bedingungen des Fast Atom Bombardments (FAB; s. Barber *et al.* 1982) eingesetzt werden.

1.3 Massentrennung

Um den Ionen-Strahl, der aus der Ionen-Quelle austritt, nach der Masse (richtiger nach m/z, dem Verhältnis der Masse zur Anzahl der Ladungen) der Ionen zu trennen, stehen eine Vielzahl von Verfahren zur Verfügung. Ablenkung in einem Magnetfeld, Quadrupol-Filter, Ion-trap, Flugzeit und Cyclotron-Resonanz sind die gebräuchlichsten Techniken in kommerziell erhältlichen Massenspektrometern. Diese Methoden werden ausführlich in der allgemeinen Literatur beschrieben, die am Ende dieses Kapitels zitiert ist.

Trennung im Magnetfeld. Das einfach-fokussierende Massenspektrometer (Richtungsfokussierung) ist in Abbildung 1.4 dargestellt. In diesem Gerät werden die Ionen durch eine hohe Spannung (1 bis 10 kV), die an den Beschleunigungselektroden (Abb. 1.3) anliegt, auf hohe Geschwindigkeiten gebracht. Die weitaus geringeren Spannungen an den„Abstoßungs"- und „Ionen-Fokussierungselektroden" (Abb. 1.3) werden so geregelt, daß nach Verlassen der Ionen-Quelle durch die Ausgangsblende ein möglichst hoher Ionen-Strom resultiert. Diese Ausgangsblende fungiert gleichzeitig als Eintrittsspalt des Massen-Analysators. Betrachtet man den Massen-Analysator als ionen-optisches System, so stellt dieser Spalt seinen Eintritts-Brennpunkt dar. Er fokussiert die divergenten Ströme von Ionen mit demselben Masse/Ladungs-Verhältnis (m/z), die in den Analysator eintreten, auf den Austrittsspalt am Ende des Analysators.

Das Magnetfeld fungiert als Massen-Analysator, der die Massen auftrennt. Der m/z-Wert der Ionen, die durch den Austrittsspalt am Ende des Analysators treten, hängt vom Radius (r, cm) der Kreisbahn der Ionen im Magnetfeld, der Magnetflußdichte (B, Gauss) und der Beschleunigungsspannung (V, Volt) ab. Der Zusammenhang dieser Größen wird durch folgende fundamentale Gleichung (Beynon 1960) beschrieben:

$$m/z = 4.82 \times 10^{-5} B^2 r^2 / V. \quad (1.1)$$

Für ihre Ableitung muß berücksichtigt werden, daß alle Ionen mit der Elementarladung e (zur Unterscheidung von z, der *Zahl* der Ladungen eines Ions) bei der Beschleunigung die gleiche kinetische Energie $eV = 1/2mv^2$ (mit unterschiedlichen Geschwindigkeiten v) erhalten haben. Ferner ist die Zentripetalkraft durch das Magnetfeld, Bev, gleich der Zentrifugalkraft mv^2/r.

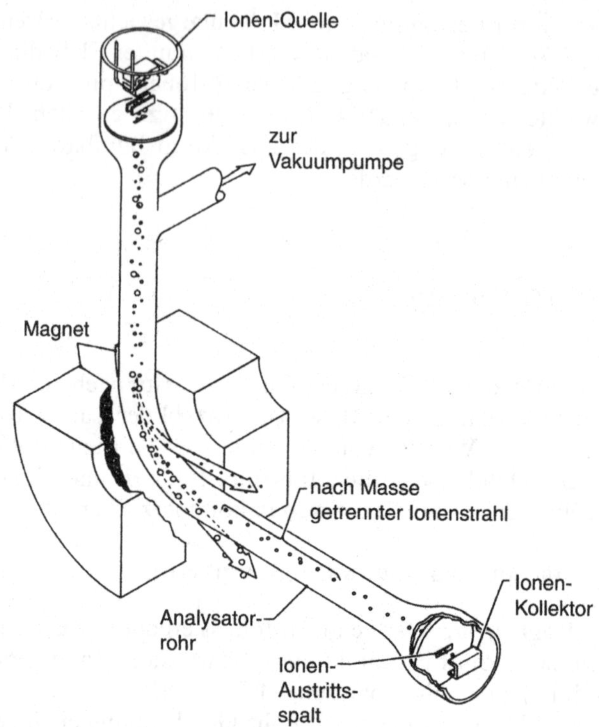

1.4 Einfach fokussierendes magnetisches Sektorfeld-Massenspektrometer.

Ein Ion mit $m/z = 100$ benötigt 1×10^{-6} s, um die Ionen-Quelle zu verlassen (10 V Abstoßungsspannung, 5 mm Abstand) und 1×10^{-5} s für 1 m nach der Beschleunigung mit 5 kV. Zur Massentrennung solcher Ionen muß der Druck $\approx 10^{-4}$ Pa (7.5×10^{-7} Torr bzw. 10^{-9} atm) betragen, was einer mittleren freien Weglänge von ≈ 70 m (Luft) entspricht.

Quadrupol-Massenfilter und Ion-trap. Wolfgang Paul erhielt 1989 für die Entwicklung dieser neuen Methoden den Nobel-Preis in Physik. Beim Quadrupol (Abb. 1.5) bewegen sich die Ionen, die aus der Quelle kommen, in Längsrichtung zwischen vier parallelen Stäben auf den Detektor zu. Die Massentrennung wird durch eine Kombination von Radiofrequenzen (RF, engl. radio-frequency) und Gleichstrom (DC, engl. direct current) mit entgegengesetzter Polarität an den gegenüberliegenden Stab-Paaren erreicht. Durch das wechselnde RF-Feld bewegen sich die Ionen zwischen den Stäben auf spiralförmigen Bahnen. Die Ionen, die leichter sind als das eingestellte m/z-Verhältnis, stoßen mit den positiven Polen und die, die schwerer sind, mit den negativen Polen zusammen. Auf diese Weise werden alle Ionen, außer denen mit der gesuchten Masse, aus dem Ionen-Strom herausgefiltert. Dawson (1976, 1986) hat diesen Vorgang mit einer Kugel auf einem Sattel verglichen, die dadurch auf dem Sattel gehalten wird,

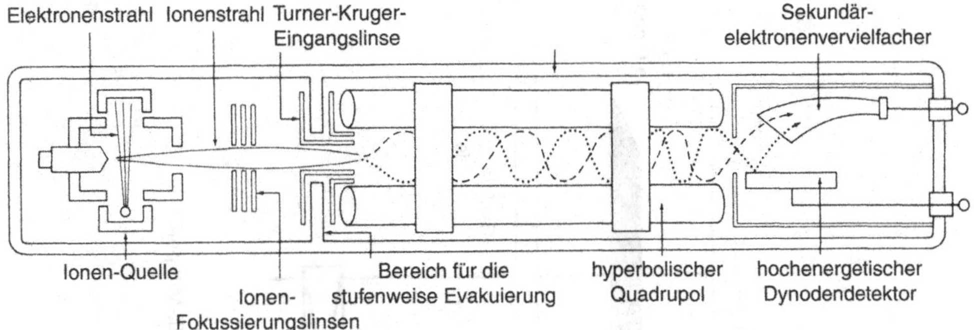

1.5 Quadrupol-Massenspektrometer (mit freundlicher Genehmigung von Hewlett-Packard).

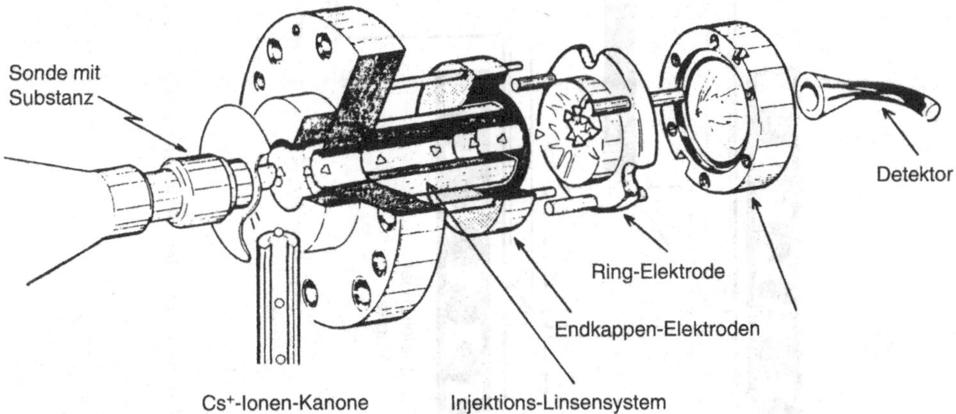

1.6 Ion-trap-Massenspektrometer (mit Genehmigung von Cooks *et al.* 1991. *Chem. Eng. News* 69(12):28, Copyright 1991 der American Chemical Society).

daß dieser mit der geeigneten Frequenz umklappt. Die Ion-trap (Ionenfalle, Abb. 1.6) ist das dreidimensionale Analogon des Quadrupols (Cooks *et al.* 1990, 1991). Ein Vorteil dieser Geräte gegenüber Sektorfeld-Geräten liegt in der schnellen ($<10^{-3}$ s) Veränderbarkeit der Felder für die Fokussierung einer bestimmten Masse. Dies ist besonders bei Computer-gesteuerten Messungen wie „selected ion monitoring“ (s. Abschn. 1.5) wichtig.

Fourier Transformation/Ionen-Cyclotron-Resonanz (FT/ICR). Ionen, die mit geringen kinetischen Energien senkrecht zu einem Magnetfeld angeregt werden, bewegen sich auf Cyclotron-Kreisbahnen (Marshall und Verdun 1990, Abb. 1.7). Führen Ionen diese Kreisbewegung zwischen zwei parallelen Platten aus, erzeugen sie in diesen Platten einen sinusförmigen Strom. Die Frequenz dieses Stromes hängt nur vom m/z-Wert der Ionen und von der Magnetfeldstär-

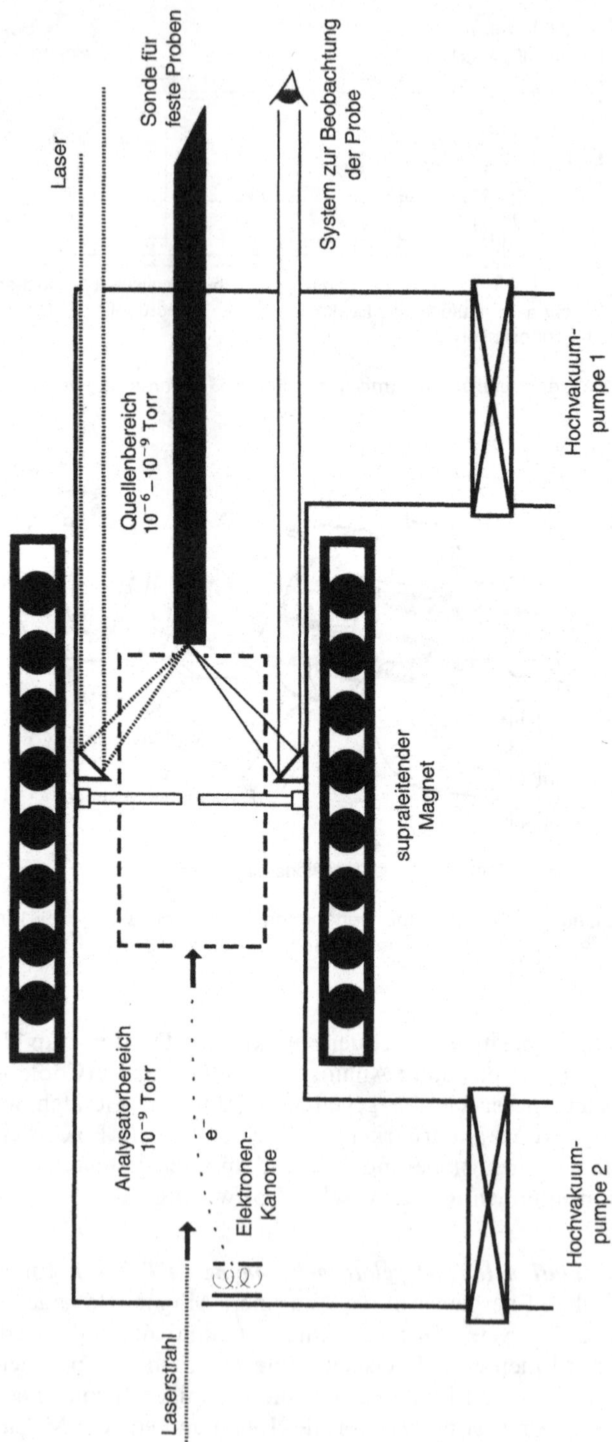

1.7 Fourier-Transformations-Massenspektrometer (mit freundlicher Genehmigung von EXTREL-Millipore).

ke ab. Seine Amplitude wird durch die Anzahl der Ladungen im kreisenden Ionen-Paket bestimmt. Ein Ionen-Gemisch mit vielen verschiedenen m/z-Werten, das sich auf einer Kreisbahn befindet, induziert viele Frequenzen. Durch Fourier-Transformation der sich überlagernden Signale erhält man das Massenspektrum mit den einzelnen m/z-Werten und den zugehörigen Intensitäten. Die Vorteile der FT/ICR-Technik liegen in der gleichzeitigen Messung von vielen m/z-Werten und in einer hohen Auflösung ($>10^6$ bei m/z 100). Außerdem besteht die Möglichkeit, sie für Ionen-Molekül-Reaktionen zu nutzen und bei der Tandem-Massenspektrometrie (MS^n) einzusetzen.

1.4 Messung der Ionen-Häufigkeit

Die positiven Ionen, die den Massen-Analysator nach ihren m/z-Werten getrennt verlassen, treffen auf einen Kollektor und werden dort gesammelt. Die Neutralisation der Ionen-Ladungen führt zu einem Elektronenstrom, der proportional zur Zahl der auftreffenden Ionen ist. Dieser Elektronenstrom kann mit moderner Elektronik exakt und mit großer Empfindlichkeit registriert werden. Sogar *ein einzelne*s Ion, das auf den Kollektor trifft, kann detektiert werden, wenn ein Sekundärelektronenvervielfacher (SEV) zur Verstärkung des Signals eingesetzt wird. Trotz sehr geringen Wirkungsgrades von Ionisierung und Ionen-Transport im Massenspektrometer (aus $\approx 10^5$ Probenmolekülen entsteht ein Ion, das den Kollektor erreicht) erhält man noch mit *Subnanogramm*-Proben aussagekräftige Spektren. Selbst bei *Subpicogramm*-Proben ($<10^{-12}$ g) ist noch eine spezifische Detektion möglich (Abb. 1.2). Die Massenspektrometrie kann deshalb für eine Vielzahl von Forschungs- und analytischen Problemen genutzt werden, für die fast alle anderen Methoden zur Strukturaufklärung nicht empfindlich genug sind.

Durch Veränderung des Magnetfeldes oder der elektrischen Felder treffen nacheinander Ionen mit verschiedenen m/z-Werten auf den Kollektor. On-line-Computersysteme nehmen die zu jedem Peak gehörenden Meßwerte (Feldstärke und Stromfluß im SEV) auf und berechnen daraus Masse und Intensität. Diese Systeme können mehrere komplette Massenspektren pro Sekunde aufnehmen, was für die GC/MS-Kopplung besonders wichtig ist (s. unten). Die Scangeschwindigkeit beeinflußt jedoch die Genauigkeit der Intensitätsmessung. Dies ist bei der Bestimmung von Elementarzusammensetzungen mit Hilfe von Isotopenverhältnissen zu beachten. Deshalb sollten Sie die Leistung Ihres Gerätes anhand bekannter Verbindungen überprüfen, um sicher zu sein, daß die Genauigkeit nicht auf Kosten der Schnelligkeit leidet.

1.5 Proben-Einlaßsysteme

Für konventionelle EI- und CI-Spektren muß die Probe verdampft werden, damit die Moleküle vor der Ionisierung getrennt voneinander vorliegen. Dazu stehen verschiedene Einlaßsysteme zur Verfügung. Bei leichtflüchtigen Verbindungen wird der *Direkt-Einlaß* in die Ionisierungskammer bevorzugt. Dabei wird die Probe mit einer Sonde durch eine Vakuumschleuse in die Ionen-Quelle eingebracht und dort durch Erhitzen verdampft. Mit diesem System kann man mit Nanogramm-Mengen Spektren von unpolaren Molekülen bis zum Molekulargewicht von $\approx 1\,000$ erhalten. *Warnung:* beim Direkt-Einlaß wird sehr leicht eine zu große Probenmenge eingesetzt! Ein einziger Kristall, der gerade so groß ist, daß man ihn sehen kann, reicht völlig aus. Außerdem muß die Aufheizrate sorgfältig kontrolliert werden, um eine zu schnelle Verdampfung der Probe zu vermeiden.

Die zweite Möglichkeit zum Einbringen der Probe in die Ionen-Quelle ist der *Gas-Einlaß*. Er wird bei sehr flüchtigen Verbindungen eingesetzt. Dazu wird ein großer Probenüberschuß (≈ 0.1 mg) in ein evakuiertes, beheizbares Vorratsgefäß hinein verdampft. Von hier aus kann die gasförmige Probe mit annähernd konstantem Massenstrom durch ein sehr kleines Loch (molekulares Leck) in die Ionisierungskammer diffundieren. Mit dieser Methode erhält man besonders bei der quantitativen Analyse von Mehrkomponentensystemen und beim Vergleich zwischen unbekannten und Referenzspektren besser reproduzierbare Spektren.

Als weitere Möglichkeit können Massenspektrometer auch mit einem Gaschromatographen als Einlaßsystem gekoppelt werden (GC/MS; s. Abschn. 6.5). Die von der GC-Säule eluierten Verbindungen gelangen direkt in die Ionen-Quelle. Ihre vollständigen Spektren werden so „im Fluge“ erhalten. Durch „selected ion monitoring“, der sequenziellen Messung von zwei oder mehr charakteristischen Peaks, können mit dieser Methode beim Nachweis bekannter Verbindungen sowohl hohe Spezifitäten als auch hohe Empfindlichkeiten erreicht werden (Abb. 1.2).

Neben der GC/MS-Kopplung gibt es noch weitere Methoden der Kopplung von Massenspektrometern mit Systemen zur Trennung von Probengemischen, z.B. LC/MS (Kopplung mit einem Hochdruck-Flüssigchromatographen, (HPLC); s. Abschn. 6.5).

1.6 Analyse von Gemischen

Das analytische Massenspektrometer wurde 1941 kommerziell eingeführt. Zwei Jahrzehnte lang bestand seine Hauptanwendung in der quantitativen Analyse von Gemischen aus leichten Kohlenwasserstoffen und ähnlichen Proben, oft mit einer Genauigkeit von $\pm 1\%$ absolut. Der geringe Druck bei der Elektronenstoß-Ionisierung führt dazu, daß jede Verbindung ihren Beitrag zum Spektrum des Gemisches unabhängig von den anderen leistet. Bei Gemisch-Analysen überlagern sich die Spektren der einzelnen Komponenten deshalb linear. Die Analyse kann daher wie in der Spektrophotometrie gelöst werden, wo für Mischungen das Beersche Gesetz gilt. Die Ionen-Häufigkeiten lassen sich mit Hilfe eines Gleichungssystems unter Verwendung der Daten von Referenzspektren der reinen Verbindungen berechnen. Wenn eine der enthaltenen Substanzen identifiziert ist, kann ihr Spektrum vom Gesamtspektrum der Mischung abgezogen werden („spectrum stripping"). Dann muß nur noch das Restspektrum interpretiert werden. Diese Vorgehensweise kann streng nur auf EI-Spektren angewandt werden, da bei CI- und anderen Spektren der Druck in der Ionen-Quelle für *konkurrierende* Ionen-Molekül-Reaktionen hoch genug ist und somit eine lineare Überlagerung der Einzelspektren nicht mehr gegeben ist. Heutzutage werden für die meisten Mischungsanalysen kombinierte Techniken, wie z. B. GC/MS eingesetzt (Karasek und Clement 1988; Evershed 1989; Catlow und Rose 1989).

1.7 Struktur-Informationen

Der Hauptzweck dieses Buches besteht darin, zu zeigen, wie die Struktur von Molekülen aus den Massen ihrer ionisierten Fragmente abgeleitet werden kann. Das EI-Massenspektrum einer durchschnittlichen Verbindung enthält $\approx 2^{50}$ Daten-Bits an Masse- und Intensitätswerten, die vom Beschuß des Moleküls mit Elektronen herrühren. Diese Daten hängen von der Molekülstruktur ab. Bei ihrer Interpretation wird die Information aus dem Spektrum in möglichst sinnvolle und vollständige Strukturvorschläge umgewandelt.

Die Energie der eingesetzten 70-eV-Elektronen liegt weit über den zur Ionisierung von Molekülen nötigen $\approx 10 \pm 3$ eV. Der Proben-Druck in der Ionen-Quelle ist so niedrig gewählt (unter 10^{-2} Pa), daß weitere Stöße der erzeugten Ionen mit Molekülen oder Elektronen vernachlässigbar sind. Das primäre Ergebnis des Zusammenstoßes der hochenergetischen Elektronen mit den Molekülen ist die Bildung von Molekül-Ionen durch Herausschlagen eines Elektrons aus dem Molekül. Ein Teil der Molekül-Ionen (manchmal alle) zerfallen weiter zu Fragment-Ionen. Zum Beispiel werden die Hauptpeaks im Spektrum von Methanol (Aufgabe 1.3) möglicherweise durch die monomolekularen Reaktionen in Gleichung 1.2 gebildet:

$$\begin{aligned} CH_3OH + e^- &\rightarrow CH_3OH^{+\cdot}\ (m/z\ 32) + 2e^- \\ CH_3OH^{+\cdot} &\rightarrow CH_2OH^+\ (m/z\ 31) + H\cdot \\ &\rightarrow CH_3^+\ (m/z\ 15) + \cdot OH \\ CH_2OH^+ &\rightarrow CHO^+\ (m/z\ 29) + H_2 \end{aligned} \tag{1.2}$$

Der *Punkt* markiert dabei ein Radikal, das Symbol $^{+\cdot}$ bezeichnet ein Radikalkation. Teilchen, die solch ein ungepaartes Elektron besitzen, werden „Ionen mit ungerader Elektronenzahl" (OE, von engl. „odd-electron") genannt. Dementsprechend heißen Ionen mit ausschließlich gepaarten Elektronen „Ionen mit gerader Elektronenzahl" (EE, von engl. „even-electron"). Gleichung 1.2 zeigt, daß beim monomolekularen Zerfall eines Ions wieder nur *ein* Ion entsteht und daß aus einem $OE^{+\cdot}$-Ion ein Radikal (neutral oder geladen) gebildet werden muß. Es muß an dieser Stelle nochmal hervorgehoben werden, daß für EI-Fragmentierungen nur *monomolekulare* Reaktionen wichtig sind, da der Druck in der Ionen-Quelle für Reaktionen zwischen Ionen und Molekülen zu niedrig ist. Bei der Interpretation eines EI-Massenspektrums versucht man zunächst, das Molekül-Ion ($M^{+\cdot}$) zu identifizieren. Damit erhält man das Molekulargewicht und oft auch die Elementarzusammensetzung des Moleküls. Ist kein $M^{+\cdot}$ vorhanden, dann helfen häufig weiche Ionisierungs-Techniken (Abschn. 6.1), um diese Information doch noch zu erhalten. Andernfalls muß versucht werden, das ursprüngliche Molekül aus seinen Einzelteilen zusammenzusetzen. Die EI-Fragment-Ionen liefern dazu die einzelnen Molekülteile. Bei der Deutung muß versucht werden, abzuleiten, wie die Einzelteile im ursprünglichen Molekül zueinander passen. Dazu gibt es Datenbanken, die massen-spektrometrische Daten und Strukturen korrelieren.

1.8 Das Standard-Interpretationsverfahren

Im Fragespiel „Wer bin ich?" besteht das sinnvollste Vorgehen darin, den Unbekannten zuerst grob einzuordnen, zum Beispiel „Ist die Person männlich?" Bei der Ermittlung der Molekülstruktur verhält es sich ähnlich. Sackgassen können am besten vermieden werden, wenn gewisse Daten im Spektrum vor anderen ausgewertet werden. Als allgemeine Vorgehensweise wird die Information am effizientesten in der nachstehenden Reihenfolge gesammelt:

(a) Molekulargewicht, Elementarzusammensetzung, Ringe und Doppelbindungen;
(b) Teilstrukturen;
(c) Verbindungen zwischen Teilstrukturen;
(d) Postulierung möglicher Moleküle und Vergleich jeder Struktur mit allen verfügbaren Daten; EI-Referenzspektren von 220000 verschiedenen Verbindungen sind in McLafferty und Stauffer (1992) gesammelt.

Um die Auswertung der großen Informationsvielfalt im Massenspektrum zu erlernen, sollten Sie die Ausführungen zur Interpretation von unbekannten Spektren in diesem Buch *Schritt für Schritt* befolgen. Diese „Standard-Interpretationsmethode" ist in Form einer Checkliste auch auf der Innenseite des hinteren Einbandes abgedruckt, damit Sie sie stets vor Augen haben, wenn Sie unbekannte Spektren interpretieren. Es handelt sich um einen allgemeinen, vereinfachten Zugang, der auf „normale" EI-Spektren angewandt werden kann. Mit steigender Erfahrung laufen die ersten Schritte schnell und automatisch ab. Während des Erlernens der Methode sollte allerdings jeder Schritt in der vorgegebenen Reihenfolge durchgeführt werden, und alle Annahmen, Zuordnungen und Schlüsse sollten für jeden Schritt vorzugsweise direkt auf dem Spektrum notiert werden. Wenn es mehr als eine Erklärung für ein spezielles Detail im Spektrum gibt, sollten unbedingt alle Möglichkeiten aufgeschrieben werden.

Weitere Informationen über die Probe. Alle weiteren verfügbaren Struktur-Informationen (chemische, spektrometrische, historische) müssen für die Interpretation verwertet werden, wo immer es angebracht erscheint. Es ist erstaunlich, wie oft zusätzliche sachdienliche Hinweise fehlen, wenn die Probe eines Forschers zur Analyse an ein massenspektrometrisches Labor geschickt wird. Eines der stärksten Argumente dafür, daß jeder Forscher seine Spektren selbst interpretieren sollte, ist die Wichtigkeit dieser Zusatzinformationen, die er selbst am besten kennt. Dies ist auch ein Hauptantrieb für die Verfassung dieses Buches: Massenspektrometrie sollte nicht nur den Massenspektrometrikern vorbehalten sein.

Die Messung aussagekräftiger Spektren. Die Interpretationsmethode in diesem Buch geht davon aus, daß es sich bei dem unbekannten EI-Spektrum um das einer einzelnen Verbindung handelt. (Wenn ein Substanzgemisch vorliegt, stellt das Spektrum eine lineare Überlagerung der Spektren aller Einzelkomponenten dar.) Selbst bei hoher Reinheit der Probe muß man aufpassen, damit sie sich bei der Einführung in das Spektrometer nicht thermisch oder katalytisch zersetzt. Zusätzliche, anomale Peaks können auch durch „Untergrund" aufgrund von Lecks, vorausgegangenen Proben („memory") oder chromatographischem Säulenbluten entstehen. Deshalb sollte direkt vor oder nach dem Probenspektrum ein Untergrundspektrum aufgenommen und vom Probenspektrum abgezogen werden. Dabei ist allerdings zu beachten, daß sich der Desorptionsgrad der Untergrund-Verbindungen in Gegenwart der Probe verändern kann. Das Spektrum sollte, außer wenn die Scanzeit minimiert werden muß, von m/z 12, oder wenigstens von m/z 26, bis zu Werten durchgefahren werden, die deutlich über dem erwarteten Molekulargewicht der Probe liegen und auch noch weiter, wenn weitere Untergrund-Peaks auftauchen. (Die Spektren in diesem Buch sind generell von m/z 12 an aufgenommen. Unterhalb dieses Wertes erhält man bei organischen Molekülen keine verwertbaren Informationen.) Wenn eine weiche Ionisierungs-Technik verfügbar ist, sollte sie eingesetzt werden, um in einer unabhängigen Messung das Molekulargewicht zu erhalten.

Selbstverständlich müssen die gemessenen m/z-Werte *korrekt* sein ($\pm < 0.5$ Masseneinheiten). Häufige Untergrund-Peaks, wie die von Luft (Aufg. 1.4), können als interne Standards dienen. Bei Unklarheiten sollte nach Zusatz von internen Massenstandards, wie z. B. Perfluoralkanen (C_nF_{2n+2}), ein zweites Spektrum aufgenommen werden. Anhand von Computer-Daten ist es normalerweise ziemlich leicht, die Genauigkeit der Massenmessung zu überprüfen. Die

Reproduzierbarkeit der Peak-Intensitäten sollte ebenfalls geprüft werden. Zu diesem Zweck stellen polychlorierte bzw. -bromierte Verbindungen wie C_3Cl_6 geeignete Standards dar, weil die Intensitätsverhältnisse ihrer Isotopenpeaks genau vorhersagbar sind (Kap. 2).

Mehrfach geladene Ionen. Die meisten Peaks in einem Spektrum erscheinen bei ganzzahligen Massen (s. aber exakte Massenbestimmung, Abschn. 6.3). Mehrfach geladene Ionen können hingegen bei gebrochenen Massen auftreten. Bei Aufgabe 1.3 zum Beispiel handelt es sich bei dem Peak bei m/z 15.5 mit der relativen Intensität von 0.2% um das doppelt geladene Ion mit der Masse 31 (s. Kap. 6).

1.9 Allgemeine Literatur

Mit erstaunlichem Weitblick schrieb Sir J. J. Thomson (1913): „There are many problems in chemistry, which could be solved much better by this than by any other method“. Im folgenden ist eine Fülle von weiterführender Literatur für den breiter interessierten Leser aufgeführt.

Bücher. Beynon 1960; Beynon *et al.* 1968; Beynon und Brenton 1982; Biemann 1962; Bowers 1979, 1984; Buchanan 1987; Budzikiewicz *et al.* 1967; Burlingame 1970, 1985; Chapman 1986; Constantin *et al.* 1990; Davis und Frearson 1987; Dawson 1976; DeJongh 1975; Duckworth *et al.* 1986; Facchetti 1985; Gaskell 1986; Gross 1978; Hamming und Foster 1972; Hill 1972; Howe *et al.* 1981; Karasek und Clement 1988; Kiser 1965; Lehman und Bursey 1976; Levsen 1978; Maccoll 1972; March 1989; Marshall 1990; McCloskey 1990; McDowell 1963; McEwen und Larsen 1990; McLafferty 1963, 1983; McLafferty und Stauffer 1989, 1991; McLafferty und Vankataraghavan 1982; Middleditch 1979; Millard 1978; Milne 1971:; Porter 1985; Rose und Johnstone 1982; Seibl 1970; Spiteller 1966; Suelter und Watson 1990; Waller 1972; Waller und Dermer 1980; Watson 1985; White 1986; Wright und Wood 1986; Yinon 1987; Zaretskii 1976.

Zeitschriften und Serien. *Organic Mass Spectrometry*, Wiley (Chichester, England); *International Journal of Mass Spectrometry and Ion Processes*, Elsevier (Amsterdam); *Biological Mass Spectrometry* (früher *Biomedical and Environmental Mass Spectrometry*), Wiley (Chichester, England); *Mass Spectrometry Reviews*, Wiley (New York); *Rapid Communications in Mass Spectrometry*, Wiley (Chichester, England); *Journal of the American Society for Mass Spectrometry*, Elsevier (New York); *Mass Spectroscopy*, The Mass Spectroscopy Society of Japan (Tokyo); *Mass Spectrometry Bulletin*, Royal Society of Chemistry (Cambridge, England); Burlingame *et al.* 1980–1992, „Biennial Reviews of Mass Spectrometry,“ in *Analytical Chemistry; Specialist Periodical Reports:*

Mass Spectrometry, Royal Society of Chemistry (Cambridge, England), Vols. 1–10; *Chemical Abstracts Selects: Mass Spectrometry*, Chemical Abstracts Service (Columbus, OH).

Lösen Sie die Aufgaben 1.6 bis 1.9, bevor Sie zu Kapitel 2 übergehen. Sie können dabei wiederum die kleinen Peaks in Nachbarschaft zu den großen ignorieren. Sehen Sie erst dann in Kapitel 11 nach, wenn Sie nicht mehr weiter wissen.

Aufgabe 1.6

m/z	Int.
12	0.9
13	3.6
24	6.1
25	23.
26	100.
27	2.2

100
26
Relative Intensität
50
m/z 20

Aufgabe 1.7

m/z	Int.
12	4.2
13	1.7
13.5	0.9
14	1.6
26	17.
27	100.
28	1.6

Aufgabe 1.8

m/z	Int.
12	0.5
13	1.2
14	3.1
15	12.
16	0.1
31	7.7
32	4.4
33	89.
34	100.
35	1.1

Relative Intensität

100, 50, 34, 15, *m/z* 20, 40

Aufgabe 1.9

m/z	Int.
12	3.3
13	4.3
14	4.4
16	1.7
28	31.
29	100.
30	89.
31	1.3

Relative Intensität

100, 50, 29, 14, *m/z* 20, 40

2. Die Elementarzusammensetzung

Zur Identifizierung einer unbekannten Verbindung ist ihre Summenformel die erste Schlüsselinformation, die eine Aussage über Art und Zahl der Elemente im Molekül macht. Um diese Information zu erhalten, ist die Massenspektrometrie die Methode der Wahl. Sie stellt mit hochauflösenden Spektrometern die leistungsfähigste Technik zur exakten Massenbestimmung dar, denn mit ausreichend genauer Massenbestimmung ist die Elementarzusammensetzung eines Peaks eindeutig definiert (Abschn. 6.3). Aber auch mit Geräten, die nur eine Auflösung von einer Masseneinheit besitzen, kann die Elementarzusammensetzung vieler Peaks auf einfache Weise bestimmt werden. Dazu wird die natürliche Häufigkeit von schwereren Isotopen herangezogen. Diese Isotope führen zu „Isotopenpeaks", die Sie bei den Aufgaben in Kapitel 1 noch ignorieren sollten. Auch wenn die Elementarzusammensetzung durch Hochauflösung bestimmt werden kann, sollten Sie die Nützlichkeit von Isotopenhäufigkeiten kennen. Sie bilden die Grundlage zum Verständnis von Massenspektren und von Markierungsversuchen mit stabilen Isotopen. Die Elementarzusammensetzung von *Fragment*-Ionen ist ebenfalls wichtig. Versuchen Sie deshalb möglichst bei jedem Peak, die Elemente, aus denen er besteht, zu identifizieren.

2.1 Stabile Isotope: Einteilung nach natürlichen Häufigkeiten

Aus einer *chemisch reinen* organischen Verbindung erhält man ein Gemisch von Massenspektren, weil ihre Elemente aus mehreren Isotopen bestehen. Zum Beispiel zeigte Sir J. J. Thomson (1913), daß das Element Neon nicht nur einen Peak bei seinem Atomgewicht von 20.2, sondern zwei Peaks bei den Massen 20.0 und 22.0 mit relativen Intensitäten von 10 : 1 ergab. Viele Elemente in organischen Verbindungen (s. Tab. 2.1, Innenseite des vorderen Einbandes), haben mehr als ein Isotop mit nicht zu vernachlässigender natürlicher Häufigkeit. Die Häufigkeiten der Isotope weiterer Elemente sind in Tabelle A.1 (im Anhang) aufgeführt. Dieses Buch beschäftigt sich aber nur mit Massenspektren von Verbindungen aus den elf Elementen der Tabelle 2.1.

Die Auswirkung von Isotopen auf ein Massenspektrum wird in Aufgabe 2.1 demonstriert: die unbekannte Verbindung enthält zwei Molekül-Ionen bei m/z 36 und 38. Mit dem charakteristischen Isotopenverhältnis von 3 : 1 sollte das Element einfach aus den Daten der Tabelle 2.1 zu entnehmen sein. m/z 36 als

Aufgabe 2.1

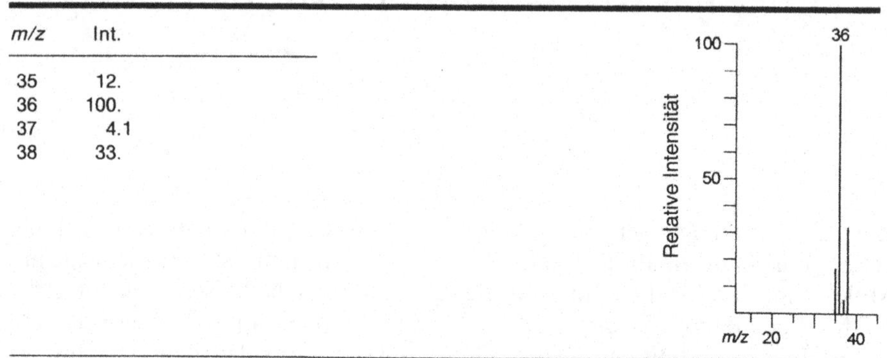

m/z	Int.
35	12.
36	100.
37	4.1
38	33.

Fragment-Ion von m/z 38 (Verlust von zwei H) zu interpretieren, würde total in die Irre führen. Es ist sehr wichtig, mit den Daten in Tabelle 2.1 vertraut zu werden. Allgemein gilt: *das Isotop mit der niedrigsten Masse ist bei allen Elementen das häufigste.* Die Elemente können nach ihren Isotopen in drei Klassen eingeteilt werden: „A" sind Elemente mit nur einem natürlichen Isotop; „A + 1" Elemente mit zwei Isotopen, von denen das zweite eine Masseneinheit schwerer ist als das häufigste Isotop und „A + 2" Elemente, die ein Isotop haben, das zwei Masseneinheiten schwerer ist als das häufigste Isotop. Die „A + 2"-Elemente sind am einfachsten zu erkennen. Sie sollten deshalb zuerst nach diesen Elementen suchen. Eine ähnliche Bezeichnung wird in diesem Buch für die Peaks benutzt; ein A-Peak enthält nur Isotope mit der größten Häufigkeit, ein (A + 1)-Peak ist um eine Masseneinheit größer und so fort.

2.2 „A + 2"-Elemente: Sauerstoff, Silicium, Schwefel, Chlor und Brom

Im Spektrum ist ein zweites Isotop besonders auffällig, wenn es um mehr als eine Masseneinheit größer ist als das häufigste Isotop. Brom und Chlor sowie, wenn auch weniger ausgeprägt, Silicium und Schwefel sind eindrucksvolle Beispiele dafür. Die Gegenwart dieser Elemente kann oft einfach am „Isotopenmuster" im Spektrum erkannt werden. Die Elemente in Aufgabe 2.2 und 2.3 lassen sich, wie in Aufgabe 2.1, anhand des charakteristischen Isotopenverhältnisses der Ionen mit zwei Masseneinheiten Unterschied identifizeren. (Sie können an dieser Stelle alle kleinen Peaks in Nachbarschaft zu den großen vernachlässigen.) Ein erster Blick auf das Spektrum ist deshalb häufig der einfachste Weg, um die betreffenden Isotopenmuster zu erkennen. Zur Vereinfachung sind bei den beiden Aufgaben *nur* die Daten der Molekül-Ionen wiedergegeben.

Aufgabe 2.2

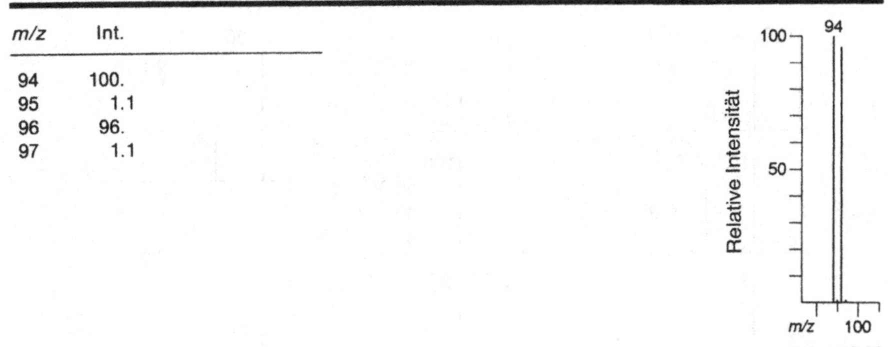

m/z	Int.
94	100.
95	1.1
96	96.
97	1.1

Aufgabe 2.3

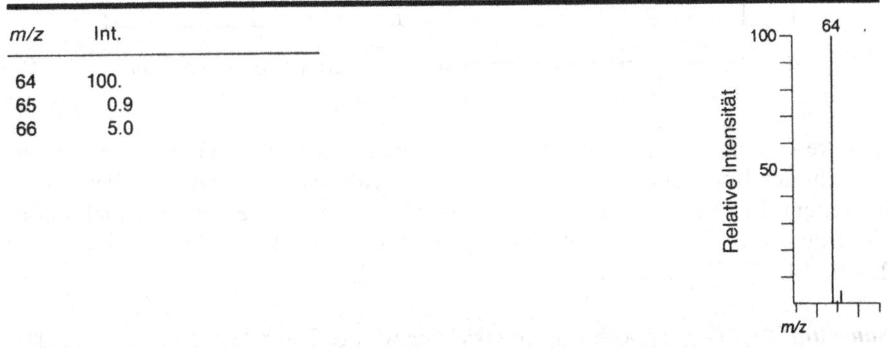

m/z	Int.
64	100.
65	0.9
66	5.0

Lineare Überlagerung von Isotopenmustern. Wenn mehr als ein Atom von diesen Elementen im Molekül vorhanden ist, ist das Ergebnis noch auffälliger. In Bromwasserstoff stehen die Molekül-Ionen bei m/z 80 und 82 ($H^{79}Br$ und $H^{81}Br$) im Verhältnis von etwa 1 : 1. Das Massenspektrum von Br_2 enthält Molekül-Ionen bei den Massen 158, 160 und 162 mit der relativen Häufigkeit von 1 : 2 : 1. Dies entspricht den Ionen $^{79}Br_2$, $^{79}Br^{81}Br$ und $^{81}Br_2$. In gleicher Weise zeigt jedes Strukturelement mit drei Bromatomen vier Peaks, jeweils im Abstand von zwei Masseneinheiten, im Verhältnis 1 : 3 : 3 : 1. Das 3 : 1-Isotopenverhältnis von $^{35}Cl/^{37}Cl$ ergibt für Ionen mit zwei Chloratomen drei Peaks im Verhältnis 9 : 6 : 1 (s. Abb. 2.1).

Die charakteristischen Muster, die sich bei der Kombination von Chlor-, Brom-, Schwefel- und Silicium-Isotopen ergeben, sind in Tabelle 2.3 (Innenseite des vorderen Einbandes) aufgeführt. Tabelle A.2 (im Anhang) enthält numerische Werte für die Kombination von „A + 2“-Elementen. Sie wurden mit Hilfe der Binominalformel $(a + b)^n = a^n + na^{n-1}b + n(n-1)a^{n-2}b^2/(2!) + n(n-1)(n-2)a^{n-3}b^3/(3!) + \ldots$ berechnet. n ist die Anzahl der „A + 2“-Elemente, a die relative Intensität des häufigsten Isotops (= 1) und b die des

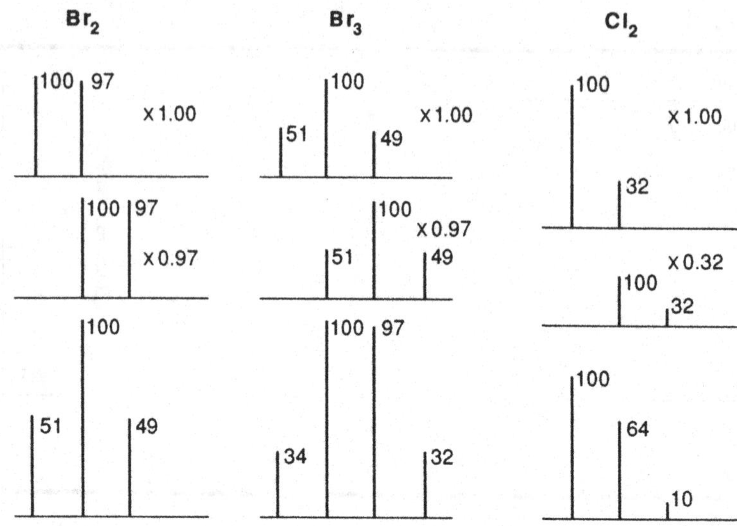

2.1 Lineare Überlagerung von Isotopenmustern bei Brom und Chlor.

schwereren Isotops. Die Intensität der einzelnen Peaks entspricht dem jeweiligen Term in der Binominalentwicklung (a^n = A-Peak, $na^{n-1}b$ = (A + 2)-Peak und so weiter). Für einen Peak mit vier Chloratomen errechnet sich beispielsweise die Intensität des (A + 4)-Peaks relativ zum A-Peak zu $4 \times 3 \times 1^2 \times 0.32^2/2 = 0.614$.

Sauerstoff und Genauigkeit der Intensitätsmessung. Die relative Häufigkeit des (A + 2)-Peaks ist für Sauerstoff sehr gering (0.2%). Um die Anzahl der Sauerstoffatome im Molekül bestimmen zu können, ist deshalb eine hohe Genauigkeit bei der Intensitätsmessung nötig (z. B. Aufgabe 2.3). Für die Aufgaben in diesem Buch wird für den Wert von [A + *n*]/[A] ein relativer Fehler von $\pm 10\%$ bzw. ein absoluter Fehler von ± 0.2 (wenn der höchste Peak den Wert 100 erhält) angenommen. Daraus resultiert eine Unsicherheit von $\geq O_1$ bei der Berechnung der Anzahl der Sauerstoffatome im intensivsten Peak. Außerdem tragen Kohlenstoffatome im Molekül als „A + 1"-Elemente in geringem Maße auch zum (A + 2)-Peak bei. Deshalb ist es normalerweise sinnvoll, die Anzahl der Sauerstoffatome erst nach der Berechnung der anderen „A + 2"-Elemente und der „A + 1"-Elemente zu bestimmen.

Abwesenheit von „A + 2"-Elementen. Fehlen „A + 2"-Elemente, so ist dies eine „negative Information", deren Wert nicht unterschätzt werden sollte. Ihr häufiges Fehlen ist ein weiterer Grund, die „A + 2"-Elemente zuerst zu suchen. Allgemein gilt, ein A-Peak (sei es ein Fragment- oder Molekül-Ion) kann *keines* der Elemente Si, S, Cl oder Br enthalten, wenn die relative Intensität seines (A + 2)-Peaks (bezogen auf den A-Peak) weniger als 3% beträgt ([(A + 2)]/[A] < 3%). Wie Tabelle 2.1 (Innenseite des vorderen Einbandes) zeigt, muß

$[(A + 2)]/[A] \geq 3.4\%$ sein, wenn A ein ^{28}Si-Atom enthält, denn in der Natur kommen auf 100 ^{28}Si-Atome 3.4 ^{30}Si-Atome. Der Wert des $[(A + 2)]/[A]$-Verhältnisses kann größer sein als 3.4%, wenn weitere Ionen zum (A + 2)-Peak beitragen.

2.3 „A + 1“-Elemente: Kohlenstoff und Stickstoff

In Tabelle 2.1 sind drei „A + 1“-Elemente aufgeführt: Wasserstoff, Kohlenstoff und Stickstoff. Da aber der Wert für das $^{2}H/^{1}H$-Verhältnis gering ist (0.015%), werden wir Wasserstoff zu den „A“-Elementen zählen. Die Isotopenhäufigkeit jedes Elements ist unabhängig von der der anderen Elemente. Zum Beispiel trägt das Kohlenstoffatom in CH_3Br (Aufgabe 2.2) mit 1.1 % der Intensität des Peaks bei *m/z* 94 ($^{12}CH_3{}^{79}Br^{+\cdot}$) zum Peak bei *m/z* 95 ($^{13}CH_3{}^{79}Br^{+\cdot}$) bei. In gleicher Weise beteiligt es sich mit 1.1% der Intensität des Peaks bei *m/z* 96 ($^{12}CH_3{}^{81}Br^{+\cdot}$) am Peak bei *m/z* 97 ($^{13}CH_3{}^{81}Br^{+\cdot}$). Die unbekannte Verbindung in Aufgabe 2.3, die keine „A + 1“-Elemente enthält, weist ein [*m/z* 65]/[*m/z* 64]-Verhältnis auf, das nahe bei dem Wert liegt, der für ein Kohlenstoffatom erwartet wird. In Wirklichkeit handelt es sich aber um die Ionen $^{33}S^{16}O_2{}^{+\cdot}$ und $^{32}S^{16}O^{17}O^{+\cdot}$ Diese Fehldeutung zeigt einen weiteren Grund auf, warum „A + 2“-Elemente zuerst identifiziert werden sollten.

Mit wachsender Zahl von Kohlenstoffatomen in einem Ion erhöht sich die Wahrscheinlichkeit, daß eines von ihnen ein ^{13}C-Isotop ist. Bei einem C_{10}-Ion beträgt sie das Zehnfache der Wahrscheinlichkeit für C_1, $[(A + 1)]/[A]$ entspricht somit $10 \times 1.1\% = 11\%$. Dies ermöglicht, die Anzahl der C-Atome in einem Molekül abzuleiten und ist daher für die Spektreninterpretation von größter Wichtigkeit. [Kümmern Sie sich zunächst nicht um die Identifizierung des „A + 1“-Elements Stickstoff. Dafür wird die „Stickstoff-Regel“ in Abschnitt 3.3 eine Hilfe sein.] In Tabelle 2.2 (Innenseite des vorderen Einbandes) sind die Wahrscheinlichkeiten aufgelistet, daß ein Ion mit einer bestimmten Anzahl von ^{12}C-Atomen ein ^{13}C-Atom enthält. Der Faktor von 1.1% pro C-Atom schwankt geringfügig ($\approx 2\%$ relativ) mit der Kohlenstoffquelle. So weisen Produkte aus Erdöl einen geringeren Wert auf als solche aus nachwachsenden Rohstoffen. Bei dieser Berechnung wird der kleine Beitrag, den Deuterium leistet, vernachlässigt. [1.1% entspricht $^{13}C/^{12}C = 1.08\%$ mit 1.5 H-Atomen pro C-Atom. ± 0.5 H/C verändert die Intensität des (A + 1)-Peaks nur um $\pm 0.7\%$ seines Wertes und die des (A + 2)-Peaks um $\pm 1.5\%$ seines Wertes.]

Berechnen Sie in Aufgabe 2.4 [nachdem Sie nach „A + 2“-Elementen gesucht haben] die maximale Anzahl von Kohlenstoffatomen in den Ionen mit *m/z* 43 und 58. Leiten Sie aus den Ergebnissen ab, welche Gruppe aus *m/z* 58 abgespalten wird, um *m/z* 43 zu erhalten.

Die vielen kleinen Peaks in Aufgabe 2.4 sind zur Ableitung der Struktur relativ unwichtig. Sie entstehen zum Beispiel durch Wasserstoffabspaltung aus intensiven Peaks oder aus doppelt geladenen Ionen. In den weiteren Aufgaben in

Aufgabe 2.4

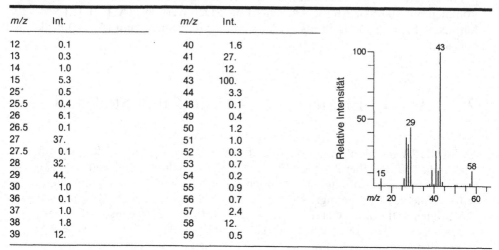

m/z	Int.	*m/z*	Int.
12	0.1	40	1.6
13	0.3	41	27.
14	1.0	42	12.
15	5.3	43	100.
25	0.5	44	3.3
25.5	0.4	48	0.1
26	6.1	49	0.4
26.5	0.1	50	1.2
27	37.	51	1.0
27.5	0.1	52	0.3
28	32.	53	0.7
29	44.	54	0.2
30	1.0	55	0.9
36	0.1	56	0.7
37	1.0	57	2.4
38	1.8	58	12.
39	12.	59	0.5

Aufgabe 2.5

m/z	Int.	*m/z*	Int.
12	0.2	53	0.8
13	0.4	60	0.2
14	0.4	61	0.4
15	1.0	62	0.8
24	0.4	63	2.9
25	0.8	64	0.2
26	3.2	72	0.4
27	2.6	73	1.0
36	0.9	74	3.9
37	3.8	75	2.2
39	13.	76	7.0
40	0.4	77	15.
50	16.	78	100.
51	19.	79	6.8
52	20.	80	0.2

diesem Buch werden die unwichtigen Peaks oft weggelassen. Bestimmen Sie in Aufgabe 2.5 die Summenformel des Molekül-Ions. Es handelt sich in diesem Fall um den größten Peak im Spektrum, den „Basispeak". Wenn das Molekül-Ion gleichzeitig der Basispeak des Spektrums ist, muß das Molekül sehr stabil sein.

Peaks mit zwei ^{13}C-Isotopen. Das Spektrum in Aufgabe 2.5 enthält einen kleinen, aber wichtigen Peak bei *m/z* 80 mit einer Intensität von 0.2%. Wenn dies der Anteil des ^{18}O-Isotops eines Sauerstoffatoms wäre, dürfte *m/z* 78 nicht mehr als *fünf* Kohlenstoffatome enthalten. Die Intensität des Peaks bei *m/z* 79 deutet aber auf sechs C-Atome hin. Der Peak bei *m/z* 80 wird tatsächlich vom $C_6H_6^{+\cdot}$-Ion mit zwei ^{13}C- und vier ^{12}C-Atomen hervorgerufen. Die relative Intensität solcher $(A + 2)^+$-Ionen in Bezug auf das A^+-Ion hängt, genau wie das Verhältnis $[(A + 1)^+]/[A^+]$, von der Zahl der Kohlenstoffatome ab. Diese Werte sind ebenfalls in Tabelle 2.2 aufgeführt.

Natürlich liefern auch „A + 2“-Elemente Beiträge zu $(A + 2)^+$-Ionen. Deshalb muß der $(A + 2)^+$-Intensitätswert zur Bestimmung von Sauerstoff erneut überprüft werden, nachdem die Zahl der C- und N-Atome aus $(A + 1)^+$ ermittelt wurde. Obwohl der Wert für $^{18}O/^{16}O$ mit 0.2% sehr klein ist, erlaubt die Meßgenauigkeit der Intensität in diesem Buch (mehr als ± 0.2 absolut oder $\pm 10\%$ relativ) eine auf ± 1 Atom genaue Berechnung des Sauerstoffgehaltes im Basispeak. Zusätzlich aufgenommene IR- oder NMR-Spektren können entscheidende Hinweise zu vorhandenen Sauerstoff-Funktionalitäten liefern. Bestimmen Sie die Elementarzusammensetzung der Peaks bei *m/z* 72 und 55 in Aufgabe 2.6. Können Sie die Struktur des Moleküls ableiten?

Aufgabe 2.6

m/z	Int.
25	5.2
26	38.
27	74.
27.5	0.3
28	12.
29	4.3
31	0.5
41	1.2
42	1.3
43	5.8
44	14.
45	32.
46	2.5
52	1.4
53	6.0
54	2.3
55	74.
56	2.6
57	0.2
71	4.3
72	100.
73	3.5
74	0.5

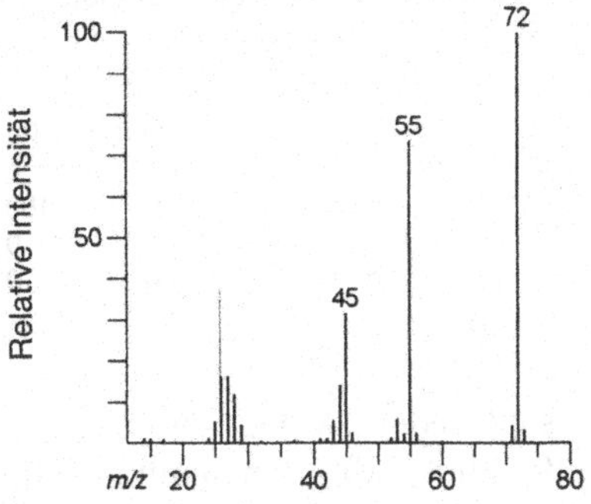

2.4 „A“-Elemente: Wasserstoff, Fluor, Phosphor und Iod

Nachdem die Zahl der „A + 2“- und „A + 1“-Elemente eines Peaks festgelegt (oder, je nach experimenteller Genauigkeit abgeschätzt) ist, beruht die verbleibende Massendifferenz auf Elementen mit nur einem Isotop. Ihre Anzahl kann unter Berücksichtigung der Bindungsregeln ermittelt und damit die Summenformel des Moleküls (oder der verschiedenen Möglichkeiten) vervollständigt werden.

Dazu ein paar Beispiele: im Spektrum von Aufgabe 2.1 muß der Basispeak bei *m/z* 36 aufgrund der Intensität seines (A + 2)-Peaks ein Chloratom enthalten. Zieht man die Masse von Chlor (35) von der Masse des Basispeaks (36) ab, bleibt als Rest eine Masseneinheit übrig. Dieser Rest läßt sich nur durch ein Wasserstoffatom erklären. Der Peak bei *m/z* 94 in Aufgabe 2.2 enthält ein Brom- und ein Kohlenstoffatom. $94-79-12 = 3$. Also lautet die Summenformel des Basispeaks CH_3Br. In Aufgabe 2.3 enthielt der Peak bei *m/z* 64 das Strukturelement SO_2. Da $32 + (2 \times 16) = 64$, enthält der Peak *keine* „A"-Elemente. In Aufgabe 2.4 enthalten die Peaks bei *m/z* 43 und 58 C_3 bzw. C_4. Die Differenzen $43-36 = 7$ und $58-48 = 10$ geben die Zahl der Wasserstoffatome in den beiden Peaks an. Werte unter 19, der Masse von Fluor, können nur durch Wasserstoffatome entstehen. Zusätzlich kann die Zahl der Wasserstoffatome oft aus dem ^{1}H-NMR-Spektrum abgeleitet werden. Die Mindestzahl der Kohlenstoffatome ergibt sich aus dem ^{13}C-NHR-Spektrum.

Versuchen Sie dieses Teilspektrum eines einzelnen Fragment-Ions zu lösen:

m/z	Int.
127	100.
128	0.0
129	0.0

Es sind weder „A + 2"- noch „A + 1"-Elemente enthalten. Alle „A"-Elemente außer Phosphor können nur eine Bindung eingehen. Deshalb muß es sich um ein einzelnes einbindiges „A"-Element (welches?) oder ein Paar oder eine Kombination von diesen mit Phosphor handeln. (H_3P_4 ist deshalb eine denkbare Lösung.)

Die Fragment-Ionen von zwei weiteren Beispielen enthalten jeweils die gleichen Massen:

m/z	Int.	Int.
69	100.	100.
70	1.1	0.0
71	0.0	0.0

Wie groß ist die maximale Zahl an „A + 2"- und „A + 1"-Elementen? Die Daten in der ersten Spalte sprechen für das Vorhandensein eines C-Atoms. Haben Sie auch an N_3 gedacht? Zusammensetzungen, die mit den Daten übereinstimmen, sind CF_3 und PF_2.

Üben Sie diese Vorgehensweise in Aufgabe 2.7 und 2.8.

Aufgabe 2.7

m/z	Int.
14	5.2
19	8.4
33	36.
34	0.1
52	100.
53	0.4
71	30.

Aufgabe 2.8

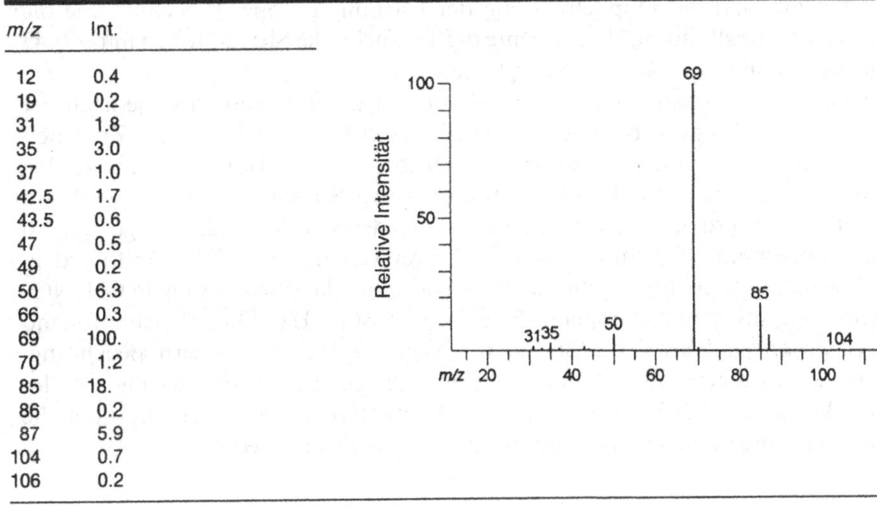

m/z	Int.
12	0.4
19	0.2
31	1.8
35	3.0
37	1.0
42.5	1.7
43.5	0.6
47	0.5
49	0.2
50	6.3
66	0.3
69	100.
70	1.2
85	18.
86	0.2
87	5.9
104	0.7
106	0.2

2.5 Ringe und Doppelbindungen

Die Gesamtzahl der Ringe und Doppelbindungen (= Doppelbindungsäquivalente) in einem Molekül kann man aufgrund der Valenzen der einzelnen Elemente aus der Summenformel berechnen. Für $C_xH_yN_zO_n$ beträgt sie $x-\frac{1}{2}y + \frac{1}{2}z + 1$ (Pellegrin 1983). Der Wert kann bei Ionen halbzahlig sein (gilt für EE^+-Ionen, Abschn. 3.2). In diesem Fall muß 0.5 vom Ergebnis abgezogen werden, um die korrekte Zahl zu erhalten. Im Exkurs 2.1 wird die Anwendung der Formel anhand von Beispielen gezeigt. Der Wert 4 bei Pyridin steht für den

Exkurs 2.1. *Ringe und Doppelbindungen (r + db)*

Für die Formel $C_xH_yN_zO_n$
(oder den allgemeineren Fall $I_yII_nIII_zIV_x$, mit I = H, F, Cl, Br, I; II = O, S; III = N, P; und IV = C, Si, etc.)

entspricht die Gesamtzahl der Ringe und Doppelbindungen $x - \frac{1}{2}y + \frac{1}{2}z + 1$

Bei Ionen mit gerader Elektronenzahl (s. Abschn. 3.2) ist der wahre Wert um 0,5 kleiner als der errechnete Wert (der auf $\frac{1}{2}$ endet).

Beispiele:

C_5H_5N: Zahl der Ringe und Doppelbindungen = 5 − 2.5 + 0.5 + 1 = 4
zum Beispiel Pyridin$^{+\cdot}$ (ungerade Elektronenzahl)

C_7H_5O: Zahl der Ringe und Doppelbindungen = 7 − 2.5 + 1 = 5.5
zum Beispiel $C_6H_5CO^+$, Benzoyl-Ion (gerade Elektronenzahl)

Ring und die drei Doppelbindungen im Molekül. Der Wert von 5.5, der für das Benzoyl-Ion errechnet wurde, verkörpert den Ring, die drei Doppelbindungen des Benzols und die Doppelbindung der Carbonylgruppe. Berechnen Sie die Zahl der Doppelbindungsäquivalente der Formeln, die Sie den Ionen mit m/z 43 und 58 in Aufgabe 2.4 zugeordnet haben.

Wenn weitere Elemente im Molekül vorhanden sind, werden sie je nach der Anzahl ihrer Bindungen zu den C-, H-, N- oder O-Atomen gezählt. Zum Beispiel werden Siliciumatome zu den Kohlenstoffatomen, Halogenatome zu den Wasserstoffatomen und Phosphoratome zu den Stickstoffatomen gezählt. In dieser Regel werden die Elemente in ihrer niedrigsten Wertigkeit angesetzt, so daß Doppelbindungen zu Elementen höherer Wertigkeit nicht gezählt werden. Die Berechnungsformel ergibt auf diese Weise eine Doppelbindung in CH_3NO_2 (Nitromethan), keine Doppelbindung in $CH_3SO_2CH_3$ (Dimethylsulfon) und einen *negativen Wert* (−0.5) in H_3O^+. Negative Werte erfordern Beachtung, denn sie entstehen durch Umlagerungen oder chemische Ionisierung. Ist der Wert kleiner als −0.5, ist entweder die Elementarzusammensetzung oder die Zahl der Ringe und Doppelbindungen falsch berechnet worden.

2.6 Übungen

Die Erfahrung hat gezeigt, daß auch bei der Berechnung der Elementarzusammensetzung anhand von Isotopenhäufigkeiten nur *Übung den Meister macht.* (Vielleicht müssen sich Chemiker erst daran gewöhnen, daß ihre sorgfältig gereinigten Verbindungen im Massenspektrum doch Gemische von Molekülen mit verschiedenen Isotopen sind.) Es ist wichtig, daß Sie die Vorgehensweise verstehen. Sie stellt den Schlüsselschritt zur Deutung eines Spektrums dar. Beim Üben sollten Sie die angegebene Anleitung schrittweise befolgen. So vermeiden Sie Verwirrung. Tabelle 2.4 illustriert die Vorgehensweise am Beispiel der $M^{+\cdot}$-Daten von *tert*-Butylthiophen, $C_8H_{12}S$. Beachten Sie, daß die Intensität der

Tabelle 2.4: Die $M^{+\cdot}$-Region des Spektrums von *tert*-Butylthiophen.

m/z	Int.	Normalisiert	32 S_1	16 O_1	96 C_8	108 C_9	A + 1 S_1	A − 1 S_1
139	0.5	2.						2.
140	25.	100.	100.	100.	100.	100.		0.0
141	2.5 ± 0.25	10. ± 1.0	0.8	0.0	8.8	9.9	8.8	0.1
142	1.2 ± 0.2	4.8 ± 0.8	4.4	0.2	0.3	0.4	0.1	
143	0.1 ± 0.2	0.4 ± 0.8					0.4	

Peaks mit einer Genauigkeit von ±10% gemessen wurde. Dieser Fehler gilt nicht für den *m/z* 140-Peak, denn die Genauigkeit von ±10% bezieht sich auf seine Intensität.

(i) Tragen Sie die experimentelle Meßgenauigkeit bei den Intensitätswerten der Originaldaten ein (*nicht* bei den normalisierten Werten in Schritt ii).

(ii) Normalisieren Sie alle Daten (auch die experimentelle Meßgenauigkeit) der Peakgruppe, indem Sie alle Werte mit dem Faktor, der [A] auf 100% setzt, multiplizieren.

(iii) Suchen Sie alle möglichen „A + 2"-Elemente (der Wert für Sauerstoff ist nicht genau) und notieren Sie ihre Intensitätsbeiträge in getrennten Spalten (in diesem Beispiel O_1 und S_1; bis zu drei Sauerstoffatome können auf dieser Stufe in Betracht gezogen werden).

(iv) Vermerken Sie die Massenbeiträge über den Elementsymbolen, damit die Gesamtmasse nicht zu hoch wird.

(v) Schreiben Sie die mögliche Zahl von Kohlenstoffatomen in weiteren Spalten auf. Zieht man im Beispiel von *m/z* 141 den ^{33}S-Beitrag ab, so verbleiben zwischen 8.2 und 10.2% für das ^{13}C-Kohlenstoffisotop. Dies führt zu C_8 oder C_9. Da aber S_1 und C_9 zusammen 140 Masseneinheiten ergeben (Gesamtmasse von Peak A) und C_9S eine sehr unwahrscheinliche Ionenstruktur darstellt, ist C_8 das bevorzugte Strukturelement. Die Spalte mit der Überschrift A + 1, S_1 zeigt, daß pro 8.8 $^{12}C_7{}^{13}C^{32}S$-Ionen $4.4\% \times 8.8 = 0.4$ $^{12}C_7{}^{13}C^{34}S$-Ionen vorhanden sind, die einen entsprechenden Beitrag zu *m/z* 143 leisten.

(vi) Berechnen Sie die „A"-Elemente aus der Differenz. Die vorgeschlagene C_8S-Formel enthält $96 + 32 = 128$ der 140 Masseneinheiten des A-Peaks. Der Rest von 12 Masseneinheiten kann nur durch H_{12} erklärt werden.

Können Sie mit Hilfe dieser Methode die Zusammensetzung und die Anzahl der Ringe und Doppelbindungen in den Teilspektren der Aufgaben 2.9 bis 2.14 bestimmen? Die Peaks in Aufgabe 2.9, 2.10 und 2.12 bis 2.14 enthalten das Molekül-Ion ($M^{+\cdot}$). Die Peaks in Aufgabe 2.11 sind Fragmente von $M^{+\cdot}$, die durch Verlust der dort aufgeführten Gruppe entstanden sind. Keine der Verbindungen enthält Stickstoff. Seine Identifizierung wird in Kapitel 3 diskutiert. Das

Aufgabe 2.9

m/z	Int.
130	1.0
131	2.0
132	100.
133	9.9
134	0.7

Aufgabe 2.10

m/z	Int.
73	26.
74	19.
75	41.
76	80.
77	2.7
78	<0.1

Aufgabe 2.11

m/z	Int.	
84	0.0	
85	40.	$(M-19)^+$
86	2.0	
87	1.3	
88	0.0	

Aufgabe 2.12

m/z	Int.
179	2.2
180	1.1
181	7.4
182	55.
183	8.3
184	0.6

Aufgabe 2.13

m/z	Int.
171	0.1
172	98.
173	6.7
174	100.
175	6.5
176	0.5

Aufgabe 2.14

m/z	Int.
128	0.0
129	30.
130	100.
131	31.
132	98.
133	12.
134	32.
135	1.7
136	3.4
137	0.0

Spektrum in Aufgabe 2.10 ist mit einer größeren Genauigkeit als ± 0.2 gemessen worden.

2.7 Die Elementarzusammensetzung der Fragment-Ionen

Auch bei Fragment-Ionen ist die Kenntnis der Elementarzusammensetzung und der Massen zur Strukturaufklärung sehr wertvoll. Bei intensiven Peaks kann häufig die Zahl der möglichen Strukturen auch ohne exakte Massenbestimmung mit Hilfe von Daten zur Isotopenhäufigkeit eingegrenzt werden. Die Hauptschwierigkeit besteht jedoch darin, daß Fragment-Peaks auch durch Überlagerung von Ionen mit unterschiedlicher Elementarzusammensetzung entstehen können. Solche Überlagerungen sind sogar bei den Isotopenpeaks des Molekül-Ions möglich.

Die Elemente und ihre maximale Anzahl in den Fragment-Ionen. Die Elementarzusammensetzung der A-Peaks wurde bis jetzt unter der Annahme berechnet, daß die einzigen Beiträge zu den (A + 1)- und (A + 2)-Peaks von den weniger häufigen Isotopen der Elemente in A stammen. Dies stimmt aber nicht notwendigerweise. Die (A + 1)- und (A + 2)-Peaks (und manchmal auch der A-Peak) können durch wichtige, zusätzliche Beiträge verändert werden, die mit Korrekturen berücksichtigt werden müssen. Diese zusätzlichen Beiträge können bei den (A + 1)- und (A + 2)-Peaks von anderen Fragment-Ionen (oder Verunreinigungen, Untergrund oder Ionen-Molekül-Reaktionen) stammen. Beim (A + 1)-Peak sind außerdem Beiträge von schweren Isotopen von „A + 2"-Elementen, z. B. aus dem (A−1)-Peak, möglich. Ohne Korrektur, die dies berücksichtigt, erhält man durch die Berechnung nur die *maximale* Zahl der Atome der jeweiligen Sorte in der Summenformel des untersuchten Peaks.

Störungen durch andere Fragment-Ionen. In Aufgabe 2.4 beträgt die relative Intensität des Ions bei m/z 42 zum Peak bei m/z 41: $[42^+]/[41^+] = 12/27 = 44\%$. Die Berechnung der Kohlenstoffzahl für m/z 41 ergibt damit laut Tabelle 2.2 den unwahrscheinlich hohen Wert von 40 Kohlenstoffatomen. Obwohl dies ein korrekter Wert für die *maximale* Zahl an C-Atomen ist, ergibt die Berechnung wenig Sinn. Der Grund für diesen hohen Wert liegt darin, daß der Peak bei m/z 42 überwiegend aus ${}^{12}C_3{}^{1}H_6{}^{+\cdot}$, einem weiteren Fragment-Ion, besteht. Dieser Peak ist Teil einer Peakgruppe mit der Formel C_3H_{0-7}, bei der sich die Peaks jeweils um eine Masseneinheit von ihren Nachbarn unterscheiden. Das Butan-Spektrum (C_4H_{10}) in Aufgabe 2.4 weist noch einige weitere Peakgruppen auf, die den Fragment-Ionen C_1H_{0-3}, C_2H_{0-5} und C_4H_{0-10} entsprechen. Die einzigen A-Peaks, bei denen die zugehörigen (A + 1)- und (A + 2)-Peaks keine störenden Fragment-Ionen enthalten, sind m/z 15, 29, 43 und 58, also die Ionen $CH_3{}^+$, $C_2H_5{}^+$, $C_3H_7{}^+$ und $C_4H_{10}{}^{+\cdot}$.

Um Störungen durch andere Fragment-Ionen möglichst zu vermeiden, sollten deshalb Isotopenhäufigkeitsberechnungen bei den intensiven Peaks am oberen Massenende der Peakgruppen durchgeführt werden. Können Sie die Elementarzusammensetzung von weiteren Ionen in den Aufgaben 2.5 und 2.6 ableiten?

Störung durch „A + 2"-Elemente aus Peaks mit geringerer Masse. Das komplette Massenspektrum von Methylbromid (Aufgabe 2.2) enthält ebenfalls Fragment-Ionen, die durch den Verlust von H-Atomen entstehen: CBr^+, 3%; $CHBr^{+\cdot}$, 2%; und CH_2Br^+, 4% ($CH_3Br^{+\cdot}$, 100%). Das resultierende Massenspektrum ist eine lineare Überlagerung dieser Ionen-Beiträge (s. Abb. 2.2). Jedes

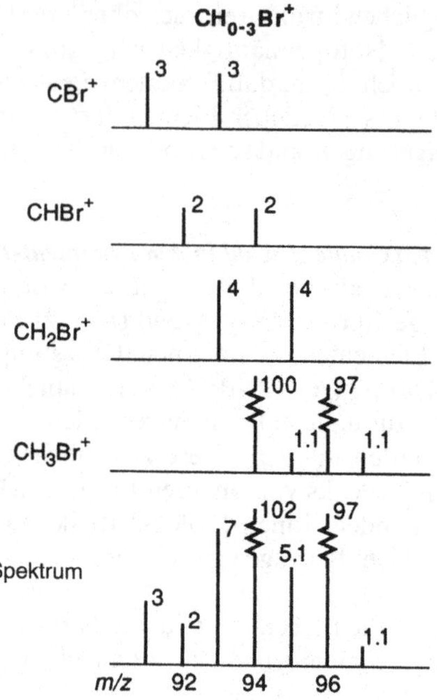

2.2 Lineare Überlagerung von Isotopenpeaks im Spektrum von CH_3Br.

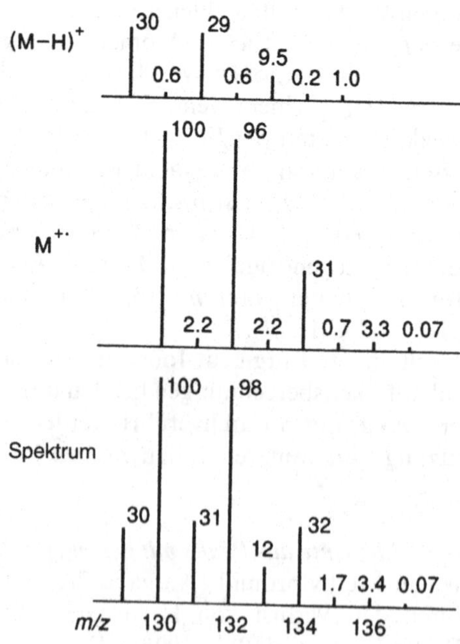

2.3 Isotopenpeaks im Spektrum von C_2HCl_3 (Aufgabe 2.14).

Teilchen ergibt ein 1 : 1-Paar von ^{79}Br- und ^{81}Br-Peaks. Außerdem existiert zu jedem ^{12}C-Peak ein ^{13}C-Peak mit 1 % relativer Intensität. Dies bedeutet, daß zu dem Peak bei *m*/*z* 91 ($^{12}C^{79}Br^{+}$) ein weiterer Peak bei *m*/*z* 93 mit gleicher Intensität existieren muß. In gleicher Weise erfordert der $CH^{79}Br^{+\cdot}$-Peak bei *m*/*z* 92 einen gleich hohen Peak bei *m*/*z* 94. Um den Beitrag von $CH_2{}^{79}Br^{+}$ und $CH_3{}^{79}Br^{+\cdot}$ an den Massen 93 bzw. 94 zu ermitteln, muß man zuerst den Anteil der ^{81}Br-Isotopenpeaks mit geringerer Masse abziehen. Man erhält so einen Beitrag von 4% (und nicht 7%) des $CH_2{}^{79}Br^{+}$-Ions an *m*/*z* 93 sowie des $CH_2{}^{81}Br^{+}$-Ions an *m*/*z* 95. Dieser Wert muß von der gemessenen Intensität von *m*/*z* 95 abgezogen werden, um den Betrag des ^{13}C-Anteils zu bestimmen (hier 1.1 % = 1 C-Atom). Allerdings ist es viel einfacher (und in diesem Fall auch genauer), die „A + 1"-Elemente aus dem [*m*/*z* 97]/[*m*/*z* 96]-Verhältnis zu errechnen, da diese Peaks keine Fragment-Ionen mit geringerer Masse enthalten können. Das [(A + 1)]/[A]-Verhältnis zeigt mit 1.1 % zutreffend ein Kohlenstoffatom an. Dies muß auch für *m*/*z* 94 gelten, da *m*/*z* 94 und 96 die gleiche Anzahl von Kohlenstoffatomen enthalten müssen. Auch in diesem Fall verwendet die sinnvollste Berechnung wieder aussagekräftige Peaks am oberen Massenende der Peakgruppen. Die Aussagekraft bzw. Bedeutung eines Peaks wird durch die Genauigkeit festgelegt, mit der die Intensität des für die Berechnung nötigen zweiten Peaks gemessen werden kann. In Aufgabe 2.14 hat zum Beispiel der Peak bei *m*/*z* 137 eine relative Intensität von $0.0 \pm 0.2\%$, so daß sich [*m*/*z* 137]/[*m*/*z* 136] < 6% ergibt. Dies entspricht 0 bis 5 Kohlenstoffatomen. Dieser Peak hat damit keine Aussagekraft. Versuchen Sie, die sich überlagernden Isotopenbeiträge in Aufgabe 2.14 aufzuschlüsseln. Gelingt es Ihnen nicht, sehen Sie in Abbildung 2.3 nach.

Als Ergebnis resultiert: sind *n* „A + 2"-Elemente vorhanden, kann der (A + 1)-Peak [und möglicherweise weitere $(A + 2x + 1)$-Peaks mit $x = 1, 2 \ldots n$] Beiträge des (A – 1)-Peaks [und möglicherweise weiterer $(A + 2x - 1)$-Peaks] enthalten. Solche Überlagerungen müssen bei der Berechnung der C-Atomzahl aus [(A + 1)]/[A] berücksichtigt werden. Alternativ kann das Verhältnis $[(A + 2n + 1)]/[(A + 2n)]$ der Peaks mit der höchsten Masse benutzt werden, da diese Peaks keinen Beitrag von (A – 1)-Peaks anderer Zusammensetzung enthalten können.

Überlagerungen, die zu fehlerhaft niedrigen Werten für ein Element führen. Manchmal ist ein beträchtlicher Anteil der Intensität eines A-Peaks auf den Beitrag eines „A + 1"-Elements im (A – 1)-Peak oder eines „A + 2"-Elements im (A – 2)-Peak zurückzuführen. Zum Beispiel enthält das Spektrum von Butylbenzol die Peakgruppe:

m/*z*	Int.
91	100.
92	55.
93	3.9
94	0.1

Das Verhältnis [*m*/*z* 93]/[*m*/*z* 92] = 7.1 % ergibt 6.4 Kohlenstoffatome, obwohl der Peak bei *m*/*z* 92 hauptsächlich aus $C_7H_8^{+\cdot}$ besteht. Tatsächlich bestehen 7.7 % von *m*/*z* 92 und 0.25 % von *m*/*z* 93 aus $^{12}C_6{}^{13}CH_7^+$ bzw. $^{12}C_5{}^{13}C_2H_7^+$. Nach Abzug dieser Werte erhält man mit $^{12}C_6{}^{13}CH_8^{+\cdot} = 3.65\,\%$ und $^{12}C_7H_8^{+\cdot} = 47.3\,\%$ ein Verhältnis von 7.7 %, das dem erwarteten Wert für sieben C-Atome entspricht.

2.8 Regeln zur Ableitung der Elementarzusammensetzung

Beim Methylbromidspektrum haben wir die Peakintensitäten aus den bekannten Häufigkeiten von bestimmten Ionen abgeleitet. Bei einer unbekannten Verbindung liegt aber das umgekehrte Problem vor. Die folgenden Ratschläge sollen Ihnen helfen, alle sinnvollen Lösungen eines solchen Problems zu finden.

1. Peaks mit der höchsten Masse. Untersuchen Sie als erstes die Peaks, deren Zusammensetzung Sie mit hoher Genauigkeit bestimmen können und die für die Interpretation besonders nützlich sind. Dies sind die Peaks bei hohen Massen innerhalb einer Peakgruppe, denn sie sollten die geringste Isotopenverunreinigung enthalten. Insbesondere gilt dies für die Peakgruppe mit der höchsten Masse (besonders, wenn sie $M^{+\cdot}$ enthält).

2. Peaks mit der höchsten Intensität. Die Elementarzusammensetzung der unter 1. ausgewählten Peaks läßt sich umso genauer berechnen, je größer die Intensität dieser Peaks ist.

3. Auswahl des A-Peaks. Der A-Peak einer Peakgruppe ist der Peak bei möglichst hoher Masse, der nur die häufigsten Isotope (^{12}C, ^{16}O, ^{35}Cl) enthält. Solch ein Peak, der nur die häufigsten Isotope enthält, wird auch „nonisotopic" („nichtisotopischer") Peak genannt. Wählen Sie zunächst den größten Peak einer Gruppe zum A-Peak. Wenn der zweitgrößte Peak der Gruppe bei größerer Masse liegt als der (A + 2)-Peak des größten Peaks, wählen Sie den zweitgrößten Peak zum A-Peak. [Dies wird nur selten der Fall sein, vgl. Tabelle 2.3] Ist [(A−2)]/[A] > 30 %, überprüfen Sie als nächstes, ob ein Cl/Br-Isotopenmuster (Tabellen 2.3 und A.2) vorliegt, um zu sehen, ob es sich um Isotopenpeaks mit derselben Summenformel handelt. Der intensivste Peak kann nämlich auch ein Isotopenpeak sein, wie zum Beispiel beim Br_4-Isotopenmuster, bei dem der (A + 4)-Peak der größte Peak ist. Eine nützliche Beziehung zur Ermittlung des A-Peaks ist, daß $(M-2)^{+\cdot}$ normalerweise viel weniger intensiv ist als $M^{+\cdot}$ und $(M-1)^+$. Manchmal ist aber auch $(M-1)^+$ intensiver als $M^{+\cdot}$. Nach der Auswahl des A-Peaks sollten Sie seine möglichen Elementarzusammensetzungen berechnen. Können Sie keine Summenformel finden, die die Intensitäten aller Peaks mit höherer Masse innerhalb der experimentellen Genauigkeit erklärt, muß wenigstens einer dieser Peaks Ionen enthalten, die nur aus den häufigsten Isotopen bestehen. Er sollte dann zum A-Peak gewählt werden. Üben Sie die Anwendung der Regeln am Beispiel des obigen Benzylspektrums. *m/z* 91 kann nicht mehr als sieben Kohlenstoffatome enthalten. Dies schließt ihn als A-Peak aus, da die Intensität von *m/z* 92 nicht erklärt werden kann. Deshalb muß *m/z* 92 der A-Peak sein.

4. Weitere A-Peaks. Untersuchen Sie, ob innerhalb der Peakgruppen, deren Peaks sich um je eine Masseneinheit unterscheiden, wertvolle Information zur Elementarzusammensetzung aus Peaks mit geringerer Masse gewonnen werden kann. Es ist möglich, daß ihre Zusammensetzung sich nicht nur um die Zahl der Wasserstoffatome unterscheidet. Auch eine „negative Information" (Abschn. 2.2) kann hilfreich sein.

5. Überprüfung der Ergebnisse. Ein weiterer Grund dafür, möglichst die Summenformel aller Peaks abzuleiten, ist, die ermittelten Teilstrukturen auf ihre Übereinstimmung zu prüfen. Die Elementarzusammensetzung des $M^{+\cdot}$ (falls vorhanden) stellt die maximale Zahl von Atomen jedes Elements dar, die in Peaks mit geringerer Masse gefunden werden kann. In ähnlicher Weise zeigen die Summenformeln der Fragment-Ionen einige wechselseitige Übereinstimmungen. Benutzen Sie diese Gemeinsamkeiten, um die wahrscheinlichere(n) Elementarzusammensetzung(en) abzuleiten, wenn mehr als eine innerhalb der Fehlergrenzen möglich ist. Häufige Unterschiede zwischen Molekül- und Fragment-Ionen sind in Tabelle A.5 (im Anhang) aufgeführt. Sie werden in Abschnitt 3.5 diskutiert. Tabelle A.6 (s. Abschn. 5.2) enthält mögliche Strukturen von Fragment-Ionen und Tabelle A.7 zeigt Summenformeln von Molekül-Ionen, die die elf häufigsten Elemente beinhalten. Benutzen Sie sie, um zu prüfen, ob Sie alle Möglichkeiten bedacht haben.

3. Das Molekül-Ion

Das Molekül-Ion, $M^{+\cdot}$, liefert die wertvollste Information des Massenspektrums. Seine Masse und Elementarzusammensetzung bilden den Rahmen, in den die Strukturfragmente des Spektrums passen müssen. Leider ist das Molekül-Ion bei einigen Verbindungsklassen nicht stabil genug, um im EI-Spektrum sichtbar zu sein. Deshalb ist eine wachsende Zahl von Massenspektrometern zusätzlich mit „weichen Ionisierungstechniken" wie z. B. Chemische Ionisierung oder Fast-Atom-Bombardment (CI oder FAB, Kap. 6) ausgerüstet. Sind diese Techniken vorhanden, sollten sie zur Molekulargewichtsbestimmung eingesetzt werden. Aber auch wenn durch weiche Ionisierung Hinweise zum Molekül-Ion vorliegen, sollte das Spektrum zusätzlich nach der in diesem Kapitel beschriebenen Methode untersucht werden. Denn man erhält wertvolle Strukturinformationen und kann die $M^{+\cdot}$-Zuordnung überprüfen.

Nach Konvention wird das Molekulargewicht (m/z „des" Molekül-Ionen-Peaks) in der Massenspektrometrie aus den häufigsten Isotopen der Elemente berechnet. Bei Benzol (C_6H_6), das auch Peaks bei m/z 79 und m/z 80 aufweist, liegt das Molekül-Ion bei der Masse 78 (C = 12, H = 1). $M^{+\cdot}$ von Br_2 liegt bei 158, dem Doppelten der Masse des häufigsten Isotops (^{79}Br) und nicht bei m/z 160, dem intensivsten Peak im Massenspektrum (Abschn. 2.2). Mit diesen Einschränkungen muß ein vorhandenes Molekül-Ion in EI-Spektren von Reinkomponenten beim höchsten m/z-Wert liegen. Durch weitere Tests kann geprüft werden, ob der ausgesuchte Peak *kein* Molekül-Ion ist. Diese Tests können aber nicht das Gegenteil beweisen.

3.1 Bedingungen für das Molekül-Ion

Ein Ion im Massenspektrum eines Reinstoffs, dessen Spektrum keine Fremdpeaks vom Untergrund oder aus Ionen-Molekül-Reaktionen enthält, kann nur dann das Molekül-Ion sein, wenn es die folgenden Bedingungen erfüllt:

1. Es muß das Ion mit der höchsten Masse im Spektrum sein.
2. Es muß ein Ion mit ungerader Elektronenzahl sein (Abschn. 3.2).
3. Aus ihm müssen sich die Ionen im oberen Massenbereich des Spektrums durch Abspaltung von neutralen Bruchstücken schlüssig ergeben (Abschn. 3.5).

Diese Bedingungen sind notwendig, *aber nicht hinreichend* für das Vorliegen eines Molekül-Ions. Wenn das untersuchte Ion auch nur einen dieser Tests nicht besteht, kann es nicht das Molekül-Ion sein. Besteht es alle Prüfungen, *kann* es das Molekül-Ion sein (es muß aber nicht).

3.2 Ionen mit ungerader Elektronenzahl

In der EI-Massenspektrometrie werden die Moleküle durch Verlust eines Elektrons ionisiert. Dabei bleibt ein Elektron ungepaart zurück. Deshalb ist das Molekül-Ion ein *Radikal.* Solch ein Ion mit einem ungepaarten Elektron, sei es Molekül- oder Fragment-Ion, wird auch „Ion mit ungerader Elektronenzahl" (OE-Ion) genannt und durch das Symbol $^{+\cdot}$ gekennzeichnet. „Ionen mit gerader Elektronenzahl" (EE-Ionen), bei denen alle Außenelektronen gepaart sind, erhalten das Symbol $^{+}$. Zur Erklärung und Einordnung von Fragmentierungsreaktionen ist es oft sinnvoll, zwischen Radikalkationen ($OE^{+\cdot}$) und Kationen (EE^{+}) zu unterscheiden.

$$R\!:\!\ddot{\underset{\cdot\cdot}{O}}\!:\!R \longrightarrow R\!:\!\overset{+\cdot}{\underset{\cdot\cdot}{O}}\!:\!R \text{ oder } R\overset{+}{:}\ddot{\underset{\cdot\cdot}{O}}\!:\!R \text{ oder } ROR^{+\cdot} \qquad (3.1)$$

$$H_2C\!::\!CH_2 \longrightarrow H_2C\overset{+}{:}\!:\!CH_2 \text{ oder } H_2C{=}CH_2{}^{+\cdot} \qquad (3.2)$$

$$H\!:\!\underset{H}{\overset{H}{\underset{\cdot\cdot}{\overset{\cdot\cdot}{C}}}}\!:\!H \longrightarrow H\!:\!\underset{H}{\overset{H}{\underset{\cdot\cdot}{C}}}\overset{+}{:}H \text{ oder } CH_4{}^{+\cdot} \qquad (3.3)$$

Dieses Konzept läßt sich gut an Strukturen mit aufgezeichneten Außenelektronen verdeutlichen (Gl. 3.1 bis 3.3). Die Leichtigkeit der Ionisierung dieser Elektronen nimmt generell in der Reihenfolge $n > \pi > \sigma$ ab (Kap. 4). Normalerweise können mehrere Resonanzstrukturen gezeichnet werden, die die Elektronenverteilung im Ion beschreiben. Das Symbol $^{+\cdot}$ steht für ein Ion mit einem *ungepaarten* Elektron und *nicht* für ein Ion mit einem *zusätzlichen* Elektron. Ein zusätzliches Elektron in CH_4 würde zu einem negativen $CH_4{}^{-\cdot}$-Ion führen.

In Analogie zu ihren entsprechenden neutralen Gegenstücken sind Ionen, die nur gepaarte Elektronen enthalten ((EE^{+}), im allgemeinen stabiler. Sie stellen deshalb häufiger die intensiven Fragment-Ionen in EI-Massenspektren. Beim $CH_4{}^{+\cdot}$-Ion entsteht zum Beispiel durch Spaltung einer C–H-Bindung das stabile EE^{+}-Ion $CH_3{}^{+}$ und $H^{\cdot}$. Bei weichen Ionisierungsmethoden wie chemischer Ionisierung und Fast-Atom-Bombardment werden bevorzugt EE^{+}-Quasi-Molekül-Ionen wie z. B. MH^{+} gebildet, die aufgrund ihrer höheren Stabilität zu einem viel geringeren Grad fragmentieren als $M^{+\cdot}$-Ionen.

Wenn Sie die Elementarzusammensetzung des vorgeschlagenen Molekül-Ions bestimmen können, kann mit der Formel zur Bestimmung der Doppelbindungsäquivalente berechnet werden, ob ein Ion mit ungerader oder gerader Elektronenzahl vorliegt. Ein Ion mit der Formel $C_xH_yN_zO_n$ hat eine ungerade Elektronenzahl, wenn $x - \frac{1}{2}y + \frac{1}{2}z + 1$ eine ganze Zahl ergibt und eine gerade Elektronenzahl, wenn das Ergebnis auf $\frac{1}{2}$ endet. Beispiele dafür sind in Exkurs 2.1 aufgeführt.

3.3 Die Stickstoff-Regel

Bei den meisten Elementen in organischen Verbindungen besteht eine Übereinstimmung zwischen der Masse des häufigsten Isotops und der Anzahl seiner Valenzbindungen. Entweder sind beide gerad- oder ungeradzahlig, nur Stickstoff bildet eine Ausnahme. Dies führt zur sogenannten „Stickstoff-Regel“:

Wenn eine Verbindung keine (oder eine gerade Anzahl) Stickstoffatome enthält, besitzt sein Molekül-Ion eine gerade Masse. Die aufgeführten Moleküle ergeben z. B. Molekül-Ionen mit gerader Masse:

H_2O	m/z 18;
CH_4	m/z 16;
C_2H_2	m/z 26;
CH_3OH	m/z 32;
$CClF_3$	m/z 104;
C_6H_5OH	m/z 94;
$C_{17}H_{35}COOH$	m/z 284;
Cholesterin, $C_{27}H_{46}O$	m/z 386;
H_2NNH_2	m/z 32 und
Aminopyridin, $C_5H_6N_2$	m/z 94.

Eine ungerade Zahl von Stickstoffatomen führt zu einer ungeraden Masse des Molekül-Ions:

NH_3	m/z 17;
$C_2H_5NH_2$	m/z 45 und
Chinolin, C_9H_7N	m/z 129.

Wenn also das Ion mit dem höchsten m/z-Wert eine ungerade Masse besitzt, muß es eine ungerade Anzahl von Stickstoffatomen enthalten, um das Molekül-Ion zu sein.

Diese Beziehung gilt für alle Radikalkationen, nicht nur für $M^{+\cdot}$. Deshalb kann die Stickstoff-Regel auch wie folgt formuliert werden:

Tabelle 3.1: Die Stickstoff-Regel

Massenwerte:	ungerade	gerade
$N_0, N_2, N_4, \ldots$	EE^+	$OE^{+\cdot}$
$N_1, N_3, N_5, \ldots$	$OE^{+\cdot}$	EE^+

Ein Ion mit ungerader Elektronenzahl muß eine gerade Masse haben, wenn es eine gerade Anzahl von Stickstoffatomen enthält. In gleicher Weise hat ein Ion mit gerader Elektronenzahl und gerader Anzahl von Stickstoffatomen eine ungerade Massenzahl. Am Anfang finden Sie das vielleicht verwirrend. Bis Sie daran gewöhnt sind, damit zu arbeiten, ist es vielleicht einfacher, die zweite Aussage aus dem ersten Merksatz unter der Voraussetzung abzuleiten, daß sich alle Ionen mit ungerader Elektronenzahl wie das $M^{+\cdot}$-Ion verhalten. Tabelle 3.1 faßt alle Möglichkeiten zusammen.

Aufgabe 3.1. Welche der folgenden Ionen haben eine gerade und welche eine ungerade Elektronenzahl? C_2H_4, C_3H_7O, C_4H_9N, C_4H_8NO, C_7H_5ClBr, C_6H_4OS, $C_{29}F_{59}$, H_3O und C_3H_9SiO. Welche Ionen haben gerade Massenzahlen?

3.4 Relative Wichtigkeit der Peaks

$OE^{+\cdot}$-Ionen entstehen durch charakteristische Mechanismen (s. Abschn. 4.4). Aufgrund ihrer Bedeutung sollten Sie *alle wichtigen* $OE^{+\cdot}$*-Ionen direkt im Spektrum markieren.* (In den Abbildungen dieses Kapitels sind ihre Massenzahlen eingekreist.) Deshalb ist dies der nächste Schritt der „Standard-Interpretationsmethode“ (auf der Innenseite des hinteren Einbandes). Die „Wichtigkeit“ eines Peaks wächst nach Korrektur der Intensität um Beiträge von Isotopenpeaks mit:

(i) zunehmender Intensität,
(ii) zunehmender Masse im Spektrum,
(iii) zunehmender Masse innerhalb der Peakgruppe (besonders wichtig sind die $OE^{+\cdot}$-Peaks mit der höchsten oder zweithöchsten Anzahl an Wasserstoffatomen).

Am unteren Massenende des Spektrums sind wichtige $OE^{+\cdot}$-Ionen äußerst unwahrscheinlich. In diesem Bereich stammen intensive Peaks mit gerader *Masse* gewöhnlich von Ionen mit ungerader Anzahl von N-Atomen, wie z. B. CH_4N^+ mit m/z 30 (Mun 1981). Das Vorhandensein von intensiven Ionen mit gerader Masse weist jedoch nicht notwendigerweise auf ein $M^{+\cdot}$ mit ungerader Masse hin. Allerdings gilt umgekehrt der Folgesatz aus der Stickstoff-Regel:

Ein Mangel an wichtigen Ionen mit gerader Masse, besonders bei niedrigen m/z-Werten, zeigt ein geradzahliges Molekulargewicht an. Diese Regel hilft bei der Interpretation des Spektrums von Neopentan (Molekulargewicht 72), das kein Molekül-Ion zeigt (Abb. 3.1).

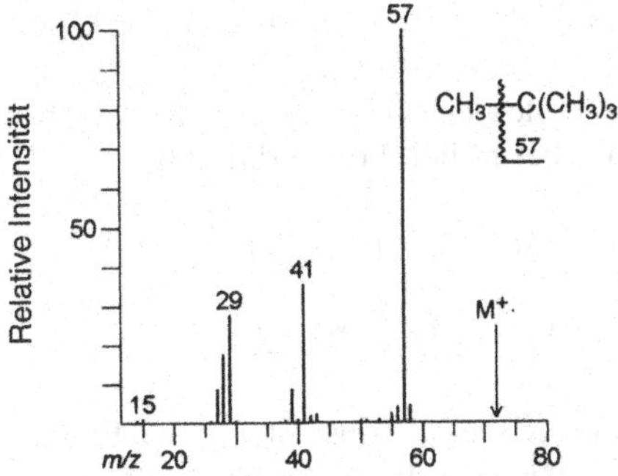

3.1 Massenspektrum von Neopentan.

3.5 Logische Abspaltungen von Neutralteilchen

Beim Zerfall des Molekül-Ions kann nur eine bestimmte Anzahl von neutralen Fragmenten mit geringer Masse abgespalten werden. Tritt ein „wichtiges" Ion auf, das vom Ion mit der höchsten Masse durch eine anomale Massendifferenz (oder unpassende Elementarzusammensetzung) getrennt ist, kann es sich bei letzterem nicht um das Molekül-Ion handeln. Zum Beispiel müßte ein (im Vergleich zu den Nachbar-Ionen) intensives Ion, das 5 Masseneinheiten unter dem Ion mit dem größten m/z-Wert liegt, durch den Verlust von fünf Wasserstoffatomen erklärt werden. Dieser Zerfall ist jedoch sehr unwahrscheinlich. Die kleinen Neutralteilchen, die ein Molekül-Ion abspaltet, sind normalerweise durch eine Einfachbindung mit dem Molekül verbunden. Beispielsweise könnte man in Abbildung 3.1 den Peak bei m/z 57 als $M^{+\cdot}$ des Moleküls $CH_3CH{=}CHNH_2$ interpretieren. Dann entsprächen die Massen bei m/z 41 und 42 dem Verlust von NH_2 bzw. CH_3. Da der Peak bei m/z 43 kein Isotopenpeak ist, müßte er durch eine Abspaltung von CH_2 erklärt werden. Ein $(M–CH_2)^{+\cdot}$-Peak tritt aber sehr selten auf. Deshalb kann m/z 57 nicht das Molekül-Ion sein, obwohl es der nichtisotopische Peak mit der höchsten Masse im Spektrum ist. Eine Massendifferenz von CH_2 tritt gewöhnlich nur auf, wenn zwei homologe Ionen aus einem größeren Ion gebildet werden, wie hier $C_4H_9{}^+$ und $C_3H_7{}^+$ aus $C_5H_{12}{}^{+\cdot}$. Alternativ könnte diese Massendifferenz vom Molekül-Ion einer Verunreinigung stammen, die ein Homologes der untersuchten Verbindung ist.

Allgemein sind Massendifferenzen von 4 bis 14 und von 21 bis 25, die zu bedeutenden Peaks führen, sehr unwahrscheinlich. Merken Sie sich diese Zahlen. In Tabelle A.5 ist eine umfangreichere Liste dieser Werte und von häufig abgespaltenen Neutralteilchen aufgeführt. Speck (1978) gibt Höchstwerte für die zu erwartenden relativen Häufigkeiten an; zum Beispiel ist $(M-2)^{+\cdot}$ normalerweise viel weniger intensiv als $M^{+\cdot}$ oder $(M-1)^+$ (Abschn. 2.6).

Kennt man die Elementarzusammensetzung des abgespaltenen Fragments, ist eine noch aussagekräftigere Prüfung des Molekül-Ions möglich. Zum Beispiel tritt ein $(M-15)^+$-Ion häufig auf, während ein intensives $(M–NH)^{+\cdot}$-Ion möglicherweise anomal ist. Der Verlust von 35 kann nur durch Chlor erklärt werden.

Kann das Ion bei der höchsten Masse das Molekül-Ion sein, wenn die folgenden Ionen im Spektrum die Hauptfragmente bei hoher Masse darstellen?

Aufgabe 3.2. $C_{10}H_{15}O$, $C_{10}H_{14}O$, $C_9H_{12}0$, $C_{10}H_{13}$, $C_8H_{10}O$.

Aufgabe 3.3. $C_{10}H_{14}$, $C_{10}H_{13}$, C_9H_{11}, C_8H_9, C_7H_8, C_7H_7.

Die Identifizierung und Überprüfung des Molekül-Ions ist ein wichtiger Schritt zur Lösung der Aufgaben 3.4 und 3.5. *Hinweis:* Benutzen Sie bei Aufgabe 3.4 $[64^+]/[63^+]$ und $[99^+]/[98^+]$ zur Berechnung der C-Atomzahl, weil m/z 62 und 97 einen Isotopenbeitrag eines „A + 2"-Elements aus den Peaks bei m/z 60 bzw. 95 enthalten.

Aufgabe 3.4

m/z	Int.	*m/z*	Int.
12	2.7	50	1.8
13	3.0	51	0.7
14	0.6	59	2.6
24	4.0	60	24.
25	15.	61	100.
26	34.	62	9.9
27	0.7	63	32.
30.5	0.3	64	0.7
35	7.0	95	1.5
36	1.9	96	67.
37	2.3	97	2.4
38	0.7	98	43.
47	6.5	99	1.0
47.5	0.2	100	7.0
48	5.9	101	0.1
49	4.2		

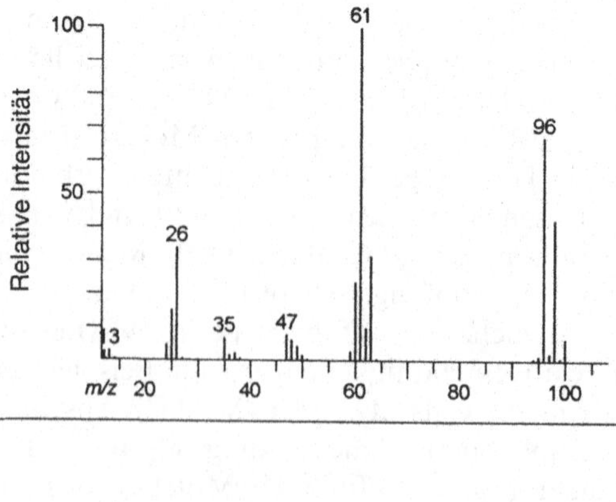

Aufgabe 3.5

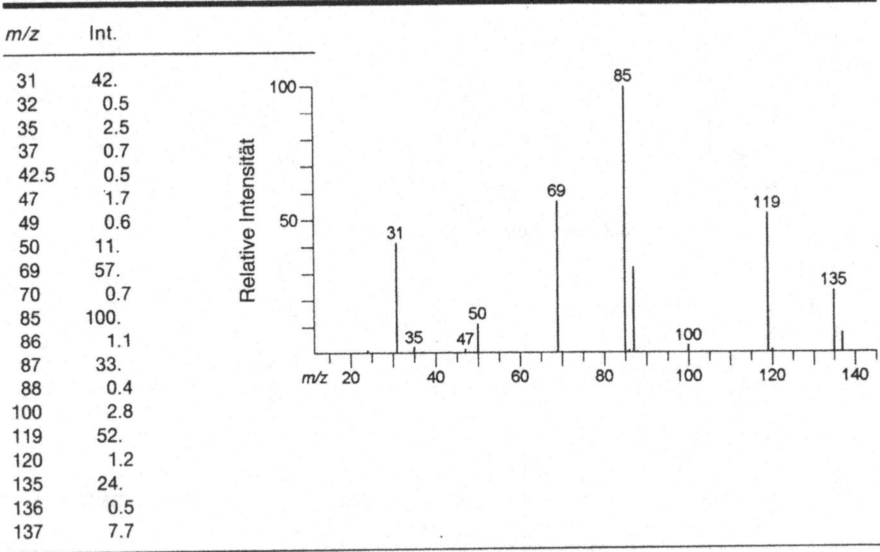

m/z	Int.
31	42.
32	0.5
35	2.5
37	0.7
42.5	0.5
47	1.7
49	0.6
50	11.
69	57.
70	0.7
85	100.
86	1.1
87	33.
88	0.4
100	2.8
119	52.
120	1.2
135	24.
136	0.5
137	7.7

3.6 Zusammenhang zwischen Intensität und Struktur des Molekül-Ions

Die Intensität eines Molekül-Ions, $[M^{+\cdot}]$, hängt hauptsächlich von seiner Stabilität und der Energie ab, die zur Ionisierung des Moleküls benötigt wird (Tab. A.3). Bestimmte Struktureinheiten weisen charakteristische Werte auf, so daß die Größe von $[M^{+\cdot}]$ einen Hinweis auf die Struktur des Moleküls gibt. In Tabelle A.4 sind typische $[M^{+\cdot}]$-Werte für eine Zahl von Verbindungsklassen in abnehmender Intensität aufgeführt.

3.7 Typische Massenspektren

In den Abbildungen 3.2 bis 3.28 sind typische Massenspektren abgebildet. Auf diese Spektren wird häufig in den anschließenden Kapiteln des Buches Bezug genommen. Die im folgenden aufgeführten mechanistischen Symbole werden in Kapitel 4 erklärt.

(58) bedeutendes Ion mit ungerader Elektronenzahl

[61] bedeutender Peak, der durch 2H-Umlagerung (Abspaltung von C_nH_{2n-1}, Abschn. 4.10) gebildet wird

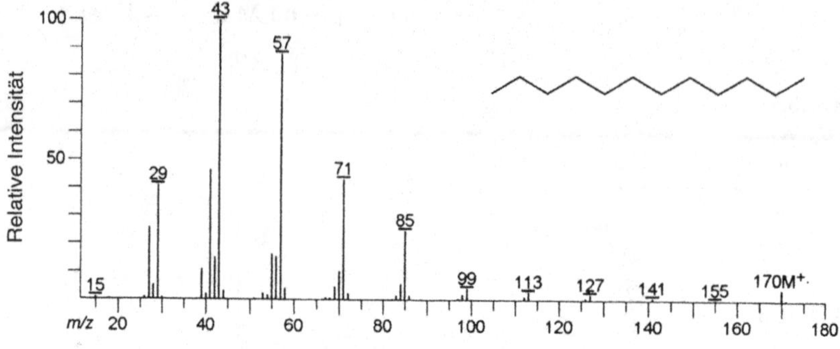

3.2 Massenspektrum von Dodecan.

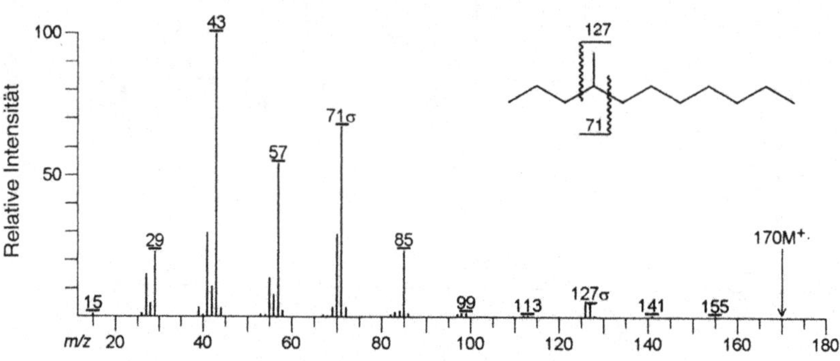

3.3 Massenspektrum von 4-Methylundecan.

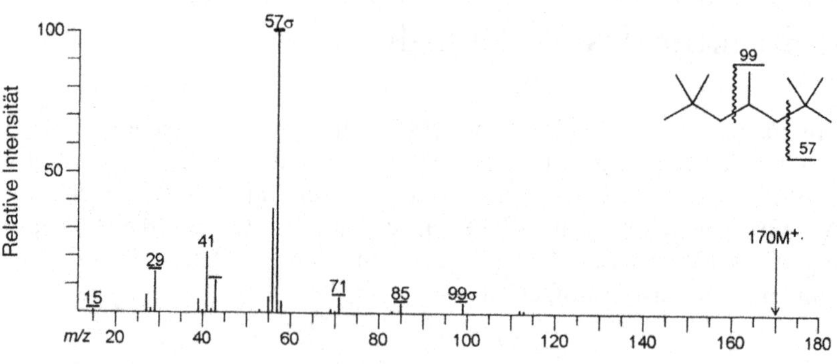

3.4 Massenspektrum von 2,2,4,6,6-Pentamethylheptan.

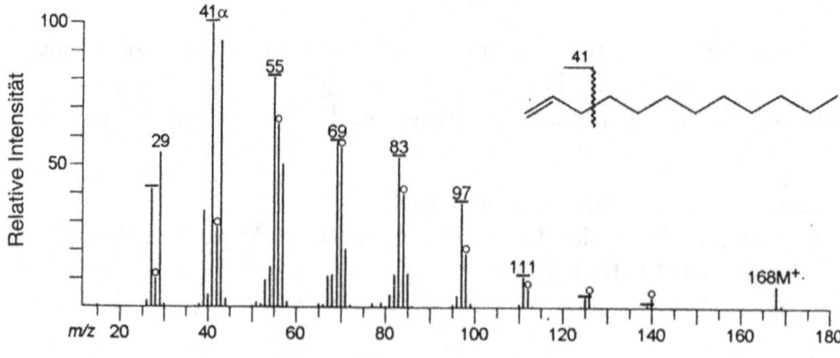

3.5 Massenspektrum von 1-Dodecen.

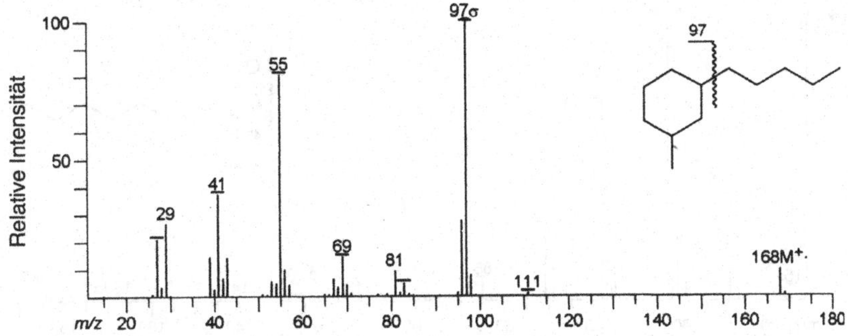

3.6 Massenspektrum von 1-Methyl-3-pentylcyclohexan.

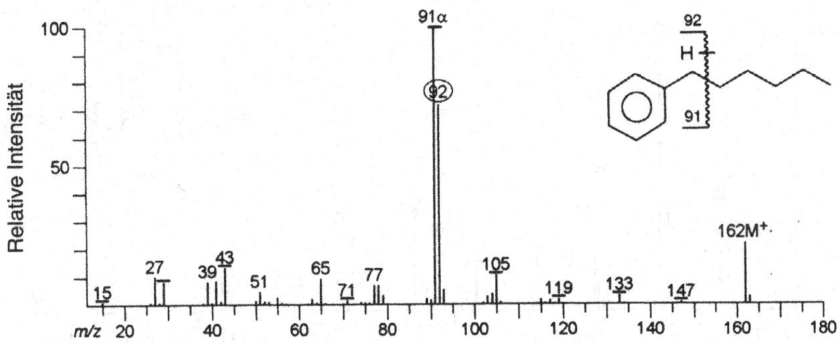

3.7 Massenspektrum von 1-Phenylhexan.

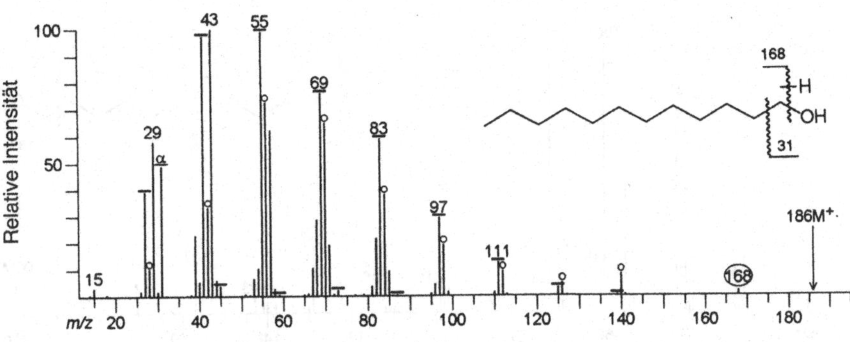

3.8 Massenspektrum von 1-Dodecanol.

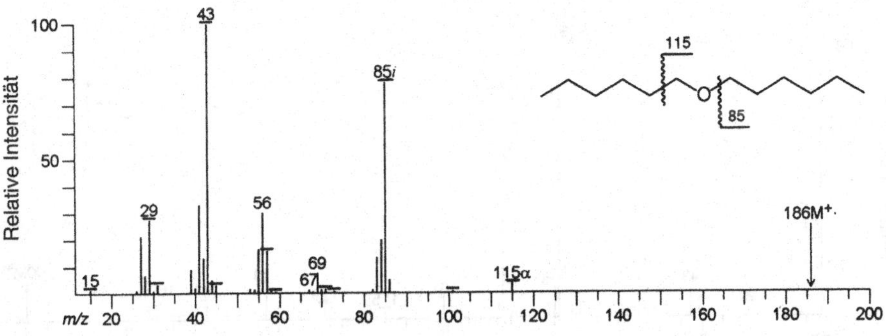

3.9 Massenspektrum von Diehexylether.

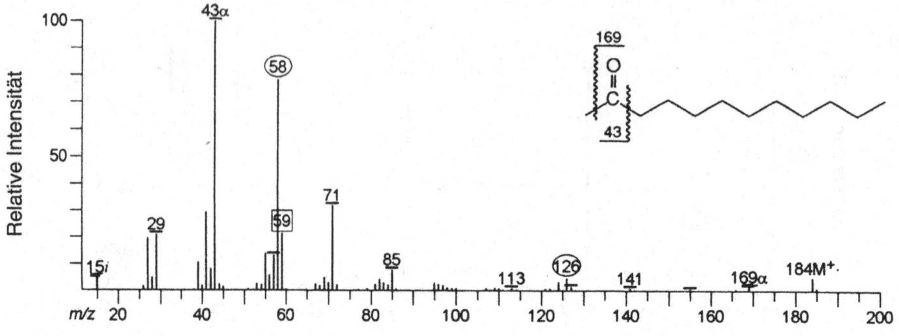

3.10 Massenspektrum von 2-Dodecanon.

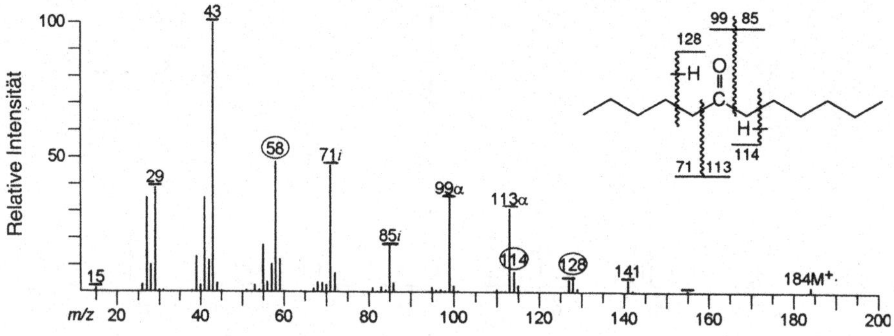

3.11 Massenspektrum von 6-Dodecanon.

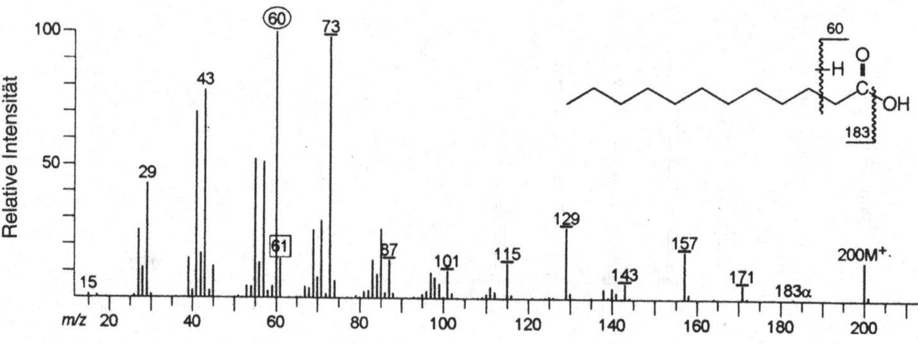

3.12 Massenspektrum von Dodecansäure.

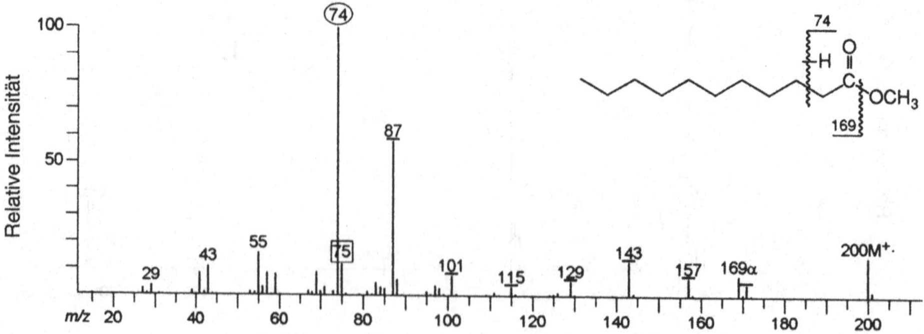

3.13 Massenspektrum von Undecansäuremethylester.

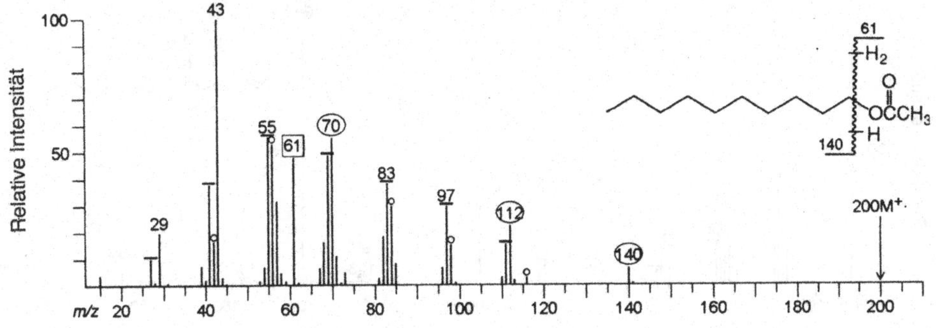

3.14 Massenspektrum von Essigsäuredecylester.

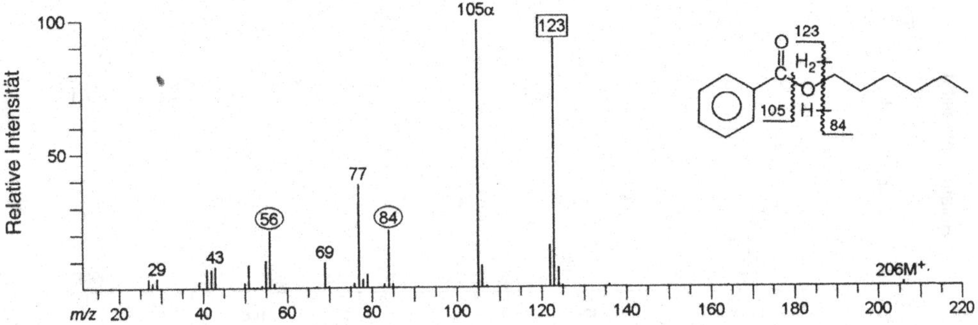

3.15 Massenspektrum von Benzoesäurehexylester.

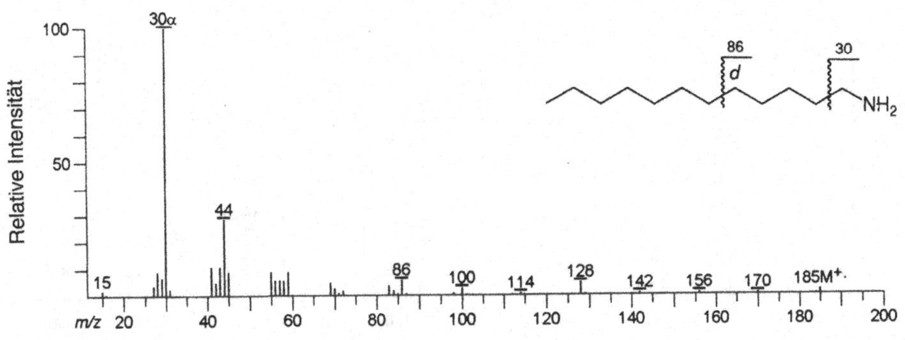

3.16 Massenspektrum von Dodecylamin.

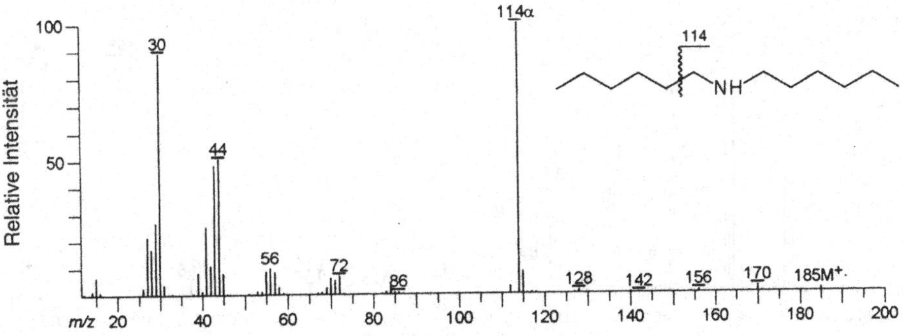

3.17 Massenspektrum von Dihexylamin.

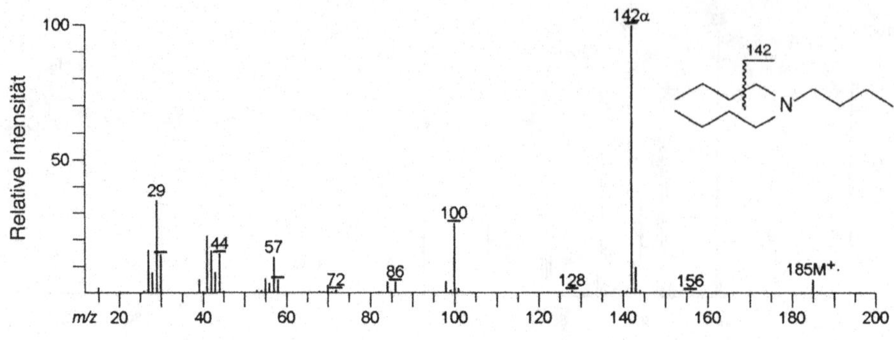

3.18 Massenspektrum von Tributylamin.

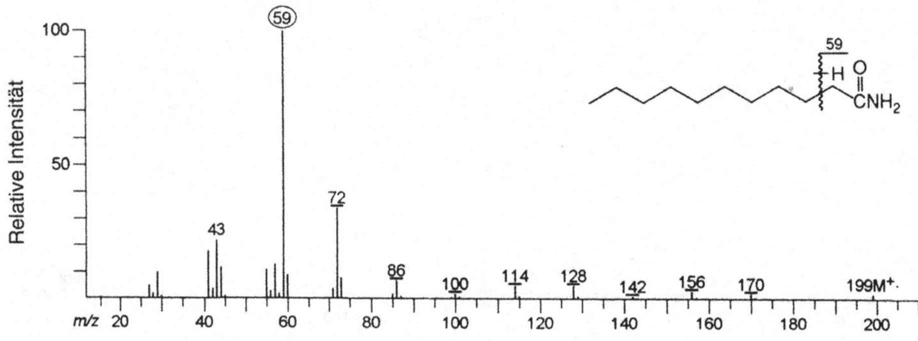

3.19 Massenspektrum von Dodecansäureamid.

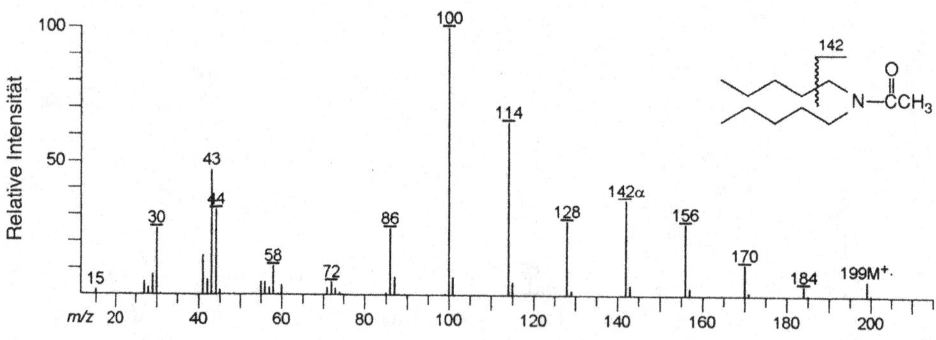

3.20 Massenspektrum von N,N-Dipentylacetamid.

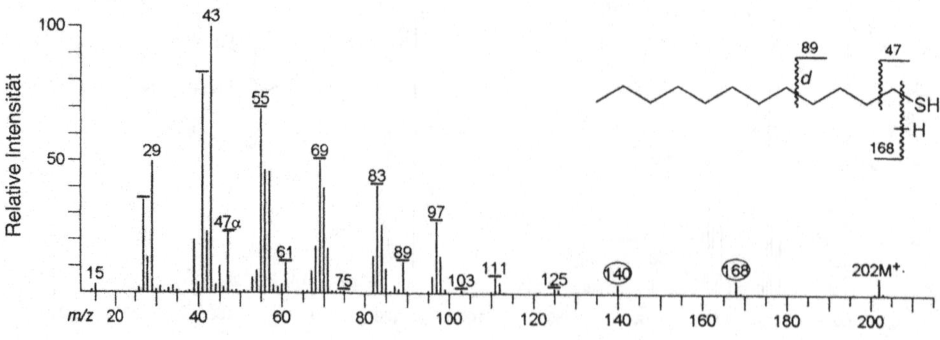

3.21 Massenspektrum von Dodecanthiol.

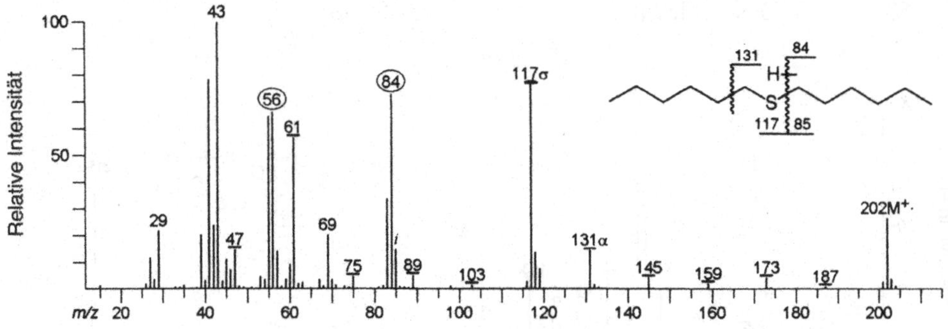

3.22 Massenspektrum von Dihexylsulfid.

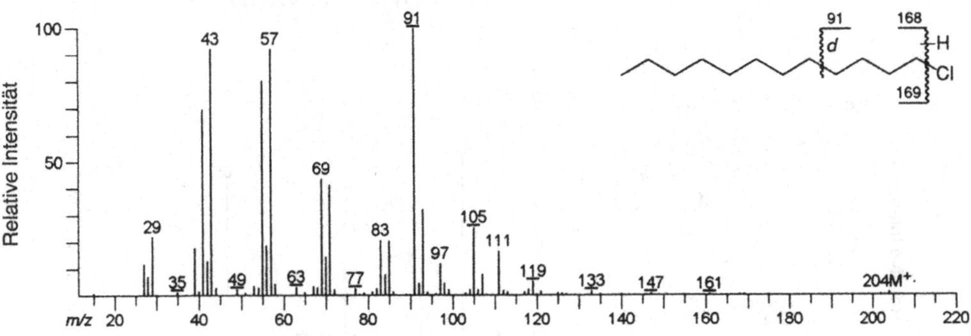

3.23 Massenspektrum von 1-Chlordodecan.

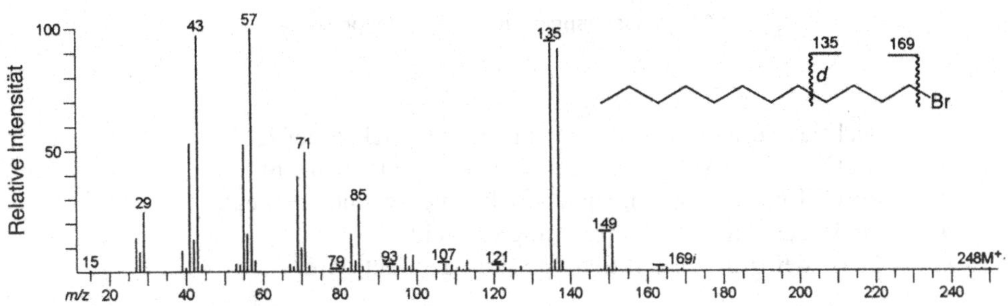

3.24 Massenspektrum von 1-Bromdodecan.

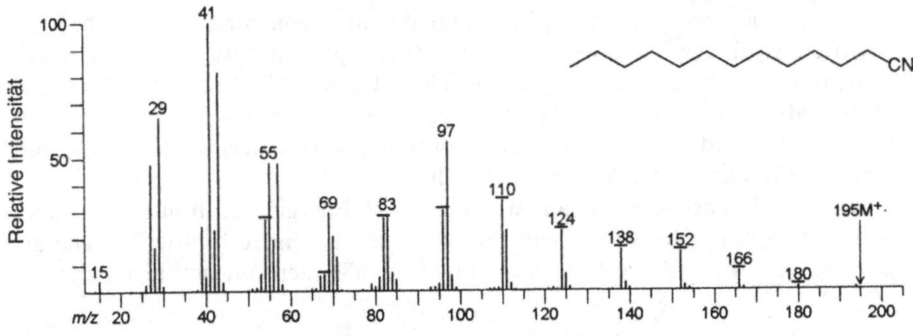

3.25 Massenspektrum von Dodecylcyanid.

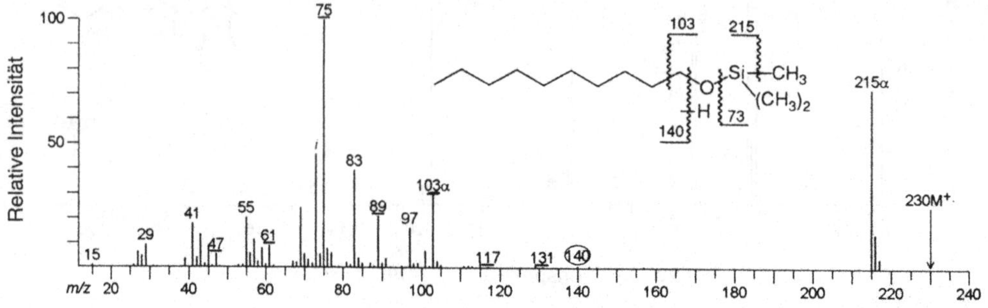

3.26 Massenspektrum des Trimethylsilylderivats von Decanol.

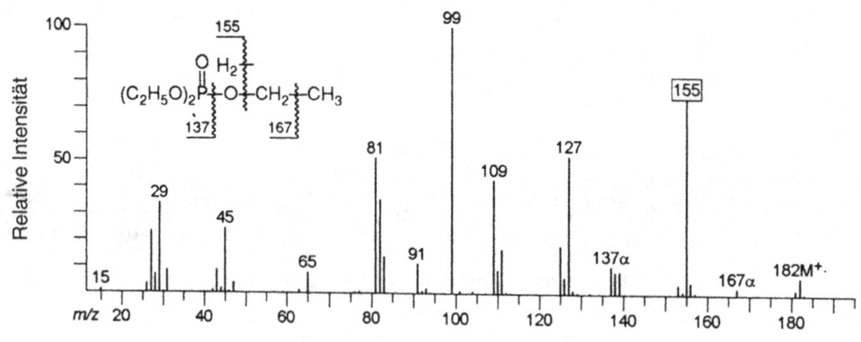

3.27 Massenspektrum von Triethylphosphat.

⫯	wichtige Serie von Ionen mit ungerader Elektronenzahl
⊤	wichtige Serie von Ionen mit gerader Elektronenzahl
σ	durch Ionisierung von sigma-Elektronen gebildeter Peak
α	Peak, der durch alpha-Spaltung entsteht
i	Peak, der durch induktive Spaltung gebildet wird

Im allgemeinen läuft die Stabilität des Moleküls parallel zu der des $M^{+\cdot}$, so daß sie an der Intensität des Molekül-Ionen-Peaks abgelesen werden kann. $[M^{+\cdot}]$ wächst mit zunehmender Zahl an Mehrfachbindungen und Ringen im Molekül, wie durch die hervorstechende Intensität des $M^{+\cdot}$ von Strychnin (Abb. 3.28) illustriert wird. Die Auswirkung des Molekulargewichts ist dagegen weniger eindeutig. Mit wachsender Kettenlänge bis zu C_6 oder C_8 nimmt $[M^{+\cdot}]$ deutlich ab (s. Tab. A.4), steigt aber oft bei längeren unverzweigten Ketten wieder an (Abschn. 9.4 und 9.5). Eine Kettenverzweigung vermindert die Stabilität und damit die Intensität des $M^{+\cdot}$ beträchtlich.

Die $M^{+\cdot}$-Intensität steigt an, wenn weniger Energie zur Ionisierung eines Moleküls benötigt wird (das heißt, wenn es eine geringere Ionisierungsenergie besitzt). Auf diese Weise können mehr Molekül-Ionen mit geringerer innerer

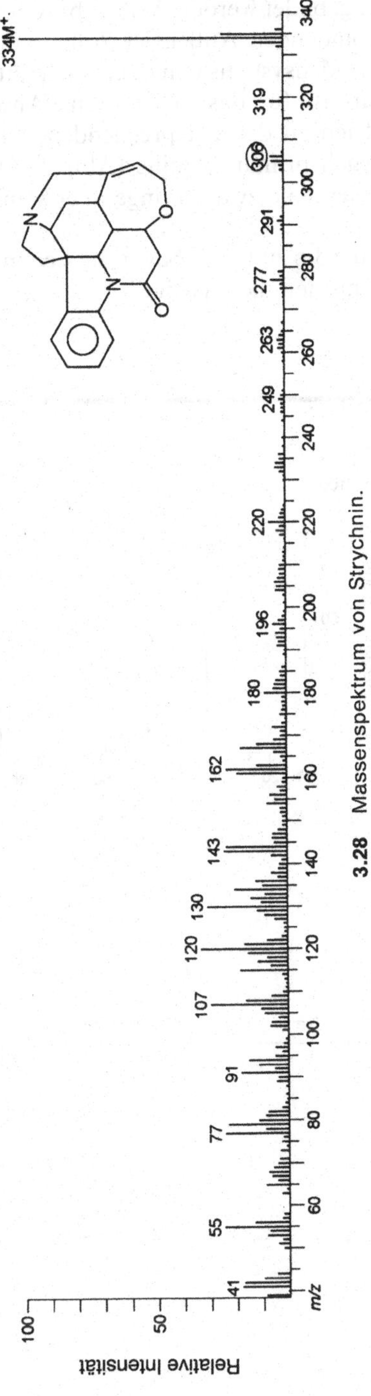

3.28 Massenspektrum von Strychnin.

Energie („kalte Ionen") gebildet werden. Wie Tab. A.3 zeigt, nimmt die Ionisierungsenergie der nichtbindenden Außenelektronen von Heteroatomen innerhalb einer Reihe des Periodensystems von oben nach unten und von rechts nach links ab. Diese Tendenz ist für das dramatische Anwachsen von [$M^{+\cdot}$] bei Mercaptanen im Vergleich zu den entsprechenden Alkoholen verantwortlich (Abb. 3.8 und 3.21). Auch primäre Amine (Abb. 3.16) zeigen gegenüber den entsprechenden Alkoholen eine zwar geringe aber signifikante Erhöhung von [$M^{+\cdot}$].

Versuchen Sie, Aufgabe 3.6 zu lösen, bevor Sie sich mit dem nächsten wichtigen Gebiet, den Mechanismen, beschäftigen.

Aufgabe 3.6

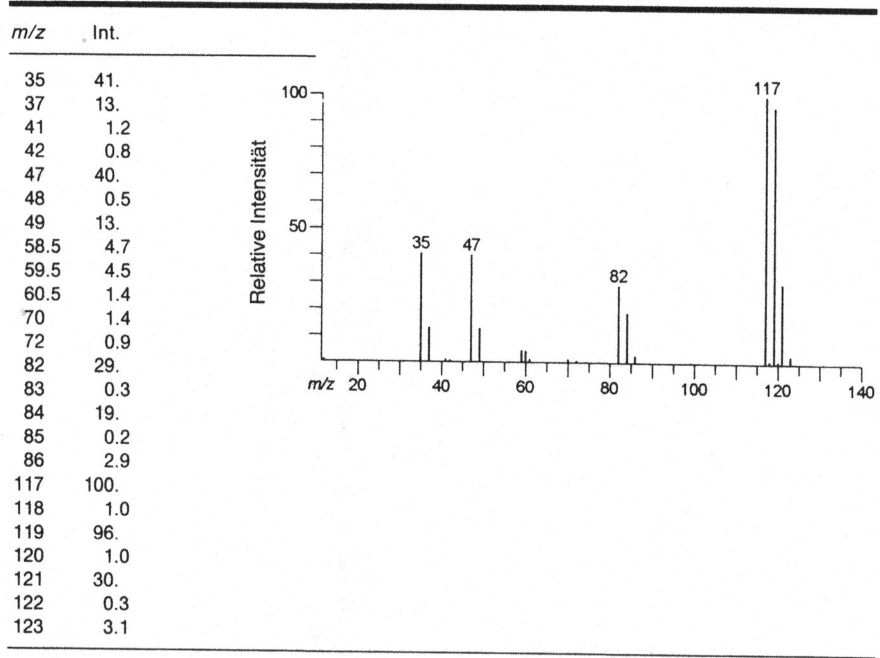

m/z	Int.
35	41.
37	13.
41	1.2
42	0.8
47	40.
48	0.5
49	13.
58.5	4.7
59.5	4.5
60.5	1.4
70	1.4
72	0.9
82	29.
83	0.3
84	19.
85	0.2
86	2.9
117	100.
118	1.0
119	96.
120	1.0
121	30.
122	0.3
123	3.1

4. Ionen-Fragmentierungsmechanismen: Grundlagen

In Kapitel 1 wurde festgestellt, daß „das Massenspektrum das Molekulargewicht und Massen von Molekülteilen" zeigt. Diese Betrachtungsweise ist stark vereinfacht, da sie die *Ionenhäufigkeit* als zweite Dimension des Massenspektrums vernachlässigt. Die relative Intensität eines Fragment-Ions bezogen auf das Molekül-Ion und andere Fragment-Ionen gibt Auskunft über die *Struktur dieses Fragments und seine Umgebung im Molekül.* Um diese Information zu nutzen, müssen wir die Parameter, die die Intensität beeinflussen, kennen und verstehen. In diesem Kapitel werden wir mit einer teilweise empirischen Diskussion dieser Faktoren beginnen. In Kapitel 7 werden die Grundprozesse bei der Bildung von Massenspektren untersucht und in Kapitel 8 werden die Mechanismen im Detail besprochen. Es ist wichtig zu wissen, daß die Massenspektrometrie *nicht* alle Strukturmerkmale erkennen kann. Komplexe und konkurrierende chemische Wechselwirkungen in der Massenspektrometrie begrenzen unsere derzeitigen Möglichkeiten, Spektren nur anhand der Intensitätsfaktoren zu interpretieren. Um bei komplexeren Molekülen dem gemessenen Massenspektrum die richtige Struktur zuzuordnen, müssen wir die Spektren von nahe verwandten Molekülen kennen.

Monomolekulare Ionen-Zerfälle können als ein Spezialgebiet der Chemie aufgefaßt werden. Erfreulicherweise können aber die meisten Chemiker viele Ähnlichkeiten zu pyrolytischen, photolytischen, radiolytischen und anderen energiereichen Reaktionen entdecken. Es treten sogar viele Analogien zu organischen Reaktionen in Lösung auf. Die größten Unterschiede liegen darin, daß an allen Reaktionen im Massenspektrometer Ionen und oft auch Radikale beteiligt sind. Dies hat Auswirkungen, die dem organischen Chemiker manchmal ungewöhnlich erscheinen. Manchmal stellen Chemiker die Verläßlichkeit der Strukturinformation, die aus Umlagerungsreaktionen erhalten wird, auch in Frage. Viele dieser Umlagerungen basieren aber auf einer bekannten Chemie und können deshalb Schlüsselinformationen zur Srukturaufklärung liefern.

4.1 Monomolekulare Ionen-Zerfälle

Massenspektrometrische Reaktionen sind *monomolekular*, denn der Druck in der EI-Ionen-Quelle ist so niedrig, daß bimolekulare („Ionen-Molekül-Reaktionen") oder andere Reaktionen, die bei Zusammenstößen erfolgen, vernachlässigt werden können. Energiereiche (70 eV) Elektronen wechselwirken mit den gasförmigen Probenmolekülen über einen weiten Abstandsbereich, so daß Molekül-Ionen ($M^{+\cdot}$) mit einer großen Bandbreite an kinetischer Energie gebildet werden. Diejenigen von ihnen, die „kalt" (energiearm) genug sind, zerfallen nicht weiter und werden als $M^{+\cdot}$ gesammelt und registriert. Genügend angeregte $M^{+\cdot}$ können eine Vielzahl von enegieabhängigen Zerfallsreaktionen eingehen, bei denen immer ein Ion und ein Neutralteilchen gebildet werden. Das entstandene Ion kann bei ausreichender Energie weiter fragmentieren. Im Massenspektrum der Verbindung ABCD (Gl. 4.1) beruht die Häufigkeit von BCD^+ auf den mittleren Geschwindigkeiten seiner Bildung und Zersetzung, während $[BC^+]$ von den relativen Geschwindigkeiten mehrerer Konkurrenz- und Folgereaktionen abhängt. Auch die Isomerisierung ist eine mögliche monomolekulare Reaktion. Die Bildung des $OE^{+\cdot}$-Ions $AD^{+\cdot}$ erfordert eine *Umlagerung* (*r*, engl. rearrangement) der Bindungen im Molekül-Ion $ABCD^{+\cdot}$.

$$
\begin{array}{lllll}
ABCD \xrightarrow{-e} ABCD^{+\cdot} & \longrightarrow & A^+ + BCD\cdot & & \\
 & \longrightarrow & A\cdot + BCD^+ & & \\
 & & \quad\llcorner\!\longrightarrow & BC^+ + D & \\
 & \longrightarrow & D\cdot + ABC^+ & & \\
 & & \quad\llcorner\!\longrightarrow & A + BC^+ & \\
 & \xrightarrow{r} & AD^{+\cdot} + B{=}C & &
\end{array}
\qquad (4.1)
$$

4.2 Faktoren, die die Ionen-Häufigkeit beeinflussen

Die folgenden allgemeinen Richtlinien zur Voraussage von monomolekularen Ionen-Zerfällen bauen auf chemischen Grundprinzipien auf.

Stabilität der Produkt-Ionen. Die Häufigkeit eines Ions wird am stärksten durch seine Stabilität beeinflußt. Ionen-Stabilisierung kann durch ein nichtbindendes Orbital eines Heteroatoms erreicht werden, das seine Elektronen mit dem benachbarten ladungstragenden Atom teilt und so einen Teil der Ladung übernimmt. Dies ist zum Beispiel beim Acetyl-Ion $CH_3-\overset{+}{C}=O \leftrightarrow CH_3-C\equiv\overset{+}{O}$ mit nichtbindenden Orbitalen am Sauerstoff der Fall (die zweite Resonanzstruktur ist isoelektronisch mit $CH_3-C\equiv N$). Der zweite Haupttyp der Ionen-Stabilisierung, die Resonanzstabilisierung, tritt zum Beispiel im Allylkation $CH_2=CH-\overset{+}{C}H_2 \leftrightarrow \overset{+}{C}H_2-CH=CH_2$ und im Benzylkation $C_6H_5CH_2{}^+$ auf. (Das Phenylkation ist dagegen viel energiereicher, da es nur fünf π-Elektronen besitzt, während für Aromatizität sechs π-Elektronen erforderlich sind.) Bei $OE^{+\cdot}$-Ionen können Isomere mit getrennter Ladungs- und Radikalstelle („distonische Radikal-Ionen", Radom *et al.* 1984) stabiler sein als ihre klassischen Vertreter: $CH_3CH_2CH_2CH=O^{+\cdot} \rightarrow \cdot CH_2CH_2CH_2CH=O^+H$, $CH_3NH_2{}^{+\cdot} \rightarrow \cdot CH_2N^+H_3$.

Die Stevenson-Regel (1951). Ionen mit ungerader Elektronenzahl können beim Bruch einer Einfachbindung zu zwei verschiedenen Produktsätzen aus Ion und Radikal zerfallen. Die Spaltung von $ABCD^{+\cdot}$ kann die Produkte $A^+ + \cdot BCD$ oder $A\cdot + BCD^+$ ergeben. Ein Maß für die Tendenz der Fragmente, das ungepaarte Elektron an sich zu ziehen, ist die Ionisierungsenergie (*IE*, Tab. A.3). Das Fragment mit der höheren *IE* besitzt eine größere Tendenz, das ungepaarte Elektron zu behalten. Deshalb ist die Wahrscheinlichkeit zur Bildung des Fragment-*Ions* mit geringerem *IE*-Wert höher. Da dieses Ion normalerweise auch stabiler ist, bildet es das intensivere der beiden möglichen Ionen (Audier 1969; McLafferty *et al.* 1970b; Harrison *et al.* 1971).

Verlust der größten Alkylgruppe. Eine wichtige *Ausnahme*, bei der die Intensität mit wachsender Stabilität der Ionen abnimmt, tritt bei der Abspaltung von Alkylradikalen auf. Allgemein ist die Abspaltung des *größten* Alkylradikals bevorzugt (Gl. 4.2).

$$C_2H_5-\overset{\displaystyle CH_3}{\overset{|}{C}H}-C_4H_9^{+\cdot} \longrightarrow [C_2H_5\overset{\displaystyle CH_3}{\overset{|}{\underset{+}{C}H}}] > [+\overset{\displaystyle CH_3}{\overset{|}{C}}HC_4H_9] > [C_2H_5\overset{+}{C}HC_4H_9] > [C_2H_5\overset{\displaystyle CH_3}{\overset{|}{\underset{+}{C}}}C_4H_9] \quad (4.2)$$

Stabilität der neutralen Zerfallsprodukte. Obwohl der Zerfallsweg durch die Stabilität des ionischen Produktes viel stärker beeinflußt wird, kann ein energiearmes radikalisches Produkt einen zusätzlichen Einfluß ausüben. Radikale können durch elektronegative Atome wie Sauerstoff (Alkoxyradikale, $\cdot OR$) oder Resonanz ($\cdot CH_2-CR=OH^+ \leftrightarrow CH_2=CR-OH^{+\cdot}$) stabilisiert werden. Das neutrale Spaltprodukt kann auch ein Molekül sein. Kleine, stabile Moleküle mit hoher Ionisierungsenergie wie H_2, CH_4, H_2O, C_2H_4, CO, NO, CH_3OH, H_2S, HCl, $CH_2=C=O$ und CO_2 werden bevorzugt gebildet (Tab. A.5).

Entropie und sterische Effekte. Die Reaktionen, die die stabilsten Produkte mit den geringsten Enthalpien liefern, stellen oft strenge Anforderungen an die Anordnung der Atome im Übergangszustand. Dies trifft besonders für Umlagerungen zu, bei denen die Struktur des Übergangszustandes nur einen sehr kleinen Teil der möglichen Ionen-Konformationen darstellt. Dies kann dazu führen, daß bei höherer innerer Energie des Mutter-Ions Dissoziationen mit weniger strengen Anforderungen an die Entropie aber höheren Enthalpiebarrieren, wie zum Beispiel einfache Bindungsbrüche, bevorzugt ablaufen.

Aufgabe 4.1. Sagen Sie das häufigste Tochter-Ion im Massenspektrum von folgender Verbindung voraus:

$$H_2N-C_6H_4-CH_2-CH_2-C_6H_5$$

4.3 Radikal- und ladungsinduzierte Reaktionen

Für die Vorhersage von Zerfallswegen benutzen wir die stark vereinfachte Annahme, daß die Reaktion am bevorzugten Aufenthaltsort des ungepaarten Elektrons und der positiven Ladung im fragmentierenden Ion einsetzt. Diese Stelle liefert je nach ihrem chemischen Charakter die Triebkraft für spezifische Reaktionen. Obwohl diese Betrachtung bestenfalls eine grobe Annäherung an die tatsächlichen Elektronenverhältnisse darstellt, bietet sie die Möglichkeit, die Reaktionen unterschiedlichster Struktureinheiten zusammenzufassen (und dadurch besser zu behalten). Bei den Dissoziationen, die durch ungepaarte Elektronen oder Ladungen eingeleitet werden, handelt es sich um homolytische bzw. heterolytische Spaltungen, das heißt um grundlegende Reaktionen der organischen Chemie (McMurry 1984).

Als günstigste Aufenthaltsorte für das ungepaarte Elektron und die Ladung im Molekül-Ion werden diejenigen angenommen, die durch Verlust des Elektrons mit der geringsten Ionisierungsenergie (*IE*, Tab. A.3) entstehen. Die relativen Energieanforderungen entsprechen denen von Elektronenübergängen in Ultraviolett-Spektren: die Ionisierung wird in der Reihenfolge σ- < π- < n-Elektronen zunehmend einfacher.

$$\text{Sigma } (\sigma): \quad RH_2C{:}CH_2R' \xrightarrow{-e^-} RH_2C^{+\cdot}CH_2R'$$

$$\text{Pi } (\pi): \quad RHC{::}CHR' \xrightarrow{-e^-} RHC{:\overset{+}{\cdot}}CHR'$$

$$\text{nicht-bindend } (n): \quad R\!-\!\ddot{O}\!-\!R' \xrightarrow{-e^-} R\!-\!\overset{+\cdot}{O}\!-\!R'$$

Das Symbol $^{+\cdot}$ hinter einem Molekül bezeichnet ein Ion mit ungerader Elektronenzahl, ohne den genauen Aufenthaltsort des Radikals zu bestimmen. Der Gebrauch von $^{\cdot}$ und $^{+}$ innerhalb eines Moleküls, wie in $CH_3{}^{+\cdot}CH_3$, steht für lokalisierte Radikale und Ladungen.

4.4 Reaktionstypen

Zerfälle, die nur die Spaltung einer einzigen Bindung in einem Molekül-Ion mit ungerader Elektronenzahl ($OE^{+\cdot}$-Ion) beinhalten, führen zu Fragment-Ionen mit gerader Elektronenzahl (EE^{+}-Ionen) und ungeladenen Radikalen:

$$\begin{aligned} CH_3CH_2{}^{+\cdot}CH_3 &\longrightarrow CH_3CH_2{}^{+} + \cdot CH_3 \\ &\longrightarrow CH_3CH_2\cdot + CH_3{}^{+} \end{aligned} \tag{4.3}$$

Die beiden Fragmente konkurrieren um die Ladung und das ungepaarte Elektron. Die Intensitäten der beiden möglichen ionischen Produkte sind bei diesem Reaktionstyp nur durch Zufall gleich (Stevenson-Regel, Abschn. 4.2).

Dagegen wird bei der Spaltung von *zwei* Bindungen in $M^{+\cdot}$ ein $OE^{+\cdot}$-Ion gebildet. Umlagerungen und Fragmentierungen von Ringen stellen zwei Möglichkeiten dar, bei denen intensive $OE^{+\cdot}$-Ionen entstehen können:

$$\text{(cyclo-}H_2C{-}CHOH^{+\cdot}/H_2C{-}CH_2\text{)} \rightarrow H_2C{=}CHOH^{+\cdot} + H_2C{=}CH_2 \quad \text{(Ladungserhalt)}$$
$$\rightarrow H_2C{=}CHOH + H_2C{=}CH_2^{+\cdot} \quad \text{(Ladungswanderung)} \qquad (4.4)$$
$$\text{(H, }OH^{+\cdot}\text{ an }H_2C{-}CH_2\text{)} \rightarrow HOH^{+\cdot} + H_2C{=}CH_2 \quad \text{(Ladungserhalt)}$$
$$\rightarrow HOH + H_2C{=}CH_2^{+\cdot} \quad \text{(Ladungswanderung)}$$

Auch bei diesen Reaktionen konkurrieren die Fragmente um die Ladung und das ungepaarte Elektron. Auf ähnliche Weise entsteht durch Spaltung von drei Bindungen in $M^{+\cdot}$ ein EE^{+}-Ion:

$$[CH_3CH_2{-}CH_3CH(H)(H)]^{+\cdot} \longrightarrow CH_3CH_2\cdot + C_2H_3^{+} + H_2 \qquad (4.5)$$

Die Zerfälle von Ionen mit gerader Elektronenzahl werden sehr stark durch die bevorzugte Bildung eines EE^{+}-Ions und EE^{0}-Neutralteilchens beeinflußt („Regel der geraden Elektronenzahl", Cummings und Bleakney 1940; Friedman und Long 1953; Karni und Mandelbaum 1980). Bei der Bildung eines $OE^{+\cdot}$-Ions aus einem EE^{+}-Ion muß gleichzeitig ein neutrales Radikal entstehen. Dies erfordert die energetisch ungünstige Trennung eines Elektronenpaares (Gl. 4.6).

$$CH_3CH_2{-}\overset{+}{O}{=}CH_2 \rightarrow CH_3CH_2^{+} + O{=}CH_2 \quad \text{(Ladungswanderung)}$$
$$\rightarrow CH_2{=}CH_2 + H\overset{+}{O}{=}CH_2 \quad \text{(Umlagerung, Ladungserhalt)}$$
$$\rightarrow CH_3CH_2^{\cdot} + O{=}CH_2^{+\cdot} \quad \text{(ungünstig)} \qquad (4.6)$$
$$\text{(cyclo-}H_2C{-}\overset{+}{C}H/H_2C{-}CH_2\text{)} \rightarrow CH_2{=}\overset{+}{C}H + CH_2{=}CH_2 \quad \text{(Ladungserhalt)}$$
$$\rightarrow CH_2{=}\dot{C}H + CH_2{=}CH_2^{+\cdot} \quad \text{(ungünstig)}$$

Die Field-Regel (1972). Bei Zerfällen von EE^{+}-Ionen, die zum gleichen EE^{+}-Produkt führen, ist die Tendenz, ein Teilchen ohne Ladung abzuspalten, bei Molekülen mit geringer Protonenaffinität (PA) größer. Zum Beispiel ist die

Tabelle 4.1: Ionen-Zerfallsmechanismen

Mutter-Ion (Vorläufer)	Anzahl der gespaltenen Bindungen	Tochter-Ion (Produkt)[a] Ladungserhalt	Tochter-Ion (Produkt)[a] Ladungswanderung
$OE^{+\cdot}$ ($M^{+\cdot}$)	1	EE^+ (α)	EE^+ (i)
$OE^{+\cdot}$ ($M^{+\cdot}$)	2	$OE^{+\cdot}$ ($\alpha\alpha$)	$OE^{+\cdot}$ (αi)
$OE^{+\cdot}$ ($M^{+\cdot}$)	3	EE^+ ($\alpha\alpha\alpha$)	[EE^+ ($\alpha\alpha i$)][b]
EE^+	1	[$OE^{+\cdot}$][b]	EE^+
EE^+	2	EE^+	[$OE^{+\cdot}$][b]

[a] „α" und „i" bezeichnen alpha- bzw. induktive Spaltungen (Erklärung im Text). Zwei *i*-Reaktionen führen zum selben Verhalten der Ladung (Erhalt oder Wanderung) wie zwei α-Reaktionen. Die Reaktionen, die zu den Produkten in eckigen Klammern führen, werden in Kapitel 8 diskutiert.

[b] nicht bevorzugt

Bildung von $C_2H_5^+$ und $O{=}CH_2$ (PA = 7.4 eV) aus $C_2H_5O^+{=}CH_2$ (Gl. 4.6) gegenüber der Entstehung von $C_2H_5^+$ und $S{=}CH_2$ (PA = 8.9 eV) aus $C_2H_5S^+{=}CH_2$ deutlich bevorzugt.

Die sieben Haupttypen von Kationen-Fragmentierungen, die in diesem Kapitel beschrieben werden, sind in Tabelle 4.1 aufgeführt. Die zusätzlich in eckigen Klammern aufgeführten Produkt-Ionen werden in Kapitel 8 behandelt. Zerfälle von Ionen mit ungerader Elektronenzahl werden in den Abschnitten 4.5 bis 4.7 (Spaltung einer Bindung), 4.8 und 4.9 (Spaltung von zwei Bindungen) und 4.10 (Spaltung von drei Bindungen) behandelt. Fragmentierungen von EE^+-Ionen durch Spaltung von einer und zwei Bindungen sind in den Abschnitten 4.7 bzw. 4.10 beschrieben. Merken Sie sich, daß die Bildung von $OE^{+\cdot}$-Ionen *nur* bei der Spaltung von zwei Bindungen in einem $OE^{+\cdot}$-Mutter-Ion bevorzugt ist. Aus diesem Grund sollten Sie wichtige $OE^{+\cdot}$-Ionen im Spektrum markieren (Abschn. 3.4).

Übersicht. Die Mechanismen der in diesem Kapitel behandelten Ionen-Zerfallsreaktionen sind zum schnellen Nachschlagen auf der Innenseite des hinteren Einbandes zusammengefaßt.

4.5 Dissoziation einer sigma-Bindung σ

$$\text{Alkane:} \quad R^{+\cdot}CR_3 \xrightarrow{\sigma} R\cdot + \overset{+}{C}R_3 \tag{4.7}$$

Bei gesättigten Kohlenwasserstoffen ist die Ionisierung des σ-Bindungssystems der Prozeß mit der niedrigsten Energie. Die Ionisierung von Ethan erhöht beispielsweise die C–C-Bindungslänge um ≈30% und halbiert seine Bindungsdissoziationsenergie (Bellville 1982). Bei der Konkurrenz um die Ladung ist das Fragment-Ion am intensivsten, das die positive Ladung am besten stabilisieren kann. Bei gesättigten Kohlenwasserstoffen führt dies bevorzugt zu Spaltungen an höher substituierten Kohlenstoffatomen, da diese C-Atome die Ladung in den Produkten besser stabilisieren können. (Die Prozentwerte geben die Intensität der Ionen relativ zum Basispeak (größter Peak des Spektrums) an.)

$$(CH_3)C{-}CH_2CH_3 \xrightarrow{-e^-} (CH_3)_3C^{+\bullet}CH_2CH_3 \xrightarrow{\sigma} \underset{100\%}{(CH_3)_3C^+} + \cdot CH_2CH_3 \quad (4.8)$$

Vergleichen Sie auch die Intensitäten der homologen $C_nH_{2n+1}{}^+$-Ionen (eine „EE$^+$-Ionen-Serie", Abschn. 5.2) in den Abbildungen 3.2 bis 3.4 und im Spektrum von Pristan (Abb. 4.1). Bei der Spaltung von σ-Bindungen am selben Kohlenstoffatom gilt die Regel vom Verlust des größten Alkylradikals. Damit ergibt sich für die Schlüsselpeaks bei *m/z* 113 und 183 in Abbildung 4.1: $[(M-C_6H_{13})^+] < [(M-C_{11}H_{23})^+]$. Die intensiven $C_nH_{2n+1}{}^+$-Ionen, wie zum Beispiel *m/z* 43 und 57, die durch Folgefragmentierungen entstehen, werden in Abschnitt 5.1 diskutiert.

4.6 Radikalisch induzierte Spaltung (α-Spaltung)

Die Gleichungen 4.9 bis 4.12 fassen die homolytischen Dissoziationen (McMurry 1984) zusammen, die in diesem Abschnitt behandelt werden.

gesättigte Stelle:

$$R{-}CR_2{-}\overset{+\bullet}{Y}R \xrightarrow{\alpha} R\cdot + CR_2{=}\overset{+}{Y}R \quad (4.9)$$

$$\overset{+}{Y}R{-}CH_2{-}\overset{\bullet}{C}H_2 \xrightarrow{\alpha} \overset{+\bullet}{Y}R + CH_2{=}CH_2 \quad (4.10)$$

ungesättigtes Heteroatom:

$$R{-}CR{=}\overset{+\bullet}{Y} \xrightarrow{\alpha} R\cdot + CR{\equiv}\overset{+}{Y} \quad (4.11)$$

Alken (Allylspaltung):

$$R{-}CH_2{-}\overset{+\bullet}{CH}{-}CH_2 \xrightarrow{\alpha} R\cdot + CH_2{=}CH{-}\overset{+}{C}H_2 \quad (4.12)$$

Die Anregung der Reaktion durch das Radikal beruht auf seiner starken Tendenz zur *Elektronenpaarung*. Mit dem ungepaarten Elektron wird *eine neue*

Bindung zu einem Nachbaratom (α-Atom) gebildet. Gleichzeitig wird eine andere Bindung dieses α-Atoms gespalten. Diese Reaktion wird deshalb auch „α-Spaltung" genannt (s. auch Abb. 3.9):

$$CH_3—CH_2—\overset{+\cdot}{O}C_2H_5 \xrightarrow{\alpha} \cdot CH_3 + CH_2{=}\overset{+}{O}C_2H_5 \quad (\leftrightarrow \overset{+}{C}H_2—OC_2H_5) \tag{4.13}$$

50% (COH_3^+ = 100%)

Neutrale Radikale gehen analoge α-Spaltungen ein (Green 1980, Ci und Whitten 1989). Die Übertragung eines *einzelnen* Elektrons wird durch einen Pfeil mit einer „halbseitigen" Pfeilspitze (Ein-Elektronen-Pfeil, „fishhook") symbolisiert. Bei solchen *homolytischen* Spaltungen verschiebt sich zwangsweise die Lage des ungepaarten Elektrons. Pfeile mit doppelseitigen Pfeilspitzen (Zwei-Elektronen-Pfeile) zeigen die Übertragung eines Elektronenpaares an; bei diesen *heterolytischen* Spaltungen wandert die Ladung (Abschn. 4.7; Shannon 1964).

Die Triebkraft dieser Reaktionen ist dieselbe, die der hohen Reaktivität von neutralen Radikalen bei Dimerisierungen und Wasserstoffabstraktionen zugrunde liegt. Bei Radikalkationen konkurrieren allerdings Radikal und Ladung um die Einleitung der Reaktion. Die Tendenz des Radikals, die Reaktion in Konkurrenz zur Ladung einzuleiten, nimmt mit abnehmender Elektronendonator-Kapazität ab: $N > S, O, \pi, R\cdot > Cl, Br > H$. π steht dabei für ein ungesättigtes System und $R\cdot$ für ein Alkylradikal. (Diese Rangordnung bedeutet aber nicht, daß ein Chloratom in Abwesenheit von stärkeren Triebkräften keine Radikalreaktion auslösen kann.) Die Donatorkapazität einer bestimmten Stelle im Molekül wird auch durch ihre Umgebung beeinflußt. Um diesen Einfluß vorherzusagen, können im allgemeinen Resonanz- und induktive Effekte herangezogen werden.

Aliphatische Ether sollten bevorzugt unter Verlust eines *n*-Elektrons am Sauerstoff ionisiert werden (Gl. 4.13). Nachdem das ungepaarte Elektron zur benachbarten C–O-Bindung gewandert ist, wird ein weiteres Elektron aus einer anderen Bindung dieses α-Kohlenstoffatoms auf diese C–O-Bindung übertragen. Die dabei entstehende Ein-Elektronen-Bindung wird gespalten und es entsteht ein Alkylradikal und ein resonanzstabilisiertes Oxonium-Ion. Je größer der Doppelbindungscharakter dieses Oxonium-Ions ist, desto geringer ist die Aktivierungsenergie (kritische Energie) der Reaktion. Beachten Sie, daß bei diesem Prozeß nur das Radikal wandert, die Ladung bleibt dagegen am Sauerstoff.

Aufgabe 4.2. Sagen Sie das intensivste Ion im Massenspektrum von $HO-CH_2-CH_2-NH_2$ voraus.

Die α-Spaltung an einer Carbonylgruppe (Gl. 4.14) läuft in analoger Weise ab. Dabei wird ein stabiles Acylium-Ion gebildet (s. Abb. 3.10 und 3.11):

$$(C_2H_5)(C_2H_5)C{=}\overset{+\cdot}{O} \xrightarrow{\alpha} C_2H_5\cdot + C_2H_5—C{\equiv}\overset{+}{O} \tag{4.14}$$

100%

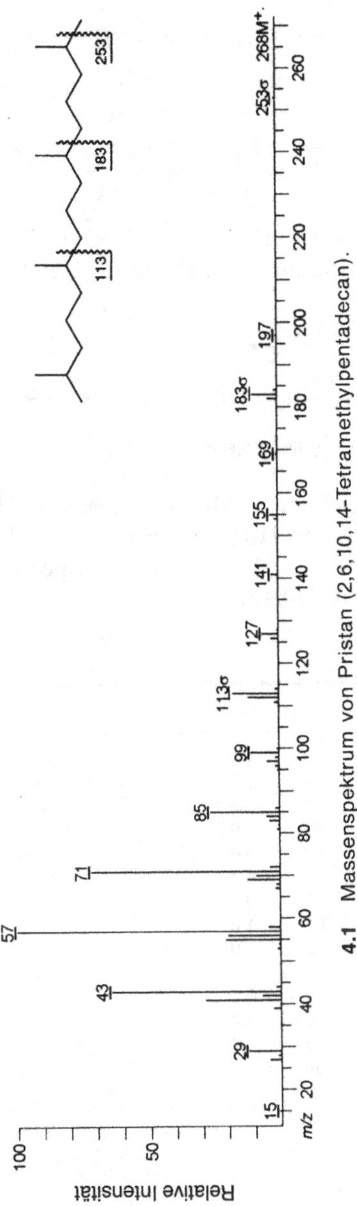

4.1 Massenspektrum von Pristan (2,6,10,14-Tetramethylpentadecan).

Wird die Reaktion durch eine olefinische Doppelbindung (oder ein Phenylsystem) eingeleitet, entsteht ein Allyl- (oder Benzyl-)Kation (Gl. 4.15). Dabei kann sich das Radikal wahlweise an einem der beiden Atome der Doppelbindung befinden. An Carbonyl-Doppelbindungen sind Allyl-Spaltungen weniger bevorzugt, da das dreibindige Oxonium-Ion die günstigere Struktur darstellt. Bei der Allyl-Spaltung hingegen müßte die positive Ladung an einem *einbindigen*

$$CH_3-CH_2-CH\overset{+\cdot}{-}CH_2 \xrightarrow{\alpha} CH_3\cdot + CH_2{=}CH-\overset{+}{C}H_2\ (\leftrightarrow \overset{+}{C}H_2-CH{=}CH_2)$$

100%

$$CH_3-CH_2-\overset{+\cdot}{C_6H_5} \xrightarrow{\alpha} CH_3\cdot + CH_2{=}\overset{+}{C_6H_5}\ (\leftrightarrow \overset{+}{C}H_2-C_6H_5)$$

100% (4.15)

Sauerstoff lokalisiert werden und die zweite Resonanzstruktur ergäbe ein extrem instabiles α-Acylcarbonium-Ion (Dommroese 1987; Gl. 4.16).

$$CH_3-CH_2-C(C_2H_5)\overset{+\cdot}{-}O \not\longrightarrow$$

$$CH_3\cdot + CH_2{=}C(C_2H_5)-\overset{+}{O} \longleftrightarrow \overset{+}{C}H_2-C(C_2H_5){=}O$$

0.5% ($C_3H_5O^+$ = 100%) (4.16)

Aufgabe 4.3. Die „Regel vom Verlust der größten Alkylgruppe" besagt, daß die intensive Abspaltung von H ein ungewöhnlicher Fragmentierungsweg ist. Schlagen Sie für die unbekannte Verbindung 4.3 eine Struktur vor, mit der solch ein H-Verlust erklärt werden kann.

Aufgabe 4.3

m/z	Int.	*m/z*	Int.	*m/z*	Int.
15	1.1	52	1.4	70	1.8
26	3.3	53	8.7	71	3.8
27	8.0	54	0.3	72	0.5
37	4.1	57	3.9	81	0.9
38	4.9	58	6.6	82	1.0
39	13.	59	5.1	83	0.5
40	0.4	60	0.7	95	1.0
45	21.	61	1.6	96	0.6
46	0.9	62	1.9	97	100.
47	1.9	63	3.0	98	56.
48	0.8	64	0.5	99	7.6
49	3.1	65	2.4	100	2.4
50	3.6	68	0.7		
51	4.0	69	6.2		

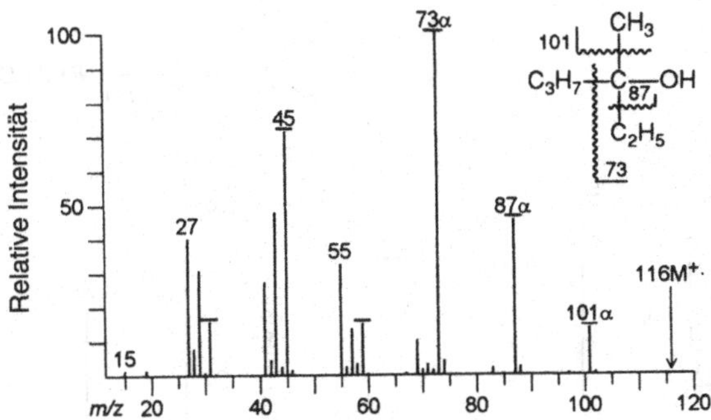

4.2 Massenspektrum von 3-Methyl-3-hexanol.

$$C_3H_7\text{–}C(CH_3)(C_2H_5)\text{–}\dot{O}^{+}H \xrightarrow{\alpha} [C_2H_5C(CH_3){=}\overset{+}{O}H] > [C_3H_7C(CH_3){=}\overset{+}{O}H] > [C_3H_7C(C_2H_5){=}\overset{+}{O}H] \tag{4.17}$$

m/z 73, 100% ; m/z 87, 50% ; m/z 101, 10%

Abspaltung des größten Alkylradikals. Diese Regel (Abschn. 4.2) läßt sich generell auf alle α-Spaltungen anwenden. Beachten Sie, daß je nach funktioneller Gruppe unterschiedlich viele α-Bindungen vorhanden sind. Bei der Carbonylgruppe $\text{–}C(=O)\text{–}$ existieren zwei α-Bindungen, während in Alkoholen $HO\overset{|}{\underset{|}{C}}\text{–}$ und primären Aminen $H_2N\overset{|}{\underset{|}{C}}\text{–}$ drei, in Ethern $\text{–}\overset{|}{\underset{|}{C}}\text{–}O\text{–}\overset{|}{\underset{|}{C}}\text{–}$ sechs und in tertiären Aminen $N(\text{–}\overset{|}{\underset{|}{C}}\text{–})_3$ neun α-Bindungen vorhanden sind. Für 3-Methyl-3-hexanol (Abb. 4.2) sagt die Regel charakteristische Peaks bei m/z 73, 87 und 101 voraus, deren Intensitäten gemäß Gleichung 4.17 abnehmen. Der Verlust *jeder* Alkylgruppe (oder eines Wasserstoffatoms) durch α-Spaltung führt zu einem Peak in der entsprechenden Ionen-Serie (Abschn. 5.2). Dies sind zum Beispiel bei Aldehyden und Ketonen m/z 29, 43, 57 .... Alkohole und Ether ergeben die Serie m/z 31, 45, 59 ... und Amine weisen die Serie m/z 30, 44, 58 ... auf.

Die α-Spaltung ist bei aliphatischen Aminen aufgrund der hohen Elektronendonatorkapazität des Stickstoffatoms so begünstigt, daß sie zur dominierenden Reaktion im Spektrum wird. In *tert*-Butylamin sind alle α-Substituenten Methylgruppen. Aus ihrer Abspaltung resultiert der Hauptpeak des Spektrums (Abb. 4.3), der 58 % aller detektierten Ionen entspricht. Diethylamin (Abb. 4.4) besitzt zwei α-Methylgruppen und vier α-Wasserstoffatome. Trotzdem dominiert die Methyl-Abspaltung mit 30 % der Gesamt-Ionen-Zahl gegenüber 6 % durch Verlust von H. (Der große Peak bei m/z 30 wird in Abschn. 4.10 diskutiert.) Bei unverzweigten Alkylaminen ($R\text{–}NH_2$ mit $R = CH_3$ bis $C_{14}H_{29}$) ist

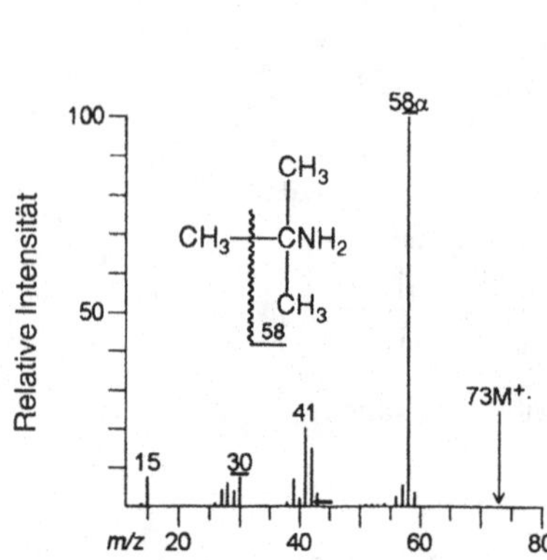

4.3 Massenspektrum von *tert*-Butylamin.

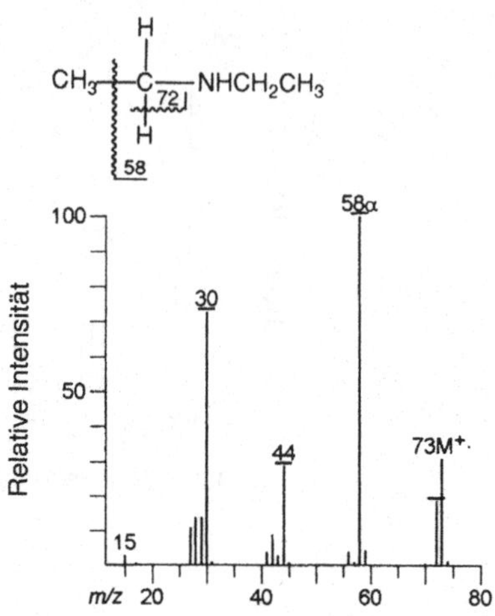

4.4 Massenspektrum von Diethylamin.

m/z 30 das häufigste Ion. Der Austausch eines endständigen Wasserstoffatoms in Dodecan gegen eine Aminogruppe verändert das Spektrum gravierend (vgl. Abb. 3.2 und 3.16).

Überprüfen Sie Ihr Wissen anhand der *Aufgaben 4.4 bis 4.8*, bei denen es sich um Spektren von isomeren $C_4H_{11}N$-Alkylaminen handelt.

Aufgaben 4.4 bis 4.8

	Intensität				
m/z	4.4	4.5	4.6	4.7	4.8
15	0.7	0.5	3.1	1.3	3.9
27	2.9	2.7	4.6	10.	4.5
28	4.6	5.1	9.1	11.	2.2
29	2.2	2.2	3.6	8.1	9.1
30	100.	100.	29.	13.	7.9
31	2.1	2.2	1.3	0.3	0.1
39	1.9	0.2	4.2	1.2	2.0
40	0.4	0.5	1.1	2.1	0.8
41	2.9	2.8	7.4	4.5	9.4
42	1.7	0.4	7.4	28.	6.0
43	1.2	5.8	8.8	7.2	3.1
44	2.0	1.3	1.6	25.	100.
45	0.4	1.6	0.2	1.8	2.8
56	1.1	2.1	8.1	7.3	2.3
57	0.2	1.1	4.2	5.0	1.6
58	0.3	1.9	100.	100.	10.
59	0.0	0.1	3.9	3.9	0.4
71	0.0	0.0	0.6	1.0	0.4
72	1.0	1.3	9.6	17.	2.3
73	10.	10.	11.	23.	1.2
74	0.8	0.5	1.3	1.1	0.1

Aufgabe 4.4

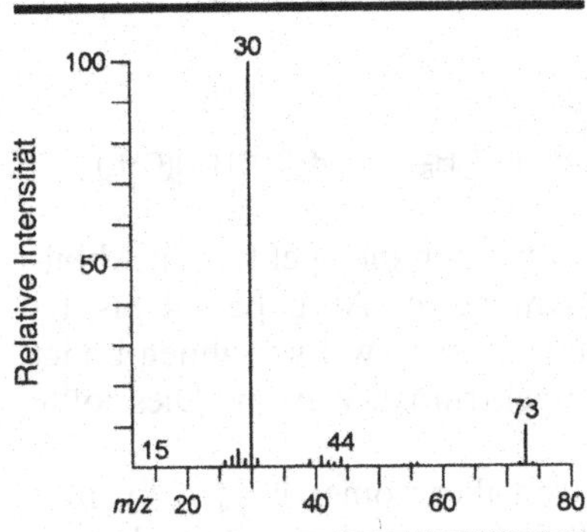

Aufgabe 4.5

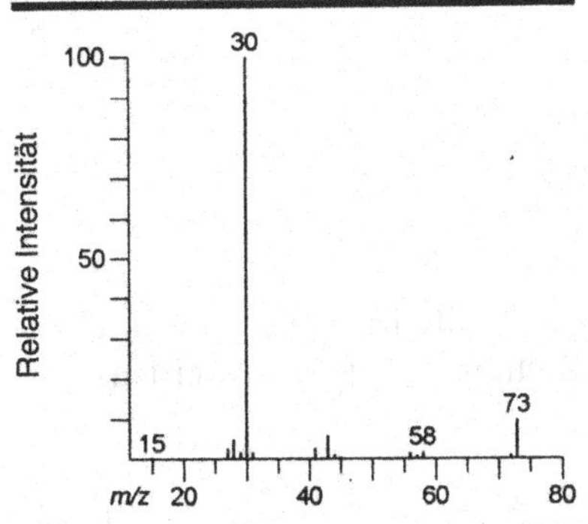

Aufgabe 4.6

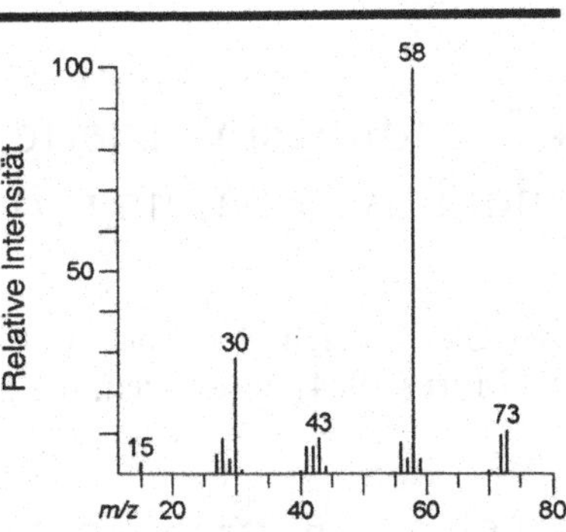

Aufgabe 4.7

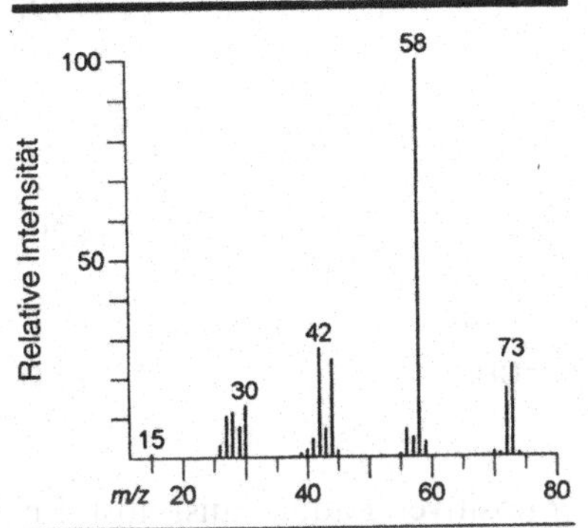

Aufgabe 4.8

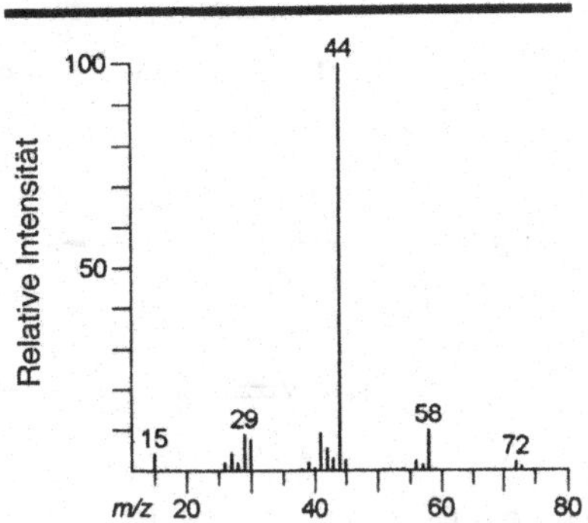

Notieren Sie zunächst die acht möglichen Amine mit dem Molekulargewicht 73. Beginnen Sie dann mit den zwei Spektren, bei denen *m*/*z* 58 der Basispeak (100 %-Peak) ist. Welche der acht Strukturen zeigen einen Verlust von 15 (das heißt, welche besitzen eine Methylgruppe)? Als Ergebnis sollten Sie die Strukturen

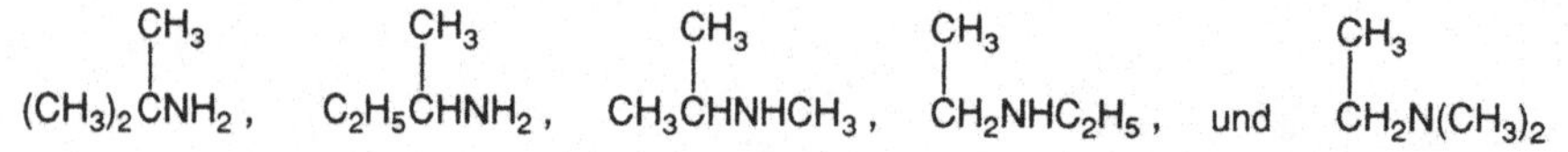

$$(CH_3)_2\overset{CH_3}{\overset{|}{C}}NH_2,\quad C_2H_5\overset{CH_3}{\overset{|}{C}}HNH_2,\quad CH_3\overset{CH_3}{\overset{|}{C}}HNHCH_3,\quad \overset{CH_3}{\overset{|}{C}}H_2NHC_2H_5,\quad \text{und}\quad \overset{CH_3}{\overset{|}{C}}H_2N(CH_3)_2$$

gefunden haben. Zwei von diesen Verbindungen ergeben die Spektren in Abbildung 4.3 und 4.4. Die anderen isomeren C_4-Amine aus Aufgabe 4.4 bis 4.8 enthalten die restlichen drei α-Methylamine, aber in nur zwei von ihnen bildet die Masse 58 den Basispeak (größter Peak des Spektrums). Warum? Dies sollte aus den Molekülstrukturen ersichtlich sein.

Versuchen Sie, die Haupt-Ionen in den Spektren aller isomeren C_4-Alkylamine *vorherzusagen*, um den Spektren 4.4 bis 4.8 die entsprechenden Strukturen zuordnen zu können. Das Spektrum eines Isomers ist in Aufgabe 4.4 bis 4.8 nicht enthalten. Um welches handelt es sich?

4.7 Ladungsinduzierte Spaltung (induktive Spaltung, *i*)

Die Gleichungen 4.18 bis 4.21 fassen die heterolytischen Dissoziationen (McMurry 1984) zusammen, die in diesem Abschnitt besprochen werden.

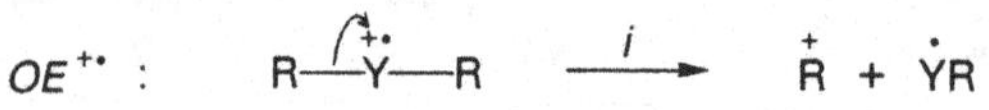

$$OE^{+\bullet}:\quad R\text{—}\overset{+\bullet}{Y}\text{—}R \xrightarrow{i} \overset{+}{R} + \overset{\bullet}{Y}R \qquad (4.18)$$

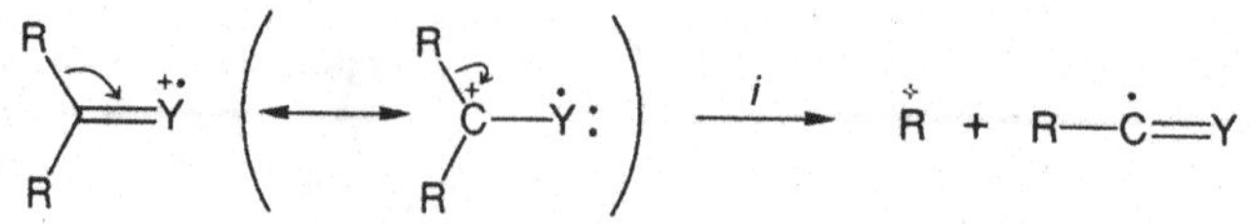

$$R_2C{=}\overset{+\bullet}{Y}\ \left(\longleftrightarrow R_2\overset{+}{C}\text{—}\overset{\bullet}{Y}:\right) \xrightarrow{i} \overset{+}{R} + R\text{—}\overset{\bullet}{C}{=}Y \qquad (4.19)$$

$$EE^{+}:\quad R\text{—}\overset{+}{Y}H_2 \xrightarrow{i} R^{+} + YH_2 \qquad (4.20)$$

$$R\text{—}\overset{+}{Y}{=}CH_2 \xrightarrow{i} R^{+} + Y{=}CH_2 \qquad (4.21)$$

Die Spaltung wird durch den *Elektronenzug* der positiven Ladung ausgelöst. Er bewirkt die Wanderung eines *Elektronenpaares*. Die Tendenz, aus RY ein R^+-Ion zu bilden, nimmt in der Reihenfolge Y = Halogene > O, S >> N, C ab. Bei Elementen aus derselben Reihe des Periodensystems läuft sie mit dem induktiven Effekt (*i*) von Y parallel. Die Stabilisierung der Ladung ist allerdings zur

Vorhersage der Reaktionsprodukte sowohl bei der Bildung als auch beim Zerfall des Mutter-Ions generell wichtiger als die Stabilisierung des ungepaarten Elektrons (Abschn. 4.2). Heterolytische Spaltungen sind im allgemeinen *ungünstiger* als Radikal-Reaktionen, weil sie die *Wanderung der Ladung* erfordern.

Sauerstoff nimmt eine Zwischenstellung ein, wenn es darum geht, entweder α- oder *i*-Reaktionen einzuleiten. In aliphatischen Ethern führt der *Elektronenzug* der am Sauerstoff lokalisierten positiven Ladung zur Wanderung eines Elektronenpaares und damit zur Bildung eines Alkyl-Ions und eines Alkoxyradikals. Dadurch wandert die Ladung (Gl. 4.22, s. Abb. 3.9). Die Bindung, die dabei gebrochen wird ($R'-CH_2 \nmid OR$), ist *nicht* dieselbe, die bei der Initiierung durch das Radikal ($R' \nmid CH_2-OR$, Gl. 4.13) gespalten wird. Diese Konkurrenzreaktion zwischen α- und *i*-Spaltung tritt auch bei vielen Nitroalkanen, Alkyliodiden, sekundären und tertiären Alkylbromiden und tertiären Alkylchloriden auf. Man findet sie aber nicht bei RCH_2-Y-Verbindungen mit höherer C−Y-Bindungsstärke, wie zum Beispiel bei unverzweigten Alkoholen und Alkylchloriden. Bei diesen Substanzen ist, wie in Gleichung 4.23, $[(M-HY)^{+\cdot}] > [(M-Y)^{+}]$ (s. Abschn. 4.9). Der induktive Effekt kann die Ladung einer weiter entfernten Bindung beeinflussen, wenn diese polarisierbare Elektronen besitzt. Deshalb ist der Verlust von CH_2Cl in Gleichung 4.24 viel größer als in 4.23.

$$C_2H_5 - \overset{+\cdot}{O}C_2H_5 \xrightarrow{i} \underset{40\%}{C_2H_5^+} + \cdot OC_2H_5 \quad (4.22)$$

$$CH_3CH_2CH_2 - CH_2 - \overset{+\cdot}{Cl} \xrightarrow{i} \underset{100\%}{(M-HCl)^{+\cdot}},\ \underset{3\%}{C_4H_9^+},\ \underset{30\%}{C_3H_7^+} \quad (4.23)$$

$$(CH_3)_2CH - CH_2 - \overset{+\cdot}{Cl} \xrightarrow{i} \underset{7\%}{(M-HCl)^{+\cdot}},\ \underset{4\%}{C_4H_9^+},\ \underset{100\%}{C_3H_7^+} \quad (4.24)$$

Mit dieser Reaktion lassen sich Mehrfachbindungen zu Heteroatomen nicht spalten. Bei der Carbonylgruppe führt die Anziehung eines Elektronenpaares zum Ladungsort zu einer kanonischen Resonanzstruktur, deren Ladungsverteilung eine induktive Spaltung ermöglicht. Dabei entstehen ein Alkyl-Ion und ein Acylradikal (Gl. 4.25). Diese Produkte sind die *Gegenstücke* des Alkylradikals und des Acyl-Ions, die durch α-Spaltung (Gl. 4.14) gebildet werden. Bei α- und *i*-Reaktionen an gesättigten Heteroatomen (Gl. 4.13 und 4.22) ist dies allerdings nicht der Fall.

$$RR'C = \overset{+\cdot}{O} \left(\longleftrightarrow RR'\overset{+}{C} - \dot{O} \right) \xrightarrow{i} \overset{+}{R} + R' - \dot{C} = O \quad (4.25)$$

Nach den Gleichungen 4.14 und 4.25 sollten aliphatische Ketone vier Haupt-Ionen aufweisen, die durch Spaltung der zwei Bindungen zur Carbonylgruppe entstehen. Von den Acylium-Ionen sollte bevorzugt das unter Verlust der größeren Alkylgruppe und bei den Carbonium-Ionen jeweils das stabilere gebildet werden.

In *Aufgabe 4.9 und 4.10* sind die Spektren von 3-Pentanon und 3-Methyl-2-butanon abgebildet. Ordnen Sie zu.

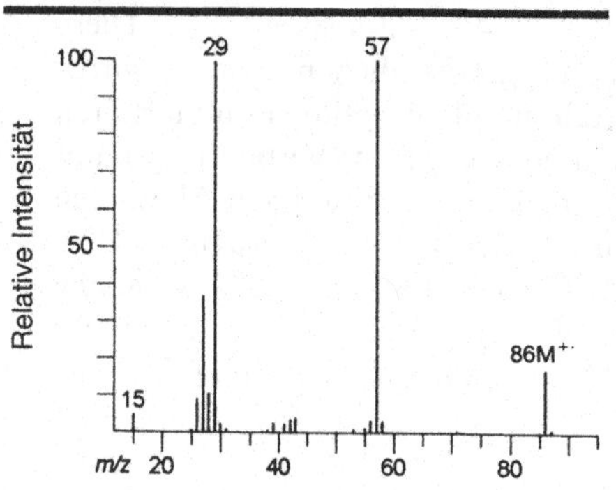

Aufgabe 4.10

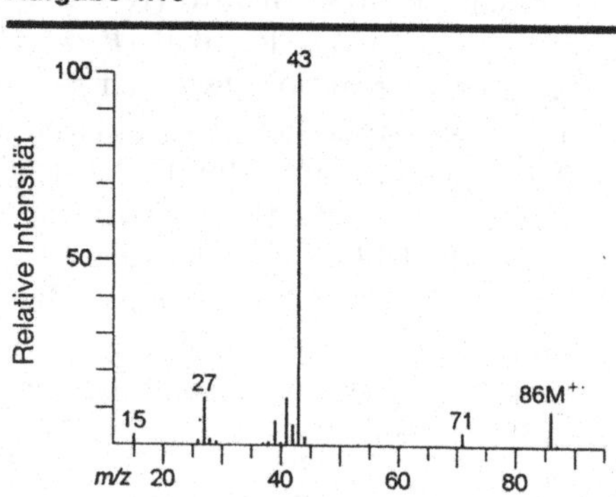

Ionen mit gerader Elektronenzahl. Gemäß Abschn. 4.4 zerfallen EE^+-Ionen bevorzugt wieder in ein EE^+-Ion und ein neutrales Molekül. Der Zerfall wird durch Produktmoleküle mit geringer Protonenaffinität, wie zum Beispiel die in den Gleichungen 4.26 bis 4.28 (PA = 7.4, 6.2 bzw. 7.2 eV; Field-Regel, Abschn. 4.4) gefördert. In den Gleichungen 4.26 und 4.27 entstehen jeweils in zweistufigen Reaktionen die gleichen Produkte wie in Gleichung 4.22 bzw. Gleichung 4.25. Die zweistufigen Mechanismen sind allerdings energetisch um 0.2–0.8 eV (20–80 kJ/mol) ungünstiger als ihre einstufigen Gegenstücke.

$$R'\text{—}CH_2\text{—}\overset{+\cdot}{O}\text{—}R \xrightarrow[\alpha]{-R'\cdot} CH_2\text{=}\overset{+}{O}\text{—}R \xrightarrow{i} CH_2O + R^+ \qquad (4.26)$$

$$R'(R)C\text{=}\overset{+\cdot}{O} \xrightarrow[\alpha]{-R'\cdot} R\text{—}C\equiv\overset{+}{O} \xrightarrow{i} R^+ + CO \qquad (4.27)$$

$$R\text{—}OH \xrightarrow[CI]{H^+} R\text{—}\overset{+}{O}H_2 \xrightarrow{i} R^+ + H_2O \qquad (4.28)$$

Als Primär-Ionen entstehen bei der chemischen Ionisierung (CI) hauptsächlich EE^+-Ionen wie beispielsweise MH^+ und $(M-H)^+$. Auch mit anderen weichen Ionisierungsarten, wie zum Beispiel Fast-Atom-Bombardment, können solche

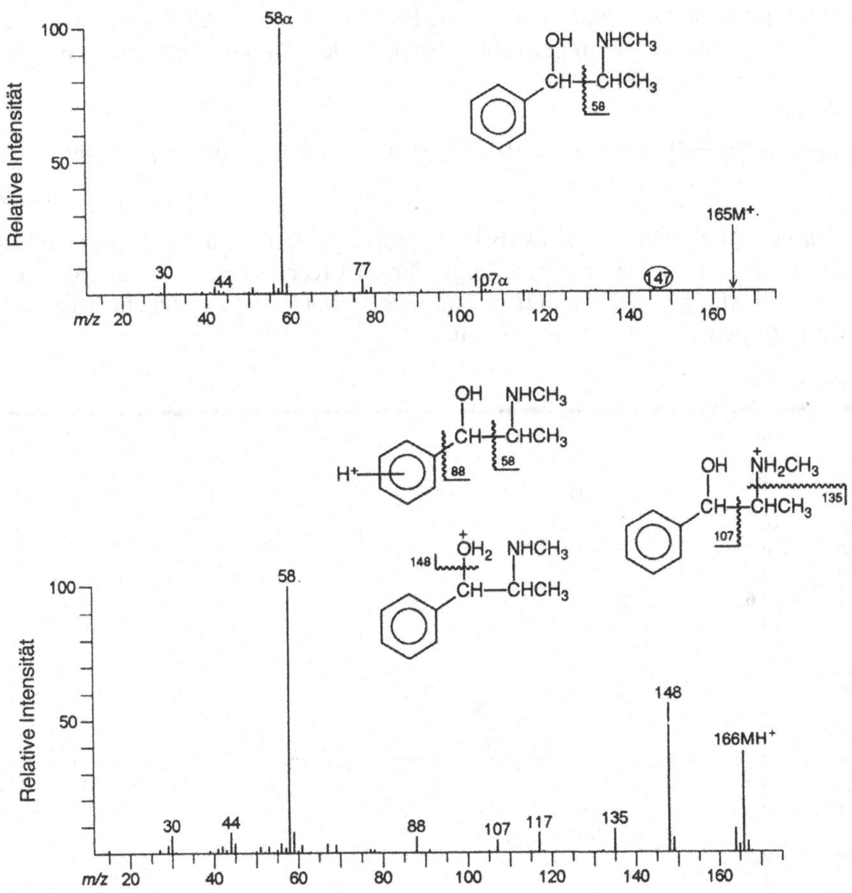

4.5 EI- und CI-Massenspektrum von Ephedrin (CH_4 als Reaktandgas bei CI).

intensiven EE^+-Ionen erzeugt werden (Abschn. 6.1). MH^+-Ionen (Gl. 4.28) spalten generell bevorzugt Moleküle mit geringerer Protonenaffinität (Tab. A.3) ab (Field-Regel, Abschn. 4.4). Das EI-Massenspektrum von Ephedrin (Abb. 4.5) weist kein Molekül-Ion auf. Außerdem ist die α-Spaltung, die zu $CH_3N^+H{=}CHCH_3$ (*m/z* 58) führt, so dominant, daß es nur noch wenige schwache Peaks gibt, die über den Rest des Moleküls Auskunft geben. Im CI-Spektrum (Abb. 4.5) treten dagegen intensive Ionen bei *m/z* 166 (MH^+, der das Molekulargewicht anzeigt) und 148 ($(M + H - H_2O)^+$) auf. Das zweite Ion entsteht durch induktive Spaltung (Gl.4.28) und zeigt die Hydroxylgruppe an. Trotz der geringeren Neigung der Aminogruppe zu ladungsinduzierten Reaktionen ist der kleine Peak bei *m/z* 135 (Gl. 4.29) im CI-Spektrum sehr aussagekräftig, denn er weist auf die *N*-Methylgruppe hin. Der stärkere Verlust von H_2O (PA = 7.1) gegenüber H_2NCH_3 (PA = 9.4) steht im Einklang mit der Field-Regel. Für die Bildung von EE^+-Produkten ist ihre Stabilität ausschlaggebend.

Deshalb läuft die Dissoziation in stabile Produkte oft über Umlagerungen oder sogar über Fragmentierungen, die vom Ort der Ladung weit entfernt sind (Gross 1989a; Kap. 8).

$$C_6H_5\text{—CHOH—CHCH}_3\text{—N}^+H_2CH_3 \xrightarrow{i} C_6H_5\text{—CHOH—}\overset{+}{C}HCH_3 + H_2N\text{—}CH_3 \qquad (4.29)$$

In *Aufgabe 4.11* hat der Peak bei *m/z* 130 die Elementarzusammensetzung $C_8H_{18}O$. Benutzen Sie die oben aufgeführten Mechanismen, um die Struktur dieses Moleküls zu ermitteln. (*Hinweis:* Tabelle A.4 liefert zusätzliche, wertvolle Informationen über das Molekül-Ion.)

Aufgabe 4.11

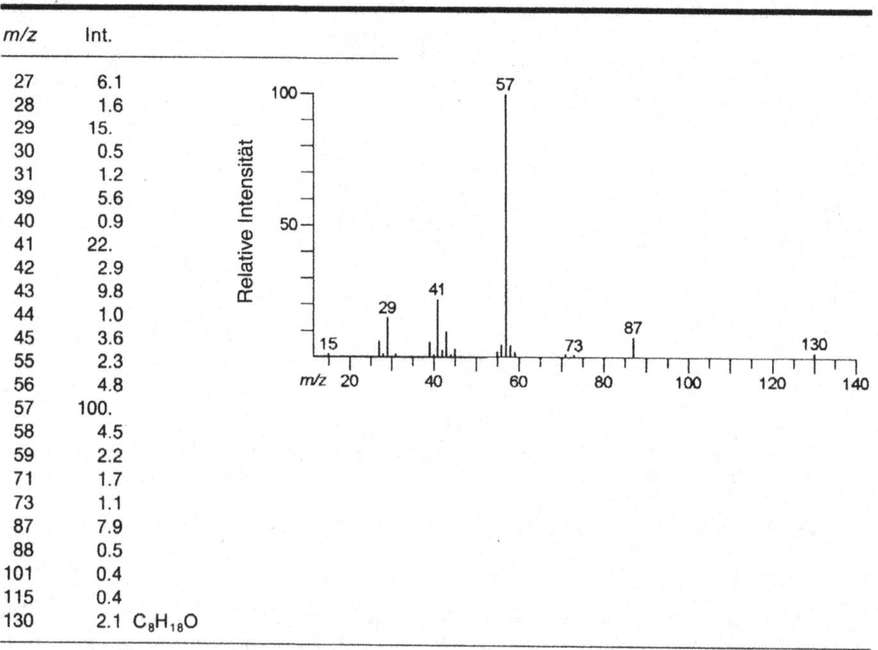

m/z	Int.
27	6.1
28	1.6
29	15.
30	0.5
31	1.2
39	5.6
40	0.9
41	22.
42	2.9
43	9.8
44	1.0
45	3.6
55	2.3
56	4.8
57	100.
58	4.5
59	2.2
71	1.7
73	1.1
87	7.9
88	0.5
101	0.4
115	0.4
130	2.1 $C_8H_{18}O$

4.8 Ringspaltungen

In Ringen ist die Spaltung von zwei Bindungen nötig, um ein Fragment-Ion zu bilden (Gl. 4.30). Die Spaltung von nur einer Bindung führt zu keiner Veränderung der Masse, sondern nur zu einem distonischen Radikalkation (Radom *et al.* 1984, Gross und McLafferty 1971), bei dem Ladung und ungepaartes Elektron *getrennt* sind. Das ungepaarte Elektron dieses isomeren Ions bildet eine neue Bindung zum benachbarten Kohlenstoffatom. Gleichzeitig wird eine ande-

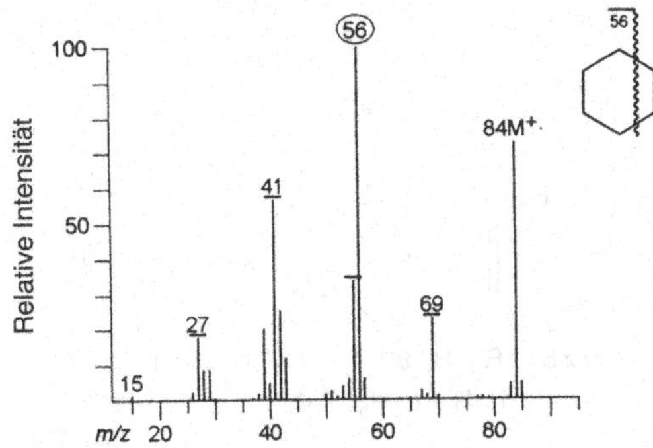

4.6 Massenspektrum von Cyclohexan.

re Bindung zu diesem α-Kohlenstoff gespalten. Obwohl das Radikal wandert, befindet es sich aufgrund der ursprünglich cyclischen Struktur immer noch am geladenen Fragment. Es entsteht damit ein *Ion mit ungerader Elektronenzahl.* Abbildung 4.6 zeigt das Massenspektrum von Cyclohexan (s. auch Abb. 3.6). Beachten Sie, daß das wichtige $OE^{+\cdot}$-Ion $C_4H_8^{+\cdot}$ (*m*/*z* 56) von allen nicht-isotopischen $C_4H_n^{+}$-Ionen die meisten Wasserstoffatome besitzt.

$-e^-$ → (+·) σ → (·, +) α → (·, +) +

m/*z* 84 *m*/*z* 84 *m*/*z* 56

(4.30)

Retro-Diels-Alder-Reaktion **(Mandelbaum 1983, Tureček und Hanuš 1984).** Cyclohexen wird bevorzugt unter Verlust eines π-Elektrons ionisiert, wobei das entsprechende Radikalkation entsteht (Gl.4.31). Das ungepaarte Elektron wird zur Bildung einer neuen Bindung verwendet und durch α-Spaltung entsteht ein distonisches Radikalkation. In einer zweiten, analogen Reaktion wird ein neutrales C_2H_4-Molekül eliminiert und ein ionisiertes 1,3-Butadien bleibt zurück. Die Gesamtreaktion entspricht einer Retro-Diels-Alder-Reaktion. Bei Reaktionen, in denen $OE^{+\cdot}$-Ionen gebildet werden, ist die Stabilisierung des ungepaarten Elektrons und der Ladung eine wichtige Triebkraft. Sowohl Ladung als auch ungepaartes Elektron sind im ionischen Produkt der Gleichung 4.31 deutlich besser stabilisiert als im Produkt von Gleichung 4.30.

Wie bei anderen Fragmentierungen von Kohlenwasserstoffen tritt die Retro-Diels-Alder-Reaktion nur dann verstärkt auf, wenn keine anderen bevorzugten Fragmentierungen möglich sind. Eine funktionelle Gruppe im Molekül kann deshalb die Intensität von Ionen, die bei dieser Reaktion entstehen, drastisch senken. Umgekehrt dominiert die Retro-Diels-Alder-Reaktion bei Funktionsgruppen, die die Spaltung von allylischen Bindungen im Ring bewirken (Tureček und Hanuš 1984).

Aufgabe 4.12 und 4.13 zeigen die Spektren von α- und β-Ionon (Abb. 4.7). Ordnen Sie die Spektren den Strukturen zu und begründen Sie Ihre Wahl.

R, $-e^-$, α

R, α, R, + (Ladungserhalt)

m/z 54: R = H, 80% ($C_5H_7^+$ = 100%)
(*IE* = 9.1) R = C_6H_5, 0.4%

(4.31)

R, *i*, R, + (Ladungswanderung)

R = H, (*IE* = 10.5), < 5%
R = C_6H_5, (*IE* = 8.4), 100%

(4.32)

Aufgabe 4.12

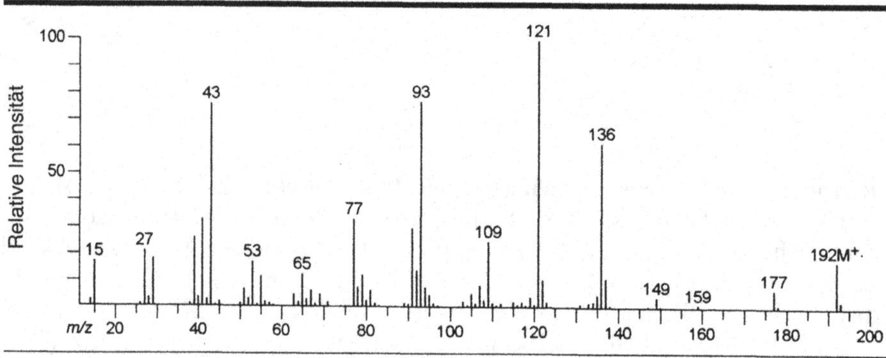

Aufgabe 4.13

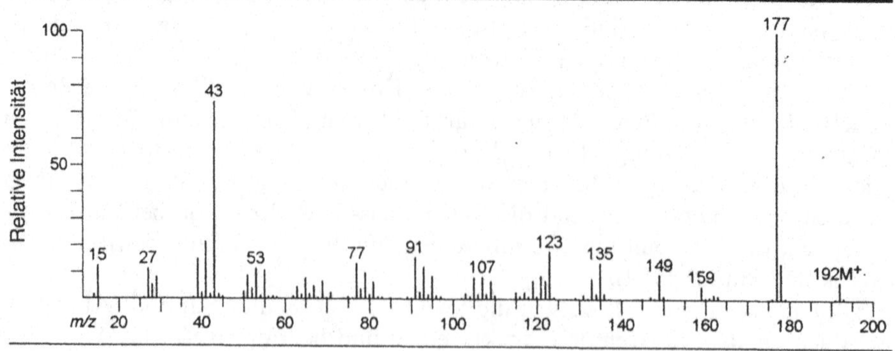

α-Ionon β-Ionon

4.7 Formeln von α- und β-Ionon.

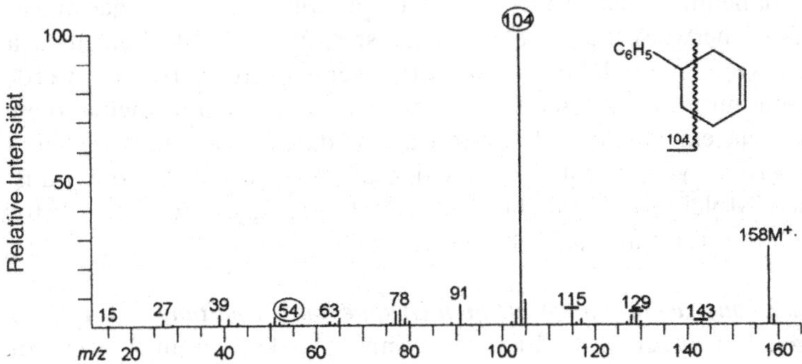

4.8 Massenspektrum von 4-Phenylcyclohexaen.

Ladungswanderung. Der letzte Schritt in Gleichung 4.31 ist eine homolytische Spaltung, bei der beide Fragmente je ein Elektron der Bindung behalten. Es ist aber auch eine heterolytische Spaltung (*i*) unter Wanderung der positiven Ladung möglich (Gl. 4.32), bei der ein ionisiertes Alken entsteht (Abb. 4.8). Im Übergangszustand konkurrieren Alken und Dien um das Elektron. Gemäß der „Stevenson-Regel" verliert überwiegend das Produkt mit der geringeren Ionisierungsenergie (*IE*, Tab. A.3) das Elektron. So ist bei R = H die Ionisierung von Butadien gegenüber der von Ethen gemäß Gleichung 4.31 bevorzugt. Für R = Phenyl (Abb. 4.8) ist dagegen die Bildung des Styrol-Radikalkations gemäß Gleichung 4.32 günstiger. Bei ähnlichen *IE*-Werten sollten beide Ionen entstehen. Suchen Sie stets nach beiden Möglichkeiten und beachten Sie, daß die Summe der Massen dieser komplementären $OE^{+\cdot}$-Ionen dem Molekulargewicht entspricht.

Aufgabe 4.14. Die Ionisierung eines nichtbindenden Orbitals kann ebenfalls Ring-Fragmentierungen auslösen. Sagen Sie ein intensives $OE^{+\cdot}$-Fragment-Ion im Massenspektrum von *p*-Dioxan voraus.

4.9 Radikalische Umlagerungen

Wichtige massenspektrometrische Reaktionen führen zu Ionen, deren Atome gegenüber dem ursprünglichen Molekül in einer anderen Reihenfolge verknüpft sind. Ein Teil des Vorläufer-Ions hat dabei vor oder während des Zerfalls mit einem anderen Teil desselben Ions reagiert. Manchmal sind die Umlagerungen so umfangreich, daß das Produkt-Ion zur Ableitung der Struktur unbrauchbar (oder irreführend) ist. Solche „Zufalls"-Umlagerungen treten insbesondere bei σ- (und manchmal auch bei π-)Ionisierungen auf. Viele Umlagerungen laufen aber glücklicherweise nach bekannten, „spezifischen" Mechanismen ab und ihre Produkte können daher zur Ableitung der Struktur verwendet werden. Die radikalisch initiierte Wasserstoff-Umlagerung, das Hauptthema dieses Abschnitts, stellt eine wichtige Reaktionsklasse dar, die bei einer großen Vielfalt von Strukturen vorkommt. Wie bei der Bildung von $OE^{+\cdot}$-Ionen aus einem cyclischen Molekül-Ion, ist das erste Umlagerungsprodukt ein distonisches Radikalkation (Hammerun 1988).

γ-H-Wanderung zu einer ungesättigten Gruppe mit β-Spaltung (McLafferty-Umlagerung). Ein ungepaartes Elektron kann über den Raum hinweg eine neue Bindung zu einem räumlich benachbarten Atom ausbilden. Wie in Gleichung 4.14 wird das zweite Elektron der neuen Bindung unter Bruch einer benachbarten Bindung bereitgestellt (Gl. 4.33). Für den Autor schmeichelhaft wird diese Reaktion gewöhnlich als „McLafferty-Umlagerung" bezeichnet (McLafferty 1956, 1959; Kingston *et al.* 1974; Tureček *et al.* 1990a). Verbindungen mit ungesättigten funktionellen Gruppen, wie beispielsweise Carbonylgruppen, übertragen das γ-Wasserstoffatom in einem sterisch günstigen sechsgliedrigen Übergangszustand. Die erste Spaltung führt allerdings nicht zum Verlust eines

(Ladungserhalt)

rH α

m/z 58: R = CH_3, 40%
(IE = 8.7eV) R = C_6H_5, 5%

(4.33)

i

R = CH_3 (IE = 9.7), 5%
R = C_6H_5 (IE = 8.4), 100%

(Ladungswanderung) (4.34)

Ionenteils, sondern nur zu einer Verschiebung der Radikalposition und damit zur Bildung eines isomeren, distonischen Radikalkations. Die neue Radikalstelle kann nun eine α-Spaltung bewirken, bei der die C–C-Bindung in β-Stellung zur Carbonylgruppe unter Abspaltung eines Olefins oder eines anderen stabilen Moleküls fragmentiert und ein $OE^{+\cdot}$-Ion gebildet wird. Das $OE^{+\cdot}$-Ion entsteht, weil zur Fragmentierung von $M^{+\cdot}$ zwei Bindungen gespalten werden müssen (Tab. 4.1).

Ein Teil der Triebkraft für den ersten Reaktionsschritt (*r*H) wird durch die Bildung der extrem starken O–H-Bindung geliefert. Dadurch ist das distonische Zwischenprodukt stabiler als das ursprüngliche ionisierte Keton. Die Resonanzstabilisierung des Radikals im Produkt-Ion, das mit dem Allylradikal isoelektronisch ist (s. Heinrich 1986), stellt einen Teil der Triebkraft des zweiten Reaktionsschrittes (β-Spaltung) dar. Durch die γ-H-Übertragung im ersten Schritt wird dabei die reaktive Zwischenstufe gebildet, die die β-Spaltung erst ermöglicht.

Wasserstoff-Umlagerungen über einen sechsgliedrigen Übergangszustand führen *bei einer Fülle von ungesättigten Funktionsgruppen zu charakteristischen* $OE^{+\cdot}$*-Ionen.* Als Beispiele seien Aldehyde, Ketone (Abb. 3.10 und 3.11), Ester (Abb. 3.13 bis 3.15), Säuren (Abb. 3.12), Amide (Abb. 3.19 und 3.20), Carbonate, Phosphonate, Sulfite, Ketimine, Oxime, Hydrazone (Gl. 4.35), Alkene, Alkine und Phenylalkane (Gl. 4.36; s. Abb. 3.7) genannt.

CH_3 … H … $N(CH_3)_2$ $\xrightarrow{rH}$ $\xrightarrow{\alpha}$ CH_3 … + H N^+ $N(CH_3)_2$ (4.35)

(m/z 85 = 100%) 90%

C_2H_5 … H … $\longrightarrow$ C_2H_5 … H … H $\xrightarrow{rH}$

$\xrightarrow{\alpha}$ C_2H_5 … + H … H (4.36)

(m/z 91 = 100%) m/z 92, 60%

Aufgabe 4.15. Welche Masse haben die charakteristischen $OE^{+\cdot}$-Ionen, die durch H-Umlagerung über einen sechsgliedrigen Übergangszustand aus den folgenden $M^{+\cdot}$-Ionen gebildet werden:

$$CH_3CH_2CH_2CH(C_2H_5)\overset{O}{\overset{\|}{C}}NH_2^{+\bullet}, \quad CH_3CH_2CH_2C(CH_3){=}CH_2^{+\bullet},$$

$$CH_3CH_2CH_2\overset{O}{\overset{\|}{C}}OCH_2CH_3^{+\bullet}, \quad C_2H_5OCH_2C_6H_5^{+\bullet}, \quad CH_3CH_2O\overset{O}{\overset{\|}{C}}OCH_2CH_3^{+\bullet}\ ?$$

Zeichnen Sie die Mechanismen einschließlich der Elektronenverschiebungspfeile (Ein-Elektronen-Pfeile) auf.

Aufgabe 4.16 und 4.17. Dies sind die Spektren von 3- und 4-Methyl-2-pentanon. Welches ist welches?

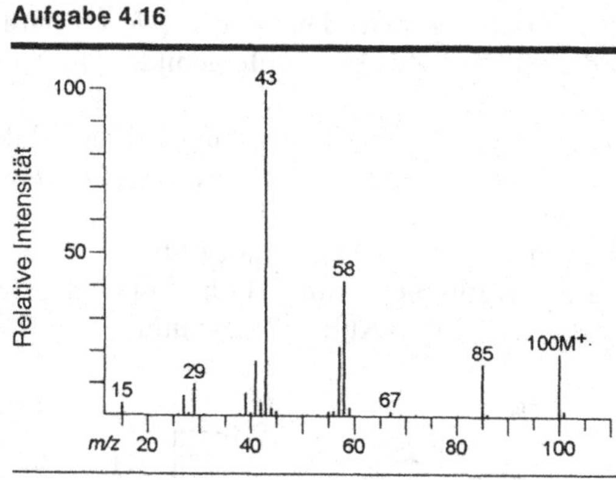

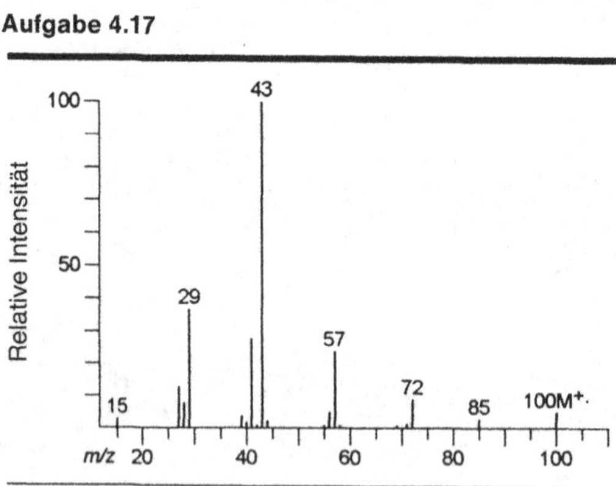

Beachten Sie, daß diese Isomere bei der α-Spaltung (*m*/*z* 43 und 85) und bei der *i*-Spaltung (*m*/*z* 15 und 57) dieselben Peaks liefern. Erst die H-Umlagerung und β-Spaltung ermöglichen durch Bestimmung der Substituenten in α-Position eine Unterscheidung der beiden Isomere. Die Tendenz zur Umlagerung erhöht sich für Wasserstoffe an verzweigten, allylischen, Sauerstoff- und anderen labilen Stellen.

Aufgabe 4.18. Hilft ein wichtiges Ion mit ungerader Elektronenzahl bei der Lösung dieser Aufgabe?

Aufgabe 4.18

m/z	Int.	*m/z*	Int.	*m/z*	Int.
15	0.3	52	1.9	92	55.
26	1.2	53	1.1	93	3.9
27	11.	55	0.5	103	2.0
28	1.1	63	3.3	104	1.4
29	3.9	64	1.0	105	8.5
38	1.2	65	10.	106	0.8
39	10.	66	0.7	115	1.0
40	0.9	76	0.6	116	0.3
41	5.3	77	5.9	117	0.7
42	0.4	78	6.2	119	0.8
43	2.7	79	2.7	134	24.
50	2.7	89	1.7	135	2.7
51	7.4	91	100.		

Bei diesem Mechanismus kann auch eine Ladungswanderung auftreten (s. Gl. 4.34). Im Übergangszustand der Spaltung können die entstehenden Produkte, analog zur Bildung der komplementären $OE^{+\cdot}$-Ionen bei Ringspaltungen (Abschn. 4.8), um die Ladung konkurrieren. Das bevorzugte ionische Produkt sollte das Fragment mit der geringeren Ionisierungsenergie (*IE*) sein (Stevenson-Regel). Das Spektrum von 4-Methyl-2-pentanon (Aufgabe 4.16) enthält zwar das Umlagerungsprodukt $CH_2{=}CH(OH)CH_3^{+\cdot}$ (*m/z* 58, *IE* = 8.7 eV) mit 30% zu einem weit größeren Teil als das komplementäre $C_3H_6^{+\cdot}$-Ion (*IE* = 9.7 eV), eine 5-Phenyl-Substitution (Abb. 4.9) kehrt diese Verhältnisse aber um und liefert 100% des $C_6H_5CH{=}CH_2^{+\cdot}$-Ions (*m/z* 104, *IE* = 8.4 eV). Das Spektrum von $C_3H_7COOC_2H_5$ zeigt $[C_3H_7COOH^{+\cdot}]$ (*IE* = 10.2 eV) $\gg$ $[C_2H_4^{+\cdot}]$ (*IE* = 10.5 eV), wogegen in den Spektren von *n*- oder *iso*-$C_3H_7COOC_3H_7$ $[C_3H_6^{+\cdot}]$ (*IE* = 9.7 eV) > $[C_3H_7COOH^{+\cdot}]$ ist. Das $OE^{+\cdot}$-Ion gewinnt bei der Umlagerung unter Ladungserhalt ein H-Atom, unter Ladungswanderung *verliert* es dagegen ein Wasserstoffatom. Deshalb besitzt das erstge-

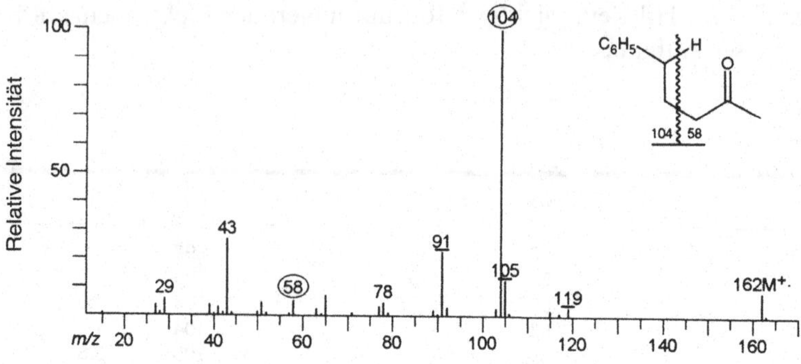

4.9 Massenspektrum von 5-Phenyl-2-pentanon.

nannte Ion normalerweise die meisten H-Atome in seiner Peakgruppe, während das zweite ein H-Atom weniger aufweist. Auch hier entspricht die Summe der Massen dieser komplementären Ionen der Masse des $M^{+\cdot}$; in Abb. 4.9 zum Beispiel $58 + 104 = 162$.

Wasserstoff-Wanderung zu einem gesättigten Heteroatom und Spaltung der benachbarten Bindung. Selbst wenn keine ungesättigte funktionelle Gruppe vorhanden ist, kann eine intramolekulare H-Übertragung stattfinden. Das Wasserstoffatom wandert dann zu einer Radikalstelle an einem gesättigten Heteroatom (Gl. 4.37).

Auch hier bildet das ungepaarte Elektron eine neue Bindung zu einem (in der entsprechenden Konformation im Übergangszustand) benachbarten H-Atom. Gleichzeitig wird die ursprüngliche Bindung dieses Wasserstoffatoms gespalten.

C_2H_5 … $\overset{+\cdot}{O}H$ —rH→ R … $H\overset{+}{O}H$ —rd→ C_2H_5–(Cyclobutan) + $HOH^{+\cdot}$ m/z 18, < 3% (Ladungserhalt)

—rH→ C_2H_5 … $H\overset{+}{O}H$ —i, – HOH→ (4.37)

C_2H_5 … $^{+}$ m/z 84, 11% —i→ C_2H_5 … $^{+}$ m/z 56, 100% + $H_2C{=}CH_2$ (Ladungswanderung) (4.38)

In diesem Fall ist allerdings eine zweite Radikalreaktion ungünstig, da das ungepaarte Elektron im Produkt $\cdot CH_2CH_2O^+H_2$ nicht besser stabilisiert wird als in der Zwischenstufe $\cdot CH_2(CH_2)_3O^+H_2$. Stattdessen erfolgt eine ladungsgesteuerte Reaktion, bei der in diesem Fall durch Spaltung einer Bindung zum Heteroatom der $(M-H_2O)^{+\cdot}$-Peak entsteht. (Die Abspaltung von Wasser konkurriert mit der α-Spaltung und ist deshalb bei primären Alkoholen viel günstiger als bei sekundären und insbesonders bei tertiären Alkoholen.)

Weitere ladungsinduzierte Reaktionen können Bindungen spalten, die zwei oder mehr Bindungen vom Heteroatom entfernt sind, und damit zu anderen Folgeprodukten führen (Gl. 4.38). Welches Wasserstoffatom im ersten Schritt übertragen wurde, hat keinen wesentlichen Einfluß auf die gebildeten Produkte, da kein sechsgliedriger Übergangszustand erforderlich ist. Da das entstehende Heteroatom-Fragment gesättigt ist, kann es weniger gut um die Ladung konkurrieren (Tab. A.3). Dies führt häufig zu Ladungswanderungen (Gl. 4.38 und 4.40).

$H\ \overset{+\cdot}{N}HC_4H_9$ / $H_2C-C=O$ $\xrightarrow{rH}$ $H-\overset{+}{N}HC_4H_9$ / $H_2\dot{C}-C=O$ $\xrightarrow{\alpha}$ $H_2\overset{+\cdot}{N}C_4H_9$ + $H_2C=C=O$

20%

(Ladungserhalt)

(4.39)

C_2H_5–(CH)–CH₂CH₂–$\overset{+\cdot}{Cl}$ (H) $\xrightarrow{rH}$ C_2H_5–$\dot{C}H$–CH₂CH₂–$\overset{+}{Cl}$–H $\xrightarrow[-\,HCl]{i}$ C_2H_5–Cyclopropan$^{+\cdot}$

(*m/z* 70, 100%)

(Ladungswanderung)

(4.40)

Bei Reaktionen unter Ladungswanderung werden elektronegative Teilchen begünstigt. Gewöhnlich werden dabei kleine, gesättigte Moleküle mit höherer Ionisierungsenergie und geringerer Protonenaffinität (Tab. A.3), wie zum Beispiel H_2O (Gl. 4.38, Abb. 3.8), C_2H_4 (zweiter Schritt in Gl. 4.38), CH_3OH, H_2S, HCl und HBr abgespalten (Abb. 3.8, 3.21, 3.23 und 3.24, aber keine Abspaltung von NH_3 in Abb. 3.16). Unter Ladungserhalt entspricht der zweite Schritt dagegen einer Radikalreaktion. Sie ist stark begünstigt, wenn dabei das ungepaarte Elektron stabilisiert werden kann (Gl. 4.39 versus 4.37). Die „ortho-Effekt"-Reaktion (Gl. 4.41), mit der die Position von Substituenten am aromatischen Ring geklärt werden kann, tritt auf, wenn ein labiler Wasserstoff für die Umlagerung vorhanden ist und durch Ladungswanderung ein stabiles ionisches Produkt gebildet werden kann.

Aufgabe 4.19 beinhaltet einige wichtige der besprochenen Punkte. Sie sollten die Lösung verstanden haben, bevor Sie fortfahren. Die Nützlichkeit des Peaks bei *m/z* 96.5, der durch metastabilen Ionen-Zerfall entsteht, wird in Abschnitt 6.4 diskutiert.

(4.41)

Aufgabe 4.19

m/z	Int.	m/z	Int.
15	0.7	59	1.0
18	1.1	69	100.
19	0.9	70	8.4
27	20.	71	3.7
28	2.0	72	7.1
29	12.	73	61.
30	0.6	74	2.8
31	11.	83	1.6
39	6.4	84	0.8
40	1.0	85	1.7
41	34.	86	5.6
42	4.0	87	57.
43	33.	88	3.4
44	9.2	96.5	0.1
45	11.	112[a]	7.4
46	0.2	113	1.0
55	86.	127	0.3
56	6.6	128	0.5
57	14.	129[a]	0.9
58	3.6	130	0.1

[a] Die Elementarzusammensetzung der Ionen bei *m/z* 112 und 129 entspricht C_8H_{16} bzw. $C_8H_{17}O$ (bestimmt durch Hochauflösung).

Substitutionsreaktionen, rd (engl. displacement reactions). An dieser Stelle soll eine der Nicht-Wasserstoff-Umlagerungen nur kurz erwähnt werden (s. Abschn. 8.11). Zwei Atome oder Gruppen (von denen eine normalerweise das ungepaarte Elektron beherbergt) reagieren intramolekular miteinander, indem eine Bindung zu einer (oder beiden) Gruppen gebrochen wird und eine neue Bindung zwischen den Gruppen gebildet wird. Die Cyclisierung zum zweibindigen Chloronium-Ion unter Substitution eines Alkylrestes (Gl. 4.42) ist für den größten Peak in den Spektren der entsprechenden 1-Chlor- und 1-Bromalkane verantwortlich (Abb. 3.23 und 3.24). Bei verzweigten Halogenalkanen und funktionellen Gruppen mit höherer Neigung zu Radikalreaktionen tritt diese Reaktion viel seltener auf. Das Massenspektrum von n-Dodecylmercaptan (Abb. 3.21) enthält die folgenden $C_nH_{2n+1}S^+$-Ionen: $n = 1$, 23 % ($CH_2{=}SH^+$ durch α-Spaltung); $n = 2$, 9 %; $n = 3$, 1 %; $n = 4$, 11 % (Fünfring) und $n = 5$, 2 %. Beachten Sie die gleiche „Ionen-Serie“ (Abschn. 5.2) in Dodecylamin (Abb. 3.16).

R, Cl$^{+\bullet}$ —rd→ R· + Cl$^+$ (4.42)

4.10 Ladungsinduzierte Umlagerungen

Zerfälle von acyclischen Ionen mit gerader Elektronenzahl, bei denen die Ladung nicht wandert und die Elektronen gepaart bleiben, was beides aus energetischen Gründen günstig ist, erfolgen unter Umlagerung (Abschn. 4.4). Da die Ladung nicht wandert, kann sie auf weniger elektronegativen Funktionsgruppen und sogar an einem Amin-N-Atom lokalisiert sein und elektronegativere funktionelle Gruppen wie Cl können mit dem neutralen Produkt abgespalten werden (McLafferty 1980 b, Kingston *et al.* 1983). An dieser Stelle sollen nur Wasserstoff-Umlagerungen diskutiert werden, bei denen diese Reaktion begünstigt ist, wenn ein Molekül mit geringer Protonenaffinität abgespalten wird. Ein möglicher Mechanismus läuft über ein Zwischenprodukt ($Y-H^+-Z$, bei dem das Proton zwei Molekülteile miteinander verknüpft (Morton 1982, Bowen und Williams 1980, McAdoo 1988 a). Die Strukturen der Produkt-Ionen müssen mit Vorsicht interpretiert werden, da die Atomanordnung in einem verwirrenden Ausmaß durcheinandergebracht worden sein kann. Diese Reaktion liefert jedoch für EE^+-Ionen, bei denen Wasserstoff zu einer ungesättigten Gruppe mit Heteroatom wandert und ein ungesättigtes Neutralteilchen abgespalten wird, wertvolle Informationen. Durch solch eine Reaktion entsteht zum Beispiel der zweitgrößte Peak im Spektrum von Diethylamin (Abb. 4.4, Gl. 4.43). Diese Umlagerung erfordert aufgrund der Ringgröße im Übergangszustand eine Ethylgruppe oder einen größeren Rest am Stickstoff. Deshalb ermöglicht diese Reaktion eine Unterscheidung zwischen $(CH_3)_3CNH_2$ (Abb. 4.3), $(CH_3)_2CHNHCH_3$ (Aufgabe 4.6) und $CH_3CH_2N(CH_3)_2$ (Aufgabe 4.7). In allen drei Spektren ist $(M-CH_3)^+$ (α-Spaltung) der Basispeak , aber die m/z 30-Peaks sind viel kleiner als bei Diethylamin (beachten Sie, daß die m/z 30-Peaks trotzdem vorhanden sind, so daß die Daten mit Vorsicht interpretiert werden müssen).

$$CH_3CH_2\overset{+\bullet}{N}H-CH_2-CH_3 \xrightarrow{-CH_3\bullet} \underset{H_2C-CH_2}{H\;\;\overset{+}{N}H=CH_2} \xrightarrow{rH} H_2C=CH_2 + H_2\overset{+}{N}=CH_2 \quad (4.43)$$

Aufgabe 4.20. Sagen Sie die Hauptpeaks im Spektrum von *N*-Methyl-*N*-isopropyl-*N*-butylamin voraus.

Ionen mit gerader Elektronenzahl können auch *ohne* Beteiligung der Ladung (und ohne ungesättigtes Heteroatom) Wasserstoff umlagern, wie zum Beispiel in Reaktion 4.44. Die dabei entstehenden Peaks sollten allerdings mit Vorsicht zur Bestimmung der Stellung von funktionellen Gruppen benutzt werden. Beachten Sie, daß m/z 55 der Basispeak in den Spektren von 1,3- und 1,1-Dichlorbutan ist (Abb. 4.10).

$$\overset{+\bullet}{Cl}-\overset{CH_3}{CH}CH_2CH_2Cl \xrightarrow[i]{-Cl\bullet} CH_3\overset{+}{C}H-\overset{H}{C}H-\overset{\ddot{Cl}}{C}H_2 \xrightarrow{rH} HCl + CH_3\overset{+}{C}HCH=CH_2 \quad (4.44)$$

Chemische Ionisierung. Durch CI entstehen hauptsächlich Ionen mit gerader Elektronenzahl, die wie alle EE^+-Ionen beim Zerfall oft umlagern (Harrison 1983, Kingston *et al.* 1983, Crombie und Harrison 1988). Obwohl bei der chemischen Ionisierung die Stelle mit der höchsten Protonenaffinität im Molekül protoniert werden sollte, sagt die Field-Regel die Abspaltung des Neutralteilchens mit dem geringsten PA-Wert voraus. Deshalb muß, wie in Abbildung 4.5, ein zunächst gebildetes H_3N^+-R-OH-Ion eine H-Umlagerung eingehen, um H_2O (PA = 7.7 eV) anstelle von NH_3 (PA = 9.1 eV) abspalten zu können.

Umlagerung von zwei Wasserstoffatomen („McLafferty + 1"-Umlagerung). Diese Umlagerung ist charakteristisch für Ester und vergleichbare funktionelle

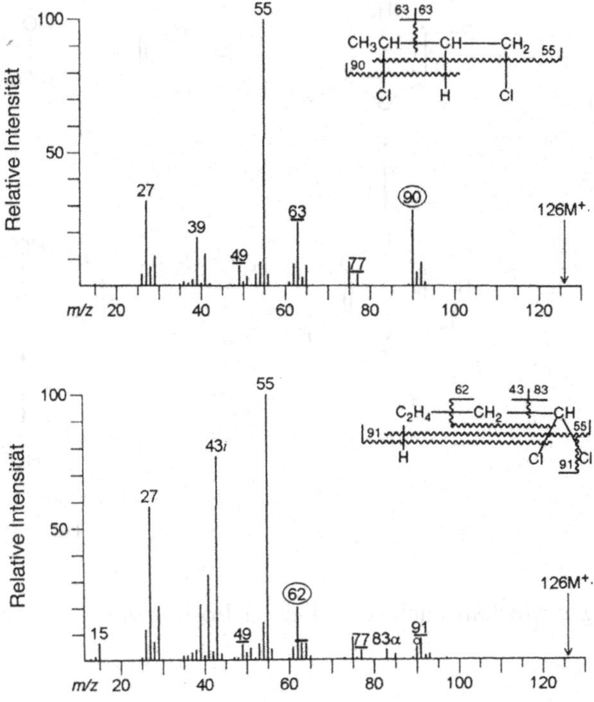

4.10 Massenspektrum von 1,3- und 1,1-Dichlorbutan.

Gruppen. Man kann sich die Übertragung des zweiten Wasserstoffs nach einem zu Gleichung 4.43 analogen Mechanismus vorstellen. Die Resonanzstabilisierung des EE^+-Produkt-Ions wirkt als zusätzliche Triebkraft der Reaktion (bei der drei Bindungen gebrochen werden). Bei Propyl- und höheren Estern kann ein stabiles Allylradikal gebildet werden, aber auch Ethyl- und Isopropylester gehen diese Reaktion ein und bilden die Vinylradikale $\cdot C_2H_3$ und $\cdot C_3H_5$. Obwohl die $(M-C_nH_{2n-1})^+$-Ionen oft nur eine geringe Intensität aufweisen, sollten sie doch am Verlust der ungewöhnlichen Massen 27, 41, 55 etc. (Tab. A.5) zu erkennen sein. Diese Umlagerung ist charakteristisch für Ester (Abb. 3.14 und 3.15), Thioester, Amide (Abb. 3.20), Phosphate (Abb. 3.27) und sogar für Sulfone (R_2SO_2). Deshalb sollten Sie bei sauerstoffhaltigen Verbindungen wichtige $(M-C_nH_{2n-1})^+$-Ionen markieren (Schritt 4 der Standard-Interpretationsmethode). Allerdings ist die Bildung des $OE^{+\cdot}$-Produktes durch einfache H-Umlagerung oft der dominierende Prozeß.

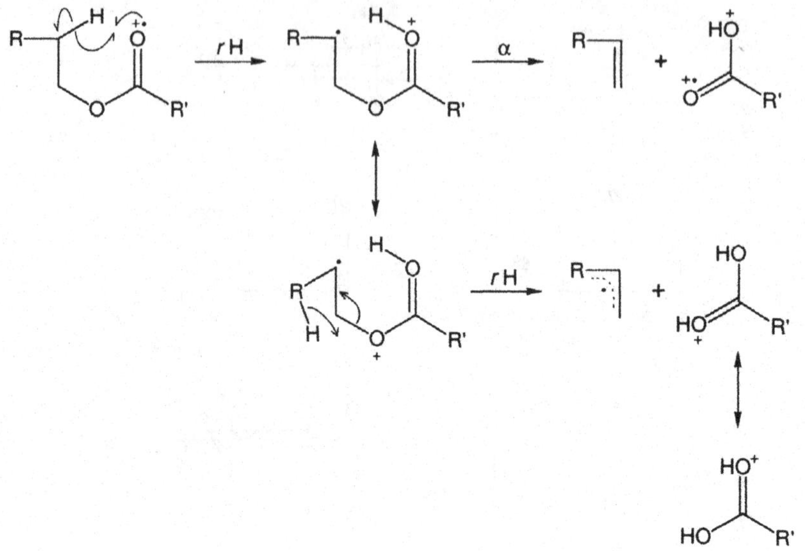

(4.45)

(4.46)

Einer der obigen Mechanismen sollte bei der Lösung von *Aufgabe 4.21* helfen.

Aufgabe 4.21

m/z	Int.	*m/z*	Int.	*m/z*	Int.
27	3.6	56	19.	121	0.3
28	2.5	57	1.5	122	17.
29	5.1	65	0.4	123	68.
39	2.4	76	2.0	124	5.3
40	0.3	77	37.	125	0.5
41	6.0	78	3.0	135	1.3
42	0.3	79	5.1	149	0.3
43	0.9	80	0.3	163	0.3
50	3.0	104	0.7	178	2.0
51	1.1	105	100.	179	0.3
52	0.8	106	7.8		
55	2.7	107	0.5		

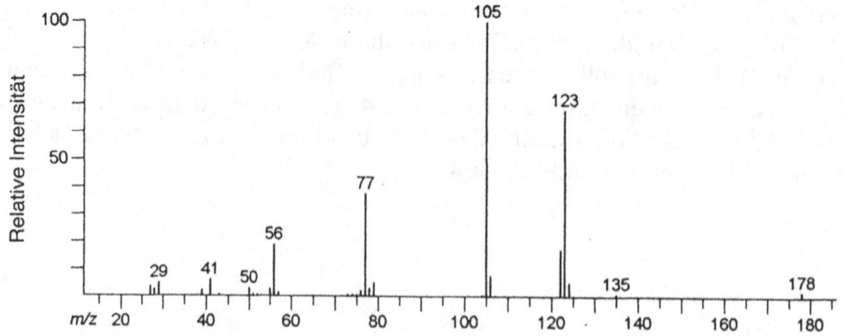

4.11 Zusammenfassung der verschiedenen Reaktionsmechanismen

Auf der Innenseite des hinteren Einbandes sind die häufigsten Reaktionstypen schematisch zusammengefaßt. Dazu wurden Beispiele aus diesem Kapitel verwendet. Sie sollten diese Zusammenfassung bei der Interpretation von Massenspektren als Checkliste verwenden. Um sie effektiv einsetzen zu können, müssen Sie jedoch die vorangegangenen Abschnitte verstanden haben.

Es wurden folgende Symbole benutzt: R steht für eine Alkylgruppe, die aber auch funktionelle Gruppen enthalten kann; mehrere Reste R in einem Teilchen sind nicht notwendigerweise identisch. Y steht für eine funktionelle Gruppe, die ein Heteroatom enthält. Dies beschränkt sich nicht auf die angegebene Wertigkeit (deshalb kann „YR" auch ein Chloratom sein). Mit ◡ wird eine gesättigte Kette aus zwei oder mehr Atomen bezeichnet und ▿ steht für ein stabiles cyclisches oder ungesättigtes Molekül. In Reaktionen, bei denen Alkylgruppen abgespalten werden, ist der Verlust der größten Alkylgruppe generell bevorzugt. Berücksichtigen Sie, daß in dieser Zusammenfassung wie auch im Rest des Buches der zweite Ein-Elektronen-Pfeil („fishhook") bei der Bezeichnung von homolytischen Spaltungen oft weggelassen wird. Es sollte klar sein, daß das zweite Elektron der Bindung zum ungepaarten Elektron des Radikal-Produkts wird.

5. Die Bestimmung der Molekülstruktur

Im Massenspektrum sind viele Strukturinformationen enthalten. Sie sind besonders nützlich, wenn keine Zusatzinformationen über das Molekül zur Verfügung stehen. Zunächst liefert das allgemeine Erscheinungsbild des Spektrums und der Peaks bei niedrigen Massen erste Hinweise auf den Verbindungstyp. Schauen Sie sich unter diesem Gesichtspunkt die Abbildungen in Kapitel 3 an. Weiterhin geben die Neutralteilchen, die bei der Bildung der Peaks mit hohen Massen abgespalten werden, Auskunft über spezielle Strukturmerkmale. Anschließend kann das Fragmentierungsverhalten des angezeigten Molekültyps dazu benutzt werden, Strukturvorschläge zu erarbeiten. Untersuchen Sie auf jeden Fall Ihr unbekanntes Spektrum sorgfältig nach allen diesen Informationen und gehen Sie dazu nach der Standard-Interpretationsmethode vor, die auf der Innenseite des hinteren Einbandes abgedruckt ist.

5.1 Das allgemeine Erscheinungsbild des Spektrums

Ein Blick auf das Spektrum sagt dem Erfahrenen eine Menge über die unbekannte Verbindung. Sie haben bereits gelernt, daß die Masse und die relative Intensität des Molekül-Ions Auskunft über die Größe und allgemeine Stabilität des Moleküls geben (Abschn. 3.6). Anhand der intensiven Ionen und ihrer Verteilung im Spektrum kann man den Molekültyp und die vorhandenen funktionellen Gruppen erkennen.

Zum Beispiel sollte ein Blick auf das Spektrum in *Aufgabe 5.1* Ihnen sagen, daß es sich um ein sehr stabiles Molekül handelt. Leiten Sie die Elementarzusammensetzung ab. Der Wert für die Anzahl der Ringe und Doppelbindungen sollte mit dieser Stabilität übereinstimmen. In diesem Molekül gibt es nicht nur keine schwache Bindung, sondern auch die Hauptfragmentierungen haben alle ungefähr die gleiche, geringe Wahrscheinlichkeit. Wie könnte die Struktur aussehen?

Spektren mit wenigen intensiven Fragment-Ionen werden von Molekülen mit stabilen Teilstrukturen, die durch relativ schwache Bindungen miteinander verbunden sind, gebildet. Das Spektrum von Nicotin (Abb. 5.1) ist ein Beispiel dafür.

Aufgabe 5.1

m/z	Int.	m/z	Int.	m/z	Int.
38	1.8	64	10.	101	2.7
39	3.9	64.5	1.1	102	7.1
40	0.2	74	4.7	103	0.6
50	6.4	75	4.9	125	0.8
51	12.	76	3.3	126	6.1
52	1.6	77	0.4	127	9.8
61	1.4	87	1.4	128	100.
62	2.7	89	0.7	129	11.
63	7.4			130	0.5
63.5	0.9				

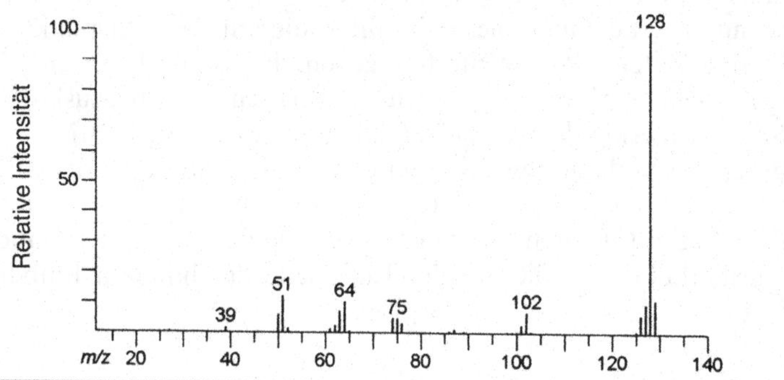

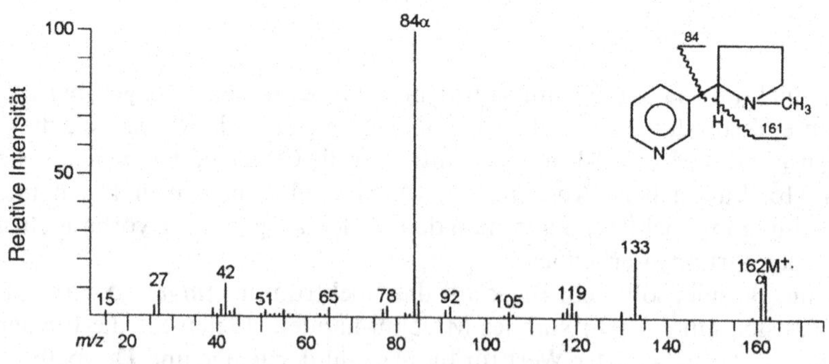

5.1 Massenspektrum von Nicotin.

In Aufgabe 5.2 ist der Peak bei *m/z* 43 mit Abstand der größte Peak im Spektrum. Die Bindung, die zur Bildung dieses Ions gespalten wird, muß die schwächste im Molekül sein.

Aufgabe 5.2

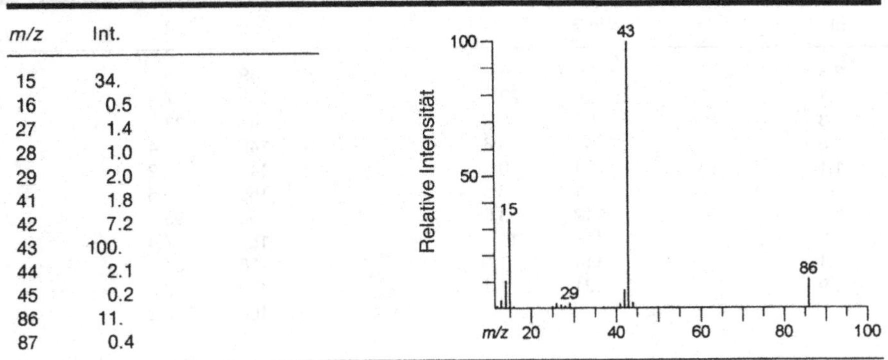

m/z	Int.
15	34.
16	0.5
27	1.4
28	1.0
29	2.0
41	1.8
42	7.2
43	100.
44	2.1
45	0.2
86	11.
87	0.4

Aufgabe 5.3 und 5.4 zeigen Spektren von größeren Molekülen mit nur wenigen auffälligen Peaks. Vergessen Sie bei der Untersuchung der Peaks bei m/z 50 und 51 in Aufgabe 5.3 nicht, daß die Bedeutung eines Peaks sowohl mit abnehmender Masse als auch mit abnehmender Intensität geringer wird.

Aufgabe 5.3

m/z	Int.	*m/z*	Int.	*m/z*	Int.
38	0.4	75	1.7	127	0.4
39	1.1	76	4.3	151	1.1
50	6.2	77	62.	152	3.4
51	19.	78	4.2	153	1.8
52	1.4	104	0.4	154	1.4
53	0.3	105	100.	181	7.4
63	1.3	106	7.8	182	55.
64	0.6	107	0.5	183	8.3
74	2.0	126	0.6	184	0.6

Aufgabe 5.4

m/z	Int.	*m/z*	Int.	*m/z*	Int.
27	2.3	74	6.6	139	100.
38	2.1	75	22.	140	7.5
39	1.3	76	2.8	141	33.
45	1.5	77	3.6	142	2.4
49	1.1	104	0.3	143	0.2
50	11.	111	43.	155	0.5
51	5.1	112	3.0	156	95.
63	0.9	113	14.	157	7.4
64	1.1	114	1.0	158	31.
65	1.9	121	1.1	159	2.2
				160	0.2

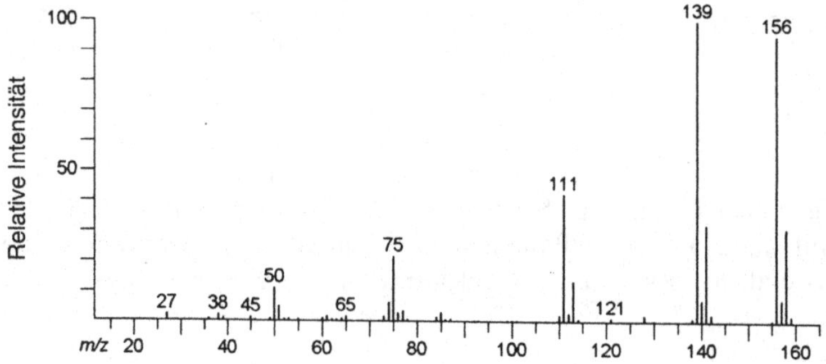

Bei unverzweigten Alkanen haben die Bindungen, die am einfachsten gespalten werden (die σ-Bindungen zwischen den sekundären Kohlenstoffatomen), alle annähernd die gleiche Bindungsstärke. Die Massenspektren dieser Verbindungen (Abb. 3.2 und 5.2) zeigen viele Peaks, deren Intensität sich in Stufen ändert. Sehen Sie sich diese typischen „Lattenzaun"-Spektren genau an, damit Sie sie bei unbekannten Verbindungen sofort wiedererkennen. Beachten Sie, daß sich die beiden Spektren trotz ihres Unterschieds im Molekulargewicht erstaunlich ähneln. Zum Beispiel stammen alle intensiven Peaks mit Ausnahme des $M^{+\cdot}$ von Ionen mit gerader Elektronenzahl. Außerdem sind die Geschwindigkeiten der primären Zerfälle von verschiedenen Molekül-Ionen miteinander vergleichbar, egal welche C–C-Bindung gespalten wird. Mit den Folgezerfällen der ersten Spaltungsprodukte verhält es sich genauso. Dies führt zur stufenweisen Zunahme der Intensität mit abnehmender Größe der Alkyl-Ionen. Da die Wahrscheinlichkeit für Umlagerungen zu stabileren Produkten mit zunehmender Zahl an Folgespaltungen wächst, handelt es sich bei den kleineren Ionen, wie $C_3H_7^+$ und $C_4H_9^+$, größtenteils um die stabileren verzweigten Carbonium-Ionen. Deshalb findet man bei höheren Alkanen im Bereich von C_3 und C_4 die intensivsten Peaks.

Eine zusätzliche Substitution am Kohlenstoffatom erhöht die Wahrscheinlichkeit eines Bindungsbruchs an dieser Stelle. Vergleichen Sie dazu die Abbildungen 3.2 bis 3.4 und 4.1.

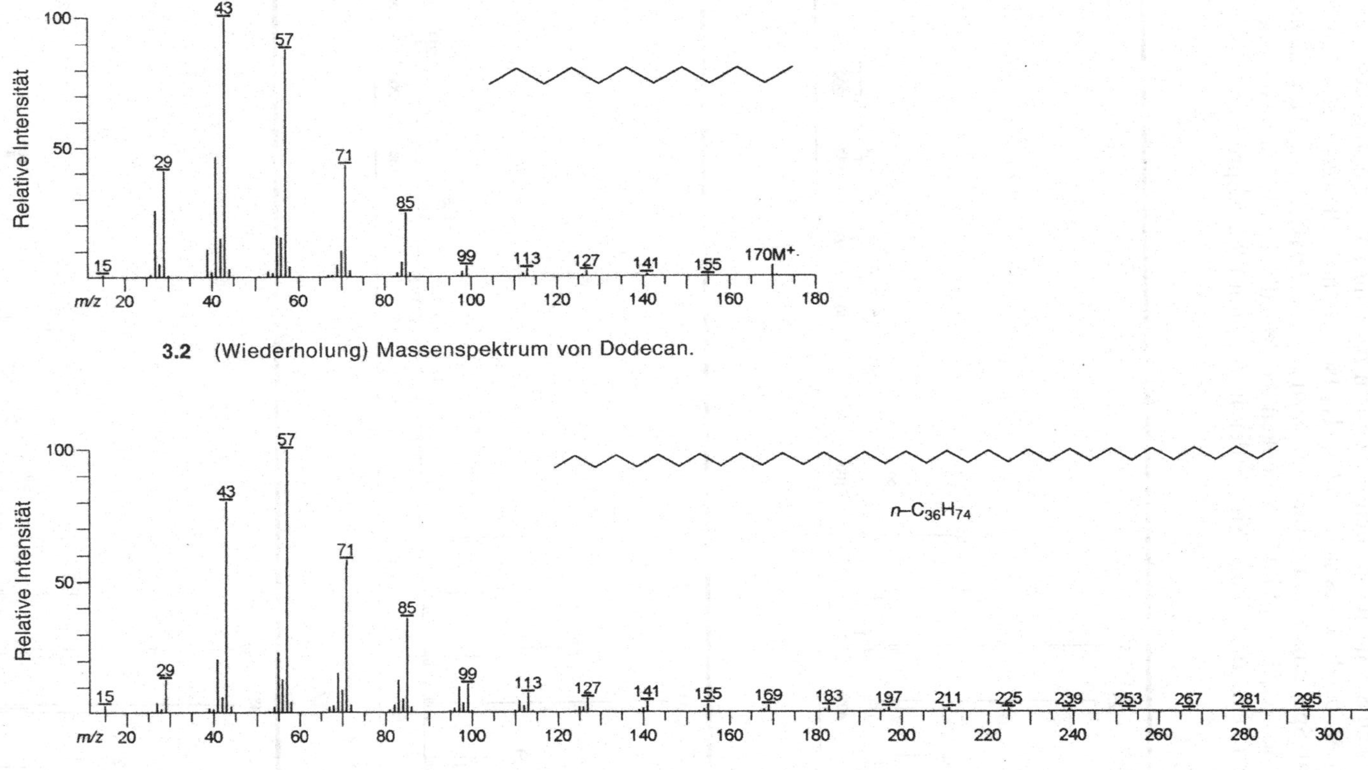

3.2 (Wiederholung) Massenspektrum von Dodecan.

5.2 Massenspektrum von Hexatriacontan. Die relativen Häufigkeiten der Peaks bei *m/z* 506 und 507 sind 0.46 % bzw. 0.18 %. Die relativen Häufigkeiten des C_nH_{2n+1}-Peaks nimmt von *m/z* 309 = 0.7 % in regelmäßigen Abständen auf *m/z* 505 = 0.1 % ab.

Versuchen Sie, nach erneutem Lesen von Abschnitt 4.5, die *Aufgaben 5.5 bis 5.7* zu lösen, bei denen es sich um $C_{16}H_{34}$-Isomere handelt. Vergessen Sie dabei nicht, daß Spaltungen von σ-Bindungen zu EE^{+}-Ionen ($C_nH_{2n+1}^{+}$) und *nicht* zu $OE^{+\cdot}$-Ionen ($C_nH_{2n}^{+\cdot}$) führen. Schenken Sie deshalb den $OE^{+\cdot}$-Ionen in diesen Aufgaben keine Beachtung. Sie werden in Abschnitt 9.2 besprochen.

Aufgabe 5.5

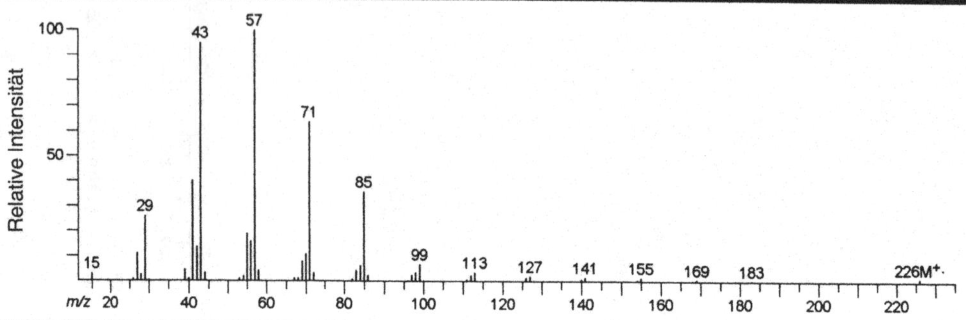

Aufgabe 5.6

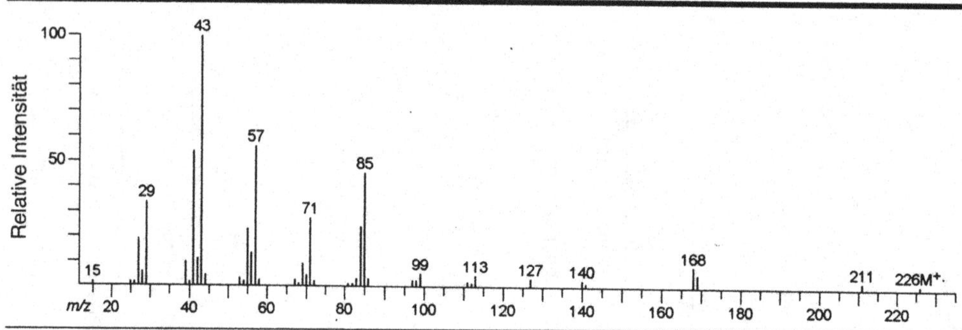

Aufgabe 5.7

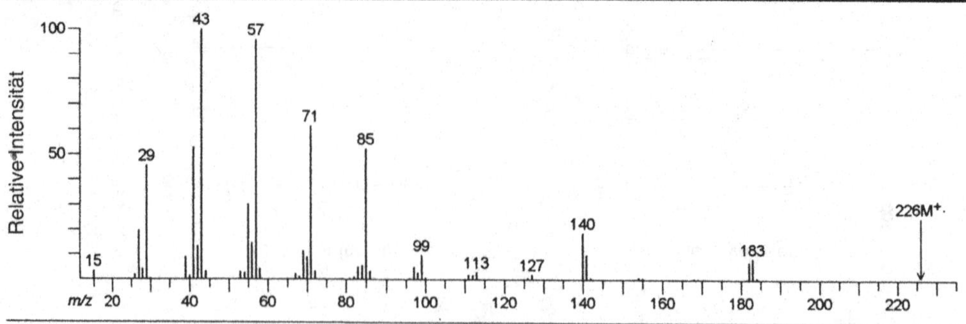

Alkane, die Gruppen mit elektronegativen Elementen tragen, die die Ionisierungsenergie nicht wesentlich herabsetzen (zum Beispiel Cl, Br, NO_2, CN), zeigen ähnliche Auswirkungen der Kettenverzweigung auf die Intensität der $C_nH_{2n+1}{}^+$-Ionen (s. Abb. 3.23 bis 3.25).

5.2 Ionen-Serien im unteren Massenbereich

Suchen Sie in den Abbildungen 3.2 bis 3.28 und in den Massenspektren dieses Kapitels besonders im unteren Massenbereich nach „Lattenzaun"-Peakserien. Sie sollten viele Spektren finden, bei denen die Peakgruppen um jeweils 14 Masseneinheiten auseinander liegen. Bei anderen Spektren ist der Peak-Abstand mit 12 oder 13 Masseneinheiten etwas geringer. Die betreffenden Peaks sind in den Abbildungen 3.2 bis 3.28 mit einem waagerechten Strich über der Peakspitze markiert. Solche *Ionen-Serien* im unteren Massenbereich liefern Informationen zu bestimmten Teilstrukturen (Heteroatome, Ringe und Doppelbindungen). Die Einzel-Peaks bei höheren Massen entstehen durch primäre Fragmentierungsprodukte und können als Indikatoren für *spezifische* Strukturmerkmale eingesetzt werden (sehen Sie sich erneut den Abschnitt 3.4 über die relative Wichtigkeit von Peaks an). Der Unterschied zwischen der Bedeutung von Ionen-Serien und charakteristischen Einzelpeaks läßt sich durch die folgenden Beispiele verdeutlichen. Die $C_nH_{2n+1}{}^+$-Ionen-Serien im unteren Massenbereich in den Aufgaben 5.5 bis 5.7 weisen verläßlich auf Alkylketten hin, obwohl Folgezerfälle im allgemeinen unter Umlagerung ablaufen (EE^+, Abschn. 4.10). Dagegen sind die „wichtigen" Peaks bei *m/z* 211 und 169 in Aufgabe 5.6 durch *Verlust* von $CH_3\cdot$ bzw. $C_4H_9\cdot$ entstanden. Demnach trägt die unbekannte Verbindung CH_3- und C_4H_9-Gruppen (jedoch keine C_3H_7-Gruppe) an einem tertiären Kohlenstoffatom, obwohl im unteren Massenbereich $[C_3H_7{}^+] > [C_4H_9{}^+] > [CH_3{}^+]$ ist.

Versuchen Sie, zunächst die Ionen-Serien im unteren Massenbereich aufzuschlüsseln, bevor Sie die Strukturen von Peaks im oberen Massenbereich ableiten, denn die Information von Ionen-Serien im unteren Massenbereich kann die Strukturmöglichkeiten für Ionen im oberen Massenbereich einschränken. Im unteren Massenbereich existieren für eine bestimmte Masse (normalerweise EE^+-Ionen) nur wenige Strukturmöglichkeiten. Für *m/z* 29 gibt es nur die Möglichkeiten $C_2H_5{}^+$ oder CHO^+, während für *m/z* 129 Hunderte von isobaren Möglichkeiten existieren.

Ionen-Serien, die durch CH_2-Gruppen getrennt sind. Viele Strukturen führen im Massenspektrum zu homologen Ionen-Serien, wie zum Beispiel zur fortlaufenden Serie von $C_nH_{2n+1}{}^+$-Alkyl-Ionen in Alkan-Spektren. Die hohe Umlagerungswahrscheinlichkeit bei der Entstehung von Ionen mit geringer Masse führt dazu, daß die homologe Reihe im unteren Massenbereich vollständiger und mit geringeren Intensitätsschwankungen erscheint als bei höheren Massen.

Aufgabe 5.8

m/z	Int.	*m/z*	Int.	*m/z*	Int.
15	3.2	64	0.8	94	0.2
27	5.4	65	10.	98	0.3
29	7.1	66	0.7	103	2.6
39	13.	67	0.6	104	5.9
40	1.7	69	1.4	105	12.
41	21.	70	0.9	106	1.1
42	3.0	71	0.5	117	1.9
43	17.	75	0.4	118	0.6
44	0.6	76	0.5	119	2.2
50	1.5	77	6.1	120	0.2
51	5.1	78	6.5	133	5.1
52	1.6	79	3.8	134	0.6
53	1.9	83	0.3	147	1.1
55	4.7	89	1.8	161	0.3
56	2.0	90	1.4	175	0.1
57	17.	91	100.	190	26.
58	0.8	92	96.	191	4.1
63	2.4	93	7.5	192	0.3

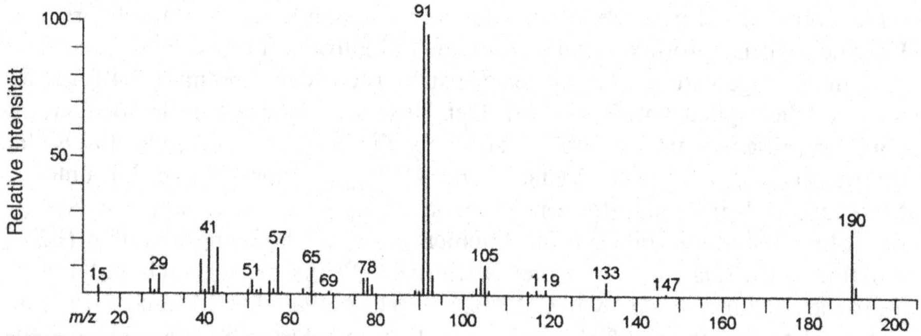

Die unbekannte Verbindung in *Aufgabe 5.8* enthält *keinen* Sauerstoff. Ein kurzer Blick auf das Spektrum, beginnend bei der niedrigsten Masse, zeigt, daß eine Alkylkette vorhanden ist. Ein wertvoller Hinweis auf die maximale Größe der Alkyleinheit ist die Tatsache, daß $C_nH_{2n+1}{}^+$-Ionen von $CH_3{}^+$ bis $C_5H_{11}{}^+$ (bei höherer Empfindlichkeit bis $C_7H_{15}{}^+$) nachgewiesen werden können.

Wie Tabelle 5.1 zeigt, ergibt die $C_nH_{2n+1}{}^+$-Alkylserie Peaks bei *m/z* 15, 29, 43 etc. Die Insertion eines Sauerstoffatoms (Substitution von H gegen OH) führt zu Peaks bei *m/z* 31, 45, 59 etc., der $C_nH_{2n+1}O^+$-Serie, die für gesättigte Alkohole und Ether charakteristisch ist (s. Abb. 3.8 und 3.9). Gesättigte Amine ergeben die $C_nH_{2n+2}N^+$-Serie mit *m/z* 30, 44, 58 etc. als EE^+-Ionen-Serie mit geraden Massenzahlen (Abb. 3.16 bis 3.18). Eine Erhöhung der Zahl der Ringe und Doppelbindungen um eins senkt die Masse in den Serien um zwei Einheiten. So bilden aliphatische Aldehyde und Ketone eine $C_nH_{2n-1}O^+$-Serie mit *m/z* 29, 43, 57 etc. (Abb. 3.10 und 3.11). Leider überlappt diese Serie mit der $C_nH_{2n+1}{}^+$-Alkylserie, denn CO und C_2H_4 haben die gleiche Masse. Versuchen Sie deshalb

Tabelle 5.1: Häufige Ionen-Serien (s. Tab. A.6 und A.7)

Funktionsgruppe [a]	Formel	Index Δ^b	*m/z*-Werte
Nitrile	$C_nH_{2n-2}N^+$	−1	40 54 68 82
Alkenyl, Cycloalkyl	$C_nH_{2n-1}{}^+$	0	27 41 55 69 83
Alkene, Cycloalkane, Alkyl-Y[c]	$C_nH_{2n}{}^{+\cdot}$	+1	28 42 56 70 84
Alkyl	$C_nH_{2n+1}{}^+$	+2	15 29 43 57 71 85
Aldehyde, Ketone	$C_nH_{2n-1}O^+$	+2	29 43 57 71 85
Amine	$C_nH_{2n+2}N^+$	+3	30 44 58 72 86
Alkohol, Ether	$C_nH_{2n+1}O^+$	+4	31 45 59 73 87
Säuren, Ester	$C_nH_{2n-1}O_2^+$	+4	45 59 73 87
Thiole, Sulfide	$C_nH_{2n+1}S^+$	+6	33[d] 47 61 75 89
Chloroalkyl	$C_nH_{2n}Cl^+$	−6	35 49 63 77 91
Aromaten	$C_nH_{\leq n}$	−2 to −8	38, 39, 50–52, 63–65, 75–78[e]

[a] mit einer gesättigten aliphatischen Teilstruktur verbunden

[b] Δ = Masse − 14*x* + 1 (Dromey 1976); eine ungerade Zahl entspricht einer N-haltigen oder $OE^{+\cdot}$-Ionen-Serie.

[c] wobei HY ein Molekül mit geringer Protonenaffinität ist.

[d] HS^+-Ion

[e] Alle Peaks können in einem Spektrum wenig intensiv sein und manchmal treten auch benachbarte Peaks auf.

immer, die Elementarzusammensetzung dieser Peaks zu bestimmen. Dazu einige Anhaltspunkte: wenn $[44^+]/[43^+]$ nur 2.2% beträgt, kann der *m/z* 43-Peak nicht zur $C_nH_{2n+1}{}^+$-Serie gehören. Umgekehrt kann es sich nicht um die $C_nH_{2n-1}O^+$-Serie handeln, wenn das Molekül-Ion keinen Sauerstoff enthält. Die Tabelle 5.1 weist eine ähnliche Überlappung bei der *m/z* 31, 45, 59 etc.-Serie zwischen $C_nH_{2n+1}O^+$-Ionen (Alkohole und Ether) und $C_nH_{2n-1}O_2{}^+$-Ionen (Säuren und Ester) auf. Eine vollständige Liste der Ionen-Serien ist in Tabelle A.6 wiedergegeben.

Benutzen Sie bei der Untersuchung von Ionen-Serien die Kriterien für die Bedeutung von Peaks. Vergessen Sie dabei nicht, daß der wichtigste Peak innerhalb einer Peakgruppe (Gruppe von Peaks, deren Zusammensetzung sich nur in der Anzahl der H-Atome unterscheidet) der mit den meisten H-Atomen ist. Die Spektren von Alkanen (Abb. 3.2 bis 3.4, Aufgaben 5.5 bis 5.7) enthalten sowohl die $C_nH_{2n-1}{}^+$- als auch die $C_nH_{2n+1}{}^+$-Serie. Das Auftreten der $C_nH_{2n-1}{}^+$-Serie deutet hier allerdings nicht auf eine Alkenyl- oder Cycloalkyl-Gruppe (Tab. 5.1) hin. Im Spektrum von 1-Dodecen (Abb. 3.5) sind ebenfalls beide Serien vorhanden. In diesem Fall ist aber die $C_nH_{2n-1}{}^+$-Serie intensiver als die $C_nH_{2n+1}{}^+$-Serie. Da sie außerdem auch bei viel höheren Massen auftritt, ist diese Serie im Spektrum von 1-Dodecen aussagekräftiger als die $C_nH_{2n+1}{}^+$-Serie.

Im Dodecen-Spektrum (Abb. 3.5) sticht die $OE^{+\cdot}$-$C_nH_{2n}{}^{+\cdot}$-Serie ebenfalls hervor. Ihre Peaks sind im allgemeinen größer als die der $C_nH_{2n+1}{}^+$-Serie. Vergessen Sie aber nicht, daß es sich bei den Ionen mit gerader Masse im unteren Massenbereich auch um $OE^{+\cdot}$-Ionen aus charakteristischen Spaltungen handeln kann. Der Peak bei *m/z* 58 in den Abbildungen 3.10 und 3.11 ist ein Beispiel dafür. Vergewissern Sie sich deshalb, ob wirklich eine Serie von solchen Ionen mit gerader Masse vorhanden ist und lassen Sie sich nicht durch Isotopenpeaks täuschen. (Die Peaks bei *m/z* 30, 44, 72 und 86 in den Abb. 3.10 und 3.11 sind vollständig auf Beiträge von ^{13}C-Isotopen zurückzuführen.) EE^{+}-Ionen, die ein Stickstoffatom enthalten, können ebenfalls zu einer Ionen-Serie mit gerader Masse führen. Beispiele dafür sind die Peaks bei *m/z* 30, 44, 58, 72 etc. in den Abbildungen 3.16 bis 3.18. Ist eine große Zahl dieser Peaks vorhanden, muß das übrige Spektrum sorgfältig auf andere Anzeichen für die Gegenwart eines Stickstoffatoms untersucht werden.

Die Spektren in *Aufgabe 5.9 und 5.10* sind sich sehr ähnlich. Bei beiden entspricht der Peak bei *m/z* 224 dem $C_{16}H_{32}^{+\cdot}$-Ion. Aber nur ein Spektrum enthält eine bedeutende Ionen-Serie (Ionen-Serien können am besten erkannt werden, wenn man zunächst das untere Massenende des Spektrums untersucht). Um welche Moleküle handelt es sich in diesen beiden Spektren?

Aufgabe 5.9

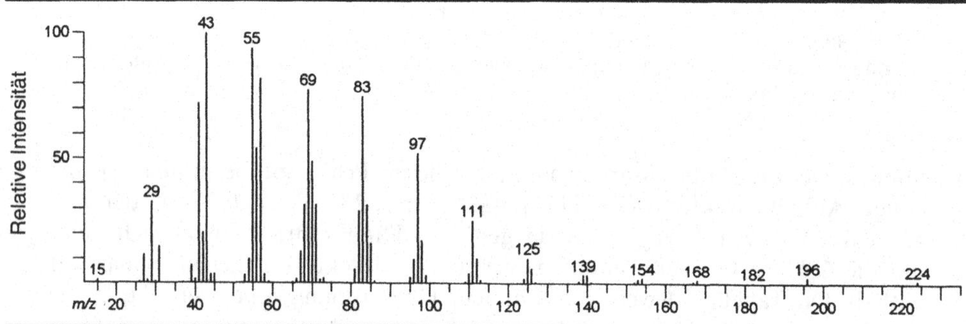

Aufgabe 5.10

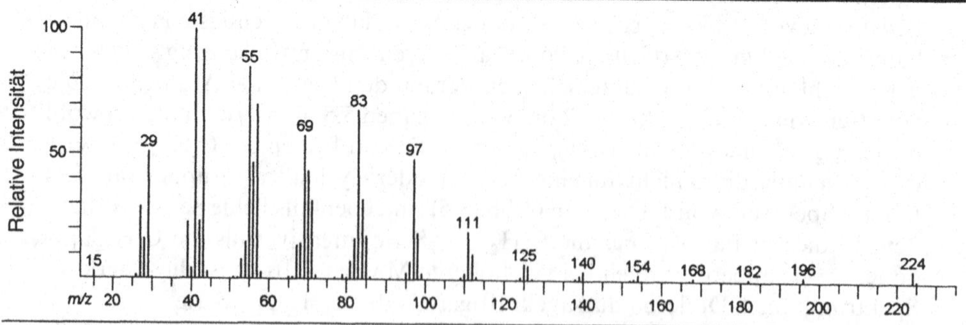

Ionen-Serien, die durch CH- und C-Gruppen getrennt sind. Verbindungen, bei denen das Kohlenstoff : Wasserstoff-Verhältnis viel kleiner als zwei ist, können keine Ionen-Serien mit CH_2-Abständen zwischen den Peaks bilden (s. Aufgabe

5.1, Naphthalin, $C_{10}H_8$). In solchen Verbindungen können aber trotzdem im unteren Massenbereich charakteristische Serien auftreten. Eine sehr wichtige Serie ist m/z 38–9, 50–2, 63–5 und 75–8 ($C_nH_{0.5n}$ bis C_nH_n), die bei aromatischen Kohlenwasserstoffen vorkommt. Diese Serie tritt auch bei heterocyclischen Verbindungen mit Sauerstoff- oder Stickstoffatomen und bei Verbindungen, die diese Elemente in der Nähe des aromatischen Ringes tragen, auf. In diesen Fällen findet man jedoch wegen des Austauschs von CH durch N oder von CH_2 durch O zusätzliche Peaks bei m/z 40, 53, 66 und 79 (die „hohe" aromatische Serie in Tab. A.6). Die aromatische Serie hat zwar oft nur eine geringe Intensität, durch die Einzigartigkeit ihrer Massen (Tab. 5.1) ist sie aber dennoch leicht zu erkennen. Sie fehlt in den Aufgaben 5.9 und 5.10 im Gegensatz zu den Aufgaben 5.3, 5.4 und 5.8. Betrachten Sie zur Übung die Abbildungen 3.2 bis 3.27 als unbekannte Verbindungen und kontrollieren Sie, ob Sie anhand dieser Serie erkennen können, welche Verbindungen Aromaten enthalten.

Der Ersatz von Wasserstoffatomen durch Halogenatome, X, führt zu homologen Abständen von CHX oder CX_2 zwischen den Peaks der Serie (Abb. 3.23 und 3.24). Dies bewirkt eine starke Veränderung des Spektrums. Zusätzlich werden die elektronegativen Halogenatome viel leichter abgespalten als Wasserstoffatome, so daß auch Ionen mit Massenunterschieden von X und HX auftreten. Bei Chlor und Brom können sie einfach anhand des Isotopenmusters erkannt werden. Fluor und Iod haben zwar jeweils nur ein natürliches Isotop (^{19}F und ^{127}I), aber diese Atome können anhand der ungewöhnlichen Massendifferenzen identifiziert werden.

Erkennen von Ionen-Serien. Chemiker lernen schnell, Carbonylbanden in Infrarot-Spektren oder CH_3-Signale in Protonen-NMR-Spektren zu erkennen. In ähnlicher Weise werden Ihnen Massenspektren viel vertrauter werden, wenn Sie die mögliche Bedeutung von Massenwerten kennen. Verwenden Sie die $C_nH_{2n+1}{}^+$-Serie 15, 29, 43, 57 etc. als Referenzmassen. Im 100-er-Bereich sind die Werte um zwei Masseneinheiten kleiner (113, 127, 141, 155 etc.), weil $(CH_2)_7$ einem Wert von 98 Masseneinheiten entspricht (Abb. 5.2). Im 200-er-Bereich betragen sie 211, 225, 239, 253 und so weiter. Die Gesamtzahl der C-, N- und O-Atome läßt sich *abschätzen*, indem man die Massen von gesättigten Ionen-Serien durch 14 dividiert, da CH_2 (14) durch NH (15) oder O (16) ersetzt werden kann. Liegt eine ungesättigte Verbindung vor, wie zum Beispiel bei einer aromatischen Ionen-Serie, müssen Sie den doppelten Wert der Doppelbindungsäquivalente (bei Phenyl 8) zur Masse hinzuaddieren, bevor Sie durch 14 teilen. Als Daumenregel sollten Sie sich merken, daß 100 Masseneinheiten ungefähr der Gesamtzahl von sieben C-, N- und O-Atomen entsprechen (Anzahl $(C + N + O) = 7$).

Beachten Sie bei den Spektren der *Aufgaben 5.11 und 5.12* insbesondere das allgemeine Erscheinungsbild und die Ionen-Serien.

Aufgabe 5.11

m/z	Int.	*m/z*	Int.	*m/z*	Int.
38	3.7	62	3.2	88	0.3
39	4.8	63	5.8	98	1.2
40	0.6	64	1.5	99	0.9
43	0.4	64.5	3.9	100	0.9
49	2.0	65	0.8	101	5.6
49.5	0.6	74	7.1	102	24.
50	12.	75	9.9	103	7.6
50.5	0.4	76	9.0	104	0.6
51	19.	77	3.8	127	1.8
51.5	1.0	78	2.5	128	16.
52	4.2	79	0.5	129	100.
53	0.4	81	0.4	130	10.
		87	0.9	131	0.5

Aufgabe 5.12

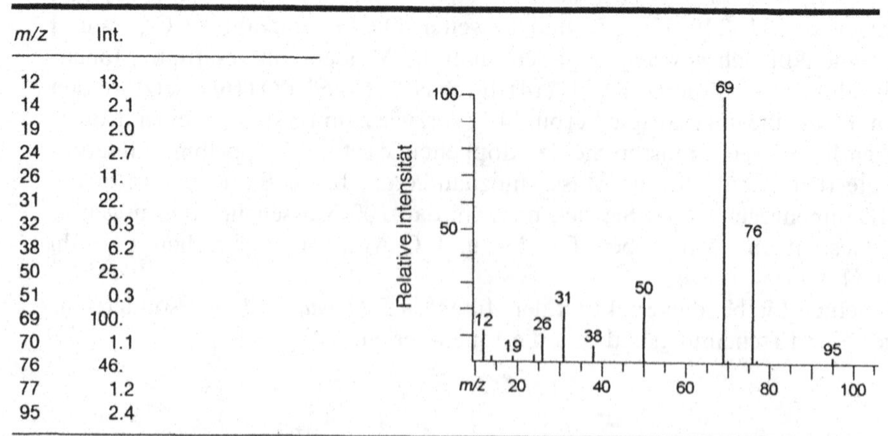

m/z	Int.
12	13.
14	2.1
19	2.0
24	2.7
26	11.
31	22.
32	0.3
38	6.2
50	25.
51	0.3
69	100.
70	1.1
76	46.
77	1.2
95	2.4

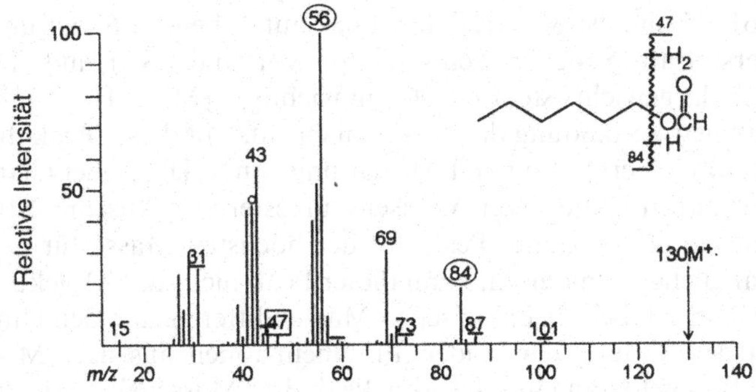

5.3 Massenspektrum von Ameisensäurehexylester.

5.3 Abspaltung kleiner Neutralteilchen

Die kleinen Neutralteilchen, die bei der Bildung der schweren Fragment-Ionen abgespalten werden, ermöglichen oft die einfachsten und spezifischsten Zuordnungen im Spektrum. Dies trifft insbesondere für Fragment-Ionen zu, die direkt aus dem Molekül-Ion entstehen. Zum Beispiel signalisieren die Ionen $(M-1)^+$, $(M-15)^+$, $(M-18)^+$ und $(M-20)^+$ fast immer die Abspaltung von H, CH_3, H_2O bzw. HF aus dem Molekül-Ion. Diese Peaks, die durch den Verlust kleiner Neutralteilchen entstehen, haben eine hohe Aussagekraft für die Molekülstruktur, da diese großen primären Ionen mit der geringsten Wahrscheinlichkeit von Zufallsumlagerungen gebildet werden. Deshalb weist ein intensiver $(M-1)^+$-Peak auf ein labiles Wasserstoffatom (und das Fehlen von anderen labilen Substituenten) hin. Tabelle A.5 enthält eine Liste der häufigsten neutralen Fragmente, die bei der Bildung von wichtigen Peaks im Spektrum abgespalten werden. Die Anwendung dieser Fragmente als Test für das Molekül-Ion ist in Abschnitt 3.5 diskutiert worden. Peaks bei hohen Massen haben eine große relative Bedeutung. Sogar diejenigen mit Intensitäten von weniger als 1% können für die Strukturaufklärung nützlich sein.

Die spezifische Abspaltung eines größeren Neutralteilchens kann ebenfalls für die Struktur charakteristisch sein. Allerdings muß sich der entsprechende Peak deutlich von benachbarten Ionen-Serien abheben, um erkannt werden zu können. Dies ist bei $OE^{+\cdot}$-Ionen kein großes Problem, da $OE^{+\cdot}$-Ionen-Serien relativ selten vorkommen. Jedes EE^+-Ion, das einen auffällig intensiven Peak innerhalb einer Ionen-Serie darstellt, muß sorgfältig untersucht werden. Dies gilt insbesondere für Peaks mit fast der höchsten Masse innerhalb einer Peakgruppe. Denn ein Austausch von CH_2 durch NH oder O erhöht die Masse und senkt normalerweise die Ionisierungsenergie. Im Spektrum von Ameisensäurehexylester (Abb. 5.3) läßt sich die $C_nH_{2n+1}O^+$-Ionen-Serie bei m/z 31, 45, 59, 73, 87 und 101 leicht erkennen. Aber der kleine Peak bei m/z 47 ist von besonderer Bedeutung, da es sich um den Peak mit der höchsten Masse innerhalb der Peakgruppe bei m/z 36–47 handelt und weitere winzige Peaks dieser Ionen-Serie bei *m/z* 33, 61, 75 und 89 existieren. Ein Blick auf Tabelle A.6 sagt uns, daß ein zweites Sauerstoffatom oder ein Schwefelatom vorhanden sein muß. Bei Kenntnis des Molekulargewichts stellt *m/z* 47 ein wichtiges $(M-C_nH_{2n-1})^+$-Ion einer sauerstoffhaltigen Verbindung dar. Tatsächlich entsteht dieser Peak durch doppelte Wasserstoff-Übertragung und Abspaltung von C_6H_{11}, einer charakteristischen Dissoziationsreaktion von Ameisensäureestern (s. Abschn. 4.10).

Ist die Massendifferenz zum Peak mit der höchsten Masse für den Verlust eines Neutralteilchens unlogisch, kann dieser Peak nicht das Molekül-Ion sein. Dann handelt es sich bei der unlogischen Massendifferenz um den Unterschied, der sich bei der Bildung der beiden Fragment-Ionen aus dem Molekül-Ion ergibt. Zum Beispiel kann ein intensiver Peak drei Masseneinheiten unter dem Peak mit der höchsten Masse auf ein Molekül mit instabilem Molekül-Ion hindeuten, das sowohl H_2O als auch $CH_3\cdot$ abspaltet. Bei einem wichtigen Peak, der 13 Masseneinheiten unterhalb des Peaks mit der höchsten Masse liegt, könnte ein Molekül vorliegen, das leicht C_2H_4 bzw. CO und $CH_3\cdot$ verliert. Beachten Sie, daß bei ungerader Massendifferenz und Fehlen von Stickstoff einer der beiden Fragmentpeaks ein $OE^{+\cdot}$-Ion sein muß.

In *Aufgabe 5.13* zeigen chemische Ionisierung und exakte Massenbestimmung, daß *m/z* 119 durch Abspaltung von $C_2H_5\cdot$ aus dem Molekül-Ion entsteht. Solche Verluste von kleinen Neutralteilchen sagen viel über die Struktur aus. Können Sie *beide* wichtigen Ionen-Serien identifizieren?

5.4 Charakteristische Ionen

Mit zunehmender Größe eines Ions wird die Interpretation der Strukturinformation wegen der wachsenden Zahl von theoretischen Möglichkeiten immer schwieriger. Für viele Massen (und insbesondere Elementarzusammensetzungen) existieren trotzdem nur wenige charakteristische Strukturen, die den entsprechenden Peak im Massenspektrum hervorrufen. Solche „charakteristischen Ionen“ sind für die Bestimmung möglicher Fragmente eines Moleküls erstaunlich aussagekräftig. Sie sollten einige von diesen Ionen schon kennen, wie *m/z* 30 bei Aminen, *m/z* 77 bei Phenylgruppen und *m/z* 105 bei Methylbenzyl- oder Benzoylgruppen (Aufgabe 5.3). In Abbildung 5.4 würden Erfahrene aufgrund des Basispeaks bei *m/z* 149 sofort ein Phthalat *vermuten*. Hinweise dieser Art müssen allerdings sorgfältig überprüft werden, da in einer Datenbank mit 140000 verschiedenen Spektren (McLafferty und Stauffer 1991) nur 150 von 700 Spektren, die einen *m/z* 149-Peak enthalten, Phthalate sind. Phthalate treten außerdem in Massenspektren als allgegenwärtige Verunreinigungen auf, da sie in Kunststoffen (Schläuche, Verschlußkappen, Dichtungen) und chromatographischem Säulenmaterial enthalten sind.

Für eine Spektreninterpretation muß die mögliche strukturelle Bedeutung aller wichtigen Peaks notiert werden. Bestehen mehrere Interpretationsmöglichkeiten, sollten alle aufgeschrieben werden. Schließt das Spektrum eine oder

Aufgabe 5.13

m/z	Int.	*m/z*	Int.
27	7.0	69	3.3
28	1.5	70	3.9
29	10.	71	1.7
30	0.2	77	1.0
36	0.4	79	0.3
39	5.4	83	4.2
40	0.7	84	0.8
41	21.	91	0.6
42	3.6	93	0.2
43	21.	98	8.4
44	0.7	99	22.
49	0.9	100	1.6
51	0.3	105	0.3
55	19.	112	0.2
56	6.5	119	4.7 ($M - C_2H_5$)
57	100.	120	0.3
58	4.4	121	1.5
63	1.1	148	0.1
65	0.4		

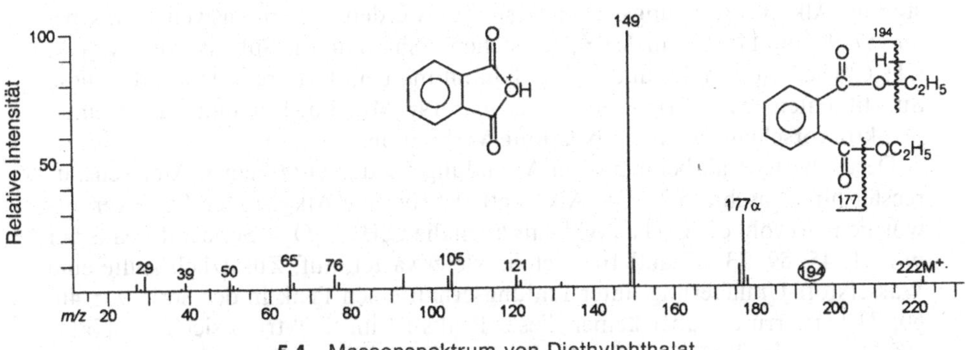

5.4 Massenspektrum von Diethylphthalat.

mehrere dieser Möglichkeiten aus, gewinnen die übrigbleibenden an Bedeutung. Tabelle A.6 enthält mögliche Ionen-Strukturen als Teile von Ionen-Serien. In *Mass Spectral Correlations* (McLafferty und Venkataraghavan 1982) sind die möglichen Elementarzusammensetzungen und Strukturen eines Peaks samt seiner *relativen* Wahrscheinlichkeiten aufgelistet. Der *Important Peak Index of the Registry of Mass Spectral Data* (McLafferty und Stauffer 1991) liefert eine Liste von Verbindungen, die einen bestimmten *m/z*-Wert als intensivsten, zweitintensivsten etc. Peak in ihrem Spektrum aufweisen.

5.5 Plausible Strukturvorschläge

Nach den ersten sechs Schritten der Standard-Interpretationsmethode (Innenseite des hinteren Einbandes) erhält man oft eine verwirrend große Zahl von Strukturhinweisen, da ein Massenspektrum Hunderte von Peaks enthalten kann, von denen sogar die mit Intensitäten $<1\,\%$ Bedeutung haben können. In diesem Stadium ist es das Beste, sich zunächst auf die Strukturmerkmale zu konzentrieren, die am deutlichsten hervortreten. Sehen Sie sich dazu die generellen Fragmentierungsarten (Innenseite des hinteren Einbandes) dieser Substrukturen oder Substanzklassen an (oder schreiben Sie sie auf). Die Produkt-Ionen erscheinen in Ionen-Serien, deren Massen von der Größe und Art der Substituenten abhängen. Solche Ionen-Serien, bei denen sich die einzelnen Peaks um CH_2-Gruppen unterscheiden, sind in Abschnitt 5.2 besprochen worden. Ionen-Serien können aber auch Ionen mit hoher Masse enthalten, die bei *spezifischen* Spaltungen von funktionellen Gruppen entstehen. Untersuchen Sie deshalb nun die intensivsten Peaks in diesen Serien. Benutzen Sie ihre Positionen in den Serien, um die Zahl der Strukturmöglichkeiten der entsprechenden Substrukturen oder Verbindungsklassen zu begrenzen. Dieses Vorgehen soll am folgenden Beispiel demonstriert werden. In Aufgabe 5.13 liegen starke Hinweise auf ein Chloralkan vor: der Alkylteil ist für die Peaks bei *m/z* 29, 43, 57, 71 und 99 verantwortlich, während der Chloralkylteil die Peaks bei *m/z* 63/65, 77/79, 91/93 und 119/121 liefert. Aus mechanistischer Sicht sollten σ-Bindungen am einfachsten an Alkylverzweigungsstellen gespalten werden. Die intensiven Peaks bei *m/z* 57, 99 und 119/121 in den Serien stehen deshalb für die Substituenten C_4H_9, CH_2Cl (Verlust von 49) und C_2H_5. Nimmt man ein tertiäres CH an, das diese Substituenten trägt, erhält man das *m/z* 148-Molekül-Ion und damit einen Strukturvorschlag für die unbekannte Verbindung.

Der isolierte Peak bei *m/z* 47 in Abbildung 5.3 deutet auf einen Ameisensäureester hin (Abschn. 5.2). Die Alkylkette ist für eine Alkyl-Ionen-Serie verantwortlich. Sowohl die $C_nH_{2n+1}O^+$- als auch die $C_nH_{2n-1}O_2{}^+$-Serie mit Peaks bei *m/z* 31, 45, 59, 73, 87 und 101 treten, wie erwartet, auf. Zusätzlich sollte eine Wasserstoff-Umlagerung unter Ladungserhalt einen Peak in der Serie *m/z* 46, 60, 74 hervorrufen, aber keiner dieser Peaks ist im Spektrum sichtbar. Unter Wanderung der Ladung sollte ein Peak in der Serie *m/z* 28, 42, 56, 70, 84 etc. erscheinen. In diesem Fall deutet der Peak mit der höchsten Masse bei *m/z* 84 (C_6H_{12}) stark auf einen Hexylester hin. Der $OE^{+\cdot}$-Basispeak bei *m/z* 56 kann nicht irreführend als Butylester gedeutet werden, da bei der Untersuchung aller Peaks dieser $C_nH_{2n}{}^{+\cdot}$-Serie auch der $C_6H_{12}{}^{+\cdot}$-Peak gefunden wird und Peaks bei höherer Masse potentiell bedeutender sind. Die Ladungswanderung ist in diesem Fall gegenüber dem Ladungserhalt bevorzugt (Abschn. 4.9), weil die Ionisierungsenergie von Ameisensäure mit 11.3 eV größer ist als die von Alkenen (9–10.5 eV).

5.6 Die Auswahl der wahrscheinlichsten Struktur

Die oben aufgeführten Schritte und jede weitere verfügbare Information sollte dazu verwendet werden, alle denkbaren Strukturen aufzuschreiben. Sagen Sie anhand der entsprechenden Dissoziationsmechanismen für jede ernsthaft in Betracht zu ziehende Struktur das Spektrum voraus und vergleichen Sie diese Spektren sorgfältig mit dem Spektrum der unbekannten Verbindung. Wenn alle außer einem Spektrum dabei abweichen, heißt das allerdings noch nicht, daß die verbleibende Struktur die Richtige ist.

Die Voraussage von Fragmentierungswegen wird mit zunehmender Molekülgröße schwieriger. Deshalb sind Referenzspektren besonders wichtig. *Registry of Mass Spectral Data* (McLafferty und Stauffer 1989) ist mit Abstand die größte Spektrensammlung. Sie enthält mehr als 112 000 Spektren von verschie-

Aufgabe 5.14

m/z	Int.	m/z	Int.	m/z	Int.
27	14.	64	2.0	92	0.5
28	1.1	65	15.	93	1.6
38	2.2	66	12.	94	100.
39	14.	67	0.7	95	6.6
40	2.1	74	0.9	96	0.4
41	0.3	75	0.6	107	29.
49	0.9	76	0.6	108	2.2
50	3.0	77	22.	121	1.6
51	10.	78	1.8	156	41.
52	0.9	79	5.0	157	3.7
53	0.5	80	0.5	158	13.
55	1.5	91	1.5	159	1.2
63	19.				

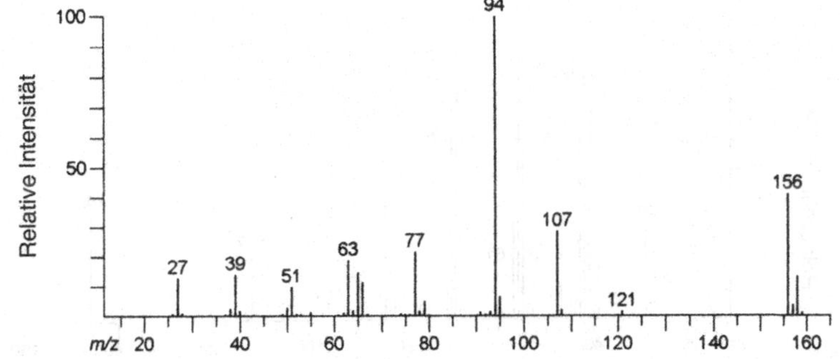

denen Verbindungen mit über 89000 Strukturabbildungen. Die erweiterte Sammlung von 1992 enthält 220000 verschiedene Massenspektren auf elektronischen Speichermedien. Liegt für Ihren Strukturvorschlag kein Referenzspektrum vor, versuchen Sie, ihn mit Referenzspektren von ähnlichen Verbindungen zu vergleichen. Bedenken Sie, daß sich Intensitäten an verschiedenen Geräten um mehr als eine Größenordnung unterscheiden können. Um eine gesicherte Aussage zu erhalten, *müssen* daher die Referenzspektren unter denselben Gerätebedingungen aufgenommen werden wie das Spektrum der unbekannten Verbindung. Selbst unter diesen Bedingungen können isomere *meta-* und *para-*Aromaten oft nicht unterschieden werden, da die Ähnlichkeit zwischen den jeweiligen Massenspektren zu groß ist. Dies ist ein „wunder Punkt" der Massenspektrometrie (Kap. 8 und 9), ebenso wie die Ununterscheidbarkeit von Spektren optischer Isomerer, die eine Zuordnung der absoluten Konfiguration unmöglich macht.

Befolgen Sie bei der Lösung der *Aufgaben 5.14 und 5.15* die „Standard-Interpretationsmethode".

Aufgabe 5.15

m/z	Int.	*m/z*	Int.	*m/z*	Int.
15	9.2	54	5.7	82	11.
26	1.3	55	74.	83	46.
27	24.	56	100.	84	51.
28	6.1	57	38.	85	4.9
29	32.	58	2.9	87	1.0
30	0.8	59	3.0	88	0.7
33	0.4	60	4.9	89	11.
34	1.1	61	18.	90	0.6
35	2.8	62	1.6	91	0.5
39	19.	63	0.9	97	4.3
40	4.0	67	4.9	98	0.3
41	76.	68	18.	103	0.9
42	47.	69	59.	112	23.
43	74.	70	70.	113	2.0
44	3.3	71	15.	145	1.7
45	8.2	72	0.8	146	37.
46	3.6	73	0.9	147	3.7
47	29.	74	0.6	148	1.8
48	1.6	75	1.1		
53	4.7				

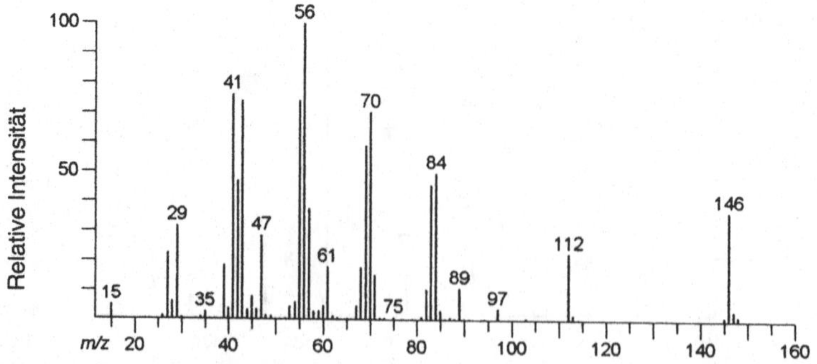

6. Hilfstechniken

Die Grenzen der Strukturinformationen in einem normalen Massenspektrum können durch spezielle massenspektrometrische Techniken teilweise aufgehoben werden. Obwohl eine vollständige Beschreibung dieser Techniken den Rahmens dieses Buches sprengen würde, sollen Sie mit den grundlegenden Möglichkeiten vertraut gemacht werden.

6.1 Weiche Ionisierungsmethoden

Niedrigvolt-Spektren. Eine Herabsetzung der Energie des Elektronenstrahls (z. B. auf 15 eV) verringert die mittlere (*nicht die minimale*) innere Energie der Molekül-Ionen. Solche Molekül-Ionen $M^{+\cdot}$ mit geringer Energie können auch durch Feld-Ionisation, Ladungsaustausch oder Photoionisierung (Abschn. 7.4) gebildet werden. Manchmal ist es zur Strukturaufklärung sinnvoll, energiereiche Reaktionen auszuschalten, da sie zu Tochter-Ionen führen, die für die ursprüngliche Struktur wenig repräsentativ sind. Andererseits erhöhen aber Elektronen mit geringeren Energien die relative Häufigkeit von primären Umlagerungsreaktionen (Abschn. 7.2). Außerdem verringert eine Absenkung der Elektronenenergie die *absolute* Häufigkeit aller Ionen. Damit ist das Molekül-Ion bei geringeren Elektronenenergien trotz steigender *relativer* Häufigkeit schwieriger zu detektieren (außer es wurde durch Fragment-Ionen von höhermolekularen Verunreinigungen verdeckt). Die Molekülenergie kann vor der Ionisierung z. B. durch Überschall-Ausdehnung, (Amirav 1991) herabgesetzt werden. Man erhält dann $M^{+\cdot}$-Ionen mit noch geringerer innerer Energie und erhöht so ihre Intensität (Abschn. 7.4).

EE^{+}-Pseudo-Molekül-Ionen aus Ionen-Molekül-Reaktionen. Die gebräuchlichste Methode, aus dem Probenmolekül ein stabiles Ion zu erzeugen, ist die Umsetzung mit einem ionisierten EE^{+}-Teilchen. Ein erstes Beispiel war der Einsatz von hohen Probendrucken unter EI-Bedingungen. Mit dieser Methode kann man MH^{+}-Ionen von Verbindungen erhalten, die kein $M^{+\cdot}$-Ion aufweisen (McLafferty 1957 b). Das gleiche gilt für die chemische Ionisierung (CI, s. Munson und Field 1966; Harrison 1992), da die meisten (aber nicht alle) Moleküle, von denen durch EI kein Molekül-Ion zu erhalten ist, CI-Ionen bilden, die auf das Molekulargewicht hindeuten. Unter CI-Bedingungen werden viele thermische Elektronen freigesetzt. Sie können von Molekülen mit elektronegativen

Gruppen unter Bildung von negativ geladenen Ionen wirkungsvoll eingefangen werden (Abb. 1.2; Budzikiewicz 1981, 1983 b; Bowie 1984, 1989; Hites 1988). In letzter Zeit sind viele leistungsfähige Methoden zur Ionisierung großer Moleküle (sogar für Molekulargewichte $>10^6$) entwickelt worden, bei denen meistens solche EE^+-Pseudo-Molekül-Ionen gebildet werden (Abschn. 6.2).

Chemische Ionisierung. Bei CI wird das Reaktandgas R bei Drucken von ≈ 0.5 Torr (≈ 70 *Pa*) in großem Überschuß zur Probe ($\approx 10^4 : 1$) in die Ionen-Quelle eingeleitet. Dort wird es durch Elektronenbeschuß (≈ 500 V) oder elektrische Entladung (Hunt 1975) ionisiert. Es entstehen zunächst $R^{+\cdot}$-Ionen (Gl. 6.1), die mit R-Molekülen zu reaktiven Ionen weiterreagieren (Gl. 6.2) und anschließend die Probenmoleküle M angreifen:

$$R + e^- \longrightarrow R^{+\cdot} + 2e^- \quad (6.1)$$

$$R^{+\cdot} + R \longrightarrow RH^+ + (R-H)\cdot, \text{ or } (R-H)^+ + RH\cdot \quad (6.2)$$

$$RH^+ + M \longrightarrow R + MH^+ \quad \text{(Protonierung)} \quad (6.3)$$

$$(R-H)^+ + M \longrightarrow (R-2H) + MH^+ \quad \text{(Protonierung)} \quad (6.4)$$

$$(R-H)^+ + M \longrightarrow R + (M-H)^+ \quad \text{(Hydridabstraktion)} \quad (6.5)$$

$$R^{+\cdot} + M \longrightarrow R + M^{+\cdot} \quad \text{(Ladungsaustausch)} \quad (6.6)$$

Am häufigsten wird das Molekül trotz vieler anderer Möglichkeiten durch Protonierung (Gl. 6.3 und 6.4), Hydrid-Abstraktion (Gl. 6.5) oder Ladungsaustausch (Gl. 6.6) ionisiert. Protonierung tritt bevorzugt bei Probenmolekülen auf, die eine höhere Protonenaffinität als das Reagenz besitzen. Hydrid-Abstraktion ist bei Molekülen mit geringerer Protonenaffinität, wie zum Beispiel Alkanen, häufig und Ladungsaustausch ist beim Einsatz von Reagenzgasen mit hoher Ionisierungsenergie, wie zum Beispiel Helium, die bevorzugte Ionisierungsreaktion. Die innere Energie der erzeugten ionisierten M-Teilchen hängt vom ausgewählten Reagenz, Temperatur und Druck in der Ionen-Quelle (Zahl der thermischen Zusammenstöße) ab. Abbildung 6.1 (Fjeldstedt *et al.* 1990) zeigt als Beispiele CI-Spektren von Lavanduylacetat ($PA = \approx 8.7$ eV) mit CH_4 ($PA = 5.7$ eV), Isobutan (Reagenz $C_4H_9{}^+$, PA von *iso*-$C_4H_8 = 8.5$ eV) und NH_3 ($PA = 9.0$ eV). Die Dissoziation in Fragment-Ionen ist bei der stark exothermen Reaktion mit $CH_5{}^+$-Ionen fast vollständig, während sie bei der Reaktion mit $NH_4{}^+$ stark unterdrückt wird. Diese monomolekularen Fragmentierungen laufen nach den Mechanismen ab, die in den Kapiteln 4 und 8 beschrieben sind: das Haupt-Fragment-Ion bei m/z 137 entsteht in Übereinstimmung mit der Field-Regel durch Abspaltung von CH_3COOH: $PA(CH_3COOH) = 8.2$ eV, $PA(C_{10}H_{16}) = \approx 8.7$ eV. Der Peak bei m/z 154 im NH_3/CI-Spektrum entspricht

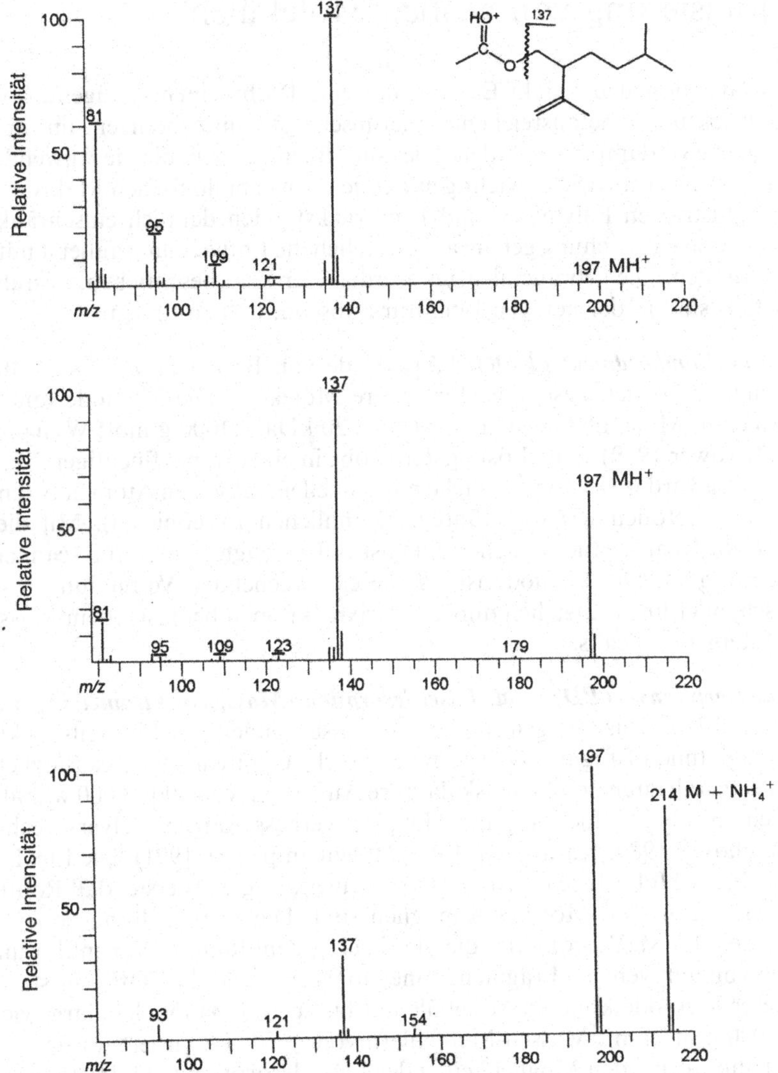

6.1 CI-Massenspektren von Lavanduylacetat (MW 196) mit CH_4, *iso*-C_4H_{10} und NH_3 als Reaktandgasen.

dem Verlust von CH_3COOH aus $(M + NH_4)^+$. CI-Spektren können demnach sowohl Strukturinformationen als auch Hinweise auf das Molekulargewicht liefern. Mit Hilfe von Ionen-Cyclotron-Resonanz- (ICR; s. Lehman und Bursey 1976; Bowers 1979, 1984) oder Ion-trap-Geräten (IT; s. Cook *et al.* 1991) können ähnliche CI-Spektren bei deutlich geringeren Drucken durch langlebige gefangene Ionen erzeugt werden. Die Definitionen von *PA* und Gasphasenacidität und -basizität kann bei Bursey (1990) nachgelesen werden.

6.2 Ionisierung von großen Molekülen

Beim konventionellen Direkt-Einlaß muß eine Probe einen genügend hohen Dampfdruck und eine ausreichende thermische Stabilität besitzen, um in der Ionen-Quelle verdampft zu werden. Dies sind Bedingungen, die die Anwendung der Massenspektrometrie in wichtigen Bereichen wie biologischen Makromolekülen, industriellen Polymeren und Erdölrückständen deutlich einschränken. Durch intensive Forschung gelang aber kürzlich die Entwicklung äußerst nützlicher Methoden. Die gebräuchlichsten werden hier kurz beschrieben, ausführliche Details sind in der neueren Literatur (Abschn. 6.8) zu finden.

Fast-Atom-Bombardment (FAB). FAB wurde von Barber *et al.* (1982) eingeführt und eignet sich besonders für polare Moleküle. Die Methode ionisiert Moleküle mit Molekulargewichten bis zu ≈20 kDa (20000 g/mol; Williams *et al.* 1987; Tower 1989). Eine Lösung der Probe in einer wenig flüchtigen Matrix wie Glycerin wird in der Ionen-Quelle mit schnellen, schweren Atomen beschossen (z.B. Xe, Ionen wie Cs^+ führen zu ähnlichen Ergebnissen). Mit dieser Technik wird ein kontinuierlicher Ionenstrahl erzeugt, wie er für scannende Geräte nötig ist. Die Methode ist für die entsprechenden Verbindungen sehr praktisch, allerdings entstehen durch Matrixreaktionen bei fast jedem Massenwert Untergrund-Peaks.

Plasmadesorptions- (PD) und Laserdesorptions-Massenspektrometrie (LD). Diese gepulsten Ionisierungstechniken sind insbesondere für Flugzeit-Spektrometer (engl. time-of-flight, TOF) geeignet. Solche Geräte haben als zusätzlichen Vorteil eine unbegrenzte Massenskala. Ihre Auflösung von 500–1 000 war allerdings ein Nachteil, doch scheinen jüngste Verbesserungen vielversprechend (Benninghoven 1989; Karas *et al.* 1989; Hillenkamp *et al.* 1991). Die PD-Technik, die durch McFarlane (1976) erforscht wurde, zeigte als erste, daß Routine-Spektren von großen Molekülen möglich sind. Die Kernspaltung von ^{252}Cf liefert zwei 100 MeV-Produkte, die gleichzeitig den dünnen Probenfilm unter Bildung von nur wenigen Fragment-Ionen ionisieren und die TOF-Uhr starten. Mit dieser Methode konnten Moleküle mit bis zu 50 kDa (Molekulargewichte von 50000 g/mol) mit Massen-Meßfehlern von $\pm 0.1\%$ ionisiert werden.

Die bahnbrechenden Möglichkeiten der Laserdesorption (LD, Posthumus *et al.* 1978) wurden durch das Lösen der Probe in einer festen Matrix, die die Laserstrahlung sehr effektiv absorbieren kann, beträchtlich erweitert (Karas und Hillenkamp 1988). Mit dieser Technik können Moleküle mit bis zu 300 kDa (300000 g/mol) ionisiert werden (Hillenkamp *et al.* 1991). Da keine Matrixeffekte auftreten und die Meßfehler für die Massenbestimmung nur $\pm$ 0.01 %–0.1 % betragen, ist LD eine besonders vielversprechende Methode zur Analyse von Proteingemischen (Chait *et al.* 1990).

Elektronenspray-Ionisierung (ESI). Diese Methode wurde von Dole (Dole *et al.* 1971) entwickelt. Eine Lösung der Probe wird bei Atmosphärendruck über eine Potentialdifferenz von mehreren Kilovolt in den stufenweise evakuierten Einlaß des Massenspektrometers gesprüht (Smith *et al.* 1992). Dabei werden die einzelnen Tropfen elektrostatisch aufgeladen und das Lösungsmittel verdampft. Aufgrund der elektrostatischen Abstoßung können sich die Tropfen nicht vereinigen und werden immer kleiner, bis das mit Ladungen „gesättigte" Makromolekül herausgeschleudert wird (Fenn *et al.* 1989). Ein Protein kann dabei ein Proton pro 5–17 Aminosäuren enthalten. Dies führt selbst bei 200 kDa-Proteinen zu Peaks bei m/z 600–2000 (Feng *et al.* 1991). In vergleichbarer Weise bilden Polynukleotide durch Verlust von Protonen negative Ionen bei ähnlichen m/z-Werten. Aufgrund der drastisch reduzierten m/z-Werte läßt sich ESI in den meisten „normalen" Massenspektrometern durchführen. ESI-Spektren wurden für Moleküle mit bis zu 5×10^6 Da (5000000 g/mol) gemessen (Nohmi und Fenn 1992) und von Albumin (66 kDa) konnten durch Tandem-Massenspektrometrie Strukturinformationen erhalten werden (Loo *et al.* 1991). ESI-Spektren von Myoglobin (17 kDa) zeigen im Fourier-Transformations-Massenspektrometer (ICR, Abschn. 1.3) eine Auflösung von 900000 und einen Meßfehler < 0.001 Da (Beu *et al.* 1993).

Pyrolyse. Wertvolle Strukturinformationen über komplexe Gemische von Substanzen mit hohem Molekulargewicht, wie Bakterien, Pflanzenteile, Kohle, hochpolymere Verbindungen und Klärschlamm, kann man aus den Massenspektren ihrer thermischen Zersetzungsprodukte erhalten (Meuzelaar *et al.* 1980, 1989; Schulten 1986; Ballistreri *et al.* 1991). Um Folgereaktionen zu verringern, werden kleine Probenmengen (10^{-4} bis 10^{-7} g) unter reproduzierbaren Pyrolysebedingungen eingesetzt. Die Reproduzierbarkeit wird durch sehr schnelle Heizmethoden, wie zum Beispiel schnelles RF-Erhitzen (RF = Radiofrequenz) eines Drahtes auf seine Curie-Temperatur, Laser oder Funken erreicht. Besonders interessant ist ein automatisches System mit kontinuierlicher Zuführung des Proben-Teilchenstroms und Curiepunkt-Pyrolyse in der MS-Vakuumkammer. Mit diesem System, das alle 15 s ein Ergebnis ausdruckt, können verschiedene Baktrienstämme unterschieden werden (Snyder und Harden 1990).

6.3 Exakte Massenbestimmung (Hochauflösung)

Mißt man die Masse eines Ions ausreichend genau, so kann man seine Elementar- und Isotopenzusammensetzung eindeutig bestimmen. Diese Technik wird oft als „hochauflösende" Massenspektrometrie bezeichnet, weil dazu normalerweise doppelt fokussierende (Abb. 6.2) oder FT/ICR-Geräte (Abschn. 1.3) benutzt werden. Aber auch mit einfach fokussierenden oder Quadrupol-Geräten, die mit einer Auflösung von 1000–2000 arbeiten, können niedrige Massen genügend genau (≈ 20 ppm) gemessen werden. Es dürfen jedoch keine störenden Massen vorhanden sein, die eine Hochauflösung erforderlich machen.

Mit Hilfe von exakten Massen kann die Elementarzusammensetzung bestimmt werden, da die Atomgewichte der einzelnen Isotope nicht ganz-

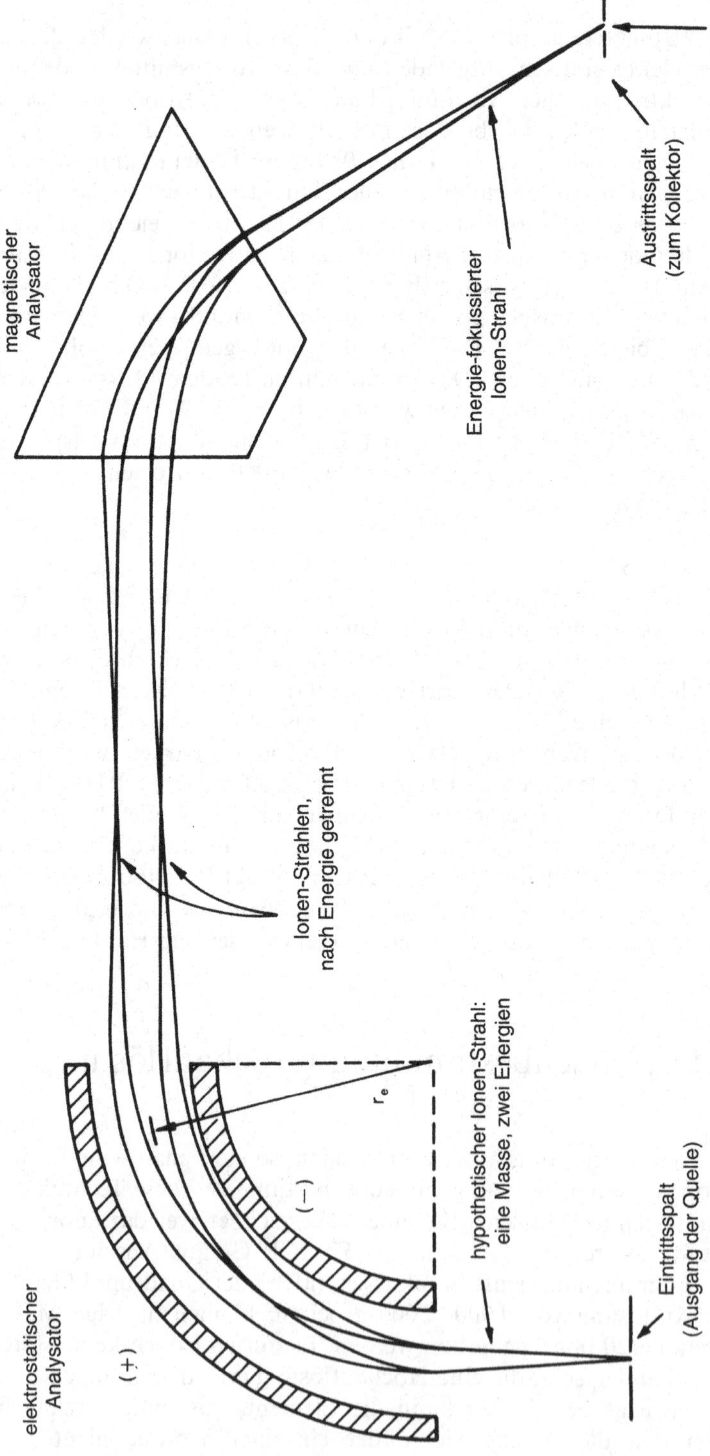

6.2 Doppelt-fokussierendes Massenspektrometer mit Nier-Johnson-Geometrie. Die beiden Ionen-Wege illustrieren die Dispersionsfokussierung und die Fokussierung der kinetischen Energie der Ionen (vergrößert gezeichnet; Lignon 1979). Moderne kommerzielle Geräte haben ein Auflösungsvermögen von 10^4–10^5 und eine Meßgenauigkeit von 2–5 ppm.

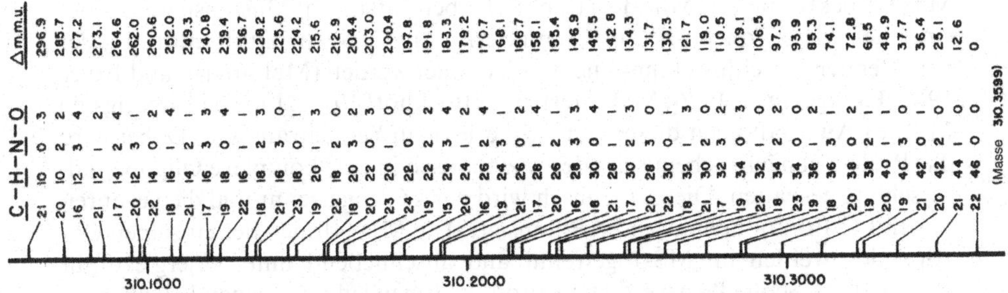

6.3 Exakte Massen der möglichen Ionen mit m/z 310, die Kohlenstoff, Wasserstoff, nicht mehr als drei Stickstoffatome und nicht mehr als vier Sauerstoffatome enthalten.

zahlig sind. Mit der Masse von $^{12}C = 12.00000000$ als Standard beträgt die Masse m von $^{1}H = 1.007825035$, die von $^{14}N = 14.00307400$ und die von $^{16}O = 15.99491463$ (die letzte Stelle, 10^{-8} Da, entspricht einer Energie von 9.3 eV). Jedes Isotop hat einen einmaligen, charakteristischen „Massendefekt". Deshalb kann aus der Ionenmasse, die den Gesamt-Massendefekt anzeigt, die Isotopen- und Elementarzusammensetzung des betreffenden Ions ermittelt werden. Zum Beispiel muß es sich bei dem Ion mit der Masse 43.0184 um $C_2H_3O^+$ und nicht um $C_3H_7^+$ ($m = 43.0547$), $C_2H_5N^{+\cdot}$ ($m = 43.0421$), $CH_3N_2^+$ ($m = 43.0296$), $CHNO^{+\cdot}$ ($m = 43.0058$) oder C_2F^+ ($m = 42.9984$) handeln. Um diese Zusammensetzungen unterscheiden zu können, ist eine Meßgenauigkeit der Masse von 130 ppm (0.00013) nötig.

Die Kenntnis der Elementarzusammensetzung wird mit zunehmender Masse exponentiell wichtiger. Allerdings steigt die benötigte Meßgenauigkeit ebenfalls exponentiell mit der Masse an. In Abbildung 6.3 sind die exakten Massen von Ionen mit dem Molekulargewicht 310 aufgeführt. Um zwischen ihnen unterscheiden zu können, benötigt man eine Meßgenauigkeit von 2 ppm.

6.4 Tandem-Massenspektrometrie (MS/MS)

Bei mehreren spektroskopischen Methoden werden „Doppelresonanz"-Techniken angewandt. In der Massenspektrometrie existieren analoge MS/MS-Techniken, um das Massenspektrum eines Peaks in einem Massenspektrum zu bestimmen. Bei solchen monomolekularen Folgereaktionen sollte es sich um dieselben handeln, die auch in normalen Spektren auftreten. Die MS/MS-Kopplung hat zwei Hauptanwendungsgebiete (McLafferty 1983; Busch *et al.* 1988).

Eine mögliche Anwendung setzt das erste Massenspektrometer (MS-1) zur Trennung von Mischungen ein. Dabei entstehen durch weiche Ionisierung aus jeder Komponente die entsprechenden MH^+-Ionen oder ähnliche Molekül-Ionen-Arten. Nach der Trennung im MS-1 werden die einzelnen MH^+-Ionen-Arten unter Energiezufuhr dissoziiert und die jeweiligen Produkte im zweiten

Massenspektrometer (MS-2) getrennt. Dabei entstehen Massenspektren der einzelnen MH^+-Ionen, die zur Charakterisierung und Strukturermittlung der betreffenden Mischungskomponente verwendet werden (McLafferty und Bryce 1967; Krueger *et al.* 1976; McLafferty und Bockhoff 1978). Eine der wichtigsten MS/MS-Anwendungen dieser Art ist die Protein-Sequenzanalyse. Dabei wird das Protein zunächst chemisch oder enzymatisch in eine komplexe Oligopeptid-Mischung gespalten. Dieses Gemisch wird per LC angetrennt und die verunreinigten LC-Fraktionen durch FAB ionisiert. Die MH^+-Ionen der einzelnen Oligopeptide werden im MS-1 getrennt und anschließend unter Energiezufuhr fragmentiert. Schließlich werden die Produkt-Ionen jeder einzelnen Fragmentierung im MS-2 getrennt. Auf diese Weise erhält man eine nahezu vollständige Sequenzanalyse (McLafferty *et al.* 1970; Wipf *et al.* 1973; Biemann und Martin 1987; Tomer 1989). Das doppelt fokussierende Tandem-Massenspektrometer (McLafferty 1980a) hat sich für diese Untersuchungen besonders bewährt und die FT/ICR-Technik ist für größere Peptide vielversprechend (Beu *et al.* 1993). Am häufigsten werden für solche MS/MS-Mischungsanalysen Tripel-Quadrupol-Geräte (Yost und Enke 1979; Hunt *et al.* 1989) eingesetzt. Bei diesen Geräten wird die Fragmentierung durch energiearme Stöße (10–100 eV) im mittleren Quadrupol ausgelößt. Die Stoßaktivierung (CA, engl. collision activation) mit einem inerten Target-Gas ist dabei die gebräuchlichste Methode, um den getrennten Ionen Energie zuzuführen, obwohl auch Wandstöße oder Zusammenstöße mit Photonen, Elektronen und Ionen eingesetzt werden können. Energiereiche CA (z. B. 10 keV) führt zur Dissoziation (CAD) von einfach geladenen Peptid-Ionen mit Massen bis zu $\approx$2.5 kDa (Biemann und Martin 1987) und von mehrfach geladenen ESI-Ionen sogar bis zu 66 kDa (Loo *et al.* 1991).

Bei der zweiten Anwendung werden im ersten MS die EI-Spektren (harte Ionisierung) von Molekülen aufgenommen und im MS-2 die Spektren der einzelnen Fragment-Ionen registriert. Auf diese Weise können die Strukturen dieser Fragment-Ionen ermittelt werden (Shannon und McLafferty 1966). Zum Beispiel deuten die Ionen AB^+ und ABC^+ im Massenspektrum eines hypothetischen Moleküls A_2B_2C entweder auf die Struktur A–B–C–B–A oder A–B–B–C–A hin. Das Erscheinen von AB^+ im Folge-Massenspektrum des ABC^+-Fragment-Ions ist ohne Umlagerungen nur bei Vorliegen der Struktur A–B–C–B–A möglich. Im Massenspektrum von *N*-Methyl-*N*-isopropyl-*N*-butylamin (Abb. 9. 18) entstehen die auffälligsten Ionen bei m/z 86 und 114 durch α-Spaltungen. Ihr weiterer Zerfall führt unter Umlagerungen zu intensiven Ionen bei m/z 44 bzw. 58 (Gl. 6.7). Wenn es sich um das Spektrum einer unbekannten Verbindung handeln würde, müßte die Struktur *N*-Methyl-*N*-ethyl-*N*-2-pentylamin ebenfalls in Betracht gezogen werden, da auch sie zu diesen Peaks führen würde (Gl. 6.8). Das Erscheinen von m/z 58 im MS-2-Spektrum von m/z 114 spricht aber gegen die letztgenannte Verbindung. Ihr Spektrum sollte vielmehr m/z 114 $\rightarrow$ m/z 44 aufweisen.

Aufgabe 6.1. Versuchen Sie erneut, Aufgabe 4.19 zu lösen und verwenden Sie dabei die Daten der metastabilen Ionen (m^*). Für die Reaktion $m_1 \rightarrow m_2$ gilt: $m^* = m_2{}^2/m_1$.

$$\begin{array}{l}
(CH_3)_2CH\overset{+\bullet}{N}(CH_3)CH_2C_3H_7 \xrightarrow[\alpha]{-CH_3\bullet} CH_3CH{=}\overset{+}{N}(CH_3)CH_2C_3H_7 \; (m/z\;114) \xrightarrow[rH]{-C_4H_8} CH_3CH{=}\overset{+}{N}H(CH_3) \; (m/z\;58)\\
(CH_3)_2CH\overset{+\bullet}{N}(CH_3)CH_2C_3H_7 \xrightarrow[\alpha]{-C_3H_7\bullet} (CH_3)_2CH\overset{+}{N}(CH_3){=}CH_2 \; (m/z\;86) \xrightarrow[rH]{-C_3H_6} H\overset{+}{N}(CH_3){=}CH_2 \; (m/z\;44)
\end{array} \quad (6.7)$$

$$\begin{array}{l}
CH_3CH_2\overset{+\bullet}{N}(CH_3)CH(CH_3)C_3H_7 \xrightarrow[\alpha]{-CH_3\bullet} CH_2{=}\overset{+}{N}(CH_3)CH(CH_3)C_3H_7 \; (m/z\;114) \xrightarrow[rH]{-C_5H_{10}} CH_2{=}\overset{+}{N}H(CH_3) \; (m/z\;44)\\
CH_3CH_2\overset{+\bullet}{N}(CH_3)CH(CH_3)C_3H_7 \xrightarrow[\alpha]{-C_3H_7\bullet} CH_3CH_2\overset{+}{N}(CH_3){=}CH(CH_3) \; (m/z\;86) \xrightarrow[rH]{-C_2H_4} H\overset{+}{N}(CH_3){=}CH(CH_3) \; (m/z\;58)
\end{array} \quad (6.8)$$

Das normale EI-Spektrum einer Verbindung (z. B. Toluol) ist unter gleichen experimentellen Bedingungen von der Vorgeschichte der Probe unabhängig und kann deshalb als nützlicher „fingerprint" (Fingerabdruck) für die Identifizierung dienen. In der gleichen Weise ist das energiereiche CAD-Spektrum (McLafferty *et al.* 1973 a,b) eines bestimmten Ions im Grunde unabhängig von seiner Quelle und inneren Energie (Schwankungen von $\pm$ 5% bei Peaks aus energiereicheren Zerfällen). Deshalb führen $CH_3CH{=}OH^+$-Ionen aus $(CH_3)_2CHOH$, $(CH_3)_2CHOCH(CH_3)_2$ und 5α-Pregnan-20β-ol-3-on (enthält eine CH_3CHOH-Seitenkette) innerhalb der Fehlergrenzen zu identischen CAD-Spektren, die sich von dem des $CH_3CHO{=}CH_2{}^+$-Ions deutlich unterscheiden (Van de Sande und McLafferty 1975 b). Dagegen kann die relative Intensität von Produkten, die durch spontanen Zerfall von metastabilen Ionen (MI-Spektren, Abschn. 7.3) entstehen, und die von CAD-Produkten aus Prozessen mit geringerer Energie durch die innere Energie des Vorläufer-Ions beeinflußt werden. Deshalb werden die Peaks, die im MI-Spektrum des Ions auftreten, in seinem CAD-Spektrum ausgelassen.

In einer Spezialanwendung dieser Technik (NR-Technik, NR = Neutralisation-Re-Ionisierung) werden die nach Masse getrennten primären Ionen zunächst neutralisiert. Diese Neutralteilchen-Ströme dissoziieren und die Fragmentierungsprodukte werden erneut ionisiert und in einem NR-Spektrum registriert (McLafferty *et al.* 1980a; Wesdemiotis und McLafferty 1987; Holmes 1989; McLafferty 1990). Eine solche Dissoziation der entsprechenden Neutralteilchen ermöglicht die quantitative (± 3% in Zhang *et al.* 1991) Charakterisierung von schnell isomerisierenden Ionen, wie der fünf $C_4H_8^{+\cdot}$- (Feng *et al.* 1989) und der vier $C_4H_4^{+\cdot}$-Isomere (Zhang *et al.* 1989, 1991). Die „Fragmentierung an entfernter Stelle" (engl. „remote-site fragmentation"), die von Gross und Mitarbeitern (Jensen *et al.* 1985; Jensen und Gross 1987; Gross 1989) entwickelt wurde, reduziert in ähnlicher Weise die Isomerisierungen vor Alkylketten-Fragmentierungen durch Stabilisierung der Ladung an einer entfernten Stelle. Bei langkettigen Fettsäuren werden dafür im allgemeinen lithiierte Kationen oder Carboxylat-Anionen eingesetzt.

Aufgabe 6.2. Benutzen Sie die Folgezerfälle, die durch metastabile Ionen-Peaks (m^*) angezeigt werden, um alle außer einem Isomeren auszuschließen ($m^* = m_2^2/m_1$).

Aufgabe 6.2

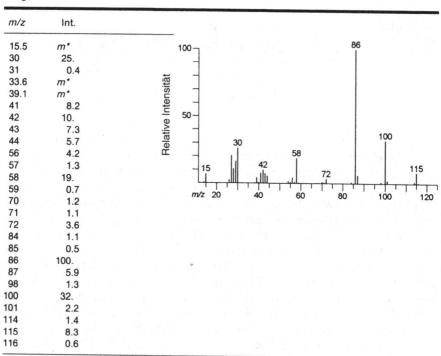

m/z	Int.
15.5	*m**
30	25.
31	0.4
33.6	*m**
39.1	*m**
41	8.2
42	10.
43	7.3
44	5.7
56	4.2
57	1.3
58	19.
59	0.7
70	1.2
71	1.1
72	3.6
84	1.1
85	0.5
86	100.
87	5.9
98	1.3
100	32.
101	2.2
114	1.4
115	8.3
116	0.6

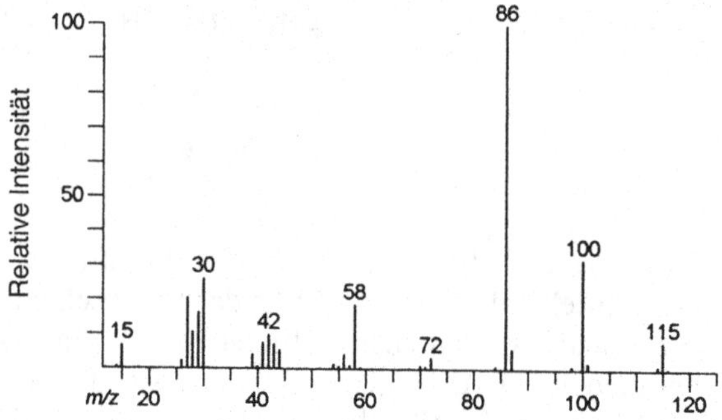

6.5 Kombinierte Techniken

Geräte-Systeme, bei denen ein Gaschromatograph mit einem Massenspektrometer kombiniert ist (GC/MS, McLafferty 1957a; Gohlke 1959; McFadden 1973; Odham *et al.* 1984; Karasek und Clement 1988; McLafferty und Michnowicz 1992), lassen sich sehr gut für die Analyse von komplexen Gemischen, wie medizinischen Proben, Pflanzenextrakten, Schadstoffen, Gemischen aus industriellen Prozessen und Proben für forensische Untersuchungen, einsetzen. Mit einem On-line-Computer können mehrere aussagekräftige Spektren des GC-Ausstroms pro Sekunde aufgenommen werden. Gemische, die nicht per GC zu analysieren sind, können mit Hochdruck-Flüssigchromatographie (LC) getrennt werden. Die LC/MS-Technik gehört mit einer Auswahl von funktionsfähigen Kopplungstechniken (Catlow und Rose 1989; Arpino 1990) heutzutage fast zur Routine. Unter diesen Kopplungstechniken ist die Teilchenstrahl-Technik („MAGIC", Winkler *et al.* 1988) besonders wichtig, da sie die Messung von EI-Spektren von schwerflüchtigen Molekülen mit Molekulargewichten von bis zu $\approx$1000 Da ermöglicht. Andere vielversprechende Kombinationstechniken verbinden den MS-Detektor mit der superkritischen Flüssigchromatographie (Smith *et al.* 1985; Chester und Pinkston 1990) und der Kapillarzonen-Elektrophorese (Kuhr 1990). Die MS/MS-Kopplung als weitere kombinierte Technik wurde in Abschnitt 6.4 beschrieben.

6.6 Die Shift-Technik

Oft verändern sich im Spektrum eines großen Moleküls, wie zum Beispiel eines Alkaloids, durch das Vorhandensein einer kleinen funktionellen Gruppe nur die Massen der spezifischen Fragment-Ionen, die diese funktionelle Gruppe enthalten und nicht ihre Intensitäten. Offensichtlich ist dies bei der Isotopensubstitution. Die Markierung einer Verbindung mit Deuterium erhöht beispielsweise die Masse der entsprechenden Ionen um eine Masseneinheit pro enthaltenes Deuteriumatom. Die Auswirkung des Isotopeneffekts auf die relative Ionen-Häufigkeit ist dagegen im allgemeinen klein. Der Ersatz eines Wasserstoffs durch eine Gruppe mit geringem Einfluß (Methyl, Methoxyl oder Chlor) an einer unreaktiven Stelle (z. B. an einem Ring, besonders an einem aromatischen Ring) führt oft zu Ionen-Häufigkeiten, die mit denen des Originalspektrums zu vergleichen sind. Die Anwendung dieses Phänomens, um die Art und Position eines Substituenten im Molekül zu erkennen, wurde von Biemann (1962) „Shift-Technik" genannt. Er demonstrierte die Nützlichkeit dieser Technik an Indol-Alkaloiden. Diese stabilen Ringstrukturen enthalten funktionelle Gruppen, die den Zerfall stark beeinflussen und die Auswirkung der Substitution auf das Spektrum minimieren. Die Methode ist bei Molekülen mit weniger einflußreichen Gruppen, wie Terpenen oder Steroid-Alkoholen weniger erfolgreich.

Aufgabe 6.3. Die Aufgabe zeigt das Spektrum eines unbekannten Indol-Alkaloids (Mitte) im Vergleich zu zwei bekannten Strukturen. Welche funktionellen Gruppen enthält die unbekannte Verbindung? An welchen Stellen im Molekülgerüst sind sie höchstwahrscheinlich angeordnet?

Aufgabe 6.3 6.3

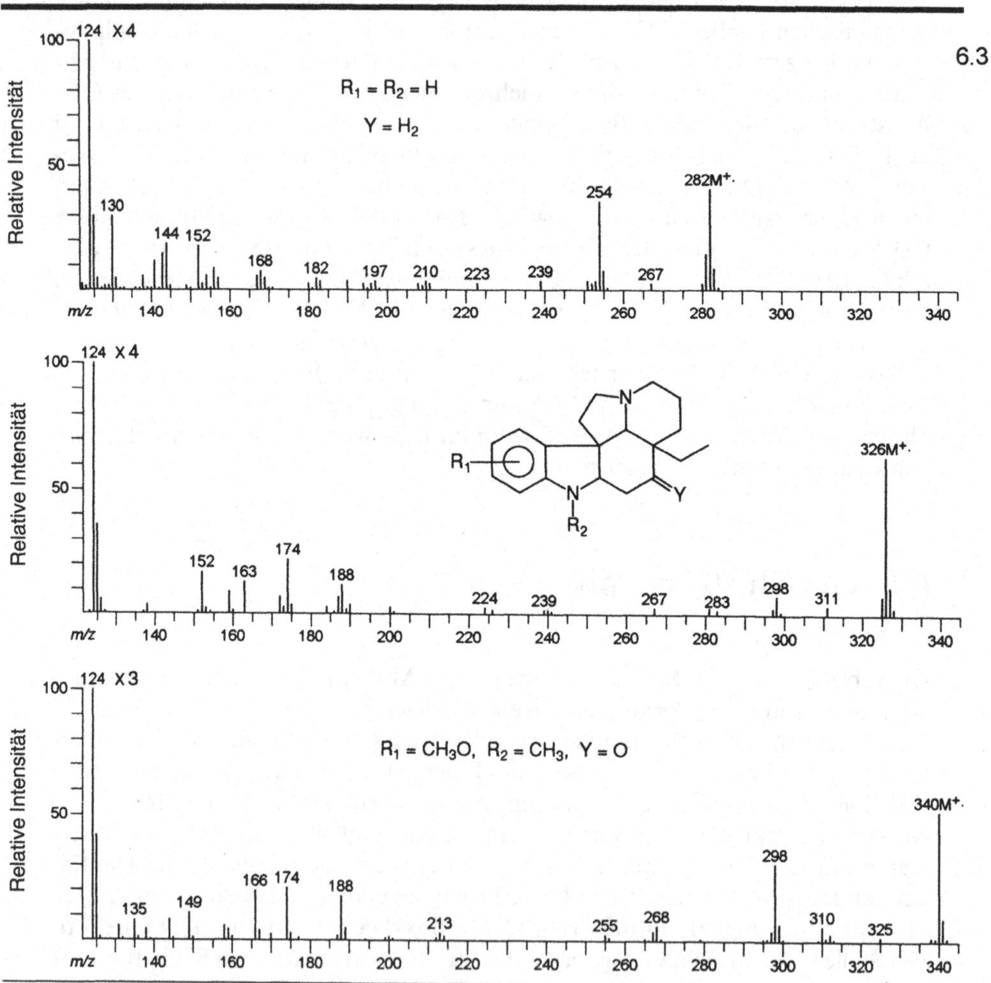

6.7 Chemische Derivate

Die chemische Umwandlung einer Verbindung in ein geeignetes Derivat kann manchmal den Wert der massenspektrometrischen Daten steigern, sei es durch

Erhöhung des Dampfdruckes der Verbindung oder dadurch, daß das Spektrum einfacher zu interpretieren ist. Mit der Entwicklung von Ionisierungs-Methoden für nichtflüchtige Verbindungen (Abschn. 6.2) ist die erste Möglichkeit allerdings unwichtiger geworden. Die Einführung einer funktionellen Gruppe, die die Fragmentierung stark lenkt (z. B. Amino, Ethylenketal), verändert die massenspektrometrische Information wesentlich (Anderegg 1988). Dies kann zum Beispiel ausgenutzt werden, um die teilweise Fragmentierung eines Steroid-Moleküls auszulösen, bei dem das Original-Massenspektrum nur wenig Information liefert (Abschn. 9.6).

Die Derivatisierung kann auch als chemischer Test für spezifische Struktureigenschaften des unbekannten Moleküls eingesetzt werden, wobei das Massenspektrum des Produkts zur Messung der Ergebnisse benutzt wird. Auf diese Weise kann die Anzahl der enolisierbaren Wasserstoffatome in einem Molekül nach Austausch mit Deuterium schnell anhand des Massenspektrums berechnet werden. Der Austausch braucht nicht vollständig zu sein, da nur die Masse (nicht die relative Intensität) des Produktes mit der höchsten Zahl an Deuteriumatomen bestimmt werden muß. Solch ein Austausch läuft besonders einfach unter CI-Bedingungen mit H_2O/D_2O oder NH_3/ND_3 als Reaktandgasen ab (Hunt *et al.* 1972; Harrison 1983, S. 129–131).

6.8 Allgemeine Literatur

Beckey 1977; Budde 1979; Burlingame und Castagnoli 1985; Busch *et al.* 1988; Cooks 1973, 1978; DeGraeve 1986; Facchetti 1985; Gaskell 1986; Harrison 1992; Jensen 1987; Karasek 1985; Lai 1988; Lubman 1990; McCloskey 1990; McEwen und Larsen 1990; McFadden 1973; McLafferty 1983; McNeal 1986; Merritt 1980; Meuzelaar *et al.* 1989; Morris 1981; Odham *et al.* 1984; Suelter und Watson 1990.

7. Theorie des monomolekularen Ionen-Zerfalls

Um die Möglichkeiten und besonders die Grenzen der Massenspektrometrie bei der Strukturaufklärung zu verstehen und einschätzen zu können, muß man mit den theoretischen Grundlagen von monomolekularen Ionen-Zerfällen vertraut sein. Die Abschnitte 7.1 und 7.2 sind als Einführungskurse über die Grundlagen der Interpretation gedacht. Die Nomenklatur und die verwendeten Abkürzungen sind den GIANT-Tabellen (Lias *et al.* 1988) entnommen. Wir empfehlen, die dortige Einführung zu lesen und ebenso die Literatur am Ende dieses Kapitels.

7.1 Energieverteilungs- und Geschwindigkeitsfunktionen, $P(E)$ und $k(E)$

Durch Ionisierung der Probenmoleküle mit 70-eV-Elektronen entstehen Molekül-Ionen, deren innere Energien (E) eine große Bandbreite (0 bis >20 eV) umfassen. Der Mittelwert liegt bei einigen eV (1 eV = 23 kcal/mol = 96.5 kJ/mol). Diese Energieverteilung wird durch die Wahrscheinlichkeitsfunktion $P(E)$, der oberen Kurve im Wahrhaftig-Diagramm (1962, 1986), beschrieben (Abb. 7.1). Ihr Energiebereich unterscheidet sich sehr deutlich von der Verteilung der thermischen Energie (<1 eV) bei Reaktionen in kondensierter Phase. Die Energiezustände der zunächst erzeugten $M^{+\cdot}$-Ionen reichen von „kalt" bis „Rotglut", deshalb ist es nicht verwunderlich, daß sehr unterschiedliche Zerfallsreaktionen auftreten.

Unter den normalen EI-Bedingungen entstehen isolierte gasförmige Ionen, die nur *monomolekulare* Reaktionen eingehen können. Art und Ausmaß dieser Reaktionen hängen nur von der Struktur und der inneren Energie der Ionen und nicht von der Ionisierungsmethode ab (Rosenstock *et al.* 1952). Da keine Zusammenstöße erfolgen, führt die Energie, die das Ion während der Ionisierung aufgenommen hat (zuzüglich des kleinen Betrags an thermischer Energie, der im Vorläufermolekül vorhanden war) zu seinem Zerfall oder seiner Isomerisierung. Die Wahrscheinlichkeit einer solchen Reaktion wird durch die Geschwindigkeitskonstante k ausgedrückt, die von der inneren Energie E des zerfallenden Ions abhängt. Hypothetische $k(E)$-Funktionen, die die Veränderung von log k mit E zeigen, sind ebenfalls in Abbildung 7.1 (untere Hälfte) dargestellt. Aus der Abbildung ist ersichtlich, daß die Zerfallsraten der Ionen mit niedrigen inneren Energien vernachlässigbar sind und diese Ionen deshalb im Spektrum als $M^{+\cdot}$-Ionen erscheinen. Zerfälle in der Ionen-Quelle erfordern eine Geschwindigkeits-

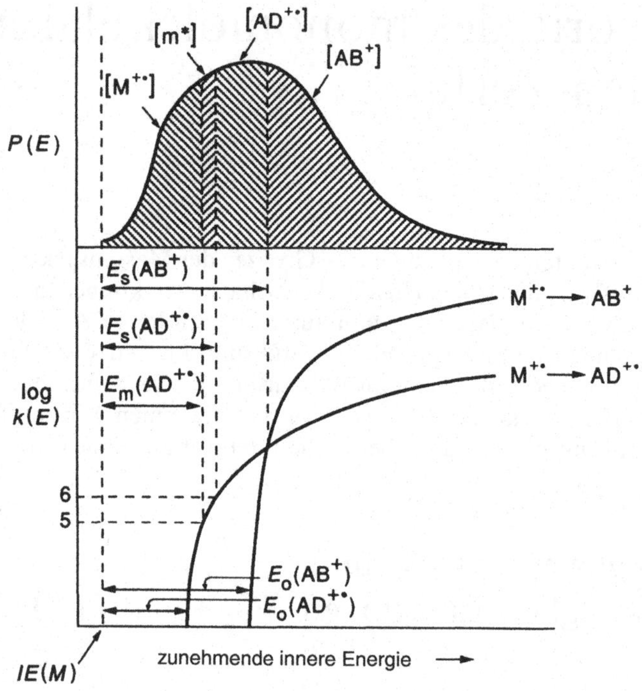

7.1 Das Wahrhaftig-Diagramm: Beziehung zwischen $P(E)$ und $k(E)$ bei monomolekularen Ionen-Zerfällen von $ABCD^{+\cdot}$ (Wahrhaftig 1962, 1986; Definitionen siehe Text).

konstante von $\approx 10^6\ s^{-1}$ oder mehr (d.h. Lebensdauern von $\approx 10^{-6}$ s oder weniger). Deshalb stellt $\log k = 6$ auf der Kurve für die Reaktion $M^{+\cdot} \rightarrow AD^{+\cdot}$ (Abb. 7.1, untere Hälfte) die minimale innere Energie von $M^{+\cdot}$ dar, die zur Bildung von $AD^{+\cdot}$ nötig ist. Sie ist etwas höher als die kritische Energie der Reaktion, $E_0(AD^{+\cdot})$. Diese Bezeichnung ist dem Begriff „Aktivierungsenergie" vorzuziehen. Die kritische Energie ist definiert als Differenz zwischen der Nullpunktsenergie von $M^{+\cdot}$ und der des aktivierten Komplexes der Reaktion $M^{+\cdot} \rightarrow AD^{+\cdot}$ (Robinson und Holbrook 1972). Bei höheren $M^{+\cdot}$-Energien wird $k(M^{+\cdot} \rightarrow AB^{+})$ größer als $k(M^{+\cdot} \rightarrow AD^{+\cdot})$. Deshalb läuft dann bevorzugt die Bildung von AB^{+} ab. (Zerfälle von metastabilen Ionen, m^*, werden später besprochen.) Beachten Sie, daß die minimalen Reaktionsgeschwindigkeiten zur Bildung von meßbaren Fragment-Ionen in Ion traps viel geringer sein können. Die Ionen-Häufigkeiten im Spektrum werden sowohl durch die $P(E)$- als auch durch die $k(E)$-Beziehung beeinflußt, denn der relative Anteil der undissoziierten $M^{+\cdot}$-Ionen wird durch die Mindestenergie zum Zerfall in der Ionen-Quelle *und* durch den relativen Anteil an $M^{+\cdot}$-Ionen mit inneren Energien unterhalb dieser Energie bestimmt. Diese Beziehungen werden in Abbildung 7.1 durch die gestrichelten vertikalen Linien verdeutlicht. Die schraffierten Flächen der $P(E)$-Kurve repräsentieren dabei die relativen Anteile der entsprechenden Ionen. Eine geringere Ionisierungsenergie reduziert die Zahl der gebildeten $M^{+\cdot}$-Ionen mit höherer Energie stärker als die der Ionen mit geringerer Energie (beachten Sie, daß *beide* reduziert werden), so daß der *relative* Anteil der undissoziierten $M^{+\cdot}$-Ionen im Spektrum zunimmt.

Die schraffierten Flächen der $P(E)$-Kurve stellen die anfänglichen Häufigkeiten von $AD^{+\cdot}$ und AB^{+} dar. $AD^{+\cdot}$- und AB^{+}-Ionen mit genügender innerer Energie zerfallen weiter. Die Häufigkeit der entstehenden Produkt-Ionen (und der undissoziierten $AD^{+\cdot}$- und AB^{+}-Ionen) hängt dann von den $P(E)$- und $k(E)$-Funktionen von $AD^{+\cdot}$ und AB^{+} ab.

7.2 Wechselspiel zwischen thermodynamischen und kinetischen Effekten

Das hypothetische System in Abbildung 7.1, in dem $[AB^{+}] > [AD^{+\cdot}]$ ist, zeigt einen weiteren wichtigen Aspekt von monomolekularen Zerfallsreaktionen: die Reaktion mit der geringsten kritischen Energie führt nicht notwendigerweise zum intensivsten Ion. In ähnlicher Weise wird die Temperatur einer Reaktion in kondensierter Phase erhöht, um die Ausbeute des gewünschten Produktes durch „kinetische Kontrolle" zu verbessern. In Abbildung 7.1 hat die Reaktion $ABCD^{+\cdot} \rightarrow AD^{+\cdot}$ eine günstigere Enthalpie, während $ABCD^{+\cdot} \rightarrow AB^{+}$ eine günstigere Entropie aufweist. Die Übergangszustände der Reaktionen, die in Abbildung 7.2 dargestellt sind, erklären dieses Verhalten. Bei der Umlagerung zu $AD^{+\cdot}$ werden zwei neue Bindungen gebildet, die die Energie zur Spaltung der A–B- und C–D-Bindungen teilweise aufwiegen. Die kritische Energie für die Bildung von AB^{+} ist höher, weil sie die Spaltung von B–C erfordert, ohne daß neue Bindungen gebildet werden. Allerdings sind die sterischen Anforderungen für die Entstehung von $AD^{+\cdot}$ viel höher als die für die AB^{+}-Bildung. Um die Übergangszustände zu charakterisieren, verwendet man die Bezeichnungen „geordnete" (engl. „tight") und „lockere" (engl. „loose") aktivierte Komplexe. Bei energiereichen $ABCD^{+\cdot}$-Ionen kann die Spaltung der B–C-Bindung statt

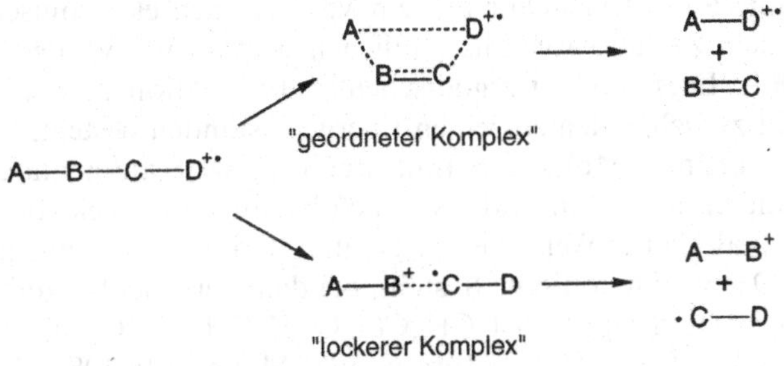

"geordneter Komplex"

"lockerer Komplex"

7.2 Übergangszustände

finden, wenn in dieser Bindung genügend Energie vorhanden ist. Für die Bildung von $AD^{+\cdot}$ müssen jedoch sowohl die energetischen als auch die sterischen Anforderungen, daß A und D sich innerhalb des Bindungsabstandes aufhalten, erfüllt sein und dies trifft nur auf einen geringen Teil aller möglichen Konformationen von $ABCD^{+\cdot}$ zu.

Diese sich aufhebenden Enthalpie- und Entropieeffekte führen im allgemeinen zu einer beträchtlichen Zahl von *konkurrierenden* Primärreaktionen sowie deren sekundären und weiteren *Folge*-Reaktionen. Auf diese Weise können im Massenspektrum eines größeren Moleküls Hunderte von Peaks entstehen. Die Konkurrenz dieser Reaktionen kann dazu führen, daß relativ kleine Änderungen der Molekülstruktur große Unterschiede bei den Peak-Intensitäten hervorrufen. Aus diesem Grund ist es für die Interpretation eines unbekannten Spektrums hilfreich, die Spektren von sehr nahe verwandten Verbindungen zu analysieren.

7.3 Die Quasi-Gleichgewichts-Theorie

Die berühmte Quasi-Gleichgewichts-Theorie (QET, engl. quasi-equilibrium theory), die ursprünglich von Rosenstock, Wallenstein, Wahrhaftig und Eyring (1952) aufgestellt wurde, liefert eine physikalische Beschreibung des massenspektrometrischen Verhaltens, die inzwischen allgemein akzeptiert wird. Die Ionisierung des Moleküls innerhalb von 10^{-16} s führt zunächst zum angeregten Molekül-Ion mit unveränderten Bindungslängen (Franck-Condon-Prinzip). Außer bei den kleinsten Molekülen erfolgen die Übergänge zwischen allen möglichen Energiezuständen dieses Ions so schnell, daß vor dem Zerfall des Ions ein „Quasi-Gleichgewicht“ zwischen diesen Energiezuständen besteht. Deshalb hängt die Wahrscheinlichkeit für einen bestimmten Zerfall des Ions nur von seiner Struktur und seiner inneren Energie ab. Die Ionisierungsmethode, die Struktur seines Vorläufer-Ions und der Bildungsmechanismus des zerfallenden Ions spielen keine Rolle. Der Zerfall eines Ions hängt demnach nur von seiner inneren Energie und den $k(E)$-Funktionen ab. Wird bei einem Mechanismus das Molekül-Ion mit lokalisierter Ladung und Radikalstelle formuliert, ist es nicht notwendigerweise so, daß das Elektron genau an dieser Stelle entfernt wurde. Diese Formulierung ist vielmehr nur ein Versuch, den elektronischen Grundzustand vor dem Zerfall zu veranschaulichen. Es gibt nur wenige Ausnahmen von der QET. Diese „nicht-ergodischen“ Dissoziationen, bei denen kein Gleichgewicht zwischen den einzelnen Energiezuständen besteht, treten im allgemeinen bei kleinen Molekülen (mit wenigen, weit auseinander liegenden Energiezuständen) auf. Man findet sie auch bei angeregten elektronischen Zuständen, die in ähnlicher Weise „isoliert“ sind, und bei sehr schnellen Zerfällen ($<10^{-11}$ s). Das größte ionische System, bei dem eine nicht-ergodische Dissoziation nachgewiesen wurde, ist $CH_3C(=O^+H)\underline{C}H_2\cdot \rightarrow [CH_3C(=O^{+\cdot})\underline{C}H_3]^* \rightarrow [(M-\underline{C}H_3)^+] > [(M-CH_3)^+]$ (Tureček und McLafferty 1984; Tureček *et al.* 1990).

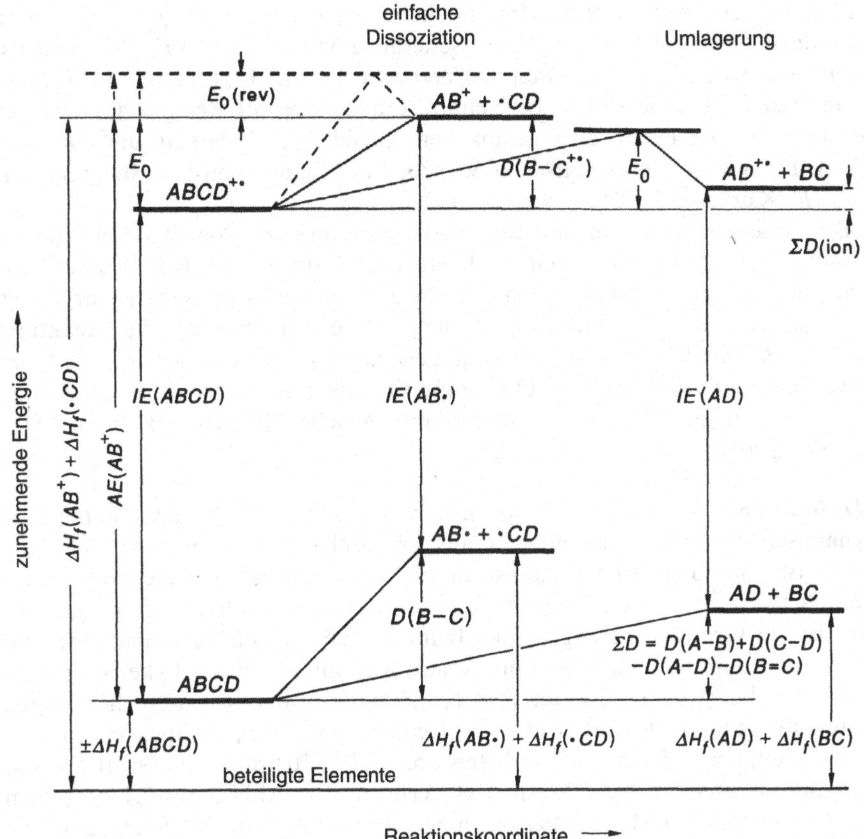

7.3 Thermochemische Energiebeziehungen von monomolekularen Ionen-Zerfällen im Massenspektrometer.

Die thermochemische Auftrittsenergie $AE_t(AD^{+\cdot})$ ist die Mindestenergie, die aufgebracht werden muß, um $AD^{+\cdot}$ aus dem neutralen Molekül M im Grundzustand zu bilden. Die kritische Energie $E_0(AD^{+\cdot})$ ist die minimale innere Energie von $M^{+\cdot}$, die für den Zerfall zu $AD^{+\cdot}$ benötigt wird. Daraus ergibt sich: $AE_t(AD^{+\cdot}) = IE(M) + E_0(AD^{+\cdot})$. (Diese und andere Beziehungen, die später diskutiert werden, sind in Abb. 7.3 dargestellt.) Molekül-Ionen mit inneren Energien $< E_0$ können nicht zerfallen, egal wieviel Zeit ihnen gegeben wird. Die Wahrscheinlichkeit, daß $M^{+\cdot}$-Ionen mit inneren Energien $> E_0$ in der Ionen-Quelle zu $AD^{+\cdot}$ zerfallen, hängt von der Geschwindigkeitskonstante k dieser Reaktion ab. Es gilt: $\ln[M^{+\cdot}]_0/[M^{+\cdot}] = kt$. $E_s(AD^{+\cdot})$ (Abb. 7.1) ist die innere Energie von Mutter-Ionen, die die gleiche Wahrscheinlichkeit besitzen, die Ionen-Quelle als $M^{+\cdot}$ oder $AD^{+\cdot}$ zu verlassen. $E_s(AB^+)$ ist dann die Energie, die benötigt wird, um gleiche Mengen von AB^+ und $AD^{+\cdot}$ zu erzeugen. Um $AD^{+\cdot}$ innerhalb von 10^{-6} s in der Ionen-Quelle zu bilden, ist ein Energieüberschuß gegenüber der entsprechenden thermochemischen Auftrittsenergie nötig. Dies führt dazu, daß die *gemessene* Auftrittsenergie um ungefähr $E_s - E_0$ größer ist als der thermochemische Wert. Diese Differenz wird auch als „kinetische Verschiebung" (engl. „kinetic shift") bezeichnet. Obwohl sie oft weniger als 0.01 eV beträgt, kann sie bis zu 2 eV ausmachen (Lifshitz 1982; Huang und Dunbar 1990). Die Größe der kinetischen Verschiebung hängt von der Steigung der log $k(E)$-Kurve in der Nähe von E_s ab.

Bei Fragment-Ionen mit höherer Auftrittsenergie, wie zum Beispiel AB^+ in Abbildung 7.1, erhöht ein weiterer kinetischer Faktor, die „Konkurrenz-Verschiebung" (engl. „competitive shift"), die gemessene Auftrittsenergie in Bezug auf $E_0(AB^+)$. Die meisten $M^{+\cdot}$-Ionen, deren Energie für die Reaktion $M^{+\cdot} \rightarrow AB^+$ mit $k = 10^6\ s^{-1}$ ausreicht, zerfallen stattdessen zu $AD^{+\cdot}$, da k für diese Reaktion viel größer ist. Die innere Energie von $M^{+\cdot}$ muß, wie in Abbildung 7.1 gezeigt, $E_s(AB^+)$ betragen, damit gleiche Mengen AB^+ und $AD^{+\cdot}$ gebildet werden.

MI-Spektren. (In der Spektroskopie ist ein „metastabiler" Zustand ein thermodynamisch instabiler Zustand, der aus kinetischen Gründen *noch nicht* zerfallen ist. Im Gegensatz dazu ist in der Massenspektroskopie ein „metastabiles Ion" ein Ion, das *tatsächlich* dissoziiert, dessen Dissoziation aber aus kinetischen Gründen verzögert ist.) Beim Zerfall von metastabilen Ionen im feldfreien Raum handelt es sich um Reaktionen mit Geschwindigkeitskonstanten, deren Betrag gerade unter dem für Zerfälle in der Ionen-Quelle nötigen Minimalwert liegt. Deshalb decken die Reaktionen, die zu MI-Spektren führen, einen schmalen Bereich von k-Werten ab, $\approx 10^5 - 10^6$ mol s^{-1} (bei ICR- und Ion-trap-Geräten sind die Werte viel geringer). In Abbildung 7.1 entstehen die mit $m^*(M^{+\cdot} \rightarrow AD^{+\cdot})$ bezeichneten $AD^{+\cdot}$-Ionen im MI-Spektrum von $M^{+\cdot}$ höchstwahrscheinlich aus $M^{+\cdot}$-Ionen mit Energien zwischen $E_m(AD^{+\cdot})$ und $E_s(AD^{+\cdot})$. Die Intensität dieser metastabilen Ionen entspricht der dazugehörigen schmalen Fläche unter der $P(E)$-Kurve. Reaktionen mit geordneten aktivierten Komplexen ($M^{+\cdot} \rightarrow AD^{+\cdot}$), die eine größere kinetische Verschiebung hervorrufen, ergeben intensivere metastabile Ionen als solche mit lockeren aktivierten Komplexen ($M^{+\cdot} \rightarrow AB^+$). Die metastabilen Ionen m^* ($M^{+\cdot} \rightarrow AB^+$) entstehen zwar ebenfalls aus $M^{+\cdot}$-Ionen mit Energien, die k-Werten zwischen 10^5 und 10^6 entsprechen, aber die Wahrscheinlichkeit, daß die Molekül-Ionen schon in der Ionen-Quelle zu $AD^{+\cdot}$-Ionen zerfallen, ist viel größer (s. Abb. 7.1). Deshalb stellt [m^* ($M^{+\cdot} \rightarrow AB^+$)] nur einen sehr kleinen Teil der Gesamthäufigkeiten dar, der dem relativen Anteil der entsprechenden Fläche unter der $P(E)$-Kurve des $M^{+\cdot}$-Ions an der Gesamtfläche entspricht. Die Anwendbarkeit von MI-Spektren für MS/MS-Studien ist durch die Benachteiligung gegenüber energiereichen Dissoziationsprodukten und die Abhängigkeit der Ionen-Häufigkeiten von der Energieverteilung im Mutter-Ion stark eingeschränkt.

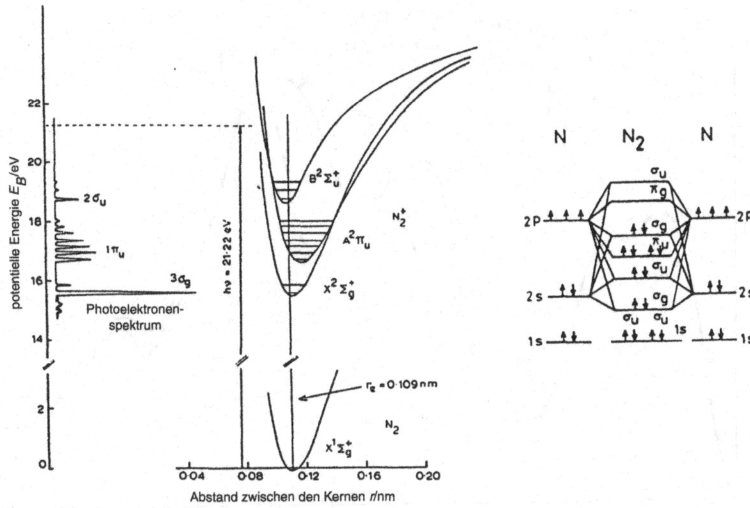

7.4 Photoelektronenspektrum von N_2 (links, mit vertikaler Energieskala), die entsprechenden elektronischen und Schwingungsenergieniveaus von N_2 und $N_2^{+\cdot}$ (Mitte) und die Molekülorbitale von N_2 (mit freundlicher Genehmigung von Bahr 1973).

7.4 Die Ableitung von *P*(*E*)-Funktionen

Die meisten Methoden zur Bestimmung der *P*(*E*)-Funktion eines Molekül-Ions messen die Energie, die beim Übergang von M zu $M^{+\cdot}$ übertragen wird. Zu dieser Energie muß die innere Energie von M vor der Ionisierung addiert werden. Da die Ionisierung ein vertikaler Übergang ist, hängt die benötigte Energie vom elektronischen Energieniveau des Elektrons im Molekül ab, das abgespalten wird. Die Energie dieses elektronischen Energieniveaus wird durch die Molekülstruktur beeinflußt. Dieser Einfluß spiegelt sich in der inneren Energie von $M^{+\cdot}$ wieder, das durch die Ionisierung dieses elektronischen Zustandes entsteht. Die *P*(*E*)-Funktion von $M^{+\cdot}$, wie zum Beispiel in Abbildung 7.1, ergibt sich durch Auftragen der Energie *E* jedes Zustandes gegen seine relative Übergangswahrscheinlichkeit (Franck-Condon-Faktor) zuzüglich der inneren Energie des neutralen Moleküls (z. B. bei 298 K 0.07 eV für C_2H_5Cl und 0.12 eV für C_4H_{10}; Weitzel *et al.* 1991). Photoelektronenspektren (Turner *et al.* 1970; Ghosh 1983; Morison 1986; Song 1991), die solche Übergangswahrscheinlichkeiten für die Photoionisation angeben, liefern eine brauchbare Annäherung für *P*(*E*)-Kurven der Elektronenionization (Meisel *et al.* 1972). Die Penning-Ionisation, bei der die Energie von 19.8-eV-2^3S-He-Atomen übertragen wird, ist für die äußeren Molekülorbitale besser geeignet (Fujisawa *et al.* 1986).

Als einfaches Beispiel dient das Photoelektronenspektrum von N_2 (Abb. 7.4). Seine *vertikale* Energieskala (wie in Abb. 7.3) korreliert mit den Energiedifferenzen zwischen dem elektronischen Grundzustand des neutralen N_2-Moleküls

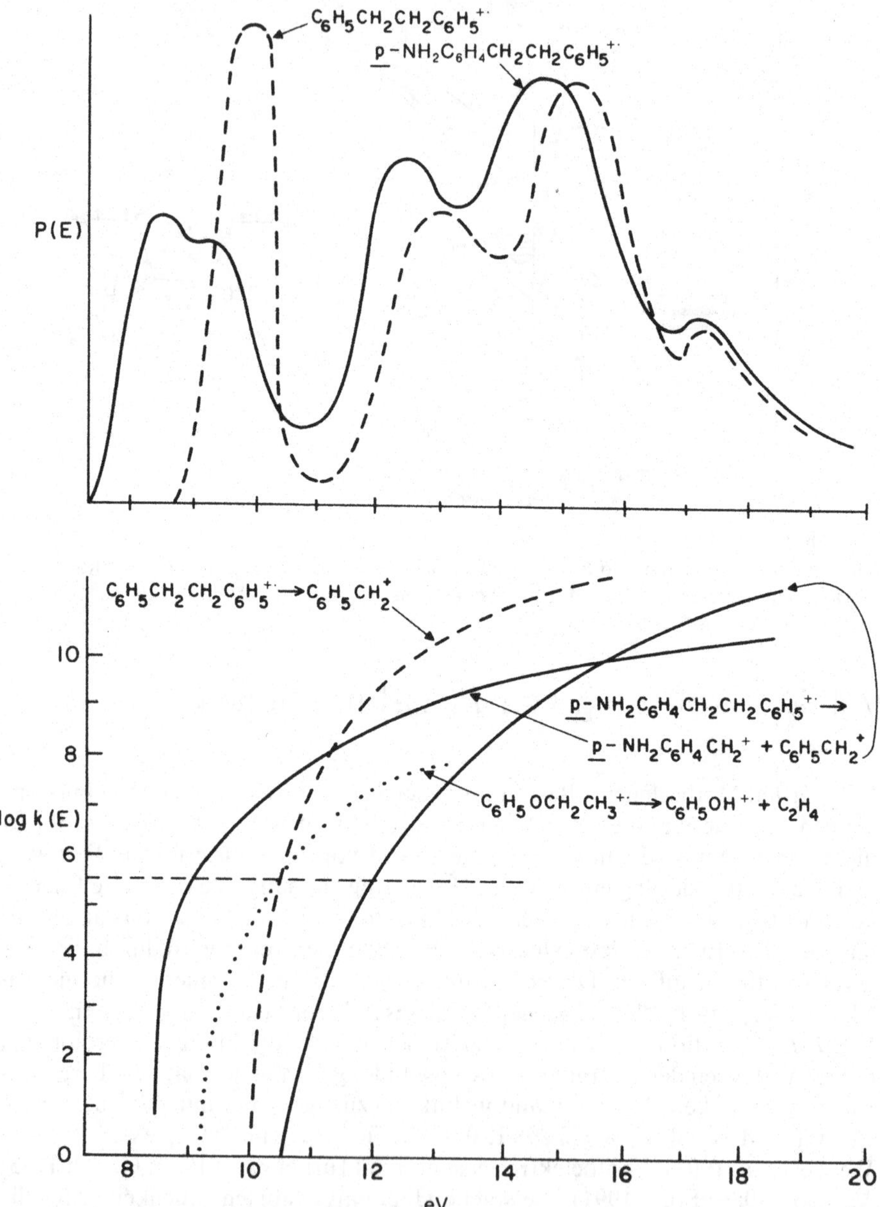

7.5 Angenäherte $P(E)$- und $k(E)$-Funktionen für die Reaktionen $C_6H_5CH_2CH_2C_6H_5^{+\cdot} \rightarrow C_6H_5CH_2^+$ und p-$NH_2C_6H_4CH_2CH_2C_6H_5^{+\cdot} \rightarrow NH_2C_6H_4CH_2^+ + C_6H_5CH_2^+$ sowie $k(E)$ für $C_6H_5OC_2H_5^{+\cdot} \rightarrow C_6H_5OH^{+\cdot}$. Die Energieskala ist gegenüber der von Abbildung 7.1 verändert, um den Effekt des p-NH_2-Substituenten zu verdeutlichen.

und den drei energieärmsten elektronischen $N_2^{+\cdot}$-Zuständen. Die Ionisierungsenergie (*IE*) als Energie, die benötigt wird, um ein Elektron aus dem obersten besetzten Orbital des Moleküls ($2p\sigma_g$) zu entfernen, bestimmt die Energieuntergrenze der $P(E)$-Kurve. Obwohl dieser Übergang dem größten Peak im Photoelektronenspektrum ($3\sigma_g$) entspricht, sind zwei „heiße Banden" mit geringerer Energie erkennbar. Sie entsprechen der Abspaltung eines Elektrons aus angeregten Schwingungsniveaus des elektronischen Grundzustandes des *neutralen Moleküls*. Der kleine Peak kurz oberhalb des *IE*-Wertes ist dagegen der Übergang zum *ionischen* Grundzustand im ersten angeregten Schwingungszustand. Dieser ionische Schwingungsenergieabstand beträgt 0.272 eV. Die geringe Abnahme gegenüber den 0.291 eV der heißen Banden des N_2-Grundzustandes läßt darauf schließen, daß der $2p\sigma_g$-Zustand fast nichtbindend ist. Bei der folgenden Bande, dem Elektronenverlust aus einem stark bindenden $2p\pi_u$-Niveau, ist der Abstand viel geringer (0.229 eV). Damit wird die erwartete Schwächung der Bindung durch die Ionisierung deutlich. Das Vorliegen vieler Peaks mit unterschiedlichen Schwingungsniveaus stimmt ebenfalls mit dem starken Bindungscharakter überein. Der intensivere zweite Peak resultiert aus einem bevorzugten vertikalen Übergang. Die Abspaltung eines nominell antibindenden $2s\sigma_u$-Elektrons bewirkt einen etwas vergrößerten Abstand der Schwingungsniveaus (0.297 eV), der der erhöhten Bindungsstärke bei der Ionisierung bei höherer Energie entspricht. Die $2\sigma_g$- und $1s$-Orbitale benötigen 38 bzw. 410 eV zur Entfernung eines Elektrons.

Eine größere Zahl von Bindungen im Molekül erhöht die Dichte der Peaks im Photoelektronenspektrum. Abbildung 7.5 (McLafferty *et al.* 1970b) zeigt die $P(E)$-Kurven von 1,2-Diphenylethan und seinem *p*-Amino-Derivat. Der linke Peak im ersten Molekül entspricht der Ionisierung von π-Elektronen. Die zusätzliche Aminogruppe ermöglicht durch $n-\pi$-Delokalisierung eine Ionisierung bei geringerer Energie. Diese Änderung von *IE*, die durch Substitution eines Moleküls wie ABCD in Abbildung 7.3 hervorgerufen wird, beruht auf der Stabilisierungsenergie des Substituenten, die für $ABCD^{+\cdot}$ größer ist als für das neutrale Molekül ABCD. Die *IE*-Werte vieler substituierter Aromaten (Tab. A.3) zeigen eine gute Übereinstimmung mit den σ^+-Konstanten für *para*-Substituenten. Die Konstanten von homologen Reihen können entsprechend empirisch abgeleitet werden (Holmes und Lossing 1991).

Bei diesen größeren Molekülen muß die innere Energie zur Ionisierungsenergie hinzugezählt werden (heiße Banden mit geringeren *IE*-Werten entstehen ausschließlich bei der Ionisierung von schwingungsangeregten elektronischen Zuständen). Eine Absenkung der Temperatur vor der Ionisierung kann deshalb $[M^{+\cdot}]$ erhöhen und die Intensitäten von Tochter-Ionen beeinflussen (Maccoll 1986; Bowen und Maccoll 1989; Brauers und von Bunau 1990). Die dramatischsten Effekte wurden durch Überschall-Ausdehnung des Probenstroms (Amirav 1991) erzielt. Dabei wurden bei vielen Molekülen unter EI-Bedingungen $M^{+\cdot}$-Peaks gefunden, die in den normalen Massenspektren dieser Moleküle nicht vorhanden sind.

Die ursprüngliche $P(E)$-Funktion eines Tochter-Ions A^+, das aus $M^{+\cdot}$ entsteht (s. Abb. 7.6), wird bestimmt durch: (1) $P(E)$ von $M^{+\cdot}$; (2) $k(E)$ für die

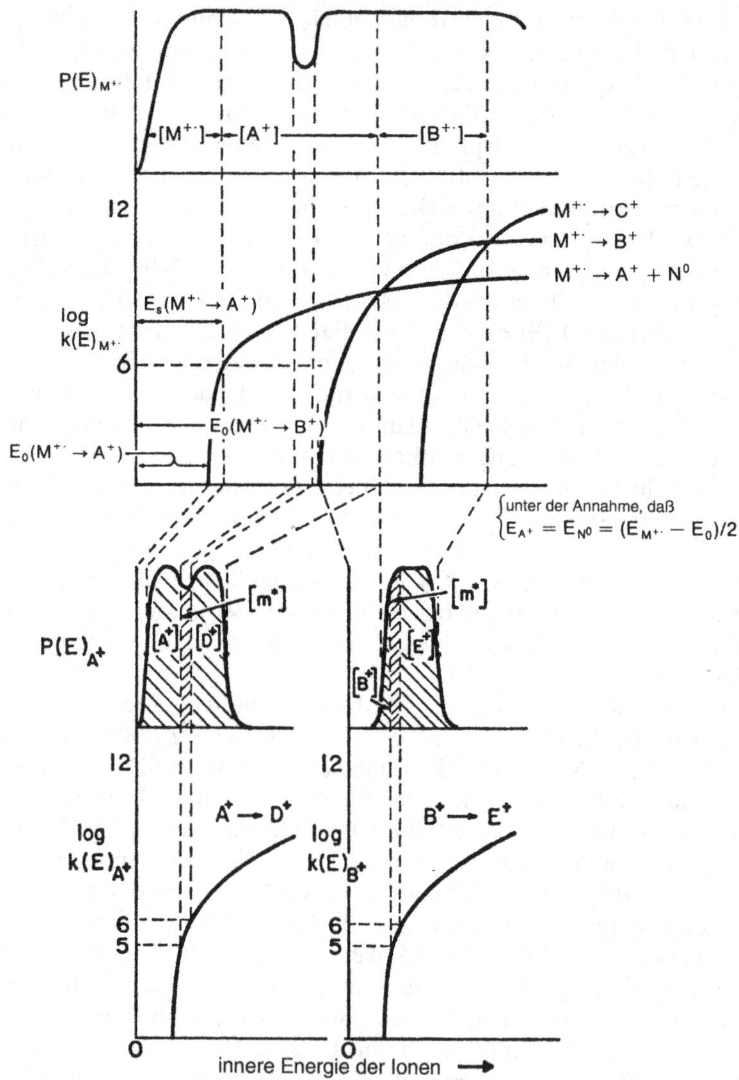

7.6 Beziehung zwischen $P(E)$ und $k(E)$ bei Molekül- und Tochter-Ionen (Definitionen im Text) unter der Annahme, daß $E_{0(rev)}$ für die Reaktion $M^{+\cdot} \rightarrow A^+ + N^0$ Null beträgt und daß die überschüssige innere Energie von $M^{+\cdot}$ zu gleichen Teilen zwischen A^+ und N^0 aufgeteilt wird (McAdoo *et al.* 1974; Bente *et al.* 1975).

Reaktion, bei der A^+ aus $M^{+\cdot}$ gebildet wird; (3) $k(E)$ für Konkurrenzreaktionen zur Bildung von A^+ ($M^{+\cdot} \rightarrow B^+$, $M^{+\cdot} \rightarrow C^+$); und (4) die Aufteilung der Überschußenergie von $M^{+\cdot}$ zwischen A^+ und dem neutralen Produkt N^0. In Abbildung 7.7 sind die $P(E)$-Kurven von $C_3H_6O^{+\cdot}$, das aus 2-Hexanon bzw. aus 2-Undecanon entsteht, dargestellt. Die deutlich geringere mittlere Energie der

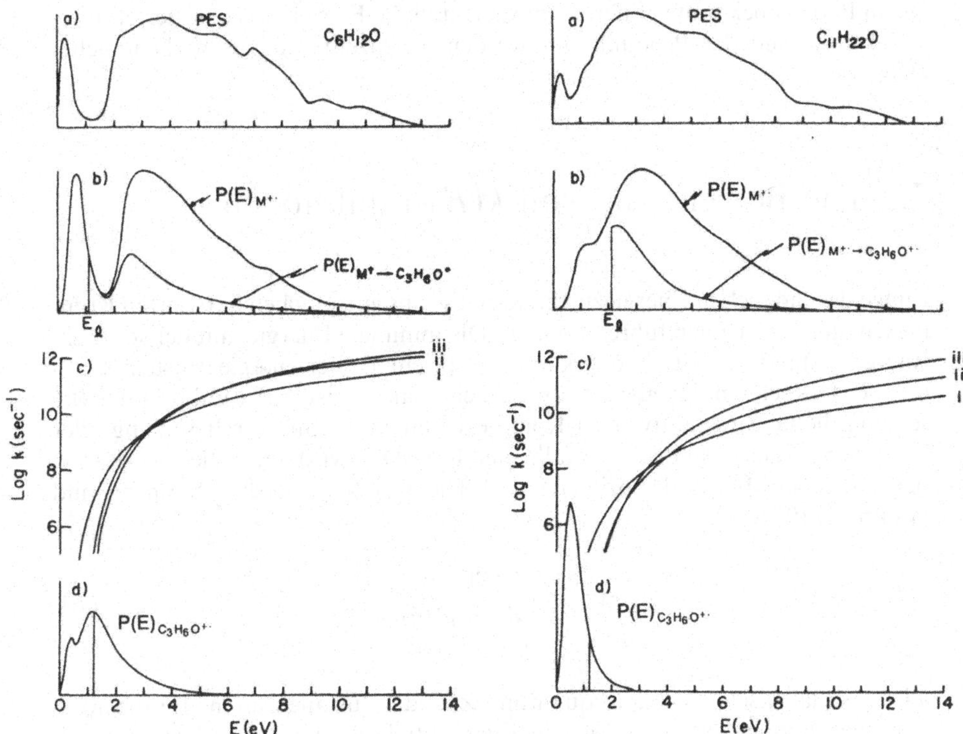

7.7 Daten und Ergebnisse der Berechnungen für 2-Hexanon und 2-Undecanon: a) Photoelektronenspektren der Moleküle (experimentelle Daten); b) berechnete *P*(*E*)-Funktionen für $M^{+\cdot}$ und $M^{+\cdot} \rightarrow C_3H_6O^{+\cdot}$; c) berechnete *k*(*E*)-Funktionen für (i) $M^{+\cdot} \rightarrow C_3H_6O^{+\cdot}$; (ii) $M^{+\cdot} \rightarrow C_2H_3O^{+}$; (iii) $M^{+\cdot} \rightarrow C_nH_m{}^{+}$; d) berechnete *P*(*E*)-Funktionen für $C_3H_6O^{+\cdot}$. Die vertikale Linie bei 1.2 eV stellt das „metastabile Fenster" für die Reaktion $C_3H_6O^{+\cdot} \rightarrow C_2H_3O^{+}$ dar.

zweiten *P*(*E*)-Kurve beruht hauptsächlich auf der Verteilung der Überschußenergie von $M^{+\cdot}$, die proportional zur Zahl der Schwingungsfreiheitsgrade im Ion und Neutralprodukt aufgeteilt wird. Dies führt zum sogenannten „Freiheitsgrad"-Effekt (Bente *et al.* 1975), der die Häufigkeit metastabiler Ionen, [*m**], die aus einem speziellen Fragment-Ion entstehen, zur Größe des betreffenden Molekül-Ions in Beziehung setzt. Im allgemeinen besteht bei einer homologen Reihe von Molekül-Ionen eine lineare Beziehung zwischen $\log([m^*]/[AB^+])$ und der reziproken Zahl von Schwingungsfreiheitsgraden im Molekül-Ion, das zu AB^+ führt.

Genauere Methoden untersuchen die Dissoziation von Ionen mit einer bestimmten inneren Energie, zum Beispiel durch spezifischen Ladungsaustausch mit ionisiertem Argon. Mit $IE(\mathrm{Ar}) = 15.75973 \pm 0.00001$ eV und $IE(\mathrm{M}) = 10.0$ eV sollte die Neutralisation von Ar^+ (Grundzustand) durch M ein $M^{+\cdot}$ mit 5.76 eV an innerer Überschußenergie ergeben. Bei der Photoelektronen-Photoionisations-Koinzidenzspektroskopie (PEPICO) wird M mit einem Photon bekannter Energie ionisiert und die Energie des emittierten Photoelektrons und des Produkt-Ions werden gleichzeitig gemessen (Dannacher 1984).

7.5 Die Berechnung von $k(E)$-Funktionen

Einige der möglichen Energiezustände eines Ions entsprechen aktivierten Komplexen, die zu Zerfällen führen können. Die minimale Energie, mit der solch ein Energiezustand besetzt werden kann, entspricht E_0 der energieärmsten Reaktion. Die Geschwindigkeitskonstante einer Reaktion ist eine Funktion der Besetzungsdichte ihres aktivierten Komplexes im Verhältnis zur Besetzung aller anderen Energiezustände des zerfallenden Ions. Dies wird durch die Rice-Ramsperger-Kassel-Marcus-Theorie (RRKM-Theorie) beschrieben (Robinson und Holbrook 1972):

$$k(E) = \frac{1}{h}\frac{Z^{\ddagger}}{Z^{*}}\frac{\Sigma P^{\ddagger}(E - E_o)}{\rho^{*}(E)}, \tag{7.1}$$

h ist das Plancksche Wirkungsquantum, Z ist die Zustandssumme für die adiabatischen Freiheitsgrade, ‡ bezeichnet den aktivierten Komplex, * bezieht sich auf das reaktive Molekül (in diesem Fall ein Ion), $P^{\dagger}(E-E_0)$ ist die Anzahl der Zustände im Energiebereich $E-E_0$ und $\rho(E)$ ist die Zustandsdichte. Im Gegensatz zu aktiven Freiheitsgraden können adiabatische Freiheitsgrade ihre Energie nicht ungehindert in die dissoziierende Bindung einfließen lassen. Im aktiven Molekül ist die freie innere Energie E statistisch über alle Freiheitsgrade verteilt. Im aktivierten Komplex wird ein innerer Freiheitsgrad in eine Translation mit der Energie E_0 umgewandelt, so daß nur noch $E-E_0$ zur Verteilung übrigbleibt. Die Zustandssumme enthält den Entartungsgrad, der die Anzahl der identischen Reaktionswege angibt.

Die RRKM-Variante der Theorie wird bevorzugt angewendet, da sie eine genaue Aufzählung der Zustände liefert. Bei einigen Diskussionen von massenspektrometrischen Reaktionen wird allerdings immer noch die angenäherte Form der Theorie

$$k(E) = \nu\left(\frac{E - E_o}{E}\right)^{n-1}, \tag{7.2}$$

mit ν als Frequenzfaktor, E als innerer Energie des reagierenden Ions und n als Zahl der Schwingungsfreiheitsgrade eingesetzt. (Die Größe von ν ist ein qualitatives Maß für die „Lockerheit" des aktivierten Komplexes.) Die Voraussagen dieser Theorie sind besonders bei energiearmen Ionen-Zerfällen ungenauer.

Die Wahrscheinlichkeit, daß die Energie im aktivierten Komplex für die Reaktion hoch genug ist (E_0), hängt vom Verhältnis der Anzahl der besetzbaren Energiezustände im aktivierten Komplex zur Gesamtzahl der Energiezustände im Ion ab, auf die die innere Energie verteilt werden kann. Wenn die überschüssige innere Energie $E-E_0$ gering ist, wächst k schnell mit steigender Energie E (s. Abb. 7.1), da eine Zunahme von E den Faktor $P^{\dagger}$ stärker erhöht als ρ^*. Mit zunehmender Differenz $E-E_0$ verlangsamt sich das Anwachsen von k mit E und nähert sich einem konstanten Wert an, wenn E_0 im Vergleich zu E sehr klein geworden ist. Die maximale Reaktionsgeschwindigkeit wird durch die Zeit vorgegeben, die benötigt wird, um die Bindung zwischen den beiden dissoziierenden Atomen zu trennen. Sie hängt von der Schwingungsfrequenz dieser Bindung ab und beträgt $\approx 10^{-13}$ s.

Gleichung 7.1 sagt weiterhin voraus, daß die $k(E)$-Funktion durch eine Strukturveränderung beeinflußt werden kann. Dies geschieht durch Auswirkungen auf (1) E_0, (2) $P_{\dagger}^{\ddagger}/\rho^*$ und (3) $Z_{\dagger}^{\ddagger}/Z^*$.

(1) E_0. Wenn die kritische Energie durch eine strukturelle Veränderung erhöht wird, muß die Überschußenergie $E-E_0$ des aktivierten Komplexes abnehmen. Damit verringert sich gleichzeitig die Anzahl der Zustände zwischen E_0 und E. Der Wert von k wird kleiner, da die Wahrscheinlichkeit sinkt, daß die Energie E_0 in der Reaktionskoordinate angesammelt wird. Die Energiezustände sind gequantelt, so daß mit $E = E_0$ nur der Grundzustand des aktivierten Komplexes erreicht werden kann. Für $E < E_0$ ist $k = 0$. Die minimale Geschwindigkeitskonstante ($E = E_0$)

$$k_{min} = \frac{1}{h}\frac{Z^{\ddagger}}{Z^*}\frac{1}{\rho^*(E_0)}, \tag{7.3}$$

wird durch Anwachsen von E_0 ebenfalls reduziert, da ρ^* mit E_0 wächst. Beachten Sie, daß ein Anwachsen von E_0 sowohl E_s als auch die kinetische Verschiebung E_s-E_0 vergrößert, da die Steigung von $k(E_0)$ abnimmt.

(2) $P_{\dagger}^{\ddagger}/\rho^*$. Eine Strukturveränderung des Molekül-Ions, die zur Zu- oder Abnahme der Zahl von Energiezuständen führt oder die Energiewerte der Zustände verändert, ändert den Wert von $P_{\dagger}^{\ddagger}/\rho^*$ und damit die $k(E)$-Funktion. Wird die Zahl der Schwingungsfreiheitsgrade (n) im reagierenden Ion erhöht, während alle anderen Parameter unverändert bleiben, nimmt $\rho^*(E)$ zu. Damit verringert sich k_{min}, während die kinetische Verschiebung als die Überschußenergie, die benötigt wird, um $k = 10^6$ zu erreichen, wächst. Ein Hauptfaktor, der den Wert von $P_{\dagger}^{\ddagger}/\rho^*$ bestimmt, ist die Art (Energieniveaus und Entartung) der Schwingungsfreiheitsgrade, die alle als aktiv angenommen werden. Es ist auch möglich, daß sich die Zahl der *aktiven* inneren Rotationszustände, der sogenannten „freien Rotatoren", beim Übergang vom aktiven Molekül zum aktivierten Komplex verändert. Eine Reaktion hat einen „lockeren aktivierten Komplex", wenn die Zahl ihrer inneren Rotationszustände auf Kosten von Schwingungszuständen zunimmt. Zum Beispiel ermöglicht die Verlängerung einer C–C-Bindung im aktivierten Komplex eine stärkere Rotation der mit diesen Atomen verbundenen Gruppen. Gleichzeitig wird die Schwingungsfre-

quenz dieser Bindung geringer. Eine Reaktion besitzt einen „geordneten aktivierten Komplex", wenn im Übergangszustand Rotationsfreiheitsgrade eingefroren werden. Ein bekanntes Beispiel dafür sind Umlagerungen, da die räumliche Nähe von Atomen, die im Übergangszustand gefordert wird, eine Rotation um benachbarte Bindungen verhindert. Eine Veränderung der Zahl der möglichen Rotationen kann einen großen Einfluß auf die Geschwindigkeitskonstante haben, da die Dichte von Rotationszuständen wesentlich größer ist als die von Schwingungszuständen. Dies bedeutet, daß Reaktionen mit geordneten aktivierten Komplexen bei wachsendem E einen viel geringeren Anstieg von k (geringere Steigung von $k(E)$ in Abb. 7.1) aufweisen und daß die kinetische Verschiebung wesentlich größer ist.

(3) $Z_{\ddagger}^{\ddagger}/Z^{*}$. Die Zustandssumme enthält den Entartungsgrad, der berücksichtigt, daß die Reaktionsgeschwindigkeit proportional zur Zahl der identischen Reaktionswege ist. $Z_{\ddagger}^{\ddagger}/Z^{*}$ beinhaltet außerdem das Verhältnis der Trägheitsmomente des aktivierten Komplexes und des aktiven Moleküls. Diese Werte liegen gewöhnlich zwischen 1 und 10.

7.6 Thermochemische Beziehungen und Energiehyperflächen

Für Ionen steht eine umfangreiche tabellarische Sammlung von thermochemischen Daten zur Verfügung (Lias *et al.* 1988) und die Daten weiterer Teilchen lassen sich abschätzen (Lossing und Holmes 1984; Holmes 1986). Die Gleichungen 7.4 und 7.5 wiederholen die einfachen Spaltungs- und Umlagerungsreaktionen der Abbildungen 7.1 bis 7.3.

$$\mathrm{ABCD} \longrightarrow \mathrm{ABCD}^{+\bullet} \longrightarrow \mathrm{AB}^{+} + \cdot\mathrm{CD} \qquad (7.4)$$

$$\mathrm{ABCD}^{+\bullet} \longrightarrow \mathrm{AD}^{+\bullet} + \mathrm{B{=}C} \qquad (7.5)$$

Abbildung 7.3 zeigt die thermochemischen Beziehungen dieser Reaktionen. Es wurden die Werte der entsprechenden Reaktionen von 2-Hexanon$^{+\cdot}$ verwendet. ΔH_f(ABCD) bezeichnet die Bildungsenthalpie (engl. heat of formation) von ABCD aus den Elementen und D(B–C) die Bindungsdissoziationsenergie der B–C-Bindung. Die Summe aus $\Delta H_f(\mathrm{AB}^+) + \Delta H_f(\cdot\mathrm{CD})$ – entspricht dem *thermochemischen Schwellenwert* für die Reaktion in Gleichung 7.4. $AE(\mathrm{AB}^+)$ ist die *thermochemische* Auftrittsenergie von AB^+. Es gilt: $AE(\mathrm{AB}^+) - IE(\mathrm{ABCD}) = E_0(\mathrm{ABCD}^{+\cdot} \rightarrow \mathrm{AB}^+)$. Der aktivierte Komplex kann eine höhere Energie als die Summe der Energien der Produkte im Grundzustand besitzen. Diese Überschußenergie ist ein Maß für die kritische Energie E_0(rev) der Rückreaktion. Größere Werte von E_0(rev) treten häufiger bei Umlagerungsreaktionen auf.

Wenn E_0(rev) vernachlässigbar ist, entspricht E_0 für Reaktion 7.4 der Bindungsdissoziationsenergie des Ions und kann anhand der Gleichungen 7.6–7.8 direkt ermittelt werden (s. Abb. 7.3).

$$E_0(AB^+) = \Delta H_f(AB^+) + \Delta H_f(\cdot CD) - \Delta H_f(ABCD^{+\cdot}) \tag{7.6}$$

$$= \Delta H_f(AB\cdot) + IE(AB\cdot) + \Delta H_f(\cdot CD) - \Delta H_f(ABCD) - IE(ABCD) \tag{7.7}$$

$$= IE(AB\cdot) + D(AB{-}CD) - IE(ABCD) \tag{7.8}$$

Gleichung 7.8 verwendet Bindungsdissoziationsenergien von neutralen Teilchen (Tab. A.3), die dem organischen Chemiker aufgrund seiner Erfahrung und Kenntnis mechanistischer Prinzipien geläufig sind. Bei zwei konkurrierenden Reaktionen desselben Molekül-Ions (gleiche IE(M)- und ΔH_f(M)-Werte) wird ΔE_0 gemäß Gleichung 7.8 durch ΔIE der entsprechenden Radikale (Stevenson-Regel) und ΔD der betroffenen Bindungen bestimmt. Weiterhin beeinflußt eine strukturelle Veränderung normalerweise IE(AB·) viel stärker als D(AB – CD) oder IE(ABCD), da die Stabilität des Produkt-Ions der einflußreichste Faktor für seine Intensität ist (Abschn. 8.2).

Potentialenergie-Diagramme (Abb. 7.8–7.10) stellen eine graphische Methode dar, um die thermochemischen Beziehungen von Reaktionen zu verdeutlichen. In diesen Darstellungen wird die Reaktion als klassische Bewegung eines Systems entlang einer Reaktionskoordinate über eine Potentialkurve oder Energiehyperfläche betrachtet. Der Ausdruck „klassisch" meint, daß das System die Energiehyperfläche nicht verlassen kann. Die Reaktionskoordinate in Abbildung 7.8 stellt die sich ändernde Länge der B – C-Bindung dar. Andere Koordinaten, wie Bindungswinkeländerungen durch Umhybridisierung, werden vernachlässigt. Im Diagramm gibt es drei wichtige Bereiche: (1) den Bereich um die Gleichgewichtsgeometrie von $ABCD^{+\cdot}$ am Fuß des Potentialenergiewalls; (2) den Bereich um den höchsten Punkt auf der Energieoberfläche, der oft dem Übergangszustand entspricht und (3) den Bereich auf der rechten Seite des Diagramms, der die Gleichgewichtskonfigurationen der Produkte AB^+ und CD· darstellt. Diese Produkte haben einen Abstand, bei dem Wechselwirkungen vernachlässigbar sind. Die Energieskala gibt die relativen thermochemischen Stabilitäten (ΔH_f) der Reaktanden und Produkte wieder. Der Verlauf der Potentialkurven ist in großen Teilen unbekannt. Sie werden jedoch willkürlich durchgezeichnet, um die kontinuierliche Bewegung entlang der Reaktionskoordinate zu verdeutlichen.

Die einfache Spaltung in Abbildung 7.8(a) wird durch eine kontinuierlich steigende Potentialenergiekurve charakterisiert, deren Maximum im Bereich der Produkte zu finden ist. Der Übergangszustand liegt, wenn er überhaupt lokalisiert werden kann, bei großem Abstand der Produkte voneinander. Seine Energie entspricht dem thermochemischen Schwellenwert der Reaktion und die Gleichungen 7.6 bis 7.8 können angewendet werden. Abbildung 7.8(b) beschreibt

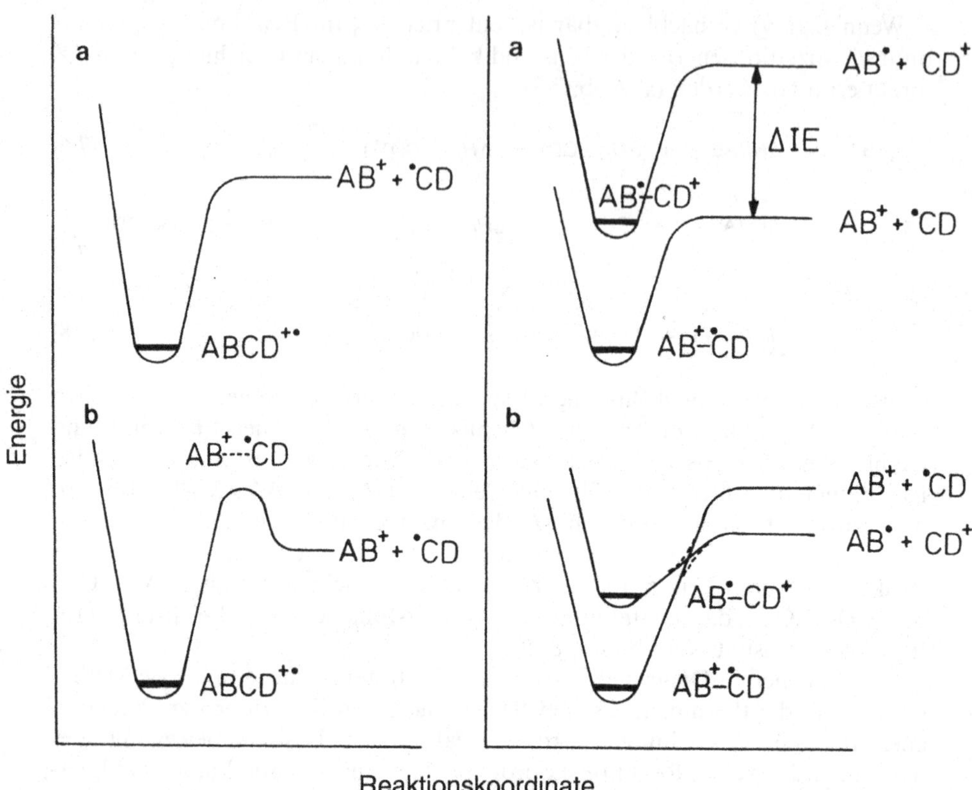

7.8 Potentialenergie-Diagramm einer einfachen Spaltungsreaktion (a) ohne und (b) mit Aktivierungsenergie für die Rückreaktion.

7.9 Diagramme für Reaktionen unter (a) Ladungserhalt und (b) Ladungswanderung.

eine einfache Spaltung mit einem ausgeprägten Übergangszustand, dessen Energie oberhalb des thermochemischen Schwellenwertes liegt. Der Zerfall besitzt also eine Aktivierungsenergie für die Rückreaktion, bei der $D(AB-CD^{+\cdot})$ für die B–C-Bindung größer ist als der thermochemische Wert und vom Reaktionsweg abhängt.

Abbildung 7.9 zeigt einfache Spaltungen unter Ladungserhalt und Ladungswanderung. Die Produkte $AB^+ + \cdot CD$ und $AB\cdot$ und CD^+ unterscheiden sich nur in der Anordnung des Elektrons und entsprechen deshalb zwei elektronischen Zuständen des übergeordneten Systems $(AB + CD)^{+\cdot}$. In Abbildung 7.9(a) ist die Ladung hauptsächlich im AB-Teil des $ABCD^{+\cdot}$-Ions lokalisiert und bleibt auch dort, wenn die Fragmente auseinanderbrechen (Ladungserhalt). Dieser Fall liegt bei der α-Spaltung von $C_2H_5-CH_2OH^{+\cdot}$ vor, bei der überwiegend CH_2OH^+ ($IE(CH_2OH\cdot) = 7.6$ eV) und viel weniger (16%) $C_2H_5^+$

($IE(C_2H_5\cdot) = 8.1$ eV) entsteht. In diesem Beispiel korreliert der elektronische Grundzustand von $M^{+\cdot}$ mit dem Grundzustand des Produktes.

Obwohl $(CH_3)_2CH-CH_2OH$ ebenfalls an einem freien Elektronenpaar des Sauerstoffatoms ionisiert wird, ist die Ionisierungsenergie des Alkylradikals $(CH_3)_2CH\cdot$ mit 7.4 eV wesentlich geringer (Abb. 7.9(b)). In diesem Fall korreliert der Grundzustand von $M^{+\cdot}$ mit $CH_2OH^+ + (CH_3)_2CH\cdot$ [$AB^+ + \cdot CD$ in Abb. 7.9(b)], die den ersten angeregten Zustand der Produkte darstellen. Demgegenüber korreliert der Grundzustand der Produkte, $\cdot CH_2OH + (CH_3)_2CH^+$, mit einem angeregten Zustand von $M^{+\cdot}$. Während der Dissoziation folgt das System zunächst der Potentialkurve des Grundzustandes. Am Schnittpunkt wechselt allerdings ein großer Teil der $M^{+\cdot}$-Ionen zur anderen Kurve, um energieärmere Produkte zu bilden. Die Ladungsverteilung bei konkurrierenden $OE^{+\cdot}$-Fragmentierungen hängt von der Energielücke, die durch die *IE*-Unterschiede (Stevenson-Regel) entsteht, und der Effektivität des Kurvenwechsels bei Ladungswanderung ab. Ist $\Delta IE > 0.3$ eV, überwiegen die energieärmeren Produkte (Harrison *et al.* 1971).

„Zufalls"-Umlagerungen. Sogar die Effekte, die zu einer großen Ähnlichkeit von Isomerenspektren führen (Abschn. 4.9), lassen sich anhand von Potentialkurven darstellen (Abb. 7.10). Diese Kurven können komplex sein, mehrere lokale Minima und Übergangszustände (z. B. Komplexe aus Ion und Neutralteilchen) enthalten und entweder zu EE^+-Ionen (wie abgebildet) oder zu $OE^{+\cdot}$-Ionen (z. B. $ABCD^{+\cdot} \rightleftarrows DABC^{+\cdot} \rightarrow DA^{+\cdot} + B{=}C$) führen. Die wahren Reaktionskoordinaten sind in diesem Fall multidimensional. Sie enthalten sowohl die Bindungslängen der dissozierenden und sich bildenden Bindungen als auch die Veränderungen der Bindungslängen und -winkel im Rest des Ions. In den konventionellen zweidimensionalen Diagrammen (Abb. 7.10) werden die wahren Koordinaten in eine allgemeine „Reaktionskoordinate" projiziert, die unterschiedliche Parameter entlang des Reaktionsweges beinhaltet und hauptsächlich zur graphischen Darstellung der Anordnung der Strukturen dient. Ist die Isomerisierung eines Ions geschwindigkeitsbestimmend (Williams 1977), hängt das Verhältnis von reversibler Umlagerung zur Dissoziation von der *relativen* Höhe der jeweiligen Energiebarrieren ab. Die Isomerisierung kann sowohl exo- als auch endotherm ablaufen, entscheidend ist nur die *relative* Barrierenhöhe. Abbildung 7.10(a) zeigt eine Umlagerung, bei der die Energiebarriere zwischen $ABCD^{+\cdot}$ und $ACBD^{+\cdot}$ geringer ist als die minimale Energie, die für den Zerfall zu $AC^+ + \cdot BD$ nötig ist. Deshalb können sich die Ionen $ABCD^{+\cdot}$ und $ACBD^{+\cdot}$ vor dem Zerfall ineinander umwandeln, was zum Verlust von Informationen über die ursprüngliche Struktur $ABCD^{+\cdot}$ führen kann. Ein ähnliches Energiediagramm wurde von Feng *et al.* (1989) aufgestellt, um die große Ähnlichkeit der EI- und CAD-Massenspektren von 1- und 2-Buten$^{+\cdot}$ zu erklären.

Eine niedrige Isomerisierungsbarriere führt aber nicht zwingend zu einer uneindeutigen Strukturaussage. Zum Beispiel kann die klassische Wasserstoff-Wanderung über ein distonisches Radikalkation ($ABCD^{+\cdot} \rightarrow \cdot DABC^+$), das anschließend zu einem $OE^{+\cdot}$-Ion $BC^{+\cdot}$ dissoziiert, eine Aktivierungsenergiebarriere für die Rückreaktion besitzen, die mit der Dissoziation konkurriert. Ein

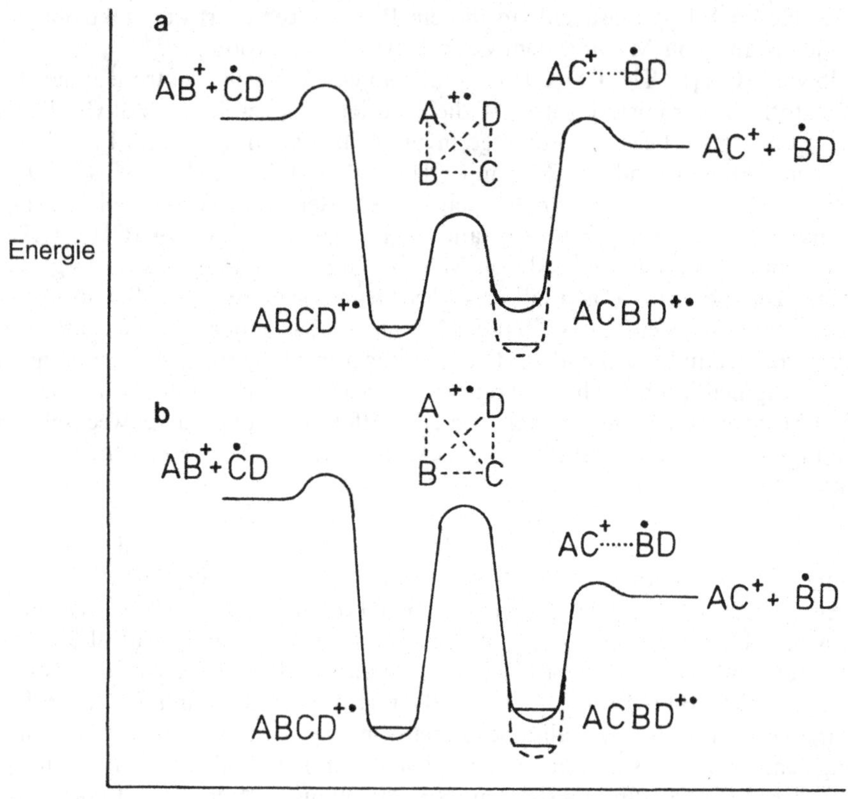

7.10 Potentialenergie-Kurven, die zu (a) höherer oder (b) geringerer Ähnlichkeit der Massenspektren von Isomeren führen.

Beispiel dafür ist die Reaktion $CD_3CH_2CH_2CO_2H^{+\cdot} \rightleftarrows \cdot CD_2CH_2CH_2CO_2HD^+ \rightleftarrows CHD_2CH_2CH_2CO_2D^{+\cdot} \rightleftarrows \cdot CHDCH_2CH_2C(OD)_2{}^+ \rightleftarrows CHD{=}CH_2 + CH_2{=}C(OD)_2{}^{+\cdot}$ (Smith und McLafferty 1971). Sie führt zur Vertauschung von H und D. Das neutrale Gegenstück des distonischen Radikalkation-Zwischenprodukts ist aber ein instabiles Diradikal ($\cdot CH_2CH_2CH_2C(OH)_2\cdot$) und stellt damit keine sinnvolle Alternative für die Struktur des unbekannten Moleküls dar. Bei einer „Zufalls"-Umlagerung, wie der von 1-Buten, wird dagegen ein nicht-distonisches Isomer gebildet. Dies muß über einen mehrstufigen Reaktionsweg oder einen Ionen-Neutralteilchen-Komplex als Zwischenprodukt erfolgen.

Abbildung 7.10(b) zeigt eine Umlagerung, bei der die isomeren Ionen durch eine höhere Energiebarriere getrennt sind. Die Höhe dieser Barriere bestimmt den Anteil an $ACBD^{+\cdot}$-Ionen, die nicht isomerisieren, sondern direkt zu $AC^+ + \cdot BD$ zerfallen. Um AC^+ aus $ABCD^{+\cdot}$ statt aus $ACBD^{+\cdot}$ zu bilden, muß die hohe Isomerisierungsbarriere unter Bildung eines geordneten aktivierten Komplexes überwunden werden. Deshalb bilden die beiden Isomere das Ion

AC^+ mit unterschiedlichen Geschwindigkeiten. Andere Dissoziationsmöglichkeiten von $ACBD^{+\cdot}$, wie die Bildung von AB^+, können in diesem Fall bedeutender sein. Je stärker sie mit der Isomerisierung in Konkurrenz treten, desto unterschiedlicher sind die Massenspektren der beiden Isomere.

7.7 Beispiele

Die Anwendung von Gleichung 7.1 und insbesondere die Nützlichkeit des Konzepts der „lockeren" und „geordneten" aktivierten Komplexe lassen sich anhand von einigen Modellrechnungen für größere Moleküle (Gl. 7.9 bis 7.11) verdeutlichen. Die beste Übereinstimmung zwischen den experimentellen Daten und den berechneten $k(E)$-Funktionen (Abb. 7.5) konnte unter der Annahme erhalten werden, daß im aktivierten Komplex von Gleichung 7.9 ein oder zwei freie Rotatoren mehr, in Gleichung 7.10 einer *weniger* und in 7.11 drei bis vier mehr vorhanden sind als im Ausgangs-Ion. In Gleichung 7.9 führt der Einfluß der Produktstabilität (s. Kap. 4) dazu, daß der aktivierte Komplex mehr den Produkten als den Vorläufer-Ionen ähnelt. In solch einem Modell ist die zentrale C–C-Bindung schon zum großen Teil dissoziiert. Dies erniedrigt die Rotationsbarriere um diese Bindung und erhöht so die Zahl der freien Rotatoren im aktivierten Komplex (Gl. 7.12).

$$C_6H_5CH_2CH_2C_6H_5^{+\cdot} \longrightarrow C_7H_7^+ \quad (E_0 = 1.3,\ E_S = 1.8\ \text{eV}) \tag{7.9}$$

$$p\text{-}H_2NC_6H_4CH_2CH_2C_6H_5^{+\cdot} \longrightarrow p\text{-}H_2NC_7H_6^+ \quad (E_0 = 0.7,\ E_S = 1.4\ \text{eV}) \tag{7.10}$$

$$\longrightarrow C_7H_7^+ \quad (E_0 = 2.3,\ E_S = 7\ \text{eV}) \tag{7.11}$$

$$C_6H_5^{+\cdot}\text{–}CH_2\text{–}CH_2\text{–}C_6H_5 \longrightarrow C_6H_5\text{–}\overset{+}{C}H_2\cdots\overset{\cdot}{C}H_2\text{–}C_6H_5 \longrightarrow C_7H_7^+ + \cdot C_7H_7 \tag{7.12}$$

Beim Zerfall von *p*-Amino-1,2-diphenylethan liegt eine völlig andere Situation vor. Die *p*-Aminogruppe sollte die Ionisierungsenergie des Benzylradikals und damit E_0 und die kinetische Verschiebung verringern. Da dies aber nicht beobachtet wird, muß ein *deutlich geordneterer aktivierter Komplex* vorliegen. Die Aminogruppe erhöht zwar die Elektronendichte der N–C-Bindung im Molekül-Ion,andererseits behindert aber die partielle Bildung des resonanzstabilisierten *p*-Aminobenzyl-Ions im aktivierten Komplex die freie Rotation um die C(Aryl) – CH_2-Bindung und hebt dadurch die verstärkte Rotation um die zentrale C – C-Bindung auf (Gl. 7.13). Die Konfiguration des aktivierten Komplexes in Gleichung 7.10 ist damit im Gegensatz zur Situation in Gleichung 7.9 wesentlich „geordneter" ist als die des aktiven Moleküls.

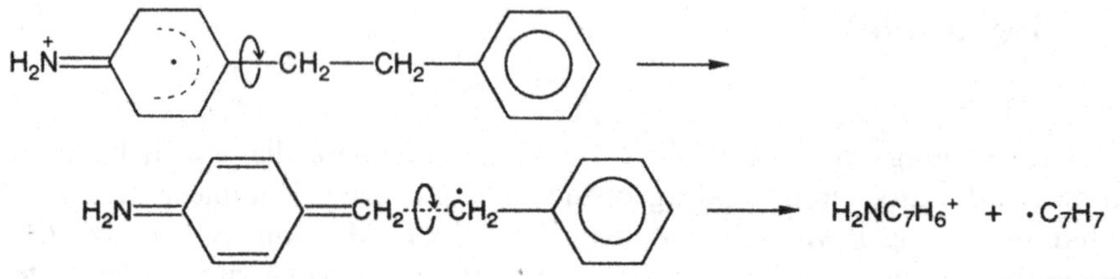

(7.13)

Die kritische Energie der Reaktion 7.11 ist aufgrund des geringeren *IE*-Wertes der Ausgangsverbindung höher als die für Gleichung 7.9. Der Wert für die kombinierten kinetischen und Konkurrenzverschiebungen ist im Vergleich sogar noch stärker angestiegen. Die deutliche Intensität dieses Tochter-Ions im 70 eV-Spektrum beweist, daß $k(E)$ von Gleichung 7.11 viel schneller zunehmen muß als $k(E)$ von Gleichung 7.10. Im Übergangszustand von Gleichung 7.11 muß die Zahl der freien Rotatoren stärker *anwachsen* als in Gleichung 7.9. Diese Aussage basiert auf der Tatsache, daß die Teilladung an der Aminogruppe und dem benachbarten aromatischen Ring im Übergangszustand *abnehmen* muß und so den Doppelbindungscharakter der benachbarten Bindungen herabsetzt (Gl. 7.14). Alternativ könnte $C_7H_7^+$ aus einem angeregten elektronischen Zustand heraus entstehen. Dies wäre aber eine ungewöhnliche Ausnahme zur Quasi-Gleichgewichts-Theorie.

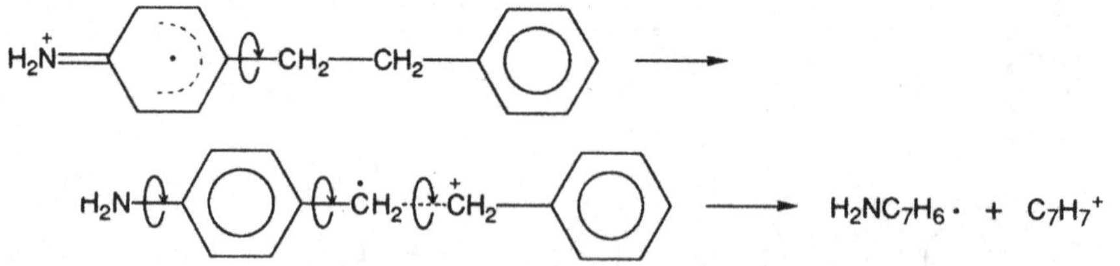

(7.14)

Kleine Strukturveränderungen können enorme Auswirkungen auf das Massenspektrum haben, wenn sie innerhalb eines größeren Bereichs von Mutter-Ion-Energien neue Reaktionen mit höheren Geschwindigkeitskonstanten ermöglichen. So sind die dramatischen Unterschiede zwischen den Spektren von Dodecan und 1-Aminododecan (Abb. 3.2 und 3.16) hauptsächlich auf die hohe Geschwindigkeitskonstante der neuen Reaktion, durch die das $CH_2{=}NH_2^+$-

Ion gebildet wird, zurückzuführen. Die Erhöhung der kritischen Energie einer Reaktion senkt die Steigung der $k(E)$-Kurve. Eine energiereichere Reaktion muß dann einen lockereren aktivierten Komplex besitzen, um konkurrenzfähig zu sein.

Eine Strukturänderung kann auch die $P(E)$-Funktion des Molekül-Ions verändern und so das Massenspektrum beeinflussen. Dies wirkt sich besonders auf die Intensität des Molekül-Ions und der metastabilen Peaks aus. Eine zusätzliche *m*-Aminogruppe in 1,2-Diphenylethan erniedrigt die kritische Energie der Benzylspaltung um nur 0.2 eV, die Ionisierungsenergie dagegen um 1.1 eV. Dies führt zu einer Verdoppelung der Intensität des Molekül-Ions. Die Addition einer *p*-Nitrogruppe an 1,2-Diphenylethan bringt keine merkliche Veränderung des *IE*-Wertes des Moleküls und des *AE*-Wertes des Benzyl-Ions (10.5 $\pm$ 0.2 eV). Die Nitrogruppe erhöht aber die Besetzung der $P(E)$-Kurve von $M^{+\cdot}$ im Bereich 10.5 eV sehr stark (Abb. 7.5). Wahrscheinlich geschieht dies durch eine Ionisierung der Nitrogruppe. Die höhere Besetzung der $P(E)$-Kurve vervielfacht die Häufigkeit des Ions, das durch den metastabilen Zerfall $M^{+\cdot} \rightarrow C_7H_7{}^+$ entsteht. Dagegen hat das $C_6H_5CH_2CH_2C_6H_5{}^{+\cdot}$-Ion in dem Energiebereich, der für diesen metastabilen Zerfall benötigt wird, nur eine geringe Besetzungsdichte (Abb. 7.5).

7.8 Allgemeine Literatur

Bowers 1979, 1984; Futrell 1986; Ghosh 1983; Holmes 1986; Levsen 1978; Lossing und Holmes 1984; Märk 1985; Morrison 1986; Robinson und Holbrook 1972; Turner 1970.

8. Ionen-Fragmentierungs-mechanismen: ausführliche Behandlung

Die Interpretation von Massenspektren basiert auf den gleichen Grundlagen wie die Aufklärung der Produkte einer chemischen Reaktion: sie erfordert das Verständnis der entsprechenden Chemie. Eine zusätzliche Doppelbindung sollte das IR- und NMR-Spektrum eines komplexen Moleküls wie Clivonin (Abb. 8.1) nur wenig beeinflussen. Diese Doppelbindung kann allerdings die Chemie und damit das Massenspektrum der Verbindung grundlegend verändern (McLafferty, Loh und Stauffer 1990). Es gibt heute viele ausgezeichnete Mechanismen-Übersichten von monomolekularen Ionen-Reaktionen. Sie sind am Ende dieses Kapitels aufgeführt. Eine umfassende Diskussion ist an dieser Stelle nicht möglich. Vielmehr haben wir in diesem Kapitel, wie in Kapitel 4, das Augenmerk auf die Mechanismen gerichtet, die für die Interpretation von EI-(70 eV), CI- und anderen kationischen Massenspektren besonders wichtig sind.

8.1 Monomolekulare Ionen-Zerfälle

Um es zu wiederholen und erneut zu verdeutlichen: die Reaktionen von positiven Ionen sind für die Strukturaufklärung besonders wichtig und das Massenspektrum zeigt monomolekulare *Konkurrenz-* und *Folge*-Reaktionen (Abb. 8.2). Primäre Dissoziationsprodukte wie ABC^+ und CD^+ liefern als Teile des ursprünglichen Moleküls einen direkten Hinweis auf seine Struktur. Beispiele dafür finden sich in den Gleichungen 8.1 und 8.2 (für 2-Hexanon$^{+\cdot}$ s. auch Abb. 7.3 und Abschn. 7.6. Über den Reaktionspfeilen sind die Werte der gesamten endothermen Enthalpieänderung (in eV) *ausgehend vom ursprünglichen Vorläufer-Ion* angegeben. Die Aktivierungsenergie, die zusätzlich zu dieser endothermen Enthalpieänderung auftritt (E_a der Rückreaktion) ist bei Wasserstoff-Wanderungen (*rH*) wesentlich höher als bei einfachen Spaltungen. Unter den Teilchen sind die jeweiligen Bildungsenthalpien (ΔH_f) und in Klammern die Ionisierungsenergien (*IE*) der entsprechenden Neutralteilchen angegeben. Selbst wenn eine Isomerisierung mit der ersten Dissoziation konkurriert, kann durch den Zerfall des Isomers ein Ion gebildet werden, das zur Strukturaufklärung beiträgt (Abb. 7.10). Eine solche „spezifische Umlagerung" kann eine direkte Isomerisierung zu einem *distonischen* Radikalkation (mit einer *Distanz* zwischen Radikal- und Ladungsstelle; Radom *et al.* 1984) einschließen. Ein Beispiel dafür ist die Bildung von $\cdot CH(CH_3)CH_2CH_2C(=O^+H)CH_3$ aus 2-Hexanon$^{+\cdot}$ (Gl. 8.2; die Barriere von 0.6 eV beruht auf einer Aktivierungsenergie für die Rückreaktion von 0.9 eV). Dieses Ion kann nicht durch direkte

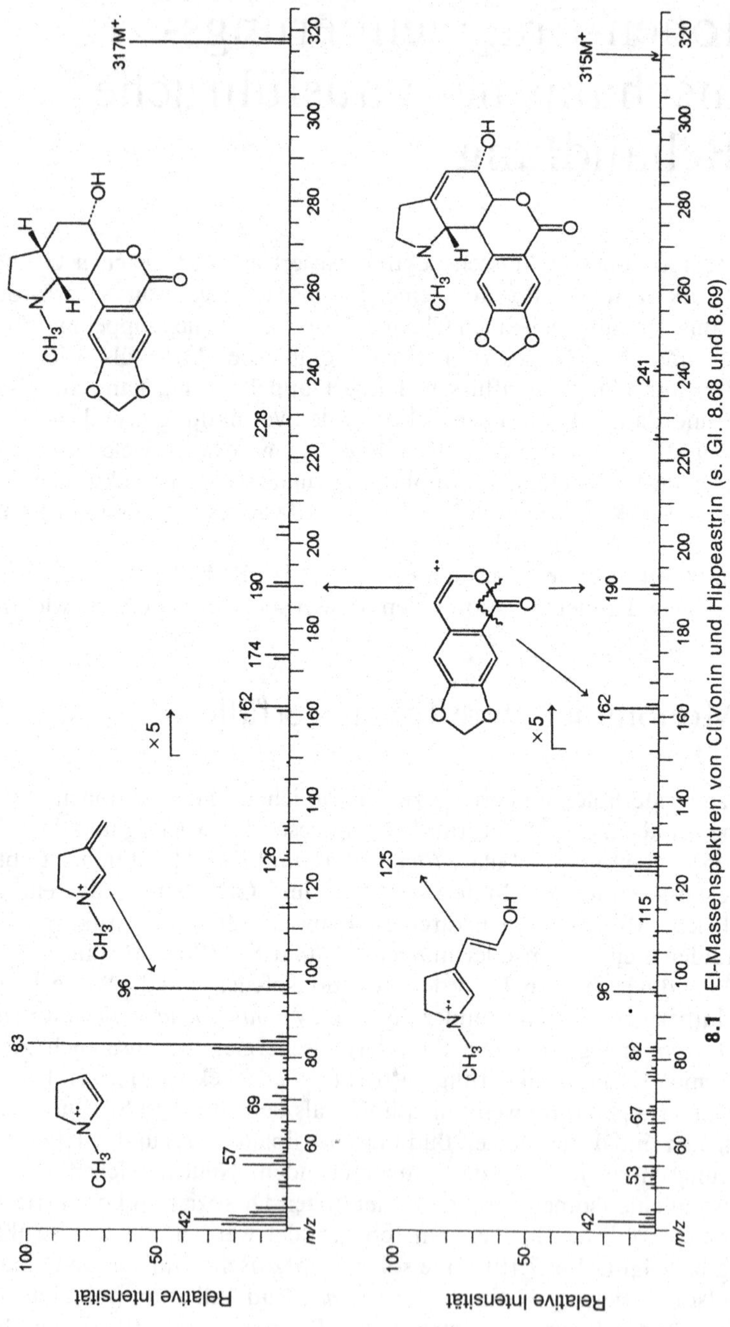

8.1 EI-Massenspektren von Clivonin und Hippeastrin (s. Gl. 8.68 und 8.69)

A D$^{+\cdot}$ —Dissoziation→ $ABC^+ + \cdot D$ → A^+, B^+, C^+
B—C → $AB^+ + \cdot CD$ → A^+, B^+
→ $AB\cdot + CD^+$ → C^+, D^+
Isomerisierung | Konkurrenzreaktionen | Folgereaktionen
A—D$^+$ —Umlagerung→ $AD^{+\cdot} + BC$ → A^+, D^+
B—C → $AD + BC^{+\cdot}$ → B^+, C^+

8.2 Allgemeine monomolekulare Ionen-Reaktionen.

Ionisierung einer anderen stabilen Verbindung entstehen. Eine Wasserstoffwanderung kann aber auch zu einem ionischen Isomer eines anderen *Moleküls* führen (z. B. $C_5H_{10}{}^{+\cdot}$; Gl. 8.1), so daß sich die Unsicherheit bei der Identifizierung erhöht. Je geringer die Isomerisierungsbarriere ist, desto unsicherer wird die Zuordnung [vergl. Abb. 7.10a mit 7.10b]. Ionen, bei denen solche „Zufalls"-Umlagerungen auftreten, erfordern höhere Energien für die direkte Dissoziation (1.7 eV bei $C_3H_7CH{=}CH_2{}^{+\cdot}$ im Gegensatz zu 0.7 eV bei $C_4H_9COCH_3{}^{+\cdot}$). Bei ihnen können mehrere Isomerisierungen (oder ein Isomerengleichgewicht) mit der Dissoziation konkurrieren. In den Folgedissoziationen nimmt die Isomerisierung von EE^+-Produkt-Ionen in Reaktionen wie $C_4H_7{}^+ \rightarrow C_3H_3{}^+$ (Gl. 8.1) oder $C_4H_9CO^+ \rightarrow C_4H_9{}^+$ (Gl. 8.2) zu. Die Folgeprodukte haben deshalb eine geringere Aussagekraft und ihre Bedeutung für die Strukturaufklärung hängt in viel größerem Maße von der Art der entsprechenden Teilchen ab. Diese Produkte sind aber immer noch wichtig, um in „Ionen-Serien" bei geringerer Masse eine Aussage über die vorhandenen Heteroatome und die Zahl der Doppelbindungsäquivalente in Teilstrukturen zu erhalten.

$\Delta H_f\,(IE)$ = 8.7(9.0) —1.0, α→ $H_3C\cdot$ + (60%) —2.5, rH→ $C_3H_3{}^+$ + CH_4
1.5 8.8(7.5) 11.1(6.6) −0.8
−0.6 rH (35%)
(30%) —1.7, α→ $C_2H_5\cdot$ + (45%) —3.0, rH→ $C_3H_3{}^+$ + H_2
9.3(9.5) 1.2 9.8(8.1) 11.1(6.6) 0
rH 0.3
—1.1, α→ C_2H_4 + (100%)
9.6 0.5 9.9(9.7)

(8.1)

$$\text{(Molekül-Ion, (5\%), } 6.5(9.3)) \xrightarrow[\alpha]{1.1} C_4H_9\cdot + {}^{+}O{\equiv}CCH_3\ (100\%) \xrightarrow[i]{4.5} CO + {}^{+}CH_3\ (5\%)$$
$$0.8 \quad 6.8(7.0) \qquad -1.1 \quad 11.3(9.8)$$

$$\xrightarrow[i]{2.1} C_4H_9^{+}\ (10\%) + O{=}\dot{C}CH_3 \xrightarrow[i]{3.1} C_2H_5^{+}\ (20\%) + C_2H_4$$
$$8.8(8.0) \quad -0.2 \qquad 9.3(8.1) \quad 0.5$$

$$\xrightarrow[\alpha]{0.7} C_4H_9CO^{+}\ (2\%) + \cdot CH_3 \xrightarrow[i]{2.7} C_4H_9^{+} + CO$$
$$5.7(5.9) \quad 1.5 \qquad 8.8(8.0) \quad -1.1$$

$E_0 = 0.6$, rH

$$\text{(distonisches Ion, } 6.2) \xrightarrow[\alpha]{0.6} \text{Propen} + \text{H–O}^{+\cdot}\text{-Enol}\ (40\%) \xrightarrow[rH]{2.0} CH_3CO^{+} + \cdot CH_3$$
$$0.2 \quad 6.9(8.7) \qquad 6.8(7.0) \quad 1.5$$

$$\xrightarrow[i]{1.6} C_3H_6^{+\cdot}\ (2\%) + CH_2{=}C(OH)CH_3 \xrightarrow[\alpha]{3.8} C_3H_5^{+}\ (10\%) + \cdot H$$
$$9.9(9.7) \quad -1.8 \qquad 9.8(8.1) \quad 2.3$$

(8.2)

Faktoren, die die Ionen-Häufigkeit beeinflussen. Um im Massenspektrum einen intensiven Peak zu erzeugen, muß ein Fragment-Ion als Hauptprodukt aus einem oder mehreren Mutter-Ionen entstehen und gegen weitere Fragmentierungen relativ stabil sein. Die Fragmentierungen des Molekül-Ions sind um so konkurrenzfähiger, je geringer die Änderung der freien Enthalpie ist, das heißt je günstigster sich die Enthalpie und Entropie bei der Reaktion verändern. Der Einfluß der Enthalpie spiegelt sich in der starken Tendenz wieder, *die stabilsten Produkte* und insbesondere das stabilste ionische Produkt zu bilden. Deshalb ist die Abspaltung der größten Alkylgruppe begünstigt. Der Entropie-Faktor gibt *sterische Einschränkungen* bei der Produktbildung wieder.

8.2 Produkt-Stabilität

Bei *Konkurrenzreaktionen* (Abb. 8.2) ist die relative Stabilität der beiden Produkte der wichtigste Faktor für ihre bevorzugte Bildung und ebenso für die Verringerung der weiteren Dissoziation des Produkt-Ions. Bei einfachen Bindungsbrüchen ist die Aktivierungsenergie der Rückreaktion normalerweise gering. Damit ist die Enthalpieänderung die Triebkraft der Reaktion. Ihr Wert muß im Vergleich zu den Werten für analoge Konkurrenzreaktionen betrachtet werden. Die relative Enthalpieänderung ergibt sich aus den Bildungsenthalpien, das heißt aus den Stabilitäten der entstehenden ionischen und neutralen Produktpaare. Dies entspricht der Dissoziationsenergie D (Tab. A.3) der gespaltenen Bindung(en) im *neutralen* Gegenstück des Reaktanden zuzüglich der Ionisierungsenergie *IE* des Produktes, das bei dieser Reaktion die positive Ladung erhält (s. Abb. 7.3 und Gl. 7.6–7.8). Die Tatsache, daß *IE* viel stärker von der Struktur abhängt als *D* (Tab. A.3) ist der Grund dafür, daß die Stabilität des Produkt-Ions der wesentliche Faktor zur Bestimmung des Fragmentierungsweges ist. Dies gilt allerdings nur für Reaktionen, bei denen nur eine Bindung gebrochen wird. Wenn zwei Bindungen gespalten werden, werden gewöhnlich zwei neue gebildet, so daß die gesamte Bindungsdissoziationsenergie der Reaktion wesentlich geringer sein kann (Abb. 7.3). Dadurch können $OE^{+\cdot}$-Ionen genauso intensive Produkte sein wie EE^+-Ionen, deren entsprechende neutrale Gegenstücke *IE*-Werte haben, die 1 bis 3 eV geringer sind (Gl. 8.1 und 8.2).

Vergessen Sie bei der Interpretation von Massenspektren nicht, die Intensität des komplementären Produkt-Ions jedes wichtigen primären Produkt-Ions zu überprüfen. Es gilt: $m/z(CD^+) = m/z(ABCD^{+\cdot}) - m/z(AB^+)$. Das Verhältnis dieser Produkte hängt hauptsächlich von ihrer Stabilität ab, da die sterischen Effekte normalerweise für beide Produkte gleich sind.

Stabilität des Produkt-Ions. Die *IE*(R)-Werte von H·, CH_3·, C_2H_5·, *iso*-C_3H_7· und *tert*-C_4H_9· (Tab. 8.1) umspannen einen Bereich von 6.9 eV. Dagegen variieren die Dissoziationsenergien ihrer Bindungen zu Alkylgruppen R′, *D*(R–R′), nur um 0.9 eV. Die Bildungsenthalpien (ΔH_f) demonstrieren ebenfalls die größere Bedeutung der Stabilisierung von Kationen gegenüber Neutralteilchen. Denn die ionischen ΔH_f-Werte umfassen einen Bereich von 8.6 eV, während die Werte der entsprechenden neutralen Radikale nur eine Differenz von 1.7 eV aufweisen.

Dieser viel größere Einfluß der Struktur auf *IE*- und ΔH_f-Werte von Ionen gegenüber Neutralteilchen tritt auch bei anderen Funktionalitäten in Tabelle A.3 auf. Beachten Sie, daß die Einführung eines Heteroatoms in ein Alkylradikal (Tab. 8.1) den *IE*-Wert sowohl erhöhen ($CH_3CH_2\cdot \rightarrow CH_3O\cdot$, 8.1 → 8.6 eV) als auch erniedrigen kann (($CH_3CH_2\cdot \rightarrow HOCH_2\cdot$, 8.1 → 7.6 eV). (Singulett-CH_3O^+ ist instabil und der Triplettzustand ist ≈3.5 eV weniger stabil als CH_2OH^+.) Manchmal beeinflußt die Addition eines Heteroatoms das Neutral-

Tabelle 8.1: Energien einfacher Radikale, eV

		Alkylradikale		
R·	D(R – R′)	IE(R·)	ΔH_f(R·)	ΔH_f(R^+)
H·	4.3	13.6	2.2	15.8
CH_3·	3.7	9.8	1.5	11.4
C_2H_5·	3.6	8.1	1.3	9.5
iso-C_3H_7·	3.5	7.4	1.1	8.5
tert-C_4H_9·	3.4	6.7	0.5	7.2
		substituierte Radikale, ΔH_f (IE)		
	$HYCH_2$·	$HYCH_2^+$	CH_3Y·	CH_3Y^+
CH_2	1.3 (8.1)	9.4	1.3 (8.1)	9.4
O	−0.3 (7.6)	7.3	0.2 (8.6)	8.8

teilchen mehr als das dazugehörige Ion: $\Delta H_f(\text{Ph}\cdot) - \Delta H_f(\text{PhO}\cdot) = 2.6$ eV, aber $\Delta H_f(\text{Ph}^+) - \Delta H_f(\text{PhO}^+) = 2.3$ eV (Ph = Phenyl). Diese Werte spiegeln die bessere Stabilisierung des ungepaarten Elektrons in PhO· gegenüber der Ladung in PhO^+ durch den einbindigen Sauerstoff wider.

Für einfache Dissoziationsreaktionen, die nur den Bruch einer Einfachbindung umfassen, sind deshalb die günstigsten Produkte (Tab. A.3, Radikale) bei stickstoffhaltigen Verbindungen Immonium- ($R_2C{=}N^+R'_2$) und Imminium-Ionen ($RC{\equiv}N^+R'$, bei sauerstoffhaltigen Verbindungen Oxonium- ($R_2C{=}O^+R'$) und Acylium-Ionen ($RC{\equiv}O^+$) und bei Kohlenwasserstoffen Allyl-, Benzyl- und Tropylium-Ionen. Die Strukturen haben auf die *IE*-Werte generell die Auswirkungen, die nach den Prinzipien der physikalisch-organischen Chemie zu erwarten sind. Ein Beispiel ist die klassische Untersuchung von Harrison, Kebarle und Lossing (1961), die eine ausgezeichnete Übereinstimmung der *IE*-Werte von substituierten Benzylradikalen $YC_6H_4CH_2\cdot$ mit Hammett/Brown-σ^+-Werten (s. auch Lias 1988, S. 19; Tureček *et al.* 1990a) fanden. Zum Beispiel senkt der Ersatz von p-NO_2 durch p-NH_2 den *IE*-Wert um 2.5 eV. Die *IE*-Werte der entsprechenden Moleküle $YC_6H_4CH_2CH_2C_6H_5$ betragen zwei Drittel dieser Werte, korrelieren aber ebenfalls mit den σ^+-Werten (Abschn. 7.7; eine ausführliche Diskussion enthält McLafferty *et al.* 1970). Im allgemeinen sind strukturelle Effekte für EE^+-Ionen wichtiger als für $OE^{+\cdot}$-Ionen (Tab. A.3). Zum Beispiel ist $\Delta H_f(C_2H_6^{+\cdot})$ um 2.6 eV höher als $\Delta H_f(C_2H_5OH^{+\cdot})$, während der Unterschied zwischen $\Delta H_f(C_2H_5^+)$ und $\Delta H_f(CH_3CHOH^+)$ 3.3 eV beträgt. (Bei den entsprechenden Neutralteilchen betragen die $\Delta\Delta H_f$-Werte 1.6 bzw. 1.9 eV).

Abspaltung der größten Alkylgruppe. Diese Regel bildet die Hauptausnahme von der obersten Priorität der Produkt-Ionen-Stabilität. Sind an demselben oder an äquivalente Kohlenstoffatom(e) mehrere unsubstituierte Alkylgruppen gebunden, so ist die Intensität der Produkt-Ionen, die durch Abspaltung jeweils einer dieser Alkylgruppen entstehen, ein Maß für die Größe der jeweiligen Gruppe. Beachten Sie, daß aus $C_4H_9COCH_3^{+\cdot}$ 2% $C_4H_9CO^+$ aber 100% CH_3CO^+ entstehen (Gl. 8.2), obwohl die Bildung des zweiten Produktes 0.4 eV mehr Energie erfordert. *Ein intensiver H-Verlust,* wie aus $(CH_3)_2CO^{+\cdot}$ oder $PhCOH^{+\cdot}$, *zeigt deshalb normalerweise das Fehlen von Alkylgruppen an, die größer als Methyl sind.* Eine Ausnahme bilden oft Alkine, Alkylcyanide und Alkylfluoride (deren π- und n-Elektronen viel weniger bei der Ionisierung als bei der Stabilisierung des Produkt-Ions mitwirken; Abschn. 8.6, 9.10, 9.11). Sie spalten eher H· ab als die meisten anderen Verbindungen und bei ihnen ist $[(M-H)^+] > [M^{+\cdot}]$. Zum Beispiel ist bei $Me_2CHCN^{+\cdot}$ $[(M-H)^+] = 50\%$ und $[(M-Me)^+] = 25\%$. Die Abspaltung des H-Radikals erfolgt allerdings fast ausschließlich von der Methylgruppe. Die Alkylabspaltungen von Siliciumatomen gehorchen ebenfalls nicht immer der Regel von der bevorzugten Abspaltung der größten Alkylgruppe (Pfefferkorn *et al.* 1983).

Záhorszky (1982) hat intensive quantitative Untersuchungen zur Abspaltung von Alkylradikalen aus $M^{+\cdot}$ durchgeführt. Das Intensitätsverhältnis der Produkt-Ionen (zuzüglich aller weiteren Zerfallsprodukte) ist normalerweise umgekehrt proportional zu ihren Massen (beim Verlust von Ethyl- oder größeren Radikalen). Die α-Spaltung von Ethylpropylbutylcarbinol bei 13 eV (um Folgezerfälle zu verhindern) ergibt Peaks bei 129, 115 und 101 mit relativen Intensitäten von 78%, 85% bzw. 100%. Die vorausgesagten Intensitätsverhältnisse betragen 101/129 = 78% und 101/115 = 88%. (Bei Elektronenenergien nahe ihres Auftrittsschwellenwertes trifft dies nicht zu. Zum Beispiel erfordert die Abspaltung von $C_4H_9\cdot$ aus $C_4H_9COCH_3^{+\cdot}$ mehr Energie als der Verlust von $CH_3\cdot$ (Gl. 8.2).) Záhorskys Ergebnisse können als eine weitere Auswirkung des „Freiheitsgrad"-Effekts betrachtet werden, bei dem die Intensität des gleichen metastabilen Tochter-Ions, das aus homologen Molekül-Ionen gebildet wird, umgekehrt proportional zur Zahl der Schwingungsfreiheitsgrade in diesem Molekül-Ion ist (McAdoo *et al.* 1974; Bente *et al.* 1975; Abschn. 7.4). Enthält das Ion mehr Energie als für die Dissoziation nötig ist, begünstigt die statistische Verteilung dieser Überschußenergie die Abspaltung der größten Alkylgruppe.

Ladungsverteilung bei $OE^{+\cdot}$-Ionen-Zerfällen: die Stevenson-Regel. In einem einfach geladenen Ion führt der Bruch einer bestimmten Bindung zu zwei Produkten, von denen nur eines geladen sein kann. Die Stevenson-Regel und ihre Modifizierungen (Audier 1969; Harrison *et al.* 1971; Tureček und Hanuš 1984) besagen, daß die Ionisierungsenergien der Fragmente über Ladungserhalt oder -wanderung bei $OE^{+\cdot}$-Ion-Zerfällen entscheiden. Während der Dissoziation konkurrieren die Fragmente um die Ladung, der Gewinner bildet das Ion. Wenn eine Bindung in $M^{+\cdot}$ gespalten wird (Gl. 8.3–8.4), konkurrieren zwei Radikale um die Ladung, während beim Bruch von zwei Bindungen (Gl. 8.5)

$$\begin{array}{lcccc} C_3H_7CH_2\overset{+\cdot}{}OCH_3 & \xrightarrow{i} & C_4H_9^+ \text{ oder} & \longrightarrow & OCH_3^+ \\ 8.0\text{ eV} \quad 8.6\text{ eV} & & 25\% & & 1\% \\ C_3H_7\overset{+\cdot}{}CH_2OCH_3 & \longrightarrow & C_3H_7^+ \text{ oder} & \xrightarrow{\alpha} & CH_2{=}OCH_3^+ \\ 8.1\text{ eV} \quad 6.9\text{ eV} & & 4\% & & 100\% \end{array} \tag{8.3}$$

$$\begin{array}{lcccc} x-C_4H_9\overset{+\cdot}{}COCH_3 & \xrightarrow{i} & x-C_4H_9^+ \text{oder} & \xrightarrow{\alpha} & CH_3CO^+ \\ n-\ 8.0 \quad 7.0\text{ eV} & & 10\% & & 100\% \\ s-\ 7.3 & & 30\% & & 100\% \\ t-\ 6.7 & & 100\% & & 35\% \end{array} \tag{8.4}$$

zwei Moleküle um die Ladung streiten. Von diesen konkurrierenden Produkten erhält dasjenige mit der geringsten Ionisierungsenergie (Tab. A.3) die Ladung und bildet so das ionische Produkt (mögliche Entropie-Effekte werden für Abb. 7.9 und Symmetrie-Effekte anhand von Gl. 8.6 weiter unten diskutiert). Die Stevenson-Regel sagt die Intensitätsreihenfolge $[Ph^+] > [PhO^+]$ im Massenspektrum von PhOPh korrekt vorher, da $IE(PhO\cdot) = 8.6$ eV und

IE: 9.6 ¦ 9.2 eV — αi → 5% oder $\alpha\alpha$ → 100%

9.6 ¦ 10.2 eV — αi → 55% oder $\alpha\alpha$ → 20%

(8.5)

IE(Ph·) = 8.3 eV ist, obwohl Ph^+ *nicht* das stabilste Produkt-Ion ist ($\Delta H_f(PhO^+)$ ist durch zusätzliche Resonanzstabilisierung 2.6 eV *niedriger* als $\Delta H_f(Ph^+)$ (s. oben).). Sie brauchen deshalb beim Umgang mit der Stevenson-Regel keine Bildungsenthalpien zu ermitteln, da sie sich bei komplementären Ionen/Neutralteilchen-Produkten gegenseitig aufheben. (Überprüfen Sie dies für die komplementäre Bildung von $AB^+ + \cdot CD$ und $AB\cdot + CD^+$ anhand der Gl. 7.6–7.8). Die Stevenson-Regel betrachtet allerdings nur die entsprechenden Konkurrenzreaktionen. Deshalb können Folgedissoziationen die Intensität des betrachteten Produkt-Ions irreführend herabsetzen. Die Bildung eines Produkts auf einem zusätzlichen Weg kann den gegenteiligen Effekt haben. Offensichtliche Beispiele sind die bevorzugte Bildung von CH_3^+ gegenüber $^+COCOCH_3$ aus $CH_3COCOCH_3^{+\cdot}$ (Aufgabe 5.2) und von $C_2H_5^+$ gegenüber $^+CH(C_4H_9)CH_2Cl$ aus $C_2H_5CH(C_4H_9)CH_2Cl$ (Aufgabe 5.13).

Die Stevenson-Regel kann zur Bestimmung von *IE*-Werten benutzt werden. Es ist sogar möglich, mit ihrer Hilfe *IE*-Werte von instabilen Teilchen wie Cyclobutadien (CB) und Methylencyclopropen (MCP) aus Naphthalin-Addukten (Abb. 8.3) zu ermitteln. Bei gleicher Intensität des aromatischen (Ar) und des C_4H_4-Fragments stimmen die entsprechenden *IE*-Werte überein. Eine Auftragung von $\ln([C_4H_4^{+\cdot}]/[Ar^{+\cdot}])$ gegen *IE* der substituierten Naphthaline ergibt *IE*(CB) = 8.06 eV und *IE*(MCP) = 8.28 eV (Ray *et al.* 1987; ein weiteres Beispiel ist in Tureček *et al.* (1990 a) aufgeführt). Die Werte wurden unter der Annahme ermittelt, daß die Ar- und C_4H_4-Fragmente im Übergangszustand nicht wesentlich aus ihrer Gleichgewichtsgeometrie herausgedreht werden (Tureček und Hanuš 1984). Beispiele haben gezeigt, daß diese Methode relative *IE*-Werte mit Abweichungen von ± 0.05 eV liefert.

In ähnlicher Weise werden bei der Retro-Diels-Alder-Reaktion von 4-Vinylcyclohexen und verwandten Dien-Dimeren die komplementären Dien-Ionen (*a*) und (*b*) (Gl. 8.6) mit nahezu gleicher Intensität gebildet, wie durch Isotopenmarkierung gezeigt werden konnte. Dies deutet auf einen schrittweisen Mechanismus der Reaktion über das symmetrische offenkettige Zwischenprodukt hin (Pancíř und Tureček 1984; Groenewold und Gross 1984). Würde die Reaktion konzertiert unter Orbitalsymmetrie-Kontrolle ablaufen, würde das endo-

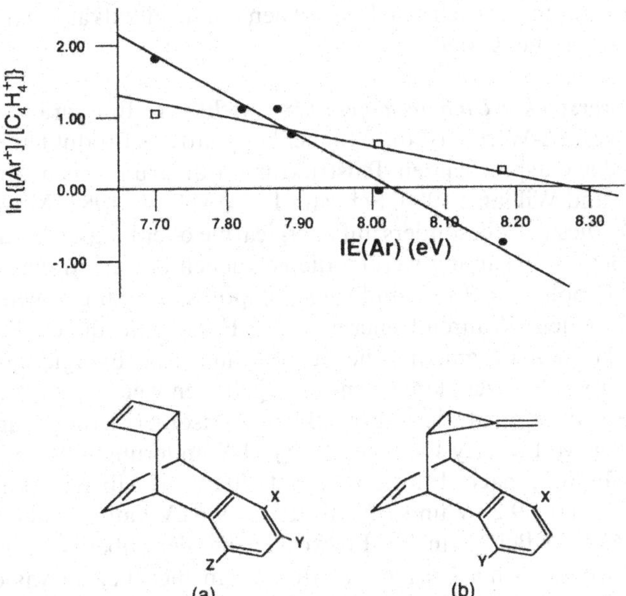

8.3 Auftragung von $\ln([Ar^{+\cdot}]/[C_4H_4^{+\cdot}])$ gegen IE(Ar) für Derivate von (a) (Kreise) und (b) (Quadrate).

cyclische π-Orbital im Molekül-Ion des Vinylcyclohexens mit einem der π-Orbitale im exocyclischen Fragment (*b*) korrelieren (Tureček und Hanuš 1984). Da die Doppelbindung im Ring ionisiert wird ($IE = 8.9$ eV im Vergleich zu 9.6 eV für die Vinylgruppe), müßte eine solche Wechselwirkung zur bevorzugten Bildung von (*b*) führen. In einigen Fällen konnten allerdings konzertierte Retro-Diels-Alder-Reaktionen nachgewiesen werden (Mandelbaum 1983). Eine Über-

α

α

oder

(*a*) (*b*)

(8.6)

sicht über verwandte pericyclische Reaktionen von Radikalkationen wurde von Dass (1990) zusammengestellt.

Zufalls- oder versteckte Umlagerungen. Eine wichtigere Einschränkung für die Verwendung von *IE*-Werten ist die Möglichkeit, daß das Produkt-Ion ein stabileres Isomer der entsprechenden Teilstruktur im ursprünglichen Molekül sein kann (Bowen und Williams 1980; Schwarz 1981; Morton 1982; McAdoo 1988; Bowen 1991). Dies trifft besonders auf energiearme oder langsame (metastabile) Zerfälle zu. Bei der Trennung werden die geladenen und neutralen Fragmente durch Ionen-Dipol- oder Ionen-induzierte Dipol-Kräfte angezogen, die einen Potentialwall bilden. Während energiereiche Fragmente diesen Wall schnell überwinden, können Fragmente, die nur die minimale Energie zur Spaltung (Schwellenenergie) besitzen, lange genug festgehalten werden, um zu stabileren ionischen (und/oder neutralen) Produkten zu isomerisieren. Zum Beispiel entsteht bei der McLafferty-Umlagerung (γ-H-Wanderung + β-Spaltung) von *n*-Hexanal (Gl. 8.5) nach Ionisierung mit 70 eV in Übereinstimmung mit *IE*($CH_2{=}CHOH$) = 9.2 eV und *IE*(1-Buten) = 9.6 eV hauptsächlich $C_2H_4O^{+\cdot}$ (100%) + 1-C_4H_8. Bei geringen Elektronenenergien überwiegt jedoch das $C_4H_8{}^{+\cdot}$-Ion, wobei in markierten $M^{+\cdot}$-Ionen ein merklicher Wasserstoffaustausch zwischen den C_2H_4O- und C_4H_8-Fragmenten stattfindet (Liedtke und Djerassi 1969).

Theoretische Berechnungen (Bouchoux *et al.* 1987) haben ergeben, daß der Wasserstoffaustausch in einem Ionen-Molekül-Komplex stattfindet (Gl. 8.7) und möglicherweise zu ionisiertem 2-Buten (*IE* = 9.1 eV) und neutralem Acetal-

rH
energie-reich
energie-arm

(8.7)

dehyd (IE = 10.2 eV) als den stabilsten Produkten führt ($\Delta H_f(CH_3CHO)$ = -1.7 eV , $\Delta H_f(CH_2{=}CHOH)$ = -1.3 eV). Eine ähnliche „versteckte Umlagerung" liegt bei ionisierter Hexansäure vor. Wie durch kinetische Feld-Ionisations-Untersuchungen (Weber *et al.* 1982) gezeigt werden konnte, entsteht bei Lebensdauern von 10^{-11} s ausschließlich das Isomer $CH_2{=}C(OH)_2^{+\cdot}$ (Intensität 10 %; 1-$C_4H_8^{+\cdot}$ 5 %). Das gleiche Ion dominiert auch im 70-eV-Massenspektrum. Die IE-Werte (9.1 eV bei $CH_2{=}C(OH)_2$ und 9.6 eV bei $C_2H_5CH{=}CH_2$) lassen dies erwarten. Bei längerer Lebensdauer lagern allerdings die primären Produkte, die in einem Ionen-Molekül-Komplex vorliegen, unter Ladungswanderung um. Dabei entstehen 2-Buten-Ionen und neutrale Essigsäure (IE = 10.7 eV) als die stabilsten Produkte (Van Baar *et al.* 1987).

„Versteckte Umlagerungen" (Schwarz 1981) können auch in 70-eV-Elektronenstoß-Spektren auftreten. Im Spektrum von Methyloxiran wird beim Methyl-Verlust (Intensität 35 %) nicht die ursprüngliche Methylgruppe durch α-Spaltung eliminiert, da das dabei entstehende C-protonierte Oxiren-Ion ein energiereiches Teilchen mit starker Ringspannung ist (Tureček und McLafferty 1984). Stattdessen findet zunächst eine Umlagerung statt, bei der wahrscheinlich das stabile Acylium-Ion gebildet wird (Gl. 8.8). Solch eine Umlagerung ist

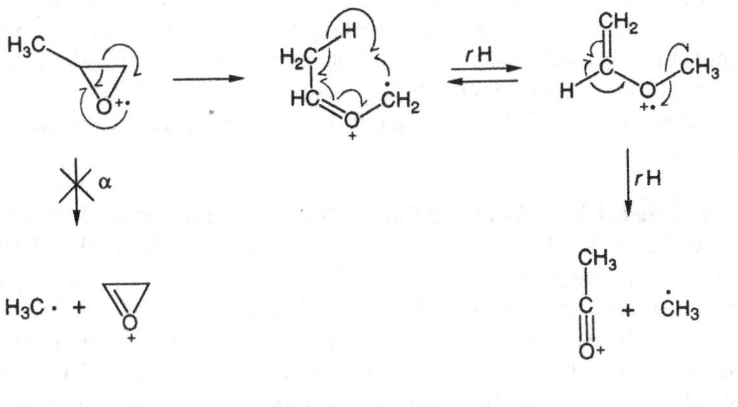

(8.8)

bei der Methylradikal-Abspaltung aus 2-Methyl-Tetrahydrofuran nicht nötig, da in diesem Fall direkt durch α-Spaltung das sehr stabile $C_4H_7O^+$-Ion entsteht (Bouchoux *et al.* 1986). Der nicht-allylische Verlust von δ-Alkylradikalen aus ungesättigten Aldehyden, Ketonen und Estern läuft über eine γ-H-Wanderung. Die Reaktion ist analog zur Photoenolisierung, die in Lösung abläuft, und führt zu einem stabileren Dienol-Ion (Van de Sande *et al.* 1976). Dieses Ion verliert anschließend durch Spaltung der neugebildeten allylischen Bindung die δ-Alkylgruppe (Gl. 8.9).

„Zufalls-Umlagerungen" sind der Grund, warum sich die Spektren von vielen isomeren Kohlenwasserstoffen (Gl. 8.1), wie zum Beispiel die von 1- und 2-Buten, ähneln. Die Aktivierungsenergie für die Isomerisierung von 1-$C_4H_8^{+\cdot}$ beträgt 1.0 eV, während für die energieärmste Dissoziation 1.6 eV aufgebracht werden müssen. Deshalb kann sich vor dem Zerfall ein Gleichgewicht zwischen

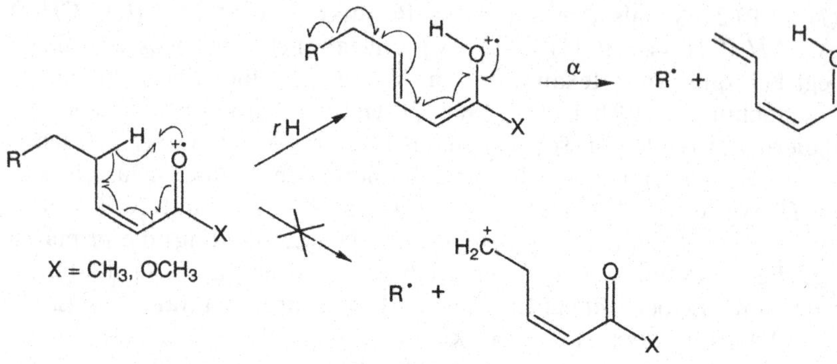

(8.9)

$1\text{-}C_4H_8^{+\cdot}$ und $2\text{-}C_4H_8^{+\cdot}$ einstellen. Mit Neutralisierungs-Reionisierungs-Massenspektren lassen sich die beiden Isomere eher unterscheiden (Abschn. 6.4), da die Isomerisierungs- und Dissoziationsbarrieren von neutralem $1\text{-}C_4H_8$ fast gleich hoch sind (Feng *et al.* 1989).

Um eine versteckte oder zufällige Umlagerung zu entdecken, müssen ihre deutlich höheren entropischen Anforderungen im Vergleich zu einfachen Zerfallsreaktionen berücksichtigt werden. Deshalb sollten diese Umlagerungen bei geringen Elektronenenergien oder bei metastabilen Ionen-Zerfällen konkurrenzfähiger sein. Ein Ion, dessen Intensität bei geringerer Energie oder längerer Reaktionszeit zunimmt, ist daher möglicherweise durch eine Umlagerung entstanden, auch wenn seine Bildung durch eine einfache Spaltungsreaktion erklärt werden kann.

Ladungsverteilung bei EE^+-Ionen-Zerfällen: die Field-Regel. Obwohl die Stevenson-Regel auch auf EE^+-Ionen anwendbar ist, hat die Field-Regel (Field 1972), die von Bowen *et al.* (1978) erweitert wurde, für die Vorhersage der Ladungsverteilung in EE^+-Ionen einen zusätzlichen Wert. Diese Regel befaßt sich mit der aus *energetischen Gründen bevorzugten Bildung von Neutralteilchen mit geringer Protonenaffinität* (*PA*) bei der Dissoziation von unterschiedlichen EE^+-Ionen, die zum selben EE^+-Produkt-Ion führen. (Nach der Field-Regel sollte ein zwischenzeitlich gebildeter Protonen-verbrückter Komplex bevorzugt unter Bildung des Neutralteilchens mit der geringeren *PA* dissoziieren.)

Betrachten wir zunächst die Auswirkung von *PA*(Y) auf die Spaltung einer Bindung in einem EE^+-Ion, bei der das Molekül Y abgespalten wird: $AY^+ \rightarrow A^+ + Y$ (die Bildung der Radikale $A\cdot + Y^{+\cdot}$ ist ungünstig; s. Abschn. 4.4, 4.7, 8.8). Gemäß Field (1972) hängt die Tendenz zur Rückreaktion $A^+ + Y \rightarrow AY^+$ von der Affinität von Y für das A^+-Ion ab [die kritische Energie sollte vernachlässigbar sein; die Reversibilität der Reaktion $(CH_3)_2CHO^+H_2 \rightleftarrows (CH_3)_2CH^+ + H_2O$ wurde von Terlouw *et al.* (1986) nachgewiesen]. Die relative Affinität eines Moleküls Y für ein bestimmtes A^+-Ion sollte der Protonenaffinität ähnlich sein (*PA*-Werte stehen in linearer Beziehung zu CH_3^+-Affinitätswerten: Brauman 1988). Damit entspricht die Tendenz unterschiedlicher AY^+-Ionen, das gleiche A^+-Ion abzuspalten, annähernd der umgekehrten

Reihenfolge der *PA*(Y)-Werte der entsprechenden Y-Moleküle (Tab. A.3). Die Fähigkeit, in EE^+-Ionen als Austrittsgruppe zu fungieren, hängt demnach von den Protonenaffinitäten der entsprechenden funktionellen Gruppen ab. Bei gesättigten EE^+-Ionen, die durch CI gebildet worden sind, ist daher der Verlust von HCl (*PA* = 5.8 eV) aus einem protonierten Chloralkan viel ausgeprägter als die Abspaltung von Wasser (*PA* = 7.2 eV) aus dem entsprechenden protonierten Alkohol. Diese Abspaltung tritt ihrerseits häufiger auf als der Verlust von NH_3 (*PA* = 9.0 eV) aus dem dazugehörigen protonierten Amin. Quantitativ wird dieser Sachverhalt durch die entsprechenden heterolytischen Bindungsdissoziationsenergien (Tab. A.3) ausgedrückt. Die Werte betragen für die oben angeführten Beispiele: HCl^+-R, 1.0 eV; H_2O^+-R, 1.6 eV; H_3N^+-R, 2.9 eV. Bei Alkyl-Ionen ist die Abspaltung von C_2H_4 (*PA* = 7.0 eV) gegenüber der höherer Alkene (*PA*($MeCH=CH_2$) = 7.8 eV) begünstigt, wenn keine Umlagerung nötig ist. Bei Me_3C^+ ist allerdings der Verlust von CH_4 (*PA* = 5.7 eV) bevorzugt.

Bei den ungesättigten EE^+-Ionen $R-OC{\equiv}O^+$, $R-C{\equiv}O^+$, $R-OS{\equiv}O^+$, und $R-O^+{=}CH_2$ mit gleicher innerer Energie nimmt der Verlust von CO_2 (*PA* = 5.7 eV), CO (*PA* = 6.2 eV), SO_2 (*PA* = 6.6 eV) und $O{=}CH_2$ (*PA* = 7.4 eV) mit zunehmender Protonenaffinität ab. In Analogie sollte bei den Reaktionen in den Gleichungen 8.10 und 8.12 mehr Formaldehyd als Acetaldehyd abgespalten werden. Die höheren Protonenaffinitäten dieser ungesättigten Moleküle können aber die Wasserstoffwanderung unter Spaltung von zwei Bindungen konkurrenzfähig machen (Gl.4.43, 8.11, 8.13), wobei die Tendenz des Ausgangs-Ions, das Proton einzufangen, von seinem *PA*-Wert abhängt. Die Reaktion in Gleichung 8.13 läuft deshalb gegenüber 8.11 bevorzugt ab. Die Umlagerung steht in Konkurrenz zur induktiven Spaltung (Gl. 8.10 und 8.12). Die Produkt-Intensitäten werden sowohl durch relative Entropie- als auch Energieerfordernisse *und* durch die Weiterdissoziation beeinflußt (Abschn. 8.8; Harrison und Onuska 1978). Zum Beispiel führt die α-Spaltung von $C_2H_5OC_2H_5^{+\cdot}$ zwar wie erwartet zu einer höheren Intensität des Ions $C_2H_5O^+{=}CH_2$ (40%) gegenüber der von $C_2H_5O^+{=}CHCH_3$ (3%). Die weitere Dissoziation des ersten Ions (Gl. 8.11) ergibt aber für das Ion $HO^+{=}CH_2$ den 2.5-fachen Wert seiner Intensität (100%), wogegen die Dissoziation des zweiten Ions (Gl. 8.13) zur zehnfachen Intensität von $HO^+{=}CHCH_3$ (30%) führt. (Bei

$$C_2H_5O^+{=}CH_2 \xrightarrow{i} C_2H_5^+\ (\text{CAD: } 9\%) + O{=}CH_2\ (\text{PA} = 7.4\ \text{eV}) \quad (8.10)$$

$$C_2H_5O^+{=}CH_2 \xrightarrow{rH} C_2H_4\ (7.0\ \text{eV}) + HO^+{=}CH_2\ (\text{CAD: } 58\%) \quad (8.11)$$

$$C_2H_5O^+{=}CHCH_3 \xrightarrow{i} C_2H_5^+ + O{=}CHCH_3\ (8.1\ \text{eV}) \quad (8.12)$$

$$C_2H_5O^+{=}CHCH_3 \xrightarrow{rH} C_2H_4\ (7.0\ \text{eV}) + HO^+{=}CHCH_3 \quad (8.13)$$

$$C_2H_5O^+{=}CH_2 \underset{}{\overset{rH}{\rightleftharpoons}} C_2H_4\cdots\overset{+}{H}\cdots O{=}CH_2 \begin{cases} \xrightarrow{rH} C_2H_4 + HO^+{=}CH_2 \\ \not\rightarrow C_2H_5^+ + O{=}CH_2 \end{cases} \quad (8.14)$$

diesem m/z 45-Ion handelt es sich *nicht* um $C_2H_5O^+$, denn aus $C_2H_5OC_2D_5$ entstehen m/z 46 und 49.)

EE^+-Umlagerungen, die bei geringerer Energie stattfinden, können ebenfalls über ein Zwischenprodukt ablaufen, das über ein Proton verbrückt ist (Gl. 8.14). Dies ermöglicht den Einsatz von *PA*-Werten zur Vorhersage von relativen Intensitäten von Produkten, die bei höheren Energien aus der Konkurrenz von *i*- und *r*H-Reaktionen entstehen. Das MI-Spektrum von $C_2H_5O^+=CH_2$ enthält $HO^+=CH_2$ als einen Hauptpeak, aber kein $C_2H_5{}^+$-Ion (ohne Isotopenmarkierung entstehen die gleichen Produkte wie in Gl. 8.11; Bowen 1978, 1991 a; Kingston *et al.* 1983; Zollinger und Seibl 1985). Die Reaktion über einen Protonen-verbrückten Komplex kann sogar noch in 70-eV-Spektren mit der direkten H-Wanderung zum Sauerstoff konkurrieren. $CD_3CH_2OCH_2CH_3{}^{+\cdot}$ bildet $CD_3CH=O^+CH_2CH_3$ (das zu $CD_3CH=O^+H$ mit 25% Intensität führt) und $CD_3CH_2O^+=CHCH_3$, aus dem sowohl 14% $HO^+=CHCH_3$ als auch 22% $DO^+=CHCH_3$ entstehen. Durch die Reaktion in Gleichung 8.13 kann nur das zweite Produkt gebildet werden, während durch die Reaktion (Gl. 8.14) $CD_3CH_2O^+=CHCH_3 \rightleftarrows CD_2=CH_2\cdots D^+\cdots O=CHCH_3 \rightleftarrows CH_2DCD_2O^+=CHCH_3 \rightleftarrows CHD=CD_2\cdots H^+\cdots O=CHCH_3 \rightleftarrows$ etc. beide Ionen entstehen können.

Protonen-verbrückte Komplexe spielen bei der Spaltung von protoniertem Phenyl-3-butenylether (Gl. 8.15), der durch exotherme Methan-CI gebildet

rH

oder

100% 76%

(8.15)

wird, eine Rolle. Das MH^+-Ion, das entweder am Sauerstoff oder am aromatischen Ring protoniert werden kann (Wood *et al.* 1983), lagert zu einem Protonen-verknüpften Komplex um, der bei der Spaltung das Proton entweder am Phenolrest (*PA* = 8.5 eV, 100 %) oder am Butadien (*PA* = 8.4 eV, 76 %) zurückläßt. Bei geringerer Energie (metastabile Ionen) wird die stärkere Protonenaffinität des basischeren Phenols noch deutlicher (Meyrant *et al.* 1985).

Die Konkurrenz zweier Moleküle um das Proton in einem Protonen-verknüpften Komplex kann in quantitativer Weise dazu benutzt werden, um ihre relativen Gasphasenbasizitäten (McLuckey *et al.* 1981) aus der MI- oder CA-Dissoziation des Komplexes abzuleiten.

Protonenaffinitäten korrelieren innerhalb einer Verbindungsklasse, wie bei Alkoholen, Ethern, Aldehyden und Ketonen, mit den Ionisierungsenergien (Benoit und Harrison 1977). Ähnliche Beziehungen wurden bei Basen gefunden (DeKock und Barbachyn 1979). Aus diesem Grund existiert eine qualitative, umgekehrte Beziehung zwischen der Stevenson-Regel, die die $OE^{+\cdot}$-Zerfälle beschreibt, und der Field-Regel für EE^{+}-Dissoziationen (Tab. A.3), wobei der Einfluß der Struktur auf die *IE*-Werte im allgemeinen stärker ist als auf die *PA*-Werte. Es muß aber noch einmal wiederholt werden: diese Regeln können bei Reaktionen, bei denen isomere Ionen oder Neutralteilchen gebildet werden, oder solchen, bei denen die Konkurrenz durch kinetische und nicht durch thermodynamische Aspekte bestimmt wird, zu falschen Ergebnissen führen. Außerdem können Heteroatomaffinitäten bei größeren Kationen (CH_3^+, $C_2H_5^+$) eher der Nukleophilie (S > N > O) als den Protonenaffinitäten (N > S > O) folgen. Dies gilt zum Beispiel für Morpholin, Thiomorpholin und 1,4-Thioxan (Burinsky und Campana 1984).

Stabilität des neutralen Zerfallsprodukts. Trotz der allgemein höheren Bedeutung der Stabilisierung der Produkt-Ionen als Triebkraft der Reaktion beeinflußt die Stabilität des neutralen Produkts ebenfalls die Intensität des Produkt-Ions. Zum Beispiel ist bei neutralen Tautomeren die Ketoform normalerweise stabiler als die Enolform: $\Delta H_f(CH_3CH{=}O) - \Delta H_f(CH_2{=}CHOH) = 0.4$ eV, so daß die konkurrierenden Produkte in Gleichung 8.5 zum einen durch die Stabilisierung des neutralen Produkts und zum anderen durch die des komplementären Ions begünstigt werden: $\Delta H_f(CH_2{=}CHOH^{+\cdot}) - \Delta H_f(CH_3CH{=}O^{+\cdot}) =$ 0.8 eV. Wenn die alternativen Ionen ungefähr die gleiche Stabilität aufweisen, ist der Effekt deutlicher. Die Stabilität des Keto-Produkts in Gleichung 8.16 be-

$$\text{H–CH}_2\text{–HC(OH)–CH}_2\text{–C(=O}^{+\cdot}\text{)R} \xrightarrow{rH} \underset{\Delta H_f:\ -1.7\,\text{eV}}{H_3C\text{–CH=O}} \ \text{oder}\ \underset{-1.3\,\text{eV}}{H_2C\text{=CH–OH}} + CH_2\text{=C(R)–}\overset{+\cdot}{O}\text{–H} \qquad (8.16)$$

günstigt die Umlagerung des Hydroxyl-H-Atoms. Allerdings ist eine Markierung mit Deuterium nötig, um die Produkte unterscheiden zu können. Ein wichtigerer, analoger Fall ist die spezifische Umlagerung von Hydroxyl-substi-

$$\text{HO-RCH-(CH}_2)_n\text{-C(=O}^{+\cdot})\text{OCH}_3 \xrightarrow{rH} \cdot\text{O-RCH-(CH}_2)_n\text{-C(=}\overset{+}{\text{O}}\text{H)OCH}_3 \longrightarrow \text{RCH=O} + \cdot(\text{CH}_2)_n\text{-C(=}\overset{+}{\text{O}}\text{H)OCH}_3 \quad (8.17)$$

tuierten Fettsäurederivaten, die eine Aussage über die Position des $-$OH-Substituenten ermöglicht (Gl. 8.17). Diese Reaktion führt zu aussagekräftigen $OE^{+\cdot}$-Ionen bei m/z 130, 144, 158, ..., 270 in den Massenspektren von 7-, 8-, 9-, ..., 17-Hydroxyoctadecansäuremethylestern (in 6- und niedrigeren Hydroxyderivaten sind die entsprechenden Peaks allerdings intensitätsschwach). In unsubstituierten Estern würde die konkurrierende Umlagerung eines Alkyl-H-Atoms über eine große Distanz zu einem neutralen Alken führen. Ihre vernachlässigbare Bedeutung spiegelt sich in den ΔH_f-Werten von +0.1 eV für 1-C_5H_{10} gegenüber -2.4 eV für C_4H_9CHO wider.

Labilität der Bindung. Die Bindungsdissoziationsenergien eines *Ions* sind natürlich entscheidend für seine Fragmentierung, aber ihr Einsatz bei der Interpretation ist wenig sinnvoll, da sie sich manchmal deutlich von denen des entsprechenden Neutralteilchens unterscheiden. Zum Beispiel ist die Dissoziationsenergie der neutralen R$-$F-Bindung mit 4.7 eV eine der höchsten (Tab. A.3) und trotzdem findet man im Massenspektrum von CF_4 kein Molekül-Ion. Damit die Bindungsdissoziationsenergie $D(F_3C^+ - F\cdot)$ des Ions der des neutralen Moleküls, $D(F_3C - F)$, entspricht, muß die Ionisierungsenergie $IE(CF_4)$ des Moleküls mit der des Neutralteilchens, das dem Produkt-Ion entspricht ($IE(CF_3\cdot)$), übereinstimmen, denn es gilt (Abschn. 7.3): $IE(ABCD) + D(AB^+ - CD\cdot) = D(AB - CD) + IE(AB\cdot)$. Da aber $IE(CF_4)$ um mehr als 5 eV *größer* ist als $IE(CF_3\cdot)$, ist $D(F_3C^+ - F\cdot)$ vernachlässigbar. Im Gegensatz dazu beträgt die Differenz bei den entsprechenden CH_4-Werten 2.7 eV und das Massenspektrum zeigt $[CH_3^+]:[CH_4^{+\cdot}] = 85:100$. Die Intensität des $M^{+\cdot}$-Ions von $CF_3CF{=}CF_2$ liegt bei 50% (CF_3^+ und $C_3F_5^+$ $\approx$100%), da seine Ionisierungsenergie $\approx$4 eV geringer ist als die von CF_4.

CCl_3F ein ist ähnliches Beispiel. Obwohl $IE(CCl_3\cdot)$ mit 7.8 eV geringer ist als $IE(CCl_2F\cdot)$ mit 8.0 eV, betragen die Intensitäten von CCl_3^+ und CCl_2F^+ 3% bzw. 100%. In diesem Fall ist die Differenz der Bindungsdissoziationsenergien zwischen C$-$Cl und C$-$F ($\approx$1.2 eV) viel größer als der Unterschied der *IE*-Werte der Fragmente. Die Intensität des $M^{+\cdot}$-Ions ist vernachlässigbar klein. $IE(M) = 11.8$ eV und entspricht damit fast der Summe aus $IE(CCl_2F) + D(C-Cl)$. Diese Anomalien werden in Abschnitt 8.6 eingehender diskutiert.

Bei Bindungen an der Ladungsstelle in EE^+-Ionen oder in distonischen Radikalkationen können die Bindungsdissoziationsenergien stark vom Mechanismus abhängen (Gl. 8.18). Eine heterolytische Spaltung an der EE^+-Ladungsstelle hängt von der Kationenaffinität der Fluchtgruppe (s. oben) ab, die bei Ladungswanderung das neutrale Produkt bildet. Bei der homolytischen Spal-

$$\begin{array}{llcl} \text{heterolytisch:} & R'(O^{+}H){-}R & \xrightarrow{\text{schwach}} & R'{-}OH + R^{+} \\ \text{homolytisch:} & R'(O^{+}H){-}R & \xrightarrow{\text{stark}} & R'OH^{+\cdot} + \cdot R \end{array} \qquad (8.18)$$

tung werden dagegen zwei Produkte mit ungerader Elektronenzahl gebildet, was normalerweise viel mehr Energie erfordert (Tab. A.3). Dies ist besonders für die Reaktion $RY^+ - H \rightarrow RY^{+\cdot} + \cdot H$ mit $D = IE(RY) - IE(H\cdot) + PA(RY)$ wichtig, um die Gleichgewichtslage der reversiblen *intra*molekularen Reaktion (Gl. 8.19) vorherzusagen. Die homolytischen Bindungsdissoziationsenergien von Y – H-Bindungen in protonierten Alkoholen, Aldehyden, Ketonen, Estern, Chloriden und Cyaniden (Umkehrung des zweiten Schritts in Gl. 8.19) überstei-

$$R'{-}H \quad \overset{+\cdot}{Y} \;\underset{}{\overset{\text{homolytisch:}}{\rightleftharpoons}}\; \left(R' \cdots H \cdots \overset{+\cdot}{Y} \right) \;\underset{\text{homolytisch:}}{\rightleftharpoons}\; R'\cdot \quad H\overset{+}{Y} \qquad (8.19)$$

gen die Werte von 4.0 bis 4.3 eV von C – H-Bindungen (erster Reaktionsschritt) in neutralen Alkanen (Tab. A.3). Wasserstoffwanderungen von Kohlenstoffatomen zu O, Cl oder CN, die zu distonischen Radikalkationen $\cdot RY^+H$ führen, verlaufen deshalb oft exotherm und sind damit energetisch bevorzugte Reaktionen. Außerdem erfolgt die umgekehrte homolytische Spaltung dieser $RY^+ - H$-Bindungen weniger leicht als die heterolytische Spaltung von $R - Y^+H$, die zum Verlust von YH führt. Die Energien für die heterolytische Spaltung dieser Bindungen folgen den bekannten Regeln der organischen Chemie: bei C – Y-Bindungen verringert sich die Dissoziationsenergie mit zunehmender Verzweigung am Kohlenstoffatom und zunehmender Abspaltungstendenz (abnehmende Kationenaffinität, Field-Regel) der Gruppe, die das Heteroatom enthält: Kationenaffinität $C - OH_2^+ < C - OHR^+ < C - NH_3^+$ (Morton 1982; Reiner und Harrison 1984).

8.3 Sterische Faktoren

Obwohl die Stabilität von Produkten und Zwischenstufen bei der Bestimmung der Ionen-Intensitäten eine entscheidende Rolle spielt, haben auch *sterische Faktoren* Auswirkungen auf die Fragmentierungskinetik. Manchmal kann die Stereochemie aus den Massenspektren abgeleitet werden (Green 1976; Mandelbaum 1977, 1982; Tureček 1987), besonders wenn die Spektren aller Stereoisomeren zum Vergleich vorliegen. Stereochemische Effekte können sich bei $OE^{+\cdot}$-Ionen im Vergleich zu EE^+-Ionen und bei einfachen Bindungsbrüchen im Vergleich zu Umlagerungen unterschiedlich auswirken.

Wie in den Abschnitten 7.3–7.7 ausführlich besprochen wurde, hängt die Geschwindigkeitskonstante einer Reaktion von der Zahl der verfügbaren Zustände im aktivierten Komplex ab (Gl. 7.1). Diese Zahl wird sowohl durch die Energiebarriere ($E-E_0$) als auch durch die Zustandsdichte ρ bestimmt. Der zweite Ausdruck gibt die Zahl der Reaktionswege an, auf denen der Übergangszustand auf dem Weg zu den Produkten gebildet werden kann und ist mit den sterischen Anforderungen für die Dissoziation verknüpft. Einfache Bindungsbrüche haben „lockere" Übergangszustände, bei denen sich die Zahl der einnehmbaren Zustände (insbesondere die für interne Rotationen) nur wenig von der im Ausgangs-Ion unterscheidet. Im Gegensatz dazu müssen bei bindungsbildenden Fragmentierungen (Umlagerungen) einige der internen Rotationen eingefroren werden, um einen geordneten aktivierten Komplex zu bilden. Zum Beispiel befindet sich das γ-H-Atom bei der McLafferty-Umlagerung (γ-H-Wanderungs-/β-Spaltungs-Umlagerung, Gl. 4.33, 8.2) nur in einem kleinen Anteil aller möglichen Konformationen des Molekül-Ions innerhalb des Bindungsabstandes zur Radikalstelle. Im Übergangszustand ist die Zahl der freien Rotatoren reduziert. Dieser „Flaschenhals" hat einen nachteiligen Effekt auf die Reaktionsgeschwindigkeit (Dodd *et al.* 1984). Sterische Effekte können Produktstabilitäten überwiegen und so bei konkurrierenden Dissoziationsreaktionen den Reaktionsweg bestimmen. Betrachten Sie zum Beispiel die 70-eV-Massenspektren von 2-Hexanon (Gl. 8.2) und 2-Dodecanon (Abb. 3.10). Obwohl die Produkt-Stabilitäten das umgelagerte $C_3H_6O^{+\cdot}$-Ion um 0.6 eV favorisieren, dominiert in den Spektren das $C_2H_3O^+$-Ion (100%) aus der einfachen α-Spaltung. Auf der anderen Seite herrschen in den metastabilen Ionen-Spektren (MI), in denen langsame Dissoziationen von energiearmen Ionen betrachtet werden, thermochemisch begünstigte Fragmentierungen vor, auch wenn sie sterisch gehindert sind (s. Abb. 7.7).

Struktur des Übergangszustands. Bei minimalen Unterschieden in den Stabilitäten der konkurrierenden Produkte und Zwischenstufen oder in den Aktivierungsbarrieren kann die Ringgröße bei der Umlagerung wichtig werden. Fünf- oder sechsgliedrige Übergangszustände sind bei Wasserstoffübertragungen generell günstig (McAdoo *et al.* 1984), während vier- und dreigliedrige Ringe ungünstig sind. Bei Wasserstoffwanderungen zu gesättigten Heteroatomen (Abschn. 4.9, Gl. 4.37 und 4.40) beeinflußt der kovalente Radius des Heteroatoms die bevorzugte Ringgröße. Bei der Eliminierung von HCl und HBr aus Alkylchloriden und -bromiden (Gl. 4.40) überwiegt die 1,3-Eliminierung (fünfgliedriger Ring). Bei Thiolen wird dagegen etwa 40% 1,3- und 60% 1,4-Eliminierung von H_2S beobachtet. In den $M^{+\cdot}$-Ionen von kurzkettigen Alkoholen tritt überwiegend 1,4-Eliminierung von Wasser auf (Gl. 4.38, Budzikiewicz *et al.* 1967); Trotzdem ist das Endprodukt aus *n*-Butanol$^{+\cdot}$ Methylcyclopropan$^{+\cdot}$ (Ahmed *et al.* 1991). Beim EE^+-Ion *n*-$C_5H_{11}-CH=OH^+$, das aus (*n*-C_5H_{11})$_2$CHOH gebildet wird, sind die 1,3- und die 1,4-Eliminierung für die Abspaltung von Wasser gleich wichtig (Kuster und Seibl 1976). Interessanterweise entsteht $(M-H_2O)^{+\cdot}$ aus *n*-$C_{13}H_{27}OH^{+\cdot}$ mit 37% 1,4- und 63% 1,5-Eliminierung. Dies scheint allerdings zum Großteil auf die nachfolgende Abspaltung von C_2H_4 aus dem 1,4-Produkt zurückzuführen zu sein, da $(M-C_2H_5DO)^{+\cdot}$ ein 100 : 47-Verhältnis für 4-d_2 : 5-d_2 aufweist (Bukovitz und Budzikiewicz 1983). In ähnlicher Weise werden durch die Substitutionsreaktion 4.42 aus $R-(CH_2)_n-Y$-Verbindungen cyclische $(M-R)^+$-Ionen gebildet, bei denen für Y = Cl, Br und SH fünfgliedrige und für Y = NH_2 sechsgliedrige Ringe vorherrschen. Auch bei der Eliminierung von Formaldehyd aus 2-Phenylethanol, bei der das weniger stabile ($\Delta\Delta H_f$ = 0.3 eV) Methylencyclohexadien-Ion entsteht (Gl. 8.20, Burgers *et al.* 1982), liegt eine Bevorzugung des sechsgliedrigen Übergangszustands vor. Weg (*b*), der zum stabileren Toluol-Ion führt, ist aufgrund des sterisch anspruchsvolleren viergliedrigen Übergangszustands für die Wasserstoffwanderung ungünstiger.

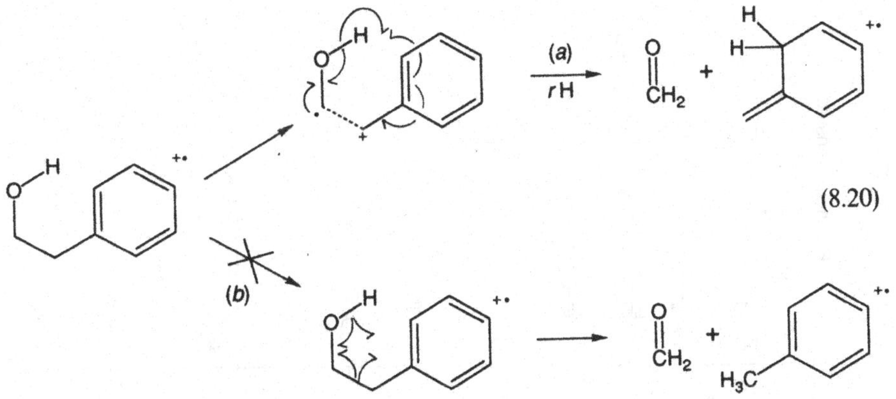

(8.20)

Sterische Wechselwirkungen spielen bei „*ortho*-Effekt"-Umlagerungen (Schwarz 1978) wie in Gl. 4.41, bei denen ein Wasserstoffatom zwischen benachbarten Gruppen am aromatischen Ring ausgetauscht wird, eine wichtige Rolle. Diese Umlagerungen werden durch die starre, planare Anordnung der wechselwirkenden Gruppen deutlich vereinfacht. Sie ermöglicht einen cyclischen Übergangszustand ohne Verlust an freien Rotationen der Bindungen am und im aromatischen Ring. Dies kann für die Identifizierung von *ortho*-Substituenten genutzt werden, da analoge Wechselwirkungen bei *meta*- und *para*-substituierten Gruppen aufgrund der größeren räumlichen Trennung viel schwächer ausgeprägt sind oder gar nicht existieren.

Sterische Effekte können auch durch sterische Spannungen zwischen nicht direkt miteinander verbundenen Gruppen aufgrund von Überfrachtung im Molekül-Ion entstehen. Da die Fragmentierung unter Abspaltung eines Substituenten zu einer Abnahme dieser Spannung führt, ist die Dissoziation begünstigt (Pihlaja *et al.* 1982). Zum Beispiel ist die Auftrittsenergie *AE* von $(M-CH_3)^+$ aus *o*-Di-*tert*-butylbenzol um 0.9 eV geringer als die der *m*- und *p*-Isomeren. Dies läßt sich auf die unterschiedlichen Spannungsenergien in den entsprechenden Molekül-Ionen zurückführen (Arnett 1967).

Aufgabe 8.1 Was ist an dieser Ionen-Serie ungewöhnlich?

m/z	Int.	*m/z*	Int.	*m/z*	Int.
15	0.6	57	21.	106	0.6
27	18.	58	0.9	107	5.0
28	3.5	69	6.0	108	0.7
29	18.	70	0.5	109	4.7
30	0.4	71	0.5	121	0.5
39	11.	79	0.8	123	0.4
40	2.1	81	0.8	135	50.
41	37.	83	0.7	136	2.2
42	14.	84	0.6	137	49.
43	100.	85	49.	138	2.1
44	3.4	86	3.2	164	2.2
55	34.	93	1.2	166	2.2
56	17.	95	1.2		

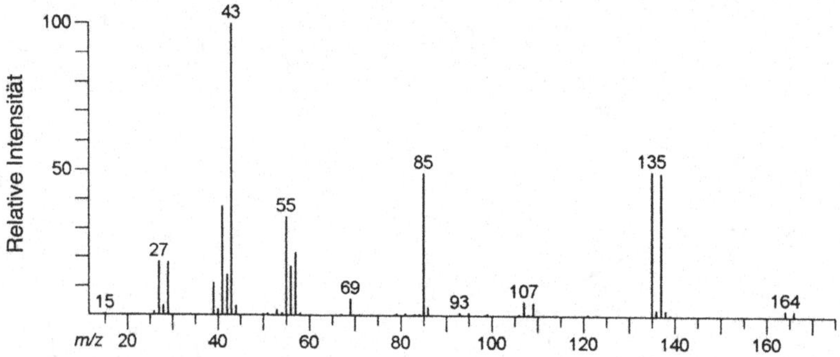

Komplex-Zwischenstufen. Sterische Effekte ganz anderer Art kommen bei Fragmentierungen zum Tragen, die über Ionen-Molekül-Komplexe laufen (Morton 1982; McAdoo 1988; Bowen 1991 a). Bei diesen Dissoziationen trennen sich das zunächst gebildete Ion und das neutrale Fragment nicht sofort, sondern bleiben in einem Komplex gefangen, der durch Ionen-Dipol- und Ionen-induzierte Dipol-Anziehungskräfte zusammengehalten wird. Da die Ionen-Dipol-Wechselwirkungen viel weniger gerichtet sind als kovalente Bindungen, können Ion und Neutralteilchen relativ zueinander rotieren. Sie können deshalb an Stellen miteinander reagieren, die im ursprünglichen Molekül wenig bevorzugt waren. In Analogie zum Verlust von CH_2O aus $PhCH_2CH_2OH^{+\cdot}$ (Gl. 8.20) spaltet $PhOCH_2RH^{+\cdot}$ $CH_2{=}R$ ab, aber in diesem Fall wird über eine Ionen-Molekül-Zwischenstufe das stabilere $PhOH^{+\cdot}$-Ion ($\Delta\Delta H_f = 0.8$ eV) gebildet (Morton 1982; Harnish und Holmes 1991).

Eines der eindrucksvollsten Beispiele für solche Umlagerungen ist die Wechselwirkung weit voneinander entfernter Gruppen in der 3- und 17- oder 20-Position des Steroidgerüsts (Longevialle 1984, 1987). Nach der McLafferty-Umlagerung der 3-Acetamidogruppe (Gl. 8.21) bleibt das Enol des *N*-Methylacetamid-Moleküls in der Nähe des Ions und wandert entlang des Steroidgerüsts, um mit der Aminogruppe in 20-Position einen stabilisierten Protonen-

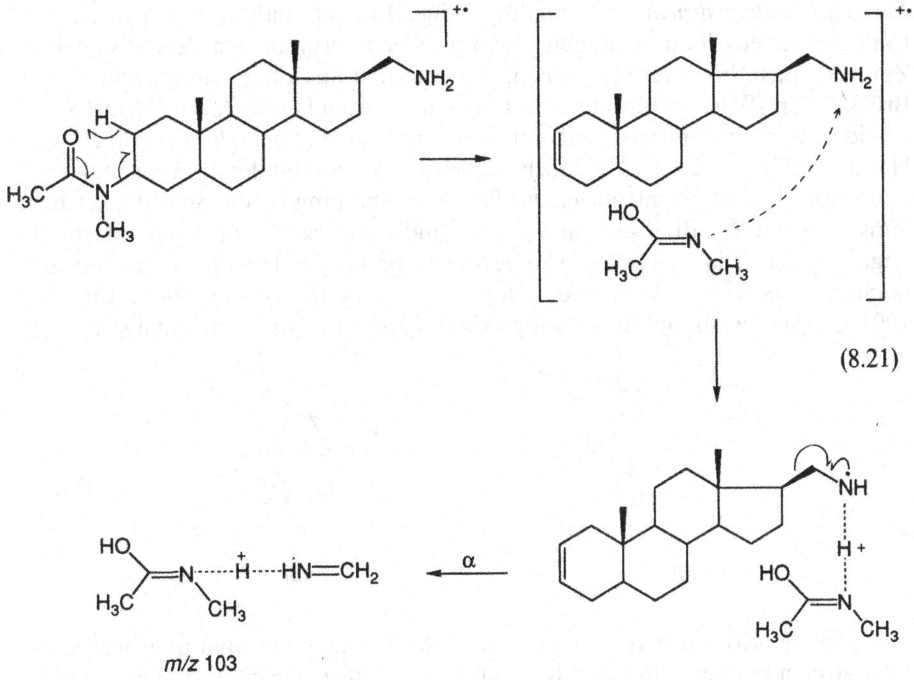

(8.21)

m/z 103

verbrückten Komplex zu bilden. Dieser Komplex dissoziiert schließlich durch α-Spaltung und es entsteht das Ion mit m/z 103. Andere Wege, die funktionellen Gruppen zusammenzuführen, würden viel mehr Energie erfordern, sei es um das starre Steroidgerüst zu verbiegen oder um mehrere C–C-Bindungen zu brechen. In einem anderen Beispiel kann die CHO-Gruppe im protonierten Benzaldehyd von Gleichung 8.22 am aromatischen Ring entlangwandern und zur entfernten (und auf anderem Weg unerreichbaren) Methoxygruppe gelangen. Dies führt zur Abspaltung von Ameisensäuremethylester (Filges und Grützmacher 1986).

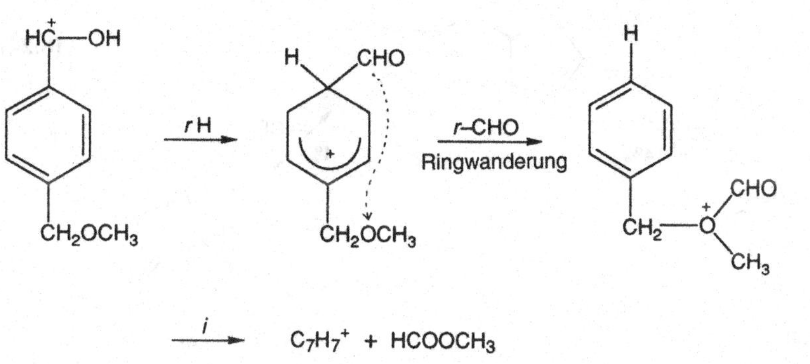

(8.22)

$\xrightarrow{i}$ $C_7H_7^+$ + $HCOOCH_3$

Einfache Bindungsbrüche. Die Spaltung einer Einfachbindung in einem $OE^{+\cdot}$-Ion kann stereoselektiv ablaufen, wenn *n*- oder π-Orbitale den Zerfall steuern. Zum Beispiel sind $(M-H)^+$-Ionen, die durch α-Spaltung unter Verlust des Brückenkopf-Wasserstoffs aus dem *trans*-annulierten Isomer (*a*) in Formel 8.23 gebildet werden, intensiver als die aus dem *cis*-Isomer (*b*) (Tureček und Hanuš 1983). In Formel 8.23(*a*) fungiert das nichtbindende *n*-Orbital am Sauerstoffatom als Kontrollelement für die α-Spaltung. Diese Spaltung ist begünstigt, wenn die dissoziierende C–H-Bindung parallel zum Kontrollorbital angeordnet ist, da so eine maximale Überlappung im Übergangszustand erreicht wird (stereoelektronische Kontrolle, Tureček und Hanuš 1986; Tureček 1991a). Das *cis*-annulierte Grundgerüst 8.23(*b*) muß dagegen umlagern, um

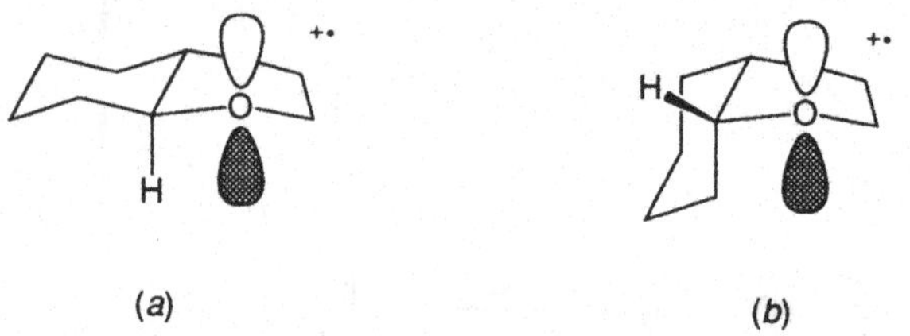

(*a*) (*b*) (8.23)

eine günstige Konformation zu erreichen. Solche einfachen Bindungsbrüche in $OE^{+\cdot}$-Ionen können selbst durch σ- oder π-Orbitale eingeleitet werden, die sich sogar an entfernten Bindungen befinden können (Mandelbaum 1982). Zum Beispiel ist die Abspaltung von Chlor aus den Chlornorbonanon-Isomeren (*a*) bis (*d*) in Gleichung 8.24 in (*a*) am größten, da sie durch die Teilnahme der benachbarten C–C-Bindung unterstützt werden kann (Rothwell *et al.* 1985).

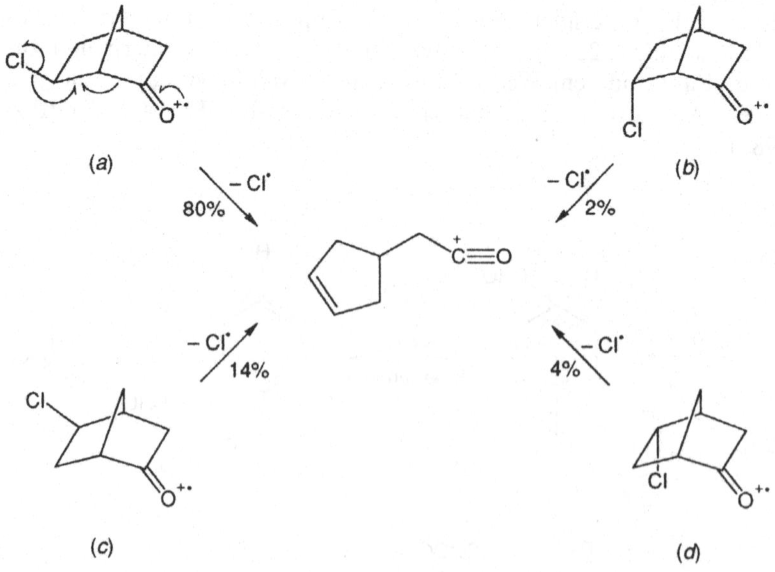

(*a*) –Cl• 80%; (*b*) –Cl• 2%; (*c*) –Cl• 14%; (*d*) –Cl• 4% (8.24)

$OE^{+\cdot}$-Umlagerungen. Die stereochemischen Anforderungen an den Übergangszustand der Wasserstoffwanderung können durch Doppelbindungen oder durch Einschränkungen, die sich durch cyclische Strukturen ergeben, verschärft werden. Die Wanderung eines γ-H-Atoms zu einer ungesättigten Stelle ist dafür ein Musterbeispiel. Anhand von Ketosteroid-Spektren konnte gezeigt werden, daß das γ-H-Atom einen Abstand <1.8 Å von der Carbonylgruppe haben muß und daß seine Zugänglichkeit durch die relative Konfiguration an den α-, β- oder γ-Kohlenstoffatomen beeinflußt werden kann (Djerassi und Tokes 1966; Kingston *et al.* 1974). Von den stereoisomeren Ketonen (*a*) und (*b*) in Gleichung 8.25 geht zum Beispiel nur das *endo*-Isomer eine Tandem-McLafferty-Umlagerung ein, die zum Cyclopentadienol-Ion bei m/z 82 führt (Herzschuh *et al.* 1983). Es zeigt sich damit außerdem deutlich, daß diese Umlagerungen nicht konzertiert ablaufen (Tureček *et al.* 1990a), denn dann müßte der Übergangszustand mit nur einer Doppelbindung planar sein.

(8.25)

Wasserstoffwanderungen in gesättigten $OE^{+\cdot}$-Ionen können ebenfalls deutliche sterische Effekte zeigen. Auch in diesem Fall hängt der bindungsbildende Schritt stark von der räumlichen Nähe der Akzeptorgruppe zum wandernden H-Atom ab. Im Molekül-Ion von *trans*-4-*tert*-Butylcyclohexanol wird das H-Atom in einem sechsgliedrigen Übergangszustand vom tertiären Kohlenstoffatom zur Hydroxylgruppe übertragen (Gl. 8.26). Diese Gruppe wird in einem weiteren Schritt als Wasser abgespalten (Green *et al.* 1970). Die Energie, die für Konformationsänderung vom Sessel zum Boot erforderlich ist (≈ 0.5 eV), ist mit der kritischen Energie für die Wasser-Abspaltung vergleichbar (Green *et al.* 1975). Beachten Sie, daß das tertiäre H im *cis*-Isomer für eine direkte Übertragung über einen sechsgliedrigen Übergangszustand nicht zur Verfügung steht. Dieses Isomer eliminiert Wasser in einem viel geringeren Ausmaß und über einen anderen Mechanismus.

Die Zugänglichkeit für die Übertragung von Wasserstoffatomen, die direkt an das Gründgerüst des Moleküls gebunden sind, kann durch genaue Molekülmodelle oder graphische Programme zur Bestimmung von Molekülgeometrien

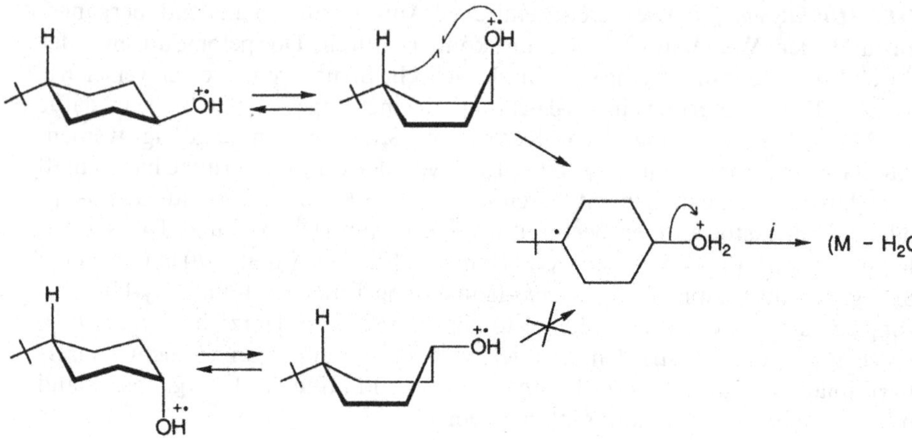

(8.26)

ermittelt werden. Die Stabilität der Radikalstelle auf der Zwischenstufe ist ebenfalls für die Konkurrenzfähigkeit der Umlagerung wichtig. Die Abspaltung von tertiären, allylischen oder benzylischen Wasserstoffatomen führt zu besonders stabilen Radikalen. Deshalb können diese Stellen im Molekül die Stereoselektivität der Reaktion erhöhen. Allerdings konkurriert die Umlagerung mit der α-Spaltung des Ringes, die die stereochemische Unterscheidungsmöglichkeit zwischen den Isomeren aufhebt. Substituenten, die leicht eine α-Spaltung des Molekül-Ions hervorrufen und gleichzeitig schlechte Abgangsgruppen sind (OCH_3, NH_2, etc.), schränken daher die Stereospezifität von Fragmentierungen oft ein (Molenaar-Langeveld und Nibbering 1986).

EE⁺-Umlagerungen. Bei den Dissoziationen von EE^+-Ionen, die durch chemische Ionisierung von multifunktionellen Verbindungen entstehen, treten besonders starke sterische Effekte auf. Diese Selektivität beruht auf zwei zusätzlichen Einflüssen: (i) Stabilisierung des MH^+-Ions durch intramolekulare Protonen-Chelatisierung und (ii) Nachbargruppen-Unterstützung bei der Eliminierung von kleinen Molekülen. Zum Beispiel zeigt das protonierte *cis*-1,4-Cyclohexandiol in 8.27(*a*) einen viel geringeren Verlust von Wasserstoffmolekülen oder

(8.27)

(*a*) (*b*)

Wasser als das protonierte *trans*-Isomer (8.27(*b*); Winkler und McLafferty 1974). Nach der Protonierung kann (*a*) eine Boot-Konformation annehmen, bei der das Proton eine Wasserstoffbrücke zwischen den beiden Sauerstoffatomen bildet und so das Ion um 0.2 eV stabilisiert (Guenat *et al.* 1985). Im *trans*-Isomer (*b*) ist eine solche Stabilisierung nicht möglich. Deshalb erfolgt eine schnelle Abspaltung von Wasser. Die Aminogruppe in 8.28(*c*) (Houriet *et al.* 1985) und die Doppelbindung in 8.28(*d*) (Jalonen und Taskinen 1985) können die entsprechenden stereoisomeren MH^+-Ionen ebenfalls durch intramolekulare Wasserstoffbindungen stabilisieren.

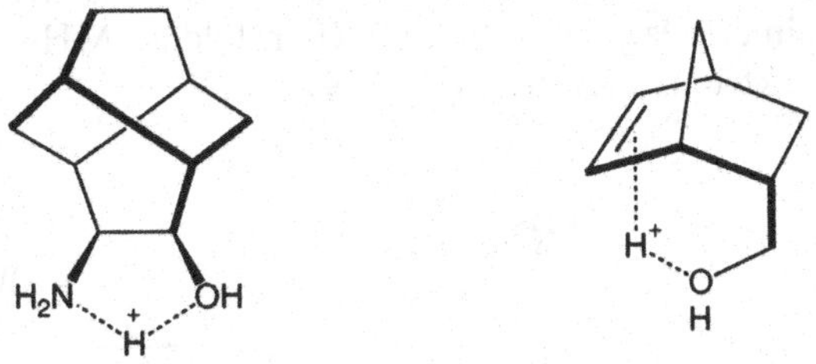

H_2N ··· H^+ ··· OH — (*c*)

H^+ ··· O(H) — (*d*)

(8.28)

Bedeutende stereochemische Effekte treten durch Nachbargruppen-Unterstützung bei Dissoziationen von MH^+-Ionen cyclischer Ether und Ester auf (Respondek *et al.* 1978). In protonierten 1,3-Diacetoxycyclohexanen (Gl. 8.29)

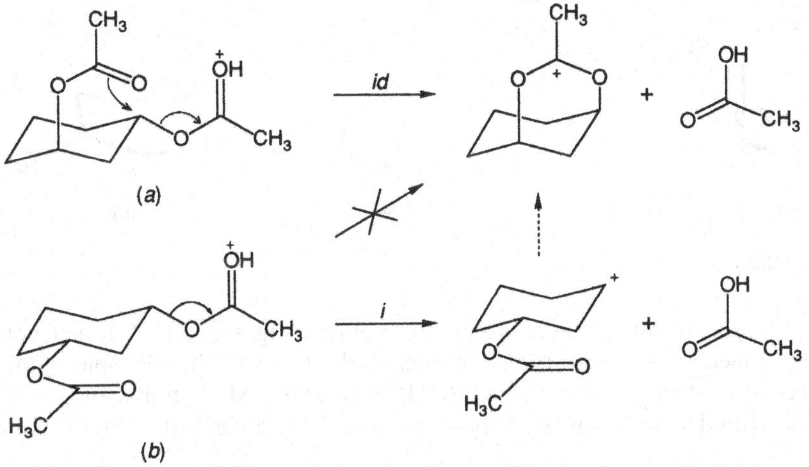

(*a*) —*id*→ + CH_3COOH

(*b*) —*i*→ + CH_3COOH

(8.29)

spaltet das *trans*-Isomer (*a*) siebenmal schneller Essigsäure ab als das *cis*-Isomer (*b*). In (*a*) unterstützt die unprotonierte Acetylgruppe die AcOH-Eliminierung durch Rückseitenangriff, der durch die *trans*-Konfiguration ermöglicht wird. Die sterischen Effekte aufgrund von Wasserstoffbrückenbindungs-Stabilisierung und Nachbargruppen-Unterstützung sind oft synergistisch, wobei die ersteren die Stabilität des *cis*-Isomers erhöhen und die letztgenannten die Dissoziation des *trans*-Isomers fördern.

Unterschiedliche Fragmentierungen nach CI mit Isobutan ermöglichten die Unterscheidung zwischen regio- und stereoisomeren Cyclopentanon-Photoaddukten (Gl. 8.30). Bei den Kopf-Kopf-Isomeren (*a*) und (*b*) wird der Cyclobutan-Ring leicht gespalten und es entsteht protoniertes Cyclopentenon. Die Kopf-Schwanz-Isomere (*c*) und (*d*) reagieren dagegen stereospezifisch. Das *endo*-Isomer (*c*) bildet aufgrund der Protonen-Brücke zwischen beiden Sauerstoffunktionen ein sehr stabiles MH^+-Ion (100%). Das MH^+-Ion des *exo*-Isomers (*d*) eliminiert dagegen Ethanol. Hier bildet $(MH-C_2H_5OH)^+$ den Basispeak des Spektrums (Termont *et al.* 1977).

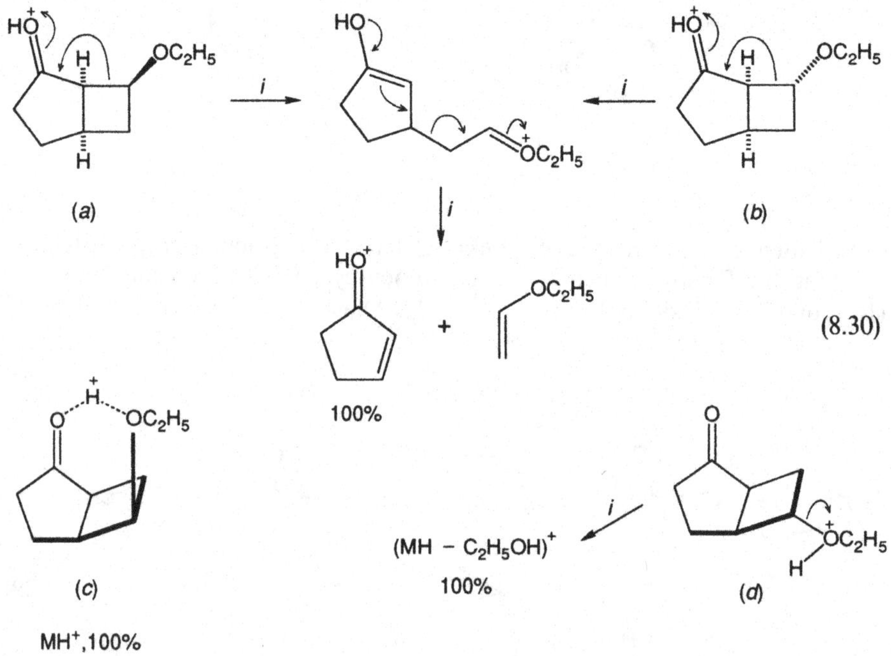

(8.30)

Eliminierungen von kleinen Molekülen können sogar in MH^+-Ionen von polyfunktionellen Verbindungen stereospezifisch ablaufen. Zum Beispiel eliminiert das MH^+-Ion von permethylierter Ribofuranose Methanol schneller als das MH^+-Ion der isomeren Arabofuranose (Gl. 8.31; Meyerhoffer und Bursey 1989).

Die Bildung von Protonen-verknüpften Komplexen bei optischen Isomeren kann außerdem durch ihre Chiralität beeinflußt werden (Fales und Wright 1977; Winkler *et al.* 1986; Suming *et al.* 1986; Nikolaev *et al.* 1988).

Konkurrenz zwischen thermodynamischen und kinetischen Effekten. Ein prinzipielles Problem bei der Interpretation von Massenspektren liegt darin, zu beur-

H$_3$CO H$_3$CO H OCH$_3$ — *ribo* ; H$_3$CO OCH$_3$ OCH$_3$ H$_3$CO⋯H+ — *arabo* ; 76% 27% → (MH − CH$_3$OH)$^+$ (8.31)

teilen, in welchem Ausmaß die Intensität eines wichtigen Peaks auf energetischen oder sterischen Faktoren beruht. Viele Umlagerungen laufen schrittweise ab. Bei ihnen muß die Wahrscheinlichkeit jedes einzelnen Schrittes vorhergesagt werden, um die Konkurrenzfähigkeit des geschwindigkeitsbestimmenden Schrittes abschätzen zu können.

Ein anderes Problem bei der Vorhersage von Intensitäten ist die Auswirkung der Struktur auf die Energieverteilungsfunktion $P(E)$. 2-Alkanone mit höherem Molekulargewicht zeigen einen ungewöhnlichen $C_3H_7O^+$-Peak bei m/z 59, der durch eine energiearme zweifache H-Wanderung in Analogie zu Gleichung 4.46 entsteht. Die relative Intensität dieses Peaks bezogen auf den Basispeak beträgt in 2-Undecanon 20 %, während sie in 2-Hexanon weniger als 1 % ausmacht. Die $P(E)$-Funktionen in Abbildung 7.7 liefern dafür eine Erklärung: in der $P(E)$-Funktion von 2-Hexanon befindet sich ein „Loch", so daß relativ wenige Molekül-Ionen mit inneren Energien im Bereich von 1 bis 2 eV gebildet werden. Um es noch einmal zu wiederholen: bei jeder Interpretation oder Voraussage von Massenspektren ist es wichtig, die Spektren von nahe verwandten Molekülen zu untersuchen.

8.4 Radikal- und ladungsinduzierte Reaktionen

Die Anwendung dieser mechanistischen Näherung auf komplexere Moleküle mit mehreren Möglichkeiten zur Lokalisierung der Ladung und des ungepaarten Elektrons erfordert die Gewichtung aller potentiellen Stellen. Außerdem muß für jede Stelle die relative Bedeutung des Radikals und der Ladung für die Auslösung der Reaktion vorhergesagt werden. Diese Faktoren und analoge Fälle, bei denen formal keine auslösende Stelle für den Zerfall vorhanden ist, werden in diesem Abschnitt behandelt. Wichtige Fragmentierungen können sogar an Stellen auftreten, die weit von der Ladung in EE$^+$-Ionen entfernt sind, sofern die Ladung stark stabilisiert ist (Tomer *et al.* 1985; Gross 1988).

Die relative Bedeutung der potentiellen Reaktionsstellen. Bei einem Molekül mit funktionellen Gruppen, die nicht miteinander wechselwirken, entspricht die erste (geringste) Ionisierungsenergie (*IE*) gewöhnlich dem Wert der funktionellen Gruppe mit dem niedrigsten *IE*-Wert. Die ist am Beispiel der Amin-, Sulfid- und Selenidgruppen in den Verbindungen (a) bis (g) der Gleichung 8.32

$$\begin{array}{llll} CH_3COOH & H_2NCH_2CH_3 & CH_3SCH_2CH_2CH_3 & CH_3SeCH_2CH_2CH_3 \\ \text{(a) 10.7 eV} & \text{(b) 8.9 eV)} & \text{(c) 8.7 eV} & \text{(d) 8.2 eV} \\ H_2NCH_2COOH & CH_3SCH_2CH_2CH(NH_2)COOH & CH_3SeCH_2CH_2CH(NH_2)COOH & \\ \text{(e) 8.8 eV} & \text{(f) 8.6 eV} & \text{(g) 8.3 eV} & \end{array} \quad (8.32)$$

(Tab. A.3) illustriert. Die elektronegative Carboxylgruppe hat nur einen geringen Einfluß auf den *IE*-Wert des Amins in Glycin (e) (Svec und Junk 1967). Mit 70-eV-Elektronen ist es möglich, jede beliebige funktionelle Gruppe zu ionisieren, aber die Ladung kann vor der anschließenden Fragmentierung schnell durch den Raum oder über Bindungen hinweg per Elektronen-Transfer ausgetauscht werden (Closs und Miller 1988). Die intensivsten Ionen von polyfunktionellen Molekülen entsprechen deshalb den Produkten der α-Spaltung an der Stelle mit der geringsten Ionisierungsenergie. Aus diesem Grund ist $H_2N{=}CH_2^+$ der Basispeak der Spektren von (b) und (e). Bei (c) und (f) tritt $CH_3S{=}CH_2^+$ als Basispeak auf und in den Spektren von (d) und (g) ist es $CH_3Se{=}CH_2^+$. Bei (d) und (g) werden diese Basispeaks beobachtet, obwohl ihre Auftrittsenergien ≈ 2.5 eV höher sind als die ihrer $(M-COOH)^+$-Peaks. Eine Erklärung liefert der Folgezerfall des energiereicheren $CH_3YCH_2CH_2CH{=}NH_2^+$-Ions, durch den zusätzliche $CH_3Y{=}CH_2^+$-Ionen entstehen.

Radikal oder Ladung als Zerfallsauslöser. Die ursprüngliche Ladungsstelle im Molekül-Ion ist meistens die günstigste Umgebung für die Stabilisierung der positiven Ladung. Da an dieser Stelle oft auch die Ladung im Produkt-Ion am besten stabilisiert wird, werden Reaktionen begünstigt, bei denen die positive Ladung nicht wandert. Bei $OE^{+\cdot}$-Ionen erfordern solche Reaktionen unter Ladungserhalt die *Initiierung an der Radikalstelle* (Tab. 4.1, Abschn. 8.5). Daher sind radikalische Reaktionen häufiger als ladungsinduzierte Reaktionen (Abschn. 8.2). Dies gilt, obwohl Reaktionen, die durch die Ladung ausgelöst werden, bei $M^{+\cdot}$-Ionen mit ausschließlich elektronegativen Substituenten oder anderen sehr stabilen Ursprungs-Ionen oft günstiger sind. Ein solcher „curve crossing“-Mechanismus für die homolytische Spaltung [Abb. 7.9(b)], bei dem das System im Verlauf der Reaktion die Potentialkurve wechselt, wird in Abschnitt 7.6 am Beispiel $(CH_3)_2CHCH_2OH^{+\cdot} \rightarrow (CH_3)_2CH^+ + {\cdot}CH_2OH$ diskutiert.

Grenzen des Konzepts der Radikal-/Ladungsstelle als Reaktionsauslöser. Dieses Konzept dient hauptsächlich dazu, sich Gedanken über mögliche Zerfallswege, Produktstabilitäten und sterische Anforderungen zu machen. Für die Interpre-

Aufgabe 8.2 Ein Derivat einer Substanz, die für die Ernährung essentiell ist.

m/z	Int.	*m/z*	Int.	*m/z*	Int.
29	4.6	62	1.9	93	0.5
30	15.	63	5.3	102	1.7
31	3.6	64	2.6	103	12.
39	8.9	65	12.	104	1.8
40	1.4	66	0.6	117	2.2
41	4.2	76	1.0	118	7.3
42	6.9	77	7.1	119	4.0
43	5.0	78	2.0	120	77.
44	1.9	79	2.6	121	7.1
45	1.8	85	1.2	122	0.3
50	1.7	86	7.9	131	0.9
51	7.9	87	1.8	147	0.5
52	1.5	88	100.	148	0.6
53	0.8	89	3.9	179	1.3
54	0.8	90	1.4	180	1.4[a]
60	14.	91	30.		
61	2.0	92	5.9		

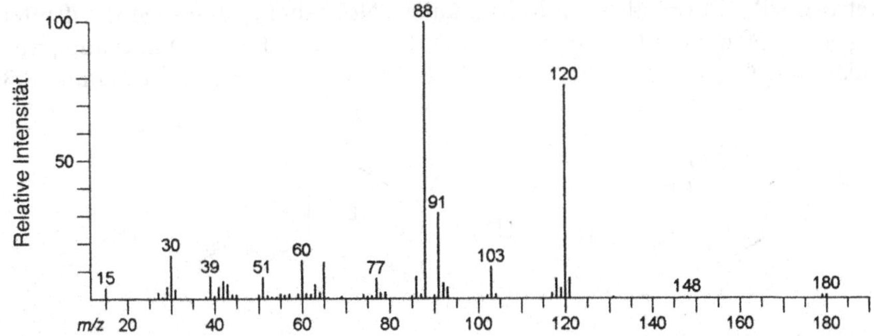

[a] Die relative Intensität nimmt mit wachsendem Probendruck zu.

tation von Massenspektren sollten allerdings seine Grenzen und vereinfachenden Annahmen bekannt sein. Manchmal entsteht insbesondere bei mehrfachen Bindungsbrüchen sowohl durch Reaktionsstart an der Radikal- als auch an der Ladungsstelle das gleiche Produkt. So kann der Zerfall des cyclischen Ions in Gleichung 4.30 auch als ladungsinitiierte Reaktion formuliert werden (Gl. 8.33).

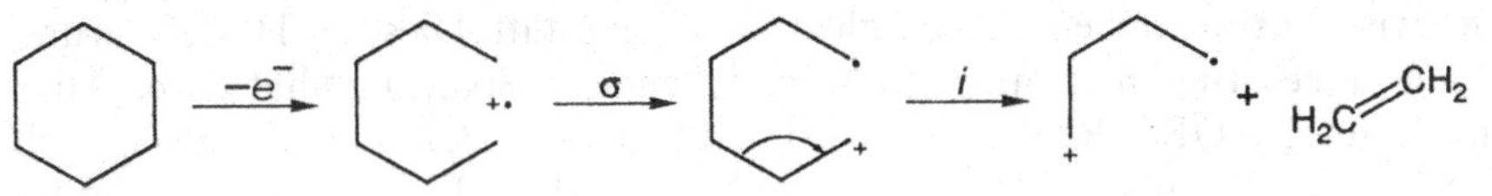

$$\xrightarrow{-e^-} \quad \xrightarrow{\sigma} \quad \xrightarrow{i} \quad + \; H_2C{=}CH_2 \tag{8.33}$$

Der bedeutende Peak bei *m*/*z* 56 im Spektrum von 2-Methylpiperidin (Budzikiewicz *et al.* 1967, S. 316) kann durch eine Retro-Diels-Alder-Reaktion des Produkt-Ions der α-Spaltung entstehen (Gl. 8.34). Diese Produkte können allerdings ebenso durch α-Spaltung des Ringes und anschließende Abspaltung von C_2H_4 und $CH_3\cdot$ gebildet werden. Im Gegensatz dazu ist die Retro-Diels-Alder-Reaktion in Gleichung 4.31 als radikalinduzierte Reaktion formuliert.

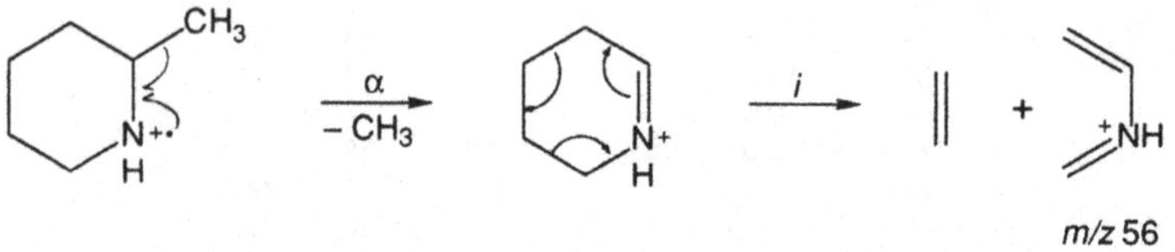

(8.34)

m/z 56

Ionen mit gerader Elektronenzahl können Reaktionen eingehen, die für Radikale charakteristisch sind, obwohl sie keine ungepaarten Elektronen besitzen. Diese Reaktionen können sogar an Stellen beobachtet werden, die von der Ladung weit entfernt sind (Gross 1988). In der organischen Chemie sind ähnliche Fälle bekannt: die γ-H-Wanderungs-/β-Spaltungs-Umlagerung neutraler Moleküle kann sowohl in Systemen mit abgeschlossener Elektronenschale (Retro-En-Reaktion) als auch in Radikalen (Norrish-Typ-II-Prozeß) auftreten. Dagegen laufen diese Reaktionen und β-H-Zerfälle in Estern, Xanthaten, Sulfoxiden und Carbamaten thermisch ab. Bei den EE^+-Ionen in Gleichung 8.35

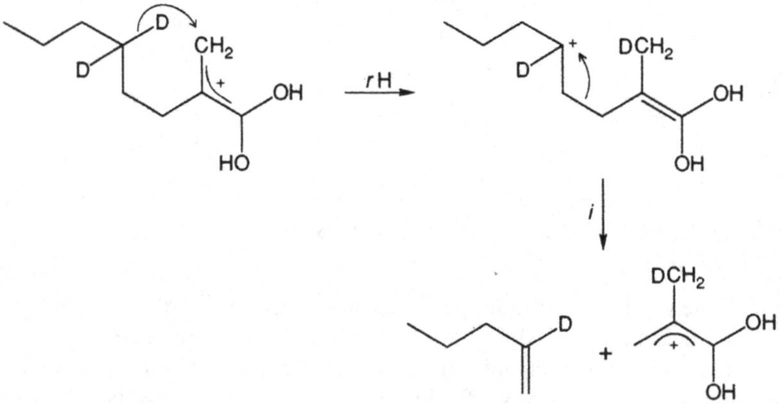

(8.35)

(Kraft und Spiteller 1967) findet die Wasserstoff-Übertragung spezifisch über eine Zwischenstufe mit einen sechsgliedrigen Ring statt. Diese „γ-H-Wanderung zu einer ungesättigten Gruppe mit anschließender β-Spaltung" hat große Ähnlichkeit mit den $OE^{+\cdot}$-Reaktionen der Gleichungen 4.33, 4.35 und 4.36 (s. auch Gl. 8.93). Auch metastabile EE^+-Ionen können diese Umlagerung mit hoher Regiospezifität eingehen (Zollinger und Seibl 1985). Die Autoren weisen aber darauf hin, daß diese Reaktion bei EE^+-Ionen viel weniger verbreitet ist als bei $OE^{+\cdot}$-Ionen. Die γ-H-Wanderungs-/β-Spaltungs-Umlagerung (McLafferty-Umlagerung) in den CI-Spektren ungesättigter Moleküle tritt auch oft als Ergänzung zu EE^+-Umlagerungen des protonierten Molekül-Ions MH^+ auf.

Aufgabe 8.3 Die Substanz enthält eine Hydroxylgruppe.

m/z	Int.	m/z	Int.
15	2.9	102	2.5
28	12.	103	4.1
29	3.8	104	0.2
30	100.		
31	3.4		
39	4.6		
41	13.		
42	14.		
43	18.		
44	20.		
45	5.7		
56	4.5		
57	1.3		
58	3.1		
70	21.		
71	2.2		
72	16.		
73	0.7		
88	24.		
89	1.1		

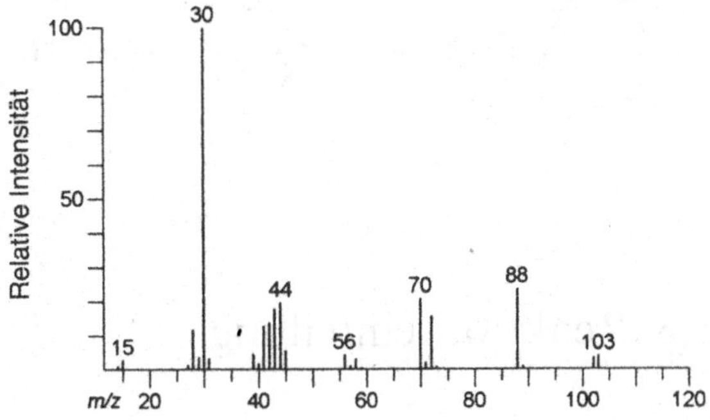

Die Verteilung des übertragenen H-Atoms auf die möglichen Positionen ähnelt in einigen aliphatischen und aromatischen Estern und Phenylalkanen deutlich der der entsprechenden Umlagerung des $OE^{+\cdot}$-Molekül-Ions (Benoit und Harrison 1976; Leung und Harrison 1977). Einige dieser Reaktionen beinhalten allerdings ausgedehnte Umlagerungen, manchmal sogar über Ionen-Molekül- oder Protonen-verbrückte Komplexe, so daß die Produkte eher mit den isomeren Zwischenstufen als mit dem ursprünglichen EE^+-Ion verwandt sind (Audier *et al.* 1977; Weiss *et al.* 1987; Terlouw *et al.* 1986; Harrison 1987). Die Rolle der ursprünglichen Ladungsstelle ist ohne genaue Kenntnis des Reaktionsmechanismus nicht sofort zu erkennen.

Reaktionen, die normalerweise an der Ladungsstelle einsetzen, können auch in EE^+-Ionen auftreten, die an dieser Stelle nur eine geringe Ladungsdichte aufweisen. Gleichung 8.35 ist als ladungsinitiierte Reaktion formuliert, obwohl die berechneten Elektronendichten den überwiegenden Teil der positiven Ladung (+0.41) im EE^+-Mutter-Ion am $C(OH)_2$-Kohlenstoff lokalisieren, wohingegen die endständige Methylengruppe annähernd elektroneutral (−0.01) ist. Die erforderliche Umverteilung der Elektronen im Übergangszustand trägt ohne Zweifel zur Aktivierungsenergie für die H-Wanderung bei. Die Abspaltung von HCl aus $CH_3CH^+CH_2CH_2Cl$ wurde als weiteres Beispiel schon erwähnt (Gl. 4.44). Gross und Mitarbeiter formulierten und entwickelten „Remote-site"-Fragmentierungen von EE^+-Ionen (remote site = an entfernter Stelle; Tomer *et al.* 1985; Gross 1988). Sie können für die Strukturaufklärung vorteilhafter sein als die entsprechenden Reaktionen an der Ladungsstelle. Alken-Ionen, seien es $OE^{+\cdot}$- oder EE^+-Ionen, benötigen für die Isomerisierung der ionisierten Doppelbindung weniger Energie als für Dissoziationen, die durch diese Doppelbindung eingeleitet werden. Durch Stabilisierung der Ladung an einer von der Doppelbindung entfernten Stelle kann für eine Anzahl von Verbindungen die Isomerisierung zurückgedrängt werden, um spezifische, von der Lage der Doppelbindung abhängige Zerfälle zu erhalten. Gleichung 8.36 zeigt ein klassisches Beispiel (Adams und Gross 1989), bei dem eine ungesättigte Fettsäure mit FAB (Li^+) ionisiert wurde.

$$\text{RCH(H)}-\text{H}_2\text{C}-\text{CH}_2-\text{CH(H)CH}{=}\text{CH(CH}_2)_n\text{C}^{+}(\text{OLi})_2 \longrightarrow \text{H}_2 + \text{RCH}{=}\text{CH}_2 + \text{H}_2\text{C}{=}\text{CHCH(CH}_2)_n\text{C}^{+}(\text{OLi})_2 \qquad (8.36)$$

8.5 Reaktionseinteilung

In Abschnitt 4.4 wurden monomolekulare Reaktionen nach der Zahl der Bindungen eingestuft, die zwischen dem entstehenden Ion und den neutralen Produkten gebrochen werden. Nun werden wir die häufigen Reaktionstypen in jeder Klasse genauer untersuchen. Diese Reaktionen sind in Tabelle 8.2 am Beispiel der hypothetischen Ionen $ABCD^{+\cdot}$ ($OE^{+\cdot}$) und $ABCD^+$ (EE^+) aufgeführt, wobei die Buchstaben für Atome, funktionelle Gruppen oder Alkylketten stehen. Wird eine zweite Bindung zwischen A und D gebildet, kann entweder ein Ring entstehen, der alle Gruppen enthält, oder es kommt zur Bildung einer $A{=}D$-Doppelbindung. Die Bezeichnungen „α" und „*i*" schließen alle Reaktionen ein, die durch die Radikal- bzw. Ladungsstelle gestartet werden. Entsprechend der Diskussion im vorigen Abschnitt müssen einige Reaktionen so betrachtet werden, als ob sie durch eine „entstehende Radikal- oder Ladungsstelle" ausgelöst würden, um mit einem der aufgeführten Reaktionstypen übereinzustimmen.

Bei allen außer den ersten drei Reaktionen wird für jede gebrochene Bindung eine neue Bindung (oder partielle Bindung) gebildet. Dies wirkt sich auf die Energiebilanz der Reaktion günstig aus. Die Reaktionen schließen Umlagerungen unter Substitution (*rd*) und Eliminierung (*re*) ein. Umlagerungen unter Substitution (Abschn. 4.9 und 8.10) können unter Cyclisierung an der Radikalstelle, $\overset{+\cdot}{A}-B-C-D \rightarrow {}^{+}\overline{A-B-C} + \cdot D$ (Reaktionen 4.42 und 4.43), oder anchimer unterstützter Substitution an der Radikalstelle, $A-B-\overset{+\cdot}{C}-D \rightarrow B{=}\overset{+}{C}-A + \cdot D$, ablaufen. Umlagerungen unter Eliminierung sind Reaktionen, bei denen ein kleines Molekül oder ein anderes kleines, stabiles Neutralteilchen aus dem Inneren des Ions abgespalten wird. Sie ähneln deshalb den Wasserstoff-Wanderungen, nur daß das A in der Reaktion $A-B-C-\overset{+\cdot}{D} \rightarrow A-D^{+\cdot} + B{=}C$ eine größere Gruppe als Wasserstoff ist. Wie in Abschnitt

Tabelle 8.2: Ionenzerfall

Ionen-typ	Reagierendes Teilchen	Produkte aus Reaktionen unter: Ladungserhalt	Ladungswanderung	Beispiel
Spaltung einer Bindung:				
$OE^{+\bullet}$	$AB \overset{+\bullet}{\vdots} CD$	$\xrightarrow{\sigma}$ $AB\cdot + CD^+$	$(AB^+ + \cdot CD)$	$C_2H_5 \overset{+\bullet}{\vdots} CH(CH_3)_2 \longrightarrow C_2H_5^+,\ ^+CH(CH_3)_2$
$OE^{+\bullet}$	$A \overset{+\bullet}{\vdots} BCD$	$\xrightarrow{\sigma}$ $A\cdot + B{=}C^+D$		$H \overset{+\bullet}{\vdots} CH(CH_3){-}F \longrightarrow H\cdot + CH_3CH{=}F^+$
$OE^{+\bullet}$	$AB{-}\overset{+\bullet}{C}D$	$\xrightarrow{\sigma}$ $AB\cdot + CD^+$		$C_3H_7\overset{+\bullet}{I} \longrightarrow C_3H_7\cdot + I^+$
$OE^{+\bullet}$	$AB{-}\overset{+\bullet}{C}D$ $AB{-}C{=}\overset{+\bullet}{D}$	$\xrightarrow{i}$	$AB^+ + \cdot CD$	$C_2H_5{-}\overset{+\bullet}{O}CH_3 \longrightarrow C_2H_5^+ + \cdot OCH_3$ $C_2H_5{-}CR{=}\overset{+\bullet}{O} \longrightarrow C_2H_5^+ + \cdot CR{=}O$
$OE^{+\bullet}$	$AB{-}C{-}\overset{+\bullet}{D}$	$\xrightarrow{\alpha}$ $AB\cdot + C{=}\overset{+}{D}$		$C_2H_5{-}CH_2{-}\overset{+\bullet}{O}R \longrightarrow C_2H_5\cdot + CH_2{=}\overset{+}{O}R$
EE^{+}	$AB{-}C{-}\overset{+}{D}$ $AB{-}\overset{+}{C}{=}D$	$\xrightarrow{i}$	$AB^+ + C{=}D$	$(CH_3)_3C{-}CR_2\overset{+}{C}H_2 \longrightarrow (CH_3)_3C^+ + CR_2{=}CH_2$ $C_2H_5{-}\overset{+}{O}{=}CH_2 \longrightarrow C_2H_5^+ + O{=}CH_2$
$OE^{+\bullet}$	$A{-}B{-}\overset{+\bullet}{C}{-}D$	$\xrightarrow{rd}$ $A{-}B{=}C^+ + \cdot D$		$H{-}H_2C{-}\overset{+\bullet}{S}{-}H \longrightarrow H_2C{=}\overset{+}{S}H + \cdot H$
$OE^{+\bullet}$	$\overset{+\bullet}{A}{-}B{-}C{-}D$	$\xrightarrow{rd}$ $\overset{+}{A}{-}B{-}C$ (cyclisch) $+ \cdot D$		$\overset{+\bullet}{Cl}{-}(CH_2)_3{-}CH_2R \longrightarrow \overset{+}{Cl}{-}(CH_2)_3{-}CH_2$ (cyclisch) $+ \cdot R$

Tabelle 8.2: Ionenzerfall (Fortsetzung).

Ionen-typ	Reagierendes Teilchen	Produkte aus Reaktionen unter: Ladungserhalt	Produkte aus Reaktionen unter: Ladungswanderung	Beispiel
EE^{+}	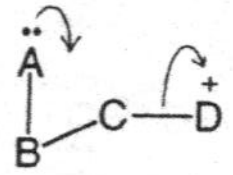 $\ddot{A}$–B–C–D^{+}	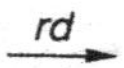 $\xrightarrow{rd}$	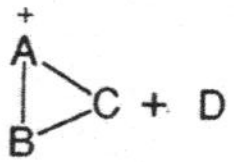 A^{+}(–B–C cyclisch) + D	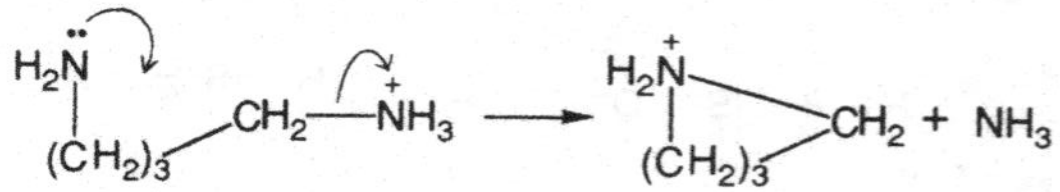 $H_2\ddot{N}–(CH_2)_3–CH_2–\overset{+}{N}H_3 \longrightarrow H_2\overset{+}{N}$(–$(CH_2)_3$–$CH_2$ cyclisch) + NH_3
Spaltung von zwei Bindungen:				
$OE^{+\bullet}$	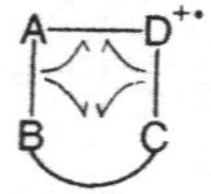 A–$D^{+\bullet}$, B–C (Ring)	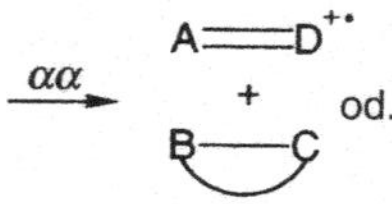 $\xrightarrow{\alpha\alpha}$ A=$D^{+\bullet}$ + B–C od. $\xrightarrow{i\alpha}$	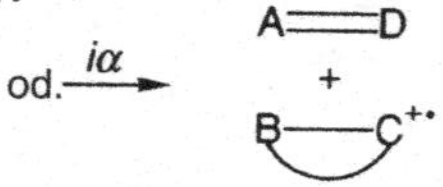 A=D + B–$C^{+\bullet}$	 H_2C–$CH\ddot{O}H^{+\bullet}$, H_2C–CH_2 (Ring) $\longrightarrow H_2C{=}CH\overset{+\bullet}{\ddot{O}}H + H_2C{=}CH_2$
EE^{+}	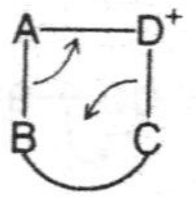 A–D^{+}, B–C (Ring)	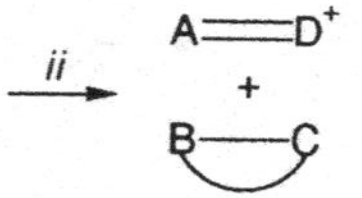 $\xrightarrow{ii}$ A=D^{+} + B–C		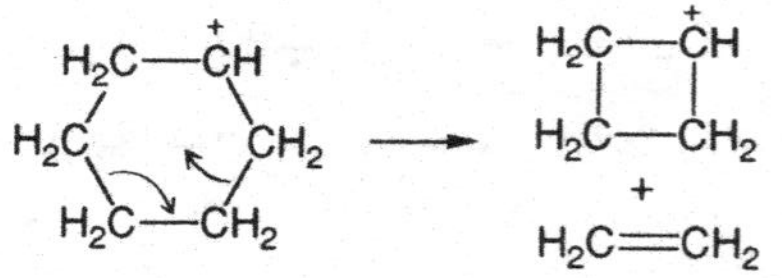 H_2C–$\overset{+}{C}H$–CH_2–CH_2–CH_2–CH_2 (Ring) $\longrightarrow H_2C$–$\overset{+}{C}H$–CH_2–CH_2 (Ring) + $H_2C{=}CH_2$
$OE^{+\bullet}$	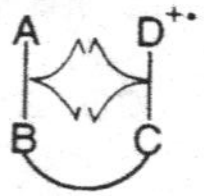 A, $D^{+\bullet}$, B–C (Ring)	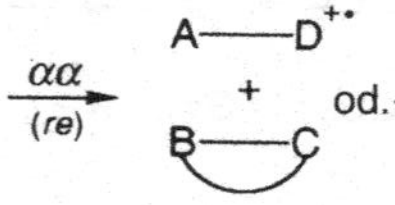 $\xrightarrow[(re)]{\alpha\alpha}$ A–$D^{+\bullet}$ + B–C od. $\xrightarrow{\alpha i}$	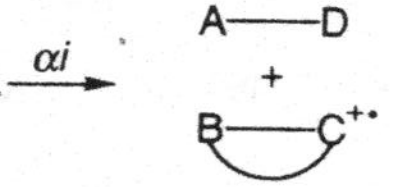 A–D + B–$C^{+\bullet}$	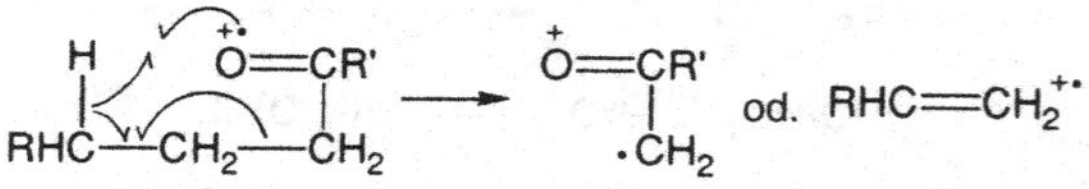 $RHC(H)$–CH_2–CH_2–$\overset{+\bullet}{O}{=}CR'$ $\longrightarrow \overset{+}{O}{=}CR'$–$\cdot CH_2$ od. $RHC{=}CH_2^{+\bullet}$
EE^{+}	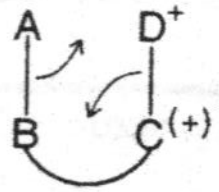 A, D^{+}, B–$C^{(+)}$ (Ring)	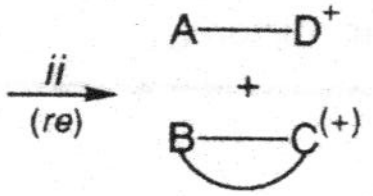 $\xrightarrow[(re)]{ii}$ A–D^{+} + B–$C^{(+)}$		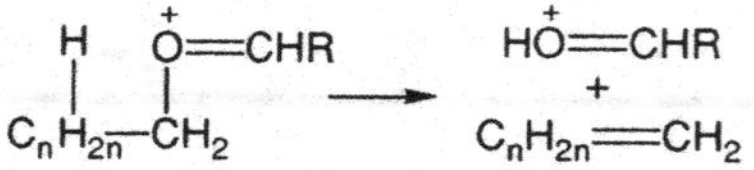 $C_nH_{2n}(H)$–CH_2–$\overset{+}{O}{=}CHR$ $\longrightarrow H\overset{+}{O}{=}CHR + C_nH_{2n}{=}CH_2$

Tabelle 8.2: Ionenzerfall (Fortsetzung).

Ionen-typ	Reagierendes Teilchen	Produkte aus Reaktionen unter		Beispiel
		Ladungserhalt	Ladungswanderung	
Spaltung von drei Bindungen:				
$OE^{+\bullet}$	$\alpha\alpha\alpha$	Ladungserhalt		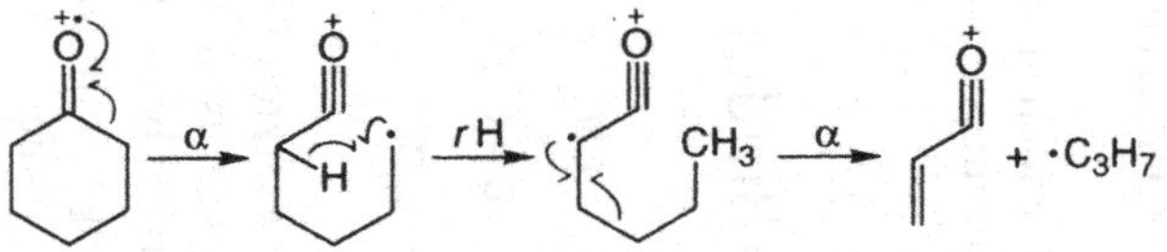 $\xrightarrow{\alpha}$ $\xrightarrow{rH}$ CH_3 $\xrightarrow{\alpha}$ $+ \cdot C_3H_7$
$OE^{+\bullet}$	αii	Ladungserhalt		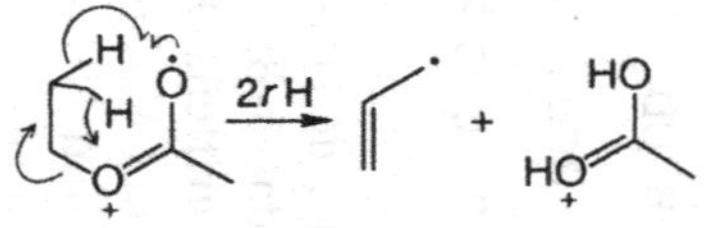 $\xrightarrow{2rH}$ + HO, HO
$OE^{+\bullet}$	$\alpha\alpha i(iii)$		Ladungswanderung - seltener	
EE^{+}	iii		Ladungswanderung - seltener	

8.10 diskutiert, zählt eine Umlagerung innerhalb eines Produktes nicht als gespaltene Bindung.

Die Zerfallsreaktionen werden im folgenden in den Kapiteln über σ-Bindungs-, Radikalstellen- und Ladungsinitiierung besprochen.

8.6 Dissoziation der sigma-Bindung (σ)

$$\begin{array}{lll} OE^{+\cdot} & AB\overset{+}{\cdot}CD \xrightarrow{\sigma} AB\cdot + CD^+ \; oder \; AB^+ + \cdot CD & \\ OE^{+\cdot} & A\overset{+}{\cdot}BCD \xrightarrow{\sigma} A\cdot + B{=}C^+D & (8.37) \\ OE^{+\cdot} & AB{-}C^{+\cdot}D \xrightarrow{\sigma} AB\cdot + CD^+ & \end{array}$$

In Molekülen, die keine energiereichen, besetzten *n*- oder π-Orbitale besitzen, wird durch die Ionisierung das σ-Bindungsgerüst unter Schwächung der C–C- und C–H-Bindungen angegriffen. Dies trifft besonders auf gesättigte Kohlenwasserstoffe zu, aber auch auf Verbindungen mit ähnlich hohen Ionisierungsenergien, wie F-, Cl-, CN- und NO_2-substituierte Alkene. –Br-, –OH- oder –C≡CH-Substituenten senken dagegen den *IE*-Wert um einen geringen Betrag (0.3 bis 0.5 eV). Die *n*-Orbitale dieser Heteroatome und die π-Orbitale der Dreifachbindung haben fast die gleiche Energie wie die höchsten besetzten σ-Orbitale der Alkylgruppen. Dies ermöglicht ein beträchtliches Vermischen der Orbitale im Radikalkation (und führt zu einer Ausnahme von der Regel aus Abschnitt 4.3, daß „die Ionisierung generell in der Reihenfolge σ- < π- < *n*-Elektronen günstiger wird“). Theoretische Berechnungen zeigen, daß solche Ionen eine oder mehrere energetisch günstige Strukturen annehmen können, in denen einige der C–C- oder C–H-Bindungen stark verlängert sind (Belville und Bauld 1982). Zum Beispiel hat die energieärmste Struktur im Butan-Kation eine sehr lange C(2)–C(3)-Bindung (2.02 Å im Vergleich zu 1.54 Å im Molekül). Vier andere Strukturen, deren Energien um 0.3 eV höher liegen, haben verlängerte C(1)–C(2)- und C(2)–C(3)- oder C(1)–C(2)- und C(3)–C(4)-Bindungen (Bouma *et al.* 1983). Bei der Dissoziation einer solchen geschwächten C–C-σ-Bindung übernimmt ein Kohlenstoffatom die Ladung und das andere die Radikalstelle (Gl. 8.38). Die Bevorzugung eines Produkts spiegelt die Polarisie-

$$R_3C\overset{+}{\cdot}CR'_3 \rightarrow R_3C^+ + \cdot CR'_3 \; oder \; R_3C\cdot + {}^+CR'_3 \qquad (8.38)$$

rung der Bindung im Molekül-Ion ($AB\cdot - {}^+CD$ vs. $AB^+ - \cdot CD$) wieder. Weder die Ladung noch das ungepaarte Elektron müssen um eine volle Bindungslänge wandern. Bei der σ-Spaltung von $C_2H_5{-}CH(CH_3)_2^{+\cdot}$ sollte die Polarisierung $C_2H_5\cdot - {}^+CH(CH_3)_2$ bevorzugt sein, wenn die Bindung verlängert wird, und daher sollte die Intensität des Produkts $^+CH(CH_3)_2$ größer sein als die von $C_2H_5^+$. Die Abspaltung von $CH_3\cdot$ aus $C_2H_5{-}CH(CH_3)_2^{+\cdot}$ führt dagegen zum

Produkt $C_4H_9{}^+$, das nur halb so intensiv ist wie $C_3H_7{}^+$, das durch Abspaltung von $C_2H_5\cdot$ entsteht. Dieses Ergebnis entspricht der Regel vom Verlust der größten Alkylgruppe (aber *nicht* den Erwartungen anhand der thermochemischen Daten, da die Bildung von *sec*- und *tert*-$C_4H_9{}^+$ um 0.1 bzw. 0.8 eV gegenüber der Bildung von *iso*-$C_3H_7{}^+$ bevorzugt ist).

σ-Spaltungen an primären und sekundären Kohlenstoffatomen sind relativ energiereiche Reaktionen und deshalb kaum konkurrenzfähig. Primäre Alkyl-Carbokationen sind instabil und isomerisieren schnell zu stabileren sekundären oder tertiären Ionen. Die energetisch ungünstige Spaltung der lockeren $RCH_2-CH_2R'^{+\cdot}$-Bindung kann durch eine Umlagerung über einen Ionen-Radikal-Komplex, die zu einer verzweigten Struktur führt (Gl. 8.39), umgangen

$$RCH_2\overset{+}{C}H_2\cdots\cdots\dot{C}H_2CH_2R' \longrightarrow \left[\begin{array}{l} R \\ \;\; CH \\ \;\; | \quad \overset{+}{\rangle}H\cdots\dot{C}H_2CH_2R' \\ \;\; CH_2 \end{array}\right] \longrightarrow R\overset{+}{C}H(CH_2)\cdots\dot{C}H_2CH_2R' \longrightarrow R\overset{+}{C}HCH_3 + \dot{C}H_2CH_2R' \qquad (8.39)$$

werden. Das verzweigte Radikalkation zerfällt anschließend zu stabilen Produkten (Wendelboe *et al.* 1981). Aufgrund solcher „Zufalls-Umlagerungen" liefert die Intensität von Alkyl-Ionen oft keinen eindeutigen Hinweis auf die Struktur (Borchers *et al.* 1977; Levsen 1978; Lavanchy *et al.* 1979). Deshalb sollten auf jeden Fall Referenz-Spektren von ähnlichen Verbindungen zu Rate gezogen werden.

Elektronegative Gruppen. Elektronenziehende Funktionsgruppen mit Heteroatomen, die die Ionisierungsenergie von Alkanen nicht merklich herabsetzen, (z. B. *IE*, eV: C_3H_8, 11.0; $C_3H_7NO_2$, 10.8; C_3H_7CN, 11.2; C_3H_7F, 11.3) können zusätzliche Auswirkungen auf die Produkt-Ionen-Intensitäten haben. Nitroalkane $R-NO_2$ bilden vermehrt R^+-Ionen, da $D(R-NO_2)$ gering ist (2.6 eV). Die Gegenwart einer NO_2-Gruppe destabilisiert die Alkyl-Ionen, so daß die EE^+-Ionen-Serie $NO_2(CH_2)_n{}^+$ nicht sehr intensiv ist. Einige elektronegative Gruppen können aber auch eine Reihe von Ionen-Typen stabilisieren und so wichtige Peaks erzeugen. Zum Beispiel steht die Reaktion $\overset{+\cdot}{R}R'Y \rightarrow R\cdot + R'Y^+$ in Konkurrenz zur erwarteten σ-Spaltung $\overset{+\cdot}{R}R'Y \rightarrow R^+ + \cdot R'Y$. Beachten Sie, daß dies ein Beispiel für die Korrelation des elektronischen Grundzustandes der Produkte mit dem angeregten Zustand von $M^{+\cdot}$ ist [Abb. 7.9(b)]. Die umgekehrte Situation, bei der zunächst ein Heteroatom ionisiert wird, ist für induktive Spaltungen typisch (Abschn. 8.8). $CH_3CH{=}F^+$ ist der Basispeak im Spektrum von $(CH_3)_2CHF$, während $C_2H_5{}^+$ das intensivste Tochter-Ion von $CH_3CH_2CH_2F^+$ ist.

Elektronegative funktionelle Gruppen können auch zu einer Verletzung der Regel über den Verlust der größten Alkylgruppe (Abschn. 8.2) führen. Kleine Alkylfluoride und -cyanide zeigen eine ungewöhnlich starke Wasserstoffabspaltung (Gl. 8.40), die zu den thermodynamisch stabilsten Tochter-Ionen führt.

$$\begin{aligned} H\overset{+}{\cdot}CH(CH_3)F &\rightarrow H\cdot + CH_3CH{=}F^+ \quad (100\%), \quad \Delta H = 0.2\ eV \\ &\rightarrow CH_3\cdot + CH_2{=}F^+ \quad (25\%), \quad \Delta H = 1.3\ eV \end{aligned} \tag{8.40}$$

Halonium-Ionen, die durch Substitution gemäß Gleichung 4.42 gebildet werden, sind die dominierenden Peaks in den Spektren größerer Alkylchloride und -bromide. Diese Reaktion ist auch für die intensive $C_nH_{2n-2}N^+$-Ionen-Serie in den Spektren von Alkylcyaniden verantwortlich, deren Ionen durch die $-C{\equiv}N^+-$-Gruppe stabilisiert werden.

Einflüsse großer Atome. Bei der Klassifizierung der Reaktionen, die durch σ-Ionisierungen starten, haben wir willkürlich Reaktionen wie $R-I^{+\cdot} \rightarrow R\cdot + I^+$ (Tab. 8.2) eingeschlossen, obwohl sich die Ladung in $M^{+\cdot}$ viel eher am Iodatom als in der C–I-Bindung aufhält. Solche Reaktionen sind bei den Heteroatomen der ersten Reihe im Periodensystem (N, O und F) selten, da die entsprechenden Kationen entweder instabil (RO^+, R_2N^+) oder sehr energiereich (OH^+, $NH_2{}^+$, F^+) sind. Verbindungen mit schwereren Heteroatomen (S, Cl, Br, I) bilden dagegen bei der σ-Spaltung Ionen unter Ladungserhalt am Heteroatom. Obwohl Fragmente wie HS^+ und Cl^+ in der Regel relativ intensitätsschwach sind, weisen sie doch deutlich auf die Gegenwart des entsprechenden Heteroatoms im Molekül hin. HS^+ und Cl^+ treten bei *m/z*-Werten auf, die sich nicht mit denen von intensiven $(C, H, N, O)^+$-Ionen überschneiden. In ähnlicher Weise zeigen Nitroverbindungen kleine, aber charakteristische $NO_2{}^+$- und NO^+-Peaks bei *m/z* 46 und 30. Nitrite, RONO ergeben einen großen NO^+-Peak, aber kein $NO_2{}^+$-Ion. Obwohl die Signale von $^{79}Br^+$ und $C_6H_9{}^+$ sowie die von $^{81}Br^+$ und $C_6H_{11}{}^+$ überlagern, lassen sie sich schon bei einem Auflösungsvermögen von 800 unterscheiden. Die RO^+- und RS^+-Ionen, die bei dieser Reaktion aus Ethern bzw. Sulfiden entstehen würden, sind nicht stabil (z. B. CH_3O^+ und CH_3S^+; Nobes *et al.* 1984). Deshalb treten in diesem Fall Wasserstoff-Umlagerungen auf, bei denen die stabileren isomeren Ionen (z. B. CH_2OH^+ und CH_2SH^+; Dill *et al.* 1979; Dill und McLafferty 1979; Radom *et al.* 1984) gebildet werden.

8.7 Radikalisch induzierte Reaktion (α-Spaltung)

Die α-Spaltung von $OE^{+\cdot}$-Ionen ist die bei der Interpretation von Massenspektren am häufigsten auftretende Reaktion. Dabei wird ein ungepaartes Elektron

$$OE^{+\cdot} \quad AB{-}C{-}\overset{+\cdot}{D} \xrightarrow{\alpha} AB\cdot + C{=}\overset{+}{D} \tag{8.41}$$

$$N > S, O, \pi, R\cdot > Cl, Br > H$$

übertragen, um eine neue Bindung zu einem benachbarten (α)-Atom zu bilden (bei Umlagerungen, Abschn. 8.10, ist dieses Atom über den Raum hinweg benachbart). Gleichzeitig wird eine andere Bindung zu diesem α-Atom gespalten (Gl. 4.13 bis 4.15). Diese Reaktion ist konkurrenzfähig, weil die neue Bindung die Energie kompensiert, die für die Spaltung der anderen Bindung aufgewendet werden muß. Außerdem hilft das übertragene Elektron dabei, die positive Ladung zu stabilisieren (Gl. 8.42). Gemäß der Stevenson-Regel ist eine Spaltung unter Ladungswanderung möglich, wenn die Ionisierungsenergie von R· geringer ist als die von $\cdot CH_2Y$ (σ-Spaltung; Gl. 8.42).

$$R{-}CH_2{-}\overset{+\cdot}{Y} \begin{cases} \xrightarrow{\alpha} R\cdot + CH_2{=}\overset{+}{Y} \\ \xrightarrow{\sigma} R^+ + \cdot CH_2Y \end{cases} \tag{8.42}$$

An einer *bestimmten* Radikalstelle sind normalerweise mehrere konkurrierende α-Spaltungen möglich, da jedes α-Atom (drei bei tertiären Aminen) bis zu drei Substituenten tragen kann, die abgespalten werden können. Unter diesen Möglichkeiten ist die Abspaltung des Radikals mit der höchsten Ionisierungsenergie energetisch bevorzugt. Eine *Ausnahme* bildet die Abspaltung des größten Alkylradikals (Abschn. 8.2). Ein intensiver Peak, der durch H-Abspaltung (kleinste Alkylgruppe) entsteht, zeigt, daß keine andere α-Spaltung möglich ist (oder er zeigt die Gegenwart von $-F$ oder $-CN$ an, Abschn. 8.6). Aufgabe 5.13 illustriert diese Regeln. Versuchen Sie sie erneut zu lösen. Sind in einem $OE^{+\cdot}$-Mutter-Ion mehrere Radikalstellen denkbar, entsteht das günstigste α-Spaltungs-Produkt aus dem Radikal mit der geringsten Ionisierungsenergie [dies trifft für $D(A-CR_2YCR'_2B) = D(ACR_2YCR'_2-B)$ zu, Abschn 8.2]. Die Radikalstelle ist in der Reihenfolge N > S, O, π, R· > Cl, Br, > H bevorzugt (Abschn. 4.6). Diese Reihe ist umgekehrt zur Reihenfolge der *IE*-Werte der entsprechenden Radikale, zum Beispiel (Tab. A.3): $H_2N-CH_2\cdot$, 6.1 eV; $HS-CH_2\cdot$, 7.5 eV; $HO-CH_2\cdot$, 7.6 eV; $C_6H_5-CH_2\cdot$, 7.1 eV; $CH_2=CH-CH_2\cdot$, 8.1 eV; $Cl-CH_2\cdot$, 8.6 eV; $H-CH_2\cdot$, 9.8 eV. Remberg und Spiteller (1970) haben die Konkurrenz funktioneller Gruppen in Bezug auf die Intensität der Produkt-Ionen aus α-Spaltungen im selben Molekül gemessen. Bei den Verbindungen $C_2H_5CH(OCH_3)CH_2CH_2CH_2CH_2-CY-C_2H_5$ ergibt die Intensität des $C_2H_5C=Y^+$-Ions relativ zu der des $C_2H_5CH=OCH_3{}^+$-Ions im selben Spektrum für verschiedene >CY-Gruppen die folgenden Werte: >CH−Cl, >CH−Br, >CH−I, <1; >CH−OH, >CH−SH, 5; >C=O, 50; $>CH-SCH_3$, $>CH-OCH_3$, 100; $>C(-OCH_2CH_2O-)$ (Ethylenketal), 500; $>CH-NH_2$, 1000; $>CH-N(CH_3)_2$, 2000.

Aufgabe 8.4 ist kompliziert, weil das Spektrum kein Molekül-Ion enthält. Bei größeren Schwierigkeiten können Sie die Elementarzusammensetzung am Anfang der Antwort nachschlagen.

Aufgabe 8.4

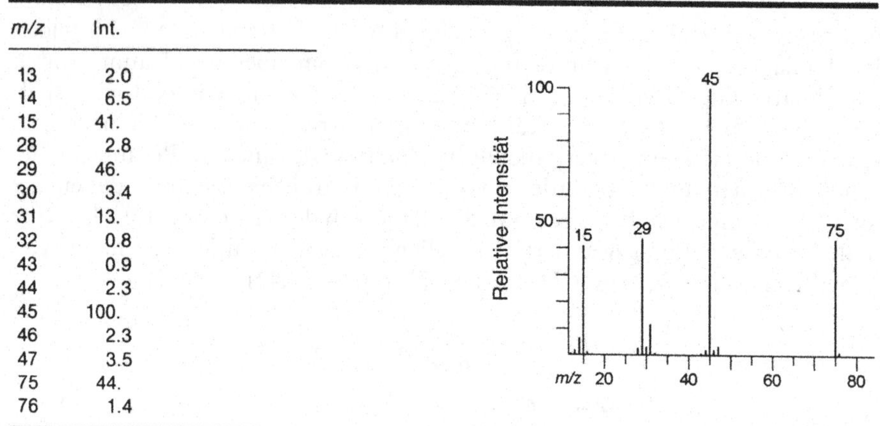

m/z	Int.
13	2.0
14	6.5
15	41.
28	2.8
29	46.
30	3.4
31	13.
32	0.8
43	0.9
44	2.3
45	100.
46	2.3
47	3.5
75	44.
76	1.4

Aufgabe 8.5 Die Hauptkomponente eines Verteidigungssekrets der sich von Weiden ernährenden Larve Coleoptera chrysomelidae.

m/z	Int.	*m/z*	Int.	*m/z*	Int.
27	2.0	52	0.7	75	1.4
28	0.6	53	4.9	76	19.
29	3.6	54	0.5	77	2.3
31	1.0	55	1.6	92	1.8
37	3.3	61	2.9	93	18.
38	7.2	62	2.8	94	5.8
39	27.	63	5.6	95	0.4
40	6.6	64	2.6	104	13.
46	1.4	65	27.	105	1.0
46.5	0.5	66	8.5	121	89.
47	4.3	67	1.1	122	100.
50	5.4	68	0.4	123	7.9
51	3.4	74	1.9	124	0.7

8.8 Ladungsinduzierte Reaktionen (induktive Spaltung, *i*)

$$\begin{matrix} OE^{+\cdot} & AB—\overset{+\cdot}{C}D \\ & AB—C{=}\overset{+\cdot}{D} \end{matrix} \xrightarrow{i} AB^+ + \cdot CD \qquad (8.43)$$

$$\begin{matrix} EE^{+} & AB—C—\overset{+}{D} \\ & AB—\overset{+}{C}{=}D \end{matrix} \Bigg\} \xrightarrow{i} AB^+ + C{=}D \qquad (8.44)$$

Cl, Br, $-NO_2$ > O, S > N, C

Die induktive Spaltung (*i*) einer Einfachbindung erfolgt unter Ladungswanderung (Tab. 8.1). Die Ladung hat deshalb im Mutter- und Tochter-Ion eine unterschiedliche strukturelle Umgebung. Der $M^{+\cdot}$-Grundzustand korreliert mit dem ersten angeregten Zustand der Produkte [Abb. 7.9(b)]. Wegen der Wichtigkeit der Ladungsstabilisierung für die Bestimmung der günstigsten Produkte von monomolekularen Kationen-Zerfällen unterliegen *i*-Spaltungen von Einfachbindungen wesentlichen Einschränkungen. Nur bei wenigen $OE^{+\cdot}$-Ionen-Typen können *i*-Spaltungen mit Radikalreaktionen konkurrieren und EE^+-Ionen zerfallen bevorzugt unter Spaltung von zwei Bindungen, weil die Ladung dann nicht wandern muß.

Induktive Spaltung einer Einfachbindung in** $OE^{+\cdot}$**-Ionen. Gemäß der Ionisierungstendenz $n > \pi > \sigma$ erhält man bei der Ionisierung von RY das Molekül-Ion $R-Y^{+\cdot}$. Die ladungsinduzierte Spaltung einer Bindung dieses Ions führt zu $R^+ + \cdot Y$. Da bei dieser Reaktion die Ladung wandert, muß der Zerfall von einem angeregten Zustand des Ions ausgehen [Abb. 7.9(b)]. Die Reaktion kann auch als σ-Spaltung betrachtet werden, die durch induktiven Elektronenentzug eines elektronegativen Substituenten $\overset{+\cdot}{R}-\vec{Y} \rightarrow R^+ + \cdot Y$ (Abschn. 8.6) unterstützt wird. Sie tritt in Übereinstimmung mit der Stevenson-Regel am häufigsten bei elektronegativen Substituenten auf, bei denen $IE(Y\cdot) > IE(R\cdot)$ ist. Dies trifft für die funktionellen Gruppen $-NO_2$, $-CN$, Halogenatome und Sauerstoff-Funktionaltitäten wie Hydroxyl (HO·), Alkoxyl (RO·), Formyl (HCO·), Carboxyl (HOOC·) und Alkoxycarbonyl (ROOC·) zu.

Parallel mögliche Radikalreaktionen können die Konkurrenzfähigkeit der *i*-Spaltung erheblich herabsetzen. Zum Beispiel enthält das Massenspektrum von RNH_2 hauptsächlich Peaks aus α-Spaltungsreaktionen, obwohl $IE(H_2N\cdot) = 11.1$ eV beträgt. Die Wahrscheinlichkeit für das Auftreten der Reaktion $R-Y^{+\cdot} \rightarrow R^+ + \cdot Y$ wird erhöht, wenn die neutrale R–Y-Bindung schwach ist. Die Reaktion wird ebenfalls bei großen Elementen Y, wie Iod oder

Metallatomen (und in geringerem Ausmaß $-SR$) beobachtet. Das Gegenstück dieser Reaktion, $R-Y^{+\cdot} \rightarrow R\cdot + Y^{+}$, ist in Abschnitt 8.6 als Spezialfall der σ-Spaltung eingestuft worden.

Von den oben angeführten Y-Funktionsgruppen haben $-NO_2$, $-I$ und die, die Metallatome enthalten, die größte Tendenz, R^+ aus $R-Y^{+\cdot}$ zu bilden. Alkylbromide und -chloride können Halonium-Ionen (durch Substitution) und $(M-HCl)^{+\cdot}$-Ionen bilden. Die Information, die man aus diesen Ionen erhält, ist komplementär zu der aus R^+. Bei größeren Alkylgruppen kann das primär gebildete R^+-Ion in erheblichem Umfang weiter zerfallen. Es resultiert eine $C_nH_{2n+1}{}^+$-Ionen-Serie, bei der eine zu größeren Werten abfallende Intensität mit einem Maximum bei $n = 3$ oder 4 (Abschn. 5.2), wie zum Beispiel in den Spektren von 1-Chlor- und 1-Bromdodecan (Abb. 3.23 und 3.24; s. auch 3.9 und 3.22), auf eine *n*-Alkylgruppe hindeutet.

Die stark elektronegativen $-F$- und $-CN$-Gruppen können EE^+-Produkt-Ionen durch Rückbindung (back donation) von Elektronen stabilisieren. Dadurch wird die Bildung von R^+ reduziert oder ganz verhindert. Die hohen Dissoziationsenergien der neutralen $R-F$-, $R-CN$- und $R-C{\equiv}CH$-Bindungen stimmen ebenfalls mit ihrer geringen Neigung zur R^+-Bildung überein. Die ungewöhnlichen Fragmentierungen dieser Verbindungen werden in den Abschnitten 8.6, 9.10 und 9.11 diskutiert.

Bei sauerstoffhaltigen funktionellen Gruppen treten Radikalreaktionen als Konkurrenz auf. Dies erschwert es, die Tendenz zur induktiven Spaltung vorauszusagen. Bei $R-C(=O)R'$- und $R-C(=O)Y$-Molekül-Ionen konkurrieren die α- und *i*-Spaltungsprodukte um die Ladung. Gleichung 8.2 zeigt, daß die Stevenson-Regel für $n\text{-}C_4H_9-COCH_3{}^{+\cdot}$ korrekt vorhersagt, daß $[C_4H_9{}^+] \ll [{}^+COCH_3]$ ist. Diese Reihenfolge wird bei $tert\text{-}C_4H_9-COCH_3{}^{+\cdot}$ umgekehrt. Elektronegativere funktionelle Gruppen, wie zum Beispiel $\cdot C(=O)OH$, $\cdot C(=O)OR$ und $\cdot C(=O)Cl$, die die R^+-Bildung aus $n\text{-}R-Y^{+\cdot}$ begünstigen sollten, führen aufgrund der konkurrierenden Radikalreaktionen nur bei kleinen oder *tert*-R-Gruppen zu intensiven R^+-Ionen.

i- und α-Spaltungen führen bei gesättigten Sauerstoff-Funktionsgruppen zur Dissoziation unterschiedlicher Bindungen: aus $R'-CH_2-Y^{+\cdot}$ entsteht $R'CH_2{}^+$ bzw. $CH_2{=}Y^+$. Bei $R-OH^{+\cdot}$ ist R^+ nur bei kleineren *sec*- und *tert*-Alkanolen intensiv. Der $(M-H_2O)^{+\cdot}$-Peak liefert jedoch oft dieselbe Strukturinformation. Der induktive Effekt kann auch zur Spaltung einer weiter entfernten, aber leichter polarisierbaren Bindung führen (Gl. 4.24). In $(CH_3)_3C-CH_2OH$ (Gl. 8.45) liegt die Energie des Sauerstoff-*n*-Orbitals nur um 0.3 eV über der des höchsten besetzten σ-Orbitals der Alkylgruppe [$IE =$ 9.9 eV; $IE =$ 10.2 eV für $(CH_3)_4C$]. Die sich kreuzenden Potentialkurven der komplementären Zerfallsreaktionen [Abb. 7.9(b)] befinden sich deshalb sehr nahe beieinander und erlauben ein Überwechseln (surface hopping), das zu Produkt-Intensitäten führt, die im Einklang mit der Stevenson-Regel stehen.

$R'-CH_2-OR$-Verbindungen wie $CH_3OC(CH_3)_3$ zerfallen hauptsächlich zu $CH_3O^+{=}C(CH_3)_2$ (100%). $C_4H_9{}^+$ entsteht trotz seiner hohen Stabilität nur zu 25%, da $IE(Me_3C\cdot) = 6.7$ eV beträgt. Beachten Sie hier wiederum den Effekt der neutralen Bindungsdissoziationsenergien. $D(R-OH) = 4.5$ eV, *n*-Alkanole

$$(CH_3)_3C{-}CH_2O^{+\cdot}H \xrightarrow{i} (CH_3)_3CCH_2^+ + \cdot OH \quad 1\%$$
$$(CH_3)_3C{-}CH_2O^{+\cdot}H \xrightarrow{\alpha} (CH_3)_3C\cdot\ (IE = 6.7\,eV) + CH_2{=}O^+H \quad 15\% \tag{8.45}$$
$$(CH_3)_3C{-}CH_2O^{+\cdot}H \xrightarrow{\sigma} (CH_3)_3C^+\ (100\%) + \cdot CH_2OH\ (IE = 7.6\,eV)$$

bilden deshalb wenig R^+. Im Gegensatz dazu beträgt $D(CH_2{=}CHCH_2{-}OPh)$ = 2.2 eV und $C_3H_5^+$ ist der Basispeak im Spektrum.

Induktive Spaltung von Einfachbindungen in EE^+***-Ionen.*** Die Hauptreaktion, bei der eine Bindung in einem EE^+-Ion gespalten wird, führt zur Abspaltung von kleinen stabilen Molekülen (McLafferty 1980b; Harrison 1983). Die Field-Regel (Abschn. 8.2) besagt, daß bei gleichen Produkt-Ionen die Abgangsgruppen mit der geringsten Protonenaffinität bevorzugt abgespalten werden. Entsprechend wird bei $R{-}OC{\equiv}O^+$, $R{-}Cl^+H$ (durch CI protonierte Chloralkane), RCO^+, $R{-}OS{\equiv}O^+$, $R{-}CH_2CH_2^+$, $R{-}O^+H_2$, $R{-}O^+{=}CH_2$, $R{-}S^+H_2$ und $R{-}C{\equiv}N^+H$ die Abspaltung von CO_2 (*PA* = 5.7 eV), HCl (5.8 eV), HBr (5.9), HI (6.5), CO (6.2), SO_2 (6.6), C_2H_4 (7.0), H_2O (7.2), CH_2O (7.4), H_2S (7.4) und HCN (7.4) beobachtet. Der Verlust von Propen (*PA* = 7.8 eV) aus $R{-}CH_2CH(CH_3)^+$, die Abspaltung von Methanol (7.9 eV) aus protonierten Methylethern, die von Aceton (8.5 eV) aus $R{-}O^+{=}C(CH_3)_2$ und die von Ammoniak (8.9 eV) aus protonierten Aminen ist dagegen in Übereinstimmung mit ihren höheren Protonenaffinitäten viel weniger intensiv. Außerdem ist zu berücksichtigen, daß Alkyl-Ionen zu stabileren Strukturen isomerisieren können und daß EE^+-Ionen-Reaktionen, bei denen zwei Bindungen gebrochen werden (s. unten), eine starke Konkurrenz darstellen. Im allgemeinen haben die EE^+-Ionen-Zerfälle, bei denen nur eine Bindung gespalten wird, eine höhere kritische Energie als $OE^{+\cdot}$-Ionen-Zerfälle. Zum Beispiel erfordert in Gleichung 8.2 die α-Spaltung $C_4H_9CO{-}CH_3^{+\cdot} \rightarrow C_4H_9CO^+ + \cdot CH_3$ 0.6 eV, während für die *i*-Spaltung $C_4H_9CO^+ \rightarrow C_4H_9^+ + CO$ 2.2 eV benötigt werden. Die Spaltungen von Hexylether (Gl. 8.46 und Abb. 3.9) erfordern

$$C_6H_{13}{-}OCH_2{-}C_5H_{11}^{+\cdot} \xrightarrow[\alpha]{-\cdot C_5H_{11}} C_6H_{13}O^+{=}CH_2\ (3\%) \xrightarrow[i]{-O{=}CH_2} C_6H_{13}^+\ (77\%)$$
$$C_6H_{13}{-}OCH_2{-}C_5H_{11}^{+\cdot} \xrightarrow[i]{-\cdot OC_6H_{13}} C_6H_{13}^+ \tag{8.46}$$

≈1 eV bzw. ≈2 eV. Bei den Reaktionen in Gleichung 8.2 und 8.46 werden die Alkyl-Ionen sowohl durch direkte $OE^{+\cdot}$-Ionen-Dissoziation als auch über einen

Zweischritt-Mechanismus gebildet. Obwohl die zweistufige Reaktion um 0.2 bis 0.8 eV ungünstiger ist als ihr einstufiges Gegenstück, spielt sie in Gleichung 8.46 eine Rolle. Denn ein wesentlicher Anteil der $C_6H_{13}O^+=CH_2$-Ionen entsteht mit genügend hohen inneren Energien, wenn mit 70-eV-Elektronen ionisiert wird. Außerdem haben EE^+-Ionen eine höhere Tendenz zu Umlagerungen als $OE^{+\cdot}$-Ionen. Eine EE^+-Dissoziation zu einem *tert*-R^+ würde die kritische Energie in den Gleichungen 8.2 und 8.46 um 1.6 eV senken (beachten Sie $[R^+]$ in den Abb. 3.9 und 3.11).

Verbindungen mit mehreren funktionellen Gruppen können sogar Moleküle mit hoher Protonenaffinität aus einem EE^+-Ion abspalten. Klassische Beispiele sind die protonierten Diamine $H_2N(CH_2)_nN^+H_3$ (Audier *et al.* 1978), bei denen die Abspaltung von NH_3 sterisch begünstigt bei $n = 4$ ein Maximum erreicht (Gl. 8.47).

$H_2\ddot{N}$ N^+H_3 ⟶ $H_2\overset{+}{N}$ + NH_3 (8.47)

Spaltung einer Einfachbindung in EE^+***-Ionen ohne Ladungswanderung*** (Verletzung der Regel der geraden Elektronenzahl). Von den möglichen, komplementären Produkten bei der Spaltung von EE^+-Ionen sind normalerweise diejenigen, die durch heterolytische Spaltung unter Ladungswanderung $R-Y^+ \rightarrow R^+ + Y$ entstehen, gegenüber denen, die durch homolytische Spaltung unter Ladungserhalt $R-Y^+ \rightarrow R\cdot + Y^{+\cdot}$ gebildet werden, bevorzugt. In Abschnitt 8.2 wurde bereits die hohe Dissoziationsenergie, die oft bei der homolytischen Spaltung auftritt, diskutiert. In den CAD-Spektren von $C_2H_5O^+=CH_2$ und $CH_3CH=O^+CH_3$ tragen $OE^{+\cdot}$-Ionen nur mit 5% bzw. 10% zur Gesamtionen-Intensität bei. Aber nicht bei allen Radikalen liegt die Ionisierungsenergie unterhalb der der entsprechenden Neutralteilchen mit gerader Elektronenzahl. Aromatische Moleküle mit elektronegativen Substituenten (Halogen, NO_2, CN) sind die wichtigsten Ausnahmen zur „Regel von der geraden Elektronzahl". So haben die $C_6H_4{}^{+\cdot}$- (Abspaltung von N_2O_4) und $C_6H_3{}^+$-Ionen (Verlust von HN_2O_4) in den Spektren von 1,3- und 1,4-Dinitrobenzol fast die gleiche Intensität (nur NO^+ ist intensiver). Dies liegt nicht nur daran, daß IE(Benzol) < $IE(NO_2)$ ist, sondern auch daran, daß sowohl die Bildung von EE^+-Ionen als auch Reaktionen unter Ladungserhalt, wie zum Beispiel die Abspaltung von HNO_2 aus $O_2N-C_6H_4{}^+$ unter Bildung von $C_6H_3{}^+$ nicht konkurrenzfähig sind. Viele Beispiele für EE^+-Ionen-Zerfälle, bei denen $OE^{+\cdot}$-Ionen und Radikale entstehen, sind in einer Übersicht von Karni und Mandelbaum (1980) zusammengestellt.

Untersuchungen bei verschiedenen Probendrucken zeigen, daß der Peak bei m/z 99 in Aufgabe 8.6 nicht aus einer Ionen-Molekül-Reaktion stammt. Die aufgeführten C_3H_4N- und C_3H_7O-Fragmente wurden durch exakte Massenbestimmung ermittelt. In Aufgabe 8.7 können $OE^{+\cdot}$- und EE^+-Ionen ein Problem darstellen.

Aufgabe 8.6

m/z	Int.	m/z	Int.
15	4.8	54	76. C_3H_4N
27	23.	55	14.
28	18.	56	1.3
29	39.	57	13.
30	1.6	58	1.0
31	100.	59	57. C_3H_7O
32	1.3	60	2.1
39	1.2	68	1.7
40	2.5	69	0.4
41	13.	70	3.0
42	5.9	71	1.0
43	6.1	72	2.0
44	1.5	84	9.5
45	13.	85	0.5
46	0.3	98	3.5
52	3.5	99	0.5
53	0.7		

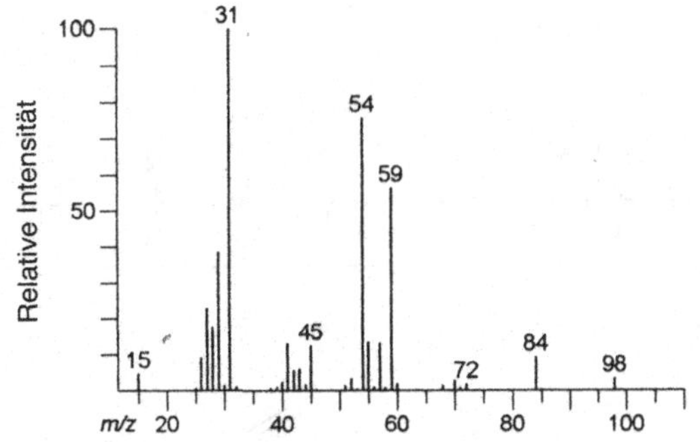

8.9 Zerfälle von cyclischen Strukturen

In einem cyclischen Ion müssen mindestens zwei Bindungen gespalten werden, um Ring-Fragmentierungs-Produkte zu erzeugen (eine doppelte Ringspaltung erfordert bei dreigliedrigen Ringen, wie Methyloxiran (Gl. 8.8), eine zusätzliche Umlagerung, daher wird diese Reaktion hier nicht diskutiert). Die Spaltung von zwei Bindungen in einem $OE^{+\cdot}$-Ion führt wieder zu einem $OE^{+\cdot}$-Ion. Zur Bildung eines EE^+-Produkts ist die Spaltung einer dritten Bindung nötig. Seine Stabilität begünstigt diese Reaktion jedoch oft. Die Ringgröße und der Ort der Ionisierung (innerhalb des Rings oder außerhalb und benachbart zum Ring) bestimmen den Reaktionsweg.

Aufgabe 8.7

m/z	Int.	*m/z*	Int.	*m/z*	Int.
15	2.1	65	1.6	120	6.5
28	2.7	74	4.0	121	0.6
30	1.4	75	6.0	122	1.0
38	1.2	76	12.	134	0.6
39	1.3	77	3.8	135	1.2
43	26.	78	0.5	150	100.
44	0.6	91	3.2	151	8.3
50	9.0	92	12.	152	0.9
51	2.9	93	1.0	165	18.
52	0.4	104	32.	166	1.6
63	2.3	105	2.4	167	0.2
64	2.1	119	1.1		

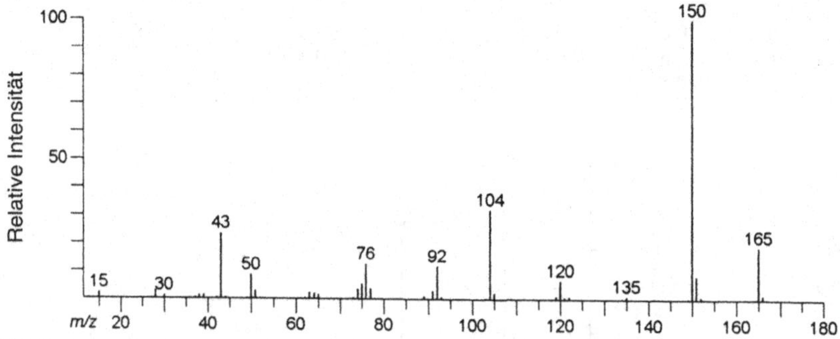

$OE^{+\bullet}$

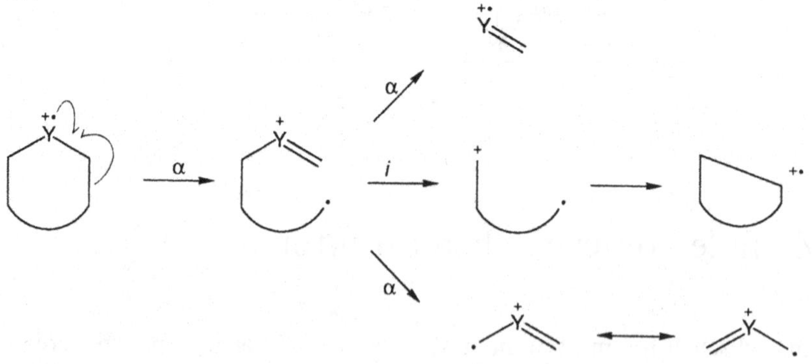

(8.48)

(8.49)

(8.50)

EE^{+}

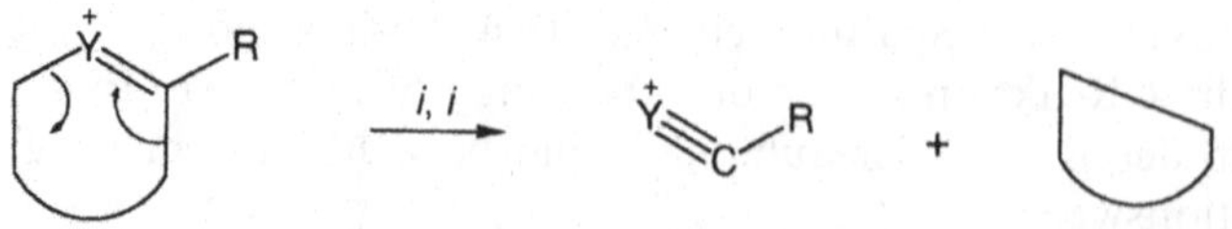

(8.51)

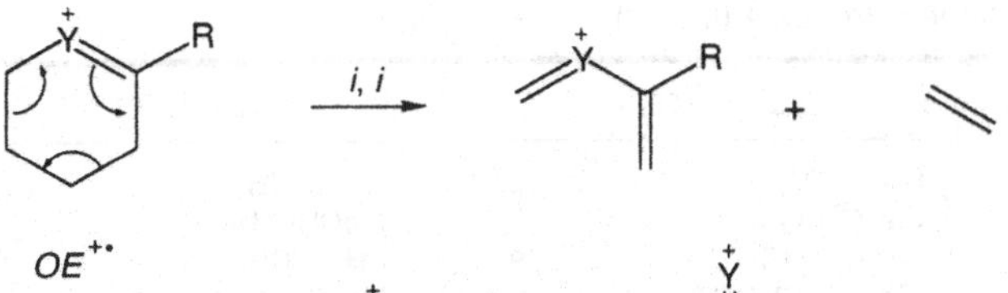

(8.52)

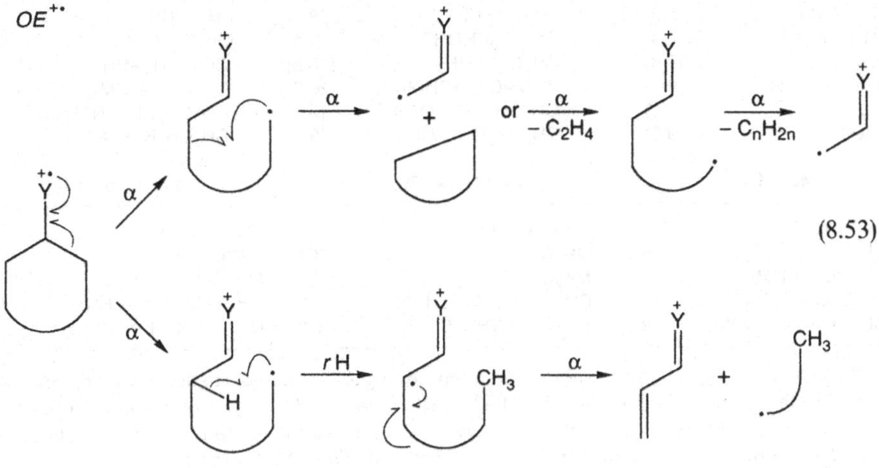

(8.53)

(8.54)

Spaltung von zwei Bindungen. In Abschnitt 4.8 sind Beispiele aufgeführt, bei denen die Spaltung von zwei Bindungen in einem cyclischen $OE^{+\cdot}$-Ion zu intensiven Produkt-Ionen führt. Diese Beispiele umfassen die Ionisierung im Ring (Ionisierung der σ-Elektronen in Cyclohexan, Gl. 4.30), die Ionisierung von *n*-Elektronen in Dioxan (Aufg. 4.14), von π-Elektronen in Cyclohexen (Retro-Diels-Alder-Reaktion) und von Substituenten am Ring (Abb. 4.8). Die Reaktion läuft normalerweise in zwei Schritten (nicht konzertiert) ab. Der erste Schritt ist einfach (Tureček und Hanuš 1984; McAdoo 1984) und wird durch die Stabilität des offenkettigen Zwischenprodukts gefördert. Diese „distonischen" Radikalkationen entstehen auch im ersten Schritt von Wasserstoffwanderungen und werden in Abschnitt 8.10 ausführlicher diskutiert. Die Haupttriebkraft, die den Reaktionsweg der Ring-Dissoziation bestimmt, ist die Stabilität der $OE^{+\cdot}$-Produkte. Diese „bedeutenden $OE^{+\cdot}$-Ionen" können leicht erkannt werden. Ihre Intensitäten können jedoch durch Konkurrenzreaktionen, bei denen durch Spaltung von drei Bindungen (s. unten) EE^+-Ionen gebildet werden, und durch Reaktionen in anderen Teilen von komplexeren Molekülen deutlich reduziert werden (z. B. Abb. 8.1).

In Tabelle 8.3 sind typische $OE^{+\cdot}$-Ionen-Produkte mit O- und N-Substitution, die durch Spaltung von zwei Ringbindungen entstehen können, aufgeführt. Die Spaltung von zwei Bindungen in einem unsubstituierten Cycloalkan führt zu zwei $\cdot(CH_2)_n{}^+$-Produkten (Gl. 8.48 und 8.49), zum Beispiel $CH_2{=}CH_2$, $\cdot CH_2CH_2CH_2{}^+$ und/oder $\cdot CH_2CH_2CH_2CH_2{}^+$. Die beiden letzteren können auch als cyclische Ionen entstehen, die 0.7 bis 1 eV stabiler sind als ihre offenkettigen Isomere (Hrovat *et al.* 1986). NR-MS-Untersuchungen (Abschn. 6.4)

Tabelle 8.3: Häufige Radikalkationen-Produkte (*IE*, eV)

m/z 28, 42, 56, 70, ...		*m/z* 30, 44, 58, 72, ...		*m/z* 29, 43, 57, 71, ...	
$CH_2{=}CH_2^{+\cdot}$	10.5[a]	$H_2C{=}O^{+\cdot}$	10.9	$H_2C{=}NH^{+\cdot}$	9.9
$MeCH{=}CHMe^{+\cdot}$	9.1	$Me_2C{=}O^{+\cdot}$	9.6	$MeCH{=}NMe^{+\cdot}$	9.3
$Me_2C{=}CMe_2^{+\cdot}$	8.3	$CH_2{=}CHOH^{+\cdot}$	9.2	$CH_2{=}CHNH_2^{+\cdot}$	8.2
$PhCH{=}CH_2^{+\cdot}$[b]	8.4	$Me_2C{=}CHOH^{+\cdot}$	8.4	$Me_2C{=}CHNH_2^{+\cdot}$	<8
$\cdot(CH_2)_3^+$	(9.9)[a]	$\cdot CH_2O^+{=}CH_2$	(10.6)	$\cdot CH_2N^+H{=}CH_2$	(9.2)
$\cdot CHMeCHMeCH_2^+$	(9.7)	$\cdot CHMeO^+{=}CHMe$	(10.0)	$\cdot CH_2N^+H{=}CMe_2$	(8.9)
$\cdot(CH_2)_4^+$	(9.9)	$\cdot CH_2CH_2CH{=}O^+H$	(9.1)	$\cdot CH_2CH_2CH{=}N^+H_2$	(8.7)
$\cdot CHMe(CH_2)_3^+$	(9.6)	$\cdot CH_2CH_2O^+{=}CH_2$	(9.7)	$\cdot CH_2CH_2N^+H{=}CH_2$	(8.3)
m/z 40, 54, 68, ...		*m/z* 42, 56, 70, ...		*m/z* 41, 55, 69, ...	
$CH_2{=}C{=}CH_2^{+\cdot}$	9.7	$CH_2{=}C{=}O^{+\cdot}$	9.6	$CH_2{=}C{=}NH^{+\cdot}$	~9
$MeCH{=}C{=}CH_2^{+\cdot}$	9.0	$O{=}C{=}O^{+\cdot}$[c]	13.8	$O{=}C{=}NH^{+\cdot}$[d]	11.6
$MeCH{=}C{=}CHMe^{+\cdot}$	8.7	$Me_2C{=}C{=}O^{+\cdot}$	8.5	$Me_2C{=}C{=}NH^{+\cdot}$	~8
$CH_2{=}CHCH{=}CH_2^{+\cdot}$	9.1	$CH_2{=}CHCH{=}CHOH^{+\cdot}$	8.5	$CH_2{=}CHCH{=}CHNH_2^{+\cdot}$	<8
$MeCH{=}CHCH{=}CHMe^{+\cdot}$	8.2	$CH_2{=}CHCH{=}C{=}O^{+\cdot}$[e]	8.3	$CH_2{=}CHCH{=}C{=}NH^{+\cdot}$[f]	<8

[a] Ionisierungsenergie (eV) des entsprechenden Neutralteilchens; Werte des stabileren cyclischen Isomers in Klammern. Beachten Sie, daß die Reaktion, bei der das acyclische Isomer gebildet wird, mehr Energie benötigt, auch wenn sein geringerer *IE*-Wert es anschließend zum aussichtsreicheren Konkurrenten um die Ladung macht. [b] *m/z* 104. [c] *m/z* 44. [d] *m/z* 43. [e] *m/z* 68. [f] *m/z* 67.

haben gezeigt, daß die $C_4H_8^{+\cdot}$-Ionen aus Cyclohexan$^{+\cdot}$ (Basispeak, Abb. 4.6) dieselbe Isomerenstruktur besitzen wie ionisiertes Cyclobutan. Dagegen ergibt Methylcyclopentan$^{+\cdot}$ sowohl Methylcyclopropan$^{+\cdot}$ als auch $CH_3CH{=}CHCH_3^{+\cdot}$ (Feng *et al.* 1989). Die *IE*-Werte dieser $C_nH_{2n}^{+\cdot}$-Ionen betragen 9.9 bis 10.5 eV. Sie können durch Alkylsubstitution auf ≈ 9 eV verringert werden. Eine Phenyl-Substitution an $C_2H_4^{+\cdot}$ führt zu $PhCH{=}CH_2^{+\cdot}$ ($IE = 8.4$ eV), dem Basispeak im Spektrum von Phenylcyclohexan.

Ein ungesättigter, sechsgliedriger Ring ist ein Spezialfall, der sowohl eine konzertierte als auch eine schrittweise Dissoziation von zwei Bindungen ermöglicht. Diese Retro-Diels-Alder-Reaktion (Gl. 8.55) führt anstelle des Olefin$^{+\cdot}$-Ions von Gleichung 8.48 zu einem resonanzstabilisierten Dien$^{+\cdot}$, bei dem der *IE*-Wert des entsprechenden Neutralteilchens um ≈ 1 eV niedriger liegt. Die Spezifität der Reaktionen von sechsgliedrigen Ringen wird von der Tendenz der Kohlenwasserstoffe zu Zufalls-Umlagerungen beeinflußt: die Intensität des $C_4H_6^{+\cdot}$-Ions beträgt bei Cyclohexen 80%, dagegen bei Methylencyclopentan nur 25% und bei Methylcyclopentenen ≤ 5%. Eine Alkylsubstitution kann die Dien$^{+\cdot}$-Bildung noch verstärken, da sie den *IE*-Wert sogar auf ≈ 8 eV senken kann. Allerdings ist die Isomeren-Spezifität enttäuschend gering: die drei Methylcyclohexene, Methylencyclohexan und Cyclohepten weisen $C_4H_6^{+\cdot}$- und $C_5H_8^{+\cdot}$-Ionen in annähernd gleicher Intensität auf.

Konzertierte Retro-Diels-Alder-Reaktionen treten in Cyclohexen-Derivaten mit allylischen Substituenten auf. Die Energien der acyclischen Zwischenstufen liegen in solchen Verbindungen höher als die des Übergangszustandes für den konzertierten Prozeß, der in der Nähe des thermochemischen Schwellenwertes

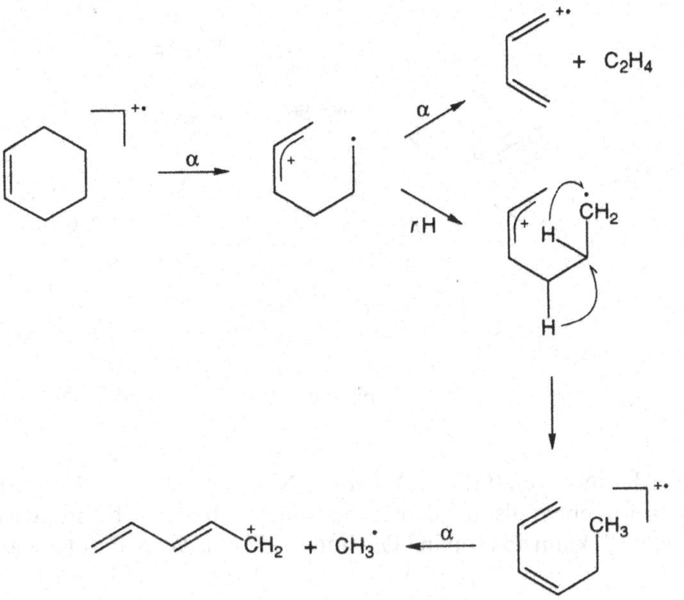

$$\text{(8.55)}$$

abläuft (Tureček und Havlas 1986). Die Auswirkungen von Substituenten auf die Stereochemie der Retro-Diels-Alder-Reaktion wurde in Abschnitt 8.3 diskutiert (Tureček und Hanuš 1984; Mandelbaum 1983).

Heteroatome im Ring (Gl. 8.43–8.47, 8.48–8.52) und Heteroatome, die an Kohlenstoffatome des Ringes gebunden sind (Gl. 8.53–8.54), können sowohl negative als auch positive Auswirkungen auf die Stabilität des $OE^{+\cdot}$-Produkt-Ions haben (Tab. 8.3). Der negative Effekt der Sauerstoff-Substitution eines Atoms, das einen wesentlichen Anteil der Ladung trägt, ist an den Beispielen $Me_2C{=}CH_2^{+\cdot}$ (*IE* des Neutralteilchens = 9.2 eV) im Vergleich zu $Me_2C{=}O^{+\cdot}$ (9.6 eV) und an $\cdot CHMeCHMeCH_2^+$ (9.7 eV) im Vergleich zu $\cdot CHMeO^+{=}CHMe$ (10.0 eV) zu sehen. Deshalb sollte die Substitution einer CH_2-Gruppe im Ring durch Sauerstoff die Produkt-Intensitäten in den Gleichungen 8.48 und 8.50 erniedrigen. 3-Methyltetrahydrofuran liefert nur 3% $\cdot CH_2{-}O^+{=}CH_2$ (*m*/*z* 44), aber 100% $C_4H_8^{+\cdot}$ durch Abspaltung von CH_2O. Beim isomeren sechsgliedrigen Ring, dem Tetrahydropyran, zeigt das Spektrum ebenfalls ein intensives $(M{-}CH_2O{-}C_2H_4)^{+\cdot}$-Ion (Gl. 8.56), aber nur wenig vom einfachen oder doppelten α-Spaltungs-Produkt.

Die analoge Substitution durch Stickstoff hat mit *IE*(MeCH=NMe) = 9.3 eV einen weniger nachteiligen Effekt auf die Intensität des Olefin-Ions (Tab. 8.3) und stabilisiert sogar das offenkettige Ion $\cdot CH_2NH^+{=}CMe_2$ (*IE* = 8.9 eV). In $\cdot CH_2Y^+{=}CMe_2$ übernimmt das Stickstoffatom viel eher einen Teil der Ladung als Sauerstoff. Außerdem wird in allen Ionen dieser Art das ungepaarte Elektron durch allylische Resonanz stabilisiert: $\cdot CR_2Y^+{=}CR'_2 \leftrightarrow CR_2{=}Y^+{-}CR'_2\cdot$. Diese Stabilisierung führt zum Basispeak im Massenspektrum von Pyrollidin (Duffield *et al.* 1965) und zu wichtigen $OE^{+\cdot}$-Ionen in den

$+ \; O{=}CH_2$

m/z 56, 55%

$CH_2{=}CH_2^{+\cdot} + C_2H_4$

m/z 28, 65%

$C_2H_4 +$ ... CH_2 $\xrightarrow{\alpha}$ $CH_2{=}O^{+\cdot} + C_2H_4$

m/z 58, 1% m/z 30, 5%

(8.56)

Spektren seiner Homologen (Gl. 8.57). Da das Neutralteilchen $(-CR_2-)_n$, das bei dieser Reaktion ebenfalls aus den Ringatomen gebildet wird, mindestens $n \geq 2$ aufweisen muß, kann das Ion in Gleichung 8.57 mit seinen drei Ringatomen

(8.57)

R = H, R' = CH_3 : m/z 43, 100%
R = CH_3, R' = H : m/z 57, 80%

nicht aus viergliedrigen Ringen entstehen. 1,3-Dimethylazetidin$^{+\cdot}$ zeigt deshalb nur 1% $(M-C_2H_4)^{+\cdot}$, aber 100% m/z 42 und 75% m/z 43, die wahrscheinlich ionisiertem $CH_3CH{=}CH_2$ ($IE = 9.7$ eV) und $CH_3N{=}CH_2$ (9.6 eV) entsprechen. Die Ionen $(M-C_2H_4)^{+\cdot}$ und $(M-C_3H_6)^{+\cdot}$ des sechsgliedrigen Isomers 1,2-Dimethylpiperidin (Abb. 8.4) haben ebenfalls nur eine sehr geringe

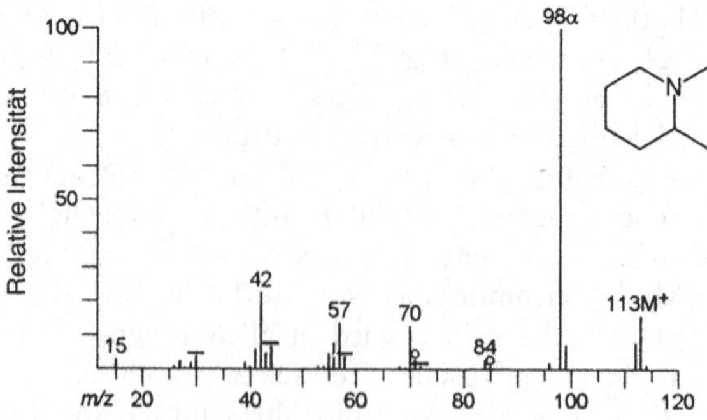

8.4 Massenspektrum von 1,2-Dimethylpiperidin.

Intensität. Das $(M-C_2H_4)^{+\cdot}$-Ion $\cdot CH_2CH_2N^+Me=CHMe^{+\cdot}$ ist nicht mehr resonanzstabilisiert und dissoziiert zu $C_2H_4 + MeN=CHMe^{+\cdot}$ (*m*/*z* 57, *IE*(MeN=CHMe) = 9.3 eV). Das $(M-C_3H_6)^{+}$-Ion wird scheinbar durch die Abspaltung des Diradikals $\cdot CH_2CH_2CH_2\cdot$ gebildet, das weniger stabil ist als das Olefin, das in Gleichung 8.55 abgespalten wird.

Heteroatome *an* einem Kohlenstoffatom im Ring (Gl. 8.53–8.54) können noch weitreichendere Auswirkungen auf die Produktstabilität haben (Tab. 8.3), weil auch hier eine allylische Resonanzstabilisierung möglich ist: $CH_2=CH-Y^{+\cdot} \leftrightarrow \cdot CH_2CH=Y^+$. Gesättigte und ungesättigte Substituenten haben dabei fast die gleiche Effektivität: $Me_2C=CH_2$, $Me_2C=CHOH$ und $Me_2=CHNH_2$ besitzen *IE*-Werte von 9.2, 8.4 und < 8 eV und $Me_2C=C=O$ und $Me_2C=C=NH$ von 8.4 und ≈8 eV. Die Bildung dieser Ionen aus substituierten Cyclobutanen ist begünstigt, da als zweites Produkt neutrale Olefine entstehen. $C_2H_4O^{+\cdot}$ und $C_3H_6O^{+\cdot}$ sind die bei weitem intensivsten Ionen in den Spektren von Hydroxy- bzw. Methoxycyclobutan. Cyclobutanone zeigen ein ähnliches Verhalten (Gl. 8.58). Andere Substitutionsmuster können zu

R = H : *m*/*z* 42, 100%

R = CH_3 : *m*/*z* 70, 100% (8.58)

Ladungswanderungen führen. 3,3-Dimethylcyclobutanon$^{+\cdot}$ ergibt zum Beispiel 100% $C_4H_8^{+\cdot}$ (*IE* = 9.2 eV) und 5% *m*/*z* 42 (9.6 eV). Größere Ringe, die die Bildung eines neutralen Olefins direkt aus dem Ring verhindern, ermöglichen zusätzliche Konkurrenzreaktionen. Der kleine Peak bei *m*/*z* 42 in Abbildung 8.5 und *m*/*z* 71 ($CH_2=CHNHC_2H_5^{+\cdot}$) in Abbildung 8.6 sind Beispiele dafür. Im

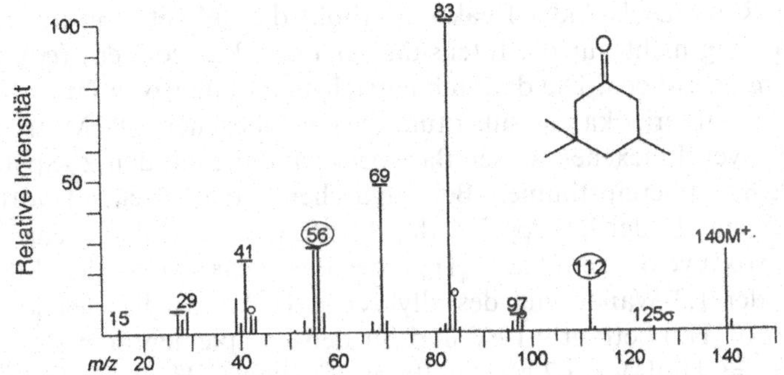

8.5 Massenspektrum von 3,3,5-Trimethylcyclohexanon.

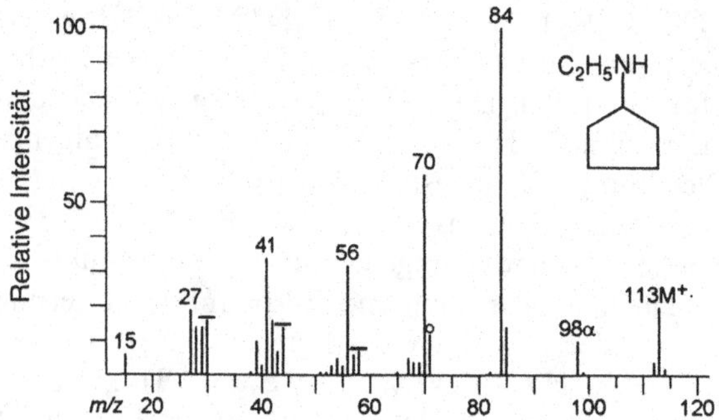

8.6 Massenspektrum von *N*-Ethylcyclopentylamin.

Spektrum von Dimethylaminocyclohexan tritt sogar das sehr stabile Ion $CH_2{=}CHN(CH_3)_2^{+\cdot}$ mit einer Intensität von nur 15% auf (allerdings handelt es sich um den zweitintensivsten Peak).

Bei Stabilisierung durch ein Heteroatom ist der Verlust eines einzelnen Ringkohlenstoffatoms nur unter Spaltung der benachbarten Ringbindungen möglich. Das geläufigste Beispiel ist die bisweilen intensive Abspaltung von Kohlenmonoxid aus Cycloalkanonen (Gl. 8.59, Abb. 8.5). Die $(M-CO)^{+\cdot}$- und $(M-CNCH_3)^{+\cdot}$-Peaks sind allerdings bei Ring-unsubstituiertem Cyclohexanon und *N*-Cyclohexylidenmethylamin um eine Größenordnung weniger intensiv.

i, α → CO + [ ]$^{+\cdot}$ (8.59)

m/z 112, 25%

Bei der Retro-Diels-Alder-Reaktion erhöht die Substitution durch Heteroatome im Ring nicht nur die Intensität der Produkte, sondern reduziert auch Zufalls-Umlagerungen. Die dadurch entstehenden intensiven $OE^{+\cdot}$-Ionen sind wichtige Charakteristika von substituierten Cyclohexenen. Die Massenspektren von Hydroxycyclohexenen weisen Basispeaks auf, die mit den α^2-Spaltungen in Gleichung 8.55 übereinstimmen. Bei vinylischen und allylischen Hydroxycyclohexenen entspricht der Basispeak $C_4H_6O^{+\cdot}$ (*IE* des Neutralteilchens = 8.5 eV). Bei 4-Hydroxycyclohexen$^{+\cdot}$ ist $C_4H_6^{+\cdot}$ der Basispeak [wobei der $(M-H_2O)^{+\cdot}$-Peak aus der 1,3-Wanderung des allylischen H-Atoms die gleiche Intensität besitzt]. $IE(C_4H_6)$ beträgt 9.1 eV und für den komplementären Reaktionsweg ist $IE(CH_2{=}CHOH)$ = 9.2 eV. Die Intensität von $C_2H_4O^{+\cdot}$ beträgt 25%. In 4-Methyl-4-hydroxycyclohexen ist das $CH_2{=}C(OH)CH_3^{+\cdot}$-Ion am intensiv-

$$\xrightarrow{\alpha^2} \quad + \quad \qquad (8.60)$$

sten (*IE* des Neutralteilchens = 8.6 eV), während die Intensität von $C_4H_6^{+\cdot}$ nur 10% beträgt (Gl.8.60).

Mehrfachbindungen und funktionelle Gruppen können auch zu einer Stabilisierung von Ringsystemen führen. So ist im Massenspektrum von 1-Methyl-3-hydroxycyclohexen $C_6H_7^+$, das stabile Benzylium-Ion, der Basispeak und $C_7H_7^+$ hat eine Intensität von 20%. $C_7H_7^+$ läßt sich als $(M-21)^+$ schwerlich durch die logische Abspaltung eines Neutralteilchens erklären (Abschn. 3.5), sondern entspricht $(M-H_2O-H_3)^+$.

Cyclische EE^+-Ionen gehen ähnliche Ringspaltungs-Reaktionen ein (Gl. 8.51, 8.52). Dabei werden EE^+-Produkt-Ionen ohne Ladungswanderung gebildet. Nitrocyclohexan$^{+\cdot}$ spaltet NO_2 ab. Dies führt zum EE^+-Cyclohexyl-Ion $C_6H_{11}^+$ mit einer Intensität von 80%. Die $C_4H_7^+$-Ionen mit 100% werden aller Wahrscheinlichkeit nach durch die Abspaltung von C_2H_4 in Analogie zu Gleichung 8.49 gebildet. So entsteht ionisiertes $CH_2{=}CHCH_2{\cdot}CH_2$ (*IE* = 8.0 eV) oder sein cyclisches Isomer (7.5 eV). In ähnlicher Weise ergibt 1-Nitrocyclohexen 100% $C_6H_9^+$ und 50% $C_4H_5^+$, wobei das letztere Isomer $HC{\equiv}CCH_2CH_2^+$ eine *IE*($HC{\equiv}CCH_2CH_3$) von 8.0 eV besitzt.

Heteroatome im Ring können durch α-Spaltung zu den entsprechenden Ionen führen, wie zum Beispiel zum Basispeak im Massenspektrum von 1,2-Dimethylpiperidin (Abb. 8.4; s. auch Gl. 8.34 und 8.61) (die Regel vom Verlust der

$$\xrightarrow{\alpha} \quad \xrightarrow{i} \quad CH_2{=}CH_2 \; + \qquad (8.61)$$

m/z 98, 100% *m/z* 70, 12%

größten Alkylgruppe *fordert* die Abspaltung der Alkylgruppe). Die Retro-Diels-Alder-Spaltung (RDA) dieses sehr stabilen cyclischen Ions führt in Übereinstimmung mit seiner relativ geringen Resonanzstabilisierung zu einer geringen Intensität des $CH_2{=}CH-Y^+{=}CH_2$-Ions (*m/z* 70). Im Spektrum des Sauerstoff-Analogons 2-Methyltetrahydropyran entsteht, übereinstimmend mit der Substitution durch ein elektronegatives Atom an der Ladungsstelle, aus dem $(M-CH_3)^+$-Basispeak der RDA-Reaktion ein noch intensitätsschwächeres (4%) $CH_2{=}CH-O^+{=}CH_2$-Ion. Das Tetrahydropyrylium-Ion lagert teilweise zum stabileren 2-Methyltetrahydrofurylium-Ion um, das nicht durch RDA-Reaktion zerfallen kann (Morizur *et al.* 1987). Auf der anderen Seite kann das

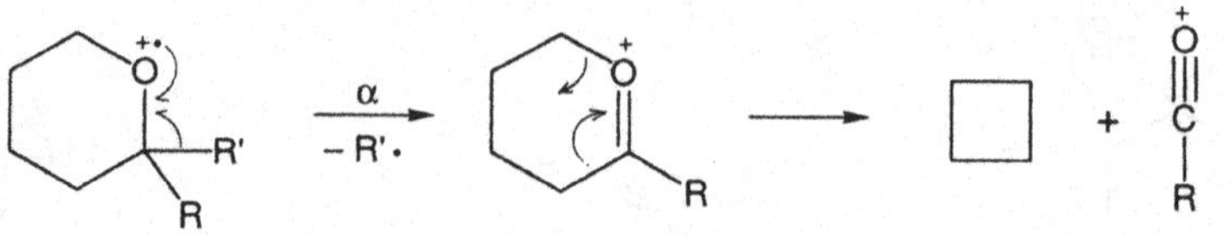

(8.62)

2-Alkyltetrahydropyrylium-Ion an der C–O-Ringbindung in ein stabiles Acylium-Ion dissoziieren (Gl. 8.51 und 8.62); Záhorzsky 1982).

Spaltung von drei Bindungen. Die Massenspektren von funktionalisierten cyclischen (≧fünfgliedrigen Ring) Verbindungen zeigen gewöhnlich eine Ringspaltung, bei der ein Heteroatom-stabilisiertes EE^+-Ion entsteht (Abb. 8.5 und 8.6, Gl. 8.63 und 8.64). Dieses Ion liefert wertvolle Hinweise zur Strukturermittlung.

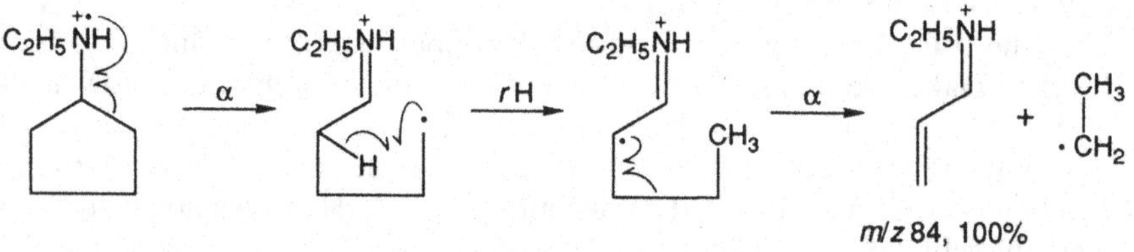

m/z 84, 100%

(8.63)

m/z 83, 100%

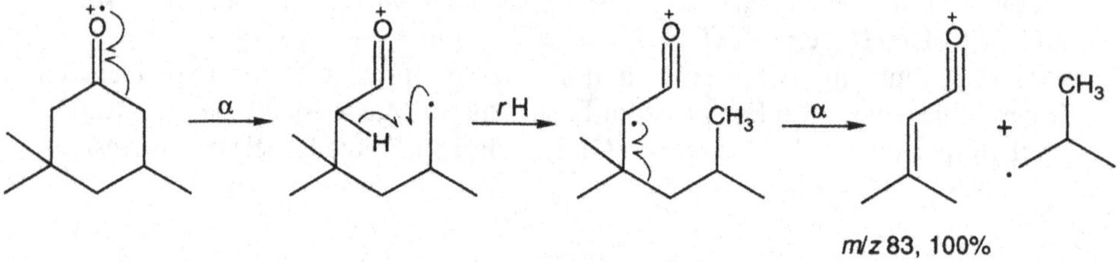

(8.64)

Eine radikalische Ringöffnung trennt Radikal- und Ladungsstelle und führt wie in den ersten Schritten der Gleichungen 8.57 und 8.58 zur Bildung eines *distonischen* Radikalkations. Im zweiten Schritt dieser Reaktionen wanderte das ungepaarte Elektron in eine allylisch stabilisierte Position. Dies kann auch durch Wasserstoffwanderung erfolgen, bei der sehr stabile (Tab. 8.3) Enamin- oder Keten-Zwischenstufen gebildet werden (Gl. 8.63–8.64). Das Kohlenwasserstoff-Analogon dieser Zwischenprodukte ist das Dienyl$^{+\cdot}$-Radikalkation in Gleichung 8.55. Mit Ausnahme der viergliedrigen Ringe, bei denen die Olefin-Eliminierung bevorzugt ist (Gl. 8.58), schränkt die Ringgröße die H-Wanderung kaum ein. Die Spektren von $-NH_2$-, $-OH$- und $-OCH_3$-substituierten Cycloalkylverbindungen mit fünf- bis wenigstens achtgliedrigen Ringen (16 bei RNH_2; Mollova und Longevialle 1990) weisen die Ionen $C_3H_6N^+$, $C_3H_5O^+$ bzw. $C_4H_7O^+$ als Basispeaks auf. Die Spektren von unsubstituierten Cycloalkanonen mit fünf- bis zehngliedrigen Ringen zeigen einen $C_3H_5O^+$-Peak mit

>90% Intensität. Die Bevorzugung dieses Reaktionsweges beruht auf der Resonanzstabilisierung der Produkte (Ladung wird vom Sauerstoff entfernt): $CH_2{=}CHCH{=}O^+H \leftrightarrow CH_2{=}CHCH^+{-}OH \leftrightarrow {}^+CH_2CH{=}CH{-}OH$ und $CH_2{=}CHC{\equiv}O^+ \leftrightarrow CH_2{=}CHC^+{=}O \leftrightarrow {}^+CH_2CH{=}C{=}O$.

Die α, *r*H-Reaktion ist für bestimmte Verbindungsklassen wie Steroide und andere funktionalisierte bi- und polycyclische Verbindungen charakteristisch (Abschn. 9.6). Trotzdem muß sie bei der Interpretation mit Vorsicht eingesetzt werden, da andere Zerfallswege mit dieser Spaltung von drei Bindungen konkurrieren können (Kingston *et al.* 1975; Schwarz *et al.* 1979). Von besonderer mechanistischer Bedeutung ist die Recyclisierung von offenkettigen, ehemals alicyclischen Ionen unter Vergrößerung oder Verkleinerung der ursprünglichen Ringgröße, die sogenannte „Fétizon-Seibl-Umlagerung" (Seibl und Gäumann 1963; Audier *et al.* 1975). In Gleichung 8.65 führt eine zweite H-Wanderung zur

(8.65)

Rückbildung des Ringes. Sie konkurriert mit der α-Abspaltung einer Alkylgruppe (Gl. 8.61). Strukturelle Eigenschaften, die die Labilität des wandernden Wasserstoffs bei der zweiten H-Wanderung erhöhen, vereinfachen die Reaktion. Die α, *r*H-Reaktion ist gegenüber der Ringgröße unempfindlich, aber sehr empfindlich gegenüber der räumlichen Orientierung des übertragenen Wasserstoffatoms

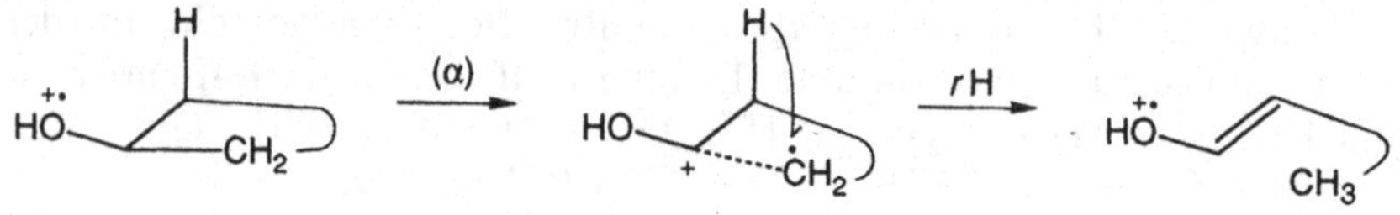

(8.66)

(Tureček und Kočovský 1980). Dies zeigt, daß die C–C-Bindung in α-Stellung zum Heteroatom vor der H-Übertragung nicht vollständig dissoziiert (Gl. 8.66). Das entstehende $-CH_2\cdot$-Radikal bleibt schwach an die geladene Heteroatomgruppe gebunden. Auf diese Weise werden die sterischen Anforderungen für die Wasserstoffübertragung reduziert. In den Zwischenprodukt-Ionen der α, *r*H-Reaktion können besonders bei metastabilen Ionen-Zerfällen unspezifische Umlagerungen auftreten (Hudson und McAdoo 1982, 1984).

Der analoge Reaktionsweg tritt bei cyclischen Verbindungen mit Heteroatomen *im Ring* weniger häufig auf. Bei Nicotin (Abb. 5.1) und Piperidin (Gl. 8.67) entsteht durch die Abspaltung von $C_2H_5\cdot$ der zweitintensivste Peak. Bei substi-

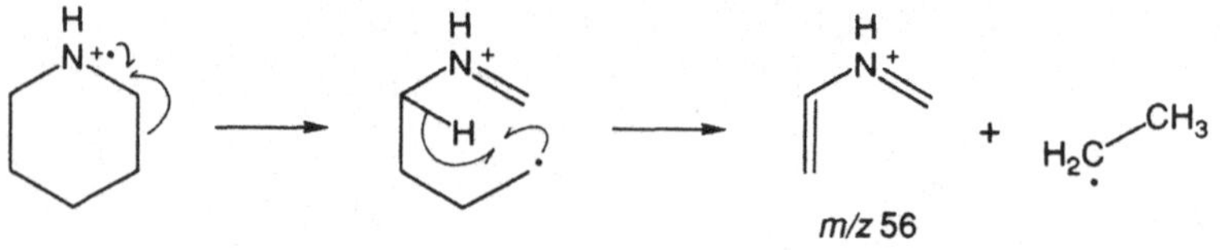

m/z 56

(8.67)

tuiertem 1,2-Dimethylpiperidin (Abb. 8.4) und bei unsubstituiertem Tetrahydropyran führt der analoge Zerfall dagegen zu Peaks bei *m/z* 84 bzw. *m/z* 57 mit Intensitäten von nur wenigen Prozent. Ein großer Teil des *m/z* 56-Peaks des Piperidins kann alternativ durch H-Abspaltung und anschließende RDA-Reaktion unter Verlust von C_2H_4 (Gl. 8.61) gebildet werden. 2-Pyridyl-1-methylpyrrolidin (Abb. 5.1) zeigt nicht die erwartete C_2H_4-Abspaltung (Gl. 8.57), sondern einen intensiven Verlust von $C_2H_5\cdot$. Die H-Abstraktion in Gleichung 8.67 kann hier am aromatischen Ring auftreten und zu einem bicyclischen Ion führen.

Beispiele. In Abbildung 8.1 verändert eine zusätzliche Doppelbindung das Spektrum deutlich. Die $OE^{+\cdot}$-Basispeaks beider Spektren entsprechen aber denjenigen von Cyclohexan/-en-Ringen mit einem Aminosubstituenten (Gl. 8.48, 8.50), der ein starker Initiator für Radikal-Mechanismen ist (Gl. 8.68 und 8.69).

In *Aufgabe 8.8* ist das Massenspektrum der Verbindung abgebildet, die bei der Bestrahlung des Pflanzenschutzmittels DDE ($Cl_2C=C(p\text{-}C_6H_4Cl)_2$ an der Luft entsteht.

$CH_3N^{+\bullet}$ → $CH_3\overset{+}{N}$ ↔ $CH_3N^{+\bullet}$ *m/z* 83 + OH

(8.68)

$CH_3N^{+\bullet}$ → $CH_3\overset{+}{N}$ H OH → $CH_3\overset{+}{N}$ *m/z* 96 + H_2C OH

$CH_3N^{+\bullet}$ OH O O O O → CH_3N^+ OH ↔ CH_3N $^{+\bullet}$ OH *m/z* 125

oder

O O O O $^{+\bullet}$ *m/z* 190 $\xrightarrow{-CO}$ *m/z* 162$^{+\bullet}$

(8.69)

Bei *Aufgabe 8.9* handelt es sich um das Spektrum von Spuren eines weißen Pulvers, das in der Tasche eines Verdächtigen gefunden wurde. Stimmt das Massenspektrum (Abb. 8.7) mit dem Spektrum überein, das Sie für 2β-Methoxycarbonyl-3β-Benzoyloxytropan (Kokain, Abb. 8.7, Formel) erwarten?

8.10 Wasserstoffwanderungen

Der Mechanismus von Wasserstoffwanderungen zeigt generelle Ähnlichkeiten mit der Dissoziation cyclischer Ionen. Sie werden besonders bei der Bildung von

Aufgabe 8.8

m/z	Int.	*m/z*	Int.	*m/z*	Int.
149	11.[a]	188	1.0	224	2.3
150	37.	213	4.9	225	0.3
151	5.1	214	0.7	248	100.
152	0.3	215	1.8	249	14.
184	6.5	220	22.	250	64.
185	20.	221	2.8	251	9.2
186	4.4	222	15.	252	9.9
187	6.9	223	2.3	253	1.5

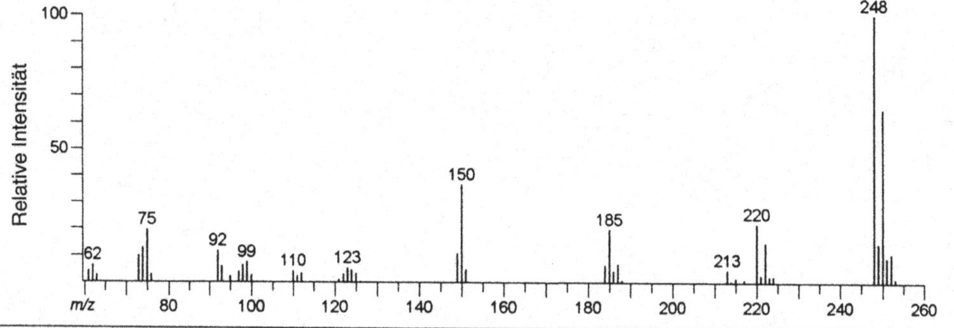

[a] Unterhalb von *m/z* 60 wurden keine Daten aufgenommen. Die übrigen Werte sind aus dem Spektrum ersichtlich.

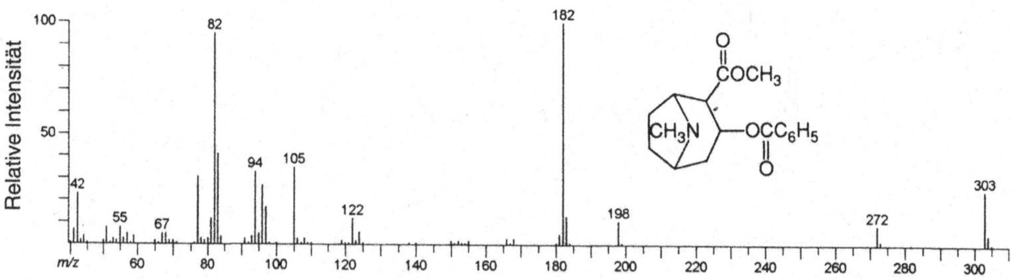

8.7 Massenspektrum von 2β-Methoxycarbonyl-3β-benzoyloxytropan (Kokain).

Ladungs-erhalt

Ladungs-wanderung

(8.70)

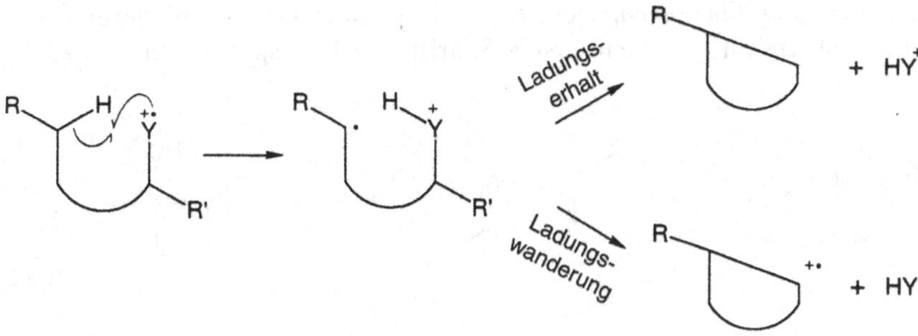

(8.71)

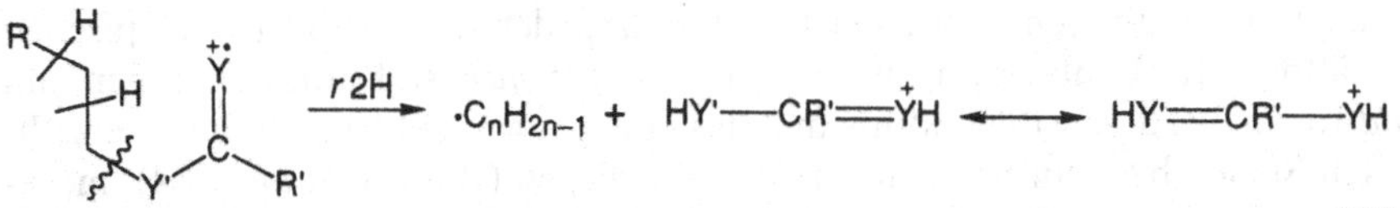

(8.72)

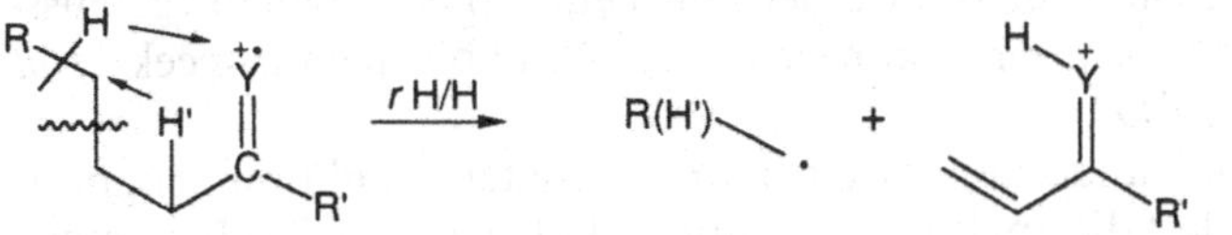

(8.73)

wichtigen Ionen mit ungerader Elektronenzahl unter Spaltung von zwei Bindungen und von charakteristischen EE^+-Ionen unter Dissoziation von drei Bindungen deutlich. Weitere wesentliche Aspekte dieser Wanderungen sind die Labilität des Wasserstoffatoms, die Aufnahmebereitschaft der Akzeptorstellen und sterische Effekte. Diese Faktoren sind in den Abschnitten 8.2 und 8.3 vorgestellt worden.

Von der Vielzahl der beobachteten Umlagerungen sind die Wasserstoffwanderungen die häufigsten und bestuntersuchten. Sie sind im allgemeinen auch für die Strukturaufklärung am brauchbarsten. Eine der ersten Untersuchungen von massenspektrometrischen Reaktionen mit isotopenmarkierten Verbindungen wurde am intensiven $C_2H_4O_2^{+\cdot}$-Ion durchgeführt, das durch Abspaltung von Ethylen aus ionisierter Butansäure entsteht (Happ und Stewart 1952; vgl. Gl. 4.33). Wasserstoffwanderungen haben photochemische Analoga: Nicholson (1954) zeigte als erster die starken Parallelen zwischen der Norrish-Typ-II-Umlagerung und den Massenspektren von Ketonen auf. McLafferty (1956, 1959) hat die breite Anwendbarkeit dieser Mechanismen zur Spektreninterpretation für eine Vielzahl von Verbindungen beschrieben. Weitere Details sind in ausführlichen Übersichten (Bursey *et al.* 1973; Kingston *et al.* 1974, 1975, 1983; Schwarz 1981; Zollinger und Seibl 1985; Bouchoux 1988) enthalten. Da Umlagerungen genauso wie die Dissoziationen von cyclischen Verbindungen mehrere Reaktionsschritte umfassen, sollte man bei der Interpretation stets Referenzspektren von nahe verwandten Strukturen vergleichen.

Spaltung von zwei Bindungen. Der erste Schritt einer $OE^{+\cdot}$-Umlagerung (Gl. 8.70 und 8.74) trennt, wie beim ersten Schritt von Ringspaltungen (Gl. 8.48–

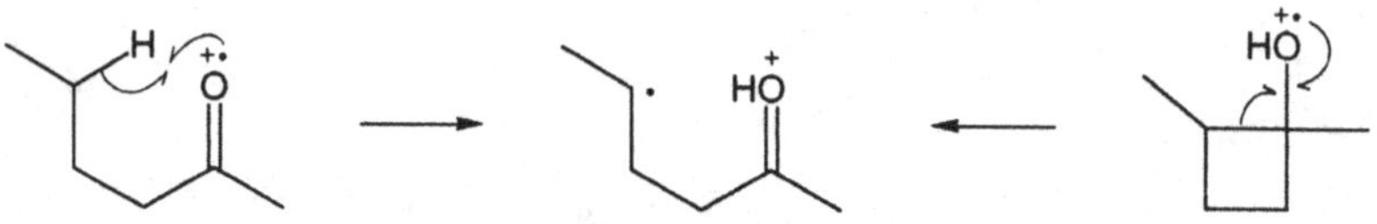

(8.74)

8.50, 8.53–8.54), das Radikal und die Ladung. Beide können dann unabhängig voneinander reagieren. Durch die Aufhebung der ungünstigen entropischen Verhältnisse für Umlagerungen können diese *distonischen* Radikalkationen und *Ylid*-Ionen, bei denen die Ladung und das ungepaarte Elektron an nicht benachbarten Stellen bzw. an benachbarten Stellen liegen (Radom *et al.* 1984), merklich stabiler sein als ihre Vorläufer. Ihre Stabilität kann gemäß Abschnitt 8.2 (Gl. 8.19) anhand der Bindungsdissoziationsenergien des Ions und der neutralen Verbindung (Tab. A.3) abgeschätzt werden. Bis heute sprechen alle Ergebnisse für einen schrittweisen statt eines konzertierten Mechanismus (Tureček *et al.* 1990a; Stringer *et al.* 1992).

Bei der Wasserstoffwanderung zu einer ungesättigten Funktionsgruppe in Gleichung 8.70 erfordert die Spaltung einer aliphatischen C–H-Bindung innerhalb der Kohlenwasserstoffkette in einiger Entfernung zur Ladung ≈4.3 eV (McMillen und Golden 1982). Dieser Energieaufwand wird durch die Bildung einer O–H-Bindung in einem ionisierten Keton, bei der ≈4.6 eV freigesetzt werden, mehr als ausgeglichen. In Übereinstimmung damit betragen die ΔH_f-Werte von 2-Hexanon$^{+\cdot}$ und seinem entsprechenden distonischen Radikalkation 6.5 bzw. 6.2 eV (Gl. 8.2). Die Spaltung einer zweiten Bindung führt zu einem $OE^{+\cdot}$-Ion, bei dem sowohl die Stabilisierung des Radikals als auch die der Ladung für den günstigsten Reaktionsweg wichtig sind. Diese Ionen-Typen sind in Tabelle 8.3 aufgeführt. Die Produkte der Reaktion 8.70 sind bei Erhalt der Ladung das resonanzstabilisierte $CH_2{=}CR'{-}YH^{+\cdot} \leftrightarrow {\cdot}CH_2{-}CHR'{=}Y^+$-Ion und ein ungesättigtes, neutrales $RCH{=}CH_2$-Molekül. Die Reaktion kann auch unter Ladungswanderung erfolgen. Dann bildet sich das Ion $RCH{=}CH_2^{+\cdot}$. Die Intensitäten der beiden konkurrierenden Ionen werden durch die Stevenson-Regel bestimmt. Die *IE*-Werte der entsprechenden Neutralteilchen liegen höher als die der α-Spaltungs-Produkte. Zum Beispiel haben in Gleichung 8.2 die Produkte $CH_2{=}C(CH_3)OH^{+\cdot}$ und CH_3CO^+ aus dem Ion $C_4H_9COCH_3^{+\cdot}$ *IE*-Werte von 8.6 bzw. 7.0 eV. Dieser Unterschied wird aber durch die viel geringere Bindungsdissoziationsenergie des neutralen $C_4H_9COCH_3$-Moleküls für die Bildung von $C_3H_6 + CH_2{=}C(CH_3)OH$ (1.3 eV) gegenüber der für die Bildung von $C_4H_9{\cdot} + {\cdot}COCH_3$ (3.4 eV) mehr als kompensiert.

Auch die Stabilisierung des neutralen Abspaltungsprodukts spielt eine, wenn auch weniger wichtige Rolle. Zum Beispiel bildet 4-Hydroxy-4-methyl-2-pentanon$^{+\cdot}$ das Ion $C_3H_6O^{+\cdot}$ (*m/z* 58) mit einer Intensität von 20% (Gl. 8.75).

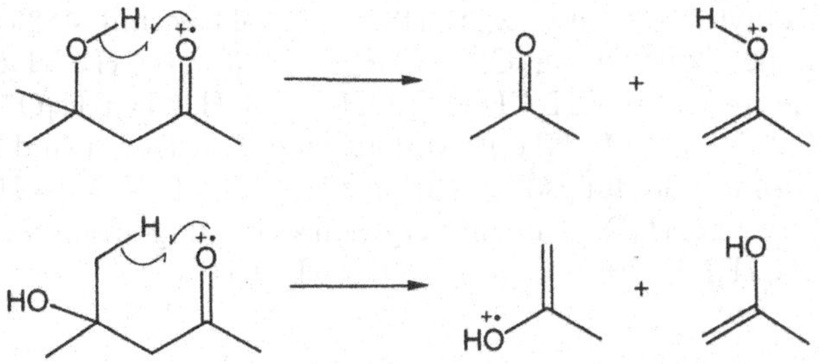

(8.75)

Deuterium-Markierung (Henneberg 1982) hat gezeigt, daß die Reaktion bevorzugt unter Ladungserhalt abläuft, obwohl eine Methyl-H-Wanderung unter Ladungswanderung dasselbe Ion $CH_2=C(CH_3)OH^{+\cdot}$ liefert. Für die Neutralteilchen ist aber ΔH_f(Aceton)$-\Delta H_f$(Aceton-Enol) $= -0.4$ eV (s. auch Gl. 8.7, 8.16, 8.17).

Wasserstoffwanderungen zu einer gesättigten Funktionsgruppe (Gl. 8.71) können ebenfalls zu einem stabileren distonischen Radikalkation führen. Die Bindungsdissoziationsenergie für die umgekehrte Reaktion eines Alkohols, $D(R(H)O^+-H)$, ist mit 4.9 eV größer als die eines Ketons jedoch geringer als die einer Säure mit $D(R(HO)C=O^+-H) = 5.3$ eV. Wenn die funktionelle Gruppe Y, zu der das H-Atom wandert, nicht ungesättigt ist, läuft im Folgeschritt bevorzugt die Spaltung der $C-Y^+H$-Bindung ab. Diese Reaktion führt zu $YH^{+\cdot}$ (Ladungserhalt) oder $\cdot(CH_2)_n{}^+$ (Ladungswanderung). Das zweite Produkt entsteht auch bei der Dissoziation von cyclischen Verbindungen (Tab. 8.3). HY-Produkte wie HCl, H_2O, CH_3OH und H_2S haben hohe Ionisierungsenergien (12.7, 12.6, 10.9 bzw. 10.5 eV). Deshalb ist die Bildung von fünf- oder sechsgliedrigen Ringen aus dem $\cdot(CH_2)_n{}^+$-Ladungswanderungs-Produkt ($n = 3$ oder 4) günstiger, wenn der Ringschluß die entsprechenden Cyclopropan$^{+\cdot}$- oder Cyclobutan$^{+\cdot}$-Ionen (*IE* der Neutralteilchen = 9.9 eV) liefert. Im Massenspektrum von Butanol$^{+\cdot}$ hat das α-Spaltungs-Produkt CH_2-O^+H (*IE* des Neutralteilchens = 7.6 eV) die gleiche Intensität wie $(M-H_2O)^{+\cdot}$. Der Unterschied der Bindungsdissoziationsenergien $D(\rightarrow C_3H_7\cdot + \cdot CH_2OH) =$ 3.6 eV und $D(\rightarrow H_2O + c\text{-}C_4H_8) = 0.6$ eV gleicht die Differenz von 2.3 eV zwischen den *IE*-Werten (Abb. 7.3) aus. Eine Dissoziation unter Ladungserhalt ist unter speziellen Bedingungen möglich: die Reaktion $HOCOCH_2Cl^{+\cdot} \rightarrow CO_2 + \cdot CH_2Cl^+H$ (Terlouw *et al.* 1983) führt zum Basispeak des Spektrums, da $IE(CO_2) = 13.8$ eV beträgt. Die Bildung von $HY^{+\cdot}$ unter Ladungserhalt sollte bei $RCl^{+\cdot} \rightarrow HCl^{+\cdot}$; $ROR^{+\cdot} \rightarrow ROH^{+\cdot}$ oder $RSH^{+\cdot} \rightarrow H_2S^{+\cdot}$ aufgrund der hohen *IE*-Werte dieser Produkte ungünstig sein. $RSR^{+\cdot} \rightarrow RSH^{+\cdot}$ sollte bevorzugt ablaufen; $n\text{-}C_5H_{11}SCH_3{}^{+\cdot}$ ergibt (neben 100% $CH_2=S^+CH_3$) 35% $HSCH_3{}^{+\cdot}$ mit $IE = 9.4$ eV und 55% $C_5H_{10}{}^{+\cdot}$ ($IE(\text{Et-}c\text{-}C_3H_5) = 9.5$ eV. Diese $OE^{+\cdot}$-Umlagerungsprodukte können oft weiter dissoziieren. So ist $C_3H_6{}^{+\cdot}$ das drittintensivste Fragment-Ion (50%) von $n\text{-}C_5H_{11}SCH_3{}^{+\cdot}$. Es entsteht wahrscheinlich durch Abspaltung von C_2H_4 aus $C_5H_{10}{}^{+\cdot}$. Desgleichen bildet $n\text{-}C_5H_{11}SC_2H_5{}^{+\cdot}$ einen $HSC_2H_5{}^{+\cdot}$-Peak von < 1%, höchstwahrscheinlich weil eine weitere Methyl-Abspaltung zum $HS^+{=}CH_2$-Peak mit 45% Intensität führt. Obwohl die Umlagerung $CH_3CH_2CH_2NH_2^{+\cdot} \rightarrow \cdot CH_2CH_2CH_2N^+H_3$ weniger endotherm ist als $CH_3CH_2CH_2OH^{+\cdot} \rightarrow \cdot CH_2CH_2CH_2O^+H_2$ ($E_a <$ 0.4 eV bzw. $\approx$0.9 eV), ist $(M-NH_3)^{+\cdot}$ vernachlässigbar. Der Grund liegt in der hohen heterolytischen Bindungsdissoziationsenergie (2.9 eV für NH_3^+-R im Gegensatz zu 1.6 eV bei H_2O^+-R) im Vergleich zu der ungewöhnlich günstigen α-Spaltung ($IE(\cdot CH_2NH_2)$ = 6.1 eV und $IE(\cdot CH_2OH)$ = 7.6 eV) (Wesdemiotis *et al.* 1985).

Folgeumlagerungen. Das ungepaarte Elektron eines $OE^{+\cdot}$-Ions, das durch Umlagerung entstanden ist, kann eine weitere Umlagerung einleiten. Dies geschieht zum Beispiel bei den enolischen $OE^{+\cdot}$-Ionen aus Alkanonen (Gl. 8.76). Solche „Folge"umlagerungen können auch bei umgelagerten

(8.76)

EE^+-Ionen (Gl. 4.46) auftreten. Dies ist zum Beispiel bei Carbonaten ($C_2H_5OCOOC_2H_5^{+\cdot} \rightarrow C_2H_5OC(OH)_2^+ \rightarrow HOC(OH)_2^+$) und Phosphaten ($(C_2H_5O)_3PO^{+\cdot} \rightarrow \rightarrow \rightarrow (HO)_4P^+$) der Fall.

Umlagerungen in einem Produkt. Die Regel für die Bildung von $OE^{+\cdot}$-Ionen durch zwei Bindungsspaltungen in einem $OE^{+\cdot}$-Vorläufer-Ion verlangt, daß beide Bindungen *zwischen* den Produkten liegen. Eine Umlagerung innerhalb eines der Produkte zählt nicht als gespaltene Bindung. Ein Beispiel dafür ist die Wasserstoffwanderung vor der α-Spaltung unter Verlust von R· bei der Bildung von $CH_2{=}CHCH{=}CHCX{=}O^+H$ aus $R-CH_2CH_2CH{=}CHCO-X^{+\cdot}$ (Gl. 8.9). Die Schwellenwert-Bildung des stabileren $RCH{=}SH^{+\cdot}$-Isomers aus RCH_2SR' (Gl. 8.77) durch eine „Substitutionsreaktion" (Abschn. 8.11) ist ein

$$R{-}CH_2{-}\overset{+\cdot}{S}{-}R' \longrightarrow R{-}CH{=}\overset{+}{S}H + \cdot R' \quad (8.77)$$

weiteres Beispiel. Diese Umlagerungen bewirken eine Isomerisierung eines der Produkte und erhöhen dadurch seine Stabilität. Gleichzeitig wird allerdings die Charakterisierung der Struktur des ursprünglichen Moleküls erschwert. Ausgedehnte Isomerisierungen dieses Typs werden am Ende dieses Abschnitts unter „Zufalls-Umlagerungen“ diskutiert.

Spaltung von drei Bindungen. Wie bei Dissoziationen von cyclischen Verbindungen, kann auch bei der Wasserstoffwanderung eine dritte Bindung gespalten werden. Dabei entstehen wichtige EE^+-Ionen (Gl. 8.72–8.73; EE^+-Ionen, die durch die Spaltung einer Bindung und anschließende Umlagerung des resultierenden EE^+-Ions gebildet werden, werden weiter unten diskutiert). Ein klassisches Beispiel für diesen Reaktionstyp ist die Wanderung von zwei Wasserstoffatomen („McLafferty + 1“, Gl. 4.46) zum gleichen Produkt. Sie dient zur Charakterisierung von Funktionsgruppen mit zwei oder mehr Heteroatomen, wie Estern, Thioestern, Carbonaten, Amiden, Sulfonen, Phosphonaten und Phosphaten. Das Massenspektrum von *iso*-$C_3H_7OCOC_3H_7$ zeigt zum Beispiel 40% $(M-C_3H_5)^+$ und 15% $(M-C_3H_6)^{+\cdot}$ (sogar *iso*-$C_3H_7CH_2OH$ spaltet $C_3H_5\cdot$ ab und bildet dadurch 55% $H_3COH_2{}^+$ bei *m/z* 33). Die Wanderung von zwei Wasserstoffatomen in $R'OCOR^{+\cdot}$ ist aufgrund der Resonanzstabilisierung des Produkts $HO-CR{=}O^+H \leftrightarrow HO^+{=}CR-OH$ begünstigt. Die Heteroatome können auch weiter auseinander liegen: $CH_3CH(OH)CH(CH_3)C({=}O)CH_2C_4H_9{}^{+\cdot}$ ergibt einen intensiven (55%) $(M-C_4H_7)^+$-Peak (Lewis 1991).

In cyclischen Verbindungen führt eine Spaltung von drei Bindungen mit H-Wanderung (Gl. 8.63–8.64) zu resonanzstabilisierten $RHC{=}CH-CR'{=}Y^+$-Ionen. Diese Ionen können alternativ durch die Wanderung von zwei H-Atomen entstehen. In diesem Fall werden aber die Wasserstoffe in unterschiedliche Richtungen zu entgegengesetzten Produkten und nicht wie bei der „McLafferty + 1“-Umlagerung beide zum selben Produkt übertragen. Das Produkt-Ion von $RCH_2CH_2CR'{=}Y^{+\cdot}$ kann durch H-Übertragung von einer beliebigen Stelle im Molekül gebildet werden. Bei Methylestern (Gl. 8.78) wird

(8.78)

diese Reaktion zur Ableitung der Struktur verwendet, denn das Produkt enthält die Substituenten am β-C-Atom (die γ-H-Wanderung zeigt diejenigen in der α-Position an). Der intensive Peak bei *m/z* 87 (Abb. 3.13) in α,β-unsubstituierten Methylestern resultiert aus dem δ- oder ε-H-Transfer in Gleichung 8.78 (Dinh-

Nguyen *et al.* 1961; Kraft und Spiteller 1969). Das $RHC=CH-CR'=Y^{+}$-Produkt kann auch durch eine dritte Bindungsspaltung ohne H-Wanderung gebildet werden (Gl. 8.79). In Gleichung 8.9 entsteht als Produkt

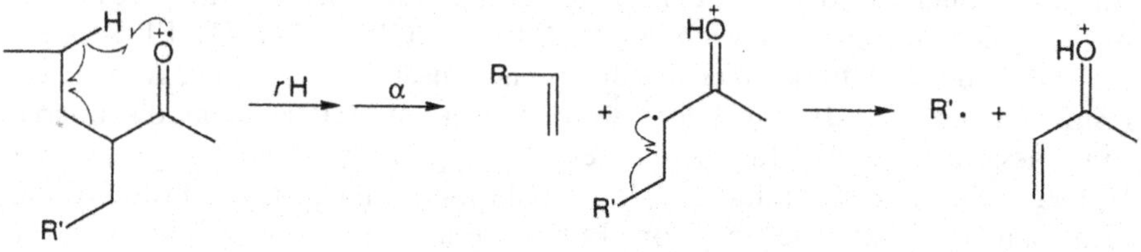

(8.79)

$CH_2=CHCH=CHCX=O^{+}H$, ein EE^{+}-Ion mit zusätzlicher Resonanzstabilisierung.

Gleichung 8.80 zeigt ein ungewöhnliches Beispiel für eine dreifache H-Wanderung (Abbott *et al.* 1979).

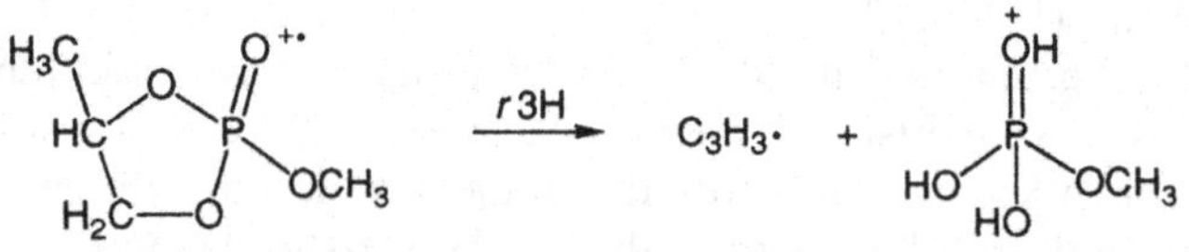

$C_3H_3\cdot$ + (8.80)

Labilität des Wasserstoffs. Der erste Schritt einer radikalischen Umlagerung verändert den Aufenthaltsort des ungepaarten Elektrons. Die Stabilisierung des neu gebildeten Radikals beeinflußt die Energie des Zwischenprodukts und die Konkurrenzfähigkeit der gesamten Umlagerung. Radikalische Wasserstoffwanderungen von gesättigten Kohlenstoffatomen zu Heteroatomen der ersten Reihe im Periodensystem sind gewöhnlich exotherme Prozesse. Trotzdem gibt es sowohl energetische Einschränkungen aufgrund von Isomerisierungsbarrieren als auch sterische Einschränkungen aufgrund des Verlustes von freien Rotatoren im Übergangszustand. Diese Beschränkungen werden gelockert, wenn die ursprünglich gespaltene C–H-Bindung eine geringe Dissoziationsenergie besitzt. So können hochspezifische Umlagerungen eingeleitet werden. Zum Beispiel beträgt $D(PhCH_2-H)$ 0.5 eV weniger als $D(R-H)$ (Tab. A.3). Dies führt zu strukturtypischen H-Übertragungen in *ortho*-substituierten Aromaten (*ortho*-Effekt, Gl. 4.41) und zu Umlagerungen über Übergangszustände mit ungewöhnlichen Ringgrößen. In Gleichung 8.81 ist eine ε-H-Wanderung aufgezeichnet, bei der die Peaks $(M-CH_3OH)^{+\cdot}$ und $(M-76)^{+\cdot}$ gebildet werden (Meyerson und Leitch 1966). Sie sind zur Identifizierung von Substituenten an C-6 in Fettsäuremethylestern sehr wichtig. Die Stabilität des neutralen Produkts kann ebenfalls die H-Übertragung vereinfachen. So ist $D(RO-H)$ um 0.2 eV *höher* als $D(R-H)$. Trotzdem lagert das Hydroxyl-H selektiv über einen Übergangszustand, bei dem ein größerer Ring gebildet wird, (Gl. 8.17, 8.82) um, weil

C_6H_5 — H ... $\dot{O}CH_3$ $\xrightarrow{rH}$ C_6H_5 H $\overset{+}{O}CH_3$ $\xrightarrow{rd}$

C_6H_5 ... H + $HOCH_3$ ... $O^{+\bullet}$

|||

H_5C_6 ... H ... O $\xrightarrow[i]{rH}$ H_5C_6 ... + H–O ... $(M-76)^{+\bullet}$

(8.81)

das entstehende neutrale Produkt RCHO sehr stabil ist. Bei Umlagerungen, die von einer entfernten Funktionalität ausgehen, sind eine Vielzahl von Folgereaktionen möglich. Bei dieser Reaktion wird der Wasserstoff durch Keto-, Amino-, Ether- und Trimethylsilyloxy-Gruppen sowie durch Kettenverzweigungen und ungesättigte Stellen im Molekül aktiviert. Wanderungen von aktivierten Wasserstoffatomen über eine große Distanz („long-range"-Wanderungen) können auch in α,β-ungesättigten Verbindungen (Gl. 8.83; vgl. mit Gl. 8.9) oder sogar bei langkettigeren Enonen (Liedtke *et al.* 1972) auftreten.

Wasserstoffwanderungen sind bei EE^+-Ionen oft von Gerüstumlagerungen begleitet. Dabei entstehen mehrere Zwischenprodukte, von denen jedes ein H-Atom besitzt, dessen Wanderung bevorzugt abläuft (Gl. 8.84; Weiss *et al.* 1987). Im Verlauf der Umlagerung werden deshalb verschiedene C–H-Bindungen unabhängig von ihrer Stellung im ursprünglichen EE^+-Ion aktiviert. Die Zerfälle laufen daher mit geringer Regioselektivität ab. Sind keine aktivierenden funktionellen Gruppen in EE^+-Ionen vorhanden, laufen Protonen-Austausch-Reaktionen in Ionen-Molekül-Komplexen ab (Gl. 8.14, 8.85; Terlouw *et al.* 1986; Bowen 1991). Bei diesen Reaktionen werden sowohl die Labilität des Wasserstoffs als auch die Aufnahmebereitschaft der empfangenden Stelle durch die relativen Protonenaffinitäten des Donors und Akzeptors bestimmt ($PA(C_3H_6, CH_3OH) = 7.8$ bzw. 7.9 eV). Der Nachweis solcher Reaktionswege erfordert eine Markierung mit Deuterium. Beachten Sie, daß die Konkurrenzspaltungen eines Protonen-verbrückten Isomers $(AB + H)^+$ zu AH^+ und BH^+

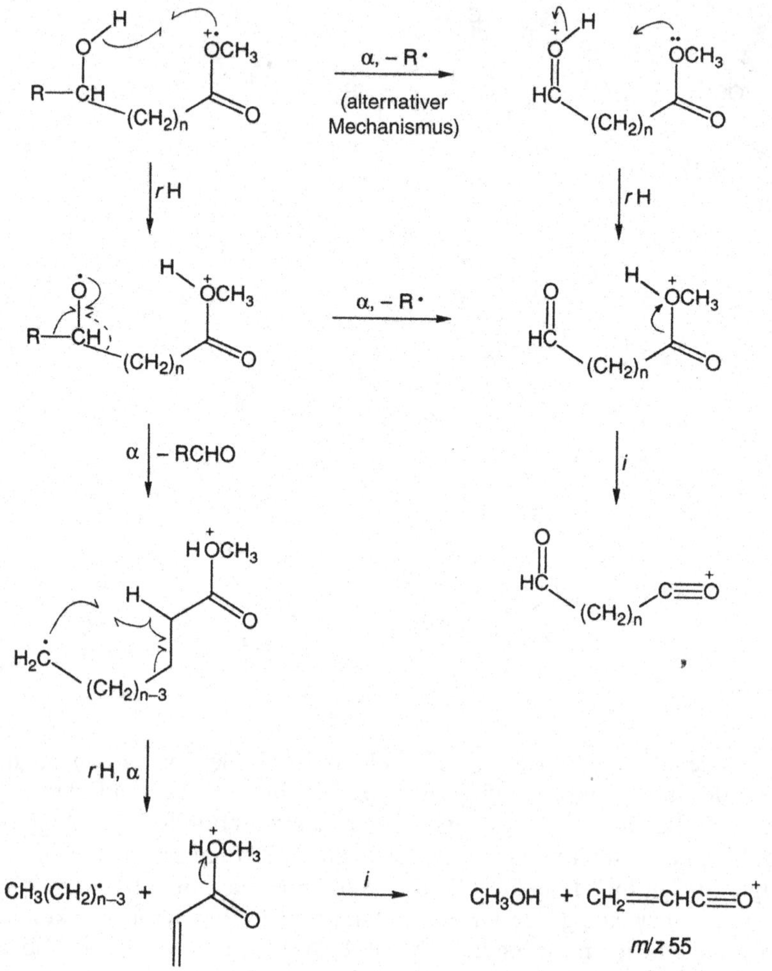

α, – R·
(alternativer Mechanismus)

rH

rH

α, – R·

α | – RCHO

i

(8.82)

rH, α

i

$CH_3OH + CH_2{=}CHC{\equiv}O^+$
m/z 55

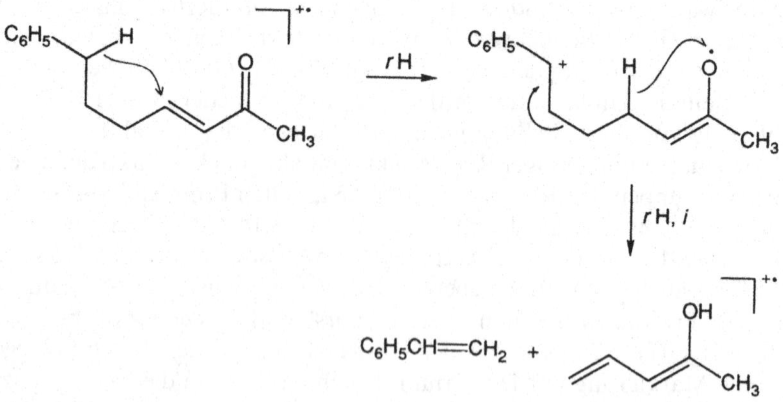

rH

rH, i

(8.83)

$C_6H_5CH{=}CH_2$ +

(8.84)

führen, deren Massensumme AB + 2 entspricht. In bi- oder multifunktionellen Verbindungen kann die ladungstragende Gruppe benachbarte C–H-Bindungen zu spezifischen Protonenübertragungen aktivieren. (Záhorszky 1988; Gl. 8.86).

Aufnahmebereitschaft der Rezeptorstelle. Wie in Abschnitt 8.2 diskutiert, entsteht durch die Wasserstoffwanderung zu einem Radikal an einem Heteroatom

i-$C_3H_7^+$ + CH_3OH 40%

C_3H_6 + $CH_3\overset{+}{O}H_2$ 60%

(8.85)

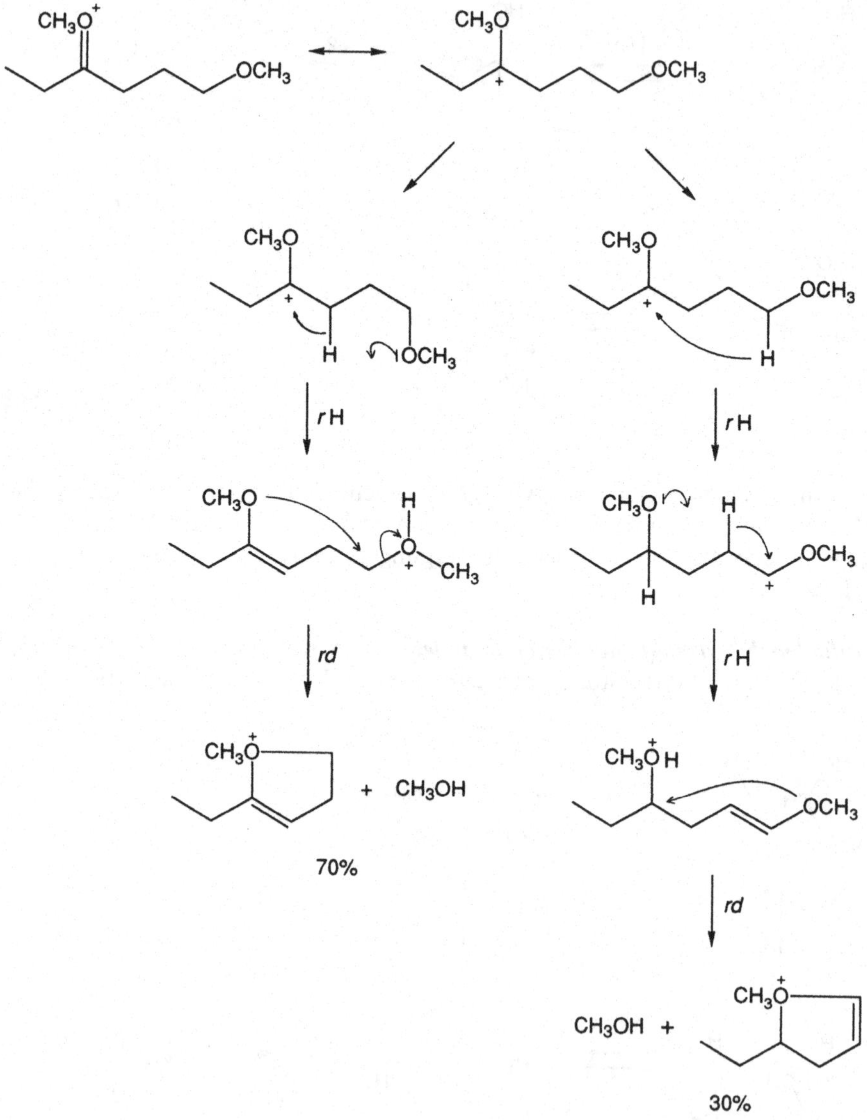

(8.86)

oder an einer Mehrfachbindung eine neue Bindung. Dies führt zu einer zumindest teilweisen koordinativen Absättigung dieser Stelle. Die Stärke der neuen Bindung RY^+-H ist ein Maß für die Rezeptorstärke dieser Stelle. Deshalb sind H-Übertragungen, bei denen die Koordinationszahl von elektronegativen Atomen erhöht wird, begünstigt. Die homolytischen Bindungsdissoziationsenergien aus Tabelle A.3 ergeben: $RC{\equiv}N^+-H > RF^{+\cdot}H > R(OH)C{=}O^+-H > R(RO)C{=}O^{+\cdot}H > R(H)O^+-H > R_2C{=}O^+-H = RCl^+-H = RH_2N^+-H$

$> R_2O^+ - H > R_2HN^+ - H > R(H)S^+ - H$, 6.6 eV → 3.9 eV. Fast alle sterisch erlaubten Übertragungen von H-Atomen zu allen aufgezählten Stellen müssen in Betracht gezogen werden, da D(Alkyl − H) = 4.0 − 4.3 eV.

Ionen, die genügend Energie besitzen, um zu zerfallen, können reversible H-Wanderungen zwischen zwei oder mehreren Rezeptorstellen eingehen. Dabei muß die Energiebarriere für die Wasserstoffwanderung niedriger sein als die kritische Energie des Zerfalls. Zum Beispiel tritt bei langkettigen *n*-Alkanolen und Cycloalkanolen (Cyclohexanol und größere Ringe) ein Wasserstoffaustausch zwischen der Hydroxylgruppe und der Kohlenwasserstoffkette auf, bevor Wasser abgespalten wird (Ward und Williams 1968; Tureček *et al.* 1981); Bukovits und Budzikiewicz 1983). Unter günstigen sterischen Bedingungen kann die hohe Wasserstoffaffinität von sauerstoffhaltigen Funktionsgruppen ungewöhnliche Wasserstofftransfer-Reaktionen auslösen. Zum Beispiel tritt bei der Eliminierung von *iso*-Buten aus *exo*-*tert*-Butyladamantanon eine δ-H-Übertragung auf, die über einen siebengliedrigen Übergangszustand verläuft (Lightner und Wijekoon 1985; Gl. 8.87). Aufgrund der starren Geometrie des Moleküls sind keine anderen H-Übertragungen möglich. Das *endo*-Isomer spaltet ausschließlich C_4H_9 ab.

(8.87)

In multifunktionellen $M^{+\bullet}$-Ionen, bei denen sich die Ladung und das einsame Elektron an der Funktionsgruppe mit der geringsten Ionisierungsenergie aufhalten, können kompliziertere Wasserstofftransfer-Mechanismen vorliegen, da dieser Aufenthaltsort im allgemeinen *nicht* der Stelle mit dem höchsten $D(RY^+ - H)$-Wert entspricht. Die Konkurrenz um das Wasserstoffatom hängt von der relativen Protonenaffinität der funktionellen Gruppen ab (Gl. 8.88).

(8.88)

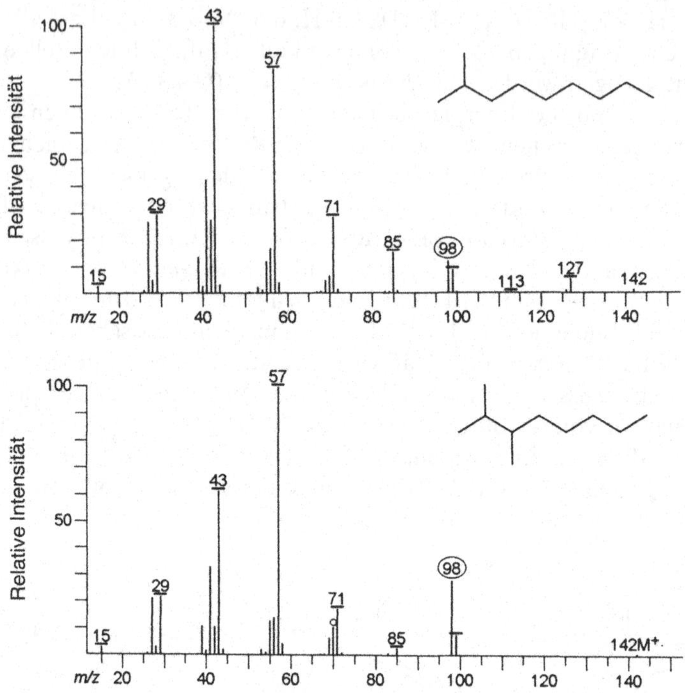

8.8 Massenspektren von 2-Methylnonan (oben) und 2,3-Dimethyloctan (unten).

Tabelle A.3 zeigt, daß stickstoffhaltige Funktionsgruppen die stärksten Rezeptoren sind, gefolgt von schwefel- und sauerstoffhaltigen. Durch einen zusätzlichen Aminostickstoff an einer beliebigen Stelle in n-$C_4H_9OH^{+\cdot}$ verschwindet der große $(M\text{-}H_2O)^{+\cdot}$-Peak fast völlig. In Gleichung 8.81 trägt das Molekül-Ion im Grundzustand die Ladung im aromatischen Ring: *IE*(Alkylbenzole) $\ll$ *IE*(Methylester). Der geladene Aromat kann allerdings als starke Lewis-Säure fungieren (Lewis 1986) und eine Protonenübertragung von der Benzyl-Position zur basischen Estergruppe induzieren. Letztendlich führt dies zur Eliminierung von Methanol.

Wasserstoffübertragungen können auch in $OE^{+\cdot}$-Ionen auftreten, die durch σ-Ionisierung gebildet wurden. Sie enthalten formal keine ungesättigten Rezeptoren. Zum Beispiel werden die endständigen Isopropylgruppen in 2-Methylnonan und 2,3-Dimethyloctan (Abb. 8.8) eindeutig durch die intensiven $(M-C_3H_8)^{+\cdot}$-Ionen ausgewiesen. Die 3-Methylgruppe von 2,3-Dimethyloctan führt zum weniger intensiven $(M-C_5H_{12})^{+\cdot}$-Ion. Diese Wasserstoffübertragung zwischen zwei formal gesättigten Molekülteilen wird durch einen Ionen-Molekül-Komplex mit verlängerter zentraler C – C-Bindung (Wendelboe *et al.* 1981) ermöglicht, der die koordinative Sättigung des Rezeptors aufhebt (Gl. 8.89). Theoretische Berechnungen zur CH_4-Abspaltung aus $Aceton^{+\cdot}$ zeigen, daß sich die Kationen- und Radikalbruchstücke bei einfachen, energie-

$$\underset{|}{\overset{\text{RHCH}}{\overset{|}{-\text{C}^{+\cdot}}}}\text{CH(CH}_3)_2 \longrightarrow \underset{|}{\overset{\text{RHC—H}}{\overset{|}{-\overset{+}{\text{C}}}}}\cdots\dot{\text{C}}\text{H(CH}_3)_2 \longrightarrow \overset{\text{RHC}^{+\cdot}}{\overset{\|}{\text{C}}} + \text{HCH(CH}_3)_2 \qquad (8.89)$$

armen Spaltungsreaktionen nicht unbedingt in der Richtung der ursprünglichen σ-Bindung auseinanderbewegen. Sie können vielmehr aneinander vorbeigleiten, wobei sie durch Ionen-Dipol-Wechselwirkungen aneinander gebunden sind. Dadurch erhöht sich die Wahrscheinlichkeit für einen Wasserstofftransfer (Heinrich *et al.* 1988).

Sterische Effekte bei **$OE^{+\cdot}$*-Umlagerungen.*** Viele stereochemische Effekte bei H-Wanderungen wurden schon in Abschnitt 8.3 diskutiert. Sie sollten ihn an dieser Stelle noch einmal lesen. Im allgemeinen werden bei radikalisch initiierten Wanderungen 6- > 5- > 3-gliedrige Übergangszustände bevorzugt, während 4-gliedrige aktivierte Komplexe ungünstig sind (Weiske und Schwarz 1983). Die 3-gliedrigen Übergangszustände (1,2-Wanderungen) benötigen zwar höhere Energien, sind aber gegenüber den 5- und 6-gliedrigen Übergangszuständen sterisch bevorzugt. Die höhere Energie der radikalischen 1,2-H-Wanderungen wird für die Besetzung eines antibindenden Orbitals mit einem Elektron im Übergangszustand benötigt. Diese Barriere kann durch elektronenziehende Gruppen in der Nähe des wandernden H-Atoms gesenkt werden. Sie setzen die Elektronendichte im Übergangszustand herab (McAdoo *et al.* 1984).

Im allgemeinen sind 1,2-Wanderungen bei EE^+-Ionen (kationische Umlagerungen) sehr einfach. H-Wanderungen über Protonen-verbrückte Komplexe haben viel geringere sterische Anforderungen. Die Bildung dieser Komplexe wird durch geringe innere Energie und eine lange Lebensdauer der Ionen gefördert. Dasselbe gilt für größere, positiv geladene Gruppen wie $-OH_2^+$, $-C(OH)_2^+$ und $-CHOH^+$. Ihre Wanderungen erfolgen über Ionen-Molekül-Komplexe (Abschn. 8.1), die oft zu unspezifischem Wasserstoffaustausch zwischen den Einzelteilen führen. Ionen-Molekül-Komplexe werden durch Ionen-Dipol- oder Ionen-induzierte Dipol-Kräfte, die schwächer sind als chemische Bindungen, zusammengehalten. Bei hoher innerer Energie dissoziieren diese Komplexe schnell. Deshalb können sie gegenüber den schnellen Zerfällen in der Ionen-Quelle, die bei normalen EI- oder CI-Massenspektren vorliegen, schlecht konkurrieren.

Effekte bei großen Molekülen. Höhere Homologe besitzen eine größere relative Häufigkeit an energiearmen $M^{+\cdot}$-Ionen [durch Verringerung des $P(E)$-„Loches"] und flachere $k(E)$-Kurven. Abbildung 7.7 zeigt dies am Beispiel von Alkanonen. Dieses Verhalten kann durch den „Freiheitsgrad"-Effekt erklärt werden. Er verlängert die $M^{+\cdot}$-Lebensdauer dadurch, daß die Wahrscheinlichkeit des Energieflusses in die Schwingungsniveaus, die bei einfachen Spaltungsreaktionen beteiligt sind, reduziert wird. Die erhöhte Wahrscheinlichkeit von energiearmen $M^{+\cdot}$-Ionen begünstigt ungewöhnliche Umlagerungen in den 70-eV-Spektren großer Moleküle. Die doppelte Wasserstoffumlagerung (Gl. 4.46) führt bei Verbindungen ohne Heteroatom an der gespaltenen Bindung, wie zum Beispiel bei größeren Ketonen ($H_2-R-CH_2COCH_3^{+\cdot}$ $\rightarrow R\cdot + (CH_3)_2C{=}OH^+$, *m/z* 59) und Methylestern ($H_2-R-CH_2COOCH_3^{+\cdot}$ $\rightarrow R\cdot + C_3H_7O_2^+$, *m/z* 75) zu signifikanten Peaks. Durch Eliminierung von Wasser oder Ethylen aus größeren Alkanalen können intensive Produkt-Ionen entstehen, die in den Spektren der niedrigeren Homologen (kleiner als Hexanal) nicht beobachtet werden (Gl. 8.90, Meyerson *et al.* 1970). In den Spektren von

$$\xrightarrow{rH} \longrightarrow \longrightarrow R{-}CH{=}CH{-}\ddot{O}H^{+\cdot} + CH_2{=}CH_2 \quad (8.90)$$

primären Aminen wächst die Intensität des $C_2H_6N^+$-Peaks (*m/z* 44), der durch „Pseudo-α-Spaltung" gebildet wird, von 1% bei Hexylamin auf 30% bei Dodecylamin (Abb. 3.16). Dieser Trend wird bei geringer Energie der ionisierenden Elektronen noch deutlicher (Bowen und Maccoll 1985). Die „Pseudo-α-Spaltung" besteht aus mehreren Wasserstoff- und Gerüstumlagerungen, die zu einer α-Methylalkylamin-Struktur führen. Aus dieser Struktur entsteht das *m/z* 44-Ion durch α-Spaltung (Gl. 8.91; Hammerum *et al.* 1983).

$$\xrightarrow[1,5]{rH} \xrightarrow[1,4]{rH} \xrightarrow[1,2]{r\text{-}C} \xrightarrow[1,5]{rH} \xrightarrow[1,5]{rH} \xrightarrow{\alpha} R\cdot + CH_3CH{=}\overset{+}{N}H_2 \;(m/z\ 44) \quad (8.91)$$

EE⁺-*Ionen-Umlagerungen.* Die am schnellsten gebildeten EE^+-Ionen sind im allgemeinen sehr stabil. Eine Vielzahl von Umlagerungen konkurriert deshalb

(8.92)

(8.93)

(8.94)

(8.95)

mit ihrem weiteren Zerfall (McLafferty 1980 b). Bei ungesättigten EE^{+}-Ionen beobachtet man die Reaktionen 8.92 bis 8.95 und die entsprechenden α-Spaltungen. Ein Beispiel für die Reaktion 8.94 wurde in Abschnitt 4.10 (Gl. 4.44) diskutiert. Liegt die ungesättigte Stelle im Übergangszustand der Umlagerung innerhalb des Ringes, muß der Ring bei radikalischen Umlagerungen sechsgliedrig sein, damit die Doppelbindung sich vom H-Rezeptor entfernen kann (Gl. 8.92 und 8.93). Befindet sich an dieser Stelle nur eine Einfachbindung (Gl. 8.94 und 8.95) muß diese Bindung gespalten werden (möglicherweise konzertiert mit der H-Wanderung). Dabei ist die Ringgröße im Übergangszustand nicht festgelegt.

In einigen günstigen Fällen ähneln die EE^{+}-Umlagerungen stark ihren $OE^{+\cdot}$-Gegenstücken. Protonierter Essigsäureethylester zeigt zum Beispiel einen spezifischen H-Transfer über einen sechsgliedrigen Übergangszustand (Gl. 8.92) [Gl. 8.96(*a*); 8.96(*b*–*d*), Pesheck und Buttrill 1974]. In $CH_2{=}N^{+}RCH_2CH_2CD_2CH_3$ tritt eine spezifische D-Übertragung unter Eliminierung von C_3H_5D auf (Gl. 8.93; Budzikiewicz und Bold 1991). Die EE^{+}-Ionen von Gleichung 8.96(*b*–*d*) (R = H oder C_2H_5; R′ = CH_3 oder C_6H_5; Benoit und Harrison 1976; Leung und Harrison 1977) verhalten sich erstaunlich ähnlich. Alle spalten unter Übertragung von ≈30% α-H, ≈20% β-H und ≈50% γ-H C_3H_6 ab. Es gibt überzeugende Beweise, daß dies nicht durch H-Austausch in der C_3H_7-Gruppe vor der H-Übertragung und C_3H_6-Abspaltung geschieht. Bei der analogen C_3H_6-Abspaltung aus Propylphenylether-Molekül-Ionen

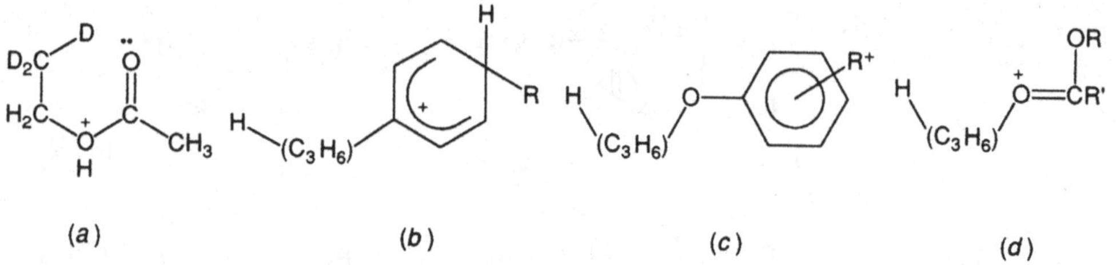

(a) (b) (c) (d)

(8.96)

tritt eine ähnliche H-Verteilung auf. Diese Reaktion ist ein Beispiel für eine $OE^{+\cdot}$-Ionen-Umlagerung, die im Übergangszustand einen gesättigten Ring bildet. Beim Verlust von C_3H_6 aus $OE^{+\cdot}$-Propylphenylether-Ionen zeigt sich eine ähnliche H-Verteilung. Genauso verhält es sich bei der Abspaltung von C_4H_8 aus $CH_3CH_2CH_2CH_2OC_6H_5^{+\cdot}$ im Vergleich zu der aus $CH_3CH_2CH_2CH_2O^{+\cdot}{=}CH_2$ (Gl. 8.94; Budzikiewicz *et al.* 1967). Sogar die EE^+-Substitutionsreaktion von protonierten Diethylether-Ionen mit der minimal erforderlichen Energie (Gl. 8.97) läuft mit hoher Spezifität ab.

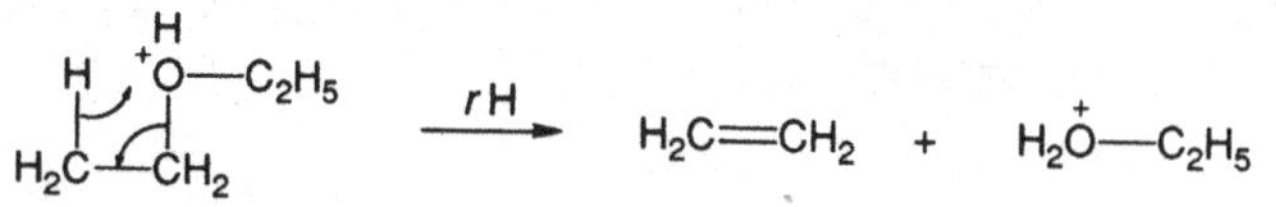

$$H_2C{-}CH_2{-}H \cdots \overset{+}{O}H{-}C_2H_5 \xrightarrow{rH} H_2C{=}CH_2 + H_2\overset{+}{O}{-}C_2H_5 \qquad (8.97)$$

Durch Reaktionen wie in den Gleichungen 4.44 oder 8.97, die formal eine viergliedrige Zwischenstufe bilden, entstehen intensive Produkt-Ionen. Sie sind aber aufgrund von Orbital-Symmetrie-Überlegungen ungünstig (Pescheck und Butrill 1974; Williams 1977) und durchlaufen wahrscheinlich einen Ionen-Molekül-Komplex (Harrison 1987). Bei der Strukturermittlung von Aminen ist die generelle Bevorzugung von Reaktion 8.94 gegenüber 8.95 hilfreich (Abb. 4.4 im Vergleich zu Aufg. 4.7; Aufgaben 4.20 und 6.2; Bowen 1991 b). Uccella *et al.* (1971) haben gezeigt, daß $CH_3CD_2N^+H{=}CH_2$ spezifisch $C_2H_2D_2^+$ abspaltet (Gl. 8.94), wohingegen bei der Ethylenabspaltung aus $CH_3CD_2CH{=}NH_2^+$ (Gl. 8.92) und $CD_3C(CH_3){=}NH_2^+$ alle möglichen H/D-Produkte auftreten. Vier $C_3H_7O^+$-Isomere verlieren bevorzugt C_2H_4, um COH_3^+ zu bilden. Bei $CH_3CH_2O^+{=}CH_2$ und $CH_3CH_2CH{=}OH^+$ sollte diese Reaktion gemäß Gleichung 8.94 bzw. 8.95 ablaufen, bei $(CH_3)_2C{=}OH^+$ und $CH_3CH{=}O^+CH_3$ sind komplexere Umlagerungen beteiligt (Tsang und Harrison 1971; McLafferty und Sakai 1973). Schwefelhaltige EE^+-Ionen mit entsprechender Struktur reagieren neben vielen anderen Reaktionen nach den Gleichungen 8.89 bis 8.92. Die instabilen $R{-}CHR'{-}S^+$-Ionen, die bei der α-Spaltung von Sulfiden entstehen, lagern zum Beispiel sofort zu $R{-}CR'{=}SH^+$-Ionen um (Gl. 8.77; van de Graaf und McLafferty 1977). Die Bildung dieser umgelagerten Ionen läuft über eine geschwindigkeitsbestimmende Wasserstoffwanderung, die die Entstehung des energiereichen $R{-}S^+$-Ions vermeidet (Radom *et al.* 1984).

In EE^+-Ionen, die durch CI gebildet werden, beobachtet man häufig eine intra-ionische Protonenübertragung zu koordinativ abgesättigten funktionellen Gruppen (keine Radikalstelle) (McLafferty 1980b; Harrison 1983). Solche Reaktionen haben keine Analogien in der Chemie von Kationen mit vollständiger Elektronenschale in Lösung. Der H^+-Transfer kann durch Gerüstumlagerungen oder Wechselwirkungen in Ionen-Molekül-Komplexen hervorgerufen werden. Zum Beispiel laufen vor der weitverbreiteten Abspaltung von Wasser aus protonierten Aldehyden und Ketonen Wasserstoff- oder Gerüstumlagerungen ab, die die positive Ladung von der C–OH-Gruppe entfernen (Gl. 8.98). Das neue carbokationische Zentrum aktiviert benachbarte Protonen, zur basischen Hydroxylgruppe zu wandern (Bowen und Williams 1980; Audier *et al.* 1980; Wolfschütz *et al.* 1982a,b). Alternativ führt die Bildung eines Ionen-Molekül-Komplexes durch heterolytische Bindungsspaltung, $H-R-Y^+ \rightarrow R-H^+-Y$, zum Wegfall einer Koordinationsstelle am Heteroatom. Dadurch kann es ein Proton aus dem ionischen Teil des Komplexes übernehmen (Gl. 8.85). Zum Beispiel konkurrieren in $C_2H_5OH_2{}^+$ die *i*-Spaltung zu $C_2H_5{}^+ + H_2O$ und die Umlagerung zu $C_2H_4 + H_3O^+$ über einen größeren Energiebereich (Harrison 1987). Die strukturell aussagekräftige Eliminierung von Alkan-Molekülen RH und R'H aus protonierten Alkanonen $R-C(=O^+H)-R'$ enthält ebenfalls Wasserstoffübertragungen zu koordinativ gesättigten Kohlenstoffatomen (Harrison 1983).

$$CH_3CH_2CH{=}OH^+ \xrightarrow[1,2]{rH} CH_3-\overset{+}{C}H-CH_2OH \xrightarrow{rH} [CH_2(H)\cdots CH-CH_2-O-H] \rightarrow CH_2{=}CH-CH_2-\overset{+}{O}H_2 \xrightarrow{i} CH_2{\cdots}\overset{+}{C}H{\cdots}CH_2 + H_2O \qquad (8.98)$$

In MH^+-Ionen bifunktioneller Verbindungen mit vernachlässigbaren sterischen Einschränkungen kann ein Protonentransfer zwischen den Rezeptorgruppen stattfinden. Die Übertragung wird durch die relativen Protonenaffinitäten dieser Gruppen gelenkt (in Analogie zu $OE^{+\cdot}$-Ionen (Gl. 8.88) ist die Stelle mit dem höchsten $D(RY^+-H)$-Wert *nicht* begünstigt). Zum Beispiel werden in vicinalen Aminoalkoholen die Amino- und Hydroxylgruppe durch Methan-CI zunächst zu gleichen Teilen protoniert. Durch schnellen Protonentransfer von $R-OH_2^+$ zur basischeren $R'-NH_2$-Gruppe entsteht das stabilere EE^+-Ion (Longevialle *et al.* 1979). Bei sterischer Hinderung können allerdings auch Dissoziationen beobachtet werden, die von der ROH_2^+-Funktionalität ausgehen.

Schließlich kann Wasserstoff in EE^+-Ionen sogar zu solchen Stellen wandern, die weder eine Ladung noch eine Mehrfachbindung besitzen (Gl. 4.44, 8.99 und 8.100; vgl. auch *Aufnahmebereitschaft der Rezeptorstelle* in diesem Abschnitt und ausführliche Beispiele in Záhorszky 1988, 1989). In den Gleichungen 8.96 und 8.99 wird durch die HY-Eliminierung jeweils eine Doppelbindung in Konjugation zu einer im Vorläufer-Ion vorhandenen gebildet. In Gleichung 8.97 scheint in Analogie zu Alkan-Eliminierungen aus protonierten Ketonen die Produktstabilität die Haupttriebkraft der Reaktion zu sein (Harrison 1983).

$$H_2\overset{+\bullet}{N}-CH(COOR)CH_2CH_2SCH_3 \xrightarrow{-RO\dot{C}(=O)} H_2\overset{+}{N}{=}CH-CH(H)-CH_2SCH_3 \xrightarrow{rH} H_2\overset{+}{N}{=}CHCH{=}CH_2 + HSCH_3 \quad (8.99)$$

$$R-CH(CH_3)-\overset{+\bullet}{O}H \xrightarrow[\alpha]{-R\bullet} H_3C-HC{=}O^+H \xrightarrow{rH} CH_4 + HC{\equiv}O^+ \quad (8.100)$$

Zufalls-Umlagerungen (s. auch Abschn. 8.2 und 8.6). Fehlen in einem Ion reaktive Zentren, haben die möglichen Dissoziationsreaktionen hohe kritische Energien. Vorgeschaltete und begleitende Umlagerungen werden dadurch konkurrenzfähiger. Die Potentialkurven solcher Umlagerungen gehören zum Typ in Abbildung 7.10(a). Es können mehrere lokale Minima existieren, die stabilen Ionenstrukturen entsprechen und durch relativ niedrige Isomerisierungsbarrieren voneinander getrennt sind (Williams 1977; Bowen 1991). Je größer die Tendenz zu begleitenden Umlagerungen ist, desto weniger charakteristisch sind die Produkt-Ionen für die *spezifische* Vorläufer-Struktur. Allerdings können „Ionen-Serien mit geringer Masse“ (Abschn. 5.2) immer noch *generelle* Struktureigenschaften anzeigen. Solche „Zufalls-Umlagerungen“ sind typisch für Molekül-Ionen aus Molekülen mit hoher Ionisierungsenergie, wie zum Beispiel Alkanen und Halogen-, Cyano- und Nitroalkanen. Das Spektrum von $(CH_3)_3CH$ weist ein $C_2H_5^+$-Ion und das von CCl_2FCCl_2F ein CCl_3^+-Ion auf. Diese Peaks sind allerdings in den Spektren von n-C_4H_{10} bzw. CCl_3CClF_2 intensiver. Kettenverzweigungen und ungesättigte Stellen verringern Vertauschungstendenzen, sie unterdrücken sie aber nicht unbedingt vollständig. So besitzt Neopentan (Abb. 3.1) $C_2H_5^+$- und $C_3H_7^+$-Peaks und Perfluorbenzol weist einen CF_3^+-Peak auf. Der Austausch von H-Atomen ist sogar noch häufiger. Die Basispeaks in den Spektren von Methylcyclohexan und Toluol sind $(M-CH_3)^+$ bzw. $(M-H)^+$, wie nach den oben aufgeführten Mechanismen zu erwarten ist. Bei $C_6H_{11}CD_3$ sind die $(M-CHD_2)^+$- und $(M-CH_2D)^+$-Peaks aber größer als $(M-CD_3)^+$ und bei $C_6H_5CD_3$ ist $(M-H)^+$ intensiver als $(M-D)^+$.

Bei Alkanen laufen diese Zufallswanderungen von Wasserstoff (und Halogenen) in Ionen ab, die keine Orbitale für eine H-Übertragung besitzen (z. B. Gl. 8.39, 8.89). Durch unvollständige *i*-Spaltung einer Bindung eines Atoms fällt eine seiner Koordinationsstellen zugunsten der Protonenaufnahme aus dem Alkylteil weg. Bei EE^+-Ionen tritt ein schneller H-Austausch, der zu einer Zufallsverteilung führt, nur auf, wenn die Protonenaffinität der Abgangsgruppe und die des olefinischen Gegenstücks sich nicht um mehr als 0.5 eV unterscheiden (Harrison 1987). Deshalb wird bei protoniertem Ethanol ($PA(C_2H_4, H_2O) = 7.0$, 7.2 eV) und protoniertem Methylisopropylether ($PA(C_3H_6, CH_3OH) = 7.8$, 7.9 eV; Gl. 8.85) ein intensiver Wasserstoffaustausch beobachtet, während bei protoniertem Diethylether (Gl. 8.97; $PA(C_2H_4, EtOH) = 7.0$, 8.2 eV) oder protonierten Aminen ($PA(NH_3) = 9.0$ eV) kein Austausch stattfindet. Die Umlagerungen, einschließlich der Gleichungen 8.93 und 8.94, können alternativ über Ionen-Molekül-Komplexe ablaufen, bei denen vor der Wasserstoffwanderung eine Dissoziation der $C-C=Y^+R$-, $C-Y^+=C$- oder $C-Y^+HR$-Bindung stattfindet. Dies setzt die sterischen Beschränkungen herab und ermöglicht Wechselwirkungen zwischen weit voneinander entfernten Funktionsgruppen (Gl. 8.21 und 8.22).

Bei kurzlebigen Alkan-Molekül-Ionen und protonierten Alkanen wird nur ein geringer oder gar kein Wasserstoffaustausch beobachtet (Houriet *et al.* 1977). Dies trifft jedoch weder auf EE^+-Alkyl-Ionen (Wolkoff *et al.* 1985) noch auf langlebige $OE^{+\cdot}$-Alkan-Ionen (8.3) zu. Bei den $C_6H_{13}{}^+$-Ionen, die durch chemische Ionisierung von n-C_6H_{14} gebildet werden, findet vor der Dissoziation ein totaler Austausch statt. In Analogie zu Umlagerungen in Lösung sind wahrscheinlich Hydrid-Übertragungen zu gesättigten Kationen in Kombination mit 1,2-Wanderungen von $C-H$- und $C-C$-Bindungen beteiligt (Lavanchy *et al.* 1979). Isomere *n*-Octen-$OE^{+\cdot}$-Molekül-Ionen (Borchers *et al.* 1977), die genügend innere Energie besitzen, um zu zerfallen, isomerisieren innerhalb von 10^{-9} s zu einem Gemisch von sich ineinander umwandelnden Strukturen. Die Isomerisierung der nicht-zerfallenden Ionen ist dagegen nach 10^{-6} s immer noch unvollständig. Radikalische H-Wanderungen scheinen demnach in diesen ungesättigten $OE^{+\cdot}$-Ionen einfach zu sein. In ähnlicher Weise beobachtet man in $OE^{+\cdot}$-Ionen ungesättigter Alkohole und Ether ausgedehnte Wasserstoffumlagerungen, bevor Alkylgruppen abgespalten werden (Bouchoux *et al.* 1984; Molenaar-Langeveld *et al.* 1988).

Beispiele. Das Massenspektrum von Butansäure, von Happ und Stewart (1952) als ersten untersucht, dient im folgenden zur Illustration der Vielzahl von Konkurrenzreaktionen, die sogar in einfachen Molekül-Ionen wie diesen vorkommen. Die größten Peaks oberhalb von m/z 27 sind auf die Abspaltung von Ethylen (100 %) und einer Methylgruppe (25 %) zurückzuführen. Die erste Reaktion ist thermochemisch begünstigt, die Wege zum zweiten Produkt sind komplex (Gl. 8.101; McAdoo *et al.* 1978). Denn für das Zwischenprodukt der

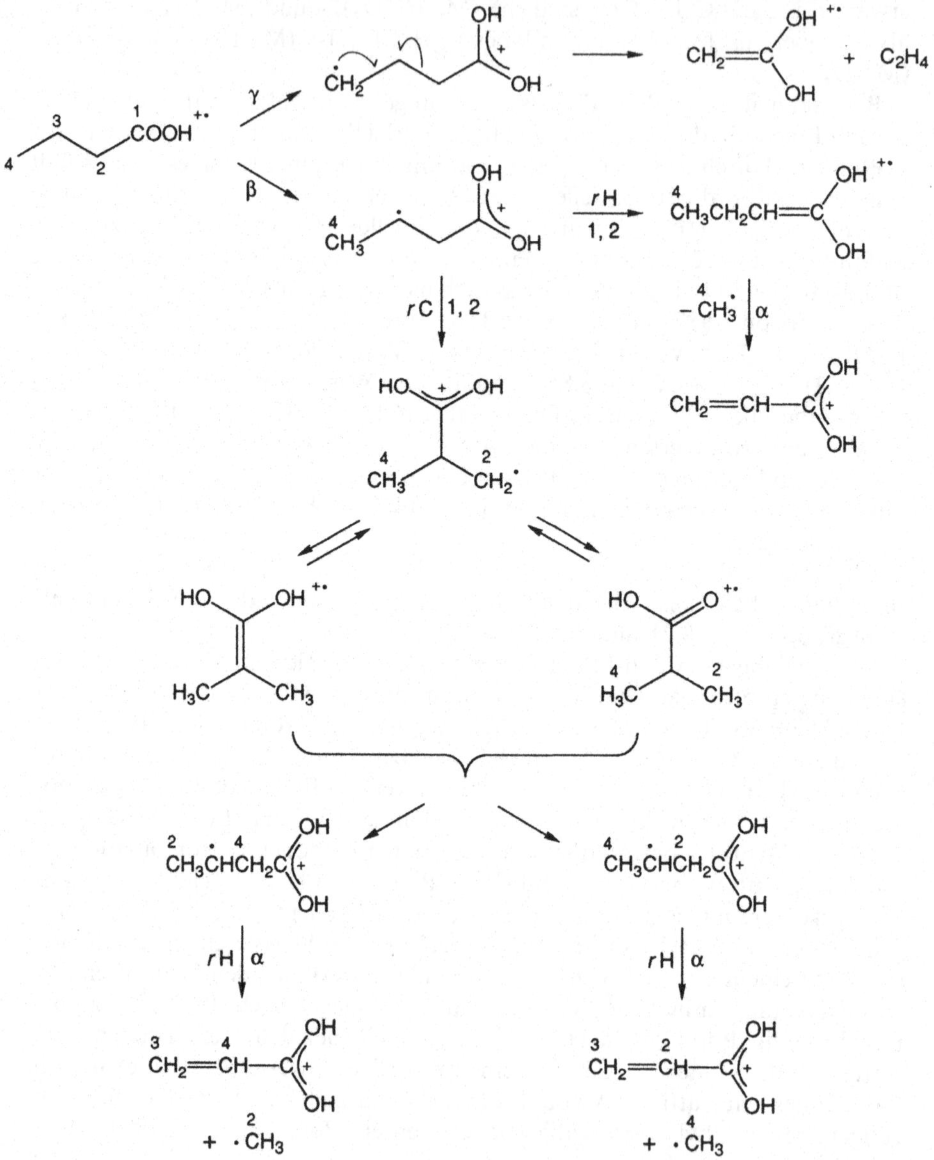

(8.101)

1,4-H-Übertragung ist im Gegensatz zu dem des 1,5-H-Transfers keine günstige Spaltung möglich. Durch 1,2-H-Verschiebung entsteht aus dem ersteren das stabile En-1,1-Diol-Ion, das schließlich in einer geschwindigkeitsbestimmenden 1,2-H-Wanderung die endständige Methylgruppe abspaltet (McAdoo und Hudson 1986). Bei energiearmen, langlebigen Ionen werden die Kohlenstoff-Positionen 2 und 4 durch 1,2-C-Wanderung der protonierten Carboxylgruppe und zusätzliche 1,2- und 1,4-H-Übertragungen effektiv ausgetauscht. In geringerem Maße findet auch ein Austausch der C-2- durch C-4-Wasserstoffe statt, wodurch die H-Atome im Produkt $CH_2{=}C(OH)_2^{+\cdot}$ ebenfalls vertauscht sind (McAdoo *et al.* 1985). Solche Wasserstoffwanderungen sind bei ionisierten Carbonsäuren vor Alkylabspaltungen üblich (Audier *et al.* 1984; Weiske und Schwarz 1986). Sie führen zu stabileren Produkt-Ionen, die oft für die Strukturaufklärung wichtig sind, wie in Gleichung 8.78. Allerdings kann das dabei entstehende Radikal eine konkurrierende Gerüstumlagerung zum stabilen 1,1-Endiol-Ion einleiten (Gl. 8.102; Audier und Sozzi 1984; Weiske und Schwarz 1986). Eine ähnliche Umlagerung ergibt in ionisiertem 3-Methylbutanal bei 70 eV 42% $(M{-}C_2H_4)^{+\cdot}$. Dieser Peak ist bei 12 eV sogar der Basispeak des Spektrums (Maccoll und Mruzek 1986).

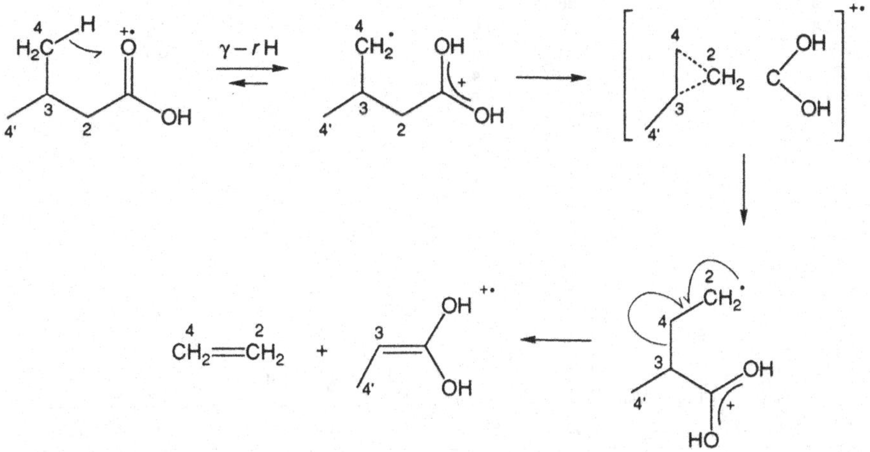

(8.102)

In einigen früheren Beispielen war die Konkurrenzfähigkeit einer H-Wanderung hauptsächlich durch die Produktstabilität bedingt. Da aber die Suche nach dem Reaktionsweg mit der geringsten Energie bei Umlagerungen länger dauert als bei einfachen Spaltungsreaktionen, spielen sterische Effekte, wie in den Beispielen von Abschnitt 8.3, ebenfalls eine Rolle.

In Aufgabe 8.3 trat die EE^+-Umlagerung $C_4H_{10}NO^+ \rightarrow C_4H_8N^+$ als wichtiger Indikator für eine Hydroxylgruppe auf. Eine ähnliche Reaktion hilft bei der Strukturermittlung in Aufgabe 8.10. Es handelt sich um eine α-Aminosäure, die als Ethylester aus organischem Material isoliert wurde.

Aufgabe 8.10

m/z	Int.	m/z	Int.	m/z	Int.
29	22.	58	1.2	104	48.
30	11.	59	1.8	105	2.6
31	0.8	60	0.8	106	2.3
39	1.8	61	100.	114	1.1
40	0.4	62	3.0	116	3.9
41	2.3	63	4.3	117	0.2
42	6.7	74	12.	129	6.1
43	7.9	75	8.0	130	0.4
44	2.1	76	0.6	131	6.3
45	6.2	83	2.1	132	0.4
46	4.9	85	0.7	133	0.3
47	5.3	86	0.5	148	3.2
48	1.6	87	2.2	160	0.6
49	1.3	88	3.5	177	12.
54	2.4	100	5.6	178	1.2
55	2.7	101	0.6	179	0.7
56	48.	102	5.4		
57	5.1	103	1.8		

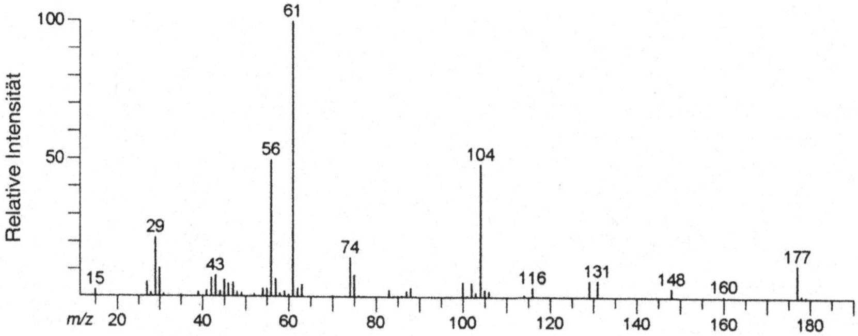

Aufgabe 8.11

m/z	Int.	m/z	Int.
17	9.8	63	0.6
18	32.	73	0.6
19	9.2	74	1.3 $C_3H_6O_2^{+\cdot}$
27	11.	75	0.9
28	9.0		
29	38.		
30	5.3		
30.4	0.3		
31	56.		
32	2.9		
33	2.4		
42	11.		
43	89.		
44	53. $C_2H_4O^{+\cdot}$		
45	9.9		
46	0.5		
60	10.		
61	100.		
62	5.2		

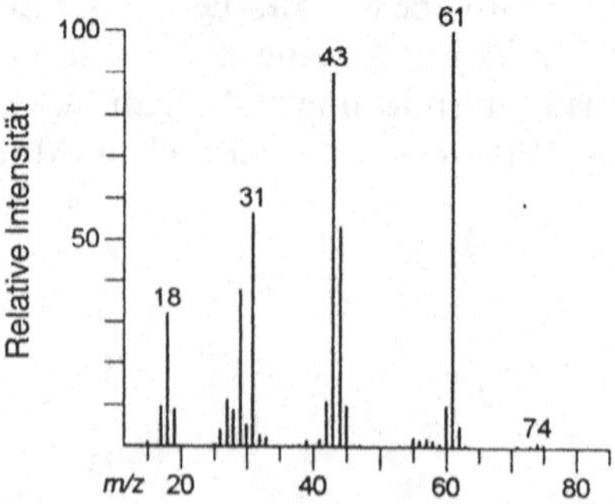

Aufgabe 8.12

m/z	Int.	*m/z*	Int.	*m/z*	Int.
27	15.	47	4.0	96	1.4
28	21.	50	2.9	97	17.
29	40.	51	2.7	98	0.4
30	1.3	56	2.7	113	0.6
31	1.3	69	60.	114	4.5
32	1.0	70	4.7	126	100.
33	2.6	71	0.5	127	3.6
41	2.4	72	60.	128	0.3
42	3.9	73	2.3	140	7.0
43	3.4	74	0.4	141	70.
44	36.	77	0.4	142	3.4
45	3.3	78	20.	143	0.2
46	2.6	79	0.5		

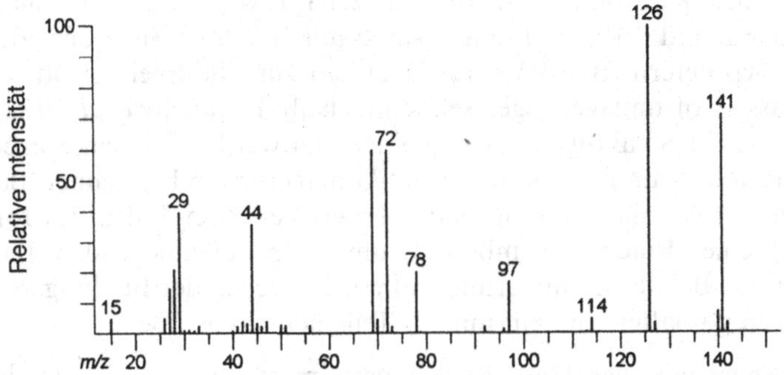

Relative Intensität
100
50
15
29
44
72
78
97
114
126
141
m/z 20 40 60 80 100 120 140

8.11 Andere Umlagerungen

Substitution:

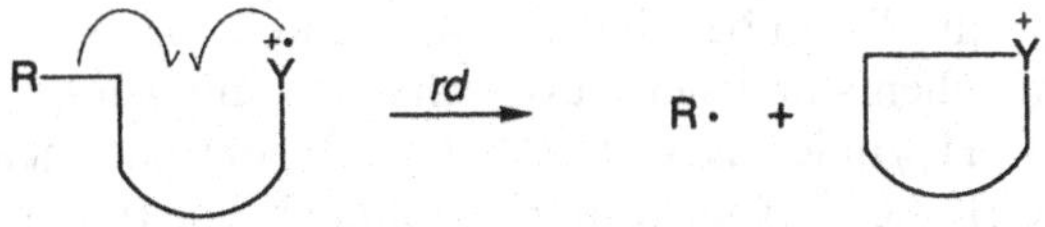

R· + (8.103)

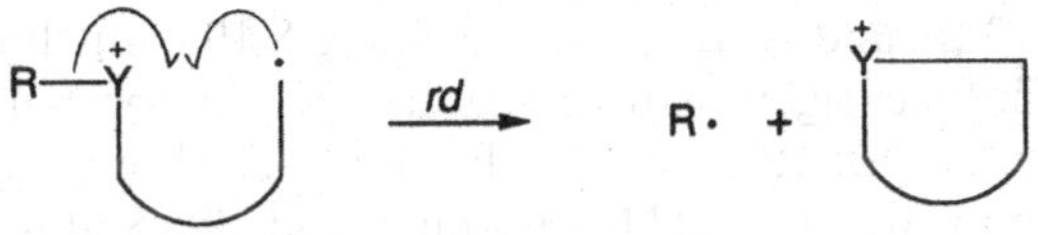

R· + (8.104)

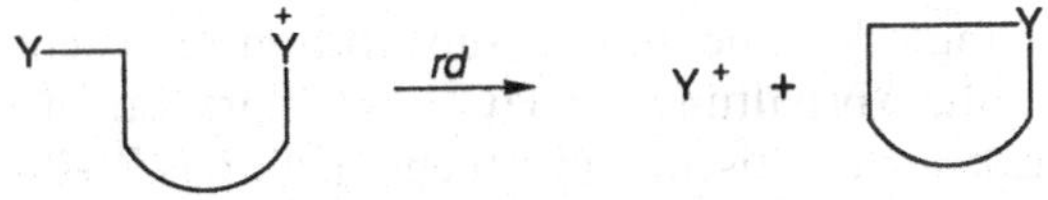

Y^+ + (8.105)

Eliminierung:

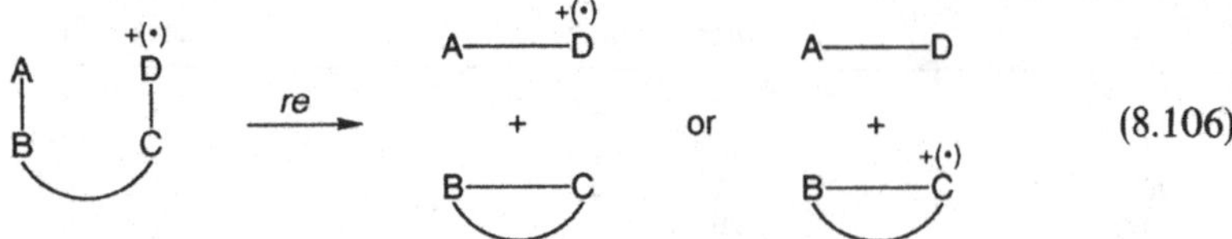

(8.106)

In Molekül-Ionen, die durch 70 eV-Ionisierung gebildet werden, liegt eine große Spanne an inneren Energien (>15 eV) vor. Daher wird eine Vielzahl unterschiedlicher Umlagerungen beobachtet. Als allgemeine Regel sollten Nicht-Wasserstoff-Umlagerungen nur dann zur Ableitung der Struktur herangezogen werden, wenn Spektren von nahe verwandten Verbindungen zur Hand sind. Die Produkte dieser Reaktionen führen leicht zu falschen Schlüssen, da viele der Reaktionen Schritte innerhalb von „Zufalls-Umlagerungen" (Abschn. 8.2 und 8.10) sind und deshalb nur Informationen über den „Ionen-Serien"-Typ liefern. Bei Alkyl-Ionen laufen zum Beispiel sowohl Gerüst- als auch Wasserstoffumlagerungen sehr einfach ab (Lavanchy *et al.* 1979). Umlagerungen, die zur Strukturaufklärung eingesetzt werden können, werden hier als „Substitutions"- und „Eliminierungs"-Umlagerungen bezeichnet. Bei der Substitution (*rd*) ist eine Bindungsbildung zwischen zwei Teilen des Ions mit der Spaltung einer Bindung kombiniert, um einen außenliegenden Teil des Ions abzuspalten. Bei der Eliminierung (*re*) werden neben der Bindungsbildung zwei Bindungen gespalten, um ein inneres Teilstück abzustoßen.

Substitutionsreaktionen. Diese Reaktionen sind energetisch günstig, da die Spaltung einer Bindung durch die Bildung einer neuen Bindung kompensiert wird. Dem stehen allerdings sterische Anforderungen zur Bildung der neuen Bindung entgegen, die sowohl vom Grad der Substitution der beiden betroffenen Atome als auch von anderen, früher besprochenen Faktoren abhängen. Es bringt einen deutlichen sterischen Vorteil, wenn eines der beiden Atome nur eine Bindung besitzt. Dies ist der Hauptgrund für die Häufigkeit von Wasserstoffumlagerungen. Substitutionsreaktionen unter Wasserstoffwanderung können wichtig sein (z. B. Gl. 8.77), an den auffallendsten *rd*-Reaktionen sind jedoch die einbindigen Elemente Chlor und Brom beteiligt (Gl. 4.42 und 8.103, Y = Cl, Br). Bei diesen Reaktionen entstehen stabilisierte cyclische Halonium-Ionen. Für Y = Cl und R = C_2H_5 bis C_8H_{17} in RY ist $C_4H_8Cl^+$ (*m/z* 91) der Basispeak (Abb. 3.23) und der homologe $C_5H_{10}Cl^+$-Peak besitzt gewöhnlich eine Intensität von 5 bis 20%. Für Y = Br ergeben die korrespondierenden Ionen bei *m/z* 135/137 sehr intensive Peaks (Abb. 3.24 und Aufg. 8.1). Gleichung 8.103 ähnelt der H-Wanderung über einen fünfgliedrigen Übergangszustand in primären Chloralkanen (Abschn 8.10). Die Energie, die zur Bindungs-Spaltung benötigt wird, wird durch die Bildung der $R-Cl^+R'$-Bindung und die Stabilität des cyclischen Chloronium-Ions überkompensiert (Van de Sande und McLafferty 1976). Kettenverzweigung oder eine andere Substitution reduzieren, in Analogie zur Auswirkung auf die Abspaltung von HCl aus Chloralkanen, das Ausmaß dieser Substitutionsreaktion drastisch. Substituenten, die das R·-Produkt stabilisieren, fördern die Reaktion. Die Massenspektren von ω-Aminomethylestern weisen zum Beispiel signifikante $(M - \cdot CH_2COOCH_3)^+$-Peaks auf.

Im Spektrum von Tridecannitril (Abb. 3.25) tritt eine wichtige Ionen-Serie bei *m/z* 82, 96, 110, 124 ... auf. Die Reaktion 8.103 ist für das Maximum der Serie bei *m/z* 110 ($n = 6$) verantwortlich. Die Ringgröße spiegelt den großen C–C-Bindungswinkel von C–C≡N wieder. Die Tendenz der Reaktion 8.103, über einen fünf- (Y = Cl, Br, SH) oder sechsgliedrigen ($Y = NH_2$) Übergangszustand abzulaufen, wurde in Abschnitt 8.3 diskutiert. Ein dreigliedriger Übergangszustand kann ebenfalls Bedeutung haben, zum Beispiel bei der Bildung von cyclischem $C_2H_4SH^+$ (protoniertem Thiiran) aus $R-CH_2CH_2SH$ (Van de Graaf und McLafferty 1977). Der Bildung des analogen $C_2H_6N^+$-Ions aus $RCH_2CH_2NH_2^{+\cdot}$ (Gl. 8.91) liegt allerdings ein anderer Mechanismus zugrunde.

Green *et al.* (1978, 1980) haben gezeigt, daß diese Reaktion der homolytischen Substitution an gesättigten Kohlenstoffatomen der Chemie freier Radikale stark ähnelt und unter Inversion der Konfiguration am angegriffenen Kohlenstoffatom abläuft. Effekte aus der „Chemie in Lösung", wie „Nachbargruppen-Unterstützung" oder „anchimere Unterstützung" ähneln ebenfalls denen der Gasphasen-Substitutionen. Solche stereospezifischen Fragmentierungen wurden in Abschnitt 8.3 behandelt. Die Bildung eines Ethylenbenzenium-Ions („Phenonium-Ion"; Gl. 8.107; Koppel und McLafferty 1976) durch Substitution und Abspaltung von Br· aus 2-Phenylethylbromid stellt ebenfalls eine Parallele zur Chemie in Lösung dar. In Gleichung 8.108 tritt eine Cyclisierung zum Stickstoff und nicht zum Sauerstoff auf (Levsen *et al.* 1977). Dabei wird eine vinylische Bindung gespalten. Die Nähe von zwei aromatischen Ringen führt zu sehr einfachen Substitutionsreaktionen, wie Gleichung 8.109 zeigt (Schubert, Grützmacher 1980).

In distonischen Radikalkationen können der Angriff der wandernden Gruppe und die Abspaltung des neutralen Fragments an verschiedenen Atomen erfol-

(8.107)

(8.108)

(8.109)

gen. Zum Beispiel haben Resink *et al.* (1974) gezeigt, daß die Abspaltung von $C_2H_5\cdot$ und $CH_2=C=O$ aus 3-Phenylpropionsäureethylester unter Substitution am Carbonyl-Sauerstoff abläuft (Gl. 8.110). Dabei wird Doppelbindungscharakter zu einer benachbarten C–O-Bindung übertragen, um die Alkylgruppe an diesem Sauerstoffatom zu ersetzen. Beachten Sie, daß die Spaltung $R'-OCOR^{+\cdot} \rightarrow R'\cdot + {}^{+}OCOR$ normalerweise ungünstig ist ($[{}^{+}OCOC_6H_5]$ aus $C_2H_5OCOC_6H_5$ ist <1%). In ähnlicher Weise wird in Gleichung 8.111 eine ursprünglich vinylische Bindung gespalten (Tajima *et al.* 1987).

C_2H_5—O, C_6H_5, *r*H, HO⁺, C_2H_5—O, C_6H_5, $-\,C_2H_5^{\cdot}$

HO⁺, C_6H_5, O → $H\overset{+}{O}{=}CHC_6H_5$ + $O{=}C{=}CH_2$

m/z 149, 3% *m/z* 107, 44%

(8.110)

MeOCO, H, O, O —*r*H→ MeOCO, H_2C, HC^+, O, O —*rd*→ MeOCO· + HC^+, O, O

(8.111)

In EE^+-Ionen finden ladungsinitiierte Substitutionsreaktionen statt (Gl. 8.105). Ein Beispiel ist die Reaktion $[2,4\text{-}(CH_3O)_2C_6H_3]_2CH^+ \rightarrow (CH_3O)_2C_6H_3CH_2{}^+$, die über einen sechsgliedrigen Übergangszustand zu einer H-Substitution am benzylischen Kohlenstoff führt (Ceraulo *et al.* 1991). Gewöhnlich ist der EE^+-Ionen-Vorläufer bifunktional, so daß die Ladung wandert (Gl. 8.112; Seiler und

R, N⁺·, O, N, H —$-$R·, α→ N⁺, O, N, H —*rd*→ N + O⁺, N, H

(8.112)

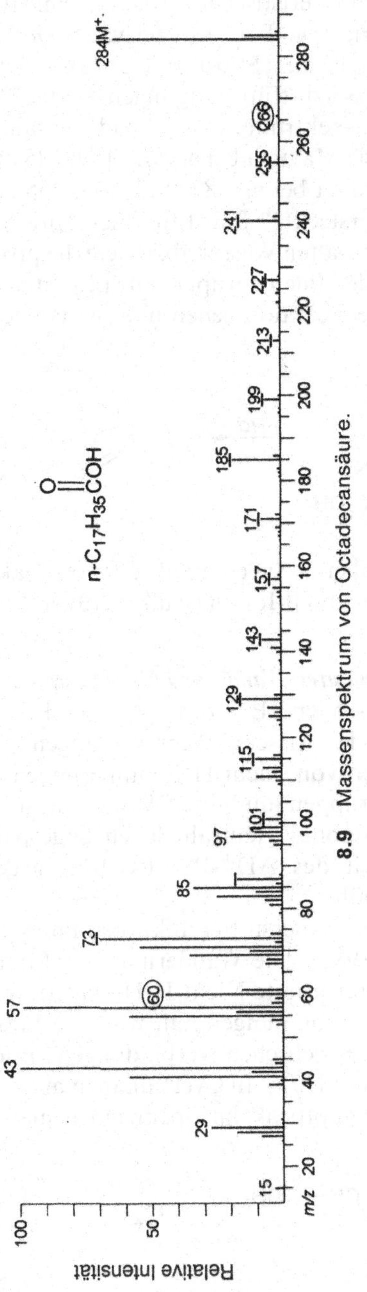

8.9 Massenspektrum von Octadecansäure.

Hesse 1968). Die charakteristischen Maxima im $(CH_2)_4$-Abstand in der $C_nH_{2n-1}O_2{}^+$-Ionen-Serie von Fettsäurederivaten (*n*-Alkyl−COOR) beruhen wahrscheinlich zum Teil auf Substitutionsreaktionen, die zusammen mit günstigen β- und γ-Wasserstoffübertragungen zu den Radikalstellen ablaufen. So weist das Massenspektrum von Octadecansäure (Abb. 8.9; s. auch Abb. 3.12) in dieser Serie Maxima bei *m/z* 73, 129, 185 und 241 auf. Methylester (Abb. 3.13) zeigen Maxima bei *m/z* 87, 143, 199, 255 ....

Es können sogar „versteckte" Substitutionen auftreten. Protonierte Oxime, die durch CI entstehen, spalten Wasser ab, indem die protonierte Hydroxylgruppe durch Wanderung der Phenylgruppe substituiert wird (Gl. 8.113; Maquestiau *et al.* 1980). Diese Reaktion gehen nur *syn*-Isomere (= *E*-Oxime) ein.

$$C_6H_5-CH=N^+-OH_2 \xrightarrow{rd} C_6H_5-N=\overset{+}{C}H + H_2O \qquad (8.113)$$

Aufgabe 8.13. Formulieren Sie eine Substitutionsreaktion, die ein intensives Ion im Massenspektrum von β-Ionon (Aufg. 4.13) erklärt. (Die Antwort finden Sie in Gleichung 9.29.)

Eliminierungsreaktionen unter Wanderung einer Gruppe. Der allgemeine Mechanismus $ABCD^+$ ($OE^{+\cdot}$- oder EE^+-Ion) $\rightarrow AD^+ + BC$ (Gl. 8.106) schließt für Verbindungen mit A = H Wasserstoffübertragungen mit ein. An dieser Stelle sollen jedoch drei Typen von Nicht-H-Eliminierungen diskutiert werden. Der erste Typ läuft bei A-Gruppen mit hoher Wanderungstendenz ab, beim zweiten kann BC als kleines, stabiles Neutralteilchen abgespalten werden und beim dritten ist die Stabilität des AD^+-Produkt-Ions gegenüber dem Vorläufer $ABCD^+$ wesentlich erhöht.

Die Umlagerung von Sauerstoff-Funktionalitäten tritt relativ häufig auf (Levsen und Schwarz 1983). Die Wanderung von Methoxygruppen ist wahrscheinlich die best-dokumentierte Nicht-H-Umlagerung. Sie tritt bei einer Vielzahl von Polymethoxy-Verbindungen auf, wie zum Beispiel bei derivatisierten Zuckern und anderen alicyclischen Verbindungen (Budzikiewicz *et al.* 1967; Winkler und Grützmacher 1970). In Cycloalkanen mit drei oder mehr Methoxygruppen entsteht ein Hauptpeak im Spektrum gemäß Gleichung 8.114. Die

$$\text{cyclo-}[CH_3O-CH-(CH_2)_m-CH(\overset{+\cdot}{O}CH_3)-(CH_2)_n] \xrightarrow{\alpha} \cdot(CH_2)_m-CH(OCH_3)-(CH_2)_n-CH=\overset{+}{O}CH_3 \xrightarrow{re} CH_3O-CH=\overset{+}{O}CH_3 \qquad (8.114)$$

m/z 75

Wanderung von Trimethylsilylgruppen wird ebenfalls häufig beobachtet, obwohl sie gewöhnlich einen fünf- bis achtgliedrigen Übergangszustand durchläuft (Brooks 1979). Die „long-range“-Umlagerung in Gleichung 8.115 läuft über einen Ionen-Molekül-Komplex ab und führt zu einem der Basispeaks des Spektrums (Longevialle 1987). In distonischen Radikalkationen können sogar Carbene wandern. Die Wanderung von :CHOH über eine Cyclopropan-Zwischenstufe (Gl. 8.116) ist ein Beispiel dafür (McAdoo *et al.* 1988).

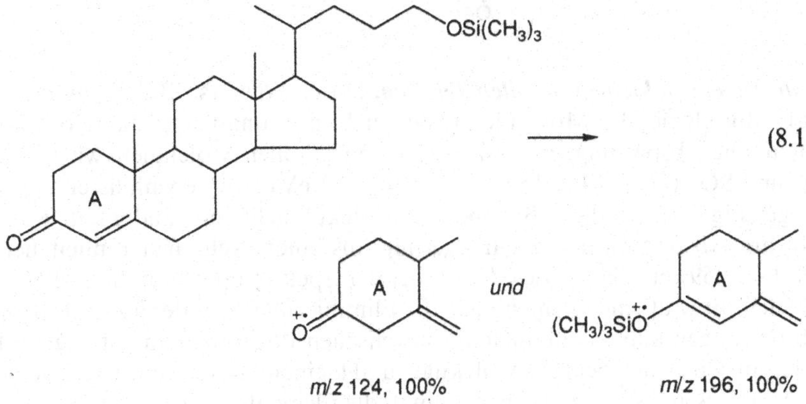

OSi(CH₃)₃ A → (8.115)

A und A

m/z 124, 100%   m/z 196, 100%

$$\cdot CH_2CH_2CH{=}\overset{+}{O}H \rightleftharpoons \left[\overset{CHOH}{H_2C{-}CH_2}\right]^{+\cdot} \rightleftharpoons H\overset{+}{O}{=}CHCH_2CH_2\cdot \tag{8.116}$$

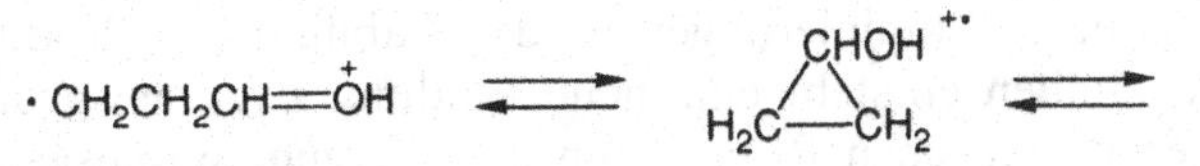

Auch EE^+-Ionen können solche Wanderungen unter Eliminierung eingehen, wie die Gleichungen 8.117–8.120 zeigen (Gl. 8.118: Wood *et al.* 1992).

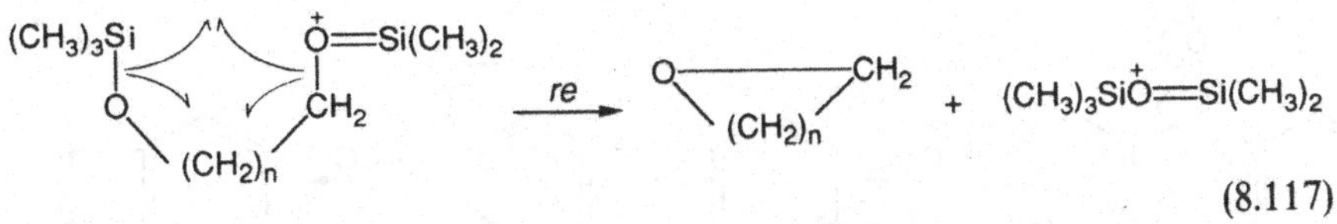

$(CH_3)_3Si$, O, $(CH_2)_n$, $\overset{+}{O}{=}Si(CH_3)_2$, CH_2 $\xrightarrow{re}$ O–CH_2 $(CH_2)_n$ + $(CH_3)_3Si\overset{+}{O}{=}Si(CH_3)_2$

(8.117)

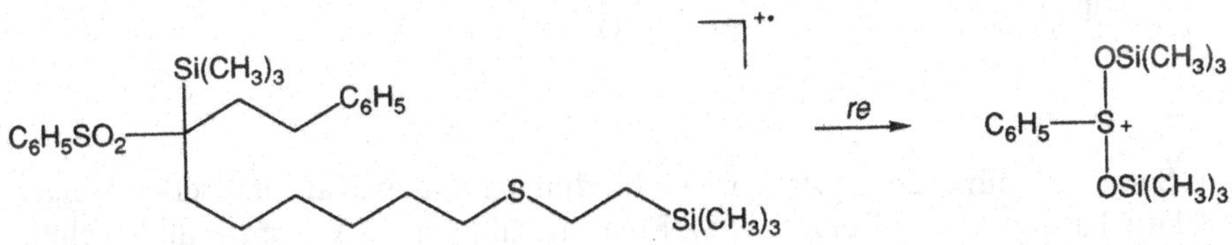

$C_6H_5SO_2$–C($Si(CH_3)_3$)(C_6H_5)…S…$Si(CH_3)_3$ $^{+\cdot}$ $\xrightarrow{re}$ C_6H_5–$\overset{+}{S}$($OSi(CH_3)_3$)($OSi(CH_3)_3$)

(8.118)

$$CH_3O\,CH{=}\overset{+}{O}CH_3 / H_2C{-}CHOCH_3 \xrightarrow{re} CH_2{=}CHOCH_3 + CH_3O{-}CH{=}\overset{+}{O}CH_3 \quad (8.119)$$

$$\text{(Tetraacetyl-pyranose: } CH_2OAc, OAc, AcO, OAc) \xrightarrow{re} (CH_3\overset{O}{\overset{\|}{C}})_3O^+ \quad (8.120)$$

Eliminierung von kleinen, stabilen Teilchen. Durch Wasserstoffübertragung werden häufig kleine HY-Moleküle mit hoher Ionisierungsenergie aus $M^{+\cdot}$ abgespalten. Die Abspaltung von anderen kleinen, stabilen Molekülen, wie CO, N_2, CO_2 und SO_2 ($IE = 14.0$, 15.6, 13.8 bzw. 12.3 eV) kann ebenfalls energetisch sehr günstig sein. Da diese Gruppen im Molekül nicht endständig sein können, muß ihre Abspaltung ohne Umlagerung aus einer cyclischen Einheit heraus (z. B. Gl. 8.59) erfolgen. Dies deutet bei der Spektreninterpretation allerdings nicht definitiv auf einen Ring hin, da die Eliminierung trotz der hohen Entropie-Anforderungen manchmal auch aus acyclischen Positionen auftritt. Diese Eliminierung wird auch bei HY-Molekülen und kleinen radikalischen Teilchen, wie HCO·, ·CF, S und sogar $\cdot CH_3$ beobachtet, die Elemente enthalten, die ursprünglich innerhalb des Moleküls angeordnet waren.

Eine Haupttriebkraft dieser Eliminierungen ist die Stabilität des Produkt-Ions. In den häufigsten Fällen entsteht eine neue Bindung zwischen großen Gruppen, insbesondere aromatischen Ringen, um die Resonanzstabilisierung des ionischen Produkts zu erhöhen. Beynon *et al.* (1959) haben als erste die allgemeine Abspaltung von CO aus aromatischen Verbindungen wie Chinonen nachgewiesen. Bei Antrachinon muß wenigstens bei der zweiten CO-Abspaltung eine neue Bindung zwischen den Ringen gebildet werden (Gl. 8.121). Der *IE*-Wert des neutralen Produkts beträgt 7.6 eV.

$$\text{Anthrachinon}^{+\cdot} \xrightarrow{-CO} [\text{Fluorenon}]^{+\cdot} \xrightarrow{-CO} [\text{Biphenylen}]^{+\cdot} \quad (8.121)$$

Solche Eliminierungen sind bei Verbindungen mit zwei aromatischen Ringen relativ häufig (Wszolek *et al.* 1968). Eine Vielzahl von 2′-Azabenzaniliden eliminieren CO und dann H, nachdem eine Cyclisierung zwischen den aromatischen

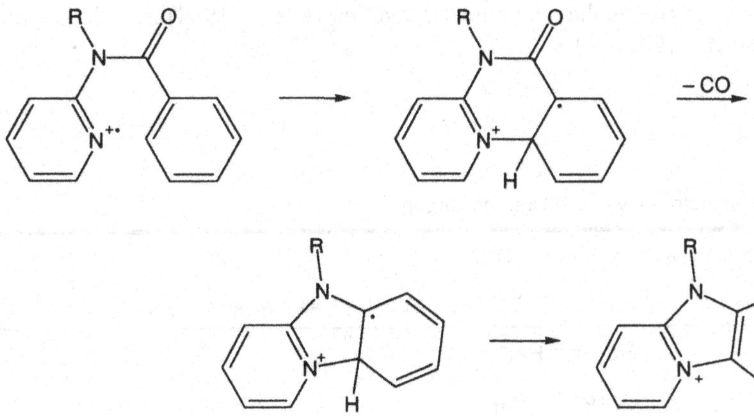

(8.122)

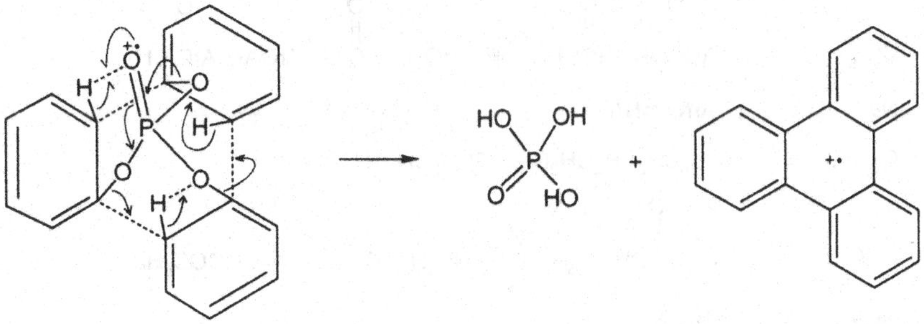

(8.123)

Ringen stattgefunden hat (Gl. 8.122; Broxton *et al.* 1977). Der Ring-Stickstoff fungiert als Radikalstelle des ersten Angriffs und das entstehende größere Ringsystem stabilisiert sowohl das ungepaarte Elektron als auch die Ladung. Die Eliminierung von H_3PO_4 aus Triphenylphosphat muß mehrere entsprechende Schritte enthalten (Gl. 8.123).

Aromatische Nitroverbindungen können anhand ihrer charakteristischen $(M-NO)^+$- und $(M-NO_2)^+$-Peaks identifiziert werden. Der große Enthalpie-Vorteil ($\approx$2 eV) der Abspaltung von NO unter Umlagerung gegenüber der einfachen Abspaltung von NO_2 beruht auf der viel höheren Resonanzstabilisierung von ArO^+ im Vergleich zu Ar^+ (Abschn. 8.2). Die NO-Eliminierung kann durch funktionelle Gruppen in *ortho*-Stellung verstärkt werden (Yinon 1982, 1992). Sie kann auch bei aromatischen EE^+-Ionen, wie protoniertem Nitrobenzol, auftreten (Crombie und Harrison 1988; Gl. 8.124). Höhere Alkanale elimi-

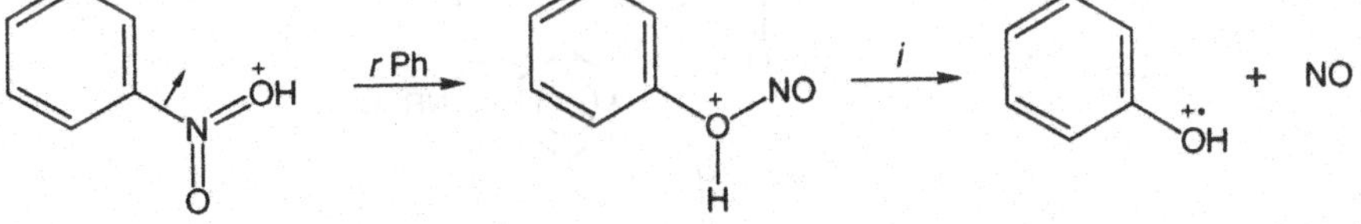

(8.124)

nieren genauso wie Isohexylcyanid (Bengelmans *et al.* 1964) ihre 2,3-Kohlenstoffe als C_2H_4 (Gl. 8.90).

Tabelle 8.4: Beispiele für weitere Umlagerungen

eliminiertes Neutralteilchen		
m/z	Formel	Molekül (R=Alkyl, Ar=Aryl)
15	$CH_3\cdot$	$ArCH{=}CHAr$
18	H_2O	$C_{10}H_{21}OC_{10}H_{21}$
28	CO	$RO\overset{O}{\overset{\|}{C}}OR$, $R\overset{O}{\overset{\|}{C}}CH_2\overset{O}{\overset{\|}{C}}OR$, ArOH, $Ar\overset{O}{\overset{\|}{C}}Ar$, ArOAr, $Ar\overset{O}{\overset{\|}{C}}Cl$
	N_2	$ArN{=}NAr$
	C_2H_4	$C_6H_5CH_2CH_2CH_2Br$, $RCH_2CH_2\overset{O}{\overset{\|}{C}}H$
29	$CHO\cdot$	$C_6H_5\overset{O}{\overset{\|}{C}}OH$, $C_6H_5\overset{O}{\overbrace{CH{-}CH}}C_6H_5$, $C_6H_5CH{=}CHCOC_6H_5$
30	$NO\cdot$	$ArNO_2$
	CH_2O	$ROCH_2OR$, $C_3H_7{-}CH_2O{-}\overset{O}{\overset{\|}{C}}C_2H_5$, $CH_3\overset{O}{\overset{\|}{C}}CH_2OSO_2CH_3$
31	$CF\cdot$	$CHF{=}CFBr$, $CF_2{=}CFCl$
32–4	S, $\cdot SH$, SH_2	RSR, RSAr, ArSAr, RSSR
41	CH_3CN	$C_6H_5C(CH_3){=}N{-}OH$
43	HNCO	$RO\overset{O}{\overset{\|}{C}}NHR$
	$C_3^*H_7\cdot$	$C_{14}H_{29}(C^*H_2)_3\overset{O}{\overset{\|}{C}}OCH_3$, $R(C^*H_2)_3R$
44	CS	ArSAr
	CO_2	$ClCH_2COOH$, $R(\overset{O}{\overset{\|}{C}})_2O$, $RO\overset{O}{\overset{\|}{C}}OR'$, $RO\overset{O}{\overset{\|}{C}}SR$, $Ar\overset{O}{\overset{\|}{C}}OC(CH_3)_3$, $ArO\overset{O}{\overset{\|}{C}}C(CH_3)_3$, $C_6H_4(\overset{O}{\overset{\|}{C}})_2NR$
	C_2H_4O	$C_2H_5{-}CH(CH_3)O{-}\overset{O}{\overset{\|}{C}}R$

Tabelle 8.4: Beispiele für weitere Umlagerungen (Fortsetzung)

eliminiertes Neutralteilchen		
m/z	Formel	Molekül (R=Alkyl, Ar=Aryl)
45	$HCO_2\cdot$	ROC(=O)CH=CHC(=O)OR, $C_6H_5OC(=O)CH_2C_6H_5$
50	CF_2	$C_6H_5CF_3$
54	C_4H_6	4-Hydroxycyclohexanon (HO–C_6H_9=O)
60	COS	RSC(=O)OR
	C_2H_4S	C_2H_5—CH_2CH_2S—C(=O)R
64	SO_2	RSO_2R, $ArSO_2OR$

Die kleinen, stabilen Moleküle oder Radikale, die eliminiert werden, müssen in den ursprünglichen Strukturen nicht unbedingt schon als Bausteine vorhanden sein. In Tabelle 8.4 sind weitere Beispiele für Eliminierungen aufgeführt.

8.12 Allgemeine Literatur

Levsen 1978; McLafferty 1980b; Howe *et al.* 1981; Zwinselman *et al.* 1983; Harrison 1983; Kingston *et al.* 1983; Zollinger und Seibl 1985; Tureček 1987; Hammerum 1988; McAdoo 1988; Heinrich und Schwarz 1989; Burgers und Terlouw 1989.

9. Massenspektren der einzelnen Verbindungsklassen

In diesem Kapitel versuchen wir, die aufgestellten Regeln auf die Interpretation der Spektren organischer Verbindungen anzuwenden. Es ist wichtig, eine Vorstellung von der Verläßlichkeit – oder der Unzuverlässigkeit – der verschiedenen massenspektrometrischen Informationen zu erhalten, die auf unterschiedliche Strukturbausteine hindeuten. Berücksichtigen Sie, daß die Zahl der möglichen Fragmentierungswege mit der Zahl der Reaktionszentren exponentiell ansteigt. Dies wird am Verhalten von Estern im Vergleich mit dem von Ketonen oder Ethern deutlich.

Dieses Kapitel soll zeigen, wie die Mechanismen auf einzelne Verbindungen angewendet werden können. Es soll *kein* umfassender Katalog über das massenspektrometrische Verhalten organischer Strukturen sein. Für eine Vielzahl von Molekülklassen sind ausführliche Wechselbeziehungen zwischen den Massenspektren veröffentlicht worden. In vielen dieser Untersuchungen sind Isotopenmarkierung und andere Spezialtechniken eingesetzt worden, um die Mechanismen aufzuklären. Eine ausgezeichnete Zusammenfassung der Literatur bis 1967 liefert der umfassende Band von Budzikiewicz, Djerassi und Williams (1967). Wir empfehlen ihn als grundlegende Literatur. Die Verbindungseinteilung in diesem Kapitel erfolgte nach seinem Schema. Außerdem enthält Abschnitt 1.9 in den Veröffentlichungen zu Spezialthemen eine Fülle von spezifischen Informationen.

Beachten Sie, daß bei Verbindungen mit mehr als einer funktionellen Gruppe große Unterschiede in der Fähigkeit einer bestimmten Funktionsgruppe bestehen, die Fragmentierung eines Molekül-Ions zu beeinflussen. Zum Beispiel ist im Spektrum von $C_2H_5CH(OCH_3)(CH_2)_6CH_3$ der Peak der α-Spaltung, $C_2H_5CH{=}\overset{+}{O}CH_3$ mehr als zweimal so hoch wie irgendein anderer Peak des Spektrums, während seine Intensität im Spektrum von $C_2H_5CH(OCH_3)(CH_2)_4CH(NH_2)C_2H_5$ nur $<10\%$ des $C_2H_5CH{=}\overset{+}{N}H_2$-Peaks beträgt (Abschn. 8.4). Häufig treten auch synergistische Effekte auf: ein Molekül mit zwei funktionellen Gruppen kann Reaktionen eingehen, die bei Molekülen mit nur einer der beiden Gruppen nicht beobachtet werden. Um die Vorsichtsmaßnahmen zu wiederholen, untersuchen Sie immer das massenspektrometrische Verhalten von Verbindungen, die ihrer vorgeschlagenen Struktur nahe verwandt sind.

9.1 Kohlenwasserstoffe

Kohlenwasserstoffe haben leider die Tendenz, *Zufallsumlagerungen* (Abschn. 8.10) einzugehen. Dabei wird die Position der Wasserstoffatome und in geringerem Ausmaß auch das Kohlenstoffgerüst verändert. Am stärksten treten solche Isomerisierungen und Umlagerungen bei Alkanen auf, die durch σ-Ionisierung und anschließenden C–C-Bindungsbruch (Abschn. 8.6) EE^+-Ionen bilden. In verzweigten und ungesättigten Kohlenwasserstoffen kommen Zufallsumlagerungen bereits seltener vor. Mit einer polaren funktionellen Gruppe im Molekül verändert sich das Spektrum völlig (vgl. Abb. 3.2 und 3.16).

Gesättigte aliphatische Kohlenwasserstoffe. Unverzweigte Alkane zeigen im Massenspektrum ein wenig intensives Molekül-Ion. Typisch sind Reihen von $C_nH_{2n+1}{}^+$-Ionen, weniger ausgeprägt sind die $C_nH_{2n-1}{}^+$-Ionen und das Intensitätsmaximum liegt bei C_3- oder C_4-Bruchstücken (vgl. die Spektren von Dodecan (Abb. 3.2) und Hexatriacontan (Abb. 5.2)). Verzweigungen in der Kette (Abb. 3.3, 3.4, 4.1 und 8.8) führen zu einer Abnahme von $[M^{+\cdot}]$. Gleichzeitig erhöhen sich in charakteristischer Weise die Intensitäten derjenigen $C_nH_{2n+1}{}^+$- und $C_nH_{2n}{}^{+\cdot}$-Ionen, die durch Bindungsbruch an der Verzweigungsstelle unter Erhalt der Ladung gebildet werden. Dabei wird bevorzugt die größte Alkylgruppe abgespalten (Gl. 9.1). Lavanchy *et al.* (1979) zeigten, daß in den Spektren von

$$C_nH_{2n+1}R_2C{-}CH_2R' \xrightarrow{-e^-} C_nH_{2n+1}R_2C \overset{+}{\cdot} CH_2R' \begin{cases} \xrightarrow{\sigma} C_nH_{2n+1}R_2C^+ + \cdot CH_2R' \\ \xrightarrow{rH} C_nH_{2n}R_2C^{+\cdot} + CH_3R' \end{cases} \qquad (9.1)$$

C_mH_{2m+2}-Alkanen 80% der $C_nH_{2n+1}{}^+$-Ionen im oberen Massenbereich ($n \geqq 0.5\,m$) direkt durch σ-Spaltung gebildet werden. Im unteren Massenbereich ($n \leqq 0.5\,m$) dagegen entstehen nur etwa 15% der auftretenden $C_nH_{2n+1}{}^+$-Ionen auf diese Weise. In Abbildung 9.1 können nur die $(CH_3)_3CC(CH_3)_2{}^+$- (m/z 99), $(CH_3)_3C^+$- (m/z 57) und $CH_3{}^+$-Peaks durch direkte σ-Spaltung zustande kommen. Die Umlagerungspeaks $C_nH_{2n+1}{}^+$ mit $n \geqq 0.5\,m$ sind deutlich weniger intensiv als die mit geringerer Masse (z.B. $C_2H_5{}^+$ und $C_3H_7{}^+$). Peaks aus nachfolgenden Spaltungen sind aufgrund der möglichen Umlagerungen noch unzuverlässigere Indikatoren für die Struktur. Eine Ausnahme bilden tertiäre Carbenium-Ionen, die durch primäre σ-Spaltung an einem vierfach substituierten Kohlenstoffatom entstanden sind. Sie spalten in einem charakteristischen Folgeschritt ein Olefin ab, wie Gleichung 9.2 zeigt (vgl. auch Abb. 8.8).

$$R{-}CH_2CR'_2{-}R''^{+\cdot} \xrightarrow[-R''\cdot]{\sigma} R{-}CH_2CR'^{+}_2 \xrightarrow{\alpha} R^+ + CH_2{=}CR'_2 \qquad (9.2)$$

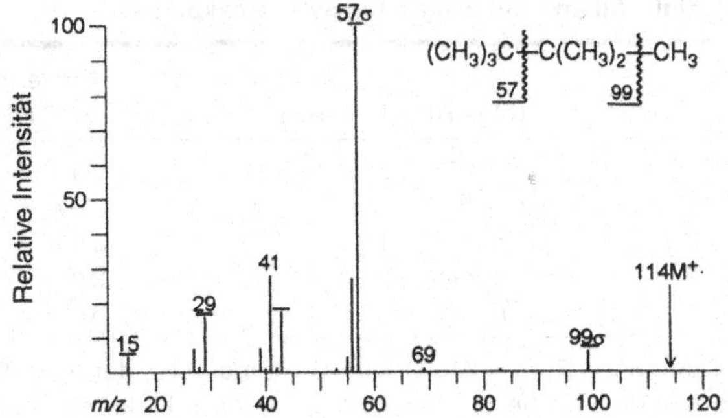

9.1 Massenspektrum von 2,2,3,3-Tetramethylbutan. $[M^{+\cdot}] = 0.03\%$.

Sowohl tertiäre (RR′R″CH) als auch quartäre (RR′R″R″C) Alkane mit R > Methyl haben Molekül-Ionen mit vernachlässigbarer Intensität. Sie zeigen aber durch Spaltung an der Verzweigungsstelle die intensiven Ionen $(M-R)^+$ und $(M-RH)^{+\cdot}$ (Gl. 8.89). 2-Methylalkane ohne größere Substituenten R haben gewöhnlich gleichintensive $(M-C_3H_7)^+$- und $(M-CH_3)^+$-Peaks (Abb. 8.8 oben; kein Verlust von CH_4 für $R = CH_3$). Mit einer zusätzlichen Methylgruppe an C-3 erhöht sich der $(M-C_3H_8)^{+\cdot}$-Peak (Abb. 8.8 unten). Aber auch R^+- und $(R-H)^{+\cdot}$-Ionen, die ebenfalls bei der Spaltung an der Verzweigungsstelle entstehen können, ergeben $C_nH_{2n+1}{}^+$- und $C_nH_{2n}{}^{+\cdot}$-Peaks. Glücklicherweise dominieren normalerweise die $(M-R)^+$- und $(M-RH)^{+\cdot}$-Ionen sowohl bei tertiären Alkanen mit größeren Alkylgruppen als auch bei quartären Alkanen.

Das Auftreten eines einzigen Peakpaares $(M-R)^+/(M-RH)^{+\cdot}$ deutet auf die Strukturen R_3CH oder R_4C hin. Die Fragmente R^+ und $(R-H)^{+\cdot}$ sind unwesentlich. Dieses Verhalten ist so charakteristisch, daß ein einziges auffälliges Peakpaar bei m/z 238 und 239 ($C_{17}H_{35}{}^+$ und $C_{17}H_{34}{}^{+\cdot}$, beide 4%) für das Ion $(C_8H_{17})_2CH^+$ spricht. Dies läßt trotz des Fehlens des $M^{+\cdot}$-Ions auf die Struktur $(C_8H_{17})_3CH$ schließen. Die Peaks $C_8H_{17}{}^+$ und $C_8H_{16}{}^{+\cdot}$ haben in diesem Spektrum eine geringe Intensität. R_3CH- und R_4C-Alkane lassen sich über die Anzahl der Kohlenstoffatome n_p in den Peakpaaren unterscheiden. Bei R_3CH-Alkanen muß n_p ungerade sein; ein isoliertes $C_{16}H_{33}{}^+/C_{16}H_{32}{}^{+\cdot}$-Paar (gerade n_p-Zahl) deutet daher auf die Struktur $(C_5H_{11})_4C$ hin. Ein ähnliches Verhalten zeigen die Strukturen R_2CHCH_3 und $R_2C(CH_3)_2$. Auch sie ergeben ein einziges $(M-R)^+/(M-RH)^{+\cdot}$-Paar, da $(M-CH_4)^{+\cdot}$ nicht auftritt. Bei R_2CHCH_3-Verbindungen kann aber normalerweise zusätzlich der $M^{+\cdot}$- und der $(M-CH_3)^+$-Peak gemessen werden.

Zwei wichtige $(M-R)^+/(M-RH)^{+\cdot}$-Peakpaare können aus $R_2R'CH$, $R_2R'_2C$, $R_3R'C$, $R_2HC(CH_2)_mCHR_2$ und $R_3C(CH_2)_mCR_3$ entstehen. Zusätzlich können weniger intensive $C_nH_{2n+1}{}^+$- und $C_nH_{2n}{}^{+\cdot}$-Peaks von R^+ und $(R-H)^{+\cdot}$ (s. oben) herrühren. Wenn n und n' die Anzahl der C-Atome in R und R′ darstellen, ergeben sich für die Peakpaare die in Tabelle 9.1 aufgeführten Kombinationen.

Tabelle 9.1: Verzweigte Alkane mit zwei intensiven Peakpaaren

Struktur	Anzahl n_p[a] der C-Atome in $(M-R)^+/(M-RH)^{+\cdot}$	$(M-R')^+/(M-R'H)^{+\cdot}$
$R_2R'CH$	$n+n'+1$	$2n+1$
$R_2R'_2C$	$n+2n'+1$	$2n+n'+1$
$R_3R'C$	$2n+n'+1$	$3n+1$
$R_2HC(CH_2)_mCHR_2$	$3n+m+2$	$2n+1$[b]
$R_3C(CH_2)_mCR_3$	$5n+m+2$	$3n+1$[c]

[a] n = Anzahl der C-Atome in R; n' = Anzahl der C-Atome in R'; der linke Term $((M-R)^+/(M-RH)^{+\cdot})$ entspricht dem größeren Wert von n_p, wenn R kleiner ist als R'.
[b] $R' = (CH_2)_mCHR_2$
[c] $R' = (CH_2)CR_3$

$RR'CHCH_3$-, $RR'C(CH_3)_2$- und $R_2R'CCH_3$-Verbindungen bilden ebenfalls zwei Paare von $(M-R)^+/(M-RH)^{+\cdot}$-Peaks, sie können aber anhand ihrer $M^{+\cdot}$- und/oder $(M-CH_3)^+$-Peaks identifiziert werden.

Die unbekannte Verbindung in Aufgabe 5.7 zeigt n_p-Werte von 10 und 13. Wenn es sich um ein $R_2R'CH$-Alkan handelte, würde das Paar mit $n_p = 2n+1$ nur für $n_p = 13$ einen sinnvollen Wert ($n = 6$) ergeben. Aus $n + n' + 1 = 10$ erhält man damit $n' = 3$, womit sich $(C_6H_{13})_2CHC_3H_7$ als Struktur und $C_{16}H_{34}$ als Summenformel ergäbe ($C_6H_{12}^{+\cdot}$ ist unbedeutend). Nimmt man eine $R_2R'_2C$-Struktur an, ergeben sich mit $2n + n' + 1 = 10$ und $n + 2n' + 1 = 13$ Werte von 2 und 5 für n und n'. Damit erhält man die Verbindung $(C_5H_{11})_2C(C_2H_5)_2$ (Summenformel $C_{15}H_{32}$), die ebenfalls zu den beiden Peakpaaren führen sollte. Im Spektrum ist aber $C_6H_{13}^+$ intensiver als $C_5H_{11}^+$. Für $R_2HC(CH_2)_mCHR_2$ und $R_3C(CH2)_mCR_3$ ist keine Übereinstimmung möglich. Die $R_3R'C$-Struktur $(C_3H_7)_3CC_6H_{13}$ mit der Summenformel $C_{16}H_{34}$ steht jedoch gleichfalls im Einklang mit den C_{13}- und C_{10}-Peakpaaren, so daß keine eindeutige Zuordnung möglich ist.

Ein anderes Beispiel (kein $M^{+\cdot}$) weist n_p-Werte von 7 und 15 auf ($C_7H_{14}^{+\cdot}$, 20%; $C_7H_{15}^+$, 12%; $C_{15}H_{30}^{+\cdot}$, 7%; $C_{15}H_{31}^+$, 22%). Die Intensität von $C_{11}H_{23}^+$, dem intensivsten Peak in der Reihe von $C_8H_{17}^+$ bis $C_{14}H_{29}^+$, beträgt 5%, die von $C_{11}H_{22}^{+\cdot}$ nur 1%. Dies läßt den Schluß zu, daß es sich bei diesen beiden Ionen um ein $R^+/(R-H)^{+\cdot}$-Paar handelt. Die Struktur $R_2R'CH$ ergibt mit $n = 3$ und $n' = 11$ das Molekül $(C_3H_7)_2CHC_{11}H_{23}$. Bei $R_2R'_2C$ erhält man einen negativen Wert für n. Bei $R_3C(CH_2)_mCR_3$ ergäbe sich die Struktur $(C_2H_5)_3C(CH_2)_3C(C_2H_5)_3$ (Summenformel $C_{17}H_{36}$) und damit die C_7- und C_{15}-Ionen, das $C_{11}H_{23}^+$-Ion kann aber nicht erklärt werden. Das $R_3C(CH_2)_m^+$-Ion dieser Verbindung entspräche $C_{10}H_{21}^+$ und nicht $C_{11}H_{23}^+$. Bei der $R_2HC(CH_2)_mCHR_2$-Formel stimmt die Struktur $(C_3H_7)_2CH(CH_2)_4CH(C_3H_7)_2$ (Summenformel $C_{18}H_{38}$) sowohl mit den C_7- und C_{15}-Bruchstücken als auch mit dem $C_{11}H_{23}^+$-Peak ($(C_3H_7)_2CH(CH_2)_4^+$) überein.

Tabelle 9.2: Verzweigte Alkane mit drei intensiven Peakpaaren

Struktur	Anzahl n_p[a] der C-Atome in $(M-R)^+/$ $(M-RH)^{+\cdot}$	$(M-R')^+/$ $(M-R'H)^{+\cdot}$	$(M-R'')^+/$ $(M-R'')H^{+\cdot}$
RR′R″CH	$n'+n''+1$	$n+n''+1$	$n+n'+1$
R_2R′R″C	$n+n'+n''+1$	$2n+n''+1$	$2n+n'+1$
RR′HC$(CH_2)_m$CHRR′	$n+2n'm+2$	$2n+n'+m+2$	$n+n'+1$[b]
R_2R′C$(CH_2)_m$CR_2R′	$3n+2n'+m+2$	$4n+n'+m+2$	$2n+n'+1$[c]

[a] n = Anzahl der C-Atome in R; n' = Anzahl der C-Atome in R′; n'' = Anzahl der C-Atome in R″; Der linke Term ($(M-R)^+/(M-RH)^{+\cdot}$) entspricht dem größeren Wert von n_p, wenn R kleiner ist als R′ und R″.

[b] R″ = $(CH_2)_m$CHRR′

[c] R″ = $(CH_2)_m$CR_2R′

Erweitert man dieses Vorgehen auf die Gegenwart von drei $(M-R)^+/(M-RH)^{+\cdot}$-Paaren, ergeben sich für die Peakpaare die in Tabelle 9.2 aufgeführten n_p-Werte.

RR′R″CCH_3-Verbindungen, die auch drei $(M-R)^+/(M-RH)^{+\cdot}$-Paare liefern, können durch ihren zusätzlichen $(M-CH_3)^+$-Peak unterschieden werden.

Die unbekannte Verbindung in Aufgabe 5.6 weist n_p-Werte von 6, 12 und 15 auf. Bei Annahme einer RR′R″CH-Struktur kommt $C_4H_9CH(CH_3)C_{10}H_{21}$ in Betracht, aber das weniger intensive $R^+/(R-H)^{+\cdot}$-Paar mit $n_p = 10$ könnte zu Fehlinterpretationen führen. Für R_2R′R″C und R_2R′C$(CH_2)_m$CR_2R″ erhält man keine ganzzahligen n-Werte, aber für RR′CH$(CH_2)_m$CHRR′ stimmt die Struktur $C_4H_9(CH_3)CH(CH_2)_4CH(CH_3)C_4H_9$ ebenfalls mit den Massen aller drei Peakpaare überein.

Die unbekannte Verbindung 9.1, ein acyclisches Isoprenalkan, das als „chemisches Fossil" eingesetzt wird (Robson und Rowland 1986), zeigt, daß Methylreste bei Vorhandensein von größeren Alkylsubstituenten nur einen geringen Einfluß auf das Aussehen des Massenspektrums haben. Prüfen Sie, ob mehr als eine Kombination von solchen Substituenten möglich ist?

Bei Alkanen können Niedrigvolt-Masenspektren (12 eV) (Maccoll 1986) für die Strukturaufklärung nützlich sein, da Folgezerfälle weitgehend unterdrückt werden und die Intensität der Fragmentpeaks mit thermochemischen Daten korreliert werden kann.

Aufgaben. Versuchen Sie, die Spektren der isomeren $C_{16}H_{34}$-Verbindungen 5.4 bis 5.6 noch einmal zu entschlüsseln.

Ungesättigte aliphatische Kohlenwasserstoffe. Eine Doppelbindung in einem Alkan erhöht die Intensität der $C_nH_{2n-1}{}^+$- und $C_nH_{2n}{}^{+\cdot}$-Ionen-Serien, wie das Spektrum von 1-Dodecen (Abb. 3.5) zeigt. Beachten Sie die wachsende Bedeutung der $C_nH_{2n+1}{}^+$-Alkyl-Ionen-Serie bei niedrigeren Massen. Eine Doppelbindung im Molekül erhöht $[M^{+\cdot}]$ nur bei Verbindungen mit geringem Molekulargewicht. *Cis*- und *trans*-Isomere haben normalerweise sehr ähnliche Massenspektren.

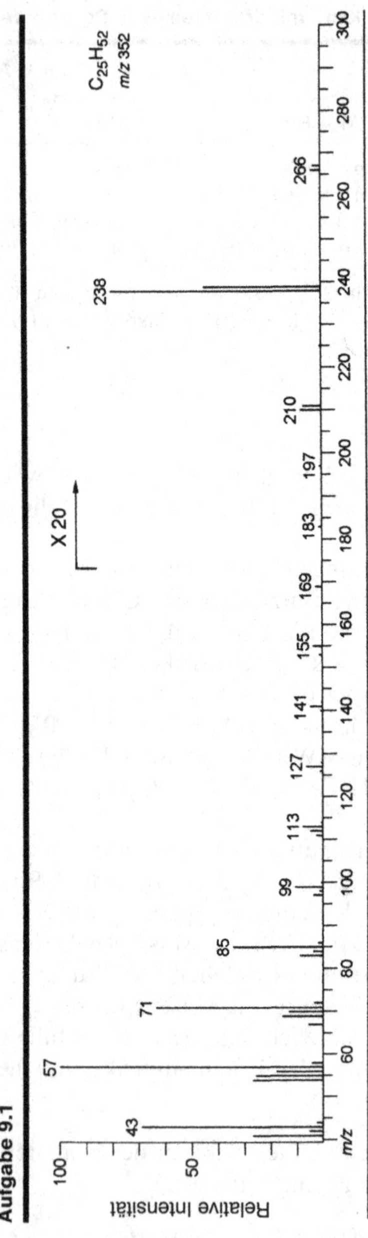

Bei Alken-Ionen können Allyl-Spaltungen auftreten (Gl. 4.15 und 9.3). Sie zeigen jedoch auch eine starke Tendenz, durch Wanderung der Doppelbindung zu isomerisieren. Dies trifft insbesondere auf Alkene mit geringem Molekulargewicht und auf geradkettige Alkene zu. Verzweigte Alkene mit $n \geqq 6$ gehen oft

$$R'-CH_2-CH\overset{+\cdot}{-}CHR \xrightarrow{\alpha} R'\cdot + CH_2{=}CH-\overset{+}{C}HR \longleftrightarrow \overset{+}{C}H_2-CH{=}CHR \quad (9.3)$$

spezifische Allyl-Spaltungen oder Zerfälle unter Umlagerungen ein, wie durch umfangreiche Markierungsversuche gezeigt werden konnte (Marques *et al.* 1984). Die Massenspektren von Alkenen und insbesondere Polyenen sind unabhängig von der Position der Doppelbindung, es sei denn, sie ist mehrfach substituiert oder eine Anzahl von Doppelbindungen reagieren, wie in der Benzyl-Spaltung, $C_6H_5CH_2$-$\nmid$-R, gemeinsam. So ist die Allyl-Spaltung von *allo*-Ocimen, bei der das $C_5H_9{}^+$-Ion gebildet wird, verzögert, weil die Bindung gleichzeitig vinylisch ist (Gl. 9.4). In Myrcen, in dem diese Bindung doppelt allylisch ist, läuft die Allyl-Spaltung dagegen beschleunigt ab (Gl. 9.4).

$C_5H_7^{\cdot}$ +

allo–Ocimen

(9.4)

$C_5H_7^{\cdot}$ +

Myrcen

Henneberg und Schomburg (1968) berichteten, daß die Spektren von verzweigten Alkenen, $RCH{=}C(CH_3)CH_2R'$ und $RCH_2C(CH_3){=}CHR'$, intensive $RCH_2{}^+$-Ionen aufweisen, die dadurch zu entstehen scheinen, daß die Doppelbindung zunächst von der Verzweigungsstelle wegwandert. In Homosqualen führt die Spaltung der doppelt allylischen Position zum intensiven $(M-83)^+$-Ion. Dagegen entsteht das charakteristische $(M-57)^+$-Ion durch Wanderung der Doppelbindung in die konjugierte Position und anschließende Allyl-Spaltung (Gl. 9.5). Levsen *et al.* (1978) berichten, daß die Allyl-Spaltungen von Alkenen in Feld-Ionisations-Massenspektren eine eindeutige Lokalisierung der Doppelbindung erlauben.

Die Bildung von wichtigen $C_nH_{2n}{}^{+\cdot}$-Fragment-Ionen durch Eliminierung von C_mH_{2m} kann nach mehreren Mechanismen ablaufen (Stocklöv *et al.* 1983). Unverzweigte Alkene sind durch eine deutliche $C_nH_{2n}{}^{+\cdot}$-$OE^{+\cdot}$-Ionen-Serie gekennzeichnet (Abb. 3.5; Aufgabe 5.10), deren Peakintensitäten von der Lage der Doppelbindung relativ unabhängig sind. Eine Verlagerung der Doppelbindung ins Innere des Moleküls stabilisiert $M^{+\cdot}$. Eine Verzweigung an der Doppelbindung ist besonders günstig, um spezifische Dissozia-

$-(C_5H_8)_4H$ (M − 83) → $-(C_5H_8)_4H$ (M − 57) (9.5)

R, R', R'' $\xrightarrow{-e^-}$ $\xrightarrow{rH}$ $\xrightarrow[\text{oder } i]{\alpha}$ R, R' oder CH_3, R'' (9.6)

tionen durch γ-H-Wanderung einzuleiten (Gl. 9.6, R″ > H). Gemäß Abschnitt 8.2 stabilisiert eine elektronenliefernde R″-Gruppe die Ladung ($PA(CH_3CH{=}CH_2, CH_3CH{=}CHCH_3) = 7.8$ eV, aber $PA[(CH_3)_2C{=}CH_2, (CH_3)_2C{=}CHCH_3] = 8.5$ eV. Die $C_nH_{2n}{}^{+\cdot}$-Intensitäten in den Spektren von 1- und 2-Dodecen sind sich sehr ähnlich, denn eine CH_3-Gruppe an C-1 hat keine Auswirkung. Die 4-, 7-, 8-, 9- und 10-Methyl-2-undecene weisen ebenfalls $C_nH_{2n}{}^{+\cdot}$-Intensitäten auf, die denen von 1- und 2-Dodecen sehr ähneln. Eine Ausnahme bildet die 6-Methylverbindung, die einen intensiveren $C_8H_{16}{}^{+\cdot}$-Peak (10%) besitzt, bei dem es sich wahrscheinlich um das Ladungswanderungs-Produkt $C_5H_{11}C(CH_3){=}CH_2{}^{+\cdot}$ handelt. (Die 4-Methylverbindung zeigt einen $C_5H_9{}^+$-Basispeak, der durch Allylspaltung entsteht). In 5-Methyl-2-undecen (R′ = CH_3, Abspaltung der Verzweigungsstelle an der zweiten Bindung) ist das $C_8H_{16}{}^{+\cdot}$-Ion ebenfalls intensiver (≈10%), dafür sind aber andere $C_nH_{2n}{}^{+\cdot}$-Peaks deutlich kleiner. Bei 3-Methyl-2-undecen (R″ = CH_3) ist $C_5H_{10}{}^{+\cdot}$ aus der γ-H-Wanderung das intensivste Ion. Es repräsentiert 80% der gesamten $C_nH_{2n}{}^{+\cdot}$-Ionen-Intensität. Das Spektrum von $(C_5H_{11})_2C{=}CH_2$ (R″ = C_5H_{11}) enthält ebenfalls einen intensiven Peak (12%), der aus der Reaktion unter Ladungserhalt in Gleichung 9.6 hervorgeht. Die weitere Dissoziation (Folgeumlagerungen, Gl. 8.76) dieses $C_5H_{11}C(CH_3){=}CH_2{}^{+\cdot}$-Ions ist für den dominierenden $C_4H_8{}^{+\cdot}$-Peak verantwortlich.

Eine weitere Methode, um eine oder mehrere Doppelbindungen in einer ungesättigten, unverzweigten Kohlenwasserstoffkette zu lokalisieren, ist die Einführung von funktionellen Gruppen an den Doppelbindungen, die spezifische Fragmentierungen einleiten. Dies kann entweder durch chemische Derivatisierung (Jensen und Gross 1987; Schmitz und Klein 1986) oder durch Ionen-Molekül-Reaktionen unter CI-Bedingungen mit Isobutan oder NO als Reaktandgasen (Budzikiewicz 1985; Einhorn *et al.* 1985a, b) erreicht werden.

Im allgemeinen ähnelt das Fragmentierungsverhalten von acetylenischen (Woodgate *et al.* 1972; Lifshitz 1977) und allenischen (Wiersig *et al.* 1977) Verbindungen dem von Alkenen. Lineare Alkine mit $n \geqq 6$, die sich in der Lage der Dreifachbindung unterscheiden, können anhand ihrer Massenspektren unterschieden werden (Mercer und Harrison 1986). $[M^{+\cdot}]$ wächst im Einklang mit der steigenden Stabilität von Alkin-$OE^{+\cdot}$-Ionen, wenn die Dreifachbindung ins Innere der Kohlenwasserstoffkette wandert. Die Interpretation der Spektren ist allerdings schwierig, da sämtliche Alkylabspaltungen bei allen Positionsisomeren beobachtet werden, wenngleich mit unterschiedlicher Intensität. Die spezifische Spaltung der Propargyl-C – C-Bindung, die nur bei sehr schnellen Zerfällen in Feld-Ionisations-Spektren ($t \leqq 10^{-11}$ s) auftritt, kann von dissoziativer Ionisierung herrühren, die vom Feld induziert wird (Wagner-Redeker *et al.* 1981). Im Spektrum von 1,8-Nonadiin treten Zerfälle unter Abspaltung von Methyl, Ethyl und $C_3H_5\cdot$ auf (Robbins und Foster 1985), die anscheinend zu cyclischen EE^+-Produkt-Ionen führen.

Um es zu wiederholen: für eine verläßliche Identifizierung von Alkenen und Alkinen ist der Vergleich der Spektren aller möglichen Isomere nötig.

Aufgabe. Sie sollten nun in der Lage sein, leichter zwischen den Verbindungen in Aufgabe 5.9 und 5.10 zu unterscheiden.

Gesättigte, alicyclische Kohlenwasserstoffe. Obwohl die Molekül-Ionen von Cycloalkanen intensiver sind als die ihrer acyclischen Gegenstücke, sind ihre Spektren oft schwieriger zu interpretieren. Der Basispeak im Spektrum von 1-Methyl-3-Pentylcyclohexan entspricht der Abspaltung von $C_5H_{11}\cdot$. Decylcyclohexan zeigt in ähnlicher Weise $C_6H_{11}{}^+$ als größten Peak. $C_6H_{10}{}^{+\cdot}$ ist in Analogie zum Verhalten größerer Alkane der zweitgrößte Peak (Gl. 9.1). Im Spektrum von Undecylcyclopentan sind $C_5H_9{}^+$ und $C_5H_8{}^{+\cdot}$ zwar die größten Peaks, aber sie beherrschen die $C_nH_{2n}{}^{+\cdot}$-Serie nicht. Stoßaktivierungs-Untersuchungen an substituierten Cycloalkanen (Borchers *et al.* 1977) und Untersuchungen zur Photodissoziation an unsubstituierten Cycloalkanen (Benz und Dunbar 1979) haben gezeigt, daß Molekül-Ionen von $\geqq$ sechsgliedrigen Ringen vor der Dissoziation gegenüber Gerüstisomerisierungen stabil sind. Kleinere Ringe werden dagegen zuerst geöffnet und es entstehen 1-Alken-Ionen. Bei alkylsubstituierten Cyclopropanen ist die Ringöffnung schnell und reversibel (Zaikin und Mikaya 1984). Cyclopropanstrukturen wurden als Zwischenstufen bei der Isomerisierung von Olefin-$OE^{+\cdot}$-Ionen diskutiert (Laderoute und Harrison 1985).

Bei Ringabbaureaktionen müssen mindestens zwei Bindungen gespalten werden. Dies trägt zu vermehrten Zufallsreaktionen bei. Im Spektrum von Methylcyclohexan (Abb. 9.2) zeigt eine Isotopenmarkierung, daß der herausragende $(M-CH_3)^+$-Peak aus der Abspaltung des Methylsubstituenten resultiert. Bei Methylcyclopentan entsteht jedoch nur die Hälfte des entsprechenden Peaks auf

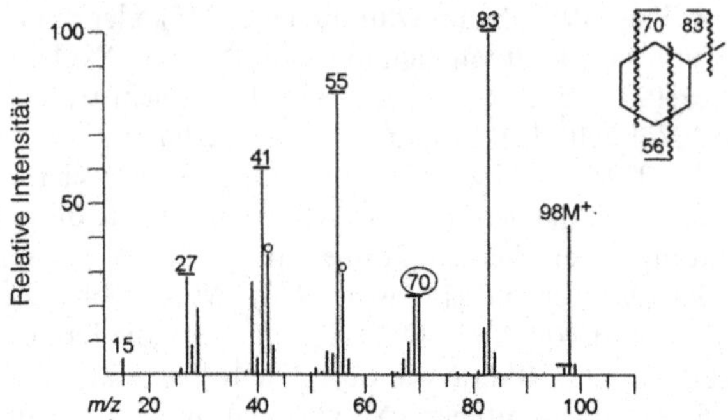

9.2 Massenspektrum von Methylcyclohexan.

diese Weise (was ein größeres Ausmaß an endocyclischer Spaltung im fünfgliedrigen Ring anzeigt). Cyclohexan selbst weist ein $(M-CH_3)^+$-Ion mit 27% der Intensität des Basispeaks auf. Der $(M-C_2H_4)^{+\cdot}$-Peak von Methylcyclohexan kann durch anfängliche Ionisierung an der endocyclischen verzweigten σ-Bindung erklärt werden (Gl. 9.7). Markierungsversuche zeigen, daß 60% dieses Peaks durch Eliminierung von C_2H_4 aus dieser Position entstehen.

$$\xrightarrow[\sigma]{-e^-} \quad \xrightarrow{\alpha} \quad + \tag{9.7}$$

Auch bei alicyclischen Verbindungen kann eine sorgfältige Spektren-Korrelation zu wertvollen Strukturinformationen führen. Die ausführlichen Untersuchungen von Djerassi und seinen Studenten (Tokes *et al.* 1968) am Steroidgerüst stellen einen klassischen Fall dafür dar. Im Massenspektrum von 5-α-Pregnan (Abb. 9.3) entsteht der $(M-CH_3)^+$-Peak durch Abspaltung der angulären Methylgruppen (hauptsächlich C-19). Die Abspaltung von C_2H_5 durch exocyclische Fragmentierung der 17–20-Bindung ist vernachlässigbar, weil durch 13–17-Spaltung des D-Ringes ein stabiles, tertiäres Carbenium-Ion gebildet werden kann. Dieses Teilchen kann auf zwei Arten radikalisch weiterreagieren. Im ersten Fall entsteht durch eine Übertragung von Wasserstoff zurück an die ursprüngliche Stelle und 14–15-Spaltung das charakteristische $OE^{+\cdot}$-Ion mit m/z 218 (Gl. 9.8). Bei der zweiten Möglichkeit wird das einsame Elektron zur Nachbarbindung übertragen und durch 15–16-Spaltung entsteht der m/z 232-Peak (Gl. 9.9). Ein großer Teil des Basispeaks bei m/z 217 beruht auf der Methyl-Abspaltung (C19) aus m/z 232. Das Ion bei m/z 149 wird hauptsächlich aus dem A- und B-Ring gebildet. Es entsteht durch einen komplexen Mechanismus mit dreifachem Wasserstofftransfer. Trotz der scheinbaren Zufälligkeit hat die Stereochemie der A/B-Ringe einen charakteristischen Einfluß auf diesen Prozeß: im Massenspektrum des 5-β-(*cis*)-Isomers ist [m/z 149]/[m/z 151] viel

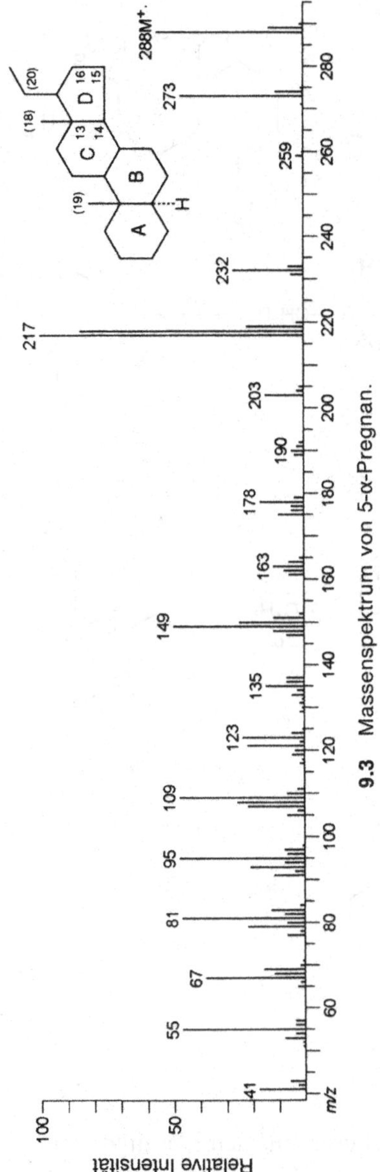

9.3 Massenspektrum von 5-α-Pregnan.

kleiner als im 5-α-Isomer. Dieser Effekt ist vom C-17-Substituenten weitgehend unabhängig (Seifert *et al.* 1972). Er wird dazu genutzt, das Vorkommen von Stereoisomeren von Steroidsäuren in komplexen Erdölgemischen zu ermitteln. Man vermutet einen tierischen Beitrag zur Entstehung dieses Erdöls, da die

α rH (9.8)

rH α + $CH_2{=}CHCH_2R$ m/z 218

$-C_4H_8$ α m/z 232 $-CH_3\cdot$ r, α (9.9)

m/z 149 m/z 217

Gallensäuren von Säugetieren mit den identifizierten Steroidsäuren genetisch verwandt sind.

Fragmentierungen des D-Ringes (Gl. 9.8) und die Abspaltung von R· sind für 17-substituierte Steroide charakteristisch. Sie sind von der Gegenwart und Art der Substituenten in den A- und B-Ringen unabhängig (Zaretskii 1976). Zum Beispiel spalten Cholestanderivate typischerweise sowohl vom Molekül-Ion als auch von $OE^{+\cdot}$-Fragment-Ionen $C_8H_{17}\cdot$ und $C_{11}H_{23}\cdot$ ab.

Ungesättigte alicyclische Kohlenwasserstoffe. Bei vielen Cycloalkenen hat die Lage der Doppelbindung nur einen geringen Einfluß auf das Massenspektrum.

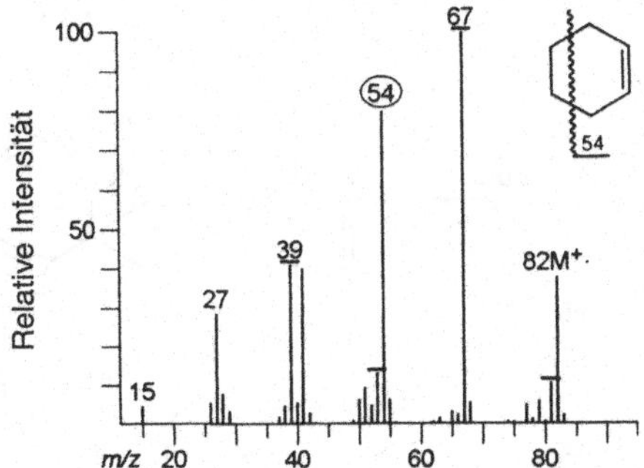

9.4 Massenspektrum von Cyclohexen.

Zehn C_5H_8-Isomere, bei denen der Ring nicht größer als Cyclopenten sein kann, haben die gleichen Spektren. Genauso verhält es sich bei verschiedenen C_7H_{10}-Isomeren (drei Doppelbindungsäquivalente) und anderen Verbindungen mit einem hohen Ungesättigtheitsgrad. Monoterpenoid-Kohlenwasserstoffe ($C_{10}H_{18}$, zwei Doppelbindungsäquivalente) mit einem Cyclohexanring und einer Doppelbindung außerhalb des Ringes haben Spektren, die mit der Isomerisierung zu einer Cyclohexenstruktur und weiteren Umlagerungen, wie zum Beispiel Methyl-Wanderungen übereinstimmen.

Andererseits zeigen Cyclohexenderivate relativ spezifische Fragmentierungen, wie im Spektrum von Cyclohexen selbst (Abb. 9.4) zu erkennen ist. Der Basispeak kann durch einen Wasserstoffübertragungs-Mechanismus, bei dem das ungepaarte Elektron zu einer allylischen Radikalstelle wandert (Gl. 9.10), und anschließende Methyl-Abspaltung erklärt werden. Das intensive Ion mit ungerader Elektronenzahl bei *m*/*z* 54, das durch Retro-Diels-Alder-Reaktion entsteht (Gl. 4.31, 9.11), ist ein Charakteristikum der Cyclohexenstruktur. Bei der Reaktion entsteht ein Dien- und ein Monoen-Fragment. Die Bruchstücke zeigen sogar in komplexen polycyclischen Molekülen, wie Triterpenen oder Alkaloiden hochspezifisch die Lage der Doppelbindung an (Tureček und Hanuš

−e⁻ α rH H₃C α CH₃˙ +

m/z 67

(9.10)

α α +

m/z 54

(9.11)

(9.12)

1984). Die Cyclohexen-Doppelbindung kann auch ein Teil eines ortho-kondensierten aromatischen Rings sein, wie in Tetralin und seinen Heteroanalogen (Kühne und Hesse 1982). Genauso wie bei einfachen Spaltungsreaktionen und Wasserstoffübertragungen konkurrieren die Produkte um die positive Ladung. Tetrahydrocannabinol weist durch Abspaltung von C_5H_8 einen intensiven Peak bei *m/z* 246 auf, der dem ionisierten Monoen entspricht. Gleichung 9.12 zeigt eine Möglichkeit der Elektronenverschiebungen. Die Abspaltung von $CH_3\cdot$ aus dem $OE^{+\cdot}$-Ion bei *m/z* 246 führt in Übereinstimmung mit der aromatischen Stabilisierung in diesem EE^+-Produkt-Ion zum Basispeak. Die Retro-Diels-Alder-Reaktion tritt auch häufig bei Ionen mit gerader Elektronenzahl auf, so daß ein Großteil des *m/z* 231-Peaks alternativ durch Abspaltung von C_5H_8 aus dem $(M-CH_3)^+$-Ion entstanden sein kann.

Aufgaben. Die Spektren von α- und β-Ionon (Aufgaben 4.12 und 4.13) illustrieren solche Reaktionen.

***Aromatische Kohlenwasserstoffe* (Kuck 1990).** Die Spektren von Benzol (Aufg. 2.5), Naphthalin (Aufg. 5.1), Isochinolin (Aufg. 5.11, Butylbenzol (Aufg. 4.18), Hexylbenzol (Abb. 3.7) und Octylbenzol Aufg. 5.8 sind Beispiele für aromatische Kohlenwasserstoffe. Ein aromatischer Ring an einem Alkan beeinflußt das Spektrum wesentlich. Die Molekül-Ionen-Peaks sind höher als bei den entsprechenden Alkanen und doppelt geladene Ionen sind oft relativ intensiv (1–5%). Die Spaltung des aromatischen Ringes erfordert relativ hohe Energien und wird in hohem Ausmaß von Wasserstoff- und sogar Gerüstumlagerungen begleitet. Dies führt zur charakteristischen „aromatischen Ionen-Serie“ (Tab. A.6). Die Ionen $C_nH_{0.5n}$–$C_nH_{0.8n}$ ($n = 3$ bis 6) dominieren häufig, wenn der Ring elektronegative Substituenten trägt. Die Serie $C_nH_{0.9n}$–$C_nH_{1.2n}$ ist typisch für die Gegenwart von elektronenspendenden Substituenten oder bei heterocyclischen Verbindungen. Die Position von Alkylsubstituenten am Ring hat gewöhnlich einen geringen Einfluß auf das Spektrum (zum Beispiel haben *o*-, *m*- und *p*-Xylol sehr ähnliche Massenspektren).

Eine weitere homologe Ionen-Serie von Phenylalkanen ist in Abbildung 3.7 bei Massen zu sehen, die $C_6H_5(CH_2)_n^+$ (*m/z* 77, 91, 105, 119, ...) entsprechen. Die Intensitäten der einzelnen Ionen hängen viel stärker von der Molekülstruktur ab als die der Ionen-Serien bei niedriger Masse. Ionen, die durch einen aromatischen Ring stabilisiert sind, können aber über verschiedene Fragmentierungswege gebildet werden, so daß ein intensiver Peak, wie *m/z* 91, nur zeigt, daß das Molekül eine oder mehrere der möglichen Struktureinheiten enthält.

In Abbildung 3.7 entsteht das charakteristischste Ion dieser Serie durch den Bruch der benzylischen Bindung zur größten Alkylgruppe. Phenylalkane weisen deshalb ein intensives $C_7H_7^+$-Ion auf (Gl. 9.13), das als das resonanzstabilisierte Benzyl-Ion beschrieben wird. In speziellen Fällen konnte aber gezeigt werden, daß das in ähnlicher Weise stabilisierte Tropylium-Ion das Hauptprodukt ist (bei den meisten Mechanismen ist diese Unterscheidung nicht wichtig). Zum Beispiel können Toluol-Molekül-Ionen mit ausreichender Energie für eine Wasserstoffabspaltung zum weniger stabilen Cycloheptatrien-Molekül-Ion isomerisieren. Aus diesem kann durch H-Abspaltung das Tropylium-Ion entstehen. Toluol-Ionen mit höherer Energie haben eine stärkere Tendenz, vor solch einer Isomerisierung H· abzuspalten und Benzyl-Ionen zu bilden. Benzyl-Ionen mit genügend hoher innerer Energie ($\Delta H_f = 9.3$ eV) können jedoch zu stabileren Tropylium-Ionen ($\Delta H_f = 9.0$ eV) isomerisieren (kritische Energie 2 eV). Die Art der $C_7H_7^+$-Isomere, die aus Toluol oder Cycloheptatrien entstehen, ist deshalb von der Energie der ionisierenden Elektronen abhängig. Bei der Schwellenwert-Energie werden nur Tropylium-Ionen gebildet, bei 15 eV entsteht [Tropylium]/[Benzyl] im Verhältnis 1 : 1 und bei 70 eV im Verhältnis 2 : 1 (McLafferty und Bockhoff 1979; eine Übersicht über frühere Arbeiten geben Grubb und Meyerson 1963). Diese Umlagerungen können in Polyalkylaromaten für konkurrierende Spaltungen an der Ring-Alkyl-Bindung verantwortlich sein. Zum Beispiel entsteht der intensive $(M-CH_3)^+$-Peak von Dimethylbenzolen auf diese Weise. Durch Olefin-Abspaltungen aus dem primären Benzyl-Produkt-Ion können ebenfalls intensive $C_6H_5(CH_2)_n^+$-Ionen gebildet werden (Gl. 9.14). (Es wurde vorgeschlagen, daß das *m/z* 119-Ion über eine „phenylierte Cyclopropan“-Zwischenstufe zerfällt, da in der α-^{13}C-markierten Verbindung 65% des ^{13}C-Gehalts bei der Bildung von $C_7H_7^+$ abgespalten wird.)

R— (Benzolring, +•) —α→ R• + (Methylencyclohexadienyl, +) ⟷ (Benzyl, +)

m/z 91

(9.13)

CH3 R H3C ++ α R· + (CH3)2C+ re C2H4 + C7H7+

m/z 119

(9.14)

Besteht die Alkylseitenkette aus einer Propyl- oder größeren Gruppe, kann das charakteristische $OE^{+\cdot}$-Ion (Gl. 4.36, 9.15) durch Wasserstoffwanderung entstehen. Substituenten in α-Position behindern diese Umlagerung und begünstigen die Benzyl-Spaltung (Gl. 9.13). Isotopenmarkierungen haben gezeigt, daß im Übergangszustand 5-, 6- und 7-gliedrige Ringe beteiligt sein können (Wesdemiotis *et al.* 1977).

R H H rH R H H α R + H H

(9.15)

In Gleichung 9.15 wird dieselbe Bindung gespalten wie bei der einfachen Benzyl-Spaltung (Gl. 9.13). Dies trifft auf die analogen Reaktionen bei polaren ungesättigten Funktionsgruppen (Gl. 4.33 und 4.14) nicht zu. Manchmal kann das Verhältnis dieser konkurrierenden Reaktionen anhand der relativen Ladungsstabilisierung der kanonischen Ausgangsstrukturen bestimmt werden. In den Massenspektren von 3-Propyltoluol und 4-Propyltoluol betragen die relativen Intensitäten der entsprechenden Umlagerungs-Ionen $C_8H_{10}^{+\cdot}$ im Vergleich zu $C_8H_9^+$ aus der Benzyl-Spaltung (Gl. 9.16 und 9.17) 5.5% bzw. 0.9% (Occolowits 1964). Ein elektronenspendender Substituent in *meta*-Stellung zum Alkylsubstituenten fördert demnach die H-Wanderung. Die Umlagerung ist ungünstig, wenn entweder die γ- oder die *ortho*-Positionen vollständig substituiert sind. Durch zusätzliche *para*-Substituenten wird sie vollständig unterdrückt (Kingston *et al.* 1988). Die geringere Wasserstoff-Aufnahmebereitschaft von substituierten aromatischen *ortho*-Kohlenstoffatomen beruht sowohl auf sterischen als auch auf elektronischen Faktoren (Kuck 1989).

H CH3 − C2H4 H H CH3 H2C

m/z 106

(9.16)

$- C_2H_5$

CH_3 CH_3

m/z 105

(9.17)

Polyaryl- und polycyclische aromatische Verbindungen. Das Verhalten von höheren aromatischen Kohlenwasserstoffen kann aus dem der oben beschriebenen Alkylbenzole abgeleitet werden. Das Molekül-Ion und doppelt geladene Ionen haben eine höhere Intensität. Neben ähnlichen charakteristischen Seitenketten-Spaltungen werden Zerfälle im ungesättigten System beobachtet, die von starken Wasserstoff- und Gerüstumlagerungen begleitet sind.

Aufgaben. Versuchen Sie erneut, die Aufgaben 4.18 und 5.8 zu lösen.

9.2 Alkohole

Gesättigte, aliphatische Alkohole. In diesem Buch sind bisher die Massenspektren von Methanol (Aufg. 1.3), 3-Methyl-3-hexanol (Abb. 4.2), 4-Octanol (Aufg. 4.19), 1-Dodecanol (Abb. 3.8), 1-Hexadecanol (Aufg. 5.9, Glycerin (Aufg. 8.11), 2-Aminoethanol (Aufg. 4.2) und α-(Aminomethyl-1-ethyl)-benzylalkohol (Ephedrin, Abb. 4.5) aufgeführt.

Eine Hydroxylgruppe in einem Alkan erniedrigt die Ionisierungsenergie. Gleichzeitig sinkt trotz dieser Stabilisierung die Intensität des Molekül-Ionen-Peaks (er ist oft nicht beobachtbar, wie im Spektrum in Abb. 9.5), da die Zerfälle, die durch Reaktionen an der ionisierten Hydroxylgruppe eingeleitet werden, erleichtert sind. Alkohole können jedoch Ionen-Molekül-Reaktionen ein-

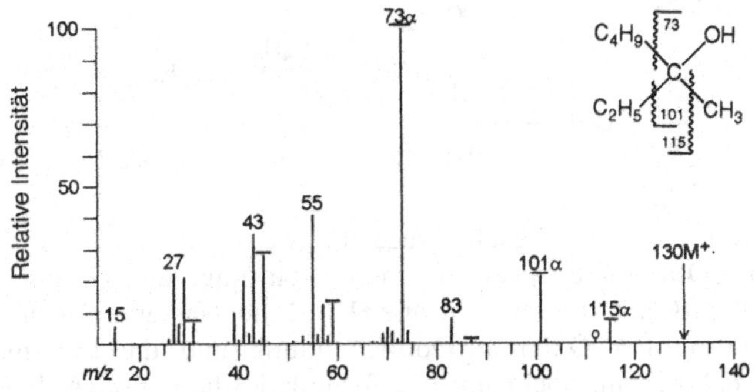

9.5 Massenspektrum von 3-Methyl-3-heptanol.

gehen, bei denen ein druckabhängiger MH^+-Peak entsteht, der zur Bestimmung des Molekulargewichts herangezogen werden kann (Abschn. 6.1) und den $M^{+\cdot}$-Mangel wettmacht. Thermische und katalytische Dehydrierung und Dehydratisierung der Probe, besonders in Metallgefäßen, kann zu Störpeaks wie $(M-2)^{+\cdot}$, $(M-18)^{+\cdot}$ und $(M-20)^{+\cdot}$ führen. Diese Peaks können allerdings auch bei EI-Fragmentierungen entstehen. Die Gegenwart der entsprechenden CAD- oder metastabilen Produkt-Ionen (Abschn. 6.4) liefern einen eindeutigen Beweis für letzteres. Ein intensiver Peak bei *m/z* 18 hat wenig Bedeutung, da H_2O leicht aufgrund von Desorption im Einlaßsystem oder als Verunreinigung vorhanden sein kann.

Sowohl die Radikal- als auch die Ladungsstelle der Hydroxylgruppe haben eine ausreichende Fähigkeit, die Reaktion einzuleiten, so daß Alkohole viele der Reaktionen aus Kapitel 4 und 8 eingehen können. In ihren Spektren besitzen tertiäre Alkohole die größte und primäre Alkohole die kleinste Gesamtintensität aller sauerstoffhaltigen Ionen. In allen Spektren, außer denen von 1-Alkanolen, ist die α-Spaltung (Gl. 4.17) die charakteristischste Reaktion. Im Spektrum von 3-Methyl-3-heptanol (Abb. 9.5) führt sie zu den bedeutenden Peaks bei *m/z* 73, 101 und 115 (Gl. 9.18), deren Intensität die Größe der abgespaltenen Alkylgruppe wiederspiegelt. Die Bildung von $C_nH_{2n+1}O^+$-Ionen durch eine Substitution unter Cyclisierung (Gl. 8.103) hat nur geringe Bedeutung.

$$C_4H_9-C(CH_3)(C_2H_5)-\overset{+\cdot}{O}H \xrightarrow[\alpha]{-C_4H_9\cdot} CH_3C(H)=\overset{+}{O}H \;(m/z\ 73) \xrightarrow[rH]{-C_2H_4} CH_3CH=\overset{+}{O}H \;(m/z\ 45)$$

$$\xrightarrow[\alpha]{-C_2H_5\cdot} C_2H_5\text{–}(CH_3)C=\overset{+}{O}H \;(m/z\ 101) \xrightarrow[rH]{-C_4H_8} CH_3CH=\overset{+}{O}H \;(m/z\ 45) \tag{9.18}$$

$$\xrightarrow[\alpha]{-CH_3\cdot} C_2H_5\text{–}(C_2H_5)C=\overset{+}{O}H \;(m/z\ 115) \xrightarrow[rH]{-C_4H_8} C_2H_5CH=\overset{+}{O}H \;(m/z\ 59) \xrightarrow[rH]{-C_2H_4} CH_2=\overset{+}{O}H \;(m/z\ 31)$$

Es existieren mehrere mögliche Wege zum weiteren Zerfall der $C_nH_{2n+1}O^+$-EE^+-Ionen. (Durch die einzige einfache Spaltung, die zu einem weiteren EE^+-Ion führt (Gl. 4.26), entsteht nur H^+). Eine Wasserstoffwanderung zum Kohlenstoffatom der Oxonium-Doppelbindung und die Eliminierung von C_nH_{2n} (Gl. 8.95) ist im Spektrum von 3-Methyl-3-heptanol (Abb. 9.5) für die Peaks bei *m/z* 31, 45 und 59 verantwortlich (Gl. 9.18). Der intensivste von ihnen entspricht dem, bei dem das größte C_nH_{2n}-Molekül vom intensivsten Vorläufer-Ion abgespalten wird. Des weiteren kann auch eine Umlagerung über einen sechsgliedrigen Ring (Gl. 8.92 zu den *m*/*z* 59- und 73-Ionen führen.

Die Hauptkonkurrenzreaktion bei den EE^+-$C_nH_{2n+1}O^+$-Ionen ist die Dehydratisierung (Gl. 8.98. Sie trägt zur Entstehung der Peaks bei *m*/*z* 55, 83 und 97 im Spektrum von 3-Methyl-3-heptanol (Abb. 9.5) bei. Die intensiven Peaks bei *m*/*z* 29 und 43 bestehen teilweise aus CHO^+ und $C_2H_3O^+$, die ebenfalls durch Zerfall der $C_nH_{2n+1}O^+$-Ionen entstehen können. Produkte aus Folgereaktionen von EE^+-Ionen, wie diese und die in Gleichung 9.18, sollten deshalb mit Vorsicht zur Strukturaufklärung eingesetzt werden.

Der zweite Hauptzerfallsweg von Alkoholen liegt in der Abspaltung von H_2O und (H_2O + C_nH_{2n}) mit $n \geqq 2$ aus dem Molekül-Ion (Gl. 4.38). Wie anhand der Intensitäten der Peaks bei *m*/*z* 112 und 42 abgelesen werden kann, ist diese Reaktion bei verzweigten Alkoholen weniger ausgeprägt. Dagegen weisen die meisten Spektren von linearen Alkoholen, wie zum Beispiel 1-Dodecanol (Abb. 3.8), Produkte auf, die aus der Dehydratisierung des Molekül-Ions resultieren. Die $C_nH_{2n+1}O^+$-Ionen, die durch einfache α-Spaltung (*m*/*z* 31) und Substitution (Gl. 8.103) entstehen, sind dagegen weniger bedeutend. Das übrige Spektrum ähnelt stark dem des entsprechenden Alkens, wie die Spektren von 1-Hexadecanol und 1-Hexadecen (Aufg. 5.9 und 5.10) zeigen. Die intensiven $C_nH_{2n-1}{}^+$-, $C_nH_{2n}{}^{+\cdot}$- und $C_nH_{2n+1}{}^+$-Ionen-Serien in 1-Alkanolen (die teilweise direkt aus $M^{+\cdot}$ entstehen) weisen auf Verzweigungen oder andere Struktureinheiten des Kohlenstoffgerüsts hin. Dieses Fragmentierungsverhalten entspricht im allgemeinen dem der analogen Kohlenwasserstoffe.

Aufgaben. Versuchen Sie zur Übung, die Aufgaben 4.19, 5.8, 5.9, 8.3 und 8.11 erneut zu lösen.

Cyclische aliphatische Alkohole. Abbildung 9.6 zeigt das Spektrum von 2-Methylcyclohexanol. Die α-Spaltung (Gl. 4.9) läuft bevorzugt an der höher substituierten Ringbindung ab (Gl. 9.19 gegenüber Gl. 9.20). Die folgende C_nH_{2n}-Eliminierung (Gl. 8.53) liefert charakteristische $OE^{+\cdot}$-Ionen bei *m*/*z* 44, 58, 72 und 86. Allerdings ist diese Reaktion weniger günstig als die Wasserstoffübertragung, die die Radikalstelle in die allylische Position verlagert (Gl. 8.54). Die

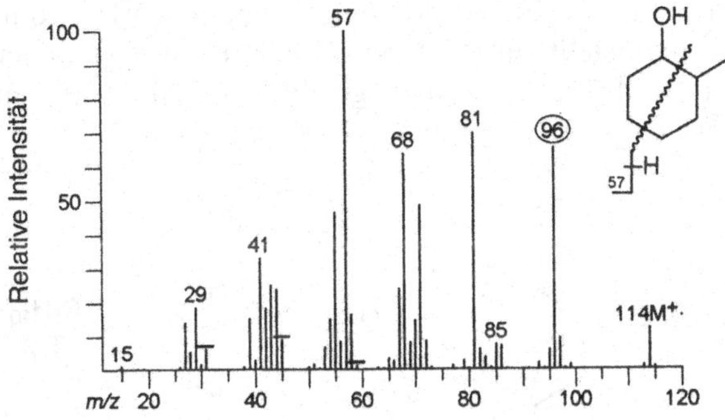

9.6 Massenspektrum von 2-Methylcyclohexanol.

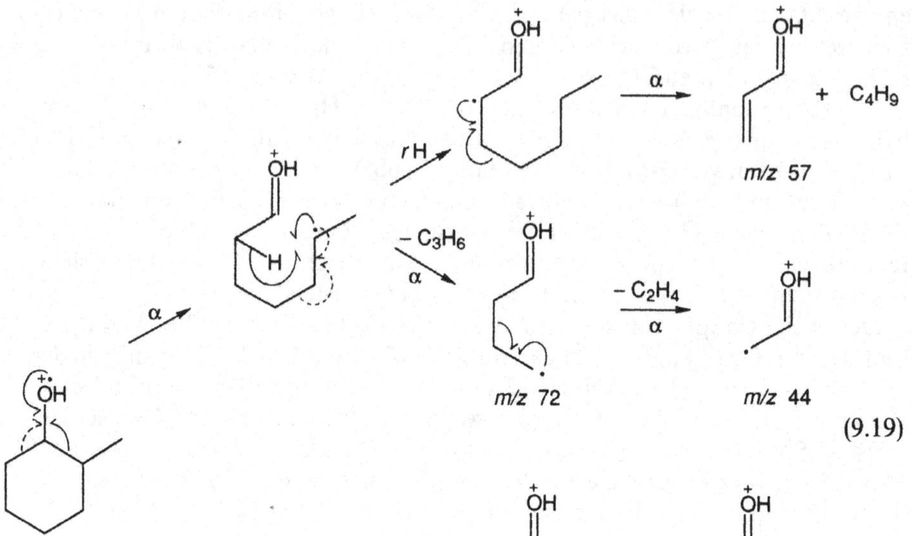

(9.19)

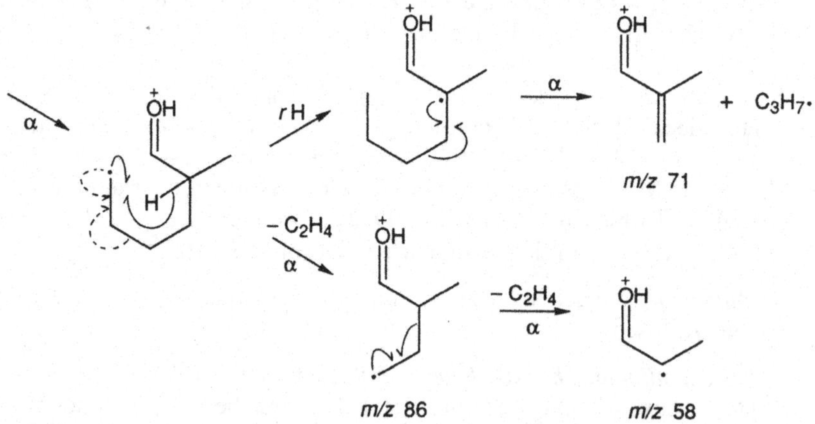

(9.20)

Eliminierung eines Alkylradikals führt zu den stabilen $C_3H_5O^+$ oder $C_4H_7O^+$-Ionen (Gl. 9.19 und 9.20). Gleichung 9.21 zeigt eine untergeordnete Reaktion, die durch Isotopenmarkierung entdeckt wurde. Das primäre Radikalprodukt abstrahiert den Hydroxyl-Wasserstoff (ein bevorzugtes H-Atom für Umlagerungen). Dadurch entsteht ein Heptanal-Molekül-Ion. Der weitere Zerfall dieses Ions und des auf ähnliche Weise gebildeten 2-Methylhexanal-Ions trägt ebenfalls zu den Peaks bei *m/z* 44 und 58 bei.

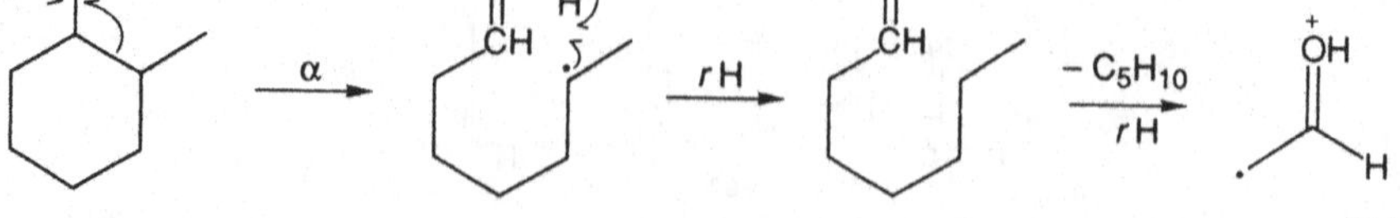

(9.21)

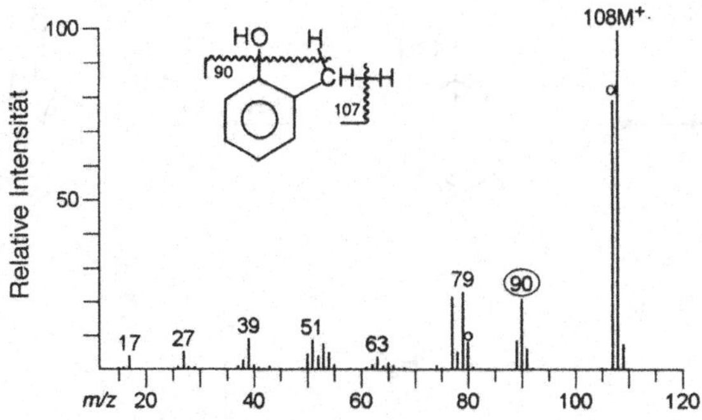

9.7 Massenspektrum von *o*-Methylphenol.

Wie bei den acyclischen Alkoholen entspricht die Abspaltung von H_2O (Gl. 4.38) dem zweiten Hauptfragmentierungsweg von $M^{+\cdot}$. Diese Reaktion betrifft hauptsächlich die Wasserstoffatome an den Kohlenstoffen 3, 4 und 5. Die Übertragung eines 4-H-Atoms in einem Sechsring (Gl. 8.26) erfordert von den eliminierten Gruppen *cis*-Stereochemie im Boot-Übergangszustand. Die Kohlenwasserstoff-Ionen des Spektrums entsprechen denen, die bei weiteren Zerfällen solcher bicyclischer Dehydratisierungsprodukte entstehen. Die *m*/*z* 68 und 54-$OE^{+\cdot}$-Ionen werden durch Eliminierung von stabilen C_2H_4- oder C_3H_6-Molekülen aus einer verbrückenden Gruppe gebildet. (Beachten Sie, daß die „Regel" von der Abspaltung des größten Alkyl*radikals* nicht für die Eliminierung von Molekülen gilt; in diesem Fall sollte das $C_5H_8{}^{+\cdot}$-Ion stabiler und damit intensiver sein als das $C_4H_6{}^{+\cdot}$-Ion.)

Phenole. Das Spektrum von *o*-Methylphenol (Abb. 9.7) illustriert charakteristische Fragmentierungen der Hydroxylgruppe an einem aromatischen Ring. Der $(M-CO)^{+\cdot}$-Peak mit ungerader Elektronenzahl, der gewöhnlich von einem $(M-CHO)^{+}$-Peak begleitet wird, eignet sich besonders zur Identifizierung dieser funktionellen Gruppe. Der Mechanismus erfordert die Eliminierung von Sauerstoff einschließlich des benachbarten Ring-Kohlenstoffatoms (Gl. 9.22). Deuterium-Markierungsversuche haben gezeigt, daß die Abspaltung von CHO von beträchtlichem Wasserstoffaustausch begleitet wird.

Das charakteristische $OE^{+\cdot}$-Ion bei $(M-18)^{+\cdot}$ im Spektrum ist ein Beispiel für den „ortho-Effekt" (Gl. 9.23 und 4.41). Die Intensitäten des $(M-18)^{+\cdot}$-Peaks der entsprechenden *meta*- und *para*-Isomeren betragen nur 3 bzw. 2%. Der größere $(M-1)^{+}$-Peak entsteht durch Abspaltung eines Benzyl-Wasserstoffatoms.

Alkohole in Kombination mit weiteren funktionellen Gruppen. Aliphatische Hydroxylgruppen aktivieren die α-Wasserstoffübertragung zu anderen funktionellen Gruppen. Diole spalten deshalb verstärkt Wasser ab. Auch die Abspaltung von Methanol aus Methylestern von Hydroxysäuren (Gl. 8.82) wird durch die Gegenwart der Hydroxylgruppe gefördert. Der phenolische Hydroxyl-

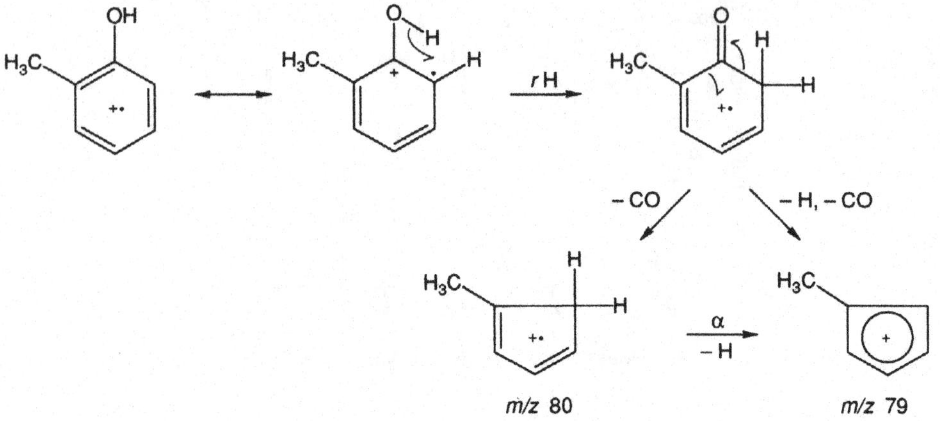

m/z 80 m/z 79

(9.22)

m/z 90

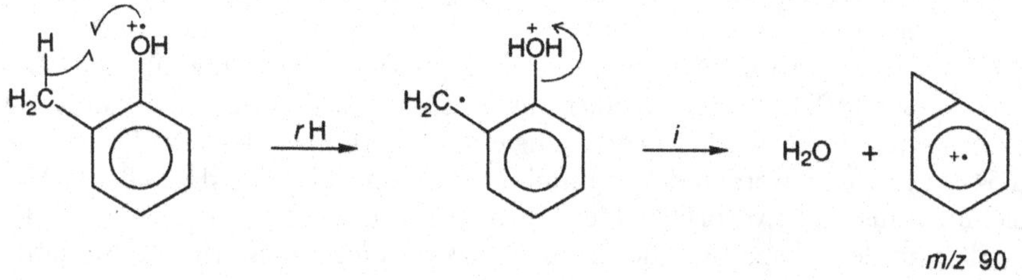

(9.23)

Wasserstoff zeigt eine starke Tendenz, zu Radikalstellen zu wandern (Gl. 9.22 und 9.24), weil die freie Stelle am Sauerstoff über den gesamten aromatischen Ring delokalisiert werden kann. Die Hydroxyl-Wasserstoffatome in Phenolen können deshalb als Donatoren für eine ortho-Effekt-Umlagerung fungieren. Die Abspaltung von Methanol bildet den Basispeak von Salicylsäuremethylester, während die Intensitäten bei den *meta-* und *para*-Isomeren $<1\,\%$ sind. Für die Produkt-Ionen der Gleichungen 9.23 und 9.24 sind andere isomere Strukturen als die gezeigten denkbar. Können Sie diese Beziehungen zur Lösung von Aufgabe 9.2 verwenden?

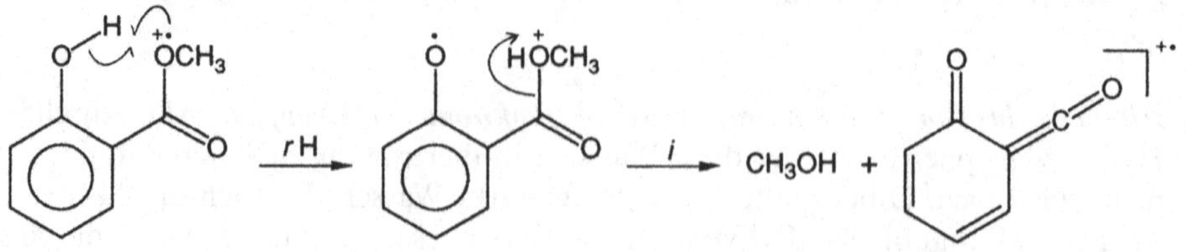

(9.24)

Aufgabe 9.2

m/z	Int.	m/z	Int.	m/z	Int.
27	3.2	77	1.6	156	0.3
28	1.7	78	0.6	157	2.8
29	5.5	91	1.4	158	0.3
38	3.2	92	1.9	172	98.
39	6.1	93	17.	173	6.7
43	0.4	94	1.1	174	100.
50	4.0	117	2.2	175	6.5
51	1.3	118	0.3	176	0.5
53	1.3	119	2.2	185	0.3
55	0.3	120	0.7	187	0.3
63	7.8	129	0.3	200	42.
64	4.5	131	0.3	201	3.7
65	17.	143	4.0	202	42.
66	1.2	144	0.7	203	3.8
74	2.1	145	4.0	204	0.2
75	3.9	146	0.7		
76	3.5	155	2.7		

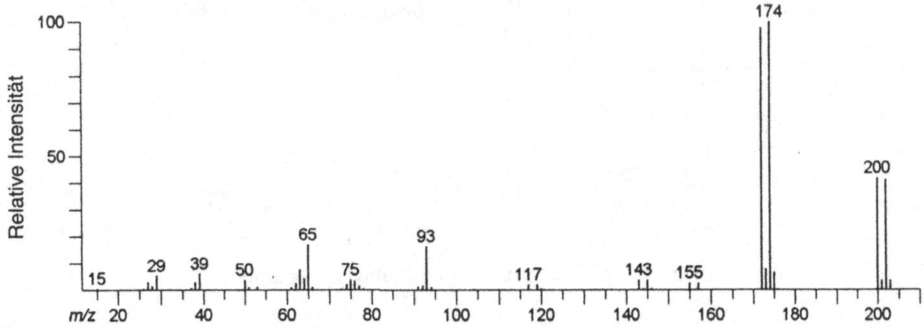

9.3 Aldehyde und Ketone

Aliphatische Aldehyde und Ketone. Die Massenspektren von Formaldehyd, 3-Pentanon, 3-Methyl-2-butanon, 4-Methyl-2-pentanon, 3-Methyl-2-pentanon und 2,3-Butandion sind in den Aufgaben 1.9, 4.9, 4.10, 4.16, 4.17 und 5.2 abgebildet. Die Abbildungen 3.10 und 3.11 zeigen die Spektren von 2- und 6-Dodecanon und die Abbildungen 9.8 bis 9.10 die von 2-Ethylhexanal, 6-Methyl-2-heptanon und 6-Methyl-5-hepten-2-on.

Eine Carbonylgruppe an einem Alkan senkt die Ionisierungsenergie beträchtlich. Die typischen Werte von 9.4 bis 9.8 eV (Tab. A.3) liegen unter denen der entsprechenden aliphatischen Alkohole. Auch bei größeren Ketonen mit Kettenverzweigungen zeigt das Molekül-Ion sichtbare Intensität. Molekül-Ionen von größeren aliphatischen Aldehyden sind oft intensitätsschwach. Sie können

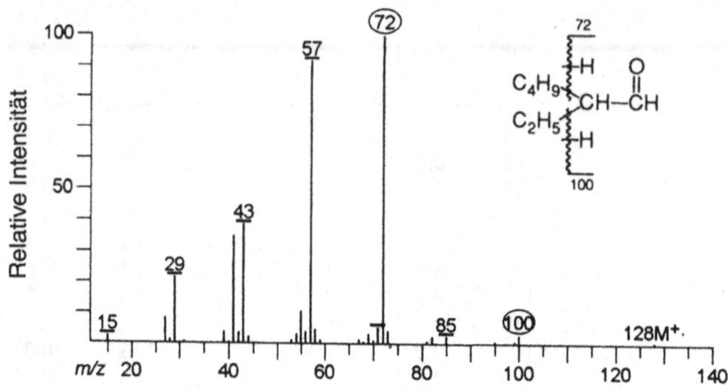

9.8 Massenspektrum von 2-Ethylhexanal.

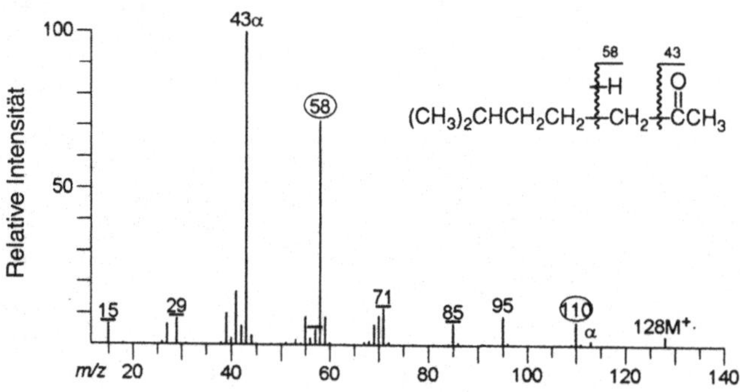

9.9 Massenspektrum von 6-Methyl-2-heptanon.

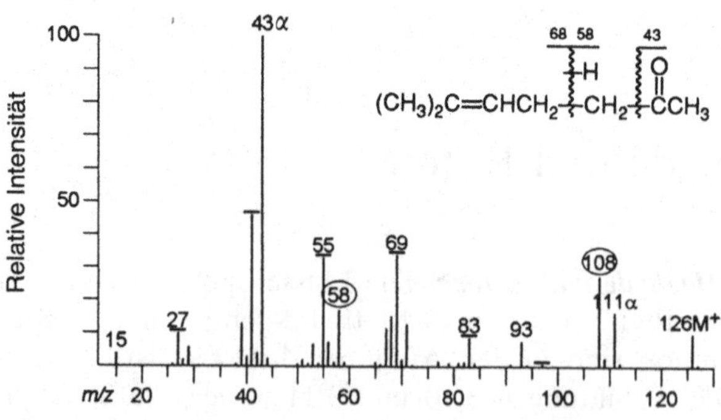

9.10 Massenspektrum von 6-Methyl-5-hepten-2-on.

aber anhand der charakteristischen $(M-H_2O)^{+\cdot}$- und $(M-C_2H_4)^{+\cdot}$-Fragmente (Gl. 8.90) erkannt werden. Diese beiden Peaks, die durch 10 Masseneinheiten voneinander getrennt sind, treten in 12 eV-Spektren von linearen Alkanalen besonders hervor (Maccoll und Mruzek 1986).

Die charakteristischen Peaks in den Spektren von Carbonylverbindungen liefern Beispiele für viele der in den Kapiteln 4 und 8 diskutierten Hauptfragmentierungswege. In den Gleichungen 9.25 und 9.26 werden sie benutzt, um die Entstehung der charakteristischen Peaks von 2-Ethylhexanal (Abb. 9.8) und 6-Methyl-2-heptanon (Abb. 9.9) zu erklären. Die α-Spaltung hat bei Aldehyden generell eine viel geringere Bedeutung als bei Ketonen. Der CHO^+-Peak bei *m/z* 29 tritt nur bei kleinen Aldehyden und solchen mit stark elektronegativen Funktionalitäten, wie zum Beispiel C_3F_7CHO deutlich hervor. Bei größeren aliphatischen Aldehyden wird er immer durch $C_2H_5{}^+$ überlagert, sein diagnostischer Wert ist deshalb gering. Die alternative α-Spaltung, die zu $(M-H)^+$ führt, scheint nur dann möglich, wenn das gebildete RCO^+-Ion, wie bei aromatischen Aldehyden, stark stabilisiert wird. Bei aliphatischen Ketonen ist die α-Spaltung dagegen wesentlich. Sie führt hier zu einem Acylium-Ionen-Paar (*m/z* 113 und 43 in Abb. 9.9) und einem Alkyl-Ionen-Paar (*m/z* 85 und 15). Das intensivere Acylium-Ion wird gewöhnlich durch Abspaltung der größeren Alkylgruppe gebildet, während das intensivere Alkyl-Ion das stabilere ist.

$HC{\equiv}O^+$ *m/z* 29

$C_4H_9(C_2H_5)CH^+$ *m/z* 99

$C_4H_9^+$ *m/z* 57

m/z 128, *m/z* 100, *m/z* 72, *m/z* 57 (s. Gl. 8.79)

(9.25)

Die Spektren von Aldehyden und Ketonen weisen die charakteristische Ionen-Serie 15, 29, 43, 57, ... auf, die den $C_nH_{2n+1}CO^+$- und auch den $C_nH_{2n+1}{}^+$-Ionen entspricht. Obwohl diese beiden Ionen-Serien am besten durch Hochauflösung unterschieden werden können, kann das Fehlen eines bestimmten

CH_3CO^+ m/z 43

$C_6H_{13}CO^+$ m/z 113

$C_6H_{13}^+$ m/z 85

m/z 58

m/z 70

(9.26)

$C_nH_{2n+1}{}^+$-Ions manchmal durch einen niedrigen $[(A + 1)^+]/[A^+]$-Isotopenhäufigkeitswert gezeigt werden (Abschn. 2.3).

Die Wanderung eines γ-Wasserstoffatoms mit anschließender β-Spaltung (McLafferty-Umlagerung) führt zu einen Enol-Ion (*m*/*z* 72 und 100 in Abb. 9.8 und *m*/*z* 58 in Abb. 9.9) und seinem komplementären Alken-Ion (Gl. 4.33 und 4.34). Die relative Intensität dieser konkurrierenden Produkte entspricht ihren Ionisierungspotentialen (Tab. A.3). Bei Aldehyden ist diese Reaktion viel unspezifischer. Durch weitere Spaltung der $OE^{+\cdot}$-Enol-Ionen von 2-Ethylhexanal entsteht das resonanzstabilisierte $C_3H_5O^+$-Ion. Ein Vergleich der Produkte der α- und β-Spaltung ermöglicht die Bestimmung der Substituenten in α-Position(en). Wenn ein Keton in beiden Ketten γ-Wasserstoffatome enthält, können beide Wasserstoffatome unter Abspaltung beider Olefinmoleküle umlagern („Folgeumlagerungen“, Gl. 8.76).

Zerfälle von energiearmen und insbesondere von metastabilen Ketonen laufen nach anderen Mechanismen ab als die, die man bei normalen EI-Massenspektren beobachtet (McAdoo 1988). Zum Beispiel wird bei 70 eV vorzugsweise die C-1-Methylgruppe aus 2-Hexanon abgespalten und das stabile Acyl-Ion $C_4H_9CO^+$ gebildet, während bei metastabilen Ionen eine mehrstufige Umlagerung abläuft, bevor der energieärmste Reaktionsweg für die Methylabspaltung gefunden wird. Bei dieser Reaktion entsteht zum Schluß protoniertes Pentenon (Gl. 9.27; Bouchoux *et al.* 1987). Der Verlust der C-1 Methylgruppe aus dem metastabilen 2-Hexanon-Ion erklärt die Intensität von $<3\,\%$ der $(M-CH_3)^+$-Produkt-Ionen.

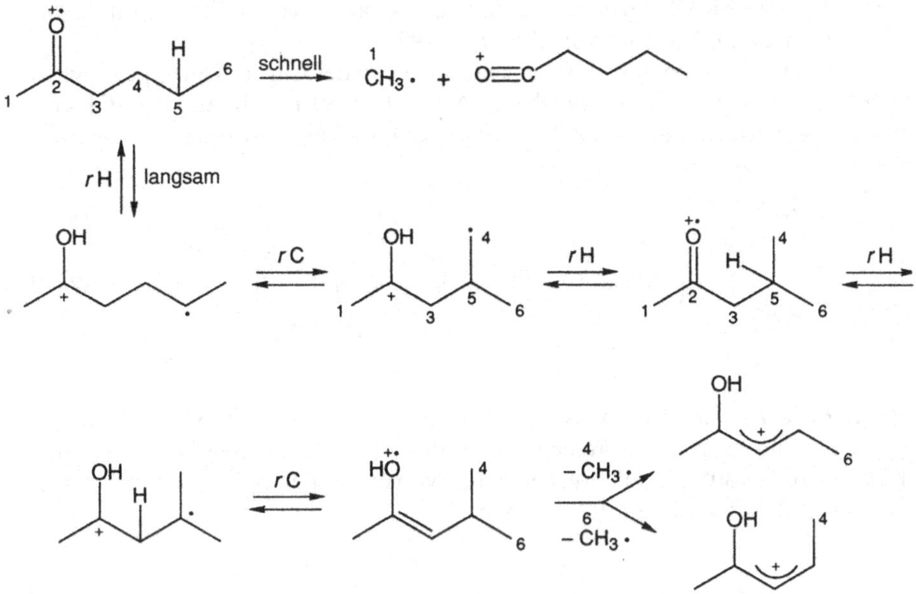

(9.27)

Ungesättigte Ketone. Vinylständige γ-H-Atome können die Bildung von Ionen durch Wasserstoff-Wanderung und anschließende β-Spaltung drastisch reduzieren. Diese $OE^{+\cdot}$-Ionen haben in 4-Methyl-6-hepten-3-on und 4-Methyl-4-penten-2-on daher nur eine sehr geringe Intensität (Gl. 9.28). In 6-Methyl-5-hepten-2-on (Abb. 9.10) ist dagegen die Isomerisierung der Doppelbindung in eine günstigere Position möglich (Gl. 9.28). Die umgelagerten $C_3H_6O^{+\cdot}$- und $C_5H_8^{+\cdot}$-Ionen werden deshalb in mittlerer Intensität beobachtet. Allerdings ist $[C_3H_6O^{+\cdot}]$ geringer als im gesättigten Derivat. Parallel zum Verhalten von Alkenen (Gl. 9.5) findet die Isomerisierung der Doppelbindung nicht bei allen $M^{+\cdot}$-Ionen statt. Das Ion bei *m/z* 69 ist als Produkt der Allylspaltung intensiver als das α-Spaltungs-Produkt bei *m/z* 83 (Dias *et al.* 1972). Umlagerungen unter

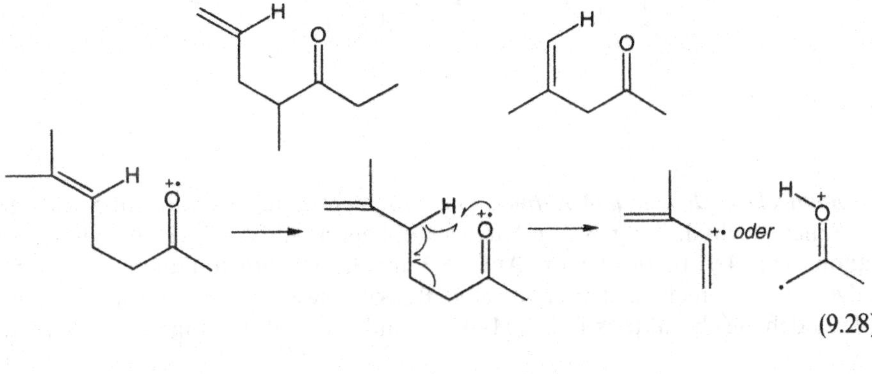

(9.28)

Abspaltung der δ-Alkylgruppe (Gl. 8.9) sind charakteristisch für α,β-ungesättigte Aldehyde und Ketone (Sheikh *et al.* 1972).

Vereinzelt sind auch Substitutionsreaktionen an der Carbonylgruppe möglich (Abschn. 8.11). Eine Reaktion dieser Art (Gl. 9.29) ist für den $(M-CH_3)^+$-Basispeak im Spektrum von β-Ionon (Aufg. 4.13) verantwortlich.

(rc) —rd→ $CH_3\cdot$ + (9.29)

Alicyclische Ketone. Das Massenspektrum von 3,3,5-Trimethylcyclohexanon (Abb. 8.5) illustriert die zusätzlichen Hauptfragmentierungswege von cyclischen Ketonen (Gl. 9.30). Sie entsprechen denen von cyclischen Alkoholen und den in Abschnitt 8.9 diskutierten Reaktionen.

m/z 140; α; i, −CO; m/z 112; i; m/z 56; rH; α; m/z 83; α; rH; α; m/z 69

(9.30)

Aromatische Aldehyde und Ketone. Die Fragmentierungen in diesen Spektren (s. Salicylaldehyd, Aufg. 8.5; *p*-Nitroacetophenon, Aufg. 8.7; 5-Phenyl-2-pentanon, Abb. 4.9; Benzophenon, Aufg. 5.3 und 3,6-Dichlorfluorenon, Aufg. 8.8) folgen im allgemeinen den erwarteten Reaktionswegen. Zum Beispiel haben Benzaldehyde charakteristische $(M-H)^+$- und $(M-CHO)^+$-Ionen. Der Verlust von CO (Tab. 8.4) kann insbesondere bei endocyclischen Carbonylgruppen, wie zum Beispiel Antrachinon (Gl. 8.121) auftreten. Die Abspaltung von exocyclischem CO ist für bestimmte Strukturtypen wie 2-Acetylthiazole (Porter 1985) charakteristisch. Die Intensität von RCO^+-Ionen aus $YC_6H_4OR^{+\cdot}$ gehorcht linearen Freien-Energie-Beziehungen ($\sigma\rho$), obwohl [RCO^+] von substituentenabhängigen Faktoren kontrolliert wird (McLafferty *et al.* 1970).

Aufgaben. Mehrere solche Verbindungen sind in den Aufgaben 1.9, 4.9, 4.10, 4.12, 4.13, 4.16, 4.17, 5.2, 5.3, 8.5, 8.7 und 8.8 enthalten.

9.4 Ester

Aliphatische Methylester. Die klassischen Untersuchungen an Fettsäureestern von Stenhagen (1972) und seinen Mitarbeitern in den fünfziger Jahren waren vermutlich die erste deutliche Demonstration der Möglichkeiten der Massenspektrometrie bei der Ableitung von komplexen Naturprodukt-Strukturen. Abbildung 3.13 zeigt das Massenspektrum von Undecansäuremethylester, Abbildung 9.11 das von 3,7,11,15-Tetramethylhexadecansäuremethylester (aus Butterfett). Das Molekül-Ion ist selbst bei Methylestern hochmolekularer *n*-aliphatischer Fettsäuren deutlich sichtbar. [$M^{+\cdot}$] wächst im Gegenteil sogar bei höherem Molekulargewicht ($>C_6$). Allerdings nimmt die Intensität mit zunehmender Kettenverzweigung ab.

Sowohl der Carbonyl-Sauerstoff als auch das gesättigte Sauerstoffatom des Esters können als reaktive Stellen fungieren, die die Zerfallsreaktion in Gang setzen. Die Zerfälle entsprechen entweder dem Verhalten der einzelnen Funktionalitäten oder einer Kombination aus beiden, die zu neuen, zusätzlichen Reaktionen führt.

Methylester ohne weitere Funktionsgruppen zeigen als erwartete Reaktionen der Carbonylgruppe die α-Spaltung (Gl. 9.31) und die β-Spaltung mit Wasserstoffwanderung (Gl. 9.32). Die α-Spaltung ergibt bei *n*-Alkansäuremethylestern, wie in Abbildung 3.13, charakteristische $(M-31)^+$- und 59^+-Ionen,

$$C_{17}H_{35}-\overset{+\cdot}{C}(=O)-OCH_3\ (m/z\ 298) \xrightarrow{\alpha} C_{17}H_{35}-CO^+\ (m/z\ 267) \xrightarrow{i} (C_{17}H_{35}^+)\ (m/z\ 239) \longrightarrow C_nH_{2n+1}^+,\ C_nH_{2n-1}^+$$

$$C_{17}H_{35}-\overset{+\cdot}{C}(=O)-OCH_3 \xrightarrow{i} (C_{17}H_{35}^+)\ (m/z\ 239); \quad \xrightarrow{i} (^+OCH_3)\ (m/z\ 31)$$

$$C_{17}H_{35}-\overset{+\cdot}{C}(=O)-OCH_3 \xrightarrow{\alpha} \overset{+}{O}\equiv C-OCH_3\ (m/z\ 59) \longrightarrow (^+OCH_3)\ (m/z\ 31) \tag{9.31}$$

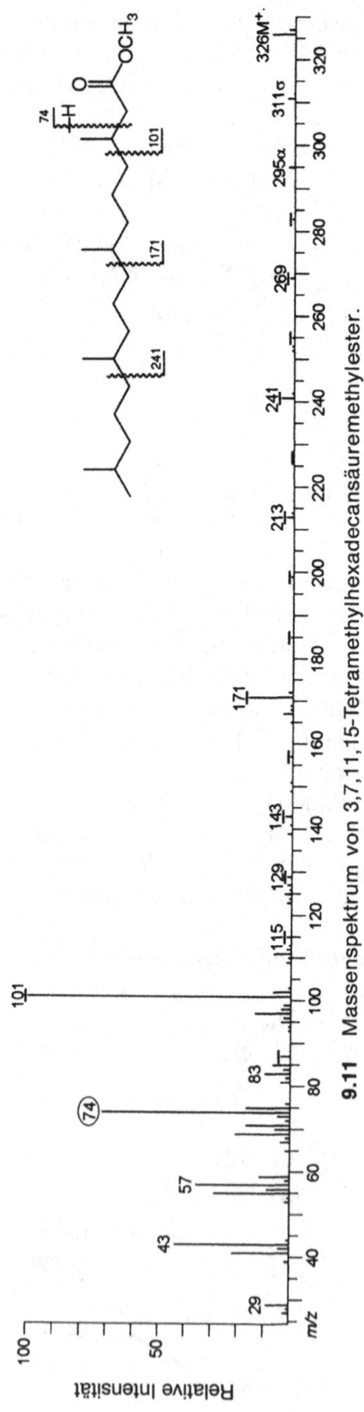

9.11 Massenspektrum von 3,7,11,15-Tetramethylhexadecansäuremethylester.

$C_{14}H_{29}CH{=}CH_2^{+\bullet}$
m/z 224

$C_{14}H_{29}$ … $\overset{+\bullet}{O}$ … OCH_3 $\xrightarrow{rH}$ $C_{14}H_{29}$ … H–O^+ … OCH_3

α

$C_{14}H_{29}$ + H–O^+ … OCH_3 $\longleftrightarrow$ H–O … $\overset{+}{O}CH_3$

m/z 74

(9.32)

deren Intensitäten mit zunehmendem Molekulargewicht abnehmen. Das $(M-59)^+$-Alkyl-Ion und der CH_3O^+-Peak sind außer bei Estern mit geringem Molekulargewicht sehr klein. Durch den weiteren Zerfall des Alkylteils entstehen die charakteristischen $C_nH_{2n+1}{}^+$- und $C_nH_{2n-1}{}^+$-Ionen-Serien.

Kettenverzweigungen (Abb. 9.11) führen durch verstärkte Spaltung an den tertiären Kohlenstoffatomen zu charakteristischen Veränderungen in der $CH_3OCO(CH_2)_n{}^+$-Ionen-Serie mit *m/z* 59, (73), 87, 101, ... Lineare Ester weisen dagegen (im Unterschied zur regelmäßigen Intensitätsabnahme mit zunehmendem Molekulargewicht bei der $C_nH_{2n+1}{}^+$-Ionen-Serie von *n*-Alkanen) in der $CH_3OCO(CH_2)_n{}^+$-Ionen-Serie eine ungewöhnliche Periodizität auf. Die *m/z* 87, 143, 199, 255...-Ionen ($n = 1, 5, 9, 13, \ldots$; s. auch Abb. 8.8) sind auffallend intensiv. Die Peakmaxima der Serie sind jeweils durch vier Kettenglieder voneinander getrennt. *m/z* 87 entsteht durch Wanderung des δ- (oder ε-)-Wasserstoffs (Gl. 8.78) gefolgt von einer 1,4- (oder 1,5-)-Wasserstoffverschiebung und Bindungsbruch zwischen dem β- und dem γ-Kohlenstoff. Die anderen Peakmaxima (*m/z* 143 in Abb. 3.13; 101, 171, 241 und 311 in Abb. 9.11, hier verstärkt durch die Kettenverzweigungen) werden möglicherweise durch Substitutionsreaktionen (Abschn. 8.11) oder begünstigte wechselseitige 1,4-H-Wanderungen gebildet, die die benachbarten C–C-Bindungen für die Spaltung aktivieren.

Eine weitere ungewöhnliche Umlagerung zu $C_nH_{2n+1}CO^+$-Ionen, die von Stenhagen und seinen Mitarbeitern gefunden wurde, ist die Abspaltung der α-, β- und γ-Kohlenstoffe als $C_3H_7\cdot$ (Mollova und Longevialle 1990). Die Kettenspaltung, die zum Alkyl-Ion führt, kann bei vollständig substituierten Kohlenstoffatomen deutlich hervortreten. Das Spektrum von *n*-$C_{18}H_{37}C(CH_3)_2-CH_2COOCH_3$ zeigt zum Beispiel einen $C_{21}H_{43}{}^+$-Peak mit 60% Intensität (*m/z* 115, 100%; *m/z* 74, 75%). In Methylestern längerkettiger Säuren besteht außerdem eine Tendenz zu doppelten Wasserstoffwanderungen.

$$\mathrm{R{-}CH_2CR'_\alpha C(OH){=}\overset{+}{O}R \xrightarrow{\alpha} R\cdot + CH_2{=}CR'_\alpha C(OH){=}\overset{+}{O}R} \qquad (9.33)$$

In Abbildung 9.11 wird auf diese Weise m/z 75 (s. Abschn. 8.10, Spaltung von drei Bindungen) gebildet. Ist eine R_α-Gruppe eine Ethyl- oder größere Gruppe, kann durch eine zweite β-Spaltung ein konjugiertes EE^+-Ion erzeugt werden (Gl. 9.33, 8.79).

Die Größe der alkoholischen Alkylgruppe R spiegelt sich in den $(M-OR)^+$- und $ROCO^+$-Ionen wider. Die Masse des umgelagerten $CR_\alpha R'_\alpha C(OH)OR^{+\cdot}$-Ions gibt die Größe der α-Substituenten an. Die wechselseitige Wasserstoffumlagerung, die zur Spaltung der β–γ-Bindung führt (Gl. 8.78), zeigt als Differenz die β-Substituenten an. In Abbildung 9.11 deuten die Ionen bei m/z 59 und 295 auf $R-COOCH_3$ hin. m/z 74 (und 75) zeigen $R'-CH_2-COOCH_3$ an und m/z 101 weist auf $R''-CHCH_3-CH_2-COOCH_3$ hin.

Ethyl- und höhere Ester. Ist R′ größer als Butyl (Essigsäuredecylester, Abb. 3.14), ist der Molekülpeak von RCOOR′ im allgemeinen relativ klein. Das Spektrum von Essigsäure-*sec*-butylester (Abb. 9.12) illustriert die zusätzlichen Reaktionen dieser Ester. Die Wanderung von einem (Gl. 4.33) und zwei (Gl. 4.46) Wasserstoffatomen ist ein deutliches Charakteristikum (Gl. 9.34) für diese Verbindungen. Bei Propyl- und höheren Estern dominiert bei der ersten Reaktion in Übereinstimmung mit den Ionisierungsenergien von Säuren und Alkenen die Alken-Ionen-Bildung. Für die zweite Wasserstoffübertragung in Gleichung 9.34 wird eine Stereoselektivität von $\approx 3\ \mathrm{kJ\ mol^{-1}}$ beobachtet (Green *et al.* 1982). Obwohl durch die doppelte Wasserstoffwanderung ein nur mäßig intensives EE^+-Ion entsteht, sollten Sie es anhand seines geringen Doppelbindungsäquivalent-Wertes und anhand der ungewöhnlichen Ionen-Serie (47, 61, 75, ...) erkennen können.

Die α-Spaltung an der Carbonylgruppe führt in Gleichung 9.35 zum intensiven m/z 43-Ion. Der alternative $(M-CH_3)^+$-Peak bei m/z 101 ist klein. Dieser Peak kann in diesem Fall auch durch eine α-Spaltung am gesättigten

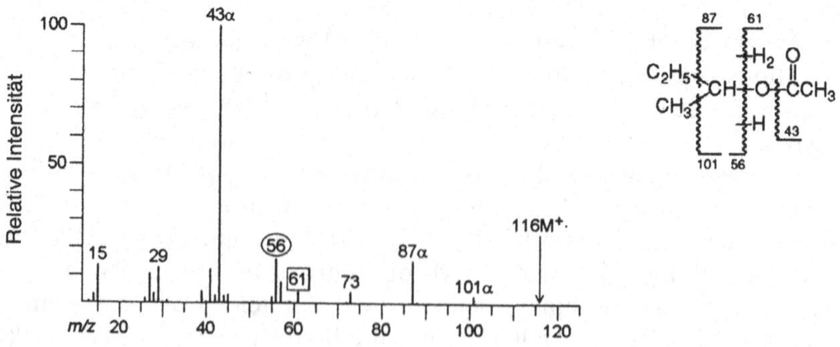

9.12 Massenspektrum von Essigsäure-*sec*-butylester. Der $M^{+\cdot}$-Peak bei m/z 116 hat eine Intensität von 0.1 %.

m/z 116 —rH→ —α→ + (m/z 60)

i → m/z 56 +

rH → + m/z 61

(9.34)

$\xrightarrow{\alpha(C{=}O)}$ CH_3CO^+ m/z 43

$\xrightarrow{\alpha(C{=}O)}$ $(\overset{+}{O}{\equiv}COC_4H_9)$ m/z 101 $\xrightarrow{i}$ $(\overset{+}{O}C_4H_9)$ m/z 73

$CH_3C(=O)OCH(CH_3)C_2H_5$ $^{+\cdot}$ m/z 116

$\xrightarrow{\alpha(C{-}O)}$ $CH_3C(=O)\overset{+}{O}{=}CHCH_3$ m/z 87

$\xrightarrow{\alpha(C{-}O)}$ $(CH_3C(=O)\overset{+}{O}{=}CHC_2H_5)$ m/z 101

$\xrightarrow{i(C{-}O)}$ $C_4H_9^+$ m/z 57

(9.35)

Sauerstoffatom entstehen. Eine ähnliche Zerfallsreaktion unter Abspaltung der größten Alkylgruppe führt zum intensiven *m/z* 87-Peak. Er erlaubt eine Unterscheidung vom Spektrum von Essigsäure-*n*-butylester, bei dem diese α-Spaltung einen Peak bei *m/z* 73 ergibt. Beachten Sie, daß die Ionen-Serie *m/z* 59, 73, 87, ... sowohl von $C_nH_{2n+1}O^+$ als auch von $C_nH_{2n+1}COO^+$ herrühren kann. In Ameisensäureestern entsteht ein großer Peak durch α-Spaltung und anschließende Abspaltung von CO ($HCOOCHR_2^{+\cdot}$

$\rightarrow HCOO^+{=}CHR \rightarrow HOCHR^+ + CO$). Aus $ROCOH^{+\cdot}$ werden größere RO^+-Peaks gebildet als aus $ROCOR'^{+\cdot}$.

Eine ladungsinitiierte Spaltung am gesättigten Sauerstoffatom ($RCOO-R'^{+\cdot} \rightarrow RCOO\cdot + R'^+$) führt zu intensiven Peaks, wenn R klein und R'^+ stabil ist. So betragen die Werte für $[(M-CH_3COO)^+]/\sum_{\text{Ionen}}$ bei *n*-, *sec*- und *tert*-Butylacetaten 1, 3 bzw. 17%. Gleichung 4.38 besagt, daß aus $C_nH_{2n+1}CH_2CH_2OCOR^{+\cdot}$ sowohl $C_nH_{2n}^{+\cdot}$- als auch $C_{n+2}H_{2n+4}^{+\cdot}$-Ionen entstehen (Abb. 3.14).

Durch Eliminierung des Sauerstoffs und α-Kohlenstoffs der Alkohol-Einheit als Aldehydmolekül kann ein ungewöhnliches $OE^{+\cdot}$-Ion entstehen. (Dieser Mechanismus ist in Abb. 9.12 ohne Bedeutung.) Thioester, $R-C_2H_4S-COR$, bilden dagegen ein intensives $(M-C_2H_4S)^{+\cdot}$-Ion (Tab. 8.4).

Ist sowohl die Alkohol- als auch die Säurekette im Ester lang genug (Butansäureethylester oder größer), können die Wasserstoffübertragungen in den Gleichungen 9.32 und 9.34 nacheinander ablaufen. Die charakteristischen Ionen dieser Reaktion erscheinen bei *m/z* 60 und 61, wenn das α-C-Atom des Säureteils nicht substituiert ist. *n*-Heptyl- und homologe höhere Carboxylate weisen dieses Ion im Vergleich zum Butylester in geringer Intensität auf (Meyerson *et al.* 1983).

Ethyl- und Methylester von Dicarbonsäuren haben normalerweise sehr kleine Molekül-Ionen. Sie können an ihren intensiven $(M-OR)^+$- und $(M-HOR)^{+\cdot}$-Dubletts und an Fragmenten, die aus der nachfolgenden Eliminierung des anderen Alkoholmoleküls $(M-OR-HOR')^+$ resultieren, erkannt werden. Alkandisäuredimethylester besitzen die charakteristischen Fragmente $(M-CH_2COOCH_3)^+$ und $COOCH_3^+$. Das $CH_2{=}C(OH)OCH_3^{+\cdot}$-Ion ist zwar intensiv, aber weniger hervorstechend als in den Spektren von einfachen Methylestern.

Ester mit weiteren funktionellen Gruppen (Lankelma *et al.* 1983). Wie oben beschrieben, kann ein Wasserstoffatom auf das gesättigte Sauerstoffatom der Estergruppe übertragen werden. Ein α-H-Atom an einem *ortho*-Substituenten in Benzoesäureestern führt zu einem charakteristischen Produkt-Ion, das durch Abspaltung eines Alkoholmoleküls entsteht (Gl. 4.41). Durch eine zusätzliche 9, 10-Doppelbindung in Octadecansäuremethylester wird $(M-CH_3OH)^{+\cdot}$ zum größten Peak im Spektrum. Ein labiler Wasserstoff an C-6-Position eines Methylesters ergibt oft charakteristische $(M-32)^{+\cdot}$- und $(M-76)^{+\cdot}$-Peaks (Gl. 8.81). Die Abspaltung von ROH aus $M^{+\cdot}$ ist nur begünstigt, wenn die Radikalstelle stabilisiert wird. Dieses $OE^{+\cdot}$-Ion spaltet oft CO (z. B. bei *ortho*-substituierten Benzoesäureestern) oder CH_2CO ab. Die Bedingung der Radikalstabilisierung wird bei EE^+- und einigen $OE^{+\cdot}$-*Fragment*-Ionen anderer Ester mit labilen Wasserstoffatomen ebenfalls erfüllt (Gl. 8.83), wie in Abschnitt 8.10 diskutiert wurde.

Die Massenspektren von ungesättigten Estern sind von der Position der Doppelbindung, die offensichtlich schnell wandert, relativ unabhängig. Zum Beispiel zeigen ungesättigte Methylester die charaktzeristischen *m/z* 74 und 87-Ionen gesättigter Methylester, wenngleich mit geringerer Intensität. Ungesättigte Ester haben generell intensitätsschwache Molekül-Ionen. Ihre Spektren enthalten aber intensive $C_nH_{2n-1}^+$-Fragmente der Alken-Serie. Die Spektren von Pyrrolidin-Derivaten (Anderson *et al.* 1974) und Ionen-Molekül-Reaktionen (Ferrer-Correia *et al.* 1975; Budzikiewicz 1985; Einhorn *et al.* 1985a, b) können effektiv zur Unterscheidung zwischen Doppelbindungs-Isomeren eingesetzt werden (Übersicht: Jensen und Gross 1987). α,β-ungesättigte Ester spalten charakteristischerweise ebenso wie Enone (Gl. 8.9) ihre δ-Alkylgruppen ab. Ungesättigte Methyl- und Ethylester spalten CO_2 und $HCO_2\cdot$ (Tab. 8.4, Enolacetate und andere ungesättigte Essigsäureester Keten ab. Polyacetoxy-Verbindungen weisen charakteristische $(CH_3CO)_3O^+$-Peaks auf (Gl. 8.120), deren Bildung nur durch Acetylwanderung erklärt werden kann.

Aromatische Ester. Die bereits diskutierten allgemeinen Ester-Reaktionen treten auch bei aromatischen Estern auf (s. Benzoesäurebutylester, Aufg. 4.21; Benzoesäurehexylester, Abb. 3.15; *p*-Hydroxybenzoesäurepropylester, Abb. 10.1; Phenylalanin-methylester, Aufg. 8.2 und Diethylphthalat, Abb. 5.4). Es ist nicht überraschend, daß der Verbleib der Ladung auf dem arylhaltigen Fragment stark begünstigt ist. Alkylgruppen am aromatischen Ring führen zu den typischen Fragmentierungen von Arylalkenen, die oben beschrieben wurden. „Ortho"-Effekte (Gl. 4.41) ermöglichen die Identifizierung von Ring-Isomeren. Die Fähigkeit des aromatischen Ringes, Bindungsdissoziationsenergien herabzusetzen (Gl. 4.41 und 8.81), Ladungs- und Radikalstellen zu stabilisieren und

(9.36)

ungesättigte Stellen für Umlagerungen, Substitutionen und Eliminierungen zur Verfügung zu stellen (Gl. 4.36, 8.110, 8.122, 8.123), ermöglicht viele neue Reaktionswege. Zum Beispiel tritt in Gleichung 4.36 $(M-CH_2CO)^{+\cdot}$ als charakteristischer Peak in Arylacetat-Spektren auf ($C_6H_6O^{+\cdot}$ ist der Basispeak im Spektrum von $C_6H_5OCOCH_3$).

Abbildung 5.4 zeigt das Spektrum von Diethylphthalat. Zusätzlich zu den erwarteten Fragmentierungen weisen Phthalate äußerst charakteristische Peaks bei *m/z* 149 und 167 auf. Ihr Intensitätsverhältnis hängt von der Länge der Alkylkette ab. Gleichung 9.36 erklärt ihre Entstehung am Beispiel von *bis*-(2-Ethylhexyl)phthalat (DEHP), einer häufigen und allgegenwärtigen Verunreinigung in Kunststoffpolymeren (Ende und Spiteller 1982). Die gleichen Ionen werden bei der Stoß-aktivierten Dissoziation von protoniertem DEHP gebildet (Hunt *et al.* 1980).

9.5 Säuren, Anhydride und Lactone

Säuren besitzen erkennbare Molekül-Ionen, deren relative Intensität bei *n*-Alkansäuren oberhalb von C_6 mit zunehmendem Molekulargewicht wächst. Bei Polycarbonsäuren ist der $M^{+\cdot}$ schwach oder fehlt ganz, das Molekulargewicht kann aber oft aus den MH^+-Ionen, die durch Ionen-Molekül-Reaktionen entstehen, abgeleitet werden.

Aliphatische Säuren. Die Massenspektren von aliphatischen Säuren ähneln denen von Methylestern und primären Amiden sehr. Vergleichen Sie die Spektren von Dodecansäure (Abb. 3.12) und Octadecansäure (Abb. 8.9) mit denen des Methylesters (Abb. 3.13) und des Amids (Abb. 3.19). Die Masse des intensiven γ-Wasserstoffumlagerungs-Peaks $CRR'C(OH)_2^{+\cdot}$ zeigt α-Verzweigungen an (*m/z* 60 bei $R = R' = H$; s. Abschn. 9.4 und Gl. 8.101). Die $C_nH_{2n}COOH^+$-Ionen-Serie ist charakteristisch für Kettenverzweigungen und geht auf entsprechende Mechanismen wie in Gleichung 9.33 zurück. Der $(M-OH)^+$-Peak ist etwas weniger intensiv als der $(M-OCH_3)^+$-Peak bei Methylestern, kann aber zur Identifizierung von höheren und ungesättigten Säuren herangezogen werden. Das Spektrum von 3-Brom-3-phenylpropionsäure weist beim Zerfall des $(M-Br)^+$-Ions sogar eine Hydroxylgruppen-Umlagerung auf, die in Analogie zur Umlagerung der Methoxygruppe in Gleichung 8.114 abläuft. $(M-H_2O)^{+\cdot}$ ist in Säurespektren nur unter bestimmten Bedingungen bedeutend. Sie wurden bereits bei der Bildung von $(M-CH_3OH)^{+\cdot}$ aus Methylestern erläutert. In den Spektren von Dicarbonsäuren und substituierten Säuren wird oft die Abspaltung von CO_2 beobachtet. Sie kann allerdings auch durch thermische Decarboxylierung hervorgerufen werden. Aliphatische Dicarbonsäuren spalten manchmal charakteristisch 36 (H_4O_2) und 46 (CH_2O_2) ab.

Aromatische Säuren. Aromatische Säuren ergeben Spektren, in denen eine CO-Abspaltung einer intensiven OH-Abspaltung folgt. Ein labiler Wasserstoff

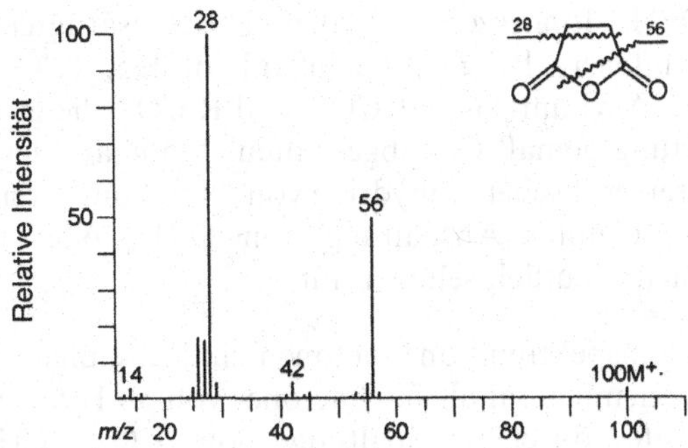

9.13 Massenspektrum von Bernsteinsäureanhydrid.

Aufgabe 9.3

m/z	Int.	*m/z*	Int.	*m/z*	Int.
38	5.1	65	23.	119	3.6
39	3.9	66	4.6	120	2.0
44	7.6	73	1.5	121	27.
45	23.	74	9.5	122	4.8
46	0.3	75	6.	123	0.4
49	4.0	76	16.	148	0.4
50	34.	77	4.8	149	100.
51	23.	78	0.7	150	9.0
52	5.4	81	1.4	151	1.0
53	7.3	103	0.8	165	0.5
54	0.7	104	4.9	166	86.
55	1.1	105	3.2	167	7.9
63	4.7	106	0.5	168	1.0
64	1.9				

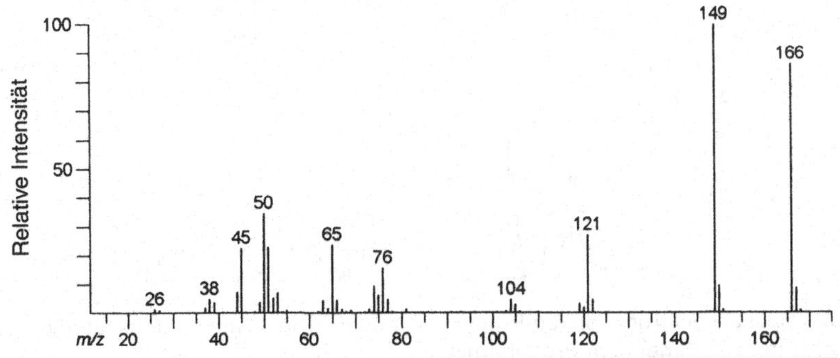

an einem *ortho*-Substituenten ruft durch den „ortho“-Effekt einen großen $(M-H_2O)^{+\cdot}$-Peak hervor. Anschließend wird auch hier CO abgespalten.

Anhydride. Abbildung 9.13 zeigt das Massenspektrum von Succinsäureanhydrid. Die Anhydride aliphatischer Säuren haben nur kleine oder vernachlässigbare Molekül-Ionen. Auch hier kann jedoch bei höheren Probendrucken das aussagekräftige MH^+-Ion erzeugt werden. In ungesättigten Anhydriden ist $[M^{+\cdot}]$ gewöhnlich intensiv. Bei gemischten Anhydriden, RCO – O – COR′, sind im allgemeinen die Acylium-Ionen RCO^+ und $R'CO^+$ die größten Peaks. Aus ihnen wird erwartungsgemäß CO abgespalten. Ein charakteristischer Peak in den Massenspektren cyclischer Anhydride von Dicarbonsäuren ist $(M-CO_2)^{+\cdot}$. Er fragmentiert oft unter Abspaltung von C_nH_{2n} oder CO weiter. Der $(M-CO)^{+\cdot}$-Peak tritt deutlich seltener auf.

Lactone. Die Massenspektren von Lactonen sind in einigen Bereichen denen von Anhydriden ziemlich ähnlich. Lactone von ω-Hydroxysäuren weisen typische Fragmente durch Abspaltung von CO_2, $CH_2O + CO$ oder $CH_2CH_2 + CO_2$ auf. Lactone nicht-terminaler Hydroxysäuren, wie zum Beispiel γ-Valerolacton oder γ-Caprolacton verlieren durch α-Spaltung leicht ihre Alkylgruppen (besonders Ethyl- oder größere Gruppen). Die massenspektrometrische Analyse von Anhydriden und Lactonen wird durch ihren extrem kleinen Ionisierungs-Querschnitt, der die Empfindlichkeit der Messung herabsetzt, erschwert (Tureček *et al.* 1990c).

9.6 Ether

Aliphatische Ether. Aufgabe 4.11 zeigt das Massenspektrum von Di-*iso*-butylether. Die Spektren von Isopropylpentylether und Dihexylether sind in den Abbildungen 9.14 und 3.9 dargestellt.

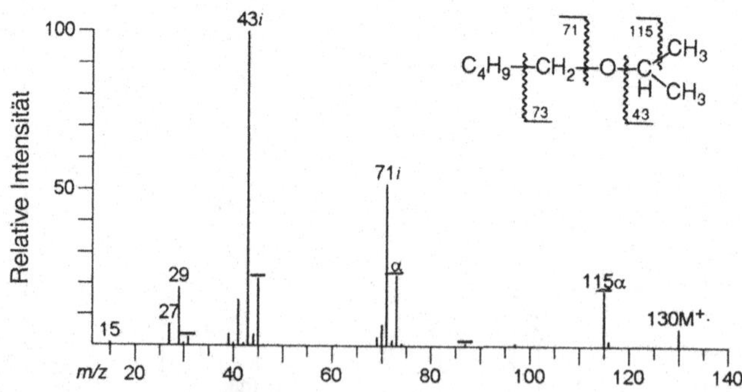

9.14 Massenspektrum von *iso*-Propylpentylether. (Die relative Intensität von *m/z* 131 wächst mit zunehmendem Probendruck.)

Die Molekül-Ionen aliphatischer Ether sind zwar intensiver als die der strukturanalogen Alkohole mit vergleichbarem Molekulargewicht, sie sind aber immer noch schwach oder vernachlässigbar. Auch hier kann die Bildung des MH^+-Peaks durch Ionen-Molekül-Reaktionen wertvolle Informationen zum Molekulargewicht liefern.

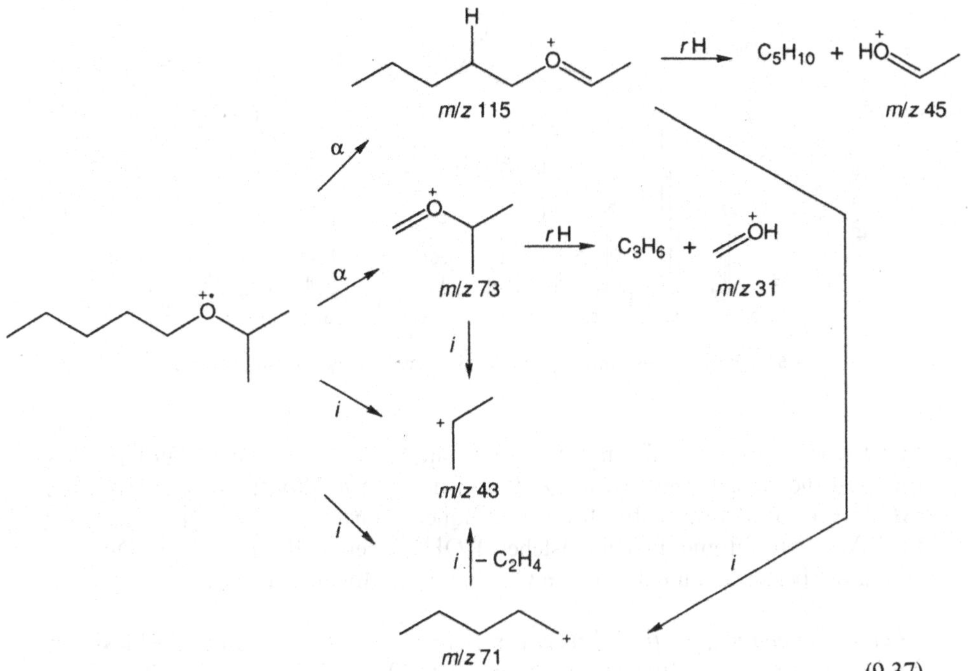

(9.37)

Die Fragmentierung von Ethern ähnelt der von Aminen. Allerdings ist die Tendenz zur α-Spaltung geringer und die Neigung zu ladungsinduzierten Spaltungen viel größer. Dies ist aufgrund des höheren induktiven Elektronenzugs durch Sauerstoff auch zu erwarten. Die wichtigen primären Spaltungen von Isopropylpentylether (Djerassi und Fenselau 1965) entsprechen diesen beiden Spaltungstypen (Gl. 9.37). Bei den konkurrierenden α-Spaltungen ist die Abspaltung des Methylradikals vom tertiären Kohlenstoff, die zu m/z 115 führt, fast genauso günstig wie die Abspaltung der größeren Butylgruppe vom sekundären Kohlenstoff. In derselben $C_nH_{2n+1}O^+$-Ionen-Serie (m/z 31, 45, 59, ...) treten zusätzlich die Produkt-Ionen von Folgereaktionen auf, bei denen unter Umlagerung ein Olefinmolekül abgespalten wird (Gl. 8.10–8.13). Im Gegensatz zu den Spektren von Aminen werden die intensivsten Ionen (hier $C_3H_7^+$ und $C_5H_{11}^+$) durch ladungsinitiierte Reaktionen gebildet. Deuterium-Markierung zeigt, daß 40 % des $C_3H_7^+$-Basispeaks durch Zerfall von $C_5H_{11}^+$ entstehen. Die Bildung von $C_5H_{11}^+$ auf beiden Wegen läuft wahrscheinlich über eine Umlagerung, die das energetisch ungünstige primäre Carbokation vermeidet (Abschn. 8.2, 8.6, 8.10).

Im Spektrum von Isopropylpentylether fehlen intensive $OE^{+\cdot}$-Ionen. Ether mit längeren linearen Ketten weisen dagegen intensive $C_nH_{2n}^{+\cdot}$-Ionen auf. Ethylhexylether und Dihexylether (Abb. 3.9) haben zum Beispiel in ihren Spektren hervorstechende Peaks bei m/z 56 und 84. Der Mechanismus in Gleichung 4.38 kann ihre Entstehung in bestimmten Fällen erklären. (Ladungserhalt führt zum $C_nH_{2n+1}OH^{+\cdot}$-Ion, dessen Intensität aufgrund der Analogie zum entspre-

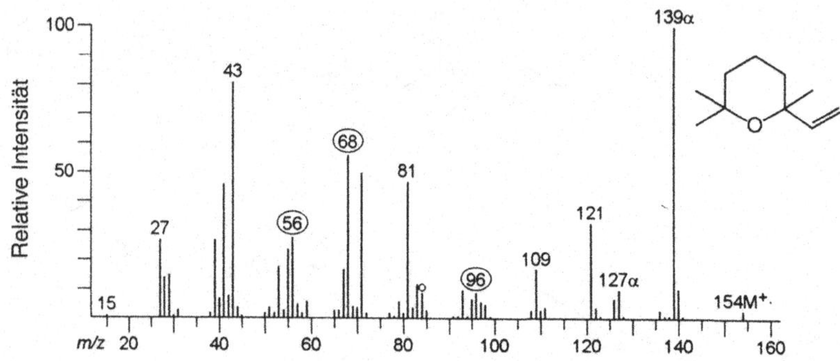

9.15 Massenspektrum von 2,6,6-Trimethyl-2-vinyltetrahydropyran.

chenden Alkanol-Molekül-Ion gering sein sollte.) Eine weitere Quelle für $C_nH_{2n}{}^{+\cdot}$-Ionen ist die Abspaltung von H_2O, die bei höheren *n*-Alkylethern zu schwachen $(M-H_2O)^{+\cdot}$-Peaks führt. In Hexyl- und höheren unverzweigten Ethern wandern zwei Wasserstoffatome. Dabei entstehen $R\overset{+}{O}H_2$-Ionen (z. B. *m/z* 103 bei Dihexylether), die beim Zerfall eine weitere Quelle für R^+-Ionen darstellen.

Alicyclische und ungesättigte Ether. Ein Beispiel für diese Verbindungsklasse ist 2,6,6-Trimethyl-2-vinyltetrahydropyran (Abb. 9.15, Seibl 1970, S. 126). Gleichung 9.38 liefert eine Erklärung für die Entstehung der Hauptpeaks. Weitere Reaktionswege, wie zum Beispiel durch Ladungsinitiierung (s. Abschn. 8.9), sind möglich. Tetrahydropyranylether werden in der organischen Synthese zum selektiven Schutz von Hydroxylgruppen eingesetzt. Die α-Spaltung zum Tetrahydropyranyl-Sauerstoff ist ein wichtiger Prozeß in ihren Massenspektren. Er führt zu einem Peak bei *m/z* 85, der oft das Spektrum dominiert (Gl. 9.39).

Makrocyclische Polyether („Kronenether“) und Polyetherlactone haben vernachlässigbare $M^{+\cdot}$-Ionen, während $(M-H)^+$- und MH^+-Ionen (sogar bei normalem Probendruck) leicht detektierbar sind. Die Hauptfragmentierungswege cyclischer Polyethylenglycole (Gl. 9.40) beinhalten die sequenzielle Abspaltung von C_2H_4O-Einheiten und die Ringspaltung unter Wasserstoffwanderung. Dadurch entstehen intensive $C_4H_9O_2{}^+$- (*m/z* 89) und $C_4H_7O_2{}^+$-Ionen (*m/z* 87). Die induktive Spaltung des $C_4H_7O_2{}^+$-Ions führt zu einem intensiven $C_2H_5O^+$-Peak, bei dem es sich möglicherweise um protoniertes Oxiran handelt (Podda *et al.* 1987).

Alicyclische ungesättigte Ether sind wahrscheinlich Zwischenstufen beim Zerfall von aliphatischen Epoxiden (Bouchoux *et al.* 1987, 1988). In cyclischen ungesättigten Ethern wie zum Beispiel Dihydropyranen konkurriert die α-Spaltung mit der Retro-Diels-Alder-Fragmentierung (RDA) des Ringes (Gl. 8.55; Morizur *et al.* 1982). Das Verhältnis wird durch die Ionisierungsenergien der En-Fragmente kontrolliert, die die Thermochemie der RDA-Reaktion bestimmen. Alkoxysubstituenten (Gl. 9.41) fördern die RDA-Fragmentierung, da die gebildeten Vinylether-Ionen sehr stabil sind ($IE \leqq 9$ eV). Acylsubstituenten erhöhen die kritische Energie dieser Reaktion (z. B. $IE(CH_2{=}CHCOCH_3) = 9.6$ eV). Dies läßt die konkurrierende α-Spaltung überwiegen.

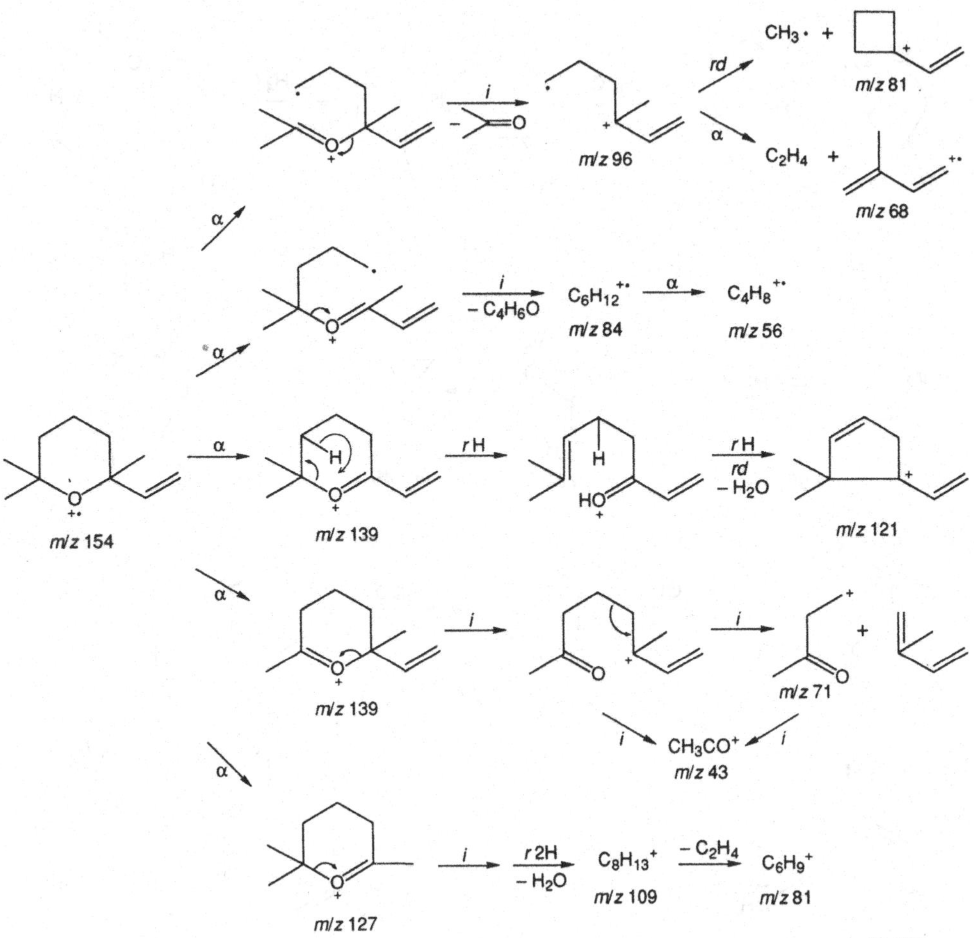

(9.38)

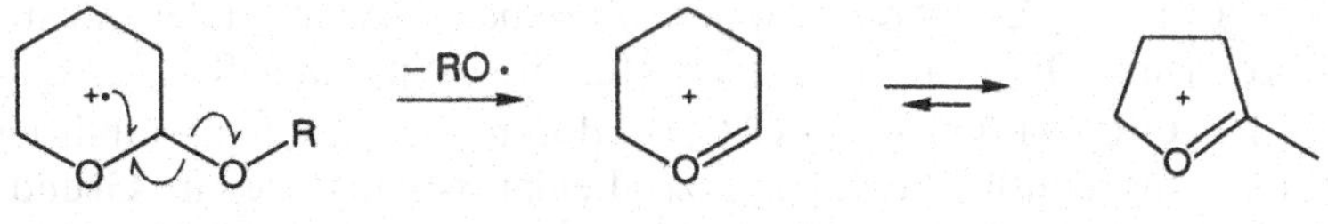

(9.39)

Aromatische Ether. Das Massenspektrum von Methylphenylether weist charakteristische Peaks bei $(M-CH_3)^+$, $(M-CH_3-CO)^+$, $(M-CH_2O)^{+\cdot}$, $(M-OCH_3)^+$ und $(M-CHO)^+$ (schwach, aber in einigen Derivaten von Bedeutung) auf, die für das massenspektrometrische Verhalten von Methoxyaryl-Verbindungen typisch sind. Ethyl- und höhere Arylether besitzen sehr charakteristische $OE^{+\cdot}$-Ionen aus der Eliminierung von C_nH_{2n}: $C_6H_5OC_nH_{2n+1}^{+\cdot} \rightarrow C_6H_5OH^{+\cdot}$ (Harnish und Holmes 1991; sehen Sie sich das Spektrum von 1-Phenoxy-2-chlorethan, Aufg. 5.14, noch einmal an). Benzylether besitzen in Analogie intensive $C_6H_5CH_2OH^{+\cdot}$- und $C_6H_5CH_2^+$-Peaks.

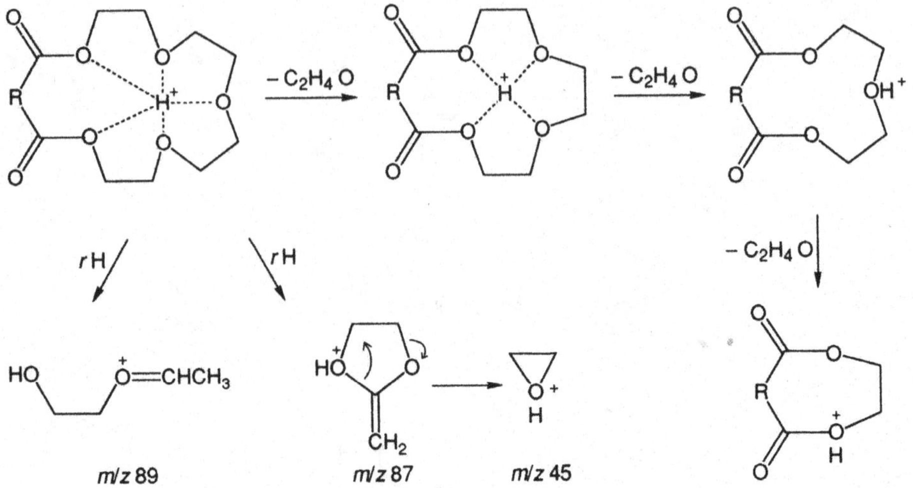

$-C_2H_4O$ $-C_2H_4O$ $-C_2H_4O$

rH rH

m/z 89 m/z 87 m/z 45

(9.40)

$-\cdot OR$ $-RCO\cdot$

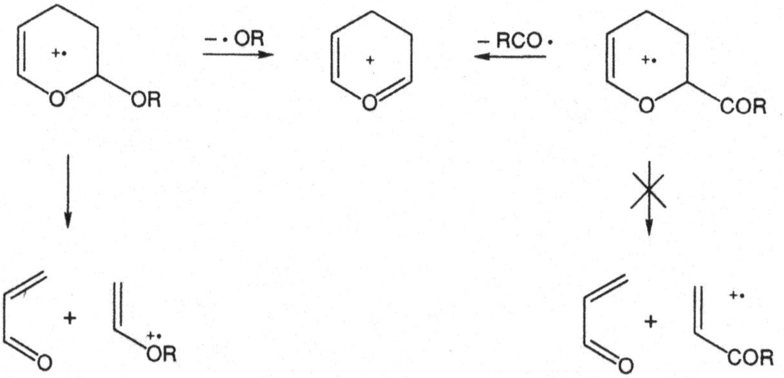

(9.41)

Ketale und Acetale. (Aufg. 8.4 zeigt das Spektrum von Methylal, $CH_3OCH_2OCH_3$.) Zwei Alkoxygruppen am selben C-Atom bilden ein starkes Reaktionszentrum. Die kritische Energie für die α-Spaltung $R-CH(OR')_2^{+\cdot} \rightarrow R'O-CH=\overset{+}{O}R' \leftrightarrow R'\overset{+}{O}=CH-OR'$ ist durch die Resonanzstabilisierung des Produkt-Ions deutlich herabgesetzt. Leider ist aus diesem Grund das Molekül-Ion bei einfachen Acetalen und Ketalen vernachlässigbar. Es treten einige Reaktionen auf, die der zweiten funktionellen Gruppe zuzuschreiben sind, wie zum Beispiel die Eliminierung von H_2CO aus Formaldehydacetalen (Tab. 8.4). Im allgemeinen sind aber die für Ether beschriebenen Zerfallsreaktionen anwendbar.

Ein interessantes Beispiel bildet der erstaunliche Einfluß einer Ethylenketal-Einheit auf Steroid-Massenspektren, wie in der klassischen Arbeit von Fétizon und Djerassi und ihren Mitarbeitern gezeigt wurde. Die Spektren von 5α-Androstan-3-on und seinem Ethylenketal sind in Abbildung 9.16 aufgeführt. Gleichung 9.42 liefert Mechanismen für die Bildung der zwei Hauptpeaks. Interes-

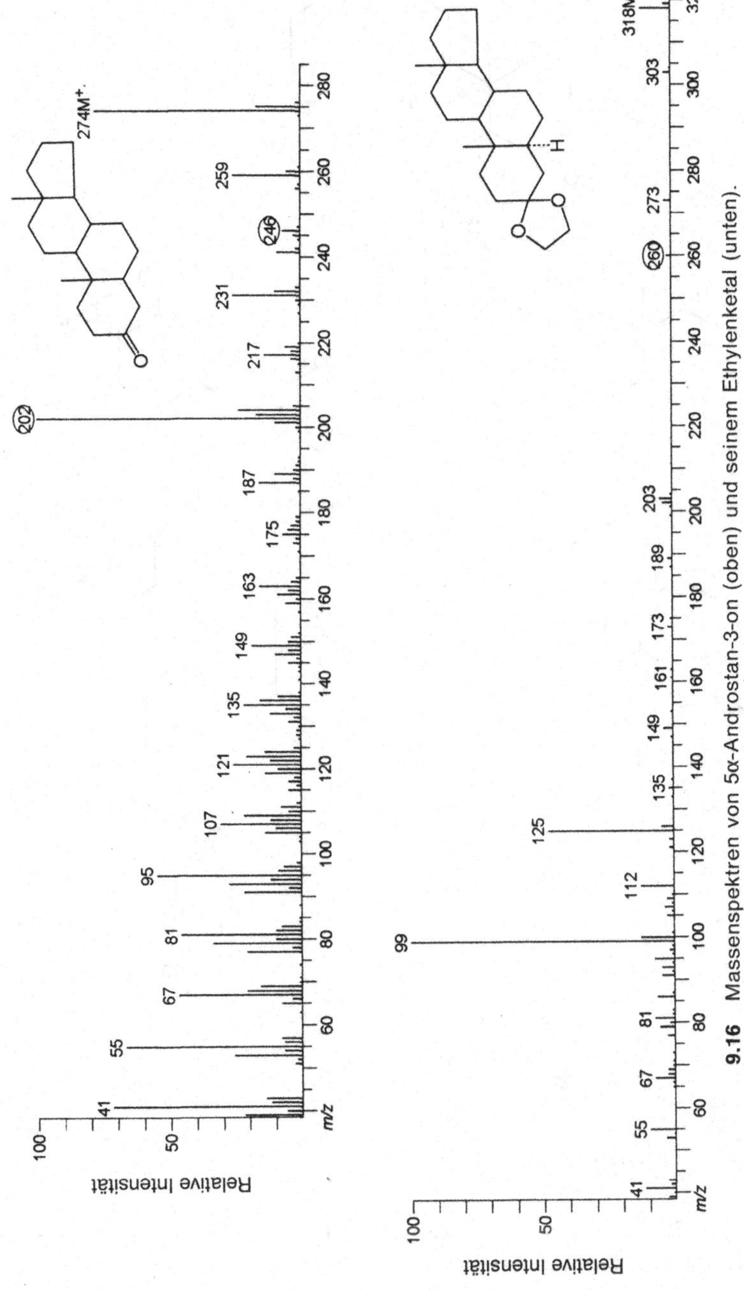

9.16 Massenspektren von 5α-Androstan-3-on (oben) und seinem Ethylenketal (unten).

12 17

3

α α

rH rH

(9.42)

α | rH α

α

m/z 99

m/z 125

santerweise sind sie vollkommen analog zur Fragmentierung des entsprechenden 3-Aminosteroids. Können Sie den *m/z* 112-Peak erklären?

Aufgabe 9.4. Die Verbindung ist entweder ein 12- oder ein 17-Ketosteroid (s. Gl. 9.42). Der $C_5H_7O_2^+$-Peak im Massenspektrum ihres Ethylenketal-Derivats ist groß. Um welche Verbindung handelt es sich?

9.7 Thiole und Sulfide

Die Massenspektren von Thiolen und Sulfiden (Sample und Djerassi 1966; van de Graaf und McLafferty 1977; Dill *et al.* 1979) ähneln denen der analogen Alkohole und Ether. Das Spektrum von Isopropylpentylsulfid (Abb. 9.17) ist mit dem von Isopropylpentylether (Abb. 9.14) vergleichbar. Die Abbildungen 3.21 und 3.22 zeigen die Spektren von Dodecanthiol und Dihexylsulfid. Einige der deutlichsten Unterschiede entstehen durch die niedrige Ionisierungsenergie von Schwefelverbindungen, die ungefähr 1 eV unter der der entsprechenden Sauerstoffverbindungen liegt. Dies ermöglicht die Bildung von mehr Molekül-Ionen mit niedriger Energie und erhöht $[M^{+\cdot}]$ deutlich.

Die Spaltung der C–S-σ-Bindung kann unter Ladungserhalt im schwefelhaltigen Fragment ablaufen (Abschn. 8.6). Das Produkt wird durch Isomerisierung zu einer $RCH{=}SH^+$-Struktur (Gl. 8.77) stabilisiert. Ionen wie HS^+, $H_2S^{+\cdot}$, H_3S^+ und CHS^+ sind ausreichend stabil, um eine Ionen-Serie zu bilden, die zur Charakterisierung herangezogen werden kann. Nur wenige andere Verbindungstypen haben Peaks bei *m/z* 33, 34 und 35.

Thiole. Abbildung 3.21 zeigt das Massenspektrum von Dodecanthiol. Durch α-Spaltung entsteht der größte $C_nH_{2n+1}S^+$-Peak (Ionen-Serie 47, 61, 75,...). Die Spaltung an anderen Kettenpositionen zur Bildung dieser Ionen tritt allerdings viel häufiger auf als bei den entsprechenden Alkoholen. Bei linearen Mercaptanen ist $[89^+] > [75^+]$ oder $[103^+]$. Dies deutet auf eine günstige Substitutionsreaktion für die Bildung von $C_4H_8SH^+$ hin (Gl. 8.103). Die Kohlenwasserstoff-Ionen-Serien 27, 41, 55, ... und 15, 29, 43, ... sind typischerweise intensiv, wobei für $n > 3$ $C_nH_{2n-1}^+ > C_nH_{2n+1}^+$ ist. $(M-SH)^+$ tritt bei sekundären Thiolen deutlich auf, während $(M-OH)^+$ bei Alkoholen fehlt. Bei primären Thiolen ist der $(M-SH)^+$-Peak durch den $(M-SH_2)^{+\cdot}$-Peak ersetzt. Dieser Peak und die weitverbreiteten $(M-SH_2-C_nH_{2n})^{+\cdot}$-Peaks mit $n \geqq 2$ erscheinen in der $C_nH_{2n}^{+\cdot}$-Ionen-Serie mit *m/z* 28, 42, 56, ... (Gl. 4.38).

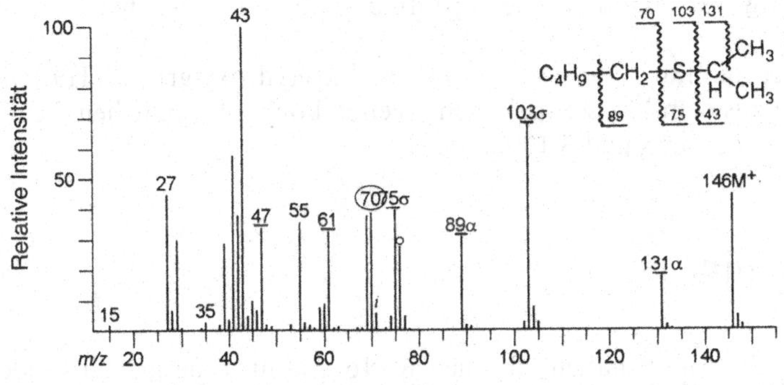

9.17 Massenspektrum von *iso*-Propyl-*n*-pentylsulfid.

Aromatische Thiole fragmentieren analog zu Phenolen. Wesentliche Ausnahmen bilden die zusätzlichen Ionen $(M-S)^{+\cdot}$, $(M-SH)^+$ und $(M-C_2H_2)^{+\cdot}$.

Sulfide. Das Massenspektrum von $CH_3SCH_2CH_2CHO$ (der „zwiebelartige, fleischige" Geruch von Kartoffeln; Waller 1972, S. 716) enthält einen deutlichen (35%) $M^{+\cdot}$ und α-Spaltungs-Peak ($CH_3S^+=CH_2$, 25%). Der Basispeak entspricht allerdings $CH_3SH^{+\cdot}$. Er entsteht durch Wasserstoffwanderung in Analogie zu den Gleichungen 4.37 und 4.39. Der zweithöchste Peak (CH_3S^+) wird durch σ-Spaltung gebildet. Analog bilden C_2H_5SR-Verbindungen zusätzlich zu den α-Spaltungsprodukten $C_2H_5S^+$- und $C_2H_5SH^{+\cdot}$-Peaks.

Wie im Spektrum von Isopropylpentylsulfid (Abb. 9.17) zu erkennen ist, können durch Spaltung der C–S-σ-Bindung Peaks der $C_nH_{2n+1}S^+$-Ionen-Serie entstehen. Diese Reaktion ist für den $C_5H_{11}S^+$-Peak (*m/z* 103) und teilweise auch für den $C_3H_7S^+$-Peak (*m/z* 75) verantwortlich. In Analogie zum Verhalten von Isopropylpentylether (Abb. 9.14 und Gl. 9.37) werden durch α-Spaltung die Ionen $(CH_3)_2CHS^+=CH_2$ (*m/z* 89) und $CH_3CH=S^+C_5H_{11}$ (*m/z* 131) gebildet. Weitere Zerfälle dieser Ionen unter Wasserstoffwanderung (Gl. 8.94) führen zu den Ionen $HS^+=CH_2$ (*m/z* 47) und $CH_3CH=S^+H$ (*m/z* 61). Außerdem ist der Zerfall von $CH_3CH=S^+C_5H_{11}$ gemäß Gleichung 8.93 ein alternativer Weg für die Bildung des *m/z* 75-Peaks.

Im Gegensatz zu Isopropylpentylether treten im Massenspektrum des Sulfids charakteristische $OE^{+\cdot}$-Ionen bei *m/z* 76 ($(CH_3)_2CHSH^{+\cdot}$) und *m/z* 70 ($C_5H_{10}{}^{+\cdot}$) (und zusätzlich bei *m/z* 42, $C_3H_6{}^{+\cdot}$) auf, die den Konkurrenzprodukten in den Gleichungen 4.37 und 4.38 entsprechen (die Bildung dieser Ionen unter Ladungserhalt ist ein Hauptfragmentierungsweg von Disulfiden). Ionen, die durch Wanderung von zwei Wasserstoffatomen entstehen, wie *m/z* 77 (wahrscheinlich $C_3H_7SH_2{}^+$), werden ebenfalls gebildet, wenn auch mit geringerer Intensität. Demgegenüber ist das ladungsinduzierte Produkt $C_5H_{11}{}^+$ (Gl. 4.22), das im Etherspektrum intensiv ist, hier sehr klein (möglicherweise aufgrund der Konkurrenz von Gl. 4.37). Das Begleitprodukt $C_3H_7{}^+$ ist allerdings weiterhin der Basispeak.

Phenylalkylsulfide zerfallen wie die entsprechenden Ether. Es finden jedoch zusätzliche Gerüstumlagerungen statt, die die Strukturaufklärung erschweren. Verbindungen mit weniger leicht ablaufenden Hauptfragmentierungen eliminieren häufig SH. Aromatische Disulfide spalten oft zusätzlich S_2 und/oder HS_2 ab.

Die Verbindung in *Aufgabe 9.5* enthält eine Hydroxylgruppe. Hätten Sie diese Tatsache aus dem Massenspektrum ableiten können? Versuchen Sie erneut, die Aufgaben 4.3, 5.15 und 8.10 zu lösen.

9.8 Amine

Aliphatische Amine haben sehr niedrige Ionisierungsenergien. Trotzdem liefert die Amingruppe eine so starke Triebkraft für die Induzierung von Reaktionen

Aufgabe 9.5

m/z	Int.	m/z	Int.	m/z	Int.
27	6.0	82	3.0	121	2.1
29	5.8	84	5.2	125	13.
39	8.0	91	4.0	126	52.
47	1.7	92	1.5	127	4.5
51	2.7	93	2.0	128	2.6
52	1.0	94	5.2	137	1.2
53	11.	95	8.7	139	32.
61	1.9	96	3.9	140	2.7
63	4.8	97	40.	141	1.6
64	2.3	98	10.	153	0.8
65	5.2	99	2.3	154	100.
69	7.2	100	0.4	155	9.8
70	4.2	108	2.3	156	5.1
71	3.2	109	0.2	157	0.5
77	2.6				

(fast immer entsteht der Basispeak durch α-Spaltung oder α-Spaltung mit zusätzlicher Umlagerung unter Abspaltung eines Olefins (Gl. 4.43, daß nur schwache oder vernachlässigbare Molekül-Ionen auftreten. Glücklicherweise können Amine aufgrund ihrer hohen Protonenaffinitäten (Tab. A. 3) bei nicht zu hohen Probendrucken oder mit NH_4^+ im Ammoniak-CI selektiv protoniert werden. Dabei entstehen sehr stabile MH^+-Ionen, die Information über das Molekulargewicht liefern (Keough und DeStefano 1981; Westmore und Alauddin 1986).

Salze von Aminbasen verdampfen im Massenspektrometer nicht. Beim Erhitzen im Gerät zersetzen sie sich aber oft zum freien Amin und zur Säure. Intensive HCl-Peaks bei *m/z* 36/38 oder HBr-Peaks bei *m/z* 80/82 geben einen deutlichen Hinweis auf diese Salze, da diese Ionen bei EI-Reaktionen normalerweise wenig intensiv sind.

Untersuchungen an Indolalkaloid-Derivaten haben gezeigt, daß sich quartäre Stickstoffverbindungen ($R \neq H$) im Massenspektrometer thermisch zersetzen. Dies geschieht auf zwei Wegen, die zu unterschiedlichen tertiären Aminen führen (Hesse und Lenzinger 1968). Bromid- und Iodidsalze dealkylieren bevorzugt unter Bildung des Amins und des Alkylhalogenids (Gl. 9.43). Bei Fluoridsalzen

$$\mathrm{R_3{-}\overset{+}{N}(R_2){-}R_1\ (H_2C{-}CH_2)\ \ X^- \xrightarrow{\Delta} R_3{-}N(R_2){:}\ (H_2C{-}CH_2) + R_1X} \qquad (9.43)$$

$$\mathrm{R_3{-}\overset{+}{N}(R_2){-}R_1\ (HC{-}CH_2,\ H\cdots X^-) \xrightarrow{\Delta} R_3{-}N(R_2){-}R_1\ (HC{=}CH_2) + HX} \qquad (9.44)$$

ist der thermische Hofmann-Abbau unter Abstraktion eines H-Atoms in β-Stellung zum quartären Stickstoff begünstigt (Gl. 9.44).

Aliphatische Amine. Teilaspekte der Massenspektren von 1-Aminododecan (Abb. 3.16) und einiger $C_4H_{11}N$-isomerer Amine (Aufg. 4.4 bis 4.8; Abb. 4.3 und 4.4) wurden in Abschnitt 4.6 diskutiert. Die Massenspektren von Diethylpropylamin, Dihexylamin, Tributylamin und Ephedrin sind in Aufgabe 6.2 und den Abbildungen 3.17, 3.18 und 4.5 abgebildet. In den Abbildungen 9.18 und 9.19 sind die Massenspektren von *N*-Methyl-*N*-isopropyl-*N*-butylamin (Aufgabe 4.20, s. Kap. 11; Djerassi und Fenselau 1965) und *bis*(3-Methylbutyl)amin dargestellt.

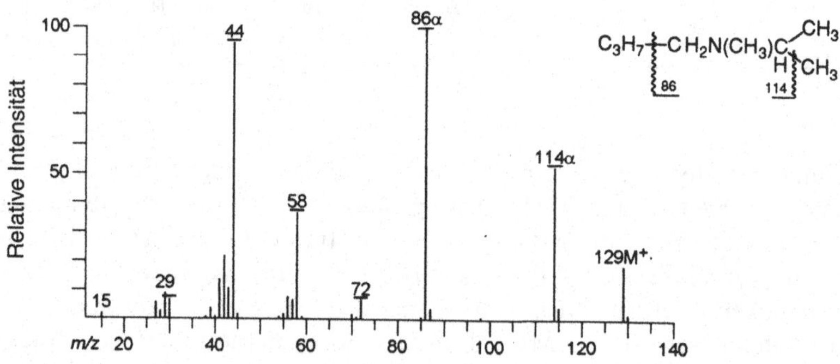

9.18 Massenspektrum von *N*-Methyl-*N*-*iso*-propyl-*N*-butylamin. (Die relative Intensität des Peaks bei *m*/*z* 130 wächst mit zunehmendem Probendruck.)

Die dominierende Reaktion von Aminen ist die α-Spaltung. Sie führt im allgemeinen bei *n*-Alkylaminen und α-substituierten primären Aminen zum Basispeak des Spektrums. Die größte Alkylgruppe wird bevorzugt abgespalten (Gl. 4.17). Diese Spaltung ist für den Basispeak bei *m*/*z* 30 in Abbildung 3.16, für den *m*/*z* 86-Basispeak und *m*/*z* 114 in Abbildung 9.18 und den Peak bei *m*/*z* 100 in Abbildung 9.19 verantwortlich. Peaks dieser $C_nH_{2n+2}N^+$-Ionen-Serie können allerdings auch auf anderen Wegen entstehen. Primäre *n*-Alkylamine

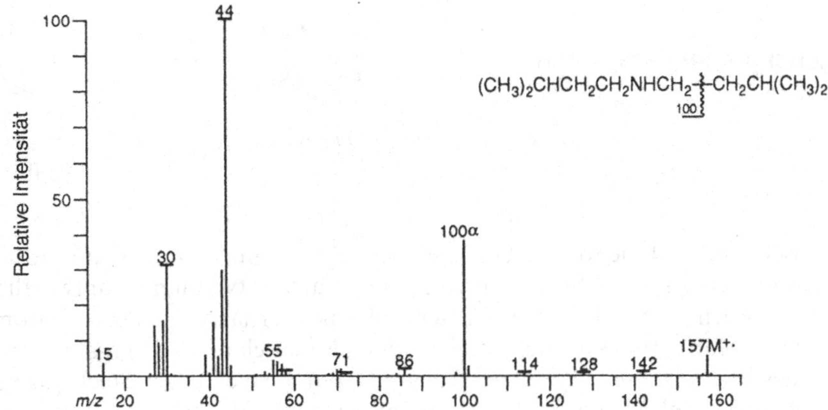

9.19 Massenspektrum von *bis*(3-Methylbutyl)amin. (Die relative Intensität des Peaks bei *m/z* 158 wächst mit zunehmendem Probendruck.)

$$\text{R-}(CH_2)_5\text{-}\overset{+\bullet}{N}H_2 \xrightarrow{rd} R\cdot + \text{c-}(CH_2)_5\overset{+}{N}H_2 \;(m/z\ 86) \tag{9.45}$$

bilden durch Substitutionsreaktionen (Gl. 9.45; Abschn. 8.11) relativ kleine Peaks, wobei der intensivste bei *m/z* 86 liegt. Bei höheren primären *n*-Alkylaminen werden die Peaks bei *m/z* 44 (Pseudo-α-Spaltung, Gl. 8.91) und in geringerem Ausmaß *m/z* 58 und 72 (γ- und δ-Spaltung) zunehmend wichtiger (*m/z* 44 = 40% im Spektrum von Hexadecylamin). In den Spektren von Aminen mit höherem Molekulargewicht werden die Kohlenwasserstoff-Peaks ebenfalls größer. Das Alkyl-Ion von $[C_6H_{13}CH(CH_3)]_2NH$, das bei der α-Spaltung entsteht (*m/z* 85), besitzt zum Beispiel eine Intensität von 34%, während die des Immonium-Ions der α-Spaltung (*m/z* 156) nur 15% beträgt.

Durch Folgezerfälle unter Umlagerung können aus dem ersten Immonium-Ion weitere $C_nH_{2n+2}N^+$-Ionen entstehen (Bowen 1991b). Die häufigste dieser Reaktionen (Gl. 9.46 und 8.94) führt zu den intensiven *m/z* 44- und 58-Ionen in Abbildung 9.18 und dem weniger intensiven Peak bei *m/z* 30 in Abbildung 9.19

$$(CH_3)_2CH\overset{+\bullet}{N}(CH_3)\text{—}CH_2\text{—}C_3H_7 \xrightarrow[\alpha]{-{}^\bullet C_3H_7} H_2C\text{—}CH(CH_3)\text{—}\overset{+}{N}(H)(CH_3)\text{=}CH_2 \;(m/z\ 86) \xrightarrow{rH} H_2C\text{=}CH\text{—}CH_3 + H\overset{+}{N}(CH_3)\text{=}CH_2 \;(m/z\ 44) \tag{9.46}$$

$$(CH_3)_2CHCH_2CH_2\overset{+\bullet}{N}H{-}CH_2{-}C_4H_9 \xrightarrow{\alpha} \quad m/z\ 100 \xrightarrow{rH} \quad + \quad m/z\ 44 \qquad (9.47)$$

(s. Abschn. 8.10). Eine weitere Umlagerung (Gl. 9.47 und 8.93) scheint für den Basispeak bei m/z 44 im Spektrum von *bis*(3-Methylbutyl)amin verantwortlich zu sein (beachten Sie, daß der Wasserstoff eines tertiären Kohlenstoffatoms wandert). Markierungsversuche (Djerassi und Fenselau 1965) ergaben, daß 65% des Peaks bei m/z 72 in Abbildung 9.18 durch solch einen Mechanismus entstehen. Die übrigen EE^+-Ionen-Umlagerungen (Gl. 8.92 und 8.95) sind für die Spektren der bisher untersuchten aliphatischen Amine unwichtig. Der Mechanismus 8.92 kann allerdings bei großen Alkylgruppen an Bedeutung zunehmen. Die Abspaltung von NH_3 oder eines neutralen Amin-Moleküls (Gl. 4.38) spielt nur in den Spektren bestimmter polyfunktioneller Verbindungen (z. B. Abspaltung von NH_3 aus α-Aminosäuren und Diaminen) eine Rolle. Aus $(RNHCH_2)_2(CH_2)_n^{+\cdot}$ können intensive $(M-NH_2R)^{+\cdot}$-Ionen entstehen.

Cycloalkylamine (s. Abschn. 8.9). Ein sorgfältig untersuchtes Beispiel ist das Spektrum von *N*-Ethylcyclopentylamin (Abb. 8.6). α-Spaltung an der Alkylgruppe führt zum $(M-CH_3)^+$-Peak mit mittlerer Intensität. Die α-Spaltung am sekundären Kohlenstoffatom des Ringes ist bevorzugt. Sie führt zu einem isolierten Radikal, durch dessen weitere Reaktion (Gl. 9.48, 8.63) der Basispeak bei m/z 84 entsteht. Homologe EE^+-Ionen bei m/z 70 und 56 können auf mehreren Wegen gebildet werden, wie bei den Spektren aliphatischer Alkohole bereits diskutiert wurde. Die Ionen-Serie bei m/z 56, 70, 84 und 98 weist deshalb zwar auf den generellen Strukturtyp hin, die individuellen Peaks, insbesondere die bei geringerer Masse, sind allerdings für bestimmte Substrukturen weniger charakteristisch. Der kleine Peak bei m/z 85 scheint hauptsächlich durch Abspaltung von C_2H_4 aus der Ethylgruppe zu entstehen (s. Gl. 4.37 und 4.39).

Im Spektrum von *des-n*-Methyl-α-obscurin erklärt ein analoger Mechanismus (Gl. 9.49) die Abspaltung der $-CH_2-CH(CH_3)-CH_2-$-Brücke und eines Wasserstoffatoms unter Bildung des $(M-57)^+$-Ions. Das $(M-C_4H_8)^{+\cdot}$-Ion ist viel weniger intensiv als das $(M-C_4H_9)^+$-Ion. (Abb. 5.1, Aufg. 6.3 und Abb. 3.28 zeigen die Massenspektren von Nicotin, Indolalkaloiden und Strychnin.)

Andere Reaktionstypen, die bei cyclischen Aminen möglich sind, werden in Abschnitt 8.9 diskutiert. Ein fünfgliedriger Ring mit einem Stickstoffatom spaltet zwei Kohlenstoffatome einschließlich ihrer Substituenten als Alken ab (Gl. 8.57). Bei größeren Ringen, wie in 1,2-Dimethylpiperidin (Abb. 8.4), spielt diese Reaktion nur eine untergeordnete Rolle (m/z 71, 1%). Aus dem EE^+-Ion, das durch α-Spaltung gebildet wird (m/z 98, 100%), entsteht durch Retro-Diels-Alder-Reaktion das Ion bei m/z 70 mit einer Intensität von 12% (Gl. 8.61).

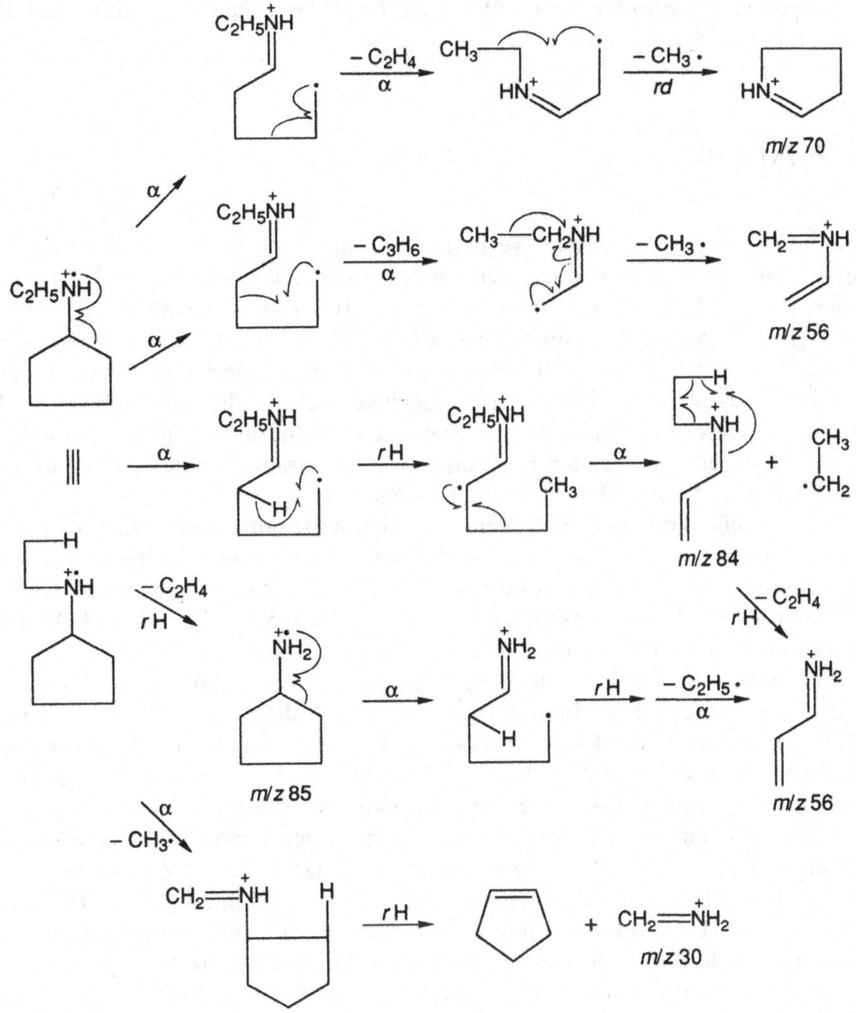

(9.48)

(9.49)

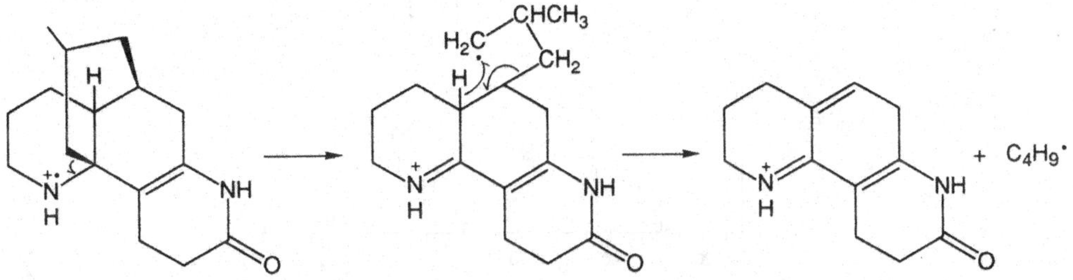

Aufgaben. Überprüfen Sie Ihr Wissen anhand der Aufgaben 4.4 bis 4.8, 4.20, 5.11, 6.2, 8.2, 8.3, 8.9 und 8.10.

9.9 Amide

Das massenspektrometrische Verhalten primärer Amide, wie Dodecansäureamid (Abb. 3.19), ähnelt stark dem der entsprechenden Säure und des Methylesters (Abb. 3.12 und 3.13). Sekundäre (wie z. B. *sec*-Butylacetamid, Abb. 9.20) und tertiäre Amide (*N,N*-Dipentylacetamid, Abb. 3.20) verhalten sich analog zu Estern höherer Alkohole. Allerdings wird bei den Amiden in den Reaktionen, die durch das gesättigte Heteroatom eingeleitet werden, die stärker dirigierende Kraft des Stickstoffatoms deutlich. Amide haben charakteristischere Molekül-Ionen als die entsprechenden Ester und eine ausgeprägte Tendenz, durch Ionen-Molekül-Reaktionen MH^+-Ionen zu bilden.

Die Ähnlichkeit der Spektren von Dodecansäure und seinem Amid (Abb. 3.12 und 3.19) ist so deutlich, daß nur wenig zusätzliche mechanistische Information nötig ist. Die stickstoffhaltigen Peaks sind um eine Masseneinheit zu niedrigeren Massen verschoben. Die Peaks der β-Spaltung mit γ-H-Wanderung (McLafferty-Umlagerung) treten in der Ionen-Serie *m/z* 59, 73, 87,... auf. Alkylabspaltungen führen zur Ionen-Serie 44, (58), 72, 86,.... Bei längeren Alkylketten erscheinen Maxima in $(CH_2)_4$-Intervallen (*m/z* 72, 128, 184 und 240). Allerdings ist der Effekt in diesem Fall weniger deutlich. Die zahlreichen Kohlenwasserstoff-Peaks wie $C_nH_{2n+1}{}^+$ und $C_nH_{2n-1}{}^+$ sind erwartungsgemäß weniger intensiv als in den Spektren der analogen Säuren.

Sekundäre und tertiäre Amide zeigen in ihren Spektren die erwarteten zusätzlichen Reaktionen, wie β-Spaltung an der N – R-Bindung mit Wanderung eines und insbesondere von zwei Wasserstoffatomen (*m/z* 60 in Abb. 9.20; Gl. 4.46) auf. Bei tertiären Amiden sind aufeinanderfolgende Umlagerungen wie in Gleichung 4.46 und 8.79 sowohl von beiden Alkylketten am Stickstoff aus als auch von der Säureeinheit aus möglich. So zeigt *N,N*-Diethylhexansäureamid

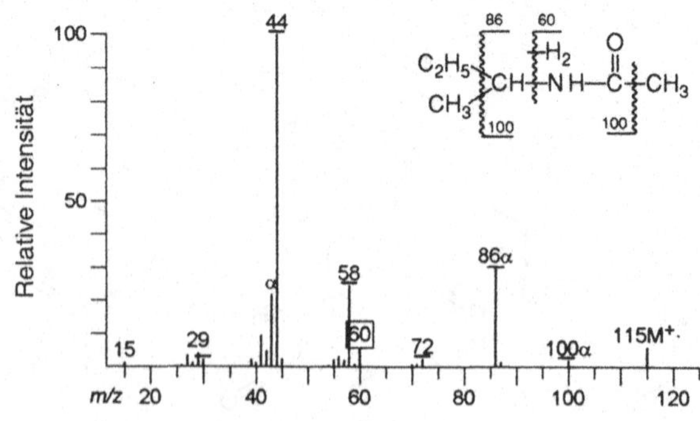

9.20 Massenspektrum von Essigsäure-*sec*-butylamid.

intensive Peaks bei $(M-C_4H_8)^{+\cdot}$, $(M-C_4H_8-C_2H_3)^+$, $(M-C_4H_8-C_2H_4)^{+\cdot}$ und $(M-C_4H_8-C_2H_3-C_2H_4)^+$ (*m/z* 115, 88, 87 bzw. 60). Der Zerfall von sekundären und tertiären Amiden spiegelt ebenfalls die starke Tendenz des Stickstoffs, die Reaktion einzuleiten, wieder. Die durch das N-Atom induzierte α-Spaltung führt in Abbildung 9.20 zum $(M-C_2H_5)^+$-Peak und zum schwachen $(M-CH_3)^+$-Ion. Beim weiteren Zerfall dieser Ionen werden unter Wasserstoffwanderung und Abspaltung von Keten die Ionen $H_2N^+=CHCH_3$ (*m/z* 44) bzw. $H_2N^+=CHC_2H_5$ (*m/z* 58) gebildet. Bei multifunktionellen Acetamiden stellt die Abspaltung von Keten aus EE^+-Ionen, die durch primäre α-Spaltung entstanden sind, einen wichtigen Zerfallsweg dar. Ein Beispiele sind die Mercaptursäuren $RSCH_2CH(NHCOCH_3)COOH$, die im Urin gefunden werden, wenn man toxischen Chemikalien ausgesetzt war. Einige Amide (z. B. *N*,*N*-Diethylacetamid) spalten, parallel zum Verhalten von ungesättigten Acetaten, direkt Keten ab (Gl. 4.39). Diese Reaktion liefert einen sehr charakteristischen Peak in den Spektren von *n*-Arylacetamiden. Wasserstoffumlagerung unter Ladungswanderung weg von der Amid-Funktionsgruppe (Gl. 4.34 und 4.38) tritt nur auf, wenn das entstehende Ion $(M-RCONHR')^{+\cdot}$ stark stabilisiert wird und die Reste R klein sind. Die Neigung zum Ladungserhalt ist aufgrund der stark reduzierten Ionisierungsenergie von Amiden viel größer als bei Estern. Trotzdem weisen Acetamide komplexerer Moleküle, wie zum Beispiel von Steroiden oder Mercaptursäuren, gewöhnlich charakteristische $(M-CH_3CONH_2)^{+\cdot}$-Peaks auf (Vermeulen *et al.* 1980). In *n*-$RCO-N(CH_3)_2$-Spektren treten inten-

Aufgabe 9.6

m/z	Int.	m/z	Int.	m/z	Int.
15	1.0	41	17.	60	2.6
16	0.4	42	6.4	61	0.2
27	6.4	43	20.	69	3.6
28	2.1	44	31.	73	3.4
29	9.8	45	1.3	85	1.7
30	0.8	46	0.9	86	11.
31	0.7	57	11.	87	0.4
39	7.1	58	1.1	100	1.3
40	1.0	59	100.	101	1.7

sive Ionen bei *m/z* 87, 45 und 100 auf, die durch die Mechanismen in den Gleichungen 8.70, 4.39 und 8.78 erklärt werden können.

Die Spaltung der C–N-Bindung, die zu einem Alkanoyl-Ion führt (CH_3CO^+ in Abb. 3.20 und 9.20), ist gegenüber der Reaktion von Estern deutlich reduziert (CH_3CO^+ ist der Basispeak von *sec*-Butylacetat, Abb. 9.12). Der normalerweise ungünstige C–N-Bindungsbruch unter Ladungserhalt am N-Atom, wie bei sekundären Amiden (Abb. 9.20, *m/z* 72), tritt bei tertiären Amiden deutlich stärker auf (Abb. 3.20, *m/z* 156).

9.10 Nitrile und Nitroverbindungen

Die Ionisierungsenergie aliphatischer Nitrile und Nitroalkane ist normalerweise hoch. Dies führt unter EI-Bedingungen zu einem außergewöhnlichen Maß an Gerüstumlagerungen (Abschn. 8.6). Die Grundregeln für Ionen-Zerfälle scheinen auf Nitrile weniger anwendbar zu sein als auf irgendeine andere Verbindungsklasse. Von allen in Tabelle A.3 aufgeführten Funktionsgruppen $YCH_2\cdot$ hat die mit Y = CN die höchste Ionisierungsenergie. Sie ist sogar höher als die für Y = H (Abschn. 8.2). Des weiteren sind die stickstoffhaltigen Haupt-Ionen-Serien von Nitrilen, $C_nH_{2n-1}N^{+\cdot}$ und $C_nH_{2n-2}N^+$, isobar mit den häufigen Kohlenwasserstoff-Serien $C_nH_{2n-1}{}^+$ (27, 41, 55, ...) und $C_nH_{2n-2}{}^{+\cdot}$ (26, 40, 54,...).

Bei aliphatischen Nitrilen treten nur schwache oder vernachlässigbare Molekül-Ionen auf, dagegen sind sie bei aromatischen Verbindungen normalerweise intensiv. Glücklicherweise zeigen aliphatische Nitrile eine deutliche Tendenz, durch Ionen-Molekül-Reaktionen MH^+-Peaks zu bilden.

Abbildung 3.25 zeigt das Massenspektrum von Dodecylcyanid. Seine Gesamterscheinung ist nach massenspektrometrischen Standards ungewöhnlich. Wie in *n*-Alkan- oder Alken-Spektren (Abb. 3.2 und 3.5) fehlen spezifische Peaks. Bei höheren Massen treten jedoch intensive Peaks und signifikante Peakpaare auf, die sich nur um eine Masseneinheit voneinander unterscheiden. Im oberen Massenbereich dominiert die $(CH_2)_nCN^+$-Serie (40), 54, 68, 82,.... Die Wasserstoffumlagerungs-Serie, die nominell $C_nH_{2n-1}N^{+\cdot}$ (41, 55, 69, 83,...) entspricht, ist für $n \approx 3$ bis 6 von vergleichbarer Bedeutung. Die größten Peaks in der ersten Serie sind $(CH_2)_5CN^+$ und $(CH_2)_6CN^+$. Sie entstehen durch eine Substitutionsreaktion gemäß Gleichung 8.103. Kettenverzweigung verstärkt die Intensität der entsprechenden Ionen in dieser Serie, aber diese Daten müssen mit Vorsicht zur Strukturaufklärung eingesetzt werden. Die $C_nH_{2n-1}N^{+\cdot}$-$OE^{+\cdot}$-Ionen-Serie entspricht der $C_nH_{2n}{}^{+\cdot}$-Serie bei 1-Alkenen, 1-Alkanolen und Thiolen (Abb. 3.5, 3.8 und 3.21, wenn man $-CH{=}CH_2$ durch $(-)C{\equiv}N$ ersetzt. Wahrscheinlich werden diese Ionen durch Wasserstoffwanderung unter Olefin-Abspaltung gebildet. Rol (1986) hat gezeigt, daß das intensive $C_3H_5N^{+\cdot}$-Ion von 4-Methylpentannitril durch δ-H-Wanderung mit nachfolgender γ-Spaltung entsteht.

Eine weitere Besonderheit im Spektrum von Alkylcyaniden ist, daß $[(M-1)^+] > [M^{+\cdot}]$ ist. Die Abspaltung von HCN kann auftreten, wenn ein labiles Wasserstoffatom im Molekül vorhanden ist. Die α-Spaltung ist ungünstig, da sie die Bildung einer Vierfachbindung (CN^+) erfordert, um die Ladung am Stickstoff zu stabilisieren. Bei Decylcyanid ist die β-Spaltung mit Wasserstoffwanderung (Gl. 4.33), bei der $\cdot CH_2C{\equiv}N^+H$ entsteht, unbedeutend. Eine Hochauflösung zeigt, daß 82% des Peaks bei *m/z* 41 aus $C_3H_5{}^+$ besteht (diese Umlagerung hat bei kleineren Molekülen mehr Bedeutung).

Die Rückbindung von Elektronen durch die Nitrilgruppe ist wahrscheinlich ebenfalls für das Fehlen eines $(M-CN)^+$-Peaks verantwortlich. Dieses Verhalten steht im Gegensatz zu dem von elektronenziehenden Gruppen wie Chlor und Brom (Gl. 4.23). CN ähnelt in dieser Beziehung eher Fluor (Abschn. 8.6). Wie bei Alkanspektren sind nur die Kohlenwasserstoff-Ionen mit geringer Masse intensiv. Die $C_nH_{2n-1}{}^+$-Ionen können in Analogie zum Verhalten von Halogeniden durch Abspaltung von $C_nH_{2n+1}\cdot$ und anschließenden Verlust von HCN (Gl. 4.44) entstehen.

Ungesättigte und aromatische Nitrile haben deutlich intensivere Molekül-Ionen und ohne α-Wasserstoff ist der $(M-H)^+$-Peak intensitätsschwach. Auch hier sind viele Fälle mit ungewöhnlichen Zerfallswegen untersucht worden.

Aufgaben. Sie sollten versuchen, die Aufgaben 5.12 und 8.6 erneut zu lösen.

Das Verhalten von Nitroalkanen ist anhand des Massenspektrums von Nitropropan illustriert. Eine γ-H-Wanderung kann den Zerfall einleiten. Dabei werden OH· oder Ethylen eliminiert (Gl. 9.50; Hindawi *et al.* 1986). Obwohl diese Umlagerungen kaum mit der Abspaltung von NO_2 aus dem Molekül-Ion kon-

$CH_3CH_2CH_2{-}NO_2^{+\cdot}$ → $C_3H_7^+ + \dot{N}O_2$ (100%)

$CH_3CH_2CH_2{-}NO_2^{+\cdot}$ → (γ-H-Wanderung) → $\dot{C}H_2CH_2CH_2N^+(OH)=O$

− C_2H_4 → $CH_2{=}N^+(OH)O^\cdot$ *m/z* 61; 0.4%

− $OH^\cdot$ → $\dot{C}H_2CH_2CH_2\overset{+\cdot}{N}{=}O$ *m/z* 72; 0.4%

(9.50)

kurrieren können, sind sie für die Strukturaufklärung von Bedeutung: die Gegenwart eines Ions bei *m*/*z* 61 beweist eindeutig, daß der Peak bei *m*/*z* 72 (die höchste detektierbare Masse) nicht das Molekül-Ion sein kann. Nitroaromaten spalten charakeristisch NO (Abschn. 8.11) und NO_2 ab. Mit zusätzlichen Substituenten am aromatischen Ring kann die NO_2-Abspaltung durch konkurrierende Abspaltungen von NO, CO_2, CH_2O, C_2H_4 oder H_2O zurückgedrängt werden (Yinon 1992). Auch der Verlust eines Sauerstoffatoms kommt vor. Nitrotoluole und Nitroaniline bilden aus den *o*-Isomeren $(M-OH)^+$, während aus den *m*- und *p*-Isomeren $(M-O)^{+\cdot}$ entsteht.

9.11 Aliphatische Halogenide

Die folgenden Aufgaben enthalten Massenspektren von halogenierten Verbindungen: HCl, Aufgabe 2.1; CH_3F, 1.8; CH_3Br, 2.2; CCl_4, 3.6; $CClF_3$, 2.8; 1,2-$C_2H_2Cl_2$, 3.4; C_2HCl_3, 2.14; C_2ClF_5, 3.5; CF_3CN, 5.12; 1-Bromhexan, 8.1; 3-(Chlormethyl)-heptan, 5.13 und 1-Phenoxy-2-chlorethan, 5.14. Die Abbildungen 4.10, 3.23, 3.24, 9.21 und 9.22 zeigen die Massenspektren von 1,1-und 1,3-Dichlorbutan, 1-Chlordodecan, 1-Bromdodecan, 3-Chlordecan und 3-Bromdecan.

Alkylhalogenide (mit Ausnahme von Fluoriden) besitzen bei mittleren Molekulargewichten oder bei Strukturen mit verzweigten Ketten meßbare Molekül-Ionen. Perhalogenierte Verbindungen haben oft einen vernachlässigbaren $M^{+\cdot}$, es sei denn, es handelt sich um ungesättigte Verbindungen. Die Gegenwart und Anzahl von Chlor- oder Bromatomen in einem Ion ist anhand des charakteristischen „Isotopenmusters“ zu erkennen (Abschn. 2.2 und Tab. A.2).

Halogene haben einen relativ geringen Einfluß auf die massenspektrometrischen Reaktionen. Noch den größten Einfluß hat Iod aufgrund der ungewöhnlich niedrigen Ionisierungsenergie der Kohlenstoff-Iod-Bindung. Der in-

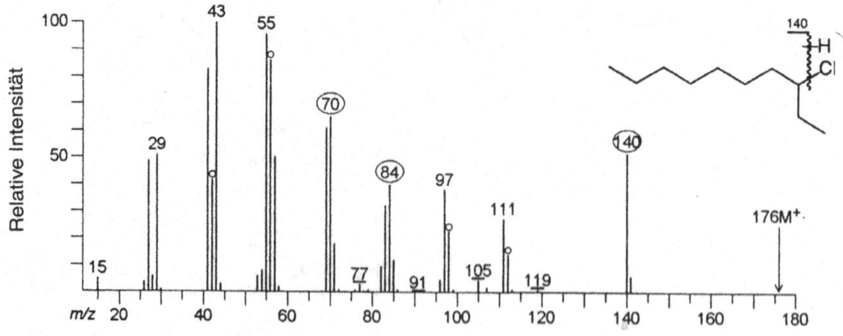

9.21 Massenspektrum von 3-Chlordecan. Bei *m*/*z* 176 und 178 sind kleine Molekül-Ionen-Peaks (0.15 und 0.05%) vorhanden.

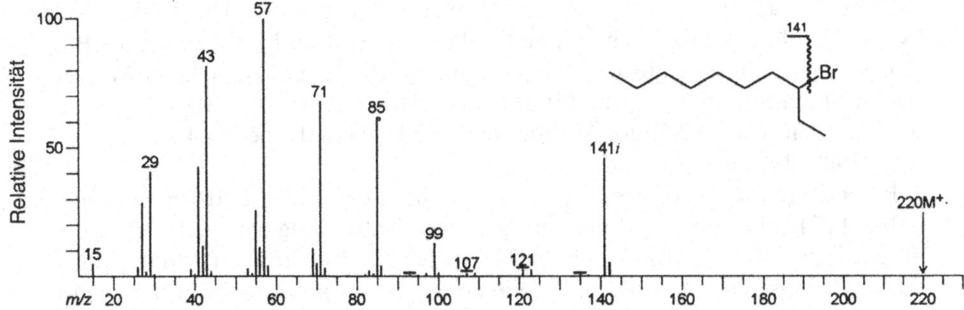

9.22 Massenspektrum von 3-Bromdecan. Bei *m/z* 220 und 222 sind kleine Molekül-Ionen-Peaks (0.1 %) vorhanden.

duktive Elektronenentzug durch Halogenatome beeinflußt ebenfalls die Spaltung der Kohlenstoff-Halogen-Bindung, aber in umgekehrter Reihenfolge (F > Cl > Br > I). Allerdings steigt die Tendenz zur Rückbindung von Elektronen, die die Bindung stärkt und damit einen Großteil des induktiven Effekts aufhebt, in derselben Reihenfolge (sie ist für Fluor am größten).

In den Spektren von Alkylhalogeniden existieren zwei Hauptquellen für $C_nH_{2n}X^+$-Ionen. Eine davon ist die α-Spaltung, bei der $R_2C{=}X^+$-Ionen gebildet werden. Sie folgt der erwarteten Reihenfolge der Elekronen-Donator-Kapazität F > Cl > Br > I. Bei Brom und Iod ist diese Reaktion außer für Verbindungen mit geringem Molekulargewicht vernachlässigbar. Bei Chlor ist sie hauptsächlich für tertiäre Chloride wichtig. Die α-Spaltung führt bei Fluoriden mit geringerem Molekulargewicht, parallel zum Verhalten von Cyaniden (Abschn. 8.6), zu ungewöhnlich intensiven $(M-H)^+$-Ionen. Die schwache $C_nH_{2n}X^+$-Ionen-Serie, die bei vielen Alkylhalogeniden auftritt, ist relativ charakteristisch und damit für die allgemeine Identifizierung nützlich.

Die zweite Quelle für $C_nH_{2n}X^+$-Ionen ist eine Substitutionsreaktion (Abschn. 8.11; Gl. 4.42). Sie führt in den Spektren von *n*-Alkylchloriden oder -bromiden mit mehr als fünf Kohlenstoffatomen zu ungewöhnlich intensiven $C_4H_8Cl^+$- oder $C_4H_8Br^+$-Ionen (Abb. 3.23 und 3.24 sowie Aufg. 8.1). Die Intensität dieser Ionen wird durch Kettenverzweigung stark herabgesetzt und ist bei Fluoriden und Iodiden vernachlässigbar gering.

In Alkylhalogenidspektren treten deutliche Unterschiede im Bezug auf die Anteile an $(M-HX)^{+\cdot}$- und $(M-X)^+$-Ionen auf, die durch α-Spaltung gebildet werden. Das erste Ion wird von Folge-Ionen begleitet, die für Olefine charakteristisch sind, während $(M-X)^+$-Ionen beim weiteren Zerfall C_nH_{2n} abspalten. Ein herausragendes $OE^{+\cdot}$-Ion, das durch Abspaltung von HX entsteht, wird bei Fluoriden und primären (geringer bei *n*-Alkyl) und sekundären Chloriden beobachtet (Abb. 3.23 und 9.21).

Für dieses Verhalten sind die Bindungsdissoziationsenergien (*D;* Tab. A. 3) verantwortlich. Die RF^+-H- und RCl^+-H-Bindungen ($D = 5.6$ bzw. 4.6 eV!) sind stärker als die C–H-Bindung (4.3 eV) in Alkanen. Deshalb ist der Wasserstofftransfer $H-CRX^{+\cdot} \rightarrow \cdot CRX^{+}-H$ energetisch günstig. Die Bildung des $(M-HX)^{+\cdot}$-Ions kann durch andere Funktionalitäten im Molekül, die die Bindungsdissoziationsenergie der C–H-Bindung verändern oder die labile Wasserstoffatome einbringen (s. Labilität des Wasserstoffs, Abschn. 8.10), stark beeinflußt werden. Eine 1,2-Fluor-Wanderung wurde ebenfalls beobachtet (Morton *et al.* 1989, 1990).

Bei tertiären und aktivierten (z. B. allylischen) Chloriden und bei Bromiden (Abb. 9.22) und Iodiden dominiert generell die Bildung von $(M-X)^{+}$- und niedrigeren $C_nH_{2n+1}{}^{+}$-Ionen. Unter Elektronenbeschuß können durch „Ionen-Paar"-Prozesse ($R-X \rightarrow R^{+} + X^{-}$) auch R^{+}-Ionen mit ungewöhnlich niedriger Auftrittsenergie entstehen. Obwohl $C_nH_{2n-1}{}^{+}$-Ionen bei Verbindungen dieses Typs mit niedrigem Molekulargewicht recht intensiv sind, entstehen sie gewöhnlich durch Abspaltung von HX aus $C_nH_{2n}X^{+}$-Ionen (Gl. 4.44).

Perhalogenierte Verbindungen ähneln in ihrem massenspektrometrischen Verhalten einschließlich ihrer großen Neigung zu Umlagerungen den Kohlenwasserstoffen. Die kleinsten perhalogenierten Alkyl-Ionen sind normalerweise am stabilsten. Zum Beispiel ist $CF_3{}^{+}$ (m/z 69) das intensivste Ion in Perfluoralkanspektren.

Aufgaben. Die Aufgaben 2.14, 3.4, 3.5, 3.6, 5.12 und 8.1 enthalten halogenierte Verbindungen.

9.12 Andere Verbindungstypen

Eine Vielzahl von Übersichtsartikeln enthalten wertvolle Details zum Fragmentierungsverhalten von weiteren Verbindungsklassen und Anwendungen in speziellen Forschungsgebieten. Seit der dritten Auflage dieses Buches hat die Massenspektrometrie von nichtflüchtigen Verbindungen gewaltige Fortschritte gemacht (Abschn. 6.2). Anwendungen dieser Techniken zur Identifizierung, Detektion und Strukturaufklärung von komplexen Verbindungen, insbesondere solchen, die von biochemischem und biologischem Interesse sind, sind in den Monographien von Morris (1981), McNeal (1986), Facchetti (1985), Burlingame und Castagnoli (1985), Gaskell (1986), McEven und Larsen (1990), Suelter und Watson (1990) und McCloskey (1990) zu finden. Eine Übersicht über Fragmentierungsmechanismen von speziellen Verbindungsklassen liefern die Literaturstellen in Abschnitt 1.9, 8.12 und die folgenden, von denen nur die seit der dritten Auflage dieses Buches erschienenen hier aufgeführt sind. Frühere Arbeiten sind in den vorherigen Auflagen dieses Buches in den Abschnitten 1.9 und 6.8 und in den Zusammenstellungen von Budzikiewicz (1983–1992) enthalten.

Verbindungsklassen

Alkaloide: Budzikiewicz 1982, 1983 a.
Ammonium- und Imminiumsalze: Vieth 1983.

Antibiotika: Borders *et al.* 1985.
Cannabinoide: Harvey 1987.
Gallensäuren: Elliot 1980.
Kohlenhydrate: Reinhold und Carr 1983; Budzikiewicz 1985c; Reinhold 1986.
Carotinoide: Budzikiewicz 1983b.
Diazoverbindungen: Lebedev 1991.
Fettsäuren: Jensen und Gross 1987; Claeys 1989; LeQuéré *et al.* 1991.
Flavone und Chromone: Budzikiewicz 1985b.
Heterocyclen: Porter 1985.
Iridoide: Popov und Handjieca 1983.
Isoprenoide, Abbauprodukte: Enzell und Ryhage 1984; Enzell und Wahlberg 1986.
Lipide: Lankelma *et al.* 1983.
Nukleinsäuren, Nukleoside und Nukleotide: Linscheid 1983; Budzikiewicz 1985; McCloskey 1986; Grotjahn 1986; Crain 1990.
Oligoglycoside: Komori *et al.* 1985.
Organometallische Verbindungen: Budzikiewicz 1984; Miller 1983.
Peptide und Proteine: Biemann und Martin 1987; Wada *et al.* 1989; Carr *et al.* 1991; Hunt *et al.* 1991.
Phospholipide: Jensen und Gross 1988.
Bioorganische Moleküle mit kleinen Ringen: Zaikin und Mikaya 1984.
Steroide und Lipide, chemische Ionisierung: Lin und Smith 1984.

Anwendungen

Biomoleküle: Burlingame und Castagnoli 1985; Gaskell 1986; Odham *et al.* 1984; Facchetti 1985; McNeal 1986; Morris 1981; Carr *et al.* 1991; Smith *et al.* 1992.
Schadstoffe: Ende und Spiteller 1982; Cairns *et al.* 1989.
Kosmochemie: DeLaeter 1990.
Umweltchemie: Budzikiewicz 1986a; Hites 1985; Karasek *et al.* 1985; Clement und Tosine (Dioxine) 1988.
Enzyme: Millington 1986; Caprioli 1987; McCloskey 1990.
Explosive Stoffe: Yinon 1982.
Duftstoffe: Shaw und Moshonas 1985.
Forensische Chemie: Yinon 1987, 1991.
Geochemie: Philp *et al.* 1985.
Glycokonjugate: Dell und Panico 1986; Egge und Peter-Katalinic 1987.
Membranlipide: Costello 1982.
Metabolite: Horning *et al.* 1989.
Polymeradditive: Lattimer und Harris 1985.
Polymere: Lüderwald 1982; Schulten und Lattimer 1984; Smith *et al.* 1985.
Pyrolysemethoden: Meuzelaar *et al.* 1989; Bark und Allen 1982; Ballistreri *et al.* 1991.
Xenobiotika, toxische Verbindungen: Burlingname *et al.* 1983.

10. Computerunterstützte Identifizierung von unbekannten Massenspektren

Der Einsatz von Computern kann sowohl die Geschwindigkeit als auch den Informationsgehalt bei der Interpretation von Massenspektren unbekannter Proben erhöhen. Dies trifft besonders auf unbekannte Proben zu, über die nur sehr wenige andere Strukturinformationen vorhanden sind, wie bei GC/MS-Spektren von komplexen organischen Gemischen (z. B. Umweltschadstoffen, Körperflüssigkeiten, Insektenpheromonen, Arzneimittelmetaboliten und Erdöl). Im allgemeinen sind Computersysteme eine *Hilfe bei der Interpretation*. Diese Hilfe steigt im Wert, wenn das Vorgehen bei der Interpretation, das in den vorangegangenen Kapiteln beschrieben ist, grundlegend verstanden wurde. Die heutigen Computer-Algorithmen sind überall erhältlich und so schnell (≈ 2 s), daß jedes unbekannte Spektrum vor den eigenen Interpretationsversuchen per Computer analysiert werden sollte.

Die kürzlich erschienenen umfangreichen Übersichten über Computer-Algorithmen (McLafferty und Stauffer 1985; McLafferty *et al.* 1990) geben Auskunft über die Prinzipien dieser Systeme und enthalten spezielle Informationen zu den einzelnen vorgeschlagenen Algorithmen. Die Systeme lassen sich in zwei Typen einteilen: die einen befassen sich mit der *Suche*, die anderen mit der *Interpretation* von unbekannten Massenspektren (Pesyna und McLafferty 1976). Das am häufigsten verwendete System, das gleichzeitig das effizienteste ist, ist das Probability Based Matching-System (PBM) (Pesyna *et al.* 1976; McLafferty und Stauffer 1985; Loh und McLafferty1991; McLafferty *et al.* 1991 a,b). Der einzige allgemein erhältliche Interpretations-Algorithmus (eines der ersten funktionierenden „künstliche Intelligenz"-Programme) ist das „Self-Training Interpretive and Retrieval System" (STIRS) (Kwok *et al.* 1973; Mun *et al.* 1981; Haraki *et al.* 1981; McLafferty und Stauffer 1985). PBM alleine oder PBM und STIRS sind heute für die Massenspektrometer der meisten Anbieter, von der Palisade Corporation (1991) und für Computer-Netzwerke erhältlich.

10.1 Die EI-Referenzspektren-Sammlung

Die Möglichkeiten eines Such-Algorithmus hängen direkt von Qualität und Umfang der verwendeten Referenz-Datenfiles ab. Die mit Abstand größte Spektrensammlung ist die Registry of Mass Spectral Data (McLafferty und Stauffer 1989, 1991; McLafferty *et al.* 1991 a,b). Sie enthielt 1992 220000 verschiedene Spektren von 190000 unterschiedlichen Verbindungen (die NIST-

Spektrensammlung von 1992 enthielt als zweitgrößte Datenbank 62 000 Verbindungen). Die Cornell-Sammlung ist durch Zusammenarbeit von Tausenden von Massenspektrometrikern aus aller Welt entstanden. Es gibt keine bedeutende Sammlung nicht gesetzlich geschützter Spektren, die nicht in dieser Datenbank enthalten ist. Da die Messungen auf vielen verschiedenen Geräten und unter unterschiedlichen experimentellen Bedingungen gemacht wurden, können die Intensitäten um mehr als eine Größenordnung schwanken. Um dieses Problem zu beheben, sind alle verfügbaren Spektren einer Verbindung in der Sammlung enthalten. Dadurch konnten die falschen Antworten um 42 % verringert werden (McLafferty *et al.* 1991 a). Ein weiterer Vorteil liegt darin, durch Vergleich dieser zusätzlichen Spektren mögliche Fehler überprüfen zu können. Während der letzten zehn Jahre sind auf diese Weise fast 60 000 Fehler in den Referenz-Datenfiles korrigiert worden. Die beiden Spektren-Sammlungen wurden untereinander verglichen, indem Verbindungen anhand ihres Spektrums wiedererkannt werden sollten. Dazu wurden 371 Verbindungen, die in beiden Datenbanken vorhanden sind, nach Zufallskriterien ausgewählt. Prüfkriterium war, daß die Referenzspektren mit dem unbekannten Spektrum zu 68 % übereinstimmen sollten (dieselbe Verbindung oder ein Stereoisomer). Der Anteil der richtigen Antworten betrug bei der NIST-Spektrenbibliothek 14 %, bei der Registry-Datenbank waren es dagegen 36 %, obwohl sie mehr als zweieinhalbmal soviele falsche Antwortmöglichkeiten bietet (McLafferty *et al.* 1991 b).

10.2 Spektrensuche: das Probability Based Matching System (PBM)

Die ausreichende Übereinstimmung des Spektrums einer unbekannten Verbindung mit einem Referenzspektrum stellt den entgültigen Beweis für die Identität der Verbindung dar (Abschn. 5.6). Bei der Bewertung der Zuverlässigkeit dieser Methode müssen allerdings die Grenzen der Massenspektrometrie berücksichtigt werden: oft stimmen die Intensitäten der Spektren von geometrischen und Stereoisomeren und anderen nahe verwandten Verbindungen innerhalb der Meßgenauigkeit überein. Die Identität einer Verbindung läßt sich am zuverlässigsten absichern, wenn ihr Spektrum und das Referenzspektrum unter möglichst identischen experimentellen Bedingungen am selben Gerät gemessen werden. Die möglichen Strukturen für die unbekannte Verbindung müssen allerdings zunächst auf eine relativ kleine Zahl von verfügbaren Referenzverbindungen reduziert werden, bevor der Spektrenvergleich experimentell sinnvoll ist.

PBM enthält ein Programm zur Datengewichtung, das für die Spektrensuche aus Bibliotheken (Salton 1975) und die „reverse search" (Rückwärtssuche) unschätzbar wertvoll ist. Die Gewichtung betrifft beide Datentypen von niederauflösenden Massenspektren: Massen und Intensitäten. Die Wahrscheinlichkeit für das Auftreten bestimmter Intensitäten folgt einer log-Normal-Verteilung. Die

Wahrscheinlichkeit für das Auftreten der meisten Massenwerte variiert ebenfalls in voraussagbarer Weise, wie in den Regeln zur „Wichtigkeit von Peaks“ (Kapitel 3) diskutiert wurde. Da die größeren Molekülfragmente zu kleineren Fragmenten zerfallen, nimmt die Wahrscheinlichkeit für höhere *m*/*z*-Werte ungefähr alle 130 Masseneinheiten um den Faktor zwei ab. Dieses Gewichtungssystem wird zur Aufstellung des „Important Peak Index of the Registry of Mass Spectral Data“ eingesetzt (McLafferty und Stauffer 1991). Der zweite wichtige Bestandteil von PBM, das „reverse searching“ dient zur Identifizierung von Einzelkomponenten in Gemischen. Bei dieser Methode wird untersucht, ob die Peaks des Referenzspektrums im unbekannten Spektrum vorhanden sind und nicht, ob die Peaks der unbekannten Verbindung im Referenzspektrum auftauchen. Auf diese Weise ignoriert die „reverse search“ Peaks im unbekannten Spektrum, die im Referenzspektrum nicht vorhanden sind, da sie von anderen Komponenten des Gemisches stammen könnten.

Die Leistungsfähigkeit von PBM wurde statistisch untersucht, um die Verläßlichkeit der Voraussagen, die auf dem Ausmaß an Übereinstimmung zwischen den unbekannten und den Referenzspektren basieren, zu ermitteln. Eine Sicherheit von 90% bedeutet, daß die Antwort in 90% der Fälle, in denen PBM ein Referenzspektrum mit diesem Grad an Übereinstimmung findet, richtig ist (dabei wird davon ausgegangen, daß das Spektrum der unbekannten Verbindung im Referenzfile vorhanden ist). Für zwei strukturelle Ähnlichkeitsgrade (Klasse I und Klasse IV) existieren Zuverläßigkeitswerte. Bei Klasse I ist die Antwort nur richtig, wenn es sich beim Bibliotheksspektrum um die gesuchte Verbindung oder ein Stereoisomer handelt. Bei Klasse IV wird diese Definition auf Ring-Stellungsisomere, Homologe und Verbindungen, die sich durch Wanderung einer Doppelbindung über $\leqq 25\%$ der Kettenlänge oder durch die Stellung eines C-Atoms unterscheiden, ausgedehnt (Loh und McLafferty 1991).

Mehrere Teilsysteme wurden in das PBM-System eingeführt, um Unzulänglichkeiten und Fehler durch Proben- und Referenzverunreinigungen auszugleichen. Ein Erhöhung der Geschwingigkeit durch Ordnung der Referenzfiles ermöglicht jetzt, die 220000 Referenzspektren in ≈ 3 s zu überprüfen (Palisade 1991). Dies ist schnell genug, um mit der chromatographischen Trennung der meisten GC/MS-Läufe mitzuhalten. *PBM sollte deshalb bei jeder unbekannten Verbindung vor eigenen Interpretationsversuchen eingesetzt werden.*

Eine weitere Verbesserung betrifft den Einbau von Fähigkeiten des „forward searching“ (Vorwärtssuche). Dadurch wird der Grad der Übereinstimmung erhöht, wenn keine zusätzlichen Peaks vorhanden sind. Besonders bei unbekannten Gemischen ist es nützlich, jedes gefundene Referenzspektrum mit guter Übereinstimmung vom unbekannten Spektrum abzuziehen, um das Restspektrum wiederum mit den anderen Spektren mit guter Übereinstimmung zu vergleichen (Stauffer *et al.* 1985). Außerdem ist ein „exact mass PBM“ (EPBM) für hochaufgelöste Spektren entwickelt worden. Es benutzt die Datenbank mit der Einheitsauflösung unter der Bedingung, daß die Elementarzusammensetzung der unbekannten Verbindung mit der Summenformel der Referenzverbindung übereinstimmen muß (Loh und McLafferty 1991). Jede dieser PBM-Verbesserungen hat die Zahl der falschen Antworten um die Hälfte reduziert.

Tabelle 10.1: Die besten Übereinstimmungen mit dem „unbekannten" Massenspektrum von 1-Dodecen

% Verläßlichkeit			
Klasse 1	Klasse 4	Formel	Referenzspektrum
81	99	$C_{12}H_{24}$	1-Dodecen
76	96	$C_{12}H_{24}$	1-Dodecen
70	94	$C_{12}H_{24}$	1-Dodecen
60	91	$C_{12}H_{26}O$	1-Dodecanol
60	91	$C_{12}H_{24}$	Cyclododecan
39	66	$C_{12}H_{24}$	2-Dodecen
39	66	$C_{11}H_{22}$	1-Undecen
12	35	$C_{12}H_{24}$	8-Methyl-3-undecen
9	32	$C_{12}H_{24}$	1-Dodecen

Tabelle 10.1 zeigt die PBM-Ergebnisse für ein unbekanntes Spektrum, das Dr. Henneberg (1980) als Teil einer Vergleichsuntersuchung für verschiedene Identifizierungsalgorithmen beigesteuert hat. Die richtige Antwort war 1-Dodecen. Alle fünf Spektren dieser Verbindung, die in der Datenbank gespeichert waren, wurden von PBM als die mit den besten Übereinstimmungen gefunden. In der Datenbank befanden sich weitere 118 (!) Spektren von isomeren $C_{12}H_{24}$-Verbindungen, von denen eines eine fast so gute Übereinstimmung ergab, wie das am schlechtesten übereinstimmende 1-Dodecen-Spektrum. Solche Klasse I-Ergebnisse lassen demnach bei wirklich unbekannten Verbindungen (in Übereinstimmung mit den Ähnlichkeiten, die oft bei Spektren isomerer Kohlenwasserstoffe auftreten, Abschn. 9.1) beträchtliche Zweifel offen, obwohl die fünfmalige Auswahl derselben Verbindung für die fünf besten Übereinstimmungen eine deutliche Bestätigung darstellt. Wenn eine eindeutigere Identifizierung nötig ist, sollte zum Vergleich das Referenzspektrum von 1-Dodecen unter denselben experimentellen Bedingungen aufgenommen werden.

„Fast richtige" PBM-Suchen. Wird trotz der oben beschriebenen Verbesserungen keine korrekte Antwort gefunden, ist das entsprechende Referenzspektrum nicht vorhanden oder seine Daten unterscheiden sich aufgrund von unterschiedlichen experimentellen Bedingungen oder Fehlern grundlegend von denen des unbekannten Spektrums. Auf der anderen Seite stellen die falschen Antworten („false positives") mit hoher angegebener Verläßlichkeit die Fälle dar, in denen die Massenspektrometrie die strukturellen Unterschiede nicht erkennen kann. Die Definitionen der Klasse IV-Übereinstimmungen liefern die Kriterien für die meisten dieser Unempfindlichkeiten (Pesyna *et al.* 1976; Loh und McLafferty 1991). Sie folgen den Prinzipien der Spektreninterpretation, die in diesem Buch behandelt wurden. Die Spektren, die nicht den Klasse IV-Kriterien entsprechen, sind in Tabelle 10.2 (Loh und McLafferty 1991) aufgeführt. Sie zeigt die gefundenen falschen Referenzspektren nach Durchsicht von 18% der Bibliothek während der Suche von PBM und EPBM nach 387 zufällig ausgewählten Unbekannten, die zur Überprüfung der Leistungsfähigkeit von PBM dienen sollten.

Tabelle 10.2: Falsche Klasse IV-Übereinstimmungen von PBM und EPBM nach Durchsicht von 18% der Bibliothek

PBM	EPBM	MW	Formel	Verbindung
unbekannte Verbindung		240	$C_{15}H_{28}O_2$	Oxacyclohexadecan-2-on
99	99	240	$C_{15}H_{28}O_2$	2-Hydroxycyclopentadecanon
99	72	240	$C_{14}H_{24}O_3$	13-Methyloxacyclotetradecan-2,11-dion
unbekannte Verbindung		316	$C_{14}H_8Cl_4$	*p,p'*-Dichlordiphenyldichlorethylen
99	98	246	$C_{14}H_8Cl_2$	9,10-Dichloranthracen
96	96	246	$C_{14}H_8Cl_2$	9-Dichlormethylenfluoren
unbekannte Verbindung		450	$C_{32}H_{66}$	*n*-Dotriacontan
98	87	324	$C_{23}H_{48}$	*n*-Tricosan
unbekannte Verbindung		168	$C_{13}H_{12}$	2-Methylbiphenyl
95	94	168	$C_{13}H_{12}$	1-Allylnaphthalin
unbekannte Verbindung		204	$C_{15}H_{24}$	Junipen
95	91	204	$C_{15}H_{24}$	Valencen
95	91	204	$C_{15}H_{24}$	(+)-*δ*-Selinen
unbekannte Verbindung		299	$C_{16}H_{14}ClN_3O$	Chlordiazepoxid
95	<10	283	$C_{16}H_{14}ClN_3$	Desoxychlordiazepoxid
unbekannte Verbindung		310	$C_{20}H_{38}O_2$	8,9-Methylenoctadecansäuremethylester
95	96	268	$C_{17}H_{32}O_2$	7-Hexadecensäuremethylester
unbekannte Verbindung		314	$C_{21}H_{30}O_2$	Pregn-4-en-3,20-dion
95	<10	272	$C_{20}H_{32}$	Cembren
unbekannte Verbindung		93	C_6H_7N	4-Methylpyridin
94	96	93	C_6H_7N	Anilin
unbekannte Verbindung		333	$C_{22}H_{39}NO$	Octadeca-7,10-dienoylpyrrolidin
76	98	333	$C_{22}H_{39}NO$	Octadeca-14,17-dienoylpyrrolidin

Während die Zahl der falschen Antworten bei 94%-Sicherheit für PBM 12 betrug, waren es bei EPBM nur 7. Die exakte Masse hilft demnach effektiv, Massenspektren mit der falschen Elementarzusammensetzung auszuschließen. Der Ausschluß des Cembren-Referenzspektrums gegenüber dem unbekannten Spektrum von Pregnendion und des Desoxychlordiazepoxid-Referenzspektrums gegenüber dem unbekannten Spektrum von Chlordiazepoxid sind Beispiele dafür. Die verbleibenden falschen Antworten stellen meist „blinde Flecke" der Massenspektrometrie dar. Zum Beispiel gleichen sich die Octadecadienoylpyrrolidin-Spektren trotz unterschiedlicher Lage der Doppelbindung, weil die Peaks aus der Pyrrolidineinheit das Spektrum dominieren. Um es zu wiederholen: PBM sollte bei jeder unbekannten Verbindung vor den eigenen Interpretationsversuchen angewandt werden, da die Untersuchung von „fast richtigen“ Antworten bei Kenntnis der Schwächen *und Stärken* der Massenspektrometrie die Strukturmöglichkeiten für eine unbekannte Verbindung deutlich einengt. Und eine letzte Vorsichtsmaßnahme: *alle* Peaks der unbekannten Verbindung mit $m/z \geqq 26$ müssen in die PBM-Suche eingeschlossen werden.

10.3 Interpretation: das intelligente Interpretations- und Such-System STIRS (Self-Training Interpretive and Retrieval System)

Für unbekannte Verbindungen, die PBM nicht identifizieren kann, da in der Datenbank kein entsprechendes Referenzspektrum vorhanden ist, kann ein Interpretations-Algorithmus benutzt werden, um wenigstens Informationen über Teilstrukturen zu erhalten. In STIRS sind Kenntnisse über massenspektrometrische Fragmentierungsregeln mit einer empirischen Suche nach Korrelationen in Referenzspektren verknüpft. Dafür sind 26 Klassen massenspektrometrischer Daten ausgewählt worden, die bestimmte Teilstrukturen anzeigen. Zum Beispiel können Ionen mit geringer Masse für elektronenliefernde Gruppen, wie die Aminogruppe oder aromatische Ringe charakteristisch sein, während die Massen der Neutralteilchen, die aus dem Molekül-Ion abgespalten werden, auf elektronegative funktionelle Gruppen hindeuten (Kap. 5). Es werden allerdings keine Voraussagen aufgrund von Spektren/Struktur-Korrelationen gemacht, sondern STIRS ist stattdessen „selbst-lernend“, indem es die spektralen Daten der unbekannten Verbindung in jeder der 26 Klassen mit den entsprechenden Daten aller Referenzspektren vergleicht und so die herausfindet, die dem unbekannten Spektrum am ähnlichsten sind. Das Auftreten einer bestimmten Substruktur bei einem Großteil der Referenzverbindungen macht sie in der unbekannten Verbindung wahrscheinlich. Das Fehlen einer Substruktur kann dagegen nicht vorhergesagt werden, da die massenspektrometrischen Charakteristika einer Teilstruktur durch die Gegenwart einer stärker Fragmentierungssteuernden Gruppe unterdrückt werden können. Die Datenbank des Systems enthält Informationen über 175 000 verschiedene organische Verbindungen, die ausschließlich die Elemente H, C, N, O, F, Si, P, S, Cl, Br, und/oder I enthalten. Um die Informationen des STIRS-Systems zu nutzen, muß man die Verbindungen aus jeder Datenklasse, deren Referenzspektren am besten mit dem unbekannten Spektrum übereinstimmen, auf gemeinsame Teilstrukturen untersuchen. Um dem Anwender dabei zu helfen, untersucht der Computer die Daten auf 600 häufige Substrukturen (McLafferty *et al.* 1980 b). Außerdem wird die Sicherheit der Aussage, daß eine bestimmte Substruktur in der unbekannten Verbindung vorhanden ist, von STIRS anhand von 900 zufällig ausgewählten Spektren statistisch berechnet. Des weiteren bestimmt STIRS das Molekulargewicht der unbekannten Verbindung. Bei zufällig ausgewählten Verbindungen war der erste Wert in 91 % der Fälle richtig und der erste oder zweite Wert in 95 % der Fälle (McLafferty *et al.* 1980 b). Das Programm sagt außerdem die Anzahl der Doppelbindungsäquivalente (Dayringer und McLafferty 1977) und die Zahl der Chlor- und Bromatome in einzelnen Peakgruppen der unbekannten Verbindung voraus, indem es die Anzahl mit den Werten der theoretischen Isotopenhäufigkeit vergleicht (Mun *et al.* 1977).

Die grundlegende Information, die STIRS liefert, ist in Abbildung 10.1 dargestellt. Sie zeigt die am besten übereinstimmenden Verbindungen aus drei Datenklassen für das abgebildete unbekannte Spektrum. Die Datenklasse 2A benutzt die vier intensivsten Peaks mit gerader Masse und die vier intensivsten Peaks mit ungerader Masse im Bereich m/z 6–88. Die 12 Referenzverbindungen, deren Daten in dieser Klasse die besten Übereinstimmungen zeigen, enthalten alle eine Phenylgruppe (von denen 8 disubstituiert sind). Dies deutet stark darauf hin, daß die unbekannte Verbindung ebenfalls eine Phenylgruppe enthält. Die Datenklasse 3B benutzt ganz andere spektrale Daten, nämlich die sieben intensivsten Peaks im Bereich m/z 89–158. Wiederum enthalten fast alle der am besten übereinstimmenden Verbindungen eine Phenylgruppe. Zusätzlich tragen aber die meisten sowohl eine Hydroxyl- als auch eine Carbonylgruppe am aromatischen Ring. Die Carbonylgruppe kommt allerdings in mehreren Funktionsgruppen vor: Ester, Amid, Keton, Säure und Aldehyd. Die Art dieser funktionellen Gruppe wird durch die Abspaltung der Neutralteilchen aus dem Molekül-Ion genauer angezeigt (Kap. 5). Die Datenklasse 5B benutzt dazu die fünf intensivsten Peaks, zu deren Entstehung 34–75 Masseneinheiten aus dem Molekül-Ion abgespalten werden. In dieser Klasse sind die meisten der am besten übereinstimmenden Verbindungen Propylester. Die Massen der disubstituierten Phenylgruppe (76), der Hydroxylgruppe (17), der Carbonylgruppe (28) und der Propyloxygruppe (59) ergeben zusammen ein Molekulargewicht von 180. Dies entspricht der höchsten Masse im Spektrum der unbekannten Verbindung und zeigt damit, daß es sich bei dem Molekül um einen Propylester der Hydroxybenzoesäure handelt. Einen deutlichen Hinweis darauf, daß tatsächlich ein *n*-Propylester vorliegt, liefert der $(M-29)^+$-Peak (eine mögliche α-Spaltung, Abschn. 4.6), der wesentlich größer ist als der $(M-15)^+$-Peak. STIRS selbst macht diese Unterscheidung nicht. Die bestübereinstimmenden Verbindungen der Datenklassen 2A und 3B zeigen keine Bevorzugung der *o*-, *m*- oder *p*-Position. Wir wissen bereits, daß die Massenspektrometrie im allgemeinen zu solchen Unterscheidungen nicht fähig ist. (Um es zu wiederholen: STIRS ist eine Hilfe und kein Ersatz für einen geübten Massenspektrometriker.) Der Computer durchsucht außerdem die Listen der am besten übereinstimmenden Verbindungen nach dem Vorkommen von 600 Substrukturen und gibt die wahrscheinlichsten an. Die Ergebnisse für das obige Beispiel sind in Tabelle 10.3 aufgeführt.

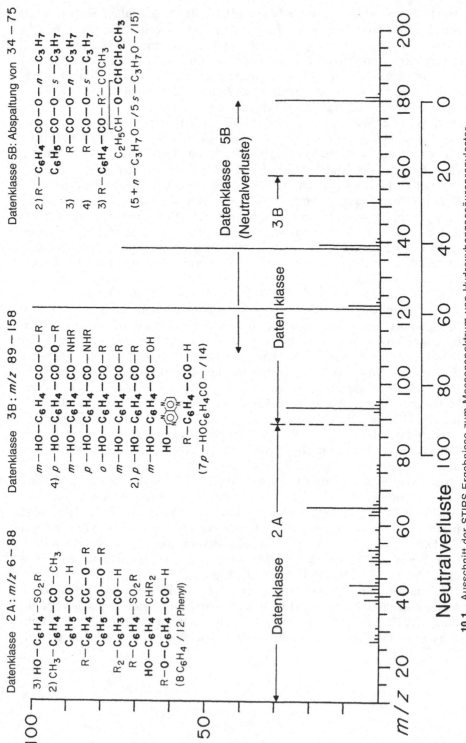

10.1 Ausschnitt der STIRS-Ergebnisse zum Massenspektrum von Hydroxybenzoesäurepropylester.

Tabelle 10.3: Substruktur-Vorschläge von STIRS zum Spektrum von *p*-$HO^{-}C_6H_4-CO-O-nC_3H_7$

Substruktur	Daten-klasse	Verläßlichkeit (Prozentangabe)
HO—C_6H_4—CO—	3B	95
HO—aryl—	3B	95
—aryl—CO—	3B	95
aryl—CO—O—	3B	78
—CO—O—C_3H_7	5B	94

10.4 Die Anwendung von PBM und STIRS

Erfahrung bei der Interpretation von Massenspektren in der Art, wie sie in den vorangegangenen Kapiteln beschrieben wurde, kann man nur durch Übung erlangen. Genauso steht es mit dem sinnvollen Einsatz von PBM und STIRS zur Identifizierung von unbekannten Verbindungen. Die Beschreibung dieser Algorithmen ist mit Absicht ans Ende dieses Buches gesetzt worden, da ein wirkliches Verständnis ihrer Einsatzmöglichkeiten gute Allgemeinkenntnisse in der Spektreninterpretation erfordert. Der Gebrauch dieser Programme über viele Jahre in Tausenden von Laboren an einer Vielzahl von unterschiedlichen unbekannten Verbindungen hat unserer Meinung nach eindeutig gezeigt, daß sie eine wirkliche Hilfe bei der Interpretation darstellen. Sie engen das Feld der möglichen Verbindungen schnell ein und liefern manchmal Strukturinformationen, die sogar von erfahrenen Interpreten nicht erkannt wurde. Da PBM für die meisten kommerziellen Massenspektrometer zur Verfügung steht, und da es nur Sekunden braucht, sollte man als erstes mit diesem Programm jedes unbekannte Spektrum suchen lassen. Wenn eine schnelle Interpretation mit Hilfe dieser Daten zu keiner zufriedenstellenden Antwort führt, sollte auch STIRS herangezogen werden. Die Erfahrung vieler Interpreten zeigt, daß der „Selbst-Lern"-Effekt sowohl von PBM als auch von STIRS sogar erfahrenen Massenspektrometrikern bei der Erkennung neuer Struktur/Spektren-Beziehungen helfen kann.

10.5 Allgemeine Literatur

Ash 1985; Chapman 1978; Gray 1986, Hites 1985; McLafferty und Stauffer 1989, 1991; Meuzelaar 1987, 1990; Royal Society of Chemistry 1983; Sharaf 1986; Smith 1977.

11. Lösungen der Aufgaben

Hinweise zu den Lösungen

Wie auch an anderen Stellen des Buches betont wurde, ist die Ermittlung von Strukturen aus unbekannten Spektren der Hauptweg, die Spektreninterpretation zu erlernen. Deshalb ist es wichtig, sei es in einem Kursus oder alleine, die verschiedenen Aufgaben in diesem Buch durchzuarbeiten. Beim Versuch, eine bestimmte Aufgabe zu lösen, sollten Sie die Lösung nur dann nachschlagen, wenn Sie meinen die Antwort zu wissen, oder wenn Sie nicht weiterkommen. Wenn Sie Hilfe brauchen, sollten Sie die Lösung nur soweit heranziehen, bis Ihr spezielles Problem gelöst ist und dann wieder alleine weitermachen. Es sollten *keine* Referenzspektren zur Lösung dieser Aufgaben benutzt werden. Die Aufgaben illustrieren wichtige Prinzipien, die im Text erwähnt wurden. Bei den meisten handelt es sich um bekannte Moleküle, deshalb kann man wenig dabei lernen, wenn man sie in Referenzfiles sucht.

Befolgen Sie *alle* Schritte der „Standard-Interpretationsmethode" (Innenseite des hinteren Einbandes), die im Text behandelt wurden. Die Lösungen folgen diesem Schema, obwohl eine Disskussion aller Punkte bei jeder Verbindung aus Platzgründen nicht möglich ist.

Die Spektren stammen aus den Sammlungen unseres Labors oder aus der Literatur. Die Daten sind, wenn nötig, von Beiträgen durch Verunreinigungen, Ionen-Molekül-Reaktionen und Untergrund befreit. Die Intensitätsgenauigkeit eines Peaks aufgrund des Beitrags natürlicher Isotope entspricht jeweils dem größeren der beiden folgenden Werte: $\pm 10\%$ bezogen auf die Intensität des Peaks oder $\pm 0.2\%$ bezogen auf die Intensität des größten Peaks im Spektrum. Wenig intensive Peaks, die unlogisch erschienen, wurden weggelassen. Dies schließt unbedeutende Peaks unter 1% (bezogen auf den intensivsten Peak) am unteren Massenende einer Peakgruppe, deren Peaks jeweils um eine Masseneinheit voneinander getrennt sind, oder am unteren Massenende des Spektrums ein.

1.1. Dies ist das Massenspektrum von Wasser. Wenn irgendein Peak im Spektrum der Masse des Moleküls (das heißt dem Molekulargewicht) entspricht, muß dieser Peak bei der höchsten Masse liegen. Dieses Spektrum sagt daher aus, daß die Probe ein Molekulargewicht von 18 besitzt. Das Molekül kann nur Elemente mit einem Atomgewicht von Sauerstoff oder kleiner, wie Wasserstoff, Kohlenstoff, Stickstoff oder Sauerstoff, deren Atomgewichte 1, 12, 14 bzw. 16 betragen, enthalten. Eine einleuchtende Kombination ist H_2O. Sie wird durch die Peaks bei m/z 17 und 16 bestätigt, die die Fragmente HO und O darstellen. [Wasser]

1.2. Dieses Spektrum zeigt ein Molekulargewicht von 16 an, das CH_4 entsprechen kann. Die anderen Peaks im Spektrum unterstützen dies. Jeder von ihnen entspricht einem Kohlenstoffatom mit einer kleineren Zahl von Wasserstoffatomen. [Methan]

1.3. Ein Molekulargewicht von 32 kann sich aus zwei oder weniger Sauerstoffatomen zusammensetzen. O_2 trifft nicht zu, da das einzige mögliche Fragment-Ion die Masse 16 haben müßte. Die Elementarzusammensetzung ist CH_4O. Die einzige mögliche Anordnung ist CH_3OH. Die anderen Peaks im Spektrum sind alle Teile dieser Struktur. [Methanol]

1.4. Das Wissen, daß die Haupt-Gaskomponenten von *Luft* Stickstoff, Sauerstoff und Argon sind, führt zur Identifizierung der großen 28-, 32- und 40-Peaks als N_2, O_2 und Ar. Die Massen 29 und 34 stammen von den schweren Isotopen von Stickstoff und Sauerstoff. Die Bedeutung solcher natürlich vorkommender Isotope wird später diskutiert. Die Peaks mit den Massen 14, 16 und 20 sind einatomige oder doppelt geladene Teilchen (z. B. m/z $Ar^{2+} = 40/2 = 20$). Die Peaks bei m/z 17 und 18 stammen von Wasser (Aufg. 1.1). Die Masse 44 wird in Aufgabe 1.5 erklärt. [Stickstoff, Sauerstoff, Argon, Wasser]

1.5. Wenn die Isotopenpeaks mit den Massen 45 und 46 ignoriert werden, zeigt der Basispeak (der größte Peak) im Spektrum ein Molekulargewicht von 44 an. Die Hauptpeaks bei 12 und 16 deuten auf Kohlenstoff und Sauerstoff hin und m/z 28 entspricht CO. Beachten Sie, daß es keine Peaks bei 13, 14 und 15 gibt, die auf CH_n-Gruppen hinweisen, wie es bei den Spektren von CH_4 und CH_3OH der Fall war. Die Formel CO_2 steht im Einklang mit den beobachteten Peaks. m/z 22 entspricht dem Ion CO_2^{2+}. [Kohlendioxid]

1.6. Wenn man m/z 27 ignoriert, erhält man das Molekulargewicht von 26. Die einzige logische Kombination von Atomen ist C_2H_2. Sie kann aus den Peaks bei den Massen 12 (C_1) und 24 (C_2) abgeleitet werden. Die Peaks bei m/z 13 und 25 entsprechen CH bzw. C_2H. Die restlichen kleinen Peaks enthalten schwerere Isotope. [Acetylen]

1.7. [Cyanwasserstoff]

1.8. [Fluormethan]

1.9. [Methanal]

2.1. Dieses Spektrum *könnte* ein Molekül der Masse 38 zeigen, das durch Abspaltung von zwei Wasserstoffatomen ein intensives Fragment-Ion bei m/z 36 ($(M-2)^+$) bildet. Die Hinweise im Text führen aber zum 3/1-Intensitätsverhältnis der natürlichen Chlor-Isotope mit den Massen 35 und 37. Das Spektrum ist ein Gemisch aus $H^{35}Cl$ und $H^{37}Cl$ im Verhältnis der Isotopenhäufigkeiten von ^{35}Cl und ^{37}Cl. [Chlorwasserstoff]

2.2. Die großen Peaks bei den Massen 94 und 96 sollten Ihre Aufmerksamkeit erregen, denn Brom hat Isotope der Massen 79 und 81 mit nahezu gleicher Intensität. Da die Massen 94 und 96 die Molekül-Ionen darstellen, enthält das Molekül neben einem Bromatom noch 15 Masseneinheiten. Die logischste Zusammensetzung dafür ist CH_3. Die Peaks bei m/z 95 und 97 beruhen auf ^{13}C-Isotopen. [Methylbromid]

2.3. Suchen Sie zunächst nach den „A + 2"-Elementen. In diesem Fall beträgt [m/z 66]/[m/z 64] 5.0%. Die Tabelle der Isotopen-Häufigkeiten weist nur zwei Elemente mit solchen $[(A + 2)^+]/[A^+]$-Werten auf, nämlich Si (3.4%) und S (4.4%). Der erste Wert liegt außerhalb des maximalen relativen Fehlers von $\pm 10\%$. Deshalb spricht alles für Schwefel. Auch die ^{33}S-Intensität von 0.8 stimmt mit $[(A + 1)^+]$ überein. S_2 hätte zwar die korrekte Masse, aber die Intensität seines *m/z* 66-Peaks würde 8.8% betragen, da sich die Wahrscheinlichkeit, daß eines der zwei S-Atome ein ^{34}S-Isotop ist, verdoppelt. Bei nur einem S-Atom bleibt ein Rest von 32 Masseneinheiten, für die O_2 eine sinnvolle Möglichkeit darstellt. Jedes O-Atom trägt 0.2% zur Wahrscheinlichkeit des Isotopenpeaks bei *m/z* 66 bei. Das macht in der Summe mit S_1 eine Intensität von 4.8%, die mit den gemessenen 5.0% gut übereinstimmt. Die Massendifferenz von 32 zwischen $M^{+\cdot}$ und ^{32}S könnte alternativ von CH_4O herrühren, aber das würde zu einem ^{13}C-Beitrag von 1.1% in *m/z* 65 führen (wie in Abschn. 2.3 besprochen wird). Dadurch wäre die berechnete Intensität gegenüber der gemessenen viel zu groß. [Schwefeldioxid]

2.4. Wenn der Peak bei *m/z* 43 $C_2H_3O^+$ entsprechen würde, müßte das 44/43-Intensitätsverhältnis aufgrund der zwei ^{13}C-Atome 2.2% betragen. Der gemessene Wert entspricht aber eher dem für drei Kohlenstoffatome, wie zum Beispiel im Ion $C_3H_7^+$. Man sollte jedoch stets mögliche Beiträge vom Untergrund des Geräts berücksichtigen, die viel eher zu einer höheren als zu einer niedrigeren Kohlenstoffzahl führen (warum?). Auf der anderen Seite sollte ein Sauerstoffatoms im *m/z* 43-Ion aufgrund von $C_2H_3{}^{18}O^+$ einen Beitrag von 0.2% zum Peak bei *m/z* 45 leisten. Leider entspricht dies gerade der absoluten Fehlergrenze für die Intensitäten in diesen Aufgaben.

Um die Zahl der Kohlenstoffatome im großen Peak bei *m/z* 58 zu berechnen, muß das Intensitätsverhältnis der Massen 59/58 bestimmt werden. Es beträgt 4.4%. Tabelle 2.2 zeigt dafür vier C-Atome an. Eine kleinere Zahl ist nicht möglich, es sei denn, der Peak bei *m/z* 59 enthielte eine Verunreinigung oder einen Beitrag eines anderen Fragment-Ions. So entspricht *m/z* 58 Butan (C_4H_{10}). Die Abspaltung von 15, die zum Basispeak bei *m/z* 43 führt, ist durch eine Methylgruppe zu erklären. Dadurch wird die vorausgesagte Formel von $C_3H_7^+$ für dieses Fragment-Ions bestätigt. [Butan]

2.5. Der Wert von 6.8% für [*m/z* 79]/[*m/z* 78] entspricht sechs Kohlenstoffatomen (Tab. 2.2). Die Differenz zum Molekulargewicht von 78 kann durch sechs H-Atome erklärt werden. So lautet die Elementarzusammensetzung C_6H_6. Das aromatische Molekül Benzol stellt eine wahrscheinliche Struktur dar. Sein Molekül-Ion besitzt die gemessene hohe Stabilität. [Benzol]

2.6. Der Bereich *m/z* 71–74 zeigt, daß kein „A + 2"-Element außer Sauerstoff vorhanden ist. Anderenfalls müßte [*m/z* 74]/[*m/z* 72] > 3% sein. Anhand des [73]/[72]-Wertes kann man aus Tabelle 2.2 entnehmen, daß der Basispeak bei *m/z* 72 drei Kohlenstoffatome enthält. Allerdings sollte dann das *m/z* 74/72-Verhältnis 0.04% statt der gefundenen 0.5% betragen. Untersuchen Sie die Isotope von Tab. 2.1 nach einer Erklärung. Die C_3-Einheit ist nur für 36 amu des Molekulargewichts von 72 verantwortlich. Sowohl diese Differenz als auch das *m/z* 74/72-Verhältnis kann durch zwei Sauerstoffatome erklärt werden. Damit verdoppelt sich die Wahrscheinlichkeit, daß eines der beiden O-Atome ein ^{18}O-Isotop ist. Das *m/z* 74/72-Verhältnis sollte deshalb gemäß Tabelle 2.2

0.04% + 2 × 0.20% = 0.44% betragen. Dieser Wert stimmt innerhalb der Fehlergrenzen mit dem gefundenen Wert von 0.5% überein. Die Summenformel lautet daher $C_3H_4O_2$. Ähnliche Berechnungen führen für *m/z* 55 zu $C_3H_3O^+$ (Abspaltung von OH). Bei anderen Peaks verhindern Überlagerungen solche Berechnungen (*m/z* 46/45 zeigt einen Maximalwert von C_7 an). Bei dem intensiven *m/z* 27 handelt es sich um $C_2H_3{}^+$ (dieser Peak ist viel zu intensiv, um 54^{2+} zu sein). $C_3H_4O_2 - C_2H_3 = CO_2H$ läßt mit *m/z* 45 auf eine Carboxylgruppe schließen (beweist ihre Existenz aber nicht eindeutig). Die einzige Säure mit dieser Zusammensetzung ist $CH_2{=}CHCOOH$. [Acrylsäure]

2.7. Das Ungewöhnliche in diesem Spektrum sind die niedrigen Isotopenverhältnisse von $[(M+1)^+]/[M^{+\cdot}]$ und anderen Peaks (*m/z* 72 ist nicht aufgeführt, da seine Intensität weniger als 0.2% beträgt). Daher scheiden die Elemente Kohlenstoff, Sauerstoff, Silicium, Schwefel und Chlor als mögliche Komponenten aus. Die intensiven Peaks bei $(M-19)^+$ und $(M-2\times 19)^+$ sowie der Peak bei *m/z* 19 deuten vielmehr auf Fluor hin. [Stickstofftrifluorid]

2.8. Das „A + 2"-Element Chlor kann anhand der Intensitätsverhältnisse von *m/z* 104/106 und *m/z* 85/87 erkannt werden. Das *m/z* 69/70-Verhältnis deutet auf ein C-Atom hin. Dieser Wert stimmt sowohl mit den Verhältnissen *m/z* 86/85 als auch mit *m/z* 50/51 überein. Die fehlende Masse muß bei jedem dieser Ionen durch ein „A"-Element geliefert werden. Nur Fluor paßt in diesem Fall. Ein intensiver Peak mit einem C-Atom bei *m/z* 69 ist für CF_3-Gruppen typisch. [Chlortrifluormethan]

2.9. Das [*m/z* 134]/[*m/z* 132]-Verhältnis zeigt, daß weder Silicium, noch Schwefel, Chlor oder Brom im Molekül vorhanden sind (s. Tab. 11.1). Der [*m/z* 133]/[*m/z* 132]-Wert deutet auf C_9 hin (allerdings müßten bei etwas größerer Fehlerbreite auch C_8 und C_{10} in Betracht gezogen werden). C_9 erklärt 0.44% des [*m/z* 134]-Wertes von 0.7%. Für die Differenz ist ^{18}O verantwortlich. Der Rest der Molekülmasse, der sich aus „A"-Elementen zusammensetzen muß, wird durch H_8 gebildet. [C_9H_8O, r + db = 6]

2.10. Die Intensität des Peaks bei *m/z* 78 zeigt sofort, daß keine „A + 2"-Elemente vorhanden sind (s. Tab. 11.2). Tabelle 2.2 bietet die Möglichkeiten C_3 oder C_2N_3 für „A + 1"-Elemente an. Aus Gründen, die in Kapitel 3 diskutiert werden, kann das Molekül-Ion bei *m/z* 76 keine ungerade Zahl von Stickstoffatomen enthalten. Deshalb muß C_3 die richtige Antwort sein. Eine mögliche „A"-Element-Kombination ist H_9P. ($C_3H_2F_2$ kann nicht zu *m/z* 73 fragmentieren.) [C_3H_9P, r + db = 0]

Tabelle 11.1: Daten zu Aufgabe 2.9

m/z	Int.	≤64 O ≤ 4	108 C_9	16 O_1
130	1.0			
131	2.0			
132	100.	100.	100.	100.
133	9.9 ± 1.0		9.9	
134	0.7 ± 0.2	≤0.8	0.44	0.20

Tabelle 11.2: Daten zu Aufgabe 2.10

m/z	Int.	normalisiert	36 C_3	24 C_2	42 N_3	28 (N_2)
73	26.					
74	19.					
75	41.					
76	80.	100.	100.	100.	100.	100.
77	2.7 ± 0.27	3.4 ± 0.34	3.3	2.2	1.1	0.72
78	<0.1	<0.13	0.0	0.0		

Tabelle 11.3: Daten zu Aufgabe 2.11

m/z	Int.	normalisiert	28 Si_1	<12 $C_{<1}$[a]
84	0.0	0.0		
85	40.	100.	100.	100.
86	2.0 ± 0.2	5.0 ± 0.5	5.1	<1.1
87	1.3 ± 0.2	3.3 ± 0.5	3.4	
88	0.0 ± 0.2	0.0 ± 0.5		

[a] Beachten Sie, daß alle Isotopenbeiträge der „A + 2"-Elemente (auch die zum (A + 1)-Peak) abgezogen werden müssen, bevor die „A + 1"-Elemente berechnet werden können.

Tabelle 11.4: Daten zu Aufgabe 2.12

m/z	Int.	normalisiert	156 C_{13}	168 C_{14}	180 C_{15}	16 O_1
179	2.2					
180	1.1					
181	7.4					
182	55.	100.	100.	100.	100.	100.
183	8.3 ± 0.83	15.1 ± 1.5	14.3	15.4	16.5	
184	0.6 ± 0.2	1.1 ± 0.36	0.94	1.1	1.3	0.2

2.11. Wenn *m/z* 86 und 87 Isotopenpeaks von *m/z* 85 sind, lassen sich ihre relativen Intensitäten durch ein Siliciumatom erklären. Das Fehlen von *m/z* 84 zeigt, daß in *m/z* 85 keine H-Atome vorhanden sind. F_3 stellt eine logische Zusammensetzung für die „A"-Elemente dar. [SiF_3, r + db = 0]

2.12. Der intensivste Peak, *m/z* 182 (s. Tab. 11.4), kann außer Sauerstoff kein „A + 2"-Element enthalten. Die Intensität der „A + 1"-Elemente ist so groß, daß sie abgeschätzt werden muß, bevor eine Berechnung der O-Atome vorgenommen werden kann. Der [*m/z* 183]/[*m/z* 182]-Wert von 15.1 % weist auf C_{13} bis C_{15} hin (die Fehlergrenze von ±10 % bedeutet, daß der Wert im Bereich von 13.6 bis 16.6 % liegt). Die für *m/z* 184 berechneten Intensitäten betragen bei

C_{12}–C_{15} 0.8, 0.9, 1.1 bzw. 1.3%, wenn kein Sauerstoff vorhanden ist. Der experimentelle Wert von [*m/z* 184][*m/z* 182] kann 0.73 bis 1.45 betragen. Danach sind die Formeln $C_{12}O_{0-3}$, $C_{13}O_{0-2}$, $C_{14}O_{0-1}$ und C_{15} denkbar. $C_{12}O_3$ (Masse 192), $C_{13}O_2$ (Masse 188) und $C_{14}O$ (Masse 184) sind aber nicht möglich und C_{15} würde zu der unwahrscheinlichen Formel $C_{15}H_2$ $(182-15\times 12=2)$ führen. Die weiteren Möglichkeiten sind $C_{12}H_{10}N_2$, $C_{13}H_{26}$, $C_{13}H_7F$, $C_{13}H_{10}O$ und $C_{14}H_{14}$. Um zwischen diesen Formeln unterscheiden zu können, ist eine höhere Meßgenauigkeit oder eine zusätzliche Information über die Zusammensetzung der Peaks nötig. [$C_{12}H_{10}N_2$, $C_{13}H_{26}$, $C_{13}H_7F$, $C_{13}H_{10}O$, $C_{14}H_{14}$]

2.13. Intensive Peaks, die durch Abspaltung von H_2 entstehen, sind ungewöhnlich. Das Fehlen eines $(M-3)^+$-Peaks ist ebenfalls ungewöhnlich, wenn *m/z* 172 der $(M-2)^+$-Peak sein soll. Sie sollten wissen, daß zwei Peaks mit nahezu gleicher Intensität, die zwei Masseneinheiten auseinanderliegen, Br_1 anzeigen (Tab. 11.5). Dies trifft sowohl auf *m/z* 173 : 175 als auch auf 172 : 174 zu. Bei Verwendung von *m/z* 172 als „A"-Peak ergibt sich Br_1 und C_6. Beachten Sie, daß die Kohlenstoffzahl auch aus dem Verhältnis $[175^+]/[174^+]$ abgeleitet werden kann, da fast alle Ionen des Peaks bei *m/z* 174 die Zusammensetzung $^{12}C_6{}^{81}Br$ besitzen. Dies bedeutet, daß das Verhältnis $[176^+]/[174^+]$ die weiteren „A + 2"-Elemente neben Br_1 anzeigt, so daß wenigstens ein Sauerstoffatom vorhanden sein muß. [C_6H_5BrO, r + db = 4]

Tabelle 11.5: Daten zu Aufgabe 2.13

m/z	Int.	normalisiert	$^{79}Br_1$	$^{72}C_6$	$^{16}O_1$
171	0.1				
172	98.	100.	100.	100.	
173	6.7	6.9 ± 0.7		6.6	
174	100.	102. ± 10	98.	(102.)	(102.)
175	6.5	6.7 ± 0.7		(6.6)	
176	0.5	0.5 ± 0.2		(0.18)	(0.2)

2.14. Beginnen Sie beim Versuch, die Elementarzusammensetzung dieser Peakgruppe abzuleiten, mit dem intensivsten Peak. Die Gegenwart von einem oder mehreren „A + 2"-Elementen sollte dann sofort klar sein. Obwohl der [*m/z* 132]/[*m/z* 130]-Wert von 0.98 stark für Br_1 spricht, wird dies durch die Intensitätsverhältnisse der höheren Massen ausgeschlossen. Beachten Sie, daß die Verhältnisse der Serie [129]/[131]/[133]/[135] denen der Serie [130]/[132]/[134]/[136] sehr ähnlich sind und daß sie mit dem Isotopenmuster für Cl_3 (Tab. 2.3 und A.2) übereinstimmen. Die relativen Intensitäten von *m/z* 131, 133 und 135 sind viel zu hoch, um auf irgendein „A + 1"-Element zuzutreffen. Sie werden durch überlagernde Fragmente, die durch Abspaltung von Wasserstoff aus der Hauptserie (*m/z* 132, 134 und 136) entstehen, gebildet. (Balkengraphiken mit dieser Isotopenverteilung sind in Abschn. 2.7 dargestellt.) Die Zahl der „A + 1"-Elemente kann nur indirekt über den [*m/z* 137]/[*m/z* 136]-Wert von 0.0 ±0.2, der auf $C_{\leqq 5}$ hinweist, ermittelt werden. Die Gesamtmasse der „A + 1"- und

„A“-Elemente von 25 amu (130 − 3 × 35 = 25) kann aufgrund der Bindungsregeln nur durch C_2H erklärt werden. Diese Lösung stimmt auch mit dem Fehlen eines $(M-2)^+$-Peaks überein. [C_2HCl_3, r + db = 1]

3.1. $C_2H_4^{+\cdot}$, *m/z* 28; $C_3H_7O^+$, *m/z* 59; $C_4H_9N^{+\cdot}$, *m/z* 71; $C_4H_8NO^+$, *m/z* 86; $C_7H_5ClBr^+$, *m/z* 203; $C_6H_4OS^{+\cdot}$, *m/z* 124; $C_{29}F_{59}^+$, *m/z* 1469; H_3O^+, *m/z* 19 und $C_3H_9SiO^+$, *m/z* 89.

3.2. $C_{10}H_{15}O^+$ ist ein Ion mit gerader Elektronenzahl und kann deshalb nicht das Molekül-Ion sein.

3.3. $C_{10}H_{14}^{+\cdot}$ ist ein Ion mit ungerader Elektronenzahl. Die anderen Ionen erklären sich durch Abspaltung von H, CH_3, C_2H_5, C_3H_6 bzw. $C_3H_7^+$. Alle diese Bruchstücke sind möglich. Butylbenzol ergibt solch ein Spektrum.

3.4. Die großen Peaks bei *m/z* 96 und 98 lassen an *m/z* 100 als Molekül-Ion zweifeln. Allerdings zeigt keines der häufig vorkommenden Isotope dieses Isotopenmuster. Die Ionen bei geringerer Masse geben aber wertvolle Hinweise dazu. Beachten Sie insbesondere das Verhältnis von *m/z* 63/61 als Erkennungszeichen von Chlor. Bei der Bildung von *m/z* 61 aus *m/z* 96 werden 35 amu abgespalten. Dies ist ein Hinweis auf ein zweites Chloratom im Molekül. Die Isotopenhäufigkeiten der Massen 96/98/100 bestätigen dies (s. Tab. 2.3 oder A.2). Um den Kohlenstoffgehalt des Molekül-Ions aus dem Verhältnis *m/z* 97/96 richtig zu berechnen, dürfen Sie nicht vergessen, daß das $(M-1)^+$-Isotop mit $^{35}Cl^{37}Cl$ mit 64% des Peaks bei *m/z* 95 zu *m/z* 97 beiträgt (2.4% − 0.64% × 1.5%)/67% = 2.1% oder $\approx C_2$. Diese Berechnung ist allerdings überflüssig, da die Differenz von 26 amu zum Molekulargewicht ($M^{+\cdot} - Cl_2$ = 96 − 70) am einleuchtendsten durch C_2H_2 erklärt werden kann. Ohne Referenzstandards ist es allerdings schwierig, zwischen den möglichen Isomeren von $C_2H_2Cl_2$ zu unterscheiden. [*trans*-1,2-Dichlorethylen]

3.5. Das Isotopenmuster bei *m/z* 135 bis 137 zeigt ein Chloratom und der *m/z* 135-Peak enthält maximal zwei Kohlenstoffatome (0.5/24 = 2.1%). Ähnliche Zuordnungen können bei den Ionen mit geringerer Masse gemacht werden: *m/z* 119, C_2Cl_0; *m/z* 85, C_1Cl_1; *m/z* 69, C_1Cl_0 und *m/z* 31, C_1Cl_0. Das Fehlen von Wasserstoffatomen und der Unterschied von 19 amu zwischen einigen Ionen mit der gleichen Anzahl von Cl-Atomen deuten auf Fluor als das fehlende Element hin. Die Formeln CF^+, $CF_2^{+\cdot}$, CF_3^+, $CClF_2^+$, $C_2F_4^{+\cdot}$, $C_2F_5^+$ und $C_2ClF_4^+$ entsprechen den Massen der intensiven Peaks im Spektrum. Sie sollten bemerkt haben, daß die *m/z* 135/137-Peaks mehrere Bedingungen für ein Molekül-Ion nicht erfüllen. Da es keinen Hinweis auf Ionen mit mehr als zwei Kohlenstoff- und einem Chloratom gibt, lautet die wahrscheinlichste Struktur $CClF_2CF_3$. [Chlorpentafluorethan]

3.6. [Tetrachlormethan]

4.1. Die erste Regel betont die Wichtigkeit der Produkt-Ionen-Stabilität. Das stark stabilisierte *p*-Aminobenzyl-Ion (Gl. 11.1) führt mit Abstand zum größten Peak in diesem Spektrum.

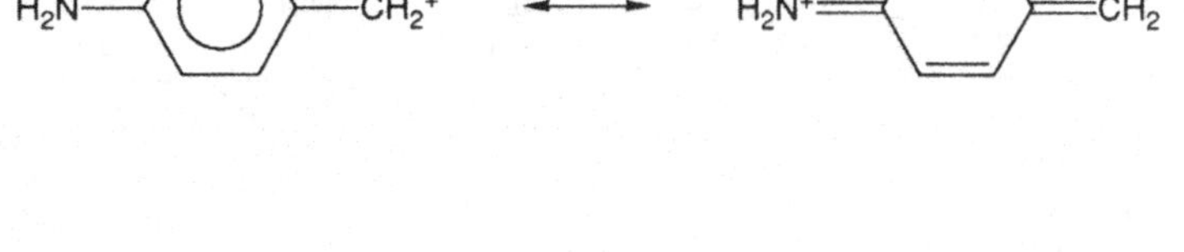

H_2N— ⟨Benzolring⟩ —CH_2^+ ⟷ H_2N^+= ⟨Ring⟩ =CH_2 (11.1)

4.2. Sowohl durch ein Radikal am Sauerstoffatom als auch durch ein Stickstoffradikal kann eine α-Spaltung eingeleitet werden (Gl. 11.2, 11.3). Die Fähig-

$$H_2NCH_2\text{—}CH_2\text{—}\overset{+\bullet}{O}H \xrightarrow{\alpha} H_2NCH_2\cdot + CH_2{=}\overset{+}{O}H \quad (m/z\ 31) \tag{11.2}$$

$$H_2\overset{+\bullet}{N}\text{—}CH_2\text{—}CH_2OH \xrightarrow{\alpha} H_2\overset{+}{N}{=}CH_2 \ (m/z\ 30) + \cdot CH_2OH \tag{11.3}$$

keit, Elektronen beizusteuern, ist aber bei Stickstoff stärker ausgebildet als bei Sauerstoff. Deshalb sollte die Ionisierung eher am Stickstoff einsetzen (Tab. A.3) und die Produkte der Reaktion 11.2 sollten weniger stabil sein als die von Gleichung 11.3. Tatsächlich entspricht [*m*/*z* 30] = 57% des Gesamtionenstroms, während [*m*/*z* 31] nur 2.5% beträgt. Dieses Ergebnis steht im Einklang mit der Stevenson-Regel: $IE(H_2NCH_2\cdot) = 6.1$ eV und $IE(HOCH_2\cdot) = 7.6$ eV.

4.3. Das Verhältnis [*m*/*z* 98]/[*m*/*z* 97] ist viel zu groß, als daß *m*/*z* 98 der (A + 1)-Peak von *m*/*z* 97 sein könnte. Deshalb sollte der *m*/*z* 98-Peak zunächst als A-Peak betrachtet werden (s. Tab. 11.6). Der Wert [*m*/*z* 100]/[*m*/*z* 98] = 4.3 entspricht dann dem „A + 2“-Element S_1. Wenn *m*/*z* 98 das Molekül-Ion ist, muß auch *m*/*z* 97 Schwefel enthalten. Sein ^{34}S-Beitrag zu *m*/*z* 99 muß abgezogen werden, bevor die „A + 1“-Elemente berechnet werden können. Die Restintensität (13.6–0.8–7.9 = 4.9) entspricht entweder C_4 oder C_5. Aber nur die Elementarzusammensetzung C_5H_6S (r + db = 3) ist logisch ($C_4H_{18}S$ ergibt r + db = –4). Die geringe Intensität der anderen Peaks macht die Bestimmung ihrer Elementarzusammensetzung anhand von Isotopenhäufigkeiten unsicher. CHS^+ ist jedoch eine logische Zuordnung für *m*/*z* 45.

Der Peak bei *m*/*z* 98 erfüllt alle Anforderungen an ein Molekül-Ion und sollte als solches ein relativ stabiles Molekül repräsentieren. Die Abspaltung von H ist der dominierende Mechanismus in diesem Spektrum. Diese Abspaltung kann von einer Radikalstelle am Schwefel oder in einem π-System (r + db = 3) oder beiden herrühren. 2- oder 3-Methylthiophen oder Thia-2,5-cyclohexadien sind mögliche Strukturen. [2-Methylthiophen]

4.4 bis 4.8. Obwohl es sich um isomere C_4-Amine handelt, führt die Berechnung der Elementarzusammensetzung von $M^{+\cdot}$ in einigen Fällen zu übermäßig

Tabelle 11.6: Daten zu Aufgabe 4.3

m/*z*	Int.	normalisiert	32 S_1	(S_1)	60 C_5
97	100.	179.		(179.)	
98	56.	100.	100.	(1.4)	100.
99	7.6	13.6 ± 1.4	0.8	(7.9)	5.5
100	2.4	4.3 ± 0.4	4.4		0.1

hohen Werten, wenn man das *m/z* 74/73-Verhältnis verwendet. Dies liegt hauptsächlich an der Bildung von $(M + 1)^+$ durch Ionen-Molekül-Reaktion (Abschn. 6.1). Beachten Sie die erheblichen Unterschiede der Basispeak-Intensitäten als Anteil des Gesamt-Ionen-Stroms als Hilfe zur Einschätzung der relativen Wichtigkeit der Peaks in unterschiedlichen Spektren (Grigsby 1977).

Nun zur Antwort auf die Frage im Text: die Abspaltung einer α-Methylgruppe steht in Konkurrenz zu Abspaltungen anderer α-Substituenten. Die Wahrscheinlichkeit für eine α-CH_3-Abspaltung ist viel größer als die für die Abspaltung eines α-H-Atoms, aber kleiner als die einer α-C_2H_5-Abspaltung. Dies hilft bei der Identifizierung von Aufgabe 4.8 als $C_2H_5CH(CH_3)NH_2$. Von den fünf im Text aufgeführten α-CH_3-Aminen bleiben damit nur $(CH_3)_2CHNHCH_3$ und $CH_3CH_2N(CH_3)_2$ ohne Zuordnung. Das erste von ihnen sollte ein größeres $(M-CH_3)^+/M^{+\cdot}$-Verhältnis haben und entspricht damit Aufgabe 4.6. Die Zuordnung der zweiten Struktur zu Aufgabe 4.7 wird durch den *m/z* 44-Peak dieses Spektrums bestätigt. Er wird durch Umlagerung des $(M-1)^+$-Ions unter Abspaltung von C_2H_4 gebildet. Die gleiche Umlagerung führt zur Bildung von *m/z* 30 in $C_2H_5NHC_2H_5$ (s. Abschn. 4.10).

Die verbleibenden Isomere sind $CH_3CH_2CH_2CH_2NH_2$, $(CH_3)_2CHCH_2NH_2$ und $CH_3CH_2CH_2NHCH_3$. Die ersten beiden sollten intensive *m/z* 30-Ionen aufweisen. Es muß sich deshalb um die Aufgaben 4.4 und 4.5 handeln. Diese Spektren sind sich überraschend ähnlich und spiegeln so die dominierende Rolle der Aminfunktion für die Spaltung wieder. Die kleinen, absoluten Unterschiede in den Intensitäten der Alkyl-Ionen sind allerdings reproduzierbar und wichtig. Die Intensitäten der $C_3H_7{}^+$- und $C_4H_9{}^+$-Ionen in Aufgabe 4.5 betragen ein Mehrfaches der Intensitäten in Aufgabe 4.4. ($C_2H_5N^+$ und $C_3H_7N^+$ tragen nur geringfügig dazu bei). Diese Beobachtungen sprechen dafür, daß Aufgabe 4.4 *n*-Butylamin und Aufgabe 4.5 Isobutylamin entspricht. Von $C_3H_7NHCH_3$ liegt kein Spektrum vor. Es sollte einen Basispeak bei *m/z* 44 und einen unbedeutenden $(M-CH_3)^+$-Peak besitzen. [4.4, Butylamin; 4.5, Isobutylamin; 4.6, Isopropylmethylamin; 4.7, Ethyldimethylamin und 4.8, *sec*-Butylamin]

4.9, 4.10. Beim symmetrischen 3-Pentanon können die α- und *i*-Spaltungen nur zu $C_2H_5CO^+$ und $C_2H_5{}^+$ mit *m/z* 57 bzw. 29 führen. 3-Methyl-2-butanon ergibt dagegen die Ionen CH_3CO^+, $(CH_3)_2CHCO^+$, $CH_3{}^+$ und $C_3H_7{}^+$ mit *m/z* 43, 71, 15 bzw. 43. [4.9, 3-Pentanon; 4.10, 3-Methyl-2-butanon]

4.11. Selbst wenn seine Elementarzusammensetzung nicht bekannt wäre, ist *m/z* 130 eine gute Möglichkeit für das Molekül-Ion, denn die Ionen-Serie (Abschn. 5.2) 31, 45, 59, 73, 87, 101 und 115 weist stark auf $C_8H_{18}O$ hin. Nach Tabelle A.4 entspricht die Intensität eher einem Ether als einem Alkohol. Die einfache Spaltung der $C_\alpha-C_\beta$-Bindung führt zu den intensivsten $C_nH_{2n+1}O^+$-Ionen. Unter ihnen ist $(M-43)^+$ der bei weitem intensivste Peak. Er weist auf eine oder zwei Propylgruppen hin, die an ein oder beide α-C-Atome gebunden sind. Die Intensitäten von $(M-CH_3)^+$ und $(M-C_2H_5)^+$ betragen nur 3 bzw. 9% von der Intensität des $(M-C_3H_7)^+$-Peaks. Dies macht Methyl- und Ethylsubstituenten an einem α-C-Atom unwahrscheinlich. Die andere häufig auftretende Zerfallsreaktion von Ethern, die Spaltung der $C-O$-Bindung, die zu Alkyl-Ionen führt, weist stark auf einen Butylether hin (*m/z* 57). Bei $C_8H_{18}O$

muß es sich demnach um einen Dibutylether handeln ($C_4H_9^+$ entsteht auch durch induktiven Zerfall von $CH_2{=}O^+C_4H_9$). Die Formel lautet: $C_3H_7CH_2OC_4H_9$, denn die Intensitäten von $(M-CH_3)^+$ und $(M-C_2H_5)^+$ machen die Struktur $C_3H_7CH_2OCH(CH_3)C_2H_5$ weniger wahrscheinlich. Bei diesem Spektrum betragen ihre Intensitäten 0.5% bzw. 20%, während sie bei Dibutylether bei 0.2% und 3% liegen. [Diisobutylether]

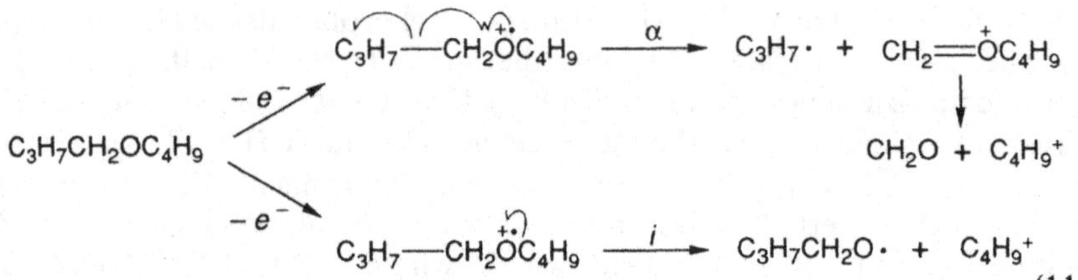

$$C_3H_7CH_2OC_4H_9 \xrightarrow{-e^-} C_3H_7\!-\!CH_2\overset{+\bullet}{O}C_4H_9 \xrightarrow{\alpha} C_3H_7\cdot + CH_2{=}\overset{+}{O}C_4H_9 \rightarrow CH_2O + C_4H_9^+$$

$$C_3H_7CH_2OC_4H_9 \xrightarrow{-e^-} C_3H_7\!-\!CH_2\overset{+\bullet}{O}C_4H_9 \xrightarrow{i} C_3H_7CH_2O\cdot + C_4H_9^+ \qquad (11.4)$$

4.12, 4.13. Die Retro-Diels-Alder-Reaktionen der beiden Isomere sind in den Gleichungen 11.5 und 11.6 aufgeführt. Die geringe Intensität von *m/z* 164 im zweiten Spektrum beruht auf der konkurrierenden CH_3-Abspaltung durch Substitutionsreaktion (s. Gl. 9.29). [4.12, α-Ionon; 4.13, β-Ionon]

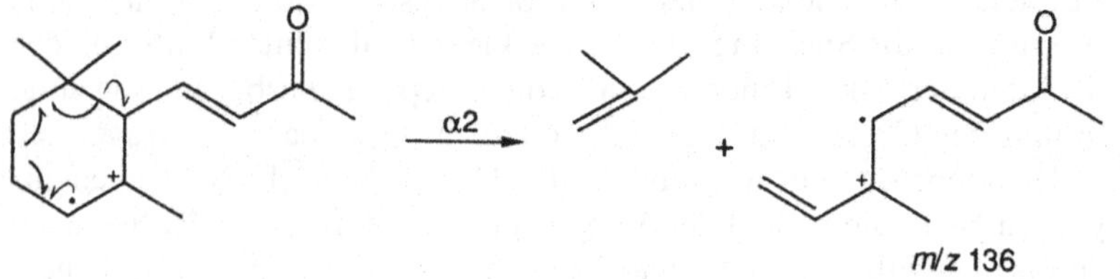

α2 (11.5)

m/z 136

α2 (11.6)

m/z 164

4.14. Siehe Gleichungen 11.7 und 11.8.

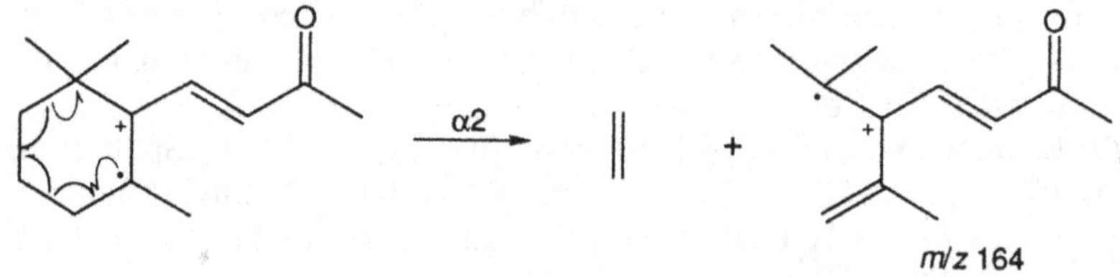

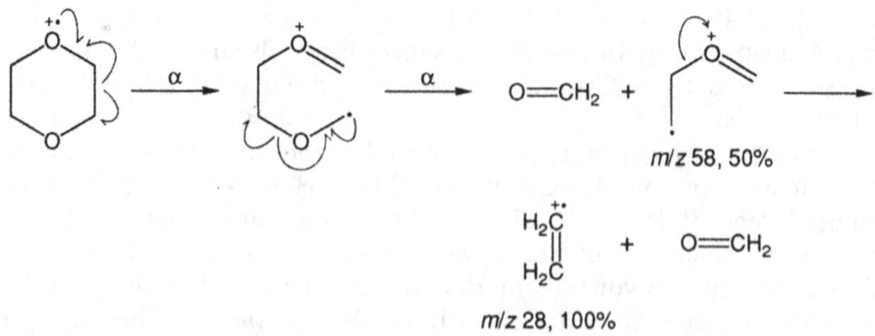

$$\xrightarrow{\alpha} \quad \xrightarrow{\alpha} O{=}CH_2 + \ldots \quad (m/z\ 58,\ 50\%) \longrightarrow H_2\overset{+\bullet}{C}{=}CH_2\ (m/z\ 28,\ 100\%) + O{=}CH_2 \qquad (11.7)$$

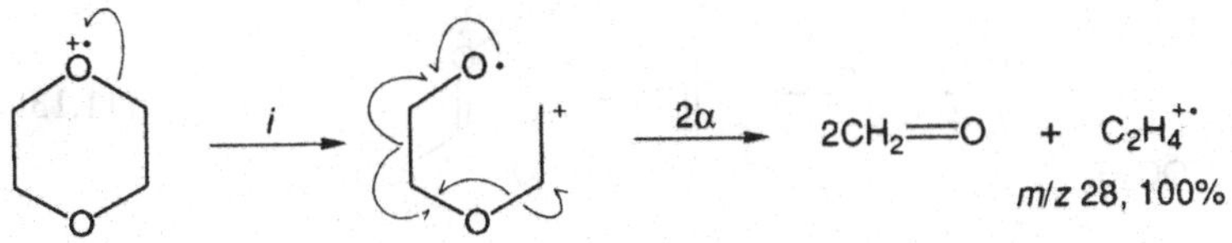

$$\xrightarrow{i} \quad \xrightarrow{2\alpha} \quad 2CH_2{=}O + C_2H_4^{+\bullet} \quad m/z\ 28,\ 100\% \tag{11.8}$$

4.15. Siehe Gleichungen 11.9 bis 11.13.

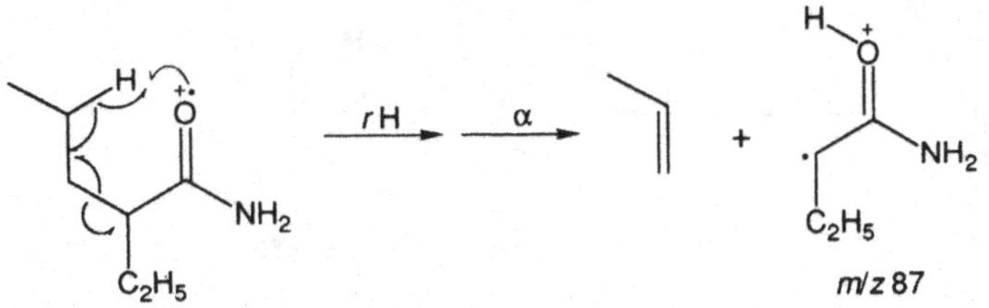

$$\xrightarrow{rH} \xrightarrow{\alpha} \quad + \quad m/z\ 87 \tag{11.9}$$

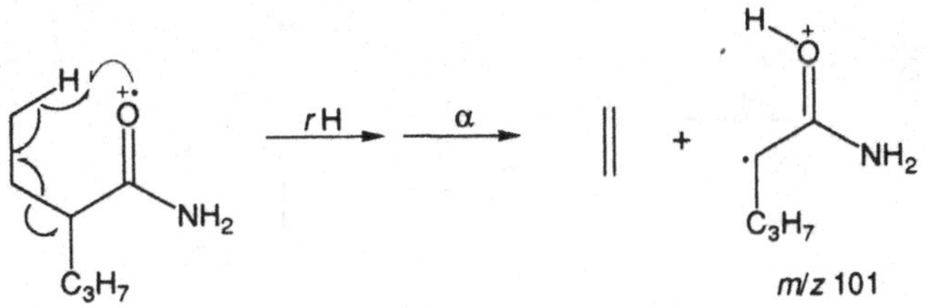

$$\xrightarrow{rH} \xrightarrow{\alpha} \quad + \quad m/z\ 101$$

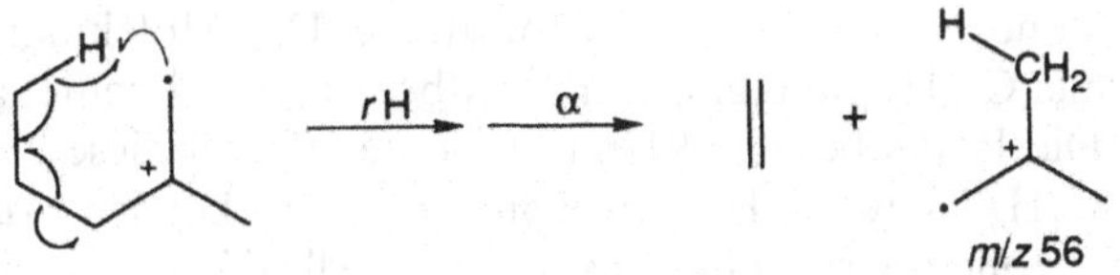

$$\xrightarrow{rH} \xrightarrow{\alpha} \quad + \quad m/z\ 56 \tag{11.10}$$

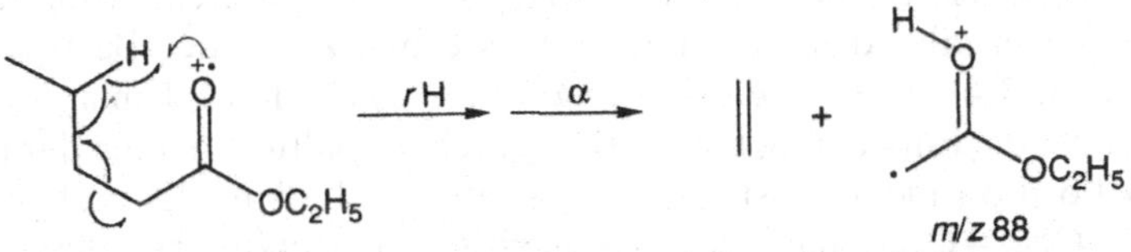

$$\xrightarrow{rH} \xrightarrow{\alpha} \quad + \quad m/z\ 88 \tag{11.11}$$

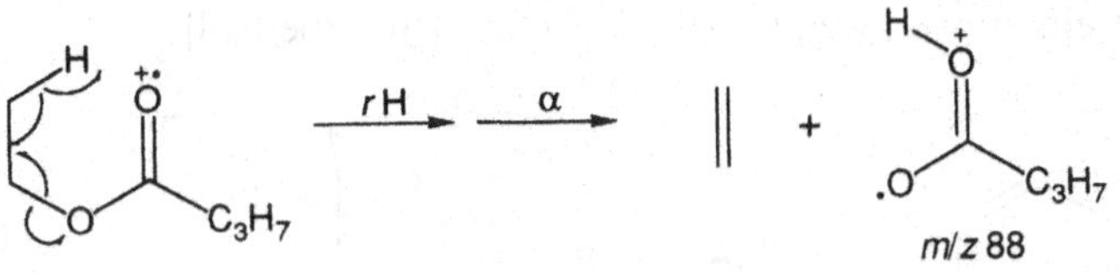

$$\xrightarrow{rH} \xrightarrow{\alpha} \quad + \quad m/z\ 88$$

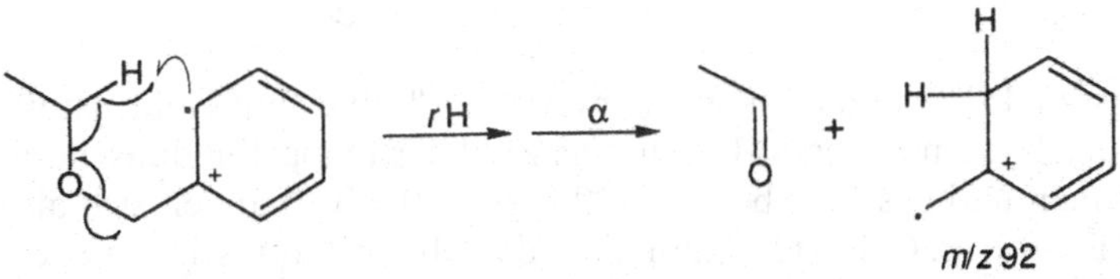

$$\xrightarrow{rH} \xrightarrow{\alpha} \quad + \quad m/z\ 92 \tag{11.12}$$

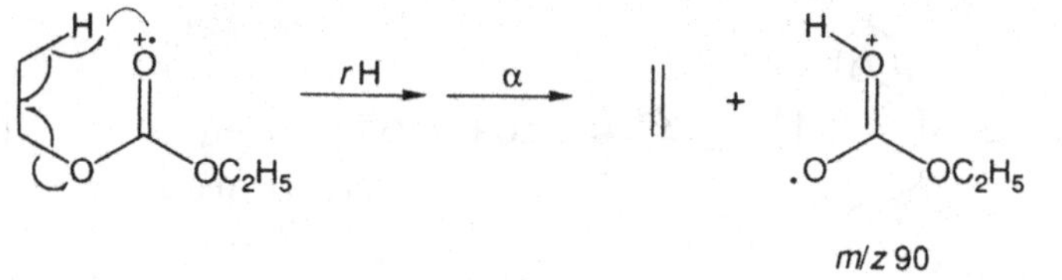

$$\xrightarrow{rH} \xrightarrow{\alpha} \quad \text{(}m/z\ 90\text{)} \qquad (11.13)$$

m/z 90

4.16, 4.17. Siehe Gleichung 11.14 [4.16, 4-Methyl-2-pentanon; 4.17, 3-Methyl-2-pentanon]

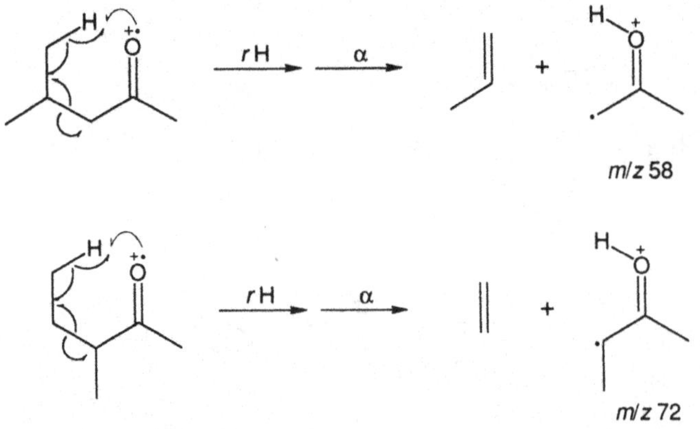

m/z 58

(11.14)

m/z 72

4.18. Das scheinbare Molekül-Ion bei m/z 134 enthält keine „A + 2"-Elemente (außer Sauerstoff) und 10 oder 11 Kohlenstoffatome. Das Molekulargewicht stimmt mit der Formel $C_{10}H_{14}$ überein. Der r + db-Wert von 4 deutet auf eine Phenylgruppe hin. Die Peaks bei m/z 91 und 92 unterstützen diese These, da ihnen die Formeln $C_7H_7^+$ bzw. $C_7H_8^{+\cdot}$ zugeordnet werden können. Außerdem tritt die „aromatische Ionen-Serie" auf (Abschn. 5.2). Alle diese Hinweise sprechen für ein C_4H_9-C_6H_5-Isomer. m/z 92 ($C_7H_8^{+\cdot}$) ist ein bedeutendes Ion mit ungerader Elektronenzahl, das eine höhere Masse besitzt als der Basispeak (Regel iii, Abschn. 3.4). Sowohl die Bildung von $C_7H_8^{+\cdot}$ durch Umlagerung (Gl. 11.15) als auch die Entstehung von $C_7H_7^+$ durch α-Spaltung deuten darauf hin, daß die α-Position nicht substituiert ist (s. auch Tab. A.6). Es muß sich damit um $C_6H_5CH_2-C_3H_7$ handeln. Das niedrige Intensitätsverhältnis von m/z 43/29 zeigt eine unverzweigte Alkylkette an. [Butylbenzol]

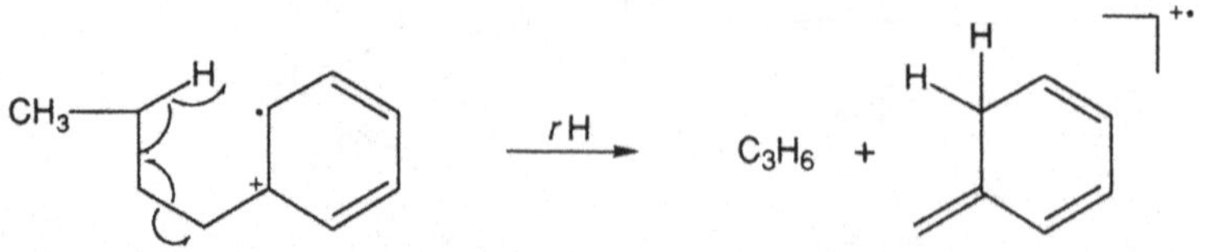

$$\xrightarrow{rH} C_3H_6 + \qquad (11.15)$$

4.19. Die Massen 45, 73 und 87 besitzen zwei, vier (?) und fünf Kohlenstoffatome und demnach je ein Sauerstoffatom. Die Zahl der Doppelbindungsäquivalente dieser Ionen und des Ions bei m/z 129 beträgt 0.5. Es handelt sich also um gesättigte EE^+-Ionen. $C_8H_{17}O^+$ kann nicht das Molekül-Ion sein, da es ein

Ion mit gerader Elektronenzahl ist. Das *m/z*-112-Ion ist ein Ion mit ungerader Elektronenzahl. Bei der Masse 130 könnte es sich um den $M^{+\cdot}$ handeln, aber seine Intensität entspricht innerhalb des Meßfehlers dem Wert für den Isotopenpeak von *m/z* 129. Die Ionen-Serie (Abschn. 5.2) *m/z* 31, 45, 59, 73, 87 deutet auf eine Alkohol- oder Etherfunktion als dominierende Struktureinheit des Moleküls hin (Tab. A.6). Das Fehlen von $M^{+\cdot}$ zeigt, daß kein linearer Ether vorliegt (Tab. A.4). Eine mögliche Deutung ist, daß *m/z* 130 das Molekül-Ion ist und daß es sich bei *m/z* 112 um das $(M-18)^{+\cdot}$-Ion handelt, das durch Abspaltung von H_2O aus einem Alkohol entsteht. Die Bildung bedeutender $OE^{+\cdot}$-Ionen aus $R-O-R'$-Ethern durch Abspaltung von ROH ist dagegen nicht üblich. Die Abspaltung von H_2O aus primären Alkoholen (RCH_2OH) ist im Gegensatz dazu so leicht, daß die $C_nH_{2n+1}O^+$-Ionen im allgemeinen eine geringe Intensität aufweisen. Die intensiven $(M-43)^+$- und $(M-57)^+$-Ionen deuten auf einen Octylalkohol mit der Formel $C_4H_9-CHOH-C_3H_7$ hin. Da intensive $(M-15)^+$- und $(M-29)^+$-Ionen fehlen, liegt keine Kettenverzweigung vor. (Das metastabile Ion bei *m/z* 96.5 stellt einen zusätzlichen Hinweis auf das Molekül-Ion dar (s. Abschn. 6.4). Beim Übergang *m/z* 130 → 112 liegt das metastabile Ion bei *m/z* 96.4, dagegen träte es beim Übergang *m/z* 129 → 112 bei *m/z* 97.0 auf. Dies würde aber die unwahrscheinliche Abspaltung von 17 amu bedeuten.) [4-Octanol]

4.20. α-Spaltungen können zum Verlust von drei verschiedenen Gruppen führen: $C_3H_7\cdot$, $CH_3\cdot$ und $H\cdot$. Durch diese Reaktionen entstehen Peaks bei *m/z* 86, 114 und 128 (Gl. 11.16), deren Intensität entsprechend der Regel über die

$C_3H_7-CH_2-\overset{+\cdot}{N}(CH_3)-CH(CH_3)-CH_3$

m/z 129

α, $-C_3H_7\cdot$ → $CH_2=\overset{+}{N}(CH_3)-CH(CH_3)_2$ (*m/z* 86); rH, $-C_3H_6$ → $CH_2=\overset{+}{N}(CH_3)-H$ (*m/z* 44)

α, $-CH_3\cdot$ → $C_3H_7CH_2-\overset{+}{N}(CH_3)=CHCH_3$ (*m/z* 114); rH, $-C_4H_8$ → $H-\overset{+}{N}(CH_3)=CHCH_3$ (*m/z* 58)

α, $-H\cdot$ → $C_3H_7CH_2-\overset{+}{N}(CH_3)=C(CH_3)_2$ (*m/z* 128); rH, $-C_4H_8$ → $H-\overset{+}{N}(CH_3)=C(CH_3)_2$ (*m/z* 72)

(11.16)

Abspaltung der größten Alkylgruppe in der angegebenen Reihenfolge abnimmt. Jedes dieser Ionen kann unter Wasserstoff-Wanderung und Spaltung einer C−N-Bindung ein Olefin abspalten (Gl. 11.16; Mechanismus s. Gl. 4.43). In Abbildung 9.18 und Abschnitt 9.8 wird das Spektrum dieser Verbindung ausführlicher diskutiert. [*N*-Methyl-*N*-isopropyl-*N*-butylamin]

4.21. Bei der Masse 178 kann es sich um das Molekül-Ion handeln. Es enthält etwa zwölf Kohlenstoffatome. Sowohl *m/z* 105 als auch *m/z* 123 scheinen sieben C-Atome zu enthalten. Das Ion mit ungerader Elektronenzahl bei *m/z* 122 gibt aufgrund des intensiven *m/z* 123-Ions keine eindeutigen Hinweise. Allerdings tritt ein $(M-122)^{+\cdot}$-Peak bei *m/z* 56 auf. Bis C_4 ist eine wenig intensive Alkyl-Ionen-Serie vorhanden. Außerdem tritt eine aromatische Ionen-Serie auf (s. Abschn. 5.2). Es existieren kleine Alkyl-Abspaltungs-Ionen bei $(M-15)^+$, $(M-29)^+$ und $(M-43)^+$, aber anstelle von $(M-57)^+$ treten intensive Ionen bei $(M-55)^+$ und $(M-56)^{+\cdot}$ auf. Nach Tabelle A.5 entspricht der Verlust von 55 der Abspaltung von C_4H_7 aus Estern (doppelte Wasserstoffwanderung). Der Verlust von 56 unterstützt diese These. Tabelle A.6 zeigt eine C_4H_8-RY-Struktur an. Zwei andere intensive Ionen liefern die letzten Hinweise: bei *m/z* 77 und 105 sollte es sich um einen Phenyl- und Benzoylrest handeln. Bei der gesuchten Verbindung handelt es sich also um einen Benzoesäurebutylester. Die Butylgruppe ist wahrscheinlich nicht *sec*- oder *tert*-Butyl, da $(M-15)^+$ und $(M-29)^+$ weniger intensiv sind als $(M-43)^+$. [Benzoesäurebutylester]

5.1. Obwohl das mögliche Molekül-Ion bei *m/z* 128 wahrscheinlich die Elementarzusammensetzung $C_{10}H_8$ besitzt, kann eine C_9-Formel auf der Basis von Isotopenhäufigkeiten nicht ausgeschlossen werden. Das wahrscheinliche Molekül-Ion ist sehr stabil. Es existieren nur wenige wichtige Fragment-Ionen. Sie gehören zur aromatischen Serie (Tab. A.6). Der große M^{2+} ist für Aromaten ebenfalls typisch. Aus der Formel $C_{10}H_8$ ergeben sich sieben Doppelbindungsäquivalente $(10-8/2+1)$. Auch hier sind Referenzspektren nötig, um zwischen den möglichen Isomeren zu unterscheiden. [Naphthalin]

5.2. Die Masse 86 scheint die Elementarzusammensetzung $C_4H_6O_2$ zu besitzen (die Übereinstimmung mit den Isotopenhäufigkeiten ist besser als bei $C_5H_{10}O$) und *m/z* 43 entspricht der Formel $C_2H_3O^+$, *m/z* 15 dem Ion CH_3^+. Das Erscheinungsbild des Spektrums (es wird von den Massen 43 und 15 dominiert) deutet auf CH_3- und C_2H_3O-Gruppen hin, die leicht abgespalten werden können. Wenn die CH_3-Gruppe Bestandteil der C_2H_3O-Gruppe ist, ist CO die Differenz. Das Fehlen weiterer Peaks deutet auf die symmetrische Struktur $CH_3CO-COCH_3$ hin ($CH_3CO-CH{=}NNH_2$ sollte zu zusätzlichen Fragment-Ionen führen). Die meisten anderen Verbindungen der Zusammensetzung $C_4H_6O_2$ ergeben andere Fragment-Ionen. Der $(M-CH_3)^+$-Peak ist viel kleiner als der CH_3^+-Peak, da ersterer durch Abspaltung von CO schnell weiterdissoziiert und die Ladung bei der Spaltung der CH_3-CO-Bindung bevorzugt an der CH_3-Gruppe verbleibt. [2,3-Butandion]

5.3. Die Intensitäten von *m/z* 181 bis 184 sind mit denen von Aufgabe 2.12 identisch. Von den fünf möglichen Elementarzusammensetzungen für das Molekül-Ion kommt nur $C_{13}H_{10}O$ in Frage, da die Fragmente bei *m/z* 105 ($C_7H_5O^+$) und 77 ($C_6H_5^+$) nur von diesem Ion gebildet werden können. Die Intensität von *m/z* 182 weist auf ein stabiles Molekül-Ion hin. Dies stimmt mit der Zahl der Doppelbindungsäquivalente von neun überein. Das Spektrum ähnelt dem Spektrum von Aufgabe 5.1. Die Peaks bei *m/z* 39, 51, 63 und 77 lassen aromatischen Charakter vermuten. Aufgrund der Einfachheit des Spektrums handelt es sich um ein stabiles Molekül mit einer oder einigen wenigen labilen Bindungen. Durch Zusammensetzung der Hauptfragmente ($C_6H_5{}^+$ und $C_7H_5O^+$) ergibt sich die Formel des Moleküls. Die beiden Fragmente unterscheiden sich um CO, so daß die Substrukturen C_6H_5- und C_6H_5-CO- wahrscheinlich sind. [Benzophenon]

5.4. Sowohl der Peak bei *m/z* 156 als auch der bei 139 enthalten je ein Cl- und sieben C-Atome. Ihre Massen stimmen mit den Formeln C_7H_4ClO und $C_7H_5ClO_2$ (r + db = 5.5 bzw. 5) überein. Der Peak bei *m/z* 111 besitzt die Summenformel C_6H_4Cl (r + db = 4.5). Das *m/z* 156-Ion erfüllt die Bedingungen für den $M^{+\cdot}$. Unter dieser Annahme sind die anderen beiden Peaks $(M-OH)^+$ und $(M-CHO_2)^+$. Diese Ionen und der Peak bei *m/z* 45 entstehen bei der α- und *i*-Spaltung von Carboxylgruppen. Die hohen r + db-Werte und die vernachlässigbar geringe Chlor-Abspaltung deuten darauf hin, daß es sich bei C_6H_4Cl um einen Chlorphenylrest handelt. (Alle drei Ringisomere haben fast identische Massenspektren.) [*m*-Chlorbenzoesäure]

5.5, 5.6, 5.7. Die $C_nH_{2n+1}{}^+$-Ionen-Serie tritt in jedem Spektrum deutlich hervor. Ihre Intensitätsverteilung läßt Rückschlüsse auf Kettenverzweigungen zu. Aufgrund der regelmäßigen Verteilung handelt es sich beim Spektrum 5.5 um das unverzweigte Alkan $C_{16}H_{34}$. (Vergleichen Sie dieses Spektrum mit den Abbildungen 3.2 und 5.2.) In Aufgabe 5.6 sind die Peaks bei *m/z* 211, 169 und 85 jeweils intensiver als die nächsten $C_nH_{2n+1}{}^+$-Nachbar-Ionen bei geringerer Masse. Sie zeigen die Kettenverzweigungen C_1-C_{15}, C_4-C_{12} und $C_{10}-C_6$ an. Die Gruppe $C_4H_9-CH(CH_3)-$ erklärt alle diese Daten. Bei der gesuchten Verbindung handelt es sich um $CH_3(CH_2)_3CH(CH_3)(CH_2)_9CH_3$. Allerdings weist die Verbindung $C_4H_9CH(CH_3)(CH_2)_4CH(CH_3)C_4H_9$ die gleichen intensiven Alkyl-Ionen auf. Bei Aufgabe 5.7 sind die Ionen bei *m/z* 183, 141 und (möglicherweise) 85 intensiver als bei Aufgabe 5.5. Es liegen also die Kettenverzweigungen C_3-C_{13}, C_6-C_{10}, und $C_{10}-C_6$ vor. Eine erste Hypothese könnte die $C_3H_7-CH(C_2H_5)-$-Gruppe sein, dem widerspricht aber die geringe Intensität des $(M-C_2H_5)^+$-Peaks. Die *negative* Information, daß es keine deutliche Abspaltung von C_1, C_2, C_4 oder C_5 gibt, ist sehr wertvoll. Die Daten stimmen mit $(C_6H_{13})_2CHC_3H_7$ und mit $(C_3H_7)_3CC_6H_{13}$ überein (Ein ausführliche Diskussion ist in Abschn. 9.1 zu finden). [5.5, Hexadecan; 5.6, 5-Methylpentadecan und 5.7, 7-Propyltridecan]

5.8. Die Information, die aus Ionen-Serien zu erhalten ist, erleichtert die Lösung dieser Aufgabe sehr. Da kein Sauerstoff vorhanden ist, gehören die Peaks bei *m/z* 15, 29, 43, 57 und 71 zur $C_nH_{2n+1}{}^+$-Serie mit $n = 1-5$. Die Isotopenpeaks von *m/z* 105, 92 und 91 deuten auf $C_8H_9{}^+$, $C_7H_8{}^{+\cdot}$ bzw. $C_7H_7{}^+$ hin. Beide Informationen in Kombination bedeuten, daß die Ionen-Serie 77, 91, 105, 119, 133, 147 und 161 für $C_6H_5(CH_2)_n$ mit $n = 0-6$ steht (Tab. A.6). Ein vergleichbares Spektrum in Aufgabe 4.18 zeigt, daß das wichtige $OE^{+\cdot}$-Ion $C_7H_8{}^{+\cdot}$ (*m/z* 92) durch γ-H-Wanderung zu einer $Phenyl-CH_2-$-Einheit entsteht (Gl. 11.15). Bei der gesuchten Verbindung handelt es sich demnach um Phenyl$-CH_2-C_7H_{15}$. Die Alkylkette ist nicht verzweigt. Dies steht im Einklang mit den Intensitätsverhältnissen in der $C_nH_{2n+1}{}^+$-Ionen-Serie. Das zweite Maximum bei *m*/*z* 133 in der $C_6H_5(CH_2)_n{}^+$-Serie beruht *nicht* auf einer Kettenverzweigung. Solche lokalen Maxima, die durch $-(CH_2)_4-$-Gruppen getrennt sind, treten in funktionalisierten linearen Alkanen, wie zum Beispiel Fettsäuren auf (Abb. 8.9). [Octylbenzol]

5.9, 5.10. Die bedeutende $OE^{+\cdot}$-Ionen-Serie $C_nH_{2n}{}^{+\cdot}$ im oberen Teil beider Spektren läßt darauf schließen, daß die unbekannten Verbindungen die Summenformel C_nH_{2n}- oder $C_nH_{2n+1}Y$ besitzen (Tab. 5.1, A.6). Diese Serie tritt auch in den Abbildungen 3.5, 3.8, 3.14 und 3.21 auf. Der einzige Unterschied zwischen beiden Spektren ist eine zusätzliche „+4-Index“-Serie in Aufgabe 5.9 mit Peaks bei *m*/*z* 31, 45, 59, 73 und 87. Sie zeigt einen gesättigten Alkohol oder Ether an. [5.9, Hexadecanol; 5.10, 1-Hexadecen]

5.11. Wenn *m*/*z* 129 das Molekül-Ion ist, enthält das Molekül eine ungerade Anzahl von Stickstoffatomen. Die intensiven Ionen mit gerader Masse, wie 102, 98 und 78 sind dann EE^+-Ionen. Die hohe Intensität des Molekül-Ions steht im Einklang mit der aromatischen Ionen-Serie. Auch hier sind mehrere Isomere mit der Formel C_9H_7N (r + db = 7) möglich und Referenzspektren zur Identifizierung nötig. [Isochinolin]

5.12. Es gibt mehrere Anzeichen, daß sich diese Verbindung von den vorhergehenden grundlegend unterscheidet. Die Massen 76, 69, 50, 31 und 26 haben jeweils maximal zwei, ein, ein, ein bzw. ein Kohlenstoffatom. Die Masse 95 ist entweder *nicht* das Molekül-Ion, oder besitzt eine ungerade Anzahl von N-Atomen. Analog sind die intensiven Ionen bei *m*/*z* 76, 50 und 26 entweder $OE^{+\cdot}$-Fragment-Ionen, oder sie enthalten eine ungerade Anzahl von N-Atomen. Es treten nur wenige oder keine H-Atome auf (keine Peakgruppen mit Abständen von einer Masseneinheit zwischen den Peaks, wie zum Beispiel 66, 67, 68, 69). Der Geübte findet eine Lösung in der Ionen-Serie 31, 50 und 69 (s. Tab. A.6). Durch das Fehlen von Wasserstoffatomen weisen sogar die Peaks bei den Massen 12, 14 und 19 auf die vorhandenen Atome hin. Die Annahme, daß *m*/*z* 95 das Molekül-Ion ist, führt zu logischen Beziehungen zwischen den Ionen bei den Massen 19 und M−19 sowie 26 und M−26. Dies führt zu den Teilstrukturen $F-CF_2-CN$. [Trifluoracetonitril]

5.13. Ihr Verdacht bezüglich des *m*/*z* 119/121-Dubletts bestätigt sich bei den Massen 105(/107), 91/93, 77/79 und 63/65. Es handelt sich um die Chloralkyl-Ionen-Serie. Die $C_nH_{2n+1}{}^+$-Ionen-Serie ist das andere wichtige Merkmal des Spektrums. Dies führt für das Molekül-Ion bei *m*/*z* 148 zur Elementarzusammensetzung von $C_8H_{17}Cl$. Die intensiven Peaks bei $(M-C_2H_5)^+$ und $(M-CH_2Cl)^+$ deuten auf die Substruktur $C_2H_5-C-CH_2Cl$ hin. Ein logisches Molekül wäre demnach $(C_2H_5)_3CCH_2Cl$. Allerdings überrascht die Bildung von $C_4H_9{}^+$ als Basispeak. Die Alternative $C_4H_9(C_2H_5)CHCH_2Cl$ erklärt diese Reaktion besser. Die Abspaltung der größten Alkylgruppe, C_4H_9, ist in der Tat intensiver als der Verlust von Ethyl, wenn sowohl Ladungswanderungs- als auch Ladungserhalt-Produkte betrachtet werden: $([(M-C_4H_9)^+] + [C_4H_9{}^+]) > ([(M-C_2H_5)^+] + [C_2H_5{}^+])$. Die beobachteten Intensitäten scheinen nicht mit der Stevenson-Regel übereinzustimmen, da die Ionisierungsenergie eines Alkylradikals durch Cl-Substitution erniedrigt wird. Allerdings können sowohl $C_4H_9^+$ als auch $C_2H_5^+$ auch bei Folgezerfällen entstehen und die Ionen $^+CH(C_2H_5)CH_2Cl$ und $^+CH(C_4H_9)CH_2Cl$ können HCl und C_3H_5Cl abspalten (s. Abschn. 8.6). [3-(Chlormethyl)heptan]

5.14. Sie sollten die folgenden Zuordnungen getroffen haben: *m/z* 156, $M^{+\cdot}$, $C_8H_9OCl^{+\cdot}$; 107, $C_7H_7O^+$ und 94, $C_6H_6O^{+\cdot}$, $OE^{+\cdot}$-Ion. Die aromatische Ionen-Serie zeigt einen Phenylring (die hohe Intensität des *m/z* 77-Peaks ist ein schwaches Indiz für eine Monosubstitution). Der $C_6H_6O^{+\cdot}$-Peak weist darauf hin, daß ein Sauerstoffatom am Ring sitzt. Die Tatsache, daß $(M-CH_2Cl)^+$ viel größer ist als $(M-Cl)^+$ deutet auf eine labile CH_2Cl-Gruppe hin. Sie kann in α-Stellung zur C_6H_5O—-Gruppe abgespalten werden. Damit ergibt sich das Molekül $C_6H_5OCH_2CH_2Cl$. Bei dieser Verbindung erwartet man einen großen Peak aufgrund einer Wasserstoffwanderung unter Abspaltung von C_2H_3Cl. Diese Reaktion ist für den $OE^{+\cdot}$-Basispeak bei *m/z* 94 verantwortlich. [2-Chlorethylphenylether]

5.15. Das Erscheinungsbild der Peaks bei *m/z* 146–148 deutet auf ein Isotopenmuster hin. Die wahrscheinlichsten Elemente sind nach Tabelle 2.1 Silicium und Schwefel. Das Intensitätsverhältnis der Massen 148/146 paßt besser für ein Schwefel- als für ein Siliciumatom. Mit S_1 ergibt sich bei *m/z* 147 ein Rest (nach Korrektur um den ^{34}S-Beitrag von *m/z* 145), der auf acht oder neun Kohlenstoffatome hinweist (Si_1 würde ungefähr C_5 ergeben). In *m/z* 89 ist ebenfalls Schwefel (oder Silicium) enthalten, aber nicht in den Massen 112, 98 und 84. Unter der Annahme, daß *m/z* 146 das Molekül-Ion ist und daß es keine N-Atome enthält, fällt eine Serie von *Ionen mit ungerader Elektronenzahl* ins Auge (*m/z* 42, 56, 70, 84, 98 und 112). Tabelle A.6 weist sie als olefinische Ionen-Serie aus. Die intensiven $(M-34)^{+\cdot}$- und $(M-62)^{+\cdot}$-Ionen zeigen ein Thiol an. Diese These wird durch die Alkyl-Ionen-Serie und durch die Serie bei *m/z* 47, 61, 75, 89 und 103 unterstützt. Die Masse 89, die intensiver ist als *m/z* 75 und 103, entspricht dem cyclischen Ion, das durch Substitutionsreaktion in unverzweigten Alkylthiolen gebildet wird (vgl. Gl. 4.42). Zur endgültigen Bestätigung dieser Deutung kann das Spektrum mit denen von n-$C_{12}H_{25}SH$ und n-$C_{12}H_{25}OH$ (Abb. 3.21 und 3.8) verglichen werden. [Octanthiol]

6.1. Der metastabile Peak bei *m/z* 96.5 entspricht dem Zerfall *m/z* 130 → 112. Obwohl sich bei *m/z* 130 kein $M^{+\cdot}$ vom Untergrundrauschen abhebt, zerfallen genug $M^{+\cdot}$-Ionen erst nach Verlassen der Ionen-Quelle, um diese Bestätigung des Molekulargewichts zu liefern.

6.2. Die Isotopenhäufigkeiten der großen Peaks deuten auf die Elementarzusammensetzungen CH_4N, C_3H_8N, $C_5H_{12}N$ und $C_6H_{14}N$ hin. Sie entsprechen der gesättigten Amin-Ionen-Serie und einer Molekülzusammensetzung von $C_7H_{17}N$. Der größte und der zweitgrößte Peak entstehen durch Abspaltung von C_2H_5 bzw. CH_3. Deshalb sollten an den C-Atomen in α-Stellung zum N-Atom Ethyl- und Methyl-, aber keine größeren Gruppen vorhanden sein. Allerdings passen viele isomere $C_7H_{17}N$-Amine zu dieser Beschreibung.

Die drei metastabilen Peaks resultieren aus den Zerfällen $58^+ \rightarrow 30^+$, $100^+ \rightarrow 58^+$ und $86^+ \rightarrow 58^+$. Der häufigste Reaktionsweg für C_nH_{2n}-Abspaltungen aus diesen EE^+-Ionen ist die ladungsinduzierte Umlagerung 4.43 unter Spaltung der C–N-Bindung. Die $(M-CH_3)^+ \rightarrow (M-CH_3-C_3H_6)^+$-Reaktion zeigt deshalb die Struktur $CH_3-C-N-C_3H_7$ an und der Zerfall $(M-C_2H_5)^+ \rightarrow (M-C_2H_5-C_2H_4)^+$ deutet auf die Gegenwart der Struktureinheit $C_2H_5-C-N-C_2H_5$ hin. Das einzige $C_7H_{17}N$-Isomer, das beide Teilstrukturen enthält, ist $(C_2H_5)_2NCH_2CH_2CH_3$. [*N*,*N*-Diethyl-*N*-propylamin]

6.3. (A) $R_1 = R_2 = H$, $Y = H_2$; (B) $R_1 = CH_3O$, $R_2 = CH_3$, $Y = H_2$; (C) $R_1 = CH_3O$, $R_2 = CH_3$, $Y = O$; siehe Biemann 1962, S. 309. Die Peaks bei $(M-28)^{+\cdot}$ in A und B und $(M-42)^{+\cdot}$ in C können anhand von Gleichung 11.17 erklärt werden.

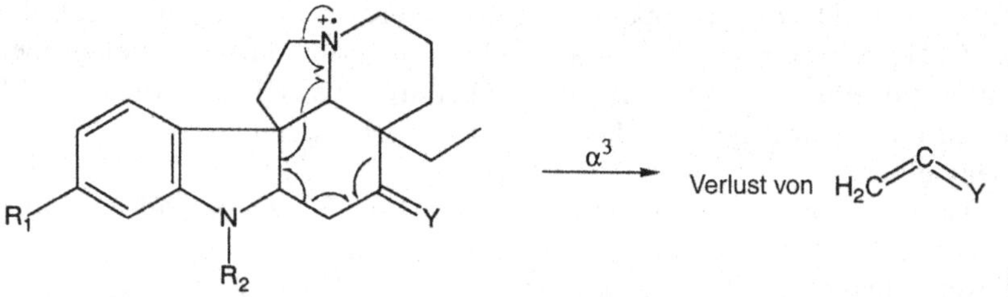

α^3 → Verlust von $H_2C{=}C{=}Y$

(11.17)

8.1. Ein relativ intensives $(M-2)^{+\cdot}$-Ion ist sehr ungewöhnlich. Deshalb sollte 164/166 als mögliches Isotopenmuster untersucht werden. Mehrere solcher Ionenpaare enthalten jeweils ein Bromatom. Die Ionen-Serie *m*/*z* 15, 29, 43, 57, 71 und 85 weist auf Alkylgruppen bis C_6 oder Carbonyl bis C_5 hin. Die Brom-haltige Ionen-Serie *m*/*z* 79/81, 93/95, 107/109, 121/123 und 135/137 unterstützt die Hinweise auf das Vorhandensein einer Alkylkette stark und führt für die *m*/*z* 164/166-Ionen zur Formel $C_6H_{13}Br$. Die Abspaltung des kleinen Ethylradikals sollte gegenüber der Abspaltung von $C_nH_{2n}Br\cdot$ vom selben C-Atom nicht bevorzugt sein. Eine logische Erklärung für die intensiven *m*/*z* 135/137-Ionen ist die Substitutionsreaktion 4.42. [1-Bromhexan]

8.2. Der druckabhängige Peak bei *m*/*z* 180 ist wahrscheinlich ein $(M + 1)^+$-Ion (McLafferty 1957b) mit ungefähr elf C-Atomen. Dann enthält $M^{+\cdot}$ (*m*/*z* 179) eine ungerade Zahl von Stickstoffatomen. Die Peaks bei *m*/*z* 120 und 88 haben maximal acht bzw. drei C-Atome. Die Peaks bei niedriger Masse weisen auf einen Aromaten, ein gesättigtes Amin (*m*/*z* 30) und sauerstoffhaltige Funktionsgruppen (*m*/*z* 31, 45) hin. Die Peaks bei $(M-31)^+$, $(M-32)^{+\cdot}$ und $(M-59)^+$ lassen sich durch eine Methylestergruppe ($-CO-OCH_3$, Tab. A.5) erklären. Zwei der größeren Peaks im Spektrum, *m*/*z* 88 und 91, können durch Spaltung derselben Bindung entstehen (88 + 91 = 179). Bei *m*/*z* 91 könnte es sich um $C_6H_5CH_2{}^+$ handeln. Die größere Intensität des *m*/*z* 88-Peaks deutet auf eine Stabilisierung der Ladung durch die Amineinheit hin. $-CH(=N^+H_2)COOCH_3$ ist die einzige Gruppe, die auch die Carboxymethylgruppe enthält. Dies steht im Einklang mit der hohen Intensität von *m*/*z* 120. Der Peak bei *m*/*z* 131 entsteht wahrscheinlich durch die kombinierte Abspaltung von CH_3O und NH_3. [Phenylalaninmethylester]

8.3. Das Ion bei *m/z* 103 enthält fünf C-Atome. Diese Annahme basiert auf der C_4-Zusammensetzung von *m/z* 88. Die intensive 30, 44, 58, 72 Ionen-Serie weist auf ein gesättigtes Amin hin. Damit ergibt sich für *m/z* 103 die Formel $C_5H_{13}NO$. Dieser Peak besteht die $M^{+\cdot}$-Tests. α-Spaltungen am Amin sollten die dominierenden Reaktionen sein. Unter der Voraussetzung, daß eine Hydroxylgruppe vorhanden ist, entstehen die $(M-CH_3)^+$- und $(M-CH_3O)^+$-Peaks durch eine $N-C-CH_3$- bzw. $N-C-CH_2OH$-Einheit. Mögliche Moleküle sind: (*a*) $HOCH_2CH(CH_3)NHC_2H_5$, (b) $HOCH_2CH(CH_3)N(CH_3)_2$, (*c*) $HOCH_2C(CH_3)_2NHCH_3$, (*d*) $HOCH_2CH_2NHCH(CH_3)_2$ und (*e*) $HOCH_2CH_2N(CH_3)C_2H_5$. Bei jeder dieser Verbindungen ist außer $(M-H)^+$, $(M-CH_3)^+$ und $(M-CH_3O)^+$ keine weitere α-Spaltung möglich. Der Basispeak bei *m/z* 30 entsteht durch den weiteren Zerfall eines der α-Spaltungsprodukte (*m/z* 88 oder 72) unter Wasserstoffwanderung (Gl. 4.43). Bei den tertiären Aminen *b* und *e* ist dies jedoch nicht möglich. Die Reaktionen der verbleibenden Moleküle lauten:

$$a \begin{cases} \xrightarrow{\alpha} HOCH_2CH(CH_3)N^+H{=}CH_2 \xrightarrow{rH} H_2N^+{=}CH_2 \quad (m/z\ 30) \\ \xrightarrow{\alpha} HOCH_2CH{=}N^+HC_2H_5 \xrightarrow{rH} HOCH_2CH{=}N^+H_2 \quad (m/z\ 60) \\ \xrightarrow{\alpha} CH_3CH{=}N^+HC_2H_5 \xrightarrow{rH} CH_3CH{=}N^+H_2 \quad (m/z\ 44) \end{cases} \qquad (11.18)$$

$$c \begin{cases} \xrightarrow{\alpha} HOCH_2C(CH_3){=}NHCH_3 \not\longrightarrow \\ \xrightarrow{\alpha} (CH_3)_2C{=}N^+HCH_3 \not\longrightarrow \end{cases} \qquad (11.19)$$

$$d \begin{cases} \xrightarrow{\alpha} HOCH_2CH_2N^+H{=}CHCH_3 \xrightarrow{rH} H_2N^+{=}CHCH_3 \quad (m/z\ 44) \\ \xrightarrow{\alpha} H_2C{=}N^+HCH(CH_3)_2 \xrightarrow{rH} H_2C{=}N^+H_2 \quad (m/z\ 30) \end{cases} \qquad (11.20)$$

c sollte demnach nur schwache *m/z* 30- und 44-Peaks zeigen. In a entsteht das Ion bei *m/z* 88 hauptsächlich durch Abspaltung von CH_3 vom stärker verzweigten α-C-Atom, so daß ein intensives *m/z* 60-Ion vorhanden sein sollte. Die Struktur *d* erkärt die intensiven Peaks bei *m/z* 30 und 44 korrekt. Das bedeutende Ion bei *m/z* 70 entspricht der stabilen $CH_2{=}CH-NH^+{=}CHCH_3$-Struktur. [*N*-(2-Hydroxyethyl)-*N*-isopropylamin]

8.4. Haben Sie dem Peak bei *m/z* 75 die Formel $C_3H_7O_2$ und dem Ion bei *m/z* 45 die Formel C_2H_5O zugeordnet? Falls nicht, sollten Sie annehmen, daß diese Daten durch hochauflösende Massenspektrometrie zur Verfügung stehen und die Aufgabe erneut bearbeiten.

Dieses Spektrum ist schwierig zu identifizieren, da für jedes Haupt-Ion mehrere verschiedene isobare Formeln möglich sind und das Molekül-Ion fehlt.

Trotzdem finden viele Studenten in relativ kurzer Zeit die korrekte Struktur, weil die Daten sehr gut zu dieser Struktur passen. Ohne Referenzspektren ist es schwierig, viele andere mögliche Strukturen eindeutig auszuschließen. Deshalb kann solch ein „Tip" oft sehr wertvoll sein.

Bei Verbindungen mit niedrigem Molekulargewicht deutet des Fehlen von $M^{+\cdot}$ auf eine gesättigte Struktur hin (Tab. A.4). Bei den intensiven *m/z* 31-, 45- und 75-Ionen handelt es sich mit höchster Wahrscheinlichkeit um CH_3O^+, $C_2H_5O^+$ bzw. $C_3H_7O_2{}^+$. *m/z* 75 muß demnach zwei funktionelle Gruppen enthalten. Da kein $(M-18)^{+\cdot}$-$OE^{+\cdot}$-Ion existiert, sollten keine Hydroxylgruppen vorhanden sein. Der intensive $CH_3{}^+$-Peak deutet vielmehr auf eine CH_3O-Einheit hin, denn die relativen Ionen-Stabilitäten sagen für $CH_3{}^+$ eine geringe Intensität voraus, wenn es nicht an eine elektronenziehende Gruppe gebunden ist. Die CH_3O-Gruppe hängt wahrscheinlich an einer $-CH_2-$-Gruppe, da sie kein Bestandteil einer $CH_3OCH(CH_3)-$- oder $CH_3OC(CH_3)_2$-Gruppe sein kann. Wenn diese Gruppen vorhanden wären, müßten die Ionen bei *m/z* 59 und 73 viel intensiver sein. Die wenigen intensiven Ionen im Spektrum deuten auf eine einfache Molekülstruktur hin. Deshalb kann eine der beiden sauerstoffhaltigen Funktionsgruppen im *m/z* 75-Ion auch im *m/z* 45-Ion vorkommen. Wenn keine Hydroxylgruppe existiert, ist die logischste Struktur des *m/z* 75-Ions $(CH_3O)_2CH-$ und die des Moleküls $CH_3OCH_2OCH_3$. Diese Ableitung liefert keinen eindeutigen Beweis für die Struktur anhand der massenspektrometrischen Daten, sondern stellt einen Weg zur Hypothese einer möglichen Struktur dar, die dann mittels Referenzspektren oder anderer Techniken überprüft werden muß. [Methylal]

$$CH_3O-CH_2-\overset{+\cdot}{O}CH_3 \xrightarrow{\alpha} H\cdot + CH_3O-\overset{+}{C}H-OCH_3 \quad (m/z\ 75)$$

$$CH_3O-CH_2-\overset{+\cdot}{O}CH_3 \xrightarrow{\alpha} CH_3O\cdot + H_2C{=}\overset{+}{O}CH_3 \quad (m/z\ 45) \qquad (11.21)$$

8.5. Das Ion bei der Masse 122 besitzt sieben Kohlenstoff- und zwei Sauerstoffatome. Es könnte sich um $C_7H_6O_2$ mit einem r + db-Wert von 5 handeln. Das *m/z* 104-Ion hat sieben C-Atome und ist genau wie *m/z* 94 und 76 ein $OE^{+\cdot}$-Ion. Masse 122 ist höchstwahrscheinlich das Molekül-Ion. Seine Intensität deutet auf ein sehr stabiles Molekül hin. Im unteren Massenbereich zeigt die dominierende Ionen-Serie einen aromatischen Kohlenwasserstoff an; die fünf Doppelbindungsäquivalente entsprechen einem Phenylring und einer zusätzlichen Doppelbindung oder einem weiteren Ring. Der auffallende $(M-1)^+$-Peak deutet auf ein labiles Wasserstoffatom hin. $(M-18)^{+\cdot}$ zeigt die einfache Abspaltung von H_2O an (laut Tab. A.5 weist dies auf eine Hydroxylgruppe hin). Bei den $(M-28)^{+\cdot}$- und $(M-29)^{+}$-Ionen handelt es sich wahrscheinlich um $C_6H_6O^{+\cdot}$ bzw. $C_6H_5O^{+}$, die durch Abspaltung von CO bzw. COH entstehen, denn die Abspaltung von C_2H_4 bzw. C_2H_5 würde zu ungewöhnlich stark ungesättigten Strukturen führen. $(M-29)^{+}$ deutet auf eine $-$CHO-Gruppe hin, die für das fünfte Doppelbindungsäquivalent verantwortlich ist. Mit diesen Teilstrukturen (labiles H-Atom, Phenylrest, $-$OH- und $-$CHO-Gruppe) ergibt sich der Strukturvorschlag $HO-C_6H_4-CHO$, mit dem sich auch das Ion bei *m*/*z* 76 ($C_6H_4^{+\cdot}$) erklären läßt. Das $OE^{+\cdot}$-Ion bei *m*/*z* 104 zeigt, daß es sich um das *ortho*-Isomer handelt. Der $(M-CO)^{+\cdot}$-Peak tritt auch in den Spektren von Phenolen auf. [Salicylaldehyd]

(11.22)

8.6. Das *m*/*z* 99/98-Verhältnis ist zu groß, als daß *m*/*z* 98 das Molekül-Ion sein könnte. Der Peak bei *m*/*z* 84 spricht viel eher für *m*/*z* 99 als Kandidaten für das Molekül-Ion. Dann enthält das Molekül im Einklang mit der C_3H_4N-Formel für *m*/*z* 54 (EE^{+}-Ion, r + db = 2) eine ungerade Zahl von Stickstoffatomen. Da *m*/*z* 59 (EE^{+}-Ion, r + db = 0) Sauerstoff enthält, ist die logischste Zuordnung für *m*/*z* 84 C_4H_6NO (EE^{+}-Ion, r + db = 2). Damit hat das $M^{+\cdot}$-Ion die Zusammensetzung C_5H_9NO. Die intensiven Ionen bei *m*/*z* 31, 45 und 59 deuten auf einen Alkohol oder einen Ether hin (Tab. A.6). Für *m*/*z* 54 schlägt Tabelle A.6 $-C_2H_4CN$ vor. Die Nitrilgruppe erklärt auch die ungewöhnlichen $(M-1)^{+}$- und $(M-27)^{+}$-Ionen. Beim *m*/*z* 59-Ion liegt höchstwahrscheinlich eine $HOC(CH_3)_2-$, $CH_3OCH(CH_3)-$ oder $C_2H_5OCH_2-$-Gruppe vor, da $(M-15)^{+} \gg (M-29)^{+}$ ist. Das einzige dieser drei Ionen, das den Basispeak bei Masse 31 erklären kann (Gl. 11.25), ist $C_2H_5OCH_2-$. [β-Cyanoethylethylether]

$$CH_3CH_2\overset{+\cdot}{O}CH_2CH_2CN \xrightarrow{\alpha} CH_3\cdot + \underset{m/z\ 84}{CH_2{=}\overset{+}{O}CH_2CH_2CN} \qquad (11.23)$$

$$CH_3CH_2\overset{+\cdot}{O}CH_2CH_2CN \xrightarrow{i} CH_3CH_2O\cdot + \overset{+}{C}H_2CH_2CN \quad (11.24)$$

m/z 54

$$CH_3CH_2\overset{+\cdot}{O}CH_2CH_2CN \xrightarrow[\alpha]{-\cdot CH_2CN} \text{H}\ \overset{+}{O}{=}CH_2\ (CH_2CH_2) \xrightarrow{rH} C_2H_4 + H\overset{+}{O}{=}CH_2 \quad (11.25)$$

8.7. Das Ion bei m/z 150 besteht aus sieben C- und drei O-Atomen. Dies steht im Einklang mit den C_8- und O_3-Einheiten in m/z 165. Der Peak bei m/z 104 hat maximal sieben Kohlenstoffatome. Das Isotopenverhältnis des m/z 43-Ions deutet auf die Zusammensetzung C_2H_3O hin. Keiner dieser Tests spricht gegen m/z 165 als Molekül-Ion. Das Molekül muß demnach eine ungerade Zahl von N-Atomen besitzen. Die Massen 104 und 76 *können* intensive $OE^{+\cdot}$-Ionen sein. Das Molekül scheint stabil zu sein, da es nur wenige intensive Peaks ergibt. Die niedrige aromatische Serie weist auf elektronegative Substituenten hin. Aus dem intensiven $(M-15)^+$-Ion ist die einfache Abspaltung von CH_3 ersichtlich und m/z 43 und $(M-43)^+$ deuten auf eine Acetylgruppe, $-COCH_3$, als mögliche Quelle dieser Abspaltung hin. Wenn die Acetylgruppe am Phenylrest sitzt, liefert Gleichung 11.26 eine Erklärung für den intensiven Peak bei m/z 104. Dieser Zerfall eines EE^+-Ions, der zu einem intensiven $OE^{+\cdot}$-Ion führt, ist außergewöhnlich und erfordert eine stark elektronenziehende Gruppe Y. m/z 76 liefert eine zusätzliche Bestätigung dieser Struktur, da er gewöhnlich bei disubstituierten Aromaten auftritt (Tab. A.6). Demnach enthält die zweite funktionelle Gruppe $165-(76+43)=46$ amu. Es handelt sich wahrscheinlich um NO_2. Diese Differenz tritt auch zwischen $C_7H_4NO_3$ (m/z 150) und C_7H_4O (m/z 104) auf. Die Abspaltung von NO ist für Nitroaromaten typisch (Tab. A.5). m/z 120 ist dann $(M-CH_3-NO)^{+\cdot}$ und m/z 92 $(M-CH_3CO-NO)^{+\cdot}$. [*p*-Nitroacetophenon]

$$Y{-}C_6H_4{-}CO{-}CH_3^{+\cdot} \xrightarrow{\alpha} Y{-}C_6H_4{-}CO^+ \xrightarrow{i} Y\cdot + C_6H_4CO^{+\cdot} \quad (11.26)$$

8.8. Die Zusammensetzung des Peaks bei m/z 248 ergibt sich aus den Isotopenhäufigkeiten zu $C_{13}H_6OCl_2$. Das entspricht dem Ersatz der Elemente CH_2Cl_2 in DDE durch ein Sauerstoffatom und führt zu einer Zunahme der Doppelbindungsäquivalente von 9 auf 10. Der m/z 248-Peak besteht die Prüfungen für das Molekül-Ion. Es existieren keine Peaks mit mehr als zwei Chloratomen. Das intensive $OE^{+\cdot}$-Ion bei m/z 220 liefert einen zusätzlichen starken Hinweis auf die Anwesenheit von Sauerstoff. Denn es entsteht durch Verlust von CO und nicht von C_2H_4, dessen Abspaltung bei einem hocharomatischen Molekül sehr unwahrscheinlich ist. Die Zusammensetzung des $OE^{+\cdot}$-Ions bei m/z 150 ist wahrscheinlich $C_{12}H_6^{+\cdot}$. Es kann weder Chlor noch Sauerstoff enthalten, deshalb muß es sich um $(M-Cl_2-CO)^{+\cdot}$ handeln. Dies ist ein weiterer Beweis, daß das $OE^{+\cdot}$-Ion bei *m/z* 220 nicht $(M-C_2H_4)^{+\cdot}$ sondern $(M-CO)^{+\cdot}$ ist. Eine starke CO-Abspaltung spricht für ein Phenol oder eine endocyclische Carbonylgruppe. Letztere steht im Einklang mit dem aus chemischer Sicht logischen Molekül. [3,6-Dichlorfluorenon]

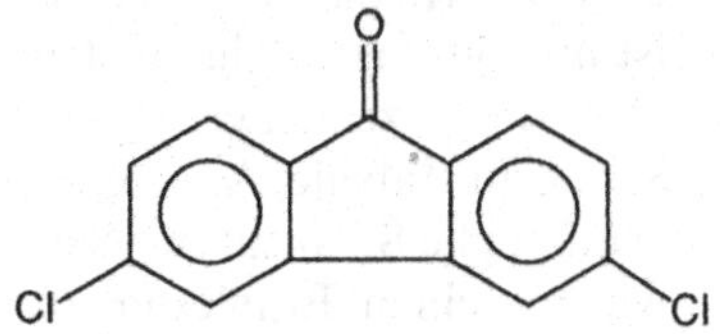

O
Cl Cl
(11.27)

8.9. Der Peak bei *m/z* 303 entspricht mit seiner Masse und seinen Isotopenhäufigkeiten dem $M^{+\cdot}$ von Kokain. Die relative Intensität dieses Peaks steht im Einklang mit der Stabilität dieses cyclischen Moleküls. Im Spektrum ist eine aromatische Ionen-Serie vorhanden. Die intensiven (68), 82 und 96-Ionen stehen für eine EE^+-Bicycloalkylamin-Serie und/oder eine $OE^{+\cdot}$-Cycloalkyl-Serie (Tab. A.6). Dies wird durch die Intensität von *m/z* 42, 55, 83 und 97 unterstützt. Die intensiven $(M-31)^+$- $(M-105)^+$- und $(M-121)^+$- Peaks bei höherer Masse sind deutliche Hinweise auf eine Methylester-, Benzoyl- bzw. Benzoyloxygruppe. Die entsprechenden Ionen bei *m/z* 59, 105 und 122 ($OE^{+\cdot}$-Ion, Gl. 4.33) liefern zusätzliche Beweise für die Methoxycarbonyl-, Benzoyl- bzw. Benzoyloxygruppe. Information über die Elementarzusammensetzung aus einer Hochauflösung würde alle diese Hinweise allerdings noch eindeutiger machen. Zum Beispiel könnte der große Peak bei *m/z* 122 auch durch Abspaltung einer Benzoyloxygruppe und von Essigsäure entstehen. Dabei würde das stabile EE^+-Ion $C_8H_{12}N^+$ gebildet. Der Peak bei *m/z* 94 entspräche dann der Abspaltung von C_2H_4 aus diesem Ion (Gl. 4.31). [Kokain]

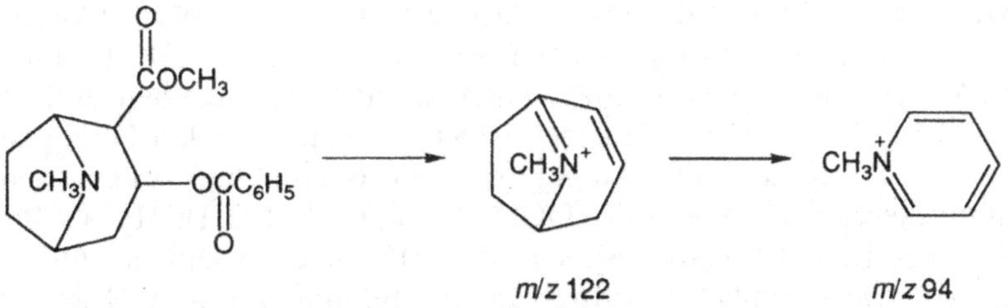

O
COCH$_3$
CH$_3$N
OCC$_6$H$_5$
O
CH$_3$N$^+$
CH$_3$N$^+$
m/z 122
m/z 94
(11.28)

8.10. Da es sich bei dieser Verbindung um den Ethylester einer Aminosäure handelt, müssen mindestens zwei Sauerstoff- und einem Stickstoffatom vorhanden sein. Das *m/z* 177/179-Verhältnis stellt ein Isotopenmuster dar, dessen Intensitäten mit einem Schwefel- und etwa acht Kohlenstoffatomen übereinstimmen. Auch in den Peaks bei *m/z* 148, 131, 104 und 61 ist wahrscheinlich ein Schwefelatom enthalten. Um die Elementarzusammensetzung zu berechnen, muß von der Masse 177 die Masse von S_1, O_2 und N_1 abgezogen werden (177 − 32(S_1) − 32(O_2) − 14(N) = 99). Das Ergebnis entspricht C_8H_3 (bei Ethylestern nicht möglich) oder C_7H_{15}. Keiner der Tests führt zum Ausschluß von *m/z* 177 ($C_7H_{15}NO_2S$) als Molekül-Ion. Weitere $OE^{+\cdot}$-Ionen sind aufgrund des Stickstoffatoms schwierig zu erkennen.

Die vielen funktionellen Gruppen, die im Molekül vorhanden sind, machen es schwieriger, die Ionen-Serien bei geringer Masse zu erkennen und zu bewerten. In der Alkylamin-Serie ist *m/z* 30 das einzige bedeutende Ion. Diese Tatsache und der deutliche $(M-17)^+$-Peak zeigen eine freie Amingruppe an. Von den schwefelhaltigen Ionen-Serien in Tabelle A.6 stellen die Alkylthiol- oder Sulfid-Serie *m/z* 47, 61, 75 eine mögliche Struktur der Schwefelgruppe im Molekül dar. Außerdem treten, wie für einen Ethylester zu erwarten, $(M-15)^+$, $(M-29)^+$ und $(M-26)^{+\cdot}$ auf. Nach Tabelle A.5 kann das $(M-48)^{+\cdot}$-Ion von einem Methylsulfid stammen. Dies unterstützt die Zuordnung $CH_3SCH_2{}^+$ als Struktur des Basispeaks bei *m/z* 61 und als Gruppe, die aus *m/z* 116 abgespalten wird. $(M-73)^+$ tritt bei $R-COOC_2H_5$-Verbindungen auf (Gl. 11.29), wenn R^+ stabilisiert wird, wie es bei α-Aminosäuren der Fall ist (Tab. A.5). Das stabile R^+-Ion ist auch für das Fehlen der erwarteten $(M-C_2H_4)^{+\cdot}$- und $(M-C_2H_3)^+$-Peaks verantwortlich. Der Rest R in $R-CHNH_2COOC_2H_5$ muß die Masse 177 − 102 = 75 besitzen und die CH_3SCH_2--Gruppe enthalten. Daraus ergibt sich die Struktur des Moleküls zu $CH_3SCH_2CH_2CHNH_2COOC_2H_5$. Die Bildung von *m/z* 56 ist in Gleichung 8.99 erklärt. [Methioninethylester]

$$R-\underset{|}{CH}(\overset{+\cdot}{N}H_2)-COOC_2H_5 \xrightarrow{\alpha} R-CH{=}\overset{+}{N}H_2 + \cdot COOC_2H_5 \qquad (11.29)$$

8.11. Die Maximalwerte für die einzelnen Elemente sind nicht besonders aussagekräftig. Der Peak bei *m/z* 75 kann nicht der $M^{+\cdot}$ sein, da *m/z* 61 sonst ein $(M-14)^{+\cdot}$-Ion sein müßte. Die Seltenheit von Peaks mit gerader Masse deutet darauf hin, daß der wahre $M^{+\cdot}$ ein Ion mit gerader Masse ist. Durch die 31, 45, (59, 73)-Ionen-Serie wird eine gesättigte Sauerstoff-Funktionsgruppe angezeigt. *m/z* 75 und 61 ($C_2H_5O_2{}^+$) weisen auf eine zweite hin ($C_3H_9O^+$ sollte ohne Ionen-Molekül-Reaktionen nicht so intensiv auftreten, außerdem kann es sich bei *m/z* 62 nicht um $C_3H_{10}O^{+\cdot}$ handeln). Der metastabile Peak bei *m/z* 30.4 zeigt, daß *m/z* 61 Wasser abspalten kann ($30.4 = 43^2/61$). Die einleuchtendsten Strukturen für diesen Peak sind $-CH_2OCH_2OH$ und $-CH(OH)CH_2OH$. Bei *m/z* 74, 62 und 44 (und 32? Haben Sie sie markiert?) treten bedeutende $OE^{+\cdot}$-Ionen auf. Der wahrscheinlichste Prozeß für die Bildung von *m/z* 74 ist die Abspaltung von H_2O (oder ROH). Daraus ergibt sich *m/z* 92 (74 + 18; $C_3H_8O_3$) oder ein höheres Homologes als $M^{+\cdot}$-Kandidat. Verbindungen wie $HOCH_2CH_2OCH_2OH$ und $CH_3OCH_2OCH_2OH$ (wenn sie stabil ist) bilden intensive *m/z* 45- und $(M-17)^+$-Ionen ($RCH_2O{=}CH_2$). Glycerin, $HOCH_2CH(OH)CH_2OH$, ist eine logische Alternative. Die Peaks bei *m/z* 62 und 44 können durch Wasserstoffumlagerungen erklärt werden (Gl. 11.30). [Glycerin]

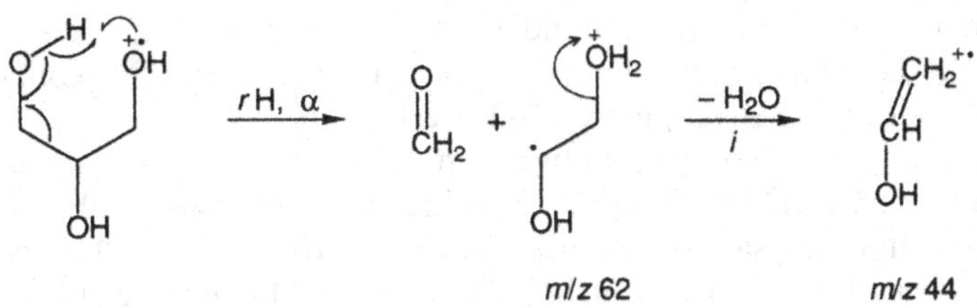

rH, α; $-H_2O$, i (11.30)

m/z 62 m/z 44

8.12. Der Peak bei m/z 141 kann der $M^{+\cdot}$ sein, wenn er eine ungerade Zahl von Stickstoffatomen enthält. Er enthält C_4NO (oder C_3N_3O) und m/z 126 entspricht C_3NO. Außerdem treten die „A"-Elemente F und/oder P auf. Die berechneten maximalen Kohlenstoffzahlen anderer Ionen lauten: m/z 114, 97 und 78, C_2 und m/z 72, C_3. Der $(M-69)^+$-Peak bei m/z 72 hat demnach nur C_1 verloren. Eine logische Zuordnung ist $(M-CF_3)^+$. $CF_3{}^+$ ist auch für den intensiven Peak bei m/z 69 verantwortlich. $C_4H_6NOF_3$ mit r + db = 1 sollte das $M^{+\cdot}$ sein. Das ungewöhnliche $(M-27)^+$-Ion muß durch Abspaltung von $C_2H_3\cdot$ und nicht von HCN entstehen, da ein Cyanid mehr als ein Doppelbindungsäquivalent erfordert. Nach Tabelle A.5 ist ein Ethylamid für den $(M-C_2H_3)^+$-Peak verantwortlich. Damit erhält man die Molekülstruktur $CF_3CONHC_2H_5$. Diese Verbindung sollte durch α-Spaltungen am Stickstoff intensive $(M-CH_3)^+$- und m/z 72-Peaks und durch α-Spaltungen an der Carbonylgruppe Peaks bei m/z 97 und (wiederum) 72 aufweisen. Die Wasserstoffumlagerung von m/z 72 gemäß Gleichung 4.43 führt zu m/z 44: $H-CH_2CH_2-N^+H=C=O \rightarrow C_2H_4 + H_2N^+=C=O$. [Ethyltrifluoracetamid]

9.1. Die intensive $C_nH_{2n+1}{}^+$-Ionen-Serie deutet auf ein Alkan hin. Die $OE^{+\cdot}$/EE^+-Peakpaare liegen bei m/z 210/211, 238/239 und 266/267. Dies entspricht n_p-Werten von 15, 17 und 19. Für RR'R"CH-Alkane ergeben sich die Gleichungen $n + n' + 1 = 15$, $n + n'' + 1 = 17$ und $n' + n'' + 1 = 19$. Die Lösung dieses Gleichungssystems führt zu $n = 6$, $n' = 8$ und $n'' = 10$ und damit zu 9-Hexylnonadecan, $C_{25}H_{52}$ (die R^+- und $(R-H)^{+\cdot}$-Peaks sind unbedeutend). Bei der Formel $R_2R'R''C$ lauten die Gleichungen: $2n + n' + 1 = 15$, $2n + n'' + 1 = 17$ und $n + n' + n'' + 1 = 19$. Als Lösung ergibt sich: $n = 4$, $n' = 6$ und $n'' = 8$ und damit 7,7-Dibutylpentadecan, $C_{23}H_{48}$ (das Einsetzen von n_p in der Reihenfolge $n_p = 17, 19, 15$ führt zu nicht ganzzahligen n-Werten). Bei den Formeln $RR'CH(CH_2)_mCHRR'$ und $R_2R'C(CH_2)_mCR_2R'$ ergeben die Lösungen der entsprechenden Gleichungen negative m-Werte. Bei der Verbindung handelt es sich in Wirklichkeit um ein Isoprenoid, aber die Methylverzweigungen sind nur durch Spektrenvergleich mit nahe verwandten Verbindungen zu erkennen. [2,6,10,14-Tetramethyl-7-(3-methylpentyl)pentadecan]

9.2. Dies war eine Fangfrage. Die Verbindung ist kein Phenol, was Sie annehmen konnten, wenn Sie den $OE^{+\cdot}$-Peak bei m/z 172 fälschlicherweise als $(M-CO)^{+\cdot}$ gedeutet haben. Seine Elementarzusammensetzung lautet C_6H_5OBr und die des wahrscheinlichen $M^{+\cdot}$-Ions bei m/z 200 C_8H_9OBr. Vertauschen Sie nicht die Reihenfolge der Schritte der Standard-Interpretationsmethode! Die Abspaltung von C_2H_4 unter Umlagerung kann nicht auftreten, wenn die C_2H_4-

Einheit direkt am aromatischen Ring gebunden ist. Die Abspaltung tritt dagegen leicht auf, wenn diese Gruppe an ein anderes Atom (wie Sauerstoff) gebunden ist, das am Ring sitzt. [*p*-Bromphenylethylether]

9.3. Die Berechnung der Isotopenhäufigkeiten führt zu den Zusammensetzungen $C_8H_6O_4$ und $C_8H_5O_3$ für die Peaks bei *m/z* 166 bzw. 149 (mit jeweils sechs Doppelbindungsäquivalenten). Das $OE^{+\cdot}$-Ion bei *m/z* 166 ist ein logischer Anwärter für das Molekül-Ion. Im unteren Massenbereich existieren charakteristische aromatische Ionen und die intensiven Peaks bei *m/z* 149 $[(M-17)^+]$, *m/z* 121 $[(M-17-28)^+]$ und *m/z* 45 (CHO_2^+) weisen deutlich auf eine Carboxylgruppe hin. Die C_6H_5-- und $-COOH$-Einheiten lassen in der Molekülformel nur einen CO_2-Rest übrig. Dies führt zu einer Benzoldicarbonsäure als logischer Struktur. Die Intensität des Peaks bei *m/z* 122 ist zwar etwas größer als vom Isotopenbeitrag her erwartet, aber „ortho-Effekte" würden zu viel intensiveren (45% und 55%) *m/z* 122 und 148-Peaks führen. [Terephthalsäure]

9.4. Die α-Spaltung des 12-Isomers ergibt zwei mögliche Radikale. Keines von beiden kann ein Wasserstoffatom abstrahieren, um in Analogie zu Gleichung 9.42 den Peak bei *m/z* 99 $(C_5H_7O_2^+)$ zu bilden. Beim 17-Keto-Derivat führt dagegen die α-Spaltung der schwächsten Bindung zu *m/z* 99.

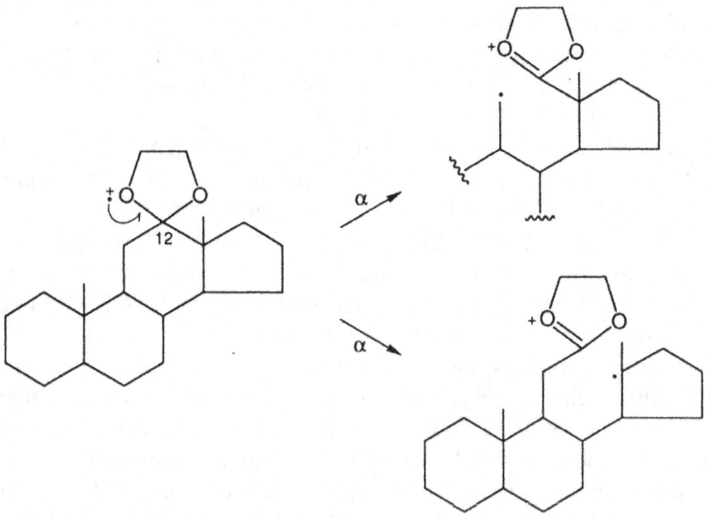

(11.31)

9.5. Die Isotopenhäufigkeiten des Peaks bei *m/z* 154 zeigen die Zusammensetzung $C_8H_{10}OS$ mit r + db = 4 an. Dieser Peak besteht die $M^{+\cdot}$-Tests. Es existiert eine aromatische Ionen-Serie und die Peaks bei 69, 82, 95–7 und 108 sprechen für ein Schwefelatom an einem aromatischen Ring (Tab. A.6), obwohl auch ein Thiophen, das mit einer ungesättigten oder cyclischen Gruppe substituiert ist, möglich ist. Die Peaks bei *m/z* 47 und 61 weisen auf eine Alkylkette am Schwefel hin. Der $OE^{+\cdot}$-Peak bei *m/z* 126 hat die Zusammensetzung C_6H_6OS

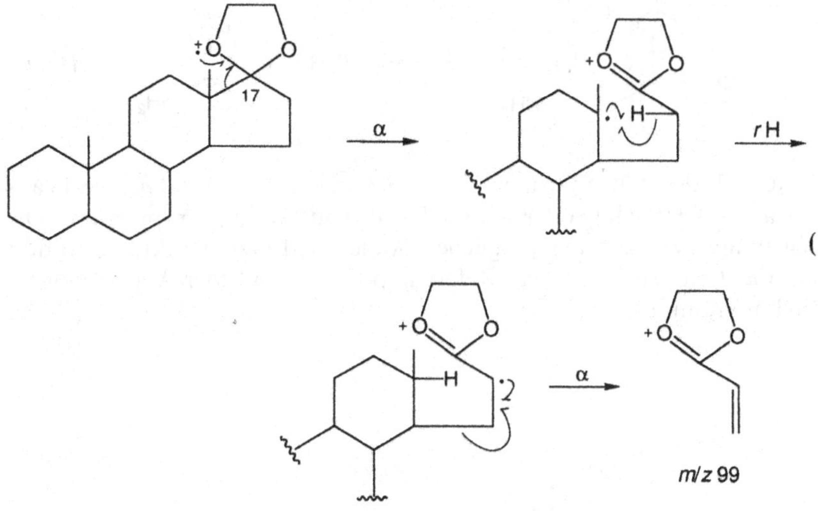

(11.32)

(vergessen Sie nicht, daß die m/z 125-Isotope zum m/z 127-Peak beitragen) oder $(M-C_2H_4)^{+\cdot}$. Die möglichen Bildungsmechanismen schließen Gleichung 4.36 bei *a* und Gleichung 4.31 bei *b* ein. Der Peak bei m/z 121, $(M-CH_3-H_2O)^+$, macht eine Hydroxylgruppe wahrscheinlich, die möglicherweise in ortho-Position angeordnet ist. m/z 98 und vielleicht auch m/z 97 enthalten noch Schwefel. Es handelt sich also in Übereinstimmung mit einer phenolischen Hydroxylgruppe um $(M-C_2H_4-CO)^{+\cdot}$ bzw. $(M-C_2H_4-CHO)^+$. [Ethyl-*o*-hydroxyphenylsulfid]

(11.33)

9.6. Wenn es sich bei Masse 101 um das Molekül-Ion handelt, muß eine ungerade Zahl von Stickstoffatomen vorliegen. $(M-CH_3)^+$ scheint nicht mehr als vier C-Atome und m/z 59 zwei C-Atome und nicht meht als ein O-Atom zu enthalten. Jede EE^+-Ionen-Serie in Tabelle A.6, die m/z 59 enthält, fällt aufgrund der Isotopenhäufigkeiten aus. Die Identität dieses Fragment-Ions ist in der Tat ein wichtiger Schlüssel zur Identifizierung der unbekannten Verbindung. Mit maximal zwei C- und einem O-Atom und mit Stickstoff ist C_2H_5NO eine logische Formel für m/z 59. Es handelt sich um ein *$OE^{+\cdot}$-Ion*, nämlich um $(M-42)^{+\cdot}$. Tabelle A.7 schlägt H_2NCOCH_2-Z-H oder $HON=CHCH_2-Z-H$ vor. Aus Tabelle A.5 ergibt sich für Z (42 amu) C_3H_6

$$\text{CH}_3\text{CH(CH}_3\text{)CH}_2\text{C(=O}^{+\bullet}\text{)NH}_2 \xrightarrow{rH} C_3H_6 + {}^{\bullet}CH_2C(=\overset{+}{O}H)NH_2 \qquad (11.34)$$

oder CH_2CO. Entsprechend deuten die intensiven $(M-15)^+$- und m/z 43-Peaks entweder auf $-CH(CH_3)_2$ oder $-COCH_3$ als endständige Gruppen hin. Die Unterscheidung zwischen der möglichen Amid- und Oximstruktur erfordert ebenfalls die Untersuchung von Referenzspektren ähnlicher Verbindungen. [3-Methylbutyramid]

Literatur

Abbott, S. J., S. R. Jones, S. A. Weinman, F. M. Bockhoff, F. W. McLafferty und J. R. Knowles. 1979. *J. Am. Chem. Soc.* 101:4323.

Aczel, T. (Hrsg.) 1986. *Mass Spectrometric Characterization of Shale Oils*. Amer. Soc. for Testing and Materials: Philadelphia, PA. 147 S.

Adams, F., R. Gijbels und R. Van Grieken (Hrsg.) 1988. *Inorganic Mass Spectrometry*. Wiley: New York. 404 S.

Adams, J. 1990. *Mass Spectrom. Rev.* 9:141–186.

Adams, J. und M. L. Gross. 1989. *J. Am. Chem. Soc.* 111:435.

Ahmed, M. S., C. E. Hudson, C. S. Giam und D. J. McAdoo. 1991. *Org. Mass Spectrom.* 26:1089.

Amirav, A. 1991. *Org. Mass Spectrom.* 26:1.

Anderegg, R. J. 1988. *Mass Spectrom. Rev.* 7:395–424.

Andersson, B. A., W. H. Heimermann und R. T. Holman. 1974. *Lipids* 9:443.

Andersson, B. A., L. Lundgren und G. Stenhagen. 1980. In Waller und Dermer 1980, S. 855–894.

Arnett, E. M., J. C. Sanda, J. M. Bollinger und M. Barber. 1967. *J. Am. Chem. Soc.* 89:5389.

Arpino, P. 1990. *Mass Spectrom. Rev.* 9:631–670.

Ash, J. E., P. A. Chubb, S. E. Ward, S. M. Welford und P. Willett. 1985. *Communication, Storage and Retrieval of Chemical Information*. Halsted-Wiley: Chichester, England. 297 S.

Audier, H. E. 1969. *Org. Mass Spectrom.* 2:283.

Audier, H. E. 1978. *Org. Mass Spectrom.* 13:315.

Audier, H. E., M. Fetizon und J.-C. Tabet. 1975. *Org. Mass Spectrom.* 10:639 und dort zitierte Literatur.

Audier, H. E., A. Millet, C. Perret, J.-C. Tabet und P. Varenne. 1977. *Nouv. J. Chim.* 1:269.

Audier, H. E., A. Millet und G. Sozzi. 1984. *Org. Mass Spectrom.* 19:522–523.

Audier, H. E., A. Millet und J.-C. Tabet. 1980. *Helv. Chim. Acta* 63:344.

Audier, H. E. und G. Sozzi. 1984. *Org. Mass Spectrom.* 19:150.

Baer, T. 1979. In Bowers 1979, 1:153.

Bahr, J. L. 1973. *Contemp. Phys.* 14:329.

Baldwin, M. A. 1979. *Org. Mass Spectrom.* 14:601.

Baldwin, M. A. und F. W. McLafferty. 1973. *Org. Mass Spectrom.* 7:1353.

Ballistreri, A., G. Montaudo, D. Garozza, M. Giuffrida und M. S. Montaudo. 1991. *Macromol.* 24:1231.

Barber, M., R. S. Bordoli, G. J. Elliot, R. D. Sedgwick und A. N. Tyler. 1982. *Anal. Chem.* 54:645A.

Bark, L. S. und N. S. Allen (Hrsg.) 1982. *Analytical Pyrolysis*. Applied Science Publishers: London.

Beckey, H. D. 1977. *Principles of Field Ionization and Field Desorption Mass Spectrometry*. Pergamon: New York. 335 S.

Bellville, D. J. und N. L. Bauld. 1982. *J. Am. Chem. Soc.* 104:5700.

Bengelmans, R., D. H. Williams, H. Budzikiewicz und C. Djerassi. 1964. *J. Am. Chem. Soc.* 86:1386.

Benninghoven, A. (Hrsg.) 1989. *Ion Formation from Organic Solids: Mass Spectrometry of Involatile Materials.* Wiley: New York. 159 S.
Benninghoven, A. und W. K. Sichtermann. 1978. *Anal. Chem.* 50:1180.
Benoit, F. W. 1977. *J. Am. Chem. Soc.* 99:3980.
Benoit, F. W. und A. G. Harrison. 1976. *Org. Mass Spectrom.* 11:599.
Benoit, F. W. und F. P. Lossing. 1977. *Org. Mass Spectrom.* 12:78.
Bente, P. F., III, F. W. McLafferty, D. J. McAdoo und C. Lifshitz. 1975. *J. Phys. Chem.* 79:713.
Benz, R. C. und R. C. Dunbar. 1979. *J. Am. Chem. Soc.* 101:6363.
Beu, S. C., M. W. Senko, J. P. Quinn und F. W. McLafferty. 1993. *J. Am. Soc. Mass Spectrom.* 4:159.
Beynon, J. H. 1960. *Mass Spectrometry and Its Applications to Organic Chemistry.* Elsevier: Amsterdam. 640 S.
Beynon, J. H. und A. G. Brenton. 1982. *Introduction to Mass Spectrometry.* Univ. Wales Press: Swansea.
Beynon, J. H., G. R. Lester und A. E. Williams. 1959. *J. Phys. Chem.* 63:1861.
Beynon, J. H. und M. L. McGlashan (Hrsg.) 1982. *Current Topics in Mass Spectrometry and Chemical Kinetics.* Heyden: London. 153 S.
Beynon, J. H., R. A. Saunders und A. E. Williams. 1965. *Z. Naturforsch.* 20A:180.
Beynon, J. H. 1968. *The Mass Spectra of Organic Molecules.* Elsevier: Amsterdam. 510 S.
Biemann, K. 1962. *Mass Spectrometry: Organic Chemical Applications.* McGraw-Hill: New York. 370 S.
Biemann, K. 1980. In Waller und Dermer 1980, S. 469–526.
Biemann, K. und S. Martin. 1987. *Mass Spectrom. Rev.* 6:1–77.
Borchers, F., K. Levsen, H. Schwarz, C. Wesdemiotis und R. Wolfschütz. 1977a. *J. Am. Chem. Soc.* 99:1716.
Borchers, F., K. Levsen, H. Schwarz, C. Wesdemiotis und H. U. Winkler. 1977b. *J. Am. Chem. Soc.* 99:6359.
Borders, D. B., G. T. Carter, R. T. Hargreaves und M. M. Siegel. *Mass Spectrom. Rev.* 4:295–368.
Borders, D. B. und R. Hargreaves. 1980. In Waller und Dermer 1980, S. 567.
Bosshardt, H. und M. Hesse. 1974. *Angew. Chem.* 86:256.
Bouchoux, G. 1988. *Mass Spectrom. Rev.* 7:1–39, 203–255.
Bouchoux, G., F. Djazi, Y. Hoppilliard, R. Houriet und E. Rolli. 1986. *Org. Mass Spectrom.* 21:209–213.
Bouchoux, G., R. Flammang und A. Maquestiau. 1985. *Org. Mass Spectrom.* 20:154.
Bouchoux, G., Y. Hoppilliard, R. Flammang, A. Maquestiau und P. Meyrant. 1984. *Org. Mass Spectrom.* 18:340.
Bouchoux, G., Y. Hoppilliard und P. Longevialle. 1987a. *Rapid Commun. Mass Spectrom.* 1:94.
Bouchoux, G., J. Tortajada, J. Dagaut und J. Fillaux. 1987b. *Org. Mass Spectrom.* 22:451.
Bouma, W. J., D. Poppinger und L. Radom. 1983. *Israel J. Chem.* 23:21.
Bowen, R. D. 1991a. *Acc. Chem. Res.* 24:364.
Bowen, R. D. 1991b. *Mass Spectrom. Rev.* 10:225–280.
Bowen, R. D. und A. Maccoll. 1985. *Org. Mass Spectrom.* 20:331.
Bowen, R. D. 1989. *Org. Mass Spectrom.* 24:113.
Bowen, R. D., B. J. Stapleton und D. H. Williams. 1978. *Chem. Commun.* S. 24.
Bowen, R. D. und D. H. Williams. 1977. *Org. Mass Spectrom.* 12:475.
Bowen, R. D. 1980. In P. de Mayo (Hrsg.) *Rearrangements in Ground and Excited States,* Bd. 1, Kap. 2. Academic Press: New York.
Bowen, R. D., D. H. Williams und H. Schwarz. 1979. *Angew. Chem.* 91:484.

Bowers, M. T. (Hrsg.) 1979, 1979, 1984. *Gas Phase Ion Chemistry*. 3 Bd. Academic Press: New York. 345, 346 und 453 S.
Bowie, J. H. 1973. *J. Am. Chem. Soc.* 95:2547.
Bowie, J. H. 1984. *Mass Spectrom. Rev.* 3:161–207; 9:349–380.
Bowie, J. H. 1989. In Rose 1989, S. 145–180, und früheren Bänden der Serie.
Bowie, J. H. und S. Janposri. 1976. *Org. Mass Spectrom.* 11:1290.
Boyd, R. K. und J. H. Beynon. 1977. *Org. Mass Spectrom.* 12:163.
Brauers, F. und G. von Bunau. 1990. *Int. J. Mass Spectrom. Ion Processes* 99:249.
Brauman, J. I. und C. C. Hand. 1988. *J. Am. Chem. Soc.* 110:5611.
Brion, C. E. und L. D. Hall. 1966. *J. Am. Chem. Soc.* 88:3661.
Brooks, C. J. W. 1979. *Phil. Trans. R. Soc. Lond. A* 253:53.
Brooks, C. J. W. 1980. In Waller und Dermer 1980, S. 611–660.
Broxton, T. J., Y. T. Pang, J. F. Smith und F. W. McLafferty. 1977. *Org. Mass Spectrom.* 12:180.
Buchanan, M. V. (Hrsg.) 1987. *Fourier-Transform Mass Spectrometry*. American Chemical Society: Washington, D.C. 205 S.
Budde, W. L. und J. W. Eichelberger. 1970. *Organic Analysis Using GC/MS*. Ann Arbor Science. 241 S.
Budzikiewicz, H. 1980. In Waller und Dermer 1980, S. 211–228.
Budzikiewicz, H. 1981. *Angew. Chem.* 93:635.
Budzikiewicz, H. 1982. *Mass Spectrom. Rev.* 1:125–168.
Budzikiewicz, H. 1983a. *Mass Spectrom. Rev.* 2:327, 417.
Budzikiewicz, H. 1983b. *Mass Spectrom. Rev.* 2:515.
Budzikiewicz, H. 1984. *Mass Spectrom. Rev.* 3:153, 317, 439, 587.
Budzikiewicz, H. 1985a. *Mass Spectrom. Rev.* 4:145, 251, 391, 491.
Budzikiewicz, H. 1985b. Fresenius Z. *Anal. Chem.* 321:150.
Budzikiewicz, H. 1986. *Mass Spectrom. Rev.* 5:99, 213, 343, 549.
Budzikiewicz, H. 1987. *Mass Spectrom. Rev.* 6:231, 329, 443, 537.
Budzikiewicz, H. 1988. *Mass Spectrom. Rev.* 7:113, 257, 359, 463, 555.
Budzikiewicz, H. 1989. *Mass Spectrom. Rev.* 8:57, 119, 199, 293, 435.
Budzikiewicz, H. 1990. *Mass Spectrom. Rev.* 9:133, 259, 381, 499, 575, 671.
Budzikiewicz, H. 1991. *Mass Spectrom. Rev.* 10:79, 89, 175, 281, 329, 453.
Budzikiewicz, H. 1992. *Massenspektrometrie: Eine Einführung* VCH; Weinheim.
Budzikiewicz, H., C. Djerassi und D. H. Williams. 1967. *Mass Spectrometry of Organic Compounds*. Holden-Day: San Francisco. 690 S.
Bukovits, G. J. und H. Budzikiewicz. 1983. *Org. Mass Spectrom.* 18:219.
Burgers, P. C., J. L. Holmes und J. K. Terlouw. 1984. *J. Chem. Soc. Chem. Commun.* S. 643.
Burgers, P. C. und J. K. Terouw. 1989. In Rose 1989, S. 35–74.
Burgers, P. C., J. K. Terlouw und K. Levsen. 1982. *Org. Mass Spectrom.* 17:295.
Burinsky, D. J. und J. E. Campana. 1984. *Org. Mass Spectrom.* 19:539.
Burlingame, A. L. 1970. *Topics in Organic Mass Spectrometry*. Wiley-Interscience: New York. 471 S.
Burlingame, A. L. 1992. *Anal. Chem.* 64:467R–502R.
Burlingame, A. L., T. A. Baillie, P. J. Derrick und O. S. Chizhov. 1980. *Anal. Chem.* 52:214R.
Burlingame, A. L., T. A. Baillie und P. J. Derrick. 1986. *Anal. Chem.* 58:165R.
Burlingame, A. L. und N. Castagnoli, Jr. (Hrsg.) 1985. *Mass Spectrometry in the Health and Life Sciences*. Elsevier: Amsterdam.
Burlingame, A. L., A. Dell und D. H. Russell. 1982. *Anal. Chem.* 54:363R.
Burlingame, A. L., D. Maltby, D. H. Russell und P. T. Holland. 1988. *Anal. Chem.* 60:294R.
Burlingame, A. L., D. S. Millington, D. L. Norwood und D. H. Russell. 1990. *Anal. Chem.* 62:268R.

Burlingame, A. L., K. Straub und T. A. Baillie. 1983. *Mass Spectrom. Rev.* 2:331–388.
Bursey, J. T., M. M. Bursey und D. G. I. Kingston. 1973. *Chem. Rev.* 73:191–233.
Bursey, M. M. 1982. *Mass Spectrom. Rev.* 1:3–14.
Bursey, M. M. 1990. *Mass Spectrom. Rev.* 9:503.
Bursey, M. M., D. J. Harvan, C. E. Parker, L. G. Pederson und J. R. Hass. 1979. *J. Am. Chem. Soc.* 101:5489.
Busch, K. L., G. L. Glish und S. A. McLuckey. 1988. *Mass Spectrometry/Mass Spectrometry: Techniques and Applications of Tandem Mass Spectrometry.* VCH: New York. 333 S.
Cairns, T., E. G. Siegmund und J. J. Stamp. 1989. *Mass Spectrom. Rev.* 8:93–118, 127–146.
Caprioli, R. M. 1987. *Mass Spectrom. Rev.* 6:237–288.
Carpioli, R. M., J. G. Liehr und W. E. Seifert, Jr. 1980. In Waller und Dermer 1980, S. 1007–1084.
Carr, S. A., M. E. Hemling, M. F. Bean und G. D. Roberts. 1991. *Anal. Chem.* 63:2802–2824.
Catlow, D. A. und M. E. Rose. 1989. In Rose 1989, S. 222–252.
Ceraulo, L., M. C. Natoli, P. Agozzino, M. Ferrugia und L. Lamartina. 1991. *Org. Mass Spectrom.* 26:857.
Chapman, J. R. 1978. *Computers in Mass Spectrometry.* Academic Press: New York. 265 S.
Chapman, J. R. 1985. *Practical Organic Mass Spectrometry.* Wiley: New York. 197 S.
Chemical Abstracts Service, *C. A. Selects Mass Spectrometry.* Columbus, Ohio.
Chester, T. L. und J. D. Pinkston. 1990. *Anal. Chem.* 62:394R–402R.
Ci, X. und D. G. Whitten. 1989. *J. Am. Chem. Soc.* 111:3459.
Claeys, M. 1989. *Mass Spectrom. Rev.* 8:1–34.
Clement, R. E. und H. M. Tosine. 1988. *Mass Spectrom. Rev.* 7:593–636.
Closs, G. L. und J. R. Miller. 1988. *Science* 240:440–447.
Comisarow, M. 1979. *27th Conf. Mass Spectrom. Allied Topics.* Seattle.
Constantin, E., A. Schnell und M. Thompson. 1990. *Mass Spectrometry.* Prentice Hall: Englewood Cliffs, NJ. 154 S.
Cooks, R. G. (Hrsg.) 1978. *Collision Spectroscopy.* Plenum: New York. 458 S.
Cooks, R. G., J. H. Beynon, R. M. Caprioli und R. G. Lester. 1973. *Metastable Ions.* Elsevier: Amsterdam. 296 S.
Cooks, R. G., G. L. Glish, S. A. McLuckey und R. E. Kaiser, Jr. 1991. *Chem. Eng. News* March 25, S. 26–41.
Cooks, R. G. und R. E. Kaiser, Jr. 1990. *Acc. Chem. Res.* 23:213.
Costa, E. und B. Holmstedt (Hrsg.) 1973. *Gas Chromatoqraphy-Mass Spectrometry in Neurobiology.* Raven: New York. 175 S.
Costello, C. E. 1982. *Mass Spectrom. Rev.* 1:169–198.
Crain, P. F. 1990. *Mass Spectrom. Rev.* 9:505–554.
Crombie, R. A. und A. G. Harrison. 1988. *Org. Mass Spectrom.* 23:327–333.
Cummings, C. S. und W. Bleakney. 1940. *Phys. Rev.* 58:787.
Dannacher, J. 1984. *Org. Mass Spectrom.* 19:253–275.
Dass, C. 1990. *Mass Spectrom. Rev.* 9:1–35.
Davis, R. und M. Frearson. 1987. *Mass Spectrometry. Analytical Chemistry by Open Learning.* Wiley: Chichester, England. 603 S.
Dawkins, B. G. und F. W. McLafferty. 1978. In K. Tsuji und W. Morozowich (Hrsg.) *GLC and HPLC Determination of Therapeutic Agents.* Marcel Dekker: New York. S. 259–275.
Dawson, P. H. 1976. *Quadrupole Mass Spectrometry and Its Applications.* Elsevier: Amsterdam.
Dawson, P. H. 1986. *Mass Spectrom. Rev.* 5:1–37.

Dayringer, H. E. und F. W. McLafferty. 1977. *Org. Mass Spectrom.* 12:53.
DeGraeve, J., F. Berthou und M. Prost. 1986. *Méthodes chromatographiques couplées à la spectrométrie de masse.* Paris: Masson.
DeJongh, D. C. 1975. *Interpretation of Mass Spectra.* ACS Audio Series. American Chemical Society. Washington, D.C. 156 S. & 6 Audiocassetten.
DeKock, R. L. und M. R. Barbachyn. 1979. *J. Am. Chem. Soc.* 101:6515.
DeLaeter, J. R. 1990. *Mass Spectrom. Rev.* 9:453–498.
Dell, A. und M. Panico. 1986. In Gaskell 1986, S. 149–180.
Dell, A. D., D. H. Williams, H. R. Morris, G. A. Smith, J. Feeney und G. C. K. Roberts. 1975. *J. Am. Chem. Soc.* 97:2497.
Desiderio, D. M., Jr. 1990. *Mass Spectrometry of Peptides.* CRC: Boca Raton, FL. 376 S.
Dias, J. R., Y. M. Sheikh und C. Djerassi. 1972. *J. Am. Chem. Soc.* 94:473.
Dill, J. D. und F. W. McLafferty. 1978. *J. Am. Chem. Soc.* 100:2907.
Dill, J. D., C. L. Fisher und F. W. McLafferty. 1979. *J. Am. Chem. Soc.* 101:6526 und 6531.
Dillard, J. 1980. In Waller und Dermer 1980, S. 927–950.
Dinh-Nguyen, N., R. Ryhage, S. Stallberg-Stenhagen und E. Stenhagen. 1961. *Ark. Kemi.* 18:393, 28:289.
Djerassi, C. und C. Fenselau. 1965. *J. Am. Chem. Soc.* 87:5747, 5752.
Djerassi, C. und L. Tokes. 1966. *J. Am. Chem. Soc.* 88:536.
Dodd, J. A., D. M. Golden und J. I. Brauman. 1984. *J. Chem. Phys.* 80:1894.
Dole, M., H. L. Cox, Jr. und J. Gieniec. 1971. *Adv. Chem. Ser.* 125:73.
Dommröse, A.-F. und H.-F. Grützmacher. 1987. *Int. J. Mass Spectrom. Ion Processes* 76:95.
Dougherty, R. C. und D. Schuetzle. 1980. In Waller und Dermer 1980, S. 951–1006.
Dromey, R. G. 1976. *Anal. Chem.* 48:1464.
Duckworth, H. E., R. C. Barber und V. S. Venkatasubramanian. 1986. *Mass Spectroscopy*, 2. Aufl. Cambridge Univ. Press: New York. 337 S.
Duffield, A. M., H. Budzikiewicz und C. Djerassi. 1965. *J. Am. Chem. Soc.* 87:2920.
Eadon, G. 1977. *Org. Mass Spectrom.* 12:671.
Egge, H. und J. Peter-Katalinic. 1987. *Mass Spectrom. Rev.* 6:331–394.
Eglington, G. et al. 1979. *Phil. Trans. R. Soc. Lond. A* 293:69.
Einhorn, J., H. Virelizier, A. Guarrero und J.-C. Tabet. 1985a. *Biomed. Mass Spectrom.* 12:200.
Einhorn, J., H. Virelizier, A. L. Gemal und J.-C. Tabet. 1985b. *Tetrahedron Lett.* 26:1445.
Elliot, W. H. 1980. In Waller und Dermer 1980, S. 229–254.
Ende, M. und G. Spiteller. 1982. *Mass Spectrom. Rev.* 1:29–62.
Ende, M. 1984. *Mass Spectrom. Rev.* 3:395–438.
Enzell, C. R. und R. Ryhage. 1984. *Mass Spectrom. Rev.* 3:395–438.
Enzell, C. R. und I. Wahlberg. 1986. *Mass Spectrom. Rev.* 5:39–72.
Evershed, R. P. In Rose 1989, S. 181–215.
Facchetti, S. (Hrsg.) 1985. *Mass Spectrometry of Large Molecules.* Elsevier: Amsterdam. 320 S.
Fales, H. und G. J. Wright. 1977. *J. Am. Chem. Soc.* 99:2339.
Farrar, J. M. und W. H. Saunders, Jr. (Hrsg.) 1988. *Techniques for the Study of Ion-Molecule Reactions.* Wiley: New York. 652 S.
Feng, R., F. Bouthillier, Y. Konishi und M. Cygler. 1991. *ASMS Conf. Mass Spectrom.* Nashville, S. 1159.
Feng, R., C. Wesdemiotis, M.-Y. Zhang, M. Marchetti und F. W. McLafferty. 1989. *J. Am. Chem. Soc.* 111:1986.
Fenn, J. B., M. Mann, C. K. Meng, S. F. Wong und C. M. Whitehouse. 1989. *Science* 246:64.

Fenn, J. B. 1990. *Mass Spectrom. Rev.* 9:37–70.
Fenn, J. B. und T. Nohmi. 1992. *J. Am. Chem. Soc.* 114:3241.
Ferer-Correia, A. J. V., K. R. Jennings und D. K. Sensharma. 1975. *Chem. Commun.*, S. 973.
Field, F. H. 1968. *Acc. Chem. Res.* 1:42.
Field, F. H. 1972. In Maccoll 1972, S. 133.
Filges, U. und H.-F. Grützmacher. 1986. *Org. Mass Spectrom.* 21:673.
Fjelsted, J., B. Russ, J. Vanides und J.-L. Truche. 1990. *ASMS Conf. Mass Spectrom.* Tucson, S. 910.
Friedman, L. und F. A. Long. 1953. *J. Am. Chem. Soc.* 75:2832.
Frigerio, A. 1980. *Adv. Mass Spectrom.* 8:1076.
Frigerio, A. und N. Castagnoli, Jr. 1974. *Mass Spectrometry in Biochemistry and Medicine.* Raven: New York. 389 S. Siehe auch folgende Bände dieser Serie.
Fujisawa, S., K. Ohno, S. Masuda und K. Harada. 1986. *J. Am. Chem. Soc.* 108:6505.
Futrell, J. H. (Hrsg.) 1986. *Gaseous Ion Chemistry and Mass Spectrometry.* Wiley: New York. 335 S.
Gaffney, J. S., R. C. Pierce und L. Friedman. 1977. *J. Am. Chem. Soc.* 99:4293.
Games, D. E. 1979. In Johnstone 1979, S. 285–311.
Gaskell, S. J. 1986. *Mass Spectrometry in Biomedical Research.* Wiley: Chichester, England. 492 S.
Ghosh, P. K. 1983. *Introduction to Photoelectron Spectroscopy.* Wiley: New York. 377 S.
Gohlke, R. S. 1959. *Anal. Chem.* 31:535.
Goodman, S. I. und S. P. Markey. 1981. *Diagnosis of Organic Acidemias by Gas Chromatography-Mass Spectrometry.* Alan R. Liss: New York. 158 S.
Gray, N. A. B. 1986. *Computer-Assisted Structure Elucidation.* Wiley: New York. 536 S.
Green, M. M. 1976. In N. L. Allinger und E. L. Eliel (Hrsg.) *Topics in Stereochemistry.* Wiley-Interscience: New York. S. 35–110.
Green, M. M. 1980. *Tetrahedron* 36:2687.
Green, M. M., D. Bafus und J. L. Franklin. 1975. *Org. Mass Spectrom.* 10:679.
Green, M. M., R. J. Cook, J. M. Schwab und R. B. Roy. 1970. *J. Am. Chem. Soc.* 92:3076.
Green, M. M., R. J. Giguere und J. R. P. Nicholson. 1978. *J. Am. Chem. Soc.* 100:8020.
Green, M. M., R. J. McCluskey und J. Vogt. 1982. *J. Am. Chem. Soc.* 104:2262.
Grigsby, R. D. 1977. Persönliche Mitteilung an FWM.
Groenewold, G. S. und M. L. Gross. 1984. *J. Am. Chem. Soc.* 106:6569.
Gross, M. L. 1978. *High-Performance Mass Spectrometry: Chemical Applications.* American Chemical Society: Washington, D.C. 358 S.
Gross, M. L. 1989a. *Adv. Mass Spectrom.* 11:792.
Gross, M. L. 1989b. *Mass Spectrom. Rev.* 8:165–197.
Gross, M. L. und F. W. McLafferty. 1971. *J. Am. Chem. Soc.* 93:1267.
Grostic, M. F. und P. B. Bowman. 1980. In Waller und Dermer 1980, S. 661–692.
Grotemeyer, J. und E. W. Schlag. 1988. *Angew. Chem.* 100:461.
Grotjahn, L. 1986. In Gaskell 1986, S. 215–234.
Grubb, H. M. und S. Meyerson. 1963. In McLafferty 1963, S. 453.
Guenat, C., R. Houriet, D. Stahl und F. J. Winkler. 1985. *Helv. Chim. Acta* 68:1647.
Hammerum, S. 1988. *Mass Spectrom. Rev.* 7:123–202.
Hammerum, S., J. B. Christensen, H. Egsgaard, E. Larsen, K. F. Donchi und P. J. Derrick. 1983. *Int. J. Mass Spectrom. Ion Phys.* 47:351.
Hamming, M. G. und N. G. Foster. 1972. *Interpretation of Mass Spectra of Organic Compounds.* Academic Press: New York. 694 S.
Happ, G. P. und D. W. Stewart. 1952. *J. Am. Chem. Soc.* 74:4404.
Haque, R. und F. J. Biros (Hrsg.) 1974. *Mass Spectrometry and NMR Spectroscopy in Pesticide Chemistry.* Plenum: New York. 343 S.
Haraki, K. S., R. Venkataraghavan und F. W. McLafferty. 1981. *Anal. Chem.* 53:386.

Harnish, D. und J. L. Holmes. 1991. *J. Am. Chem. Soc.* 113:9729.
Harrison, A. G. 1983, 1992. *Chemical Ionization Mass Spectrometry*. CRC: Boca Raton, FL. 156 S.
Harrison, A. G. 1987. *Org. Mass Spectrom.* 22:637.
Harrison, A. G., C. D. Finney und J. A. Sherk. 1971. *Org. Mass Spectrom.* 5:1313.
Harrison, A. G., P. Kebarle und F. P. Lossing. 1961. *J. Am. Chem. Soc.* 83:777.
Harrison, A. G. und F. I. Onuska. 1978. *Org. Mass Spectrom.* 13:35.
Hartman, K. N., S. G. Lias, P. Ausloos, H. M. Rosenstock, S. S. Schroyer, C. Schmidt, D. Martinsen und G. W. A. Milne. 1979. *A Compendium of Gas Phase Basicity and Proton Affinity Measurements*. U.S. National Bureau of Standards: Gaithersburg, MD.
Harvey, D. J. 1987. *Mass Spectrom. Rev.* 6:135–230.
Heinrich, N., W. Koch, G. Frenking und H. Schwarz. 1986. *J. Am. Chem. Soc.* 108:593.
Heinrich, N., W. Koch, J. C. Morrow und H. Schwarz. 1988a. *J. Am. Chem. Soc.* 110:6332.
Heinrich, N., F. Louage, C. Lifshitz und H. Schwarz. 1988b. *J. Am. Chem. Soc.* 110:8183.
Heinrich, N. und H. Schwarz. 1989. In J. P. Maier (Hrsg.) *Ion and Cluster Ion Spectroscopy and Structure*. Elsevier: Amsterdam.
Heinrich, N., R. Wolfschütz, G. Frenking und H. Schwarz. 1982. *Int. J. Mass Spectrom. Ion Phys.* 44:81.
Heinrich, N. 1989. *Mass Spectrom. Rev.* 8:513–540.
Henneberg, D. 1980. *Adv. Mass Spectrom.* 8:1511.
Henneberg, D. 1982. In McLafferty und Stauffer 1989, S. 105.
Henneberg, D. und G. Schomburg. 1968. *Adv. Mass Spectrom.* 4:333.
Henry, K. D., J. Quinn und F. W. McLafferty. 1991. *J. Am. Chem. Soc.* 113:5447.
Herzschuh, R., R. M. Rabbih, H. Kühn und M. Mühlstadt. 1983. *Int. J. Mass Spectrom. Ion Phys.* 47:387.
Hesse, M. und F. Lenzinger. 1968. *Adv. Mass Spectrom.* 4:163.
Hesse, M., S. D. Sastry und K. M. Madyastha. 1980. In Waller und Dermer 1980, S. 751–820.
Hignite, C. 1980. In Waller und Dermer 1980, S. 527–566.
Hill, H. C. 1972. *Introduction to Mass Spectrometry*. 2. Aufl. Heyden: London. 116 S.
Hillenkamp, F., M. Karas, R. C. Beavis und B. T. Chait. 1991. *Anal. Chem.* 63:1193A–1203A.
Hindawi, S. K., R. H. Fokkens, F. A. Pinkse und N. M. M. Nibbering. 1986. *Org. Mass Spectrom.* 21:243.
Hites, R. H. 1985. *Handbook of Mass Spectra of Environmental Contaminants*. CRC: Boca Raton, FL.
Hites, R. H. 1988. *Biomed. Environ. Mass Spectrom.* 17:311.
Hoffman, M. K. und J. C. Wallace. 1973. *J. Am. Chem. Soc.* 95:5064.
Holmes, J. L. 1985. *Org. Mass Spectrom.* 20:169.
Holmes, J. L. 1986. *Adv. Mass Spectrom.* 9:263.
Holmes, J. L. 1989. *Mass Spectrom. Rev.* 8:513–540.
Holmes, J. L. und F. P. Lossing. 1991. *Org. Mass Spectrom.* 26:537.
Horman, I. 1979. In Johnstone 1979, S. 211–233.
Horning, M. G., K. Lertratanangkoon und B. S. Middleditch. 1989. *Mass Spectrom. Rev.* 8:147–164.
Houle, F. A. und J. L. Beauchamp. 1979. *J. Am. Chem. Soc.* 101:4067.
Houriet, R., G. Parisod und T. Gäumann. 1977. *J. Am. Chem. Soc.* 99:3599.
Houriet, R., H. Rufenacht, D. Stahl, M. Tichý und P. Longevialle. 1985. *Org. Mass Spectrom.* 20:300.
Howe, I. und D. H. Williams. 1968. *J. Chem. Soc. (C)*. S. 202.
Howe, I., D. H. Williams und R. D. Bowen. 1981. *Mass Spectrometry, Principles and Applications*. 2. Aufl. McGraw-Hill: New York. 245 S.

Hrovat, D. A., P. Du und W. T. Borden. 1986. *Chem. Phys. Lett.* 123:337.
Huang, F.-S. und R. C. Dunbar. 1990. *J. Am. Chem. Soc.* 112:8167.
Hudson, C. E. und D. J. McAdoo. 1982. *Org. Mass Spectrom.* 17:366.
Hudson, C. E. 1984. *Org. Mass Spectrom.* 19:1.
Hunt, D. F., J. E. Alexander, A. L. McCormack, R. A. Martino, H. Michel und J. Shabanowitz. 1991. In J. J. Villafranca (Hrsg.) *Protein Chemistry Techniques.* Academic Press: New York. S. 455–465.
Hunt, D. F., C. N. McEwen und T. M. Harvey. 1975. *Anal. Chem.* 47:1730.
Hunt, D. F., C. N. McEwen und R. A. Upham. 1972. *Anal. Chem.* 44:1292.
Hunt, D. F., J. Shabanowitz, F. K. Botz und D. A. Brent. 1977. *Anal. Chem.* 49:1160.
Hunt, D. F., J. Shabanowitz und A. B. Giordani. 1980. *Anal. Chem.* 52:386.
Hunt, D. F., J. Shabanowitz, J. R. Yates III, P. R. Griffin und N.-Z. Zhu. 1989. *Anal. Chim. Acta* 225:1.
Hunt, D. F., G. C. Stafford, Jr., F. W. Crow und J. W. Russell. 1976. *Anal. Chem.* 48:2098.
Jackson, A. H. 1979. *Phil. Trans. R. Soc. Lond. A* 293:21.
Jalonen, J. und J. Taskinen. 1985. *J. Chem. Soc. Perkin Trans.* 2, S. 1833.
Jellum, E. 1979. *Phil. Trans. R. Soc. Lond. A* 293:13.
Jennings, K. R. 1979a. In Bowers 1979, 2:124.
Jennings, K. R. 1979b. *Phil. Trans. R. Soc. Lond. A* 293:125.
Jensen, N. J. und M. L. Gross. 1987. *Mass Spectrom. Rev.* 6:497–536.
Jensen, N. J. 1988. *Mass Spectrom. Rev.* 7:41–70.
Jensen, N. J., K. B. Tomer und M. L. Gross. 1985. *J. Am. Chem. Soc.* 107:1863.
Johnstone, R. A. W. 1975, 1977, 1979, 1981, 1984. *Mass Spectrometry*, Bd. 3–7. The Chemical Society: London.
Karas, M., U. Bahr und F. Hillenkamp. 1989. *Int. J. Mass Spectrom. Ion Processes* 92:231.
Karas, M. und F. Hillenkamp. 1988. *Anal. Chem.* 60:2299.
Karasek, F. W. und R. E. Clement. 1988. *Basic Gas Chromatoqraphy-Mass Spectrometry: Principles and Techniques.* Plenum: New York. 202 S.
Karasek, F. W., O. Hutzinger und S. Safe (Hrsg.) 1985. *Mass Spectrometry in Environmental Sciences.* Plenum: New York.
Karni, A. und A. Mandelbaum. 1980. *Org. Mass Spectrom.* 15:53.
Keough, T. und A. J. DeStefano. 1981. *Org. Mass Spectrom.* 16:527.
Kilburn, K. B., P. H. Lewis, J. G. Underwood, S. Evans, J. Holmes und M. Dean. 1979. *Anal. Chem.* 51:1420.
Kingston, D. G. I., J. T. Bursey und M. M. Bursey. 1974. *Chem. Rev.* 74:215.
Kingston, D. G. I., B. W. Hobrock, M. M. Bursey und J. T. Bursey. 1975. *Chem. Rev.* 75:693–730.
Kingston, E. E., J. H. Beynon, J. G. Liehr, P. Meyrant, R. Flammang und A. Maquestiau. 1985. *Org. Mass Spectrom.* 20:351.
Kingston, E. E., J. V. Eichholzer, P. Lyndon, J. K. MacLeod und R. E. Summons. 1988. *Org. Mass Spectrom.* 23:42.
Kingston, E. E., J. S. Shannon und M. J. Lacey. 1983. *Org. Mass Spectrom.* 18:183.
Kiser, R. W. 1965. *Introduction to Mass Spectrometry and Its Applications.* Prentice-Hall: Englewood Cliffs, NJ. 356 S.
Klein, E. R. und P. D. Klein. 1979. *Biomed. Mass Spectrom.* 6:515.
Komori, T., T. Kawasaki und H.-R. Schulten. 1985. *Mass Spectrom. Rev.* 4:255–294.
Koppel, C. und F. W. McLafferty. 1976. *J. Am. Chem. Soc.* 98:8293.
Kraft, M. und G. Spiteller. 1967. *Chem. Commun.* S. 943.
Kraft, M. 1969. *Org. Mass Spectrom.* 2:541.
Krueger, T. L., J. F. Litton, R. W. Kondrat und R. G. Cooks. 1976. *Anal. Chem.* 48:2113.
Kuck, D. 1989. *Org. Mass Spectrom.* 24:1077.
Kuck, D. 1990. *Mass Spectrom. Rev.* 9:187–233, 583–630.

Kühne, H. und M. Hesse. 1982. *Mass Spectrom. Rev.* 1:15–28.

Kuhr, W. G. 1990. *Anal. Chem.* 62:403R–414R.

Kuster, T. und J. Seibl. 1976. *Org. Mass Spectrom.* 11:644.

Kwok, K.-S., R. Venkataraghavan und F. W. McLafferty. 1973. *J. Am. Chem. Soc.* 95:4185.

Laderoute, K. R. und A. G. Harrison. 1985. *Org. Mass Spectrom.* 20:624.

Lai, S.-T. F. 1988. *Gas Chromatography/Mass Spectrometry Operation.* Realistic Systems: East Longmeadow, MA. 153 S.

Land, D. G. und H. E. Nursten. 1979. *Progress in Flavour Research.* Applied Science: London.

Lankelma, J., E. Ayancylu und C. Djerassi. 1983. *Lipids* 18:853.

Lattimer, R. P. und R. E. Harris. 1985. *Mass Spectrom. Rev.* 4:369–390.

Lavanchy, A., R. Houriet und T. Gaumann. 1979. *Org. Mass Spectrom.* 14:79.

Lebedev, A. T. 1991. *Mass Spectrom. Rev.* 10:91–132.

Ledford, E. B., Jr., S. Ghaderi, R. L. White, R. B. Spencer, P. S. Kulkarni, C. L. Wilkins und M. L. Gross. 1980. *Anal. Chem.* 52:463.

Lehman, T. A. und M. M. Bursey. 1976. *Ion Cyclotron Resonance Spectrometry.* Wiley: New York. 230 S.

Lehmann, W.-D. *Massenspektrometrie in der Biochemie.* 1995. Spektrum Akademischer Verlag: Heidelberg.

Lehmann, W.-D. 1991. *Chem. i. u. Zeit.* 25: 183, 308.

LeQuéré, J. L., J. L. Sebedio, R. Henry, F. Louderec, N. Demont und J. C. Promé. 1991. *J. Chromat.* 562:659.

Leung, H.-W. und A. G. Harrison. 1977. *Org. Mass Spectrom.* 12:582.

Levsen, K. 1978. *Fundamental Aspects of Organic Mass Spectrometry.* Verlag Chemie: Weinheim. 312 S.

Levsen, K., G. E. Gerendseh, N. M. M. Nibbering und H. Schwarz. 1977. *Org. Mass Spectrom.* 12:125.

Levsen, K. und H. Schwarz. 1983. *Mass Spectrom. Rev.* 2:77.

Levsen, K., R. Weber, F. Borchers, H. Heimbach und H. D. Beckey. 1978. *Anal. Chem.* 50:1655.

Lewis, F. D. 1986. *Acc. Chem. Res.* 19:401.

Lewis, M. 1991. Persönliche Mitteilung, Univ. of Bristol.

Lias, S. G., J. E. Bartmess, J. F. Liebman, J. L. Holmes, R. D. Levin und W. G. Mallard. 1988. *J. Phys. Chem. Ref. Data* 17, Suppl. 1. 861 S.

Liedtke, R. J. und C. Djerassi. 1969. *J. Am. Chem. Soc.* 91:6814.

Liedtke, R. J., A. F. Gerrard, J. Diekman und C. Djerassi. 1972. *J. Org. Chem.* 37:776.

Lifshitz, C. 1977. *Adv. Mass Spectrom.* 7:3.

Lifshitz, C. 1982. *Mass Spectrom. Rev.* 1:309–340.

Lightner, D. A. und W. M. D. Wijekoon. 1985. *J. Am. Chem. Soc.* 107:2815.

Ligon, W. V., Jr. 1979. *Science* 205:151.

Lin, Y. Y. und L. L. Smith. 1984. *Mass Spectrom. Rev.* 3:319–356.

Linscheid, M. 1983. *Trends Anal. Chem.* 2:32.

Litton, J. F., T. L. Kruger und R. G. Cooks. 1976. *J. Am. Chem. Soc.* 98:2011.

Loh, S. und F. W. McLafferty. 1991. *Anal. Chem.* 63:546–550.

Longevialle, P. 1981. *Principes de la spectrométrie de masse des substances organiques.* Masson: Paris. 208 S.

Longevialle, P. 1984. *Spectrosc. Int. J.* 3:139.

Longevialle, P. 1987. *Spectrosc. Int. J.* 5:43.

Longevialle, P. und R. Botter. 1980. *J. Chem. Soc. Chem. Commun.* S. 823.

Longevialle, P., J.-P. Girard, J.-C. Rossi und M. Tichý. 1979. *Org. Mass Spectrom.* 14:414 und 20:644.

Loo, J. A., C. G. Edmonds und R. D. Smith. 1991. *Anal. Chem.* 63:2488.

Lory, E. R. und F. W. McLafferty. 1980. *Adv. Mass Spectrom.* 8:954.

Lossing, F. P. und J. L. Holmes. 1984. *J. Am. Chem. Soc.* 106:6917.
Lubman, D. M. (Hrsg.) 1990. *Lasers in Mass Spectrometry*. Oxford University Press: Oxford. 545 S.
Lüderwald, I. 1982. *Pure Appl. Chem.* 54:255.
Lumpkin, E. und T. Aczel. 1978. In Gross 1978, S. 261–273.
Mabry, T. und A. Ululeben. 1980. In Waller und Dermer 1980, S. 1131–1158.
Maccoll, A. (Hrsg.) 1972. *Mass Spectrometry*. MTP Int. Rev. Sci. Butterworths: New York. 300 S.
Maccoll, A. 1980. *Org. Mass Spectrom.* 15:109.
Maccoll, A. 1986. *Org. Mass Spectrom.* 21:601.
Maccoll, A. und M. N. Mruzek. 1986. *Org. Mass Spectrom.* 21:251.
MacFarlane, R. D. und D. F. Torgerson. 1976. *Science* 191:930.
Mandelbaum, A. 1977. In H. B. Kagan (Hrsg.) *Handbook of Stereochemistry*. G. Thieme: Stuttgart. S. 137–180.
Mandelbaum, A. 1983. *Mass Spectrom. Rev.* 2:223–284.
Maquestiau, A., Y. Van Haverbeke, R. Flammang und P. Meyrant. 1980. *Org. Mass Spectrom.* 15:80.
March, R. E. und R. J. Hughes. 1989. *Quadrupole Storage Mass Spectrometry*. Wiley: New York. 471 S.
Mark, T. D. und G. H. Dunn. 1985. *Electron Impact Ionization*. Springer: New York. 383 S.
Marques, J. C. A., A. Falick, A. Heusler, D. Stahl, P. Tecon und T. Gäumann. 1984. *Helv. Chim. Acta* 67:425.
Marshall, A. G. und F. R. Verdun. 1990. *Fourier Transforms in NMR, Optical, and Mass Spectrometry*. Elsevier: Amsterdam. 450 S.
Masada, Y. 1976. *Analysis of Essential Oils by Gas Chromatography and Mass Spectrometry*. Halsted-Wiley: New York. 334 S.
Matsumoto, I. und T. Kuhara. 1987. *Mass Spectrom. Rev.* 6:78–134.
McAdoo, D. J. 1984. *Int. J. Mass Spectrom. Ion Phys.* 62:269.
McAdoo, D. J. 1988a. *Mass Spectrom. Rev.* 7:363.
McAdoo, D. J. 1988b. *Org. Mass Spectrom.* 23:350.
McAdoo, D. J., P. F. Bente, III, M. L. Gross und F. W. McLafferty. 1974. *Org. Mass Spectrom.* 9:525.
McAdoo, D. J. und C. E. Hudson. 1986. *Int. J. Mass Spectrom. Ion Phys.* 70:57.
McAdoo, D. J., C. E. Hudson, F. W. McLafferty und T. E. Parks. 1984. *Org. Mass Spectrom.* 19:353.
McAdoo, D. J., C. E. Hudson, J. J. Zwinselman und N. M. M. Nibbering. 1985. *J. Chem. Soc., Perkin Trans. 2*, S. 1703.
McAdoo, D. J., J. C. Traeger und C. E. Hudson. 1988. *Org. Mass Spectrom.* 23:460.
McAdoo, D. J., D. M. Witiak, F. W. McLafferty und J. D. Dill. 1978. *J. Am. Chem. Soc.* 100:6639.
McCloskey, J. A. 1986. In Gaskell 1986, S. 75–96.
McCloskey, J. A. (Hrsg.) 1990. *Mass Spectrometry*. Academic: New York. 960 S.
McCloskey, J. A. und V. I. Krahmer. 1977. *Adv. Mass Spectrom.* 7:1483.
McDowell, W. H. (Hrsg.) 1963. *Mass Spectrometry*. McGraw-Hill: New York.
McEwen, C. N. und B. S. Larsen. 1990. *Mass Spectrometry of Biological Materials*. Marcel Dekker: New York. 515 S.
McFadden, W. H. 1973. *Techniques of Combined Gas Chromatography/Mass Spectrometry*. Wiley: New York. 463 S.
McLafferty, F. W. 1956. *Anal. Chem.* 28:306.
McLafferty, F. W. 1957a. *Appl. Spectrosc.* 11:148.
McLafferty, F. W. 1957b. *Anal. Chem.* 29:1782.
McLafferty, F. W. 1959. *Anal. Chem.* 31:82.

McLafferty, F. W. (Hrsg.) 1963. *Mass Spectrometry of Organic Ions.* Academic: New York. 730 S.
McLafferty, F. W. 1979. *Phil. Trans. R. Soc. Lond. A* 293:93.
McLafferty, F. W. 1980a. *Acc. Chem. Res.* 13:33.
McLafferty, F. W. 1980b. *Org. Mass Spectrom.* 15:114.
McLafferty, F. W. (Hrsg.) 1983. *Tandem Mass Spectrometry.* Wiley: New York. 506 S.
McLafferty, F. W. 1990. *Science* 247:925.
McLafferty, F. W., B. L. Atwater (Fell), K. S. Haraki, K. Hosakawa, I. K. Mun und R. Venkataraghavan. 1980b. *Adv. Mass Spectrom.* 8:1564.
McLafferty, F. W., P. F. Bente, III, R. Kornfeld, S.-C. Tsai und I. Howe. 1973a. *J. Am. Chem. Soc.* 95:2120.
McLafferty, F. W. und T. A. Bryce. 1967. *Chem. Commun.* S. 1215.
McLafferty, F. W. und F. M. Bockhoff. 1978. *Anal. Chem.* 50:69.
McLafferty, F. W. 1979. *J. Am. Chem. Soc.* 101:1783.
McLafferty, F. W., R. Kornfeld, W. F. Haddon, K. Levsen, I. Sakai, P. F. Bente, III, S.-C. Tsai und H. D. R. Schuddemage. 1973b. *J. Am. Chem. Soc.* 95:3886.
McLafferty, F. W., S. Y. Loh und D. B. Stauffer. 1990. In H. C. L. Meuzelaar (Hrsg.) *Computer Enhanced Spectroscopy*, 2. Plenum: New York. S. 163–181.
McLafferty, F. W., D. J. McAdoo und J. S. Smith. 1969. *J. Am. Chem. Soc.* 91:5400.
McLafferty, F. W. und J. A. Michnowicz. 1992. *Chem. Tech.* 22:182.
McLafferty, F. W. und I. Sakai. 1973. *Org. Mass Spectrom.* 7:971.
McLafferty, F. W. und D. B. Stauffer. 1985. *J. Chem. Inf. Comput. Sci.* 25:245.
McLafferty, F. W. 1989. *The Wiley/NBS Registry of Mass Spectral Data.* Wiley-Interscience: New York. 7872 S.
McLafferty, F. W. 1991. *Important Peak Index of the Registry of Mass Spectral Data*, Wiley-Interscience: New York. 4050 S.
McLafferty, F. W. und S. Y. Loh. 1991b. *J. Am. Soc. Mass Spectrom.* 2:438.
McLafferty, F. W., A. B. Twiss-Brooks und S. Y. Loh. 1991a. *J. Am. Soc. Mass Spectrom.* 2:432.
McLafferty, F. W., P. J. Todd, D. C. McGilvery und M. A. Baldwin. 1980a. *J. Am. Chem. Soc.* 102:3360.
McLafferty, F. W. und R. Venkataraghavan. 1982. *Mass Spectral Correlations.* 2. Aufl. American Chemical Society: Washington, D.C. 125 S.
McLafferty, F. W. und P. Irving. 1970a. *Biochem. Biophys. Res. Commun.* 39:274.
McLafferty, F. W., T. Wachs, C. Lifshitz, G. Innorta und P. Irving. 1970b. *J. Am. Chem. Soc.* 92:6867.
McLoughlin, R. G. und J. C. Traeger. 1979. *Org. Mass Spectrom.* 14:434.
McLuckey, S. A., D. Cameron und R. G. Cooks. 1981. *J. Am. Chem. Soc.* 103:1313.
McMillen, D. F. und D. M. Golden. 1982. *Ann. Rev. Phys. Chem.* 33:493–532.
McMurry, J. E. 1984. *Organic Chemistry.* Brooks/Cole: Monterey, CA. 1221 S.
McNeal, C. J. (Hrsg.) 1986. *Mass Spectrometry in the Analysis of Large Molecules.* Wiley: Chichester, England.
Meisels, G. G., C. T. Chen, B. G. Giessner und R. H. Emmel. 1972. *J. Chem. Phys.* 56:793.
Melton, C. E. 1970. *Principles of Mass Spectrometry and Negative Ions.* Marcel Dekker: New York. 313 S.
Meot-Ner, M. und L. W. Sieck. 1991. *J. Am. Chem. Soc.* 113:4448.
Mercer, R. C. und A. G. Harrison. 1986. *Org. Mass Spectrom.* 21:717.
Merritt, C., Jr. und C. N. McEwen. 1980. *Mass Spectrometry.* Marcel Dekker: New York. 401 S.
Meuzelaar, H. L. C., J. Haverkamp und S. D. Hileman. 1980. *Pyrolysis Mass Spectrometry of Biomaterials.* Elsevier: Amsterdam.
Meuzelaar, H. L. C. und T. L. Isenhour (Hrsg.) 1987, 1990. *Computer-Enhanced Analytical Spectroscopy.* 2 Bd. Plenum: New York. 272 und 318 S.

Meyerhoffer, W. J. und M. M. Bursey. 1989. *Biomed. Environ. Mass Spectrom.* 18:801.
Meyerson, S., C. Fenselau, J. L. Young, W. R. Landis, E. Selke und L. C. Leitch. 1970. *Org. Mass Spectrom.* 3:689.
Meyerson, S., E. S. Kuhn, I. Puskas, E. K. Fields, L. C. Leitch und T. A. Sullivan. 1983. *Org. Mass Spectrom.* 18:110.
Meyerson, S. und L. C. Leitch. 1966. *J. Am. Chem. Soc.* 88:56.
Meyrant, P., R. Flammang, A. Maquestiau, E. E. Kingston, J. H. Beynon und J. G. Liehr. 1985. *Org. Mass Spectrom.* 20:479.
Middleditch, B. S. (Hrsg.) 1979. *Practical Mass Spectrometry*. Plenum: New York. 387 S.
Millard, B. J. 1978. *Quantitative Mass Spectrometry*. Heyden: London. 171 S.
Millard, B. J. 1979. In Johnstone 1979, S. 186–210.
Miller, J. M. 1983. *J. Organomet. Chem.* 249: 299–302.
Millington, D. S. 1986. In Gaskell 1986, S. 97–114.
Milne, G. W. A. (Hrsg.) 1971. *Mass Spectrometry: Techniques and Applications*. Wiley-Interscience: New York. 521 S.
Molenaar-Langeveld, T. A., R. H. Fokkens und N. M. M. Nibbering. 1988. *Org. Mass Spectrom.* 23:364.
Molenaar-Langeveld, T. A. und N. M. M. Nibbering. 1986. *Org. Mass Spectrom.* 21:637.
Mollova, N. und P. Longevialle. 1990. *J. Am. Soc. Mass Spectrom.* 1:238.
Morizur, J.-P., J. Mercier und M. Sarraf. 1982. *Org. Mass Spectrom.* 17:327.
Morizur, J.-P., C. Monteiro und J. Tortajada. 1987. *Org. Mass Spectrom.* 22:299.
Morris, H. R. 1979. *Phil. Trans. R. Soc. Lond. A* 293:39.
Morris, H. R. (Hrsg.) 1981. *Soft Ionization Biological Mass Spectrometry*. Heyden: London. 156 S.
Morrison, J. D. 1986. In Futrell 1986, S. 107–126.
Morton, T. H. 1982. *Tetrahedron* 38:3195.
Mun, I. K., R. Venkataraghavan und F. W. McLafferty. 1977. *Anal. Chem.* 49:1723.
Mun, I. K. 1981. *Org. Mass Spectrom.* 16:82.
Munson, B. und F. H. Field. 1966. *J. Am. Chem. Soc.* 88:2621.
Nachod, F. C., J. J. Zuckerman und E. W. Randall (Hrsg.) 1976. *Determination of Organic Structures by Physical Methods*, Bd. 6. Academic: New York. 643 S.
Nakanishi, K. und J. L. Occolowitz. 1979. *Phil. Trans. R. Soc. Lond. A* 293:3.
Nibbering, N. M. M. 1979. *Phil. Trans. Soc. Lond. A* 293:103.
Nibbering, N. M. M. 1984. *Mass Spectrom. Rev.* 3:445.
Nibbering, N. M. M. 1986. *Int. J. Mass Spectrom. Ion Processes* 73:61.
Nibbering, N. M. M. 1990. *Int. J. Mass Spectrom. Ion Processes* 90:107.
Nicholson, A. J. C. 1954. *Trans. Faraday Soc.* 50:1067.
Nikolaev, E. N., G. T. Goginashvili und V. L. Tal'rose. 1988. *Int. J. Mass Spectrom. Ion Processes* 86:249.
Nishishita, T., F. M. Bockhoff und F. W. McLafferty. 1977. *Org. Mass Spectrom.* 12:16.
NIST. 1990. The National Institute of Science and Technology: Gaithersburg, MD.
Nobes, R. H., W. J. Bouma und L. Radom. 1984. *J. Am. Chem. Soc.* 106:2774.
Nohmi, T. und J. B. Fenn. 1992. *J. Am. Chem. Soc.* 114:3241.
Occolowitz, J. L. 1964. *Anal. Chem.* 36:2177.
Odham, G., L. Larsson und P.-A. Mardh (Hrsg.) 1984. *Gas Chromatography Mass Spectrometry: Applications in Microbiology*. Plenum: New York. 444 S.
Odham, G und G. Wood. 1980. In Waller und Dermer 1980, S. 153–210.
Palisade Corp. 1991. 31 Decker Road, Newfield, NY 14867.
Pancíř, J. und F. Tureček. 1984. *Chem. Phys.* 87:223.
Pellegrin, V. 1983. *J. Chem. Educ.* 60:626.
Pesheck, C. V. und S. E. Buttrill, Jr. 1974. *J. Am. Chem. Soc.* 96:6027.
Pesyna, G. M. und F. W. McLafferty. 1976. In Nachod et al. 1976, 6:91–155.

Pesyna, G. M., R. Venkataraghavan, H. E. Dayringer und F. W. McLafferty. 1976. *Anal. Chem.* 48:1362.
Pfefferkorn, R., H. F. Grützmacher und D. Kuck. 1983. *Int. J. Mass Spectrom. Ion Processes* 47:515.
Philp, R. P., E. J. Gallegos, P. Sundararaman, J. M. Smitter, P. J. Arpino und R. M. Teeter. 1985. *Mass Spectrom. Rev.* 4:1–144.
Pihlaja, K., J. Jalonen, R. W. Franck und S. Meyerson. 1982. *Mass Spectrom. Rev.* 1:107–124.
Pillinger, L. T. 1979. In Johnstone 1979, S. 250–261.
Podda, G., L. Corda, C. Anchisi, B. Pelli und P. Traldi. 1987. *Org. Mass Spectrom.* 22:162.
Popov, S. S. und N. V. Handjieva. 1983. *Mass Spectrom. Rev.* 2:481–514.
Porter, Q. N. 1985. *Mass Spectrometry of Heterocyclic Compounds*, 2 Aufl. Wiley: New York. 966 S.
Posthumus, M. A., P. G. Kistemaker, H. L. C. Meuzelaar und M. C. Ten Noever de Brauw. 1978. *Anal. Chem.* 50:985.
Price, P. 1991. *J. Am. Soc. Mass Spectrom.* 2:336.
Radford, T. und D. C. DeJongh. 1980. In Waller und Dermer 1980, S. 255–310.
Radom, L., W. J. Bouma, R. H. Nobes und B. F. Yates. 1984. *Pure Appl. Chem.* 56:1831.
Ray, J. C., Jr., P. O. Danis, F. W. McLafferty und B. K. Carpenter. 1987. *J. Am. Chem. Soc.* 109:4408.
Reiner, E. J. und A. G. Harrison. 1984. *Org. Mass Spectrom.* 19:343.
Reinhold, V. N. 1986. In Gaskell, 1986, S. 181–214.
Reinhold, V. N. und S. A. Carr. 1983. *Mass Spectrom. Rev.* 2:153–222.
Remberg, G. und G. Spiteller. 1970. *Chem. Ber.* 103:3640.
Resink, J. J., A. Venema und N. M. M. Nibbering. 1974. *Org. Mass Spectrom.* 9:1055.
Respondek, J., H. Schwarz, F. Van Gaever und C. C. Van de Sande. 1978. *Org. Mass Spectrom.* 13:618.
Robbins, R. C. und N. G. Foster. 1985. *Org. Mass Spectrom.* 20:189.
Robinson, P. J. und K. A. Holbrook. 1972. *Unimolecular Reactions.* Wiley: New York.
Robson, J. N. und S. J. Rowland. 1986. *Nature* 324:561.
Rol, N. C. 1968. *Rec. Trav. Chim.* 87:321.
Rose, M. E. (Hrsg.) 1985, 1987, 1989. *Specialist Periodical Reports: Mass Spectrometry.* Bd. 8, 9, 10. Roy. Soc. Chem.: Cambridge, England. 431 S.
Rose, M. E. und R. A. W. Johnstone. 1982. *Mass Spectrometry for Chemists and Biochemists.* Cambridge Univ. Press: Cambridge, England. 307 S.
Rosenstock, H. M., M. B. Wallenstein, A. L. Wahrhaftig und H. Eyring. 1952. *Proc. Natl. Acad. Sci.* 38:667.
Rothwell, A. P., R. G. Cooks, T.-V. Singh, L. de Cardenas und H. Morrison. 1985. *Org. Mass Spectrom.* 20:757.
Royal Society of Chemistry. *Mass Spectrometry Bulletin.* Cambridge, England.
Royal Society of Chemistry. 1983, 1992. *Eight-Peak Index of Mass Spectra.* Cambridge, England.
Safe, S. 1979. In Johnstone 1979, S. 234–249.
Sample, S. D. und C. Djerassi. 1966. *J. Am. Chem. Soc.* 88:1937.
Schmitz, Z. und R. A. Klein. 1986. *Chem. Phys. Lipids* 39:285.
Schröder, E. 1991. *Massenspektrometrie – Begriffe und Definitionen.* Springer: Heidelberg.
Schubert, R. und H.-F. Grützmacher. 1980. *J. Am. Chem. Soc.* 102:5323.
Schulten, H. R. 1986. *Org. Mass Spectrom.* 21:613.
Schulten, H. R. und R. P. Lattimer. 1984. *Mass Spectrom. Rev.* 3:231–316.
Schwarz, H. 1978. *Top. Curr. Chem.* 73:231–263.
Schwarz, H. 1981. *Top. Curr. Chem.* 97:1.
Schwarz, H., C. Wesdemiotis, K. Levsen, H. Heimbach und W. Wagner. 1979. *Org. Mass Spectrom.* 14:244.

Seibl, J. 1970. *Massenspektrometrie.* Akademische Verlagsgesellschaft: Frankfurt/Main. 208 S.
Seibl, J. und T. Gäumann. 1963. *Helv. Chim. Acta* 46:2857.
Seifert, W. K., E. J. Gallegos und R. M. Teeter. 1972. *J. Am. Chem. Soc.* 94:5880.
Seiler, K. und M. Hesse. 1968. *Helv. Chim. Acta* 51:1817.
Shaler, T. A. und T. H. Morton. 1989. *J. Am. Chem. Soc.* 111:6868.
Shannon, J. S. 1964. *Proc. Roy. Austr. Chem. Inst.* 31:323.
Shannon, T. W. und F. W. McLafferty. 1966. *J. Am. Chem. Soc.* 88:5021.
Sharaf, M. A., D. L. Illman und B. R. Kowalski. 1986. *Chemometrics.* Wiley: New York. 332 S.
Shaw, P. E. und M. G. Moshonas. 1985. *Mass Spectrom. Rev.* 4:397–420.
Sheikh, Y. S., A. M. Duffield und C. Djerassi. 1970. *Org. Mass Spectrom.* 4:273.
Simões, J. A. M. und J. L. Beauchamp. 1990. *Chem. Rev.* 90:629–688.
Sjövall, J. 1980. *Adv. Mass Spectrom.* 8:1069.
Smith, C. G., N. H. Mahle, W. R. R. Park, P. B. Smith und S. J. Martin. 1985. *Anal. Chem.* 57:259R–261R.
Smith, D. H. (Hrsg.) 1977. *Computer-Assisted Structure Determination.* American Chemical Society: Washington, D.C. 151 S.
Smith, J. S. und F. W. McLafferty. 1971. *Org. Mass Spectrom.* 5:483.
Smith, R. D., J. A. Loo, R. R. Ogorzalek Loo, M. Busman und H. R. Udseth. 1992. *Mass Spectrom. Rev.* 10:359–452.
Snyder, A. P. und C. S. Harden. 1990. *Org. Mass Spectrom.* 25:53.
Song, X., S. Pauls, J. Lucia, P. Du, E. R. Davidson und J. P. Reilly. 1991. *J. Am. Chem. Soc.* 113:3202.
Spaulding, T. R. 1979. In Johnstone 1979, S. 312–346.
Speck, D. D., R. Venkataraghavan und F. W. McLafferty. 1978. *Org. Mass Spectrom.* 13:209.
Sphon, J. A. und W. C. Brumley. 1980. In Waller und Dermer 1980, S. 713–750.
Spiteller, G. 1966. *Massenspektrometrische Strukturanalyse organischer Verbindungen.* Verlag Chemie: Weinheim. 354 S.
Stahl, D. und T. Gäumann. 1977. *Org. Mass Spectrom.* 12:761.
Stauffer, D. B., F. W. McLafferty, R. D. Ellis und D. W. Peterson. 1985. *Anal. Chem.* 57:1056.
Stenhagen, E. 1972. In Waller und Dermer 1972, S. 11.
Stevenson, D. P. 1951. *Disc. Faraday Soc.* 10:35.
Stocklöv, J., K. Levsen und G. J. Shaw. 1983. *Org. Mass Spectrom.* 18:444.
Stringer, M. B., D. J. Underwood, J. H. Bowie, C. E. Allison, K. F. Donchi und P. J. Derrick. 1992. *Org. Mass Spectrom.* 27:270.
Suelter, C. H. und J. T. Watson (Hrsg.) 1990. *Biomedical Applications of Mass Spectrometry.* Wiley: New York. 396 S.
Suming, H., Y. Chen, J. Longfei und X. Shuman. 1986. *Org. Mass Spectrom.* 21:7.
Sundqvist, B. und R. D. MacFarlane. 1985. *Mass Spectrom. Rev.* 4:421.
Svec, H. J. und G. A. Junk. 1967. *J. Am. Chem. Soc.* 89:790.
Swanton, D. J., D. C. J. Marsden und L. Radom. 1991. *Org. Mass Spectrom.* 26:227.
Tajima, S., A. Ishiquro und S. Tobia. 1987. *Int. J. Mass Spectrom. Ion Processes* 75:147.
Terlouw, J. K., W. Heerma, G. Dijkstra, J. L. Holmes und P. C. Burgers. 1983. *Int. J. Mass Spectrom. Ion Phys.* 47:147.
Terlouw, J. K., T. Weiske, H. Schwarz und J. L. Holmes. 1986. *Org. Mass Spectrom.* 21:665.
Termont, D., F. Van Gaever, D. De Keukeleire, M. Claeys und M. Vandewalle. 1977. *Tetrahedron,* 33:2433.
Tetler, L. W. 1987. *Biochem. Soc. Trans.,* S. 158.
Thomson, J. J. 1913. *Rays of Positive Electricity.* London: Longmans, Green.

Tokes, L., G. Jones und C. Djerassi. 1968. *J. Am. Chem. Soc.* 90:5465.
Tomer, K. B. 1989. *Mass Spectrom. Rev.* 8:445–512.
Tomer, K. B., F. W. Crow und M. L. Gross. 1983. *J. Am. Chem. Soc.* 105:5487.
Tsang, C. W. und A. G. Harrison. 1971. *Org. Mass Spectrom.* 5:877.
Tureček, F. 1987. *Collect. Czech. Chem. Commun.* 52:1928–1984.
Tureček, F. 1990. In Z. Rappoport (Hrsg.) *The Chemistry of Enols.* Wiley: Chichester, England. S. 95–146.
Tureček, F. 1991a. *Int. J. Mass Spectrom. Ion Processes* 108:137.
Tureček, F. 1991b. *Org. Mass Spectrom.* 26:1074.
Tureček, F., D. E. Drinkwater und F. W. McLafferty. 1990a. *J. Am. Chem. Soc.* 112:993.
Tureček, F. 1990b. *J. Am. Chem. Soc.* 112:5892.
Tureček, F., L. Brabec, V. Hanuš, V. Zima und O. Pytela. 1990c. *Int. J. Mass Spectrom. Ion Processes* 97:117.
Tureček, F. und V. Hanuš. 1980. *Org. Mass Spectrom.* 15:4 und 8.
Tureček, F. 1983. *Tetrahedron* 39:1499.
Tureček, F. 1984. *Mass Spectrom. Rev.* 3:85–152.
Tureček, F. 1986. In J. F. J. Todd (Hrsg.) *Adv. Mass Spectrom. 1985.* Wiley: Chichester, England. S. 215–224.
Tureček, F., V. Hanuš und M. Smutek. 1981. *Org. Mass Spectrom.* 16:483.
Tureček, F. und Z. Havlas. 1986. *J. Chem. Soc. Perkin Trans.* 2:1011.
Tureček, F. und P. Kočovský. 1980. *Collect. Czech. Chem. Commun.* 45:269.
Tureček, F. und F. W. McLafferty. 1984a. *J. Am. Chem. Soc.* 106:2525.
Tureček, F. 1984b. *J. Am. Chem. Soc.* 106:2528.
Turner, D. W., C. Baker, A. D. Baker und C. R. Brundle. 1970. *Molecular Photoelectron Spectroscopy.* Wiley-Interscience: London. 386 S.
Uccella, N. A., I. Howe und D. H. Williams. 1971. *J. Chem. Soc. (B)*, S. 1933.
Van Baar, B. L. M., J. K. Terlouw, S. Akkök, W. Zumack und H. Schwarz. 1987. *Int. J. Mass Spectrom. Ion Processes* 81:217.
Van de Graaf, B. und F. W. McLafferty. 1977. *J. Am. Chem. Soc.* 99:6806.
Van de Sande, C. C. und F. W. McLafferty. 1975a. *J. Am. Chem. Soc.* 97:2298.
Van de Sande, C. C. 1975b. *J. Am. Chem. Soc.* 97:4613.
Van de Sande, C. C., C. DeMeyer und A. Maquestiau. 1976. *Bull. Soc. Chim. Belges* 85:79.
Van Gaever, F., J. Monstrey und C. C. Van de Sande. 1977. *Org. Mass Spectrom.* 12:200.
Vermeulen, N. P. E., J. Cauvet, W. C. M. M. Luijten und P. J. van Bladeren. 1980. *Biomed. Mass Spectrom.* 7:413.
Vetter, W. 1980. In Waller und Dermer 1980, S. 439–468.
Vieth, H. J. 1983. *Mass Spectrom. Rev.* 2:419–446.
Wada, Y., J. Matsuo und T. Sakurai. 1989. *Mass Spectrom. Rev.* 8:379–434.
Wagner-Redeker, W., K. Levsen, H. Schwarz und W. Zumack. 1981. *Org. Mass Spectrom.* 16:361.
Wahrhaftig, A. L. 1962. Persönliche Mitteilung.
Wahrhaftig, A. L. 1986. In Futrell 1986, S. 7–24.
Waller, G. R. (Hrsg.) 1972. *Biochemical Applications of Mass Spectrometry.* Wiley: New York. 872 S.
Waller, G. R. und O. C. Dermer (Hrsg.) 1980. *Biochemical Applications of Mass Spectrometry.* Wiley: New York. 1279 S.
Wapstra, A. H. und G. Audi. 1986. *Pure Appl. Chem.* 58:1677.
Wapstra, A. H. 1985. *Nucl. Phys. A* 432:1–54.
Ward, R. S. und D. H. Williams. 1969. *J. Org. Chem.* 34:3373.
Watson, J. T. 1985. *Introduction to Mass Spectrometry*, 2. Aufl. Raven: New York. 351 S.
Weber, R., K. Levsen, C. Wesdemiotis, T. Weiske und H. Schwarz. 1982. *Int. J. Mass Spectrom. Ion Phys.* 43:131.

Weiske, T. und H. Schwarz. 1986. *Tetrahedron* 42:6245.
Weiss, M., R. A. Crombie und A. G. Harrison. 1987. *Org. Mass Spectrom.* 22:216.
Weitzel, K. M., J. Booze und T. Baer. 1991. *Chem. Phys.* 150:263.
Wendelboe, J. F., R. D. Bowen und D. H. Williams. 1981. *J. Chem. Soc., Perkin Trans.* 2, S. 958.
Wesdemiotis, C., P. O. Danis, R. Feng, J. Tso und F. W. McLafferty. 1985. *J. Am. Chem. Soc.* 107:8059.
Wesdemiotis, C. und F. W. McLafferty. 1987. *Chem. Rev.* 87:485.
Wesdemiotis, C., H. Schwarz, F. Borchers, H. Heimbach und K. Levsen. 1977. *Z. Naturforsch. B.* 33b:1150.
Westmore, J. B. und M. M. Alauddin. 1986. *Mass Spectrom. Rev.* 5:381–466.
White, F. A. 1986. *Mass Spectrometry: Applications in Science and Engineering*. Wiley: New York. 773 S.
Wiersig, J. R., A. N. H. Yeo und C. Djerassi. 1977. *J. Am. Chem. Soc.* 99:532.
Williams, D. H. (Hrsg.) 1971 und 1973. *Mass Spectrometry*, Bd. 1 und 2. The Chemical Society: London. 323 und 356 S.
Williams, D. H. 1977. *Acc. Chem. Res.* 10:280.
Williams, D. H. 1979. *Phil. Trans. R. Soc., Lond. A* 293:117.
Williams, D. H., A. F. Findeis, S. Naylor und B. W. Gibson. 1987. *J. Am. Chem. Soc.* 109:1980.
Winkler, F. J. und H.-F. Grützmacher. 1970. *Org. Mass Spectrom.* 3:1117.
Winkler, F. J. und F. W. McLafferty. 1974. *Tetrahedron* 30:2971.
Winkler, F. J. und D. Stahl. 1979. *J. Am. Chem. Soc.* 101:3685.
Winkler, F. J. und F. Maquin. 1976. *Tetrahedron Lett.* 27:335.
Winkler, P. C., D. D. Perkins, W. K. Williams und R. F. Browner. 1988. *Anal. Chem.* 60:489.
Wipf, H.-K., P. Irving, M. McCamish, R. Venkataraghavan und F. W. McLafferty. 1973. *J. Am. Chem. Soc.* 95:3369.
Wolf, J. F., R. H. Staley, I. Koppel, M. Taagepera, R. T. McIver, Jr., J. L. Beauchamp und R. W. Taft. 1977. *J. Am. Chem. Soc.* 99:5417.
Wolfschütz, R., W. Franke, N. Heinrich, H. Schwarz, W. Blum und W. J. Richter. 1982b. *Z. Naturforsch.* 37B:1169.
Wolfschütz, R., H. Halim und H. Schwarz. 1982a. *Z. Naturforsch.* 37B:724.
Wolkoff, P., J. L. Holmes und F. P. Lossing. 1985. *Org. Mass Spectrom.* 20:14.
Wood, K. V., D. J. Burinsky, D. Cameron und R. G. Cooks. 1983. *J. Org. Chem.* 4448:5236.
Wood, K. V., A. P. Rothwell, D. Scarpetti und P. L. Fuchs. 1992. *Org. Mass Spectrom.* 27:97.
Woodgate, P. D., K. K. Mayer und C. Djerassi. 1972. *J. Am. Chem. Soc.* 94:3115.
Wright, F. A. und G. M. Wood. 1986. *Mass Spectrometry: Applications in Science and Engineering*. Wiley-Interscience: New York. 773 S.
Wszolek, P., F. W. McLafferty und J. H. Brewster. 1968. *Org. Mass Spectrom.* 1:127.
Yamdagni, R. und P. Kebarle. 1976. *J. Am. Chem. Soc.* 98:1320.
Yinon, J. 1982. *Mass Spectrom. Rev.* 1:257.
Yinon, J. (Hrsg.) 1987. *Forensic Mass Spectrometry*. CRC Press: Boca Raton, FL.
Yinon, J. 1991. *Mass Spectrom. Rev.* 10:179.
Yinon, J. 1992. *Org. Mass Spectrom.* 27:689.
Yost, R. A. und C. G. Enke. 1979. *Anal. Chem.* 51:1251A.
Záhorszky, U. I. 1982. *Org. Mass Spectrom.* 17:192, und dort zitierte Literatur.
Záhorszky, U. I. 1988. *Org. Mass Spectrom.* 23:63.
Záhorszky, U. I. und P. Schulze. 1989. *Org. Mass Spectrom.* 24:759.
Zaikin, V. G. und A. I. Mikaya. 1984. *Mass Spectrom. Rev.* 3:479–526 (siehe Erratum, *ibid.* 1985, 4:253).

Zaretskii, Z. V. 1976. *Mass Spectrometry of Steroids*. Wiley: New York. 182 S.
Zhang, M.-Y., C. Wesdemiotis, M. Marchetti, P. O. Danis, J. C. Ray, Jr., B. C. Carpenter und F. W. McLafferty. 1989. *J. Am. Chem. Soc.* 111:8341.
Zhang, M.-Y., B. K. Carpenter und F. W. McLafferty. 1991. *J. Am. Chem. Soc.* 113:9499.
Zollinger, M. und J. Seibl. 1985. *Org. Mass Spectrom.* 20:649.
Zwinselman, J. J., N. M. M. Nibbering, B. Ciommer und H. Schwarz. 1983. In McLafferty 1983, S. 67–104.

Anhang

Tabelle A.1: Massen und Isotopenhäufigkeit

Masse[a]	Element	Isotop (Masse), Prozent Häufigkeit[b]
0.00054857	e^-	(Elektron)
1.007825035	H	^{2}H (2.0140), 0.015
4.00260324	He	^{3}He (3.0160), 0.00013
7.0160030	Li	^{6}Li (6.0151), 8.1
9.0121822	Be	
11.0093054	B	^{10}B (10.0129), 24.8
12.00000000	C	^{13}C (13.0034), 1.1
14.00307400	N	^{15}N (15.0001), 0.37
15.99491463	O	^{17}O, 0.04; ^{18}O (17.9992), 0.20
18.99840322	F	
19.9924356	Ne	^{21}Ne, 0.30; ^{22}Ne (21.9914), 10.2
22.9897677	Na	
23.9850423	Mg	^{25}Mg, 12.7; ^{26}Mg, 13.9
26.9815386	Al	
27.9769271	Si	^{29}Si (28.9765), 5.1; ^{30}Si (29.9738), 3.4
30.9737620	P	
31.97207070	S	^{33}S (32.9715), 0.79; ^{34}S (33.9679), 4.4; ^{36}S, 0.02
34.96885273	Cl	^{37}Cl (36.9659), 32.0
39.9623837	Ar	^{36}Ar, 0.34; ^{38}Ar, 0.06
38.9637074	K	^{40}K, 0.01; ^{41}K, 7.2
39.9625906	Ca	^{42}Ca, 0.67; ^{43}Ca, 0.14; ^{44}Ca, 2.2; ^{46}Ca, 0.004; ^{48}Ca, 0.19
47.9478711	Ti	^{46}Ti, 10.8; ^{47}Ti, 9.9; ^{49}Ti, 7.5; ^{50}Ti, 7.3
50.9439617	V	^{50}V, 0.25
54.9380471	Mn	
55.9349393	Fe	^{54}Fe, 6.3; ^{57}Fe, 2.4; ^{58}Fe, 0.31
58.9331976	Co	
57.9353462	Ni	^{60}Ni, 38.2; ^{61}Ni, 1.7; ^{62}Ni, 5.3; ^{64}Ni, 1.3
62.9295989	Cu	^{65}Cu, 44.6
63.9291448	Zn	^{66}Zn, 57.4; ^{67}Zn, 8.4; ^{68}Zn, 38.7; ^{70}Zn, 1.3
73.9211774	Ge	^{70}Ge, 56.2; ^{72}Ge, 75.1; ^{73}Ge, 21.4; ^{76}Ge, 21.4
74.9215942	As	
79.9165196	Se	^{74}Se, 1.8; ^{76}Se, 18.0; ^{77}Se, 15.4; ^{78}Se, 47.4; ^{82}Se, 18.9
78.9183361	Br	^{81}Br (80.9163), 97.3
83.911507	Kr	^{78}Kr, 0.63; ^{80}Kr, 4.0; ^{82}Kr, 20.3; ^{83}Kr, 20.2; ^{86}Kr, 30.4

Tabelle A.1: Massen und Isotopenhäufigkeit (Fortsetzung).

Masse[a]	Element	Isotop (Masse), Prozent Häufigkeit[b]
106.905092	Ag	^{108}Ag, 92.9
119.9022991	Sn	^{112}Sn, 3.0; ^{114}Sn, 2.0; ^{115}Sn, 1.1; ^{116}Sn, 44.6; ^{117}Sn, 23.6; ^{118}Sn, 74.3; ^{119}Sn, 26.3; ^{122}Sn, 14.2; ^{124}Sn, 17.8
126.904473	I	
131.904144	Xe	^{124}Xe, 0.36; ^{126}Xe, 0.33; ^{128}Xe, 7.1; ^{129}Xe, 98.3; ^{130}Xe, 15.2; ^{131}Xe, 78.8; ^{134}Xe, 38.8; ^{136}Xe, 33.0
132.905429	Cs	
196.966543	Au	
201.970617	Hg	^{196}Hg, 0.49; ^{198}Hg, 33.6; ^{199}Hg, 56.5; ^{200}Hg, 77.6; ^{201}Hg, 44.4; ^{204}Hg, 23.0
207.976627	Pb	^{204}Pb, 2.7; ^{206}Pb, 46.1; ^{207}Pb, 42.2
238.0507847	U	^{234}U, 0.006; ^{235}U, 0.72

[a] Masse des häufigsten Isotops
[b] relativ zum häufigsten Isotop (100 %)

Tabelle A.2: Natürliche Häufigkeiten von Kombinationen aus Chlor, Brom, Silicium und Schwefel.

Zahl der Cl-Atome	Masse	Zahl der Br-Atome 0	1	2	3	4
0	A		100.0	51.5	34.3	17.6
	A + 2		97.3	100.0	100.0	68.5
	A + 4			48.7	97.3	100.0
	A + 6				31.6	64.9
	A + 8					15.8
1	A	100.0	77.3	44.2	26.5	14.4
	A + 2	32.0	100.0	100.0	85.8	60.8
	A + 4		24.1	69.3	100.0	100.0
	A + 6			13.4	48.5	79.4
	A + 8				7.8	30.0
	A + 10					4.1
2	A	100.0	62.0	38.7	20.8	12.1
	A + 2	64.0	100.0	100.0	74.0	54.8
	A + 4	10.2	45.0	88.8	100.0	100.0
	A + 6		6.2	31.2	63.1	93.3
	A + 8			3.8	18.3	46.4
	A + 10				2.0	11.5
	A + 12					1.1
3	A	100.0	51.7	32.1	16.8	9.6
	A + 2	96.0	100.0	93.1	65.2	46.8
	A + 4	30.7	64.2	100.0	100.0	93.8
	A + 6	3.3	17.1	49.3	76.9	100.0
	A + 8		1.6	11.4	31.1	60.8
	A + 10			1.0	6.3	21.0
	A + 12				0.5	3.8
	A + 14					0.3

Tabelle A. 2: Natürliche Häufigkeiten von Kombinationen aus Chlor, Brom, Silicium und Schwefel (Fortsetzung).

Zahl der Cl-Atome	Masse	Zahl der Br-Atome 0	1	2	3	4
4	A	78.1	44.4	24.7	13.9	5.9
	A + 2	100.0	100.0	79.6	58.4	32.1
	A + 4	48.0	82.5	100.0	100.0	75.7
	A + 6	10.2	32.3	62.7	90.1	100.0
	A + 8	0.8	6.1	20.9	46.1	81.6
	A + 10		0.4	3.6	13.5	42.6
	A + 12			0.2	2.1	14.3
	A + 14				0.1	3.0
	A + 16					0.3
5	A	62.5	38.8	19.7	11.4	5.9
	A + 2	100.0	99.7	69.7	51.5	32.1
	A + 4	64.0	100.0	100.0	97.2	75.7
	A + 6	20.5	51.3	75.4	100.0	100.0
	A + 8	3.3	14.4	32.6	61.4	81.6
	A + 10	0.2	2.1	8.2	23.1	42.6
	A + 12		0.1	1.1	5.2	14.3
	A + 14			0.06	0.7	3.0
	A + 16				0.04	0.3
	A + 18					0.02

Masse	Zahl der Cl-Atome 6	7	8	9	10
A	52.1	44.6	34.9	27.1	21.7
A + 2	100.0	100.0	89.2	78.1	69.5
A + 4	80.0	96.0	100.0	100.0	100.0
A + 6	34.1	51.1	64.0	74.7	85.3
A + 8	8.2	16.4	25.6	35.8	47.8
A + 10	1.0	3.1	6.6	11.5	18.3
A + 12	0.06	0.3	1.0	2.4	4.9
A + 14		0.01	0.1	0.3	0.9
A + 16				0.03	0.1
A + 18					0.01

Tabelle A.2: Natürliche Häufigkeiten von Kombinationen aus Chlor, Brom, Silicium und Schwefel (Fortsetzung).

	Zahl der Siliciumatome				
Masse	1	2	3	4	5
A	100.0	100.0	100.0	100.0	100.0
A + 1	5.1	10.20	15.30	20.40	25.50
A + 2	3.4	7.1	11.00	15.16	19.60
A + 3		0.35	1.05	2.13	3.60
A + 4		0.12	0.37	0.80	1.42
A + 5			0.02	0.07	0.19
A + 6				0.02	0.05

	Zahl der Schwefelatome				
Masse	1	2	3	4	5
A	100.0	100.0	100.0	100.0	100.0
A + 1	0.80	1.6	2.4	3.2	4.0
A + 2	4.4	8.8	13.2	17.6	22.0
A + 3		0.07	0.21	0.42	0.70
A + 4		0.19	0.58	1.2	1.9
A + 5				0.02	0.05
A + 6				0.03	0.09

Tabelle A. 3: Adiabatische Ionisierungsenergien (Protonenaffinitäten) und Bindungsdissoziationsenergien (*D*), eV (1 eV = 96.49 kJ/mol = 23.06 kcal/mol = 8066 cm^{-1} (Lias *et al.* 1988, korrigiert durch Meot-Ner und Sieck 1991).

H, C, He, Ar		O, S, Se		N, P, Si		Halogene, Metalle		Radikale		D*	
He	24.6 (1.8)										
Ar	15.8 (3.8)			N_2	15.6 (5.1)	HF	16.0 (5.1)	F·	17.4 (3.5)	HC≡C—H	5.7
										Ph—CN	5.7
H_2	15.4 (4.4)	CO	14.0 (6.2)			F_2	15.7			RF^+—H	5.6
		CO_2	13.8 (5.7)	HCN	13.6 (7.4)	BF_3	15.6			Ph—F	5.4
CH_4	12.5 (5.7)	H_2O	12.6 (7.2)	NF_3	13.0 (5.9)	CF_4	14.7 (5.5)	NC·	14.1 (5.4)	R(HO)C=O^+—H	5.2
		SO_2	12.3 (6.6)					H·	13.6 (2.7)	HO—H	5.2
										R—CH	5.1
		O_2	12.1 (4.4)	MeCN	12.2 (8.2)			HO·	13.0 (6.2)	R(H)O^+—H	4.9
C_2H_6	11.5 (6.2)			SiH_4	11.7 (6.7)	HCl	12.7 (5.8)	Cl·	13.0 (5.3)	Ph—OH	4.8
				PrF	11.3						
				CH_3NC	11.3						
HC≡CH	11.4 (6.6)	HCOOH	11.3 (7.8)	PrCN	11.2 (8.4)	MeF	12.5 (6.3)	Br·	11.8 (5.7)	Ph—H	4.8
								HC≡C	11.7	H_2C=CH—H	4.8
C_3H_8	11.0 (6.5)	CH_2O	10.9 (7.4)	CH_2=CHCN	10.9 (8.2)	HBr	11.7 (5.9)	H_2N·	11.1 (8.1)	R—F	4.7
Cyclopentan	10.5	MeOH	10.9 (7.9)	$PrNO_2$	10.8	Cl_2	11.5	I·	10.5 (6.3)		
		MeCOOH	10.7 (8.2)								
n-C_4H_{10}	10.5 (7.3)	CH_2CH_2O (cyclisch)	10.6 (8.1)			CCl_4	11.5	HS·	10.4 (7.1)	RCO—OH	4.6
		EtOH	10.5 (8.2)			PrF	11.3				
						MeCl	11.2 (7.1)	H_2C:	10.4 (8.6)	R_2C=O^+—H	4.6
CH_2=CH_2	10.5 (7.0)	H_2S	10.5 (7.4)			AcCl	10.9	$NCCH_2$·	10.0 (5.4)	RCl^+—H	4.6
MeC=CH	10.4 (7.9)					BuCl	10.7 (7.5)	Me·	9.8 (5.6)	RO—H	4.5
										Ph—NH_2	4.4
n-C_5H_{12}	10.4	PrCOOH	10.2 (8.4)	PrONO	10.3	t-BuCl	10.6	FCH_2·	9.1	R_2O^+—H	4.4
i-C_5H_{12}	10.2							CH_2—CH·	8.8 (7.6)	R—H	4.3
n-C_6H_{14}	10.1	MeCHO	10.2 (8.1)	NH_3	10.2 (9.0)	Br_2	10.5	CF_3·	<8.9 (4.4)		
								HC≡CCH_2·	8.7	Ph—R	4.3

Tabelle A.3: Adiabatische Ionisierungsenergien (Protonenaffinitäten) und Bindungsdissoziationsenergien (*D*), eV (1 eV = 96.49 kJ/mol = 23.06 kcal/mol = 8066 cm^{-1} (Lias *et al.* 1988, korrigiert durch Meot-Ner und Sieck 1991) (Fortsetzung).

H, C, He, Ar		O, S, Se		N, P, Si		Halogene, Metalle		Radikale		D*	
$PrC\equiv CH$	10.0	EtCOOMe	10.2 (8.8)	1,2,3-Triazol	10.1	Hg	10.4	MeO·	8.6 (7.3)	Ph—OR	4.2
$Me_2CHCHMe_2$	10.0	BuOH	10.1 (8.3)	Uracil	10.1 (9.0)	HI	10.4 (6.5)	$ClCH_2$·	8.6 (6.8)	$RCO—NH_2$	4.1
Cyclopropan	9.9 (7.8)	CS_2	10.1 (7.2)	PH_3	9.9 (8.2)	$CH_2=CHF$	10.4 (7.6)	PhO·	8.6 (9.0)		
Cyclobutan	9.9	*t*-BuOH	10.0 (8.4)	$PhNO_2$	9.9 (8.4)	CBr_4	10.3	HOOC·	8.6	$RBr^+—H$	4.1
Cyclohexan	9.9	$EtSO_2Et$	10.0	NO_2	9.8 (6.1)	C_2F_4	10.1	MeOOC·	8.6	*t*-Bu—H	4.0
		H_2Se	9.9 (7.4)	$(EtO)_3P=O$	9.8 (9.7)						
$CH_2=C=CH_2$	9.7 (8.1)	PrCHO	9.8 (8.2)	HCONHMe	9.8 (9.0)	BuBr	10.1	Cp·	8.4 (8.4)	R—OH	4.0
				$MeCONH_2$	9.8 (9.4)	$CH_2=CHCl$	10.0	*c*-C_3H_5·	8.2	$R(H)S^+—H$	3.9
$MeCH=CH_2$	9.7 (7.8)	MeCOMe	9.7 (8.5)	1,2,4-Triazol	9.8 (8.2)					$PhCH_2—H$	3.8
										$R—NH_2$	3.7
Cyclopropen	9.7	PhCOOH	9.7			*t*-BuBr	9.9	Ph·	8.1 (9.1)	R—R	3.6
						C_6F_6	9.9 (7.7)	MeS·	8.1 (7.9)	R—OR	3.6
								Et·	8.1 (6.4)	R—COR	3.5
$MeC\equiv CMe$	9.6 (8.1)	$MeCH(OMe)_2$	9.7	Me_4Si	9.8					R—Cl	3.5
						$CH_2=CHBr$	9.8	Allyl·	8.1 (7.6)	*t*-Bu—R	3.4
$EtCH=CH_2$	9.6	$CH_2=C=O$	9.6 (8.6)	H_2NCONH_2	9.7					R—SR	3.2
		Et_2O	9.5 (8.8)	PhCN	9.6 (8.5)			HCO·	8.1 (6.6)	Allyl—R	3.2
Dehydrobenzol	9.5 (9.5)			MeCH=NH	9.6 (9.1)			*n*-,*i*-Bu·	8.0	$PhCH_2—R$	3.1
						PhCOCl	9.5	$BrCH_2$·	7.9	$PhCH_2$—*t*-Bu	3.0
Cyclobuten	9.4	PhCHO	9.5 (8.8)	Thiazol	9.5 (9.6)			CCl_3·	7.8		
$BuCH=CH_2$	9.4	$\overline{(CH_2)_4O}$	9.4 (8.6)	$Me_3P=O$	9.5	MeI	9.5 (7.4)	$HOCH_2$·	7.6 (6.8)	$H_3N^+—R$	2.9
			9.1			Zn	9.4	$HSCH_2$·	7.5	$RH_2N^+—H$	2.9
										R—Br	2.9
$Me_2C=CH_2$	9.2 (8.5)	PhCOMe	9.3 (9.1)	Pyrazin	9.3 (9.3)						
$EtCH=C=CH_2$	9.2					C_2Cl_4	9.3	*s*-Bu·	7.3 (7.4)	R—OPh	2.7

Benzol	9.2 (7.9)	$CH_2=CHOH$	9.2 (8.5)	NO	9.3 (5.5)					$R-NO_2$	2.6
										R—I	2.3
		$CH_2=C(OH)_2$	9.1			BuI	9.2	$PhCH_2\cdot$	7.1 (8.6)	Allyl—OPh	2.2
MeCH=CHMe	9.1 (7.8)	*s*-BuSH	9.1 (8.4)	Pyridin	9.3 (9.9)			Ac·	7.0 (7.1)		
$CH_2=CHCH=CH_2$	9.1 (8.4)	Thiophen	8.9 (8.5)	Pyrimidin	9.2 (9.3)	PhF	9.2 (7.9)	$MeOCH_2\cdot$	6.9 (7.9)	RHO^+-R	2.2
				MeCH=NMe	9.1						
Cyclohexen	8.9 (8.2)	Furan	8.9 (8.3)	$H_2NCH_2CH_2OH$	9.0 (9.9)	PhCl	9.1 (7.9)	Me(HO)CH·	6.7 (7.1)	H_2S^+-R	2.0
PhMe	8.8 (8.2)	Et_2SO	8.8	$EtNH_2$	8.9 (9.7)	PhBr	9.0 (7.9)	*t*-Bu·	6.7 (7.2)	$(CO)_4Fe-CO$	1.8
								c-$C_3H_3\cdot$	6.6		
$Me_2C=CHMe$	8.7 (8.5)	Me_2S	8.7 (8.8)	$MeCONMe_2$	8.8 (9.7)			$Me_3Si\cdot$	6.5 (7.6)	H_2O^+-R	1.6
Cyclopentadien	8.6 (8.7)	$CH_2=C(OH)Me$	8.6 (9.0)	n-$BuNH_2$	8.7 (9.8)			Tropyl·	6.2 (8.2)	HI^+-R	1.5
m-Xylen	8.6 (8.5)	PhOH	8.5 (8.5)	$(Me_3Si)_2NH$	8.5	Et_2Hg	8.4	$H_2NCH_2\cdot$	6.1 (8.8)	$(CO)_5Mn-Me$	1.4
$PhCH=CH_2$	8.4 (8.8)	Et_2S	8.4 (9.0)	$(EtO)_3P$	8.4	$MeMn(CO)_5$	8.3 (8.0)	$Me_2NCH_2\cdot$	5.7 (9.4)	HCl^+-R	1.0
						Me_4Sn	8.2				
		Et_2Se	8.3			$Cr(CO)_6$	8.1 (7.8)	$H_2NCMe_2\cdot$	5.4 (8.7)	H_2O^+-t-Bu	0.4
MeCH=CHCH=CHMe	8.3	PhSH	8.3	$MeCSNH_2$	8.3						
PhCH=CHEt	8.2	PhOMe	8.2 (8.8)	Pyrrol	8.2 (9.3)	$Fe(CO)_5$	8.0 (8.7)				
				$MeCSNH_2$	8.2						
				$CH_2=CHNH_2$	8.2						
				$(MeHN\text{-})_2$	8.2						
				Me_3P	8.1 (10.2)	Cp_2Fe	6.7 (9.0)				
Naphthalin	8.1 (8.4)	PhOPh	8.1	Et_2NH	8.0 (10.2)	Na	5.1				
						K	4.3				
Biphenyl	8.0 (8.5)	PhSPh	7.9	$PhNH_2$	7.7 (9.3)	Cs	3.9				
Anthracen	7.5 (9.2)	MeSSMe	7.4 (8.5)	Ph_3N	6.8 (9.7)						
Coronen	7.3 (9.0)										

Ac = CH_3CO, Bu = Butyl, Cp = Cyclopentadienyl, *IE* (RY) – Me = Methyl, Ph = Phenyl, R = *n*Alkyl
* $D(RY^- - H = IE(H\cdot) + PA(RY)$

Tabelle A.4: Molekül-Ion-Intensitäten in Abhängigkeit vom Verbindungstyp (C_n steht für eine unverzweigte Alkylkette mit *n* Kohlenstoffatomen).

	Intensität des $M^{+\cdot}$-Peaks relativ zum intensivsten Peak						
Verbindungstyp	M.W. ~ 75		M.W. ~ 130		M.W. ~ 185		M.W. für $[M^{+\cdot}] < 0.1\%$
aromatisch		100	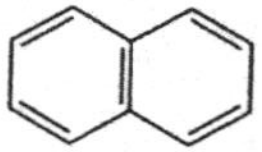	100	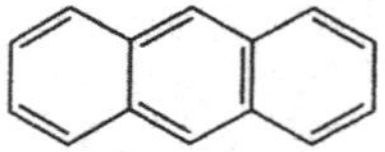	100	> 500
heterocyclisch	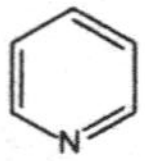	100	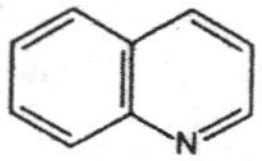	100	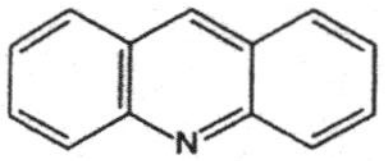	100	> 500
		100	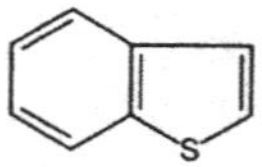	100	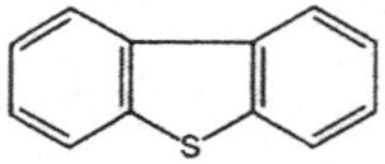	100	> 500
Cycloalkan		70	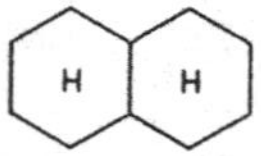	90	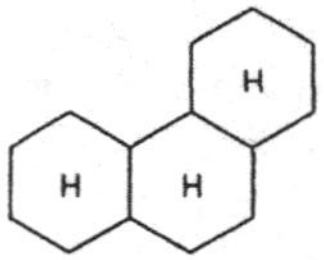	90	> 500
Thiol	C_3SH	100	C_7SH	40	$C_{10}SH$	46	≫ 200
Sulfid	C_1SC_2	65	C_1SC_6	45	C_5SC_5	13	≫ 200
konjugiertes Olefin	Hexatrien	55	*allo*-Ocimen	40	—		> 500
Olefin	$C_2C{=}CC_2$	35	$C_3C{=}CC_4$	20	$C_{11}C{=}C$	3	> 500
			$C_6C{=}CC$	7			
Amid	C_2CONH_2	55	C_6CONH_2	1	$C_{11}CONH_2$	1	—
	$HCON(C_1)_2$	100	$C_1CON(C_2)_2$	4	$C_1CON(C_4)_2$	5	
Säure	C_2COOH	80	C_6COOH	0.5	C_9COOH	9	—[b]

Keton[a]	C_1COC_2	25	C_2COC_5	8	C_6COC_5	8	>500
			C_1COC_6	3	C_1COC_9	10	
Aldehyd[a]	C_3CHO	45	C_7CHO	2	$C_{12}CHO$	5	
Alkan	C_5	9	C_9	6	C_{13}	5	>500
Amin	C_4NH_2	10	C_8NH_2	0.5	$C_{12}NH_2$	2	—[b]
	$(C_2)_2NH$	30	$(C_4)_2NH$	11	$(C_7)_2NH$	4	—
			$(C_2)_3N$	20	$(C_4)_3N$	7	—
Ether[a]	C_2OC_2	30	C_4OC_4	2	C_6OC_6	0.05	180
Ester[a]	C_1COOC	20	C_1COOC_5	0.1	C_1COOC_8	0.1	—[b]
			C_5COOC_1	0.3	C_7COOC_1	3	—[b]
Halogenalkan	C_4F	0.1	C_7F	0.1			RF > 120
	C_3Cl	4	C_7Cl	0.1	$C_{11}Cl$	0.3	RCl > 300[a]
			C_3Br	45	C_7Br	2	RBr 300
			C_1I	100	C_4I	6	RI 320
verzweigtes Alkan	C—C(C)—C—C	6	$(C_2)_2CC_4$	1	$(C_4)_3CH$	1	~400
	C—C(C)(C)—C	0.01	C—C(C)(C)—C—C(C)(C)—C	0.05	C—C(C)(C)—C—C(C)(C)—C—C(C)(C)—C	0.03	70
Nitril[a]	C_4CN	0.3	C_8CN	0.4	$C_{11}CN$	0.8	—[b]
Alkohol[a]	C_4OH	1	C_8OH	0.1	$C_{12}OH$	0.0	90
Acetal[a]	$C(OC)_2$	0.00	$C_2(OC_3)_2$	0.0	$C_7(OC_2)_2$	0.0	alle

[a] $(M + 1)^+$ bei höherem Probendruck möglich (siehe Abschnitt 6.1)
[b] $[M^{+\cdot}]$ wächst bei höherem Molekulargewicht mit zunehmendem Molekulargewicht

Tabelle A.5. Häufige neutrale Bruchstücke

Δ[a]	Masse	Formel	Beispiel[b, c]
−4	79	Br	R⌇Br
	121	$C_7H_5O_2$	Benzoesäureester
	51 65	C_3HN, C_4H_3N	einige heterocyclische Stickstoffverbindungen
−3	38	H_6O_2	einige Polycarbonsäuren
−2	39 53 67	C_nH_{2n-3}	Allylester und einige cyclische Carbonate – spezifische Abspaltung von (C_nH_{2n-1} − 2H) bei der Umlagerung; einige Propargyl- und Allen-Derivate
−1	26 40 54	C_nH_{2n-2}	Aromaten; Alkenylarylether
	54 68 82	C_nH_{2n-2}	4-Y-Cycloalkenylverbindungen; $M^{+\cdot}$ − 69 − $(68)_n$ bei Polyisoprenen[c]
	54	C_3H_2O	cyclische −CO−CH=CH−-Verbindungen
	26 40	$C_nH_{2n}CN$	R⌇CN, R⌇CH_2CN (nur stabile R^+)
0	27 41 55 69, etc.	C_nH_{2n-1}	RCOOR′-spezifische Umlagerung unter Abspaltung von (R − 2H) oder (R′ − 2H) + (R − H), auch bei Carbonaten, Amiden, größeren Ketonen etc.; Abspaltung von aktivierten C_nH_{2n-1}-Gruppen
	27	HCN	heterocyclische Stickstoffverbindungen, Cyanide, Aryl−NH_2, Enamine, Imine
+1	(±14: homologe Verunreinigung)		
	28 42 56	C_nH_{2n}	Abspaltung von (R − H) oder $(R - H)_2$ bei RCH_2COCH_2R-spezifischen Umlagerungen spezifisch, auch bei vielen ungesättigten funktionellen Gruppen; Retro-Diels-Alder-Reaktion[c]
	14	N	Aryl−NO
	28	N_2	Aryl−N=N−Aryl, >C=N_2, cyclische −N=N−-Verbindungen
	28	CO	aromatische Sauerstoffverbindungen (Carbonylverbindungen, Phenole), cyclische Ketone, R⌇C=O^+[c]
	42 56 70	$C_nH_{2n}CO$	ungesättigte Acetamide, Alkanoate; Di-, cyclische und komplexe Ketone; spezifische Wasserstoffwanderung unter Abspaltung von −CR_2−CO−
+2	29	CH_3N	einige ungesättigte und Aryl-N$(CH_3)_2$-Verbindungen
	43 57 71	HNCO, $C_nH_{2n-1}NO$	Abspaltung von −NR−CO− aus Carbamaten, cyclischen Amiden und Uracilen
	1	H	labiles H; Aryl−CH_2−H, RC≡CH, Alkylcyanide, kleinere Fluoride und Aldehyde (stabile RCO^+-Ionen), Cyclopropylverbindungen

		15	29	43	57	71,	etc.	C_nH_{2n+1}	Alkyl-Abspaltung: bevorzugt α-Spaltung oder Abspaltung an der Verzweigungsstelle (Abspaltung des größten Restes R); Eliminierung aus Cycloalkylgruppen unter H-Wanderung [b]
			29	43	57			$C_nH_{2n+1}CO$	$C_nH_{2n+1}CO$⟊R (nur bei stabilen R^+-Ionen)
+2							127	I	R⟊I
+3	2	16	30	44	58	72,	etc.	C_nH_{2n+2}	Abspaltung von RH an der Alkan-Verzweigungsstelle; Abspaltung von H_2 oder CH_4 hauptsächlich vom EE^+-Ion
		16						NH_2	aromatische und andere Amide und Amine; oft nicht intensiv
			30					NO	Nitroaromaten, Nitroester, N- oder Metall-nitrosoverbindungen
				44				$CONH_2$	R⟊$CONH_2$ (nur bei stabilen R^+)
		16						O	N-Oxide, einige Sulfoxide, kleiner bei Epoxiden, Nitroverbindungen, Chinonen, alicyclischen Ketoximen, Diketoenaminen
			30					CH_2O	$ROCH_2OR$, cyclische Ether, Methoxyaromaten [c]
				44	58	72,	etc.	$C_nH_{2n+2}CO$	für $ROCH_2OR'$ spezifische Wasserstoffwanderung → $(R' - H)^{+\cdot}$ (nur bei stabilen Ionen) [c]
				44				CO_2	Carbonate, cyclische Anhydride [c], Lactone, CH_3—N— und Aryl—N—phthalimide
				44				CS	Thiophenole, Diarylsulfide
	2, 3, 4							H_n	Borane, Silane, Phosphine
+4		17						NH_3	Amine: ungewöhnlich, wenn keine andere Gruppe die Ladung stabilisiert
		17						OH	Säuren, Oxime; Umlagerung (z. B. o-$NO_2C_6H_4CH_3$)
			31	45	59			$C_nH_{2n+1}O$	R⟊OR'; RCO⟊OR'
					59	73		$C_nH_{2n+1}CO_2$	R⟊OCOR', R⟊COOR' (nur bei stabilem R^+ und kleinem R')
				45				CHS	Thiophene, Thiophenole
						73		C_3H_9Si	$(CH_3)_3Si$—
+5		18						H_2O	Alkohole (bevorzugt primäre); Aldehyde, Ketone und Ether mit höherem Molekulargewicht [c]

Tabelle A.5. Häufige neutrale Bruchstücke (Fortsetzung)

Δ[a]	Masse	Formel	Beispiel[b, c]
	32 46 60 74	$C_nH_{2n+1}OH$ ($n = 0, 1, 2$), $C_nH_{2n+1}OH + C_nH_{2n}$	Abspaltung von ROH aus $R'CH_2OR$; aus R'COOR mit labilem Wasserstoff; mit weiterer Abspaltung von C_nH_{2n} ($n > 1$)
	46 60	$CO + C_nH_{2n+1}OH$	Abspaltung von CO + HOR aus R'COOR mit labilem Wasserstoff; cyclische —OCHRO—-Verbindungen
+5	46	NO_2	Nitroaromaten, R⦚NO_2, R⦚ONO
	60 74	$C_nH_{2n+1}COOH$	R'COO—R—H (stabiles R^+, kleines R')
	60	COS	Thiocarbonate
	32	S	Sulfide, Polysulfide[c], Arylthiole
	46	CH_2S	Methylarylsulfide, einige Cyclothioalkane
+6	33	$CH_3 + H_2O$	einige Alkohole
	19 33 47	$C_nH_{2n}F$	Fluoralkane
	33 47 61	$C_nH_{2n+1}S$	R⦚SR', R^+ stabiler als R'^+; $(M - 33)^+$ in Arylthiolen, Isothiocyanaten
+7	20		R⦚HF (bevorzugt primäre)
	34 48 62 76	H_2S, $H_2S + C_nH_{2n}$	Thiole (bevorzugt primäre); Methylsulfide; diese spalten anschließend C_nH_{2n} ($n > 1$) ab
	48 62 76 90	$C_nH_{2n+3}SiOH$	Silylether mit einem labilen H, z. B. Masse 90 aus $(CH_3)_3SiOR$
+8	77 91	C_nH_{2n-7}	$R'-C_6H_4-R$ (stabile R^+)
	35 49	$HF + C_nH_{2n+1}$	C_nH_{2n+1}⦚R⦚HF
	35 49 63	$C_nH_{2n}Cl$	Chloride (Spaltung der labilen Bindung)
+9	36 50 64	$(C_nH_{2n+1}OH)_2$	Dialkohole, Methoxyalkohole etc.
	36	HCl	R⦚HCl (^{37}Cl als Kennzeichen, bevorzugt primäre)
	50	CF_2	Aryl—CF_3
	64	SO_2	RSO_2R, Aryl—SO_2OR[c]

[a] Δ = Masse $- 14n + 1$ (Dromey 1976)
[b] Spezifische Spaltungen, die zu einem Hauptpeak führen, weisen gewöhnlich auf bestimmte Struktureinheiten hin (Kapitel 4). EE^+-Ionen mit geringerer Masse, die durch Folgezerfälle mit Zufalls-Umlagerungen entstehen („Ionen-Serien"), sind oft intensiv, so daß sie allgemein den Verbindungstyp anzeigen. Sie weisen aber nicht auf spezifische Struktureinheiten hin.
[c] Siehe auch bei Umlagerung unter Eliminierung in Tabelle 8.4.

Tabelle A.6. Häufige Fragment-Ionen (*, wichtigste Quelle dieser Masse laut McLafferty und Venkataraghavan 1982).

Δ[a]	m/z	Formel	Verbindungstyp[b]
X	31, 50, 69, 100, 119, 131, 169, 181, 193	C_nF_m	Perfluoralkane
X	38, 39, 50*, 51*, 63*, 64*, 65*, 74, 75*, 76*	niedrige aromatische Serie	bei aromatischen Verbindungen mit elektronegativen Substituenten intensiver
X	39, 40, 51, 52*, 65, 66*, 67, 77*, 78*, 79	hohe aromatische Serie	bei aromatischen Verbindungen mit elektronenspendenden Substituenten und N- und O-Heterocyclen intensiver
X	87–89*, 99–101, 112, 113, 125–127*, 138, 139, 150–152	polycyclische Aromaten	plus Ionen der niedrigen aromatischen Serie
X	45, 57, 58, 59, 69, 71, 83–85, 97, 98, 109–112	aromatische *endo*-Schwefel-Serie	Thiophene
X	69, 81–84, 95–97, 107–110	aromatische *exo*-Schwefel-Serie	Schwefel an einem aromatischen Ring
X	73, 147, 207, 221, 281, 295, 355		Dimethylsiloxane
−7	76* 90* 104* 118* 132*	C_nH_{2n-8}	R-phenyl = HY*, R-phenyl = YY′, R-phenyl − C_nH_{2n-1} = HY*
−6	77* 91* 105 119* 133*	$C_6H_5C_nH_{2n}$	Phenylalkylverbindungen (spezifische Spaltung, auch Umlagerung)
	105* 119 133	$C_nH_{2n+1}C_6H_4CO$	Benzoylverbindungen (spezifisch); 119 und darüber, ungesättigte oder cyclische Phenoxyverbindungen
	63 77 91	$C_nH_{2n+1}O_3$	für ROCOOR spezifische Abspaltung von (R − 2H) oder (R − 2H) + (R − H)
	49 63 77 91 105	$C_nH_{2n}Cl$	Chloralkyl; *m/z* 91 bei R$(CH_2)_5$Cl am größten
−5	77 91 105 119 133	$C_nH_{2n-7}N$	R-pyridyl = HY*, R-phenyl − N(R′) = YY′, etc. (siehe 76, 90, ...)
	92* 106* 120* 134*	C_nH_{2n-6}	R-phenyl − CR′R″ − Z − H
	92 106 120 134	$C_nH_{2n-8}O$	(−O − phenyl − R) = HY*, (−O − phenyl − R) = YY′, R-phenyl − COCHR′ − Z − H
	78 92 106 120 134	$C_5H_4NC_nH_{2n}$	Pyridylverbindungen Aminoaromaten (spezifische Spaltung, auch Umlagerung)
−4	79* 93* 107 121* 135*	C_nH_{2n-5}	Terpene und Derivate (Umlagerung; häufig auch andere *m/z*-Werte)

Tabelle A.6. Häufige Fragment-Ionen (*, wichtigste Quelle dieser Masse laut McLafferty und Venkataraghavan 1982). (Fortsetzung)

Δ[a]	m/z	Formel	Verbindungstyp[b]
	107* 121 135	$C_nH_{2n+1}C_6H_4O$	HOC_6H_4CHR⌇Y, $RC_6H_4OCH_2$⌇Y, C_6H_5CHOR, etc.
	149	$C_6H_4C_2O_3H$	Phthalate
	93 107 121 135	$C_nH_{2n}Br$	Bromalkane; *m/z* 135 bei $R(CH_2)_5Br$ am größten
−3	94* 108* 122*	$C_nH_{2n+1}C_6H_4OH$	R-phenyl−O⌇Z⌇H, HO-phenyl (R)⌇Z⌇H
	66 80 94	$C_nH_{2n+2}S_2$	RSS⌇Z⌇H, H⌇Z⌇SS⌇Z⌇H
	66* 80* 94 108 122 136*	C_nH_{2n-4}	Cycloalken$\overset{2}{\nparallel}$YY′, $C_nH_{2n-4}$$\overset{2}{\nparallel}$YY′, cycloalkanon$\overset{2}{\nparallel}$YY′
−2	39* 53* 67* 81* 95* 109* 123* 137*	C_nH_{2n-3}	Diene, Alkine, Cycloalkene[c]
	81 95 109	$C_nH_{2n-5}O$	Furylalkylverbindungen (spezifisch); mehrfach ungesättigte oder cyclische Sauerstoffverbindungen (Alkohole, Ether, Aldehyde)
−1	40* 54* 68* 82* 96* 110 124 138*	C_nH_{2n-2}	Retro-Diels-Alder; cycloalkyl$\overset{2}{\nparallel}$HY, cycloalkyl$\overset{2}{\nparallel}$YY′, $C_nH_{2n-2}$$\overset{2}{\nparallel}$YY′, Abspaltung von C_nH_{2n} + H_2O aus Ketonen etc.
	54 68 82 96 110* 124* 138		substituierte/cyclische/ungesättigte Ketone, Ether
	54 68 82 96 110 124 138	$C_nH_{2n}CN$	Alkylcyanide; Cycloalkenylamine, Bicycloamine
0	83 97 111 125	$C_4H_3SC_nH_{2n}$	Thiophene (spezifisch), Thiaphenylverbindungen
	27* 41* 55* 69* 83* 97* 111* 125* 139*	C_nH_{2n-1}	Alkene, Cycloalkane[c]
	55 69 83 97 111 125 139	$C_nH_{2n-1}CO$	Alkenyl- und Cycloalkylcarbonylverbindungen (spezifisch); zweifach ungesättigte, cyclische Alkohole, Ether[c]
	41 55 69 83 97 111 125 139	$C_nH_{2n-1}N$	Alkylcyanide (unspezifisch), Cycloazaalkene
+1	126 140*	C_nH_{2n-14}	R-naphthyl$\overset{2}{\nparallel}$HY*, R-naphthyl$\overset{2}{\nparallel}$YY′, R-naphthyl⌇$C_nH_{2n-1}$$\overset{2}{\nparallel}$HY*
	42 56* 70* 84 98 112 126* 140	C_nH_{2n}	CHR=CR′CHR″⌇Z⌇H, cycloalkyl−R oder −Y, $C_nH_{2n}$$\overset{2}{\nparallel}$RY, H⌇$C_nH_{2n}$⌇Y* oder ⌇R−Y*
	42* 56 70 84* 98* 112* 126 140	$C_nH_{2n-2}O$	2-Alkylcycloalkanone, Cyclobutanone (spezifisch); *m/z* 98 aus $Y(CH_2)_{n>5}$−CO−Y
	70 84 98 112 126 140	$C_nH_{2n-4}O_2$	cyclische/ungesättigte Ester, Diketone

							98	112	126	140	$C_nH_{2n-4}S$	R-thienyl – CHR′⌇Z⌇H
				56	70	84	98				$C_nH_{2n}N$	Alkenyl- und Cycloalkylamine, cyclische Amine[c], Imine
				56	70	84	98	112	126		$C_nH_{2n}NCO$	Alkylisocyanate
+2	15	29	43	57	71	85	99	113*			C_nH_{2n+1}	Alkylgruppen
		29*	43*	57*	71*	85*	99*				$C_nH_{2n+1}CO$	gesättigte Carbonylverbindungen (spezifisch); $m/z > 43$: cyclische Ether, Cycloalkanole[c]
						85	99	113			$C_nH_{2n-1}NO$	Alkylisocyanate (unspezifisch)
+3			44*	58	72*	86	100				$C_nH_{2n}O$	RCOCHR′⌇Z⌇, O=C (CHR⌇Z⌇H)$_2$, CHR=CR′O⌇Z⌇H, $C_nH_{2n}O\overset{2}{\ddagger}HY$, Cycloalkanole
		30*	44	58*	72	86*	100	114	128		$C_nH_{2n+2}N$	Alkylamine (spezifisch; auch Folgeumlagerungen)
		30									NO	Nitrite (bei Nitroverbindungen klein)
			44	58	72	86	100*				$C_nH_{2n+2}NCO$	Amide, Harnstoffe, Carbamate (einige spezifisch)
					72	86	100	114			$C_nH_{2n}NCS$	Alkylisothiocyanate
+4		31*	45*	59	73	87	101				$C_nH_{2n+1}O$	aliphatische Alkohole, Ether (einige spezifisch), doppelte H-Wanderung höherer Ketone
			45	59*	73*	87*	101*				$C_nH_{2n-1}O_2$	Säuren, Ester; cyclische Acetale, Ketale (einige spezifisch)
						87	101	115	129	etc.	$C_nH_{2n-3}O_3$	ROCO – R′ – CO⌇Y (spezifisch; Y = R′, OR′ etc.)
		31	45	59	73	87	101				$C_nH_{2n+3}Si$	Alkylsilane (häufig Umlagerung); m/z 73 in Me_3SiOR
			45	59	73	87	101				$C_nH_{2n-1}S$	Thiacycloalkane; ungesättigte, substituierte Schwefelverbindungen
+4				59			101	115			$C_nH_{2n-1}NS$	Alkylisothiocyanate
				59	73	87	101	115			$C_nH_{2n+1}NO$	RR′NCOCHR″⌇Z⌇, HON=CRCHR′⌇Z⌇H
							102*	116*	130*		C_nH_{2n-10}	ungesättigte/cyclische Arylverbindungen
+5			46	60	74						C_nH_{2n}	cyclische Sulfide, $C_nH_{2n}S\overset{2}{\ddagger}HY$
				60*	74*	88*	102				$C_nH_{2n}O_2$	ROCOCHR′⌇Z⌇H, H⌇Z⌇OCOCHR⌇Z′⌇H, $C_nH_{2n}O_2\overset{2}{\ddagger}RY$

Tabelle A.6. Häufige Fragment-Ionen (*, wichtigste Quelle dieser Masse laut McLafferty und Venkataraghavan 1982). (Fortsetzung)

Δ[a]	*m/z*	Formel	Verbindungstyp[b]
	46 60 74 88 102	$C_nH_{2n+2}NO$	spezifische Umlagerung von RCONHR'- und $RCONR_2'$-Verbindungen unter Abspaltung von (R' − 2H) oder (R' − 2H) + (R − H) oder (R' − 2H) + (R' − H); Y−CHRNR'OH (spezifisch; auch durch Folgeumlagerungen)
	60 74 88 102	$C_nH_{2n}NO_2$	R-⌇-CR_2−ONO (spezifisch)
	(30) 46*	NO_2	Nitrate; aryl−NO_2; R−ONO
+6	75* 89* 103* 117* 131*	C_nH_{2n-9}	ungesättigte/cyclische Arylverbindungen
	19 33* 47 61 75 89 103 117	$C_nH_{2n+3}O$	Alkohole, Polyole, ROR' → ROH_2 + (R' > n-C_5)
	33 47 61* 75 89 103 117	$C_nH_{2n+1}O_2$	spezifische Umlagerung von RCOOR' unter Abspaltung von (R' − 2H) oder (R' − 2H) + (R − H); auch höhere Ester etc.; Tetrahydropyranylacetale; ROR'OH, HOROH, ROR'OR", ROR'COOR" (einige spezifisch)
	33 47* 61 75 89 103 (also 34, 35, 45)	$C_nH_{2n+1}S$	Alkylthiole, Sulfide (einige spezifisch)
	47 61 75 89 103 117	$C_nH_{2n+3}SiO$	$(CH_3)_3$SiOCHR-⌇-R'; R-⌇-R_2SiO-⌇-R'-⌇-H

Abkürzungen: R, oder Alkylgruppe; X, Halogenatom; Y, funktionelle Gruppe; Y*, elektronenziehende funktionelle Gruppe, zum Beispiel −X, −NO_2, −OH, −OCOR, −COOR, −CN; Z, Gruppe, von der aus ein H-Atom wandert – zum Beispiel kann $RCOCH_2$-⌇-Z-⌇-H für $RCOCH_2CH_2CH_3^{+\cdot}$ → RC(OH)$CH_2^{\cdot}$ + C_2H_4 stehen. Häufige Z-Gruppen sind −CH_2CH_2−, −CH_2O−, −OCH_2−, −$COCH_2$−, −COOR und Analoge, die substituiert sind oder andere Heteroatome enthalten.

[a] Siehe Fußnote *a*, Tabelle A.5; „X" kennzeichnet eine Serie, deren Peaks durch andere als CH_2-Einheiten getrennt sind.

[b] Siehe Fußnote *b*, Tabelle A.5.

[c] kann auch durch Abspaltung von H_2 oder CH_4 aus intensiven Ionen-Serien gebildet werden, die zwei Masseneinheiten höher liegen.

Tabelle A.7: Häufige Elementarzusammensetzungen von Molekül-Ionen.[a]

m/z	Elementarzusammensetzung
16	CH_4
17	H_3N
18	H_2O
26	C_2H_2
27	CHN
28	C_2H_4, CO, N_2
30	C_2H_6, CH_2O, NO
31	CH_5N
32	CH_4O, H_4N_2, H_4Si, O_2
34	CH_3F, H_3P, H_2S
36	HCl
40	C_3H_4
41	C_2H_3N
42	C_3H_6, C_2H_3O, CH_2N_2
43	C_2H_5N, HN_3
44	C_2H_4O, C_3H_8, C_2HF, CO_2, N_2O
45	C_2H_7N, CH_3NO
46	C_2H_6O, C_2H_3F, CH_6Si, CH_2O_2, NO_2
48	C_2H_5F, CH_4S, CH_5P
50	C_4H_2, CH_3Cl
52	C_4H_4, CH_2F_2
53	C_3H_3N, HF_2N
54	C_4H_6, F_2O
55	C_3H_5N
56	C_4H_8, C_3H_4O, $C_2H_4N_2$
57	C_3H_7N, C_2H_3NO
58	C_3H_6O, C_4H_{10}, $C_2H_2O_2$, $C_2H_6N_2$
59	C_3H_9N, C_2H_5NO, CH_5N_3
60	C_3H_8O, C_3H_5F, $C_2H_8N_2$, $C_2H_4O_2$, C_2H_8Si, C_2H_4S, C_2HCl, CH_4N_2O, COS
61	C_2H_7NO, CH_3NO_2, CClN
62	C_3H_7F, C_2H_7P, $C_2H_6O_2$, C_2H_6S, C_2H_3Cl
64	$C_2H_2F_2$, C_2H_5FO, C_2H_5Cl, SO_2
66	C_5H_6, $C_2H_4F_2$, CF_2O, F_2N_2
67	C_4H_5N, CH_3F_2N, ClO_2
68	C_5H_8, C_4H_4O, $C_3H_4N_2$, C_3O_2, CH_2ClF
69	C_4H_7N, C_3H_3NO, $C_2H_3N_3$
70	C_5H_{10}, C_4H_6O, $C_3H_6N_2$, CH_2N_4, CHF_3
71	C_4H_9N, C_3H_5NO, F_3N
72	C_4H_8O, C_5H_{12}, $C_3H_4O_2$, C_4H_5F
73	$C_4H_{11}N$, C_3H_7NO, C_2H_3NS, $C_2H_7N_3$
74	$C_4H_{10}O$, $C_3H_6O_2$, $C_3H_{10}N_2$, C_3H_6S, $C_2H_6N_2O$, $C_3H_{10}Si$, C_3H_3Cl, $C_2H_6N_2O$, $C_2H_2O_3$, CH_6N_4
75	C_3H_9NO, $C_2H_5NO_2$, C_2H_2ClN
76	$C_3H_6O_2$, C_3H_8S, C_3H_5Cl, C_4H_9F, C_4N_2, C_3H_9P, C_3H_5FO, $C_2H_4O_3$, C_2H_4OS, CH_8Si_2, CH_4N_2S, CS_2
77	CH_3NO_3

Tabelle A.7: Häufige Elementarzusammensetzungen von Molekül-Ionen.[a] (Fortsetzung).

m/z	Elementarzusammensetzung
78	C_6H_6, C_3H_7Cl, $C_4H_2N_2$, C_2H_6OS, C_2H_3ClO, $C_2H_3FO_2$, CF_2N_2, $CH_6N_2O_2$
79	C_5H_5N
80	C_6H_8, $C_4H_4N_2$, $C_3H_6F_2$, C_2H_5ClO, C_2H_2ClF, CH_4O_2S, HBr
81	C_5H_7N, $C_3H_3N_3$, $C_2H_5F_2N$
82	C_6H_{10}, $C_4H_6N_2$, C_5H_6O, C_2H_4ClF, $C_2H_2N_4$, C_2HF_3, $CClFO$
83	C_5H_9N, $C_3H_5N_3$, C_4H_5NO
84	C_6H_{12}, C_5H_8O, $C_4H_8N_2$, $C_4H_4O_2$, $C_2H_4N_4$, C_4H_4S, $C_2H_3F_3$, CH_2Cl_2
85	$C_5H_{11}N$, C_4H_7NO, C_3H_3NS, CH_3N_5
86	$C_5H_{10}O$, $C_4H_6O_2$, C_6H_{14}, $C_4H_{10}N_2$, C_4H_6S, C_4H_3Cl, $C_3H_6N_2O$, $C_2H_2N_2S$, $CHClF_2$, HF_2OP, Cl_2O, F_2OS
87	$C_5H_{13}N$, C_4H_9NO, $C_3H_9N_3$, C_3H_5NS, C_3H_2ClN, ClF_2N, F_3NO
88	$C_5H_{12}O$, $C_4H_8O_2$, $C_4H_{12}N_2$, C_4H_8S, $C_3H_8N_2O$, $C_3H_4O_3$, $C_4H_{12}Si$, C_4H_5Cl, CF_4
89	$C_4H_{11}NO$, $C_3H_7NO_2$, C_3H_4ClN
90	$C_4H_{10}O_2$, $C_4H_{10}S$, C_4H_7Cl, $C_3H_6O_3$, $C_3H_{10}OSi$, C_3H_6OS, C_3H_3ClO, $C_2H_6N_2O_2$, $C_2H_6N_2S$, $C_2H_2O_4$, $C_4H_{11}P$
91	$C_2H_5NO_3$, CH_5N_3S,C_3H_6ClN
92	C_7H_8, C_4H_9Cl, C_3H_5ClO, $C_2H_4O_2S$, $C_3H_9O_3$, C_3H_9FSi, $C_5H_4N_2$, C_6H_4O
93	C_6H_7N, C_5H_3NO, $C_4H_3N_3$
94	$C_5H_6N_2$, C_7H_{10}, C_6H_6O, C_3H_7ClO, $C_2H_2S_2$, $C_2H_6O_2S$, C_3HF_3, $C_2H_3ClO_2$, C_2Cl_2, CH_3Br
95	C_5H_5NO, C_6H_9N, $C_4H_5N_3$, C_2F_3N
96	C_7H_{12}, C_6H_8O, $C_5H_8N_2$, $C_5H_4O_2$, $C_4H_4N_2O$, $C_2H_2Cl_2$, $C_3H_3F_3$, $C_2H_6F_2Si$
97	C_5H_7NO, $C_6H_{11}N$
98	C_7H_{14}, $C_6H_{10}O$, $C_5H_6O_2$, $C_4H_6N_2O$, $C_3H_6N_4$, $C_5H_{16}N_2$, C_5H_6S, $C_4H_2O_3$, $C_2H_4Cl_2$, C_2HClO_2, CCl_2O
99	$C_6H_{13}N$, C_5H_9NO, C_4H_5NS, $C_4H_5NO_2$, CH_3F_2NS
100	$C_6H_{12}O$, $C_5H_8O_2$, C_7H_{16}, $C_4H_4O_3$, $C_3H_4N_2S$, $C_5H_{12}N_2$, C_6H_9F, $C_5H_{12}Si$, C_4H_4OS, $C_3H_4N_2O_2$, $C_2H_3F_3O$, C_2F_4
101	$C_6H_{15}N$, $C_5H_{11}NO$, $C_4H_7NO_2$, C_4H_7NS, $C_2H_3N_3S$
102	$C_6H_{14}O$, $C_5H_{10}O_2$, $C_5H_{10}S$, $C_4H_{10}N_2O$, $C_4H_6O_3$, $C_2H_2F_4$, $C_3H_6N_2S$, C_8H_6, $CHCl_2F$, CHF_3S, HF_2PS, Cl_2S
103	$C_4H_9NO_2$, C_7H_5N, $C_5H_{13}NO$, $C_4H_{13}N_3$, C_4H_6ClN, $C_2H_2ClN_3$,
104	$C_5H_{12}O_2$, $C_5H_{12}S$, C_5H_9Cl, $C_4H_8O_3$, C_4H_8OS, C_8H_8, $C_6H_{13}F$, $C_6H_4N_2$, $C_4H_{12}N_2O$, $C_4H_{12}OSi$, C_4H_5ClO, $C_3H_8N_2S$, $CClF_3$, SiF_4
105	C_7H_7N, $C_3H_7NO_3$, $C_4H_{11}NO_2$, C_4H_8ClN, $CBrN$
106	C_8H_{10}, $C_5H_{11}Cl$, $C_6H_6N_2$, C_7H_6O, $C_4H_{10}O_3$, C_4H_7ClO, $C_4H_{10}OS$, $C_3H_6O_2S$, C_2H_3Br
107	C_7H_9N, C_6H_5NO, $C_2H_5NO_4$
108	$C_6H_8N_2$, C_8H_{12}, C_7H_8O, C_4H_9ClO, C_3H_9ClSi, $C_3H_3ClO_2$, $C_6H_4O_2$, $C_3H_8S_2$, C_2H_5Br, $C_2H_4O_3S$, SF_4
109	C_6H_7NO, $C_7H_{11}N$, $C_2H_4ClNO_2$
110	C_8H_{14}, $C_7H_{10}O$, $C_5H_6N_2O$, $C_3H_4Cl_2$, C_7H_7F, $C_6H_6O_2$, $C_4H_6N_4$, $C_2H_6O_3S$, $C_2H_7O_3P$, $C_3H_7ClO_2$, $C_6H_{10}N_2$
111	$C_7H_{13}N$, C_6H_9NO, $C_5H_5NO_2$, $C_4H_5N_3O$, C_2ClF_2N, C_6H_6FN, $C_5H_9N_3$, C_5H_5NS
112	C_8H_{16}, $C_7H_{12}O$, $C_6H_8O_2$, $C_6H_{12}N_2$, C_6H_8S, $C_5H_8N_2O$, $C_5H_4O_3$, $C_4H_4N_2O_2$, $C_3H_6Cl_2$, C_6H_5FO, C_6H_5Cl, C_5H_4OS, C_3F_4, $C_3H_3F_3O$, CH_2BrF
113	$C_7H_{15}N$, $C_6H_{11}NO$, $C_5H_7NO_2$, C_5H_7NS, C_5H_4ClN, $C_3H_3NO_2$, $C_2H_6F_2NP$
114	$C_7H_{14}O$, $C_6H_{10}O_2$, C_8H_{18}, $C_6H_{14}N_2$, $C_4H_6N_2O_2$, C_5H_6OS, $C_6H_4F_2$, $C_5H_6O_3$, C_6H_7Cl, $C_4H_6N_2S$, $C_2H_4Cl_2O$, C_2HCl_2F, C_2HClF_2O, $C_2HF_3O_2$
115	$C_6H_{13}NO$, $C_7H_{17}N$, $C_5H_9NO_2$, C_5H_9NS, C_4H_5NOS, $C_3H_5N_3S$, $C_5H_{13}N_3$,
116	$C_6H_{12}O_2$, $C_7H_{16}O$, $C_6H_{12}S$, C_9H_8, $C_6H_{16}N_2$, $C_6H_{16}Si$, C_6H_9Cl, $C_5H_{12}N_2O$, $C_5H_8O_3$, $C_4H_8N_2O_2$, $C_4H_4O_4$, $C_4H_8N_2S$, $C_4H_4S_2$, $C_2H_3Cl_2F$, C_2ClF_3

Tabelle A.7: Häufige Elementarzusammensetzungen von Molekül-Ionen.[a] (Fortsetzung).

m/z	Elementarzusammensetzung
117	C_8H_7N, $C_6H_{15}NO$, $C_5H_{11}NO_2$, C_5H_8ClN, $C_4H_7NO_3$, $C_3H_4ClN_3$
118	$C_6H_{14}O_2$, $C_6H_{14}S$, $C_5H_{10}O_3$, C_9H_{10}, $C_7H_{16}N_2$, $C_5H_{10}OS$, $C_6H_{15}P$, $C_7H_{15}F$, $C_6H_{11}Cl$, $C_5H_{14}OSi$, $C_4H_{10}N_2O_2$, $C_4H_6O_4$, C_4H_3ClS, $C_4H_{10}N_2S$, $C_4H_{14}Si_2$, C_3H_3Br, $C_2H_2ClF_3$, $CHCl_3$
119	C_7H_5NO, $C_6H_5N_3$, C_8H_9N, $C_4H_9NO_3$, C_4H_9NOS
120	C_9H_{12}, C_8H_8O, $C_4H_8O_2S$, $C_4H_8S_2$, $C_7H_8N_2$, $C_6H_{13}Cl$, $C_5H_{12}O_3$, $C_6H_4N_2O$, $C_5H_4N_4$, $C_4H_8O_4$, C_5H_9OCl, $C_4H_{12}O_2Si$, C_3H_5Br, CCl_2F_2
121	$C_8H_{11}N$, C_7H_7NO, $C_6H_7N_3$, $C_4H_3N_5$, C_7H_4FN
122	$C_8H_{10}O$, $C_7H_{10}N_2$, $C_7H_6O_2$, $C_4H_7ClO_2$, $C_4H_{10}S_2$, C_9H_{14}, C_3H_7Br, C_8H_7F, $C_6H_6N_2O$, $C_4H_{10}O_2S$, $C_4H_4Cl_2$, $C_3H_6O_3S$, $C_2H_6N_2S_2$, C_2H_3BrO
123	C_7H_9NO, $C_6H_5NO_2$, $C_8H_{13}N$, $C_6H_9N_3$, $C_4H_4F_3N$, $C_3H_9NO_2S$
124	C_9H_{16}, $C_8H_{12}O$, $C_7H_8O_2$, C_7H_8S, $C_6H_8N_2O$, $C_5H_8N_4$, $C_4H_9ClO_2$, $C_4H_6Cl_2$, $C_3H_8O_3S$, C_8H_9F, $C_7H_{12}N_2$, C_7H_5FO, $C_5H_4N_2O_2$, $C_4H_6F_2O_2$, $C_3H_5ClO_3$, C_2H_5BrO, $C_2H_4S_3$
125	$C_8H_{15}N$, $C_6H_{11}N_3$, C_6H_7NS, $C_7H_{11}NO$, $C_6H_7NO_2$, $C_2H_8NO_3P$, $C_2H_4ClNO_3$
126	C_9H_{18}, $C_8H_{14}O$, $C_4H_8Cl_2$, $C_7H_{10}O_2$, $C_5H_6N_2O_2$, C_7H_7Cl, $C_6H_{10}N_2O$, $C_6H_6O_3$, $C_7H_{10}S$, $C_3H_4Cl_2O$, $C_2H_6S_3$, $C_7H_{14}N_2$, C_7H_7FO, C_6H_6OS, $C_4H_6N_4O$, $C_4H_5F_3O$, $C_3H_2N_6$, $C_2Cl_2O_2$
127	$C_7H_{13}NO$, $C_8H_{17}N$, C_6H_2ClN, $C_5H_9N_3O$, $C_5H_5NO_3$, $C_6H_9NO_2$, $C_4H_5N_3S$, C_2Cl_2FN
128	$C_8H_{16}O$, C_9H_{20}, $C_7H_{12}O_2$, $C_7H_{12}S$, $C_8H_4N_2$, $C_6H_8O_3$, C_6H_8OS, C_6H_5ClO, $C_4H_4N_2OS$, $C_3H_6Cl_2O$, $C_{10}H_8$, $C_2H_6Cl_2Si$, $C_2H_2Cl_2O_2$, CH_2BrCl, $C_2H_5ClO_2S$, $C_8H_{13}F$, HI
129	$C_8H_{19}N$, $C_7H_{15}NO$, $C_6H_{11}NO_2$, C_9H_7N, $C_7H_3N_3$, $C_6H_{15}N_3$, $C_5H_7NO_3$, C_5H_7NOS, $C_4H_7N_3S$, $C_4H_4ClN_3$, $C_4H_3NO_2S$
130	$C_7H_{14}O_2$, $C_8H_{18}O$, $C_6H_{10}O_3$, $C_8H_6N_2$, $C_{10}H_{10}$, C_9H_6O, $C_7H_{14}S$, $C_6H_{14}N_2O$, C_6H_4ClF, $C_5H_6O_4$, $C_5H_6S_3$, $C_3H_5Cl_2F$, $C_5H_{10}N_2O_2$, $C_3H_6N_4S$, $C_3H_2ClF_3$, $C_3H_2N_2O_2S$, C_2HCl_3, $CHBrF_2$
131	C_9H_9N, $C_7H_{17}NO$, $C_5H_9NO_3$, $C_7H_5N_3$, $C_6H_{17}N_3$, $C_6H_{13}NO_2$, $C_4H_9N_3S$, CF_3NOS
132	$C_7H_{16}O_2$, $C_6H_{12}O_3$, $C_{10}H_{12}$, C_9H_8O, $C_7H_{16}S$, $C_8H_8N_2$, $C_6H_{16}OSi$, $C_5H_8O_4$, $C_6H_{12}OS$, C_6H_9ClO, $C_5H_{12}N_2O_2$, $C_5H_{12}N_2S$, $C_5H_8O_2S$, $C_5H_5ClO_2$, $C_4H_4OS_2$, $C_3H_{12}Si_3$, $C_3H_4N_2S_2$, $C_2H_3Cl_3$, $C_2Cl_2F_2$, $C_2F_4O_2$
133	$C_9H_{11}N$, C_8H_7NO, $C_7H_7N_3$, $C_5H_{11}NO_3$, $C_4H_7NO_2S$, C_3H_4BrN, $C_2H_3ClF_3N$
134	$C_9H_{10}O$, $C_{10}H_{14}$, $C_6H_{14}O_3$, $C_6H_6N_4$, $C_5H_{10}O_2S$, $C_8H_6O_2$, $C_8H_{10}N_2$, C_8H_6S, $C_7H_{15}Cl$, $C_7H_6N_2O$, $C_6H_{14}OS$, $C_6H_{11}ClO$, $C_5H_{11}ClSi$, $C_5H_{10}S_2$, $C_5H_7ClO_2$, $C_3H_3F_5$, $C_3Cl_2N_2$, $C_2H_2Cl_2F_2$
135	$C_9H_{13}N$, C_8H_9NO, C_7H_5NS, $C_5H_5N_5$, $C_7H_5NO_2$, $C_6H_5N_3O$, $C_4H_9NO_2S$, C_3H_6BrN, $C_3F_3N_3$
136	$C_9H_{12}O$, $C_{10}H_{16}$, $C_8H_8O_2$, C_4H_9Br, $C_8H_{12}N_2$, $C_8H_{12}Si$, C_8H_8S, C_8H_5Cl, $C_7H_8N_2O$, $C_7H_4O_3$,$C_5H_{12}S_2$, $C_6H_4N_2O_2$, $C_6H_4N_2S$, $C_5H_{12}O_4$, $C_5H_{12}OS$, $C_5H_9ClO_2$, $C_5H_4N_4O$, C_2HClF_4, CCl_3F
137	$C_8H_{11}NO$, $C_9H_{15}N$, $C_7H_7NO_2$, C_7H_7NS, C_7H_4ClN, $C_6H_7N_3O$, $C_5H_6F_3N$, $C_5H_3N_3S$,$C_3H_7NO_5$
138	$C_{10}H_{18}$, $C_9H_{14}O$, $C_8H_{10}O_2$, $C_8H_{10}S$, $C_7H_6O_3$, $C_6H_6N_2O_2$, C_8H_7Cl, $C_7H_{10}N_2O$, C_7H_6OS, $C_6H_{10}N_4$, $C_5H_6N_4O$, $C_4H_{11}O_3P$, $C_4H_{10}O_3S$, C_3H_7BrO, $C_3H_6S_3$, $C_2H_3BrO_2$, C_2F_6
139	C_7H_9NS, $C_9H_{17}N$, $C_7H_{13}N_3$, $C_7H_9NO_2$, $C_6H_5NO_3$, $C_5H_5N_3O_2$, C_6H_5NOS
140	$C_9H_{16}O$, $C_{10}H_{20}$, C_8H_9Cl, $C_8H_{12}O_2$, $C_8H_{12}S$, $C_7H_8O_3$, $C_5H_{10}Cl_2$, C_7H_8OS, C_8H_9FO, $C_8H_{16}N_2$, $C_8H_6F_2$, C_7H_5ClO, $C_6H_8N_2O_2$, $C_6H_8N_2S$, $C_6H_4O_4$, $C_6H_4S_2$, $C_4H_6Cl_2O$, C_2H_2BrCl
141	$C_8H_{15}NO$, $C_7H_{11}NO_2$, $C_6H_{11}N_3O$, $C_6H_7NO_3$, $C_9H_{19}N$, $C_7H_{15}N_3$, $C_5H_7N_3S$, $C_4H_6F_3NO$, $C_4H_3F_4N$
142	$C_8H_{14}O_2$, $C_9H_{18}O$, $C_{10}H_{22}$, $C_6H_6O_4$, $C_8H_{14}S$, $C_3H_4Cl_2O_2$, C_7H_7ClO, $C_{11}H_{10}$, $C_9H_{15}F$, $C_8H_{18}N_2$, $C_7H_{14}N_2O$, $C_7H_{10}O_3$, $C_6H_{10}N_2O_2$, $C_6H_6O_2S$, $C_5H_6N_2OS$, $C_4H_8Cl_2O$, $C_4H_5ClF_2O$, C_2H_4BrCl, C_2HBrF_2, CH_3I
143	$C_{10}H_9N$, $C_8H_{17}NO$, $C_7H_{13}NO_2$, $C_9H_{21}N$, $C_7H_{10}ClN$, $C_6H_{13}N_3O$, $C_6H_9NO_3$, C_6H_9NOS, $C_5H_9N_3S$, C_2Cl_3N
144	$C_8H_{16}O_2$, $C_9H_{20}O$, $C_9H_8N_2$, $C_7H_{12}O_3$, $C_6H_8O_4$, $C_{10}H_8O$, $C_{11}H_{12}$, $C_8H_{16}S$, $C_8H_{13}Cl$, $C_7H_{16}N_2O$, $C_7H_{12}OS$, $C_6H_9ClN_2$, $C_5H_8N_2O_3$, $C_3H_3Cl_3$
145	$C_{10}H_{11}N$, C_9H_7NO, $C_8H_7N_3$, $C_7H_{15}NO_2$, $C_6H_{11}NO_3$, $C_5H_{11}N_3S$, $C_3H_3N_3O_2S$

Tabelle A.7: Häufige Elementarzusammensetzungen von Molekül-Ionen.[a] (Fortsetzung).

m/z	Elementarzusammensetzung
146	$C_8H_{18}O_2$, $C_7H_{14}O_3$, $C_8H_{18}S$, $C_6H_{10}O_4$, $C_6H_{10}O_2S$, $C_{11}H_{14}$, $C_{10}H_{10}O$, $C_9H_{10}N_2$, $C_{10}H_7F$, $C_8H_6N_2O$, $C_7H_{18}OSi$, $C_7H_{14}OS$, $C_7H_6N_4$, $C_6H_{14}N_2O_2$, $C_6H_4Cl_2$, $C_5H_6OS_2$, $C_3H_5Cl_3$, $C_3H_3BrN_2$, C_2HCl_3O, $CHBrClF$
147	$C_{10}H_{13}N$, C_9H_9NO, $C_8H_9N_3$, $C_8H_5NO_2$, $C_7H_5N_3O$, $C_6H_{13}NO_3$, $C_5H_9NO_4$, $C_2H_2BrN_3$
148	$C_{11}H_{16}$, $C_{10}H_{12}O$, $C_9H_8O_2$, $C_7H_8N_4$, $C_9H_{12}N_2$, $C_6H_{12}O_2S$, $C_8H_{17}Cl$, $C_8H_8N_2O$, $C_8H_4O_3$, C_9H_8S, $C_7H_{16}O_3$, $C_7H_{16}OS$, $C_7H_4N_2O_2$, $C_6H_{12}O_4$, $C_6H_4N_4O$, $C_5H_8O_3S$, C_3HF_5O, $C_2H_3Cl_3O$, C_2Cl_3F, $CBrF_3$
149	$C_{10}H_{15}N$, $C_9H_{11}NO$, $C_7H_7N_3O$, $C_8H_{11}N_3$, $C_8H_7NO_2$
150	$C_{10}H_{14}O$, $C_9H_{10}O_2$, $C_6H_{14}S_2$, $C_8H_{10}N_2O$, $C_6H_{11}ClO_2$, $C_5H_{11}Br$, $C_{11}H_{18}$, $C_8H_{14}N_2$, $C_9H_{10}S$, $C_8H_6O_3$, $C_7H_6N_2S$, $C_6H_{14}O_4$, $C_6H_{14}O_2S$, $C_6H_6N_4O$, $C_6H_2F_4$, C_3F_6, $C_2H_2Cl_3F$
151[b]	(siehe *m/z* 137) $C_7H_5NO_3$
152	(siehe *m/z* 138) C_8H_5ClO, $C_6H_{10}Cl_2$, CCl_4
153	(siehe *m/z* 139) $C_9H_{15}NO$, C_7H_5ClNO
154	(siehe *m/z* 140; $C_{10}H_{18}O$ kommt in der Datenbank am häufigsten vor) C_8H_7ClO, C_2ClF_5, $C_8H_{10}OS$
155	(siehe *m/z* 141) $C_8H_{13}NS$
156	(siehe *m/z* 142) $C_7H_5ClO_2$, C_6H_5Br, $C_6H_4O_5$
157	(siehe *m/z* 143) C_5H_4BrN
158	(siehe *m/z* 144) CF_6S
159	(siehe *m/z* 145) $C_6H_9NS_2$, $C_5H_6ClN_3O$
160	(siehe *m/z* 146) $C_7H_{20}Si_2$, C_6H_9Br, $C_5H_{16}Si_3$
161	(siehe *m/z* 147) $C_6H_5Cl_2N$
162	(siehe *m/z* 148) $C_{10}H_7Cl$, $C_8H_6N_2S$, $C_6H_{11}Br$, C_4F_6, $C_6H_4Cl_2O$, $CHBrCl_2$
163	(siehe *m/z* 149) $C_7H_9N_5$, C_3H_2BrNS, CCl_3NO_2
164	(siehe *m/z* 150) C_9H_8OS, $C_8H_8N_2O_2$, $C_8H_5ClN_2$, $C_7H_{16}O_4$, $C_6H_4N_4O_2$, C_5H_9BrO, $C_5H_8O_2S_2$, C_2Cl_4, $CBrClF_2$
165	(siehe *m/z* 137, 151) $C_6H_7N_5O$
166	(siehe *m/z* 138, 152) $C_{13}H_{10}$, $C_8H_6O_4$, $C_8H_6O_2S$, $C_8H_6S_2$, $C_6H_6N_4O_2$, $C_6H_6N_4S$, $C_3H_6N_2O_6$, C_3ClF_5, C_3F_6O
167	(siehe *m/z* 139, 153) $C_7H_{13}N_5$, $C_7H_5NO_4$, $C_7H_5NS_2$
168	(siehe *m/z* 140, 154) $C_{13}H_{12}$, $C_9H_{16}N_2O$, $C_8H_8O_4$, $C_8H_8O_2S$, $C_8H_8S_2$, $C_6H_4N_2O_4$, C_6HF_5, C_3H_5I, $C_2HCl_3F_2$, Cl_4Si
169	(siehe *m/z* 141, 155) C_8H_8ClNO, $C_7H_7NO_2S$
170	(siehe *m/z* 142, 156) $C_9H_{16}NO_2$, $C_8H_{10}S_2$, $C_3H_6S_4$, $C_2Cl_2F_4$, C_2F_6S
171	(siehe *m/z* 143, 157) $C_7H_9NO_2S$, $C_6H_9N_3O_3$, $C_5H_2ClN_3S$
172	(siehe *m/z* 144, 158) $C_{12}H_9F$, $C_8H_6Cl_2$, $C_8H_9ClO_2$, $C_7H_8O_3S$, $C_6H_8N_2O_2S$, C_6H_5BrO, $C_6H_4O_6$, CH_2Br_2
173	(siehe *m/z* 145, 159) C_6H_4ClNOS, $C_5H_8ClN_5$
174	(siehe *m/z* 146, 160) $C_{11}H_{10}S$, $C_{10}H_6O_3$, $C_{10}H_6OS$, $C_9H_6N_2O_2$, C_6H_4BrF, C_5F_6
175	(siehe *m/z* 147, 161) $C_8H_5N_3O_2$, $C_5H_9N_3S_2$, $C_7H_{10}ClNO_2$

[a] Verbindungen sind nach *m/z*-Wert aufgeführt und geordnet nach abnehmender Wahrscheinlichkeit des Auftretens von Verbindungen in *Registry of Mass Spectral Data* (McLafferty und Stauffer 1989). Nur die häufigeren Kombinationen der Elemente H, C, N, O, F, Si, P, S, Cl, Br und I sind enthalten. Man beachte, daß es sich um OE-Ionen handelt; viele häufigen EE-Ionen haben Zusammensetzungen, die sich um ± 1 H-Atom unterscheiden, und befinden sich daher um ± 1 Masseneinheit von den aufgeführten Ionen. Tabellen A. 5 und A. 6 können auch dazu verwendet werden, um mögliche Elementarzusammensetzungen von Fragment-Ionen vorzuschlagen; eine ausführlichere Liste befindet sich in McLafferty und Venkataraghavan (1982).

[b] Wie man oben sehen kann, fallen die häufigsten Zusammensetzungen von Molekül-Ionen oft in homologe Reihen. Für Massen über 150 sind nur dann Zusammensetzungen aufgeführt, wenn die entsprechende Zusammensetzung mit weniger CH_2-Einheiten nicht in der Liste der Masse des nächstniedrigen Homologen ist (14 Masseneinheiten weniger).

Index

A

Abspaltung, von H_2O 251
Abspaltungen, von Neutralteilchen 41–43
Acetaldehyd 150f, 153
Acetale 274–276
Aceton, PA 183
Acetylen, Aufgabe 1.6 17
2-Acetylthiazole 261
Acrylsäure, Aufgabe 2.6 25
α-Acylcarbonium-Ion 62
Acylium-Ionen 67f, 146, 151
Acylium-Ionen-Paar 257
Acylradikal 67
Addukte, aus Reagenz-Ion und Probemolekül 6
aktivierter Komplex 120, 130
  geordneter 121
  lockerer 121, 137–139
Aktivierungsenergie 60
  siehe auch kritische Energie
Albumin 109
Aldehyde 63, 75, 212, 215, 229, 255–261
  α-Spaltung 257
  aliphatische 94, 255–258
  aromatische 260f
  ungesättigte 151
Alkaloide 115, 245
Alkanale 212, 229
  siehe auch Aldehyde
Alkane 58, 95, 106, 216f
  höhere 90
  mit elektronegativen Elementen 93
  unverzweigte 90, 234
  verzweigte 236f
Alkanone 202, 211, 215
n-Alkanole 812
  langkettige 209
tert-Alkanole 182
1-Alkanole 250
2-Alkanone 167
Alkene 75, 103, 238–241
  –C≡CH-substituierte 176
  Br-substituierte 176
  Cl-substituierte 176
  CN-substituierte 176
  F-substituierte 176
  ionisierte 73
  NO_2-substituierte 176
  OH-substituierte 176
Alkenyl-Gruppe 95
Alkine 75, 146, 241
Alkohole 52, 63, 95, 249–255
  cyclische aliphatische 251–253
  gesättigte 94
  gesättigte aliphatische 249–251
  Hauptzerfallsweg 251
  mit weiteren funktionellen Gruppen 253f
  primäre 79
  sekundäre 79, 182
  tertiäre 79
  ungesättigte 217
  unverzweigte 67
  Wasserabspaltung 158
Alkoxyradikal 67
Alkylabspaltung 146f
  von Siliciumatomen 146
δ-Alkylabspaltung 151
C_4-Alkylamine 66
Alkylamine, unverzweigte 63
Alkylbromide 178, 182
  HBr-Abspaltung 158
  sekundäre 67
  teriäre 67
Alkyl-Carbokationen 177
Alkylchloride 178, 182
  HCl-Abspaltung 158
  tertiäre 67
  unverzweigte 67, 158
Alkylcyanide 146, 178
Alkylfluoride 146, 178
Alkylgruppe, Abspaltung 55, 146f
Alkylhalogenide 81, 216, 288
Alkyliodide 67
Alkyl-Ion 67, 90, 153
Alkyl-Ionen-Paar 257
Alkylradikal 135
  Abspaltungsregel 55, 63–66
Alkylteil 102
allo-Ocimen 239
Allyl-Ionen 146
Allyl-Kation 61
Allylradikal 75, 83
Allylspaltung 59, 238f
Ameisensäure 103
Ameisensäureester 100, 102, 265
Ameisensäurehexylester 99
  Massenspektrum 99
Ameisensäuremethylester, Abspaltung 161
Amide 75, 83, 203, 284–286

Aminbasen, Salze 279
Amine 6, 63, 100, 183, 214, 217, 278–284
  α-Spaltung 280
  aliphatische 63, 280–282
  gesättigte 94
  primäre 63, 212
  tertiäre 63
Aminoalkohole, vicinale 216
p-Aminobenzyl-Ion 138
p-Amino-1,2-diphenylethan 127, 137
1-Aminododecan 138
ω-Aminomethylester 223
Aminopyridin 39
α-Aminosäuren 219, 282
Ammoniak
  CI 279
  PA 183
Analysator
  elektronischer 110
  magentischer 110
anchimere Unterstützung 223
5α-Androstan-3-on 274
  Massenspektrum 275
5α-Androstanon
  Ethylenketal 274
  Ethylenketal, Massenspektrum 275
Anhydride 269f
Anode 5
Anthrachinon 228, 261
A-Peaks, Auswahl 34
Arabofuranose 166
Argon, Komponente in Aufgabe 1.4 3
Aromaten 97
  substituierte 127
aromatische Ionen-Serie 97, 246f
n-Arylacetamid 285
Arylacetat 268
Arylether, höhere 273
α-Atom 60
Atome, große 178
Auflösung 3
Auftrittsenergie, thermochemische 123f
2′-Azabenzaniliden 228

B

Basispeak 24, 59
Benzaldehyd 161
Benzaldehyde 260
Benzoesäurebutylester, Aufgabe 4.21 84
Benzoesäureester 266
Benzoesäurehexylester, Massenspektrum 47
Benzol 28, 37, 246
  Aufgabe 2.5 24
Benzophenon, Aufgabe 5.3 89
Benzoylgruppen 100
Benzoyl-Ion 28
Benzylether 273
Benzyl-Ionen 146, 247
Benzyl-Kation 61
Benzylradikal 137
Benzylradikale, substituierte 146
Benzyl-Spaltung 239, 248
Bernsteinsäureanhydrid, Massenspektrum 269
Beschleunigerelektroden 7
Beschleunigungsspannung 5, 7
bicyclische Verbindungen 195
Bildungsenthalpie 132
Bindungsbrüche, einfache 162
Bindungsdissoziationsenergie 59, 132, 156
  heterolytische 153
Bindungslänge 59
Bindungspolarisierung 176
Binominalformel 21
bis-(2-Ethylhexyl)phthalat (DEHP) 268
bis-(3-Methylbutyl)amin 282
  Massenspektrum 281
Brom 20, 97
  Isotopenmuster 22
3-Brom-3-phenylpropionsäure 268
1-Bromalkane 81
3-Bromdecan, Massenspektrum 289
1-Bromdodecan 182
  Massenspektrum 49
1-Bromhexan, Aufgabe 8.1 160
Bromphenol, Aufgabe 2.13 30
p-Bromphenylethylether, Aufgabe 9.2 255
Bromwasserstoff 79, 183
Butadien 73, 155
1,3-Butadien, ionisiertes 71
Butan 31
  Aufgabe 2.4 24
2,3-Butandion, Aufgabe 5.2 89
Butan-Kation 176
n-Butanol 158
Butanol$^+$ 201
Butansäure 199, 217–219
Butansäureethylester 266
1-Buten 151f
  CAD-Massenspektrum 135f
  Ionisationsenergie 150
2-Buten 151f, *IE* 150
sec-Butylacetat 286
Butylacetate 266
exo-*tert*-Butyladamanton 209
Butylamin, Aufgabe 4.4 64f
sec-Butylamin, Aufgabe 4.8 64f
tert-Butylamin 63
  Massenspektrum 64
Butylbenzol 33, 246
  Aufgabe 4.18 77
trans-4-*tert*-Butylcyclohexanol 163
Butylester 102, 266
tert-Butylthiophen 28

C

CAD-Massenspektrum, 2-Buten 135
Carbamate 170
Carbene, Wanderung 227
Carbonate 75, 202f

Carbonium-Ionen 68
Carbonsäuren 219
Carbonylgruppe 28, 63, 67f
α-Spaltung 60
Substitutionsreaktionen 260, 74
Carbonylverbindungen 257
$CClF_3$ 39
CF_3 26
C_2H_2 39
C_2H_4 71, 79
PA 183
$C_2H_5NH_2$ 39
$C_3H_7COOC_2H_5$ 77
n-$C_3H_7COOC_3H_7$ 77
$(n\text{-}C_5H_{11})_2CHOH$ 158
C_6H_5OH 39
$C_6H_5(CH_2)_n{}^+$-Serie 247
n-C_6H_{14} 217
n-$C_{13}H_{27}OHHH+$ 158
$C_{17}H_{35}COOH$ 39
n-$C_{18}H_{37}C(CH_3)_2 - CH_2COOCH_3$ 263
$C_nH_{0.5n}$-C_nH_n-Serie 97
$C_nH_{2n+1}{}^+$-Ionen 92f
$C_nH_{2n+1}{}^+$-Serie 92f, 97, 182
$C_nH_{2n+1}O^+$-Serie 94, 99, 102
$C_nH_{2n+1}S^+$-Ionen-Serie 277
$C_nH_{2n+2}N^+$-Serie 94, 280
$C_nH_{2n}+$-Serie 95, 102
$C_nH_{2n}X^+$-Ionen-Serie 289
$C_nH_{2n-1}{}^+$-Serie 95
$C_nH_{2n-1}N^+$, Wasserstoff-umlagerungs-Serie 286
$C_nH_{2n-1}O^+$-Serie 94f
$C_nH_{2n-1}O_2{}^+$-Serie 95, 102, 226
$C_nH_{2n-2}N^+$-Ionen-Serie 178
$(CH_2)_nCN^+$-Serie 286
CH_2O 153, 183
$(CH_3)_2CH-CH_2OH$ 135
$(CH_3)_2CHNHCH_3$ 82
$(CH_3)_2CHOCH(CH_3)_2$ 113
$(CH_3)_2CHOH$ 113
$(CH_3)_3CNH_2$ 82
CH_3Br 23, 26
Spektrum 32
$CH_3CH_2N(CH_3)_2$ 82
$CH_3OCO(CH_2)_n{}^+$-Ionen-Serie 263
chemische Derivatisierung 240
chemische Ionisierung (CI) 68, 37, 82, 100, 105–107
chemisches Fossil 237
Chinolin 39
Chinone 228
Chlor 20, 97
Isotopenmuster 22
Chloralkan 102, 153
1-Chloralkane 81, 222
Chloralkylteil 102
m-Chlorbenzoesäure 90
3-Chlordecan, Massenspektrum 288
1-Chlordodecan 182
Massenspektrum 49
2-Chlorethylphenylether, Aufgabe 5.14 103
3-(Chlormethyl)heptan, Aufgabe 5.13 101
Chlornorbornanon-Isomere, Abspaltung von Chlor 162
Chloronium-Ion 81, 222
Chlorpentaflourethan, Aufgabe 3.5 43
Chlortrifluormethan, Aufgabe 2.8 27
Chlorwasserstoff 55, 79, 183, 201
„A“-Elemente 20
„A+1“-Elemente 20
„A+2“-Elemente 20
Aufgabe 2.1 20
Cholestanderivate 244
Cholesterin 39
CI, siehe chemische Ionisierung
cis-1,4-Cyclohexandiol 164
^{13}C-Isotop 23
Clivonin 141
EI-Massenspektren 142
CO, PA 183
computerunterstützte Identifizierung 293–301
Cornell-Sammlung 294
„curve crossing“-Mechanismus 168
Cyanoalkane 216
β-Cyanoethylethylether, Aufgabe 8.6 185
Cyanwasserstoff
Abspaltung 287
Aufgabe 1.7 17
cyclische Strukturen
Beispiele für Zerfälle 196f
Spaltung von drei Bindungen 194–196
Spaltung von zwei Bindungen 187–194
Zerfälle 185–197
Cycloalkane 241–244
unsubstituierte 187
Cycloalkanole 209
Cycloalkanone 192, 194
Cycloalkene 244–246
Cycloalkylamine 282–284
Cycloalkyl-Gruppe 95
Cycloalkylverbindungen 194
Cyclobutadien 148
Cyclobutan 188
Cyclobutanone 191
Cyclohexanon 192
Cycloheptatrien 247
Cyclohepten 188
Cyclohexan 71, 187f, 242
Massenspektrum 71
1,4-Cyclohexandiol 164
Cyclohexen 187f, 245
Cyclohexenderivate 245
Cyclohexene, substituierte 192
N-Cyclohexylidenmethylamin 192
Cyclopentadienol-Ion 163
Cyclopentanon-Photoaddukte 166
Cyclopropane 241

D

Datenbank 100
DDE 196

Decanol, Trimethylsilylderivat 50
Decylcyanid 287
Decylcyclohexan 241
Dehydratisierung 251
n-π-Delokalisierung 127
Derivatisierung 116f
des-n-Methyl-α-obscurin 282
1,3-Diacetoxycyclohexan 165
Diamine 184, 282
Dicarbonsäure 268
Dicarbonsäureester 266
1,1-Dichlorbutan 82
  Massenspektrum 83
1,2-Dichlorbutan 82
1,3-Dichlorbutan, Massenspektrum 83
trans-1,2-Dichlorethan, Aufgabe 3.4 42
3,6-Dichlorfluorenon, Aufgabe 8.8 198
N,N-Diethylacetamid 285
Diethylamin 63, 81f
  Massenspektrum 64
Diethylether 214, 217
N,N-Diethylhexansäureamid 284
Diethylphthalat 268
  Massenspektrum 101
Diethylpropylamin, Aufgabe 6.2 114
Dihexylamin, Massenspektrum 47
Dihexylether 271
  Massenspektrum
Dihexylsulfid, Massenspektrum 49
Dihydropyrane 272
Diisobutylether, Aufgabe 4.11 70
Dimethylaminocyclohexan 192
1,3-Dimethylazetidin 190
Dimethylbenzole 247
3,3-Dimethylcyclobutanon 191
2,3-Dimethyloctan, Massenspektrum 210
1,2-Dimethylpiperidin 190, 193, 282
  Massenspektrum 190
  substituiertes 196
Dimethylsulfon 28
1,3-Dinitrobenzol 184
1,4-Dinitrobenzol 184
Diole 253
Dioxan 187
p-Dioxan 73
N,N-Dipentylacetamid, Massenspektrum 48
1,2-Diphenylethan 127, 139
Diradikal 136
Direkt-Einlaß 12, 108
Dissoziationen
  heterolytische 66
  homolytische 59
  nicht-ergodische 122
Dissoziationsreaktionen, einfache 146
distonische Radikal-Ionen 54
distonische Radikalkationen 70f, 74f, 135f, 156, 187, 200
o-Di-*tert*-butylbenzol 159
Dodecan 64, 138, 234
  Massenspektrum 44, 91
1-Dodecan 95
1-Dodecanol 251
  Massenspektrum 45
2-Dodecanon 158
  Massenspektrum 46
6-Dodecanon, Massenspektrum 46
Dodecansäure, Massenspektrum 46
Dodecansäureamid 284
  Massenspektrum 48
Dodecanthiol 277
  Masenspektrum 48
1-Dodecen 237, 240
  Massenspektrum 44
2-Dodecen 240
Dodecylamin 81, 212
  Massenspektrum 47
Dodecylcyanid 286
  Massenspektrum 49
n-Dodecylmercaptan 81
Doppelbindung, Lokalisation 240
Doppelbindungsäquivalente 27
Doppelresonanz-Techniken 111
doppelt fokussierendes Massenspektrometer 109

E

EE^+-Ionen 14, 68–70, 81f
  heterolytische Spaltung 156f
  homolytische Spaltung 156f
  siehe auch Ionen mit gerader Elektronenzahl
EE^+-Ionen-Serie 59, 177
EE^+-Ionen-Zerfälle, Ladungsverteilung 152–155
EE^+-Pseudo-Molekül-Ionen 38, 105f
EE^+-Umlagerungen 154, 164–166
EI, siehe Elektronenstoß-Ionisierung
EI-Massenspektrometrie 38
einfach fokussierendes Massenspektrometer 109
EI-Referenzspektren-Sammlung 293f
elektronegative Gruppen 177
π-Elektronen 127
70 eV-Elektronen 5
Elektronendonator-Kapazität 60, 63
Elektronenstoß-Ionisierung 5f
  Effektivität 6
Elektronenstrahl 5
Elektronen-Transfer 168
elektronischer Analysator 110
Elektrospray-Ionisierung 108f
Elementarladung 7
Elementarzusammensetzung 14, 19–35, 111
  Fragment-Ionen 30
  Regeln zur Ableitung 34
„A"-Elemente
  Fluor 25–27
  Iod 25–27
„A+1"-Elemente
  Kohlenstoff 23–25
  Phosphor 25–27
  Stickstoff 23–25
  Wasserstoff 25–27

„A+2"-Elemente 20
  Abwesenheit 22f
Eliminierung 172, 222
  von kleinen stabilen Teilchen 228
1,3-Eliminierung 158
1,4-Eliminierung 158
Eliminierungsreaktionen unter Wanderung einer Gruppe 226–228
Energiebarrieren 135
Energiehyperflächen 132–137
Energien, von Radikalen (Tab-8.1) 145
Energieverteilungsfunktion 119–121, 167
Enone 205
Entartungsgrad 130, 132
Enthalpieänderung, endotherme 141
Entropie 55
Entropie-Faktor 144
Ephedrin 69
  CI-Massenspektrum 69
  EI-Massenspektrum 69
Erdöl 243
Essigsäure, Ionisierungsenergie 151
Essigsäureabspaltung 165
Essigsäuredecylester, Massenspektrum 47
Essigsäureethylester 213
Essigsäure-*n*-butylester 265
Essigsäure-*sec*-butylamid, Massenspektrum 284
Essigsäure-*sec*-butylester, Massenspektrum 264
Ester 75, 83, 170, 203, 261–268
  α,β-ungesättigte 267
  aliphatische 171
  aliphatische Methyl- 261–264
  aromatische 171, 267f
  cyclische 165
  Ethyl- und höhere 264–266
  höhere 83
  mit weiteren funktionellen Gruppen 266f
  ungesättigte 151, 266
  ungesättigte, Pyrollidin-Derivate 267
  unsubstituierte 156
Ethan 58
Ethanol 217
Ethen 55, 73
Ether 6, 63, 94f, 178, 270–276
  alicyclische 272f
  aliphatische 60, 67, 270–272
  aromatische 273
  cyclische 165
  ungesättigte 217, 272f
N-Ethylcyclopentylamin 282
  Massenspektrum 192
Ethyldimethylamin, Aufgabe 4.7 64f
Ethylester 83
2-Ethylhexanal 257f
  Massenspektrum 256
Ethylhexylether 271
bis-(2-Ethylhexyl)phthalat 268
Ethyl-*o*-Hydroxyphenylsulfid, Aufgabe 9.5 279
bis-(3-Methylbutyl)amin 281, 282
Ethylpropylbutylcarbinol 147
Ethyltrifluoracetamid, Aufgabe 8.12 221
exact mass PBM (EPBM) 295
exakte Massenbestimmung 19, 100, 109–111
exo-tert-Butyladamantanon 209

F

FAB
  siehe Fast Atom Bombardment
Fast-Atom-Bombardment 7, 37, 68, 108
Feld-Ionisation 105
Fétizon-Seibl-Umlagerung 195
Fettsäure, ungesättigte 172
  siehe auch Carbonsäure
Fettsäurederivate 226
Fettsäuremethylester 204
Field-Regel 57f, 69, 82, 106, 152, 157, 183
fingerprint 113
Flugzeit-Spektrometer 108
Fluor 97
Fluormethan, Aufgabe 1.8 18
Folgedissoziationen 148
Formaldehyd 153, 183
Formaldehydacetale 274
forward searching 295
Fourier-Transformation 11
Fourier-Transformation/Ionen-Cyclotron-Resonanz 9–11, 109, 112
Fragmentierung an entfernter Stelle 114, 171
Fragment-Ionen
  Elementarzusammensetzung 30
  intensive 38
Franck-Condon-Faktor 125
Franck-Condon-Prinzip 122
freie Rotatoren 131, 137f, 158
Freiheitsgrad-Effekt 129, 147, 211
Frequenzfaktor 130
FT/ICR 9–11
FT/ICR-Geräte 109
FT/ICT-Technik 112

G

Gallensäuren 244
Gas-Einlaß 12
Gasphasenbasizitäten 155
GC/MS-Kopplung 11f, 115
Gemisch-Analysen 12f
Geschwindigkeitsfunktion 119–121
Geschwindigkeitskonstante 119
Glühkathode 5
Glycerin, Aufgabe 8.11 220
Glycin 168

H

Halogenalkane 216, 288
  verzweigte 81
Halogenide, aliphatische 288–290

Halonium-Ionen 178, 182, 222
Hammett/Brown-σ^+-Werte 146
γ-H-Atom 163
HBr 79
  PA 183
HCl 79
  IE 201
  PA 183
HCN, Abspaltung 287
Heteroatome, gesättigte 67
heterocyclische Verbindungen 97
Hexadecan, Aufgabe 5.5 92
1-Hexadecan, Aufgabe 5.10 96
Hexadecanol, Aufgabe 5.9 96
1-Hexadecanol 251
1-Hexadecen 251
Hexadecylamin 281
n-Hexanal 150
  McLafferty-Umlagerung 150
2-Hexanon 128, 132, 141, 158, 167, 258
Hexansäure 151
Hexatriacontan 234
  Massenspektrum 91
Hexylamin 212
Hexylbenzol 246
Hexylester 102
Hexylether 183
HI, PA 183
Hilfstechniken 105–117
Hippeastrin, EI-Massenspektrum 142
H_2NNH_2 39
H_2O 39, 55, 79
  IE 201
  PA 183
H_3O^+ 28
H_3P_4 26
H_2S 79
  IE 201
  PA 183
Hochauflösung 19, 109–111
Hofmann-Abbau 280
Homosqualen 239
δ-H-Übertragung 209
H-Verlust, intensiver 146
ε-H-Wanderung 204
γ-H-Wanderung 74, 240
Hydrazin 39
Hydrazone 75
Hydroxybenzoesäurepropylester, Massenspektrum 300
Hydroxycyclobutan 191
Hydroxycyclohexen 192
N-(2-Hydroxyethyl)-*N*-isoproplyamin, Aufgabe 8.3 171
Hydroxyl-substituierte Fettsäurederivate, Umlagerung 155f
4-Hydroxy-4-methyl-2-pentanon$^+$ 200
Hydroxyoctadecansäuremethylester 156
Hydroxysäuremethylester 253

I

Identifizierung, computerunterstützte 293–301
IE, siehe Ionisierungsenergie
Imminium-Ionen 146
Immonium-Ionen 146, 281
Important Peak Index of the Registry of Mass Spectral Data 102, 295
Indolalkaloid, Aufgabe 6.3 116
Indolalkaloid-Derivate 115, 279
induktive Spaltung 66–70, 181, 185
  EE^+-Ionen 183f
  EE^+-Ionen ohne Ladungswanderung 184f
  OE^+-Ionen 181–183
induktiver Effekt 66f
innere Energien 119
intelligentes Interpretations- und Such-System STIRS (Self-Training Interpretive and Retrieval System) 298–302
Intensität
  Reproduzierbarkeit 2
  Vorhersage 167
Intensitätsmessung, Genauigkeit 22
interne Massenstandards 15
Inversion der Konfiguration 223
Iod 97
Iodwasserstoff 183
Ionen mit gerader Elektronenzahl, Serie 50
Ionen mit ungerader Elektronenzahl 37–39, 43, 71
  Serie 50
α-Ionen 71, 73
  Aufgabe 4.12 72
β-Ionen 71, 73, 226
  Aufgabe 4.13 72
Ionen
  charakteristische 100–102
  innere Energie 119
  kalte 52
  komplementäre 78
  mehrfach geladene 16
  metastabile 79, 112, 114
  mit gerader Elektronenzahl 14, 50, 68–70
  mit ungerader Elektronenzahl 14, 37–39, 43, 50, 71
  negative 106
  Stabilität 54
Ionen-Cyclotron-Resonanz 107
Ionenfalle 9, 107
Ionen-Fokussierungselektroden 7
Ionen-Fragmentierungsmechanismen 53–85
Ionen-Häufigkeit 54f, 144
  beeinflussende Faktoren 54f
  Empfindlichkeit 11
  Messung 11
Ionen-Kollektor 8
Ionen-Molekül-Komplexe 150f, 160
Ionen-Molekül-Reaktionen 6, 11, 105f

Ionen-Quelle 5f
Ionen-Reaktionen, monomolekulare 143
Ionen-Serien 63, 93–98, 101f
Erkennung 97
homologe 93
Liste 95
mit CH- und C-Abständen 96–99
mit CH_2-Abständen 93–96
Ionen-Strahl 7
Ionen-Zerfall
monomolekularer 53f, 141–144
Theorie 119–139
Ionen-Zerfallsmechanismen 58
Ionisierung
harte 5, 112
von großen Molekülen 108
von sigma-Elektronen 50
weiche 5, 105–107
weiche chemische 6
π-Ionisierungen 74
σ-Ionisierungen 74
Ionisierungsenergie (IE) 55f, 73, 77, 79, 106, 144–146, 156
geringste 168
Korrelation mit Protonenaffinität 155
Radikalkationen 188
Ionisierungskammer 5
Ionisierungsmethoden, weiche 5f, 105–107
Ion-trap 9, 107
Isobutan, CI 166
Isobutylamin, Aufgabe 4.5 64f
iso-$C_3H_7CH_2OH$ 203
iso-$C_3H_7COOC_3H_7$ 77
iso-$C_3H_7OCOH_3H_7$ 203
Isochinolin 246
Aufgabe 5.11 98
isoelektronisch 75
Isohexylcyanid 230
Isomerisierung 54
Isomerisierungsbarriere 136, 216
Isoprenalkan 237
Isopropylester 83
Isopropylmethylamin, Aufgabe 4.6 64f
iso-Propyl-*n*-pentylsulfid, Massenspektrum 277
Isopropylpentylether 271
iso-Propylpentylether, Massenspektrum 270
Isopropylpentylsulfid 278
Isotope 3
natürliche Häufigkeit 19f
schwerere 19
stabile 19f
Isotopeneffekt 115
Isotopenmarkierung 115, 148
Isotopenmuster 20
lineare Überlagerung 21
Isotopenpeak 3, 19, 96
Isotopenverhältnis, charakteristisches 19

K

Kationen 38
Kationen-Fragmentierung 58
$k(E)$-Funktionen, Berechnung 130
Ketale 274–276
Keten 55
Ketimine 75
Ketone 63, 75, 199, 212, 215f, 255–261
alicyclische 260
aliphatische 68, 94, 255–260
aromatische 260f
ungesättigte 151, 259f
Kettenlänge 50
Kettenverzweigung 50, 93
kinetische Effekte 121f
kinetische Kontrolle 121
kinetische Verschiebung 124, 131, 137
Kohlendioxid 55
Aufgabe 1.5 4
Kohlenmonoxid 55, 183
Kohlenwasserstoffe 234–249
aromatische 97, 146–249
Fragmentierung 71
Gemische 12
gesättigte 6, 58, 176
gesättigte alicyclische 241–244
gesättigte aliphatische 234–237
isomere 151
polycyclische aromatische 249
ungesättigte alicyclische 244–246
ungesättigte aliphatische 237–241
Kokain 197
Massenspektrum 198
Kollektor 11
Komplex
geordneter aktivierter 132, 137–139, 158
lockerer aktivierter 131
Komplex-Zwischenstufen 160f
Konformationsänderung 163
Konkurrenzreaktionen 143–145
Konkurrenz-Verschiebung 124, 138
σ^+-Konstanten 127
kritische Energie 120, 123, 131, 138
der Rückreaktion 132
siehe auch Aktivierungsenergie
Kronenether 272

L

Labilität
der Bindung 156f
des Wasserstoffs 204–207
Lactone 270
Ladungserhalt 57, 72, 74, 78f, 147–150, 168
ladungsinduzierte Reaktionen 56, 167, 172, 181–185
Ladungswanderung 57, 67, 72–74, 77–79, 147
Laserdesorption 108
„lattenzaun“-Spektren 90

Lavanduylacetat 106
  Cl-Massenspektrum 107
LC/MS-Kopplung 12, 115
„long-range"-Wanderungen 205, 227

M

MAGIC 6, 115
Magnetfeld 7
  als Massen-Analysator 7
magnetischer Analysator 110
m-Amino-1,2-diphenylethan 139
Mars-Atmosphäre, Massenspektrum 3
Masse, exakte 3
Masse/Ladungs-Verhältnis 7
Massenanalysator 5f
Massendefekt 111
Massendifferenz 41
  anomale 41
  unlogische 100
Massenspektren
  allgemeines Erscheinungsbild 87–93
  der einzelnen Verbindungsklassen 233–291
  Entstehung 4–7
  Strukturinformationen 87–104
  typische 43–52
Massenspektrometer
  analytisches 12
  doppelt fokussierendes 109
  dynamischer Bereich 2
  einfach fokussierendes 7, 109
Massenspektrometrie
  hochauflösende 109
  Unempfindlichkeiten 296–298
Massenstandards, interne 15
Massentrennung 7–11
McLafferty-Umlagerung 74–78, 150, 158, 160, 170, 258, 284
„McLafferty+1"-Umlagerung 82–84, 203
  siehe auch Umlagerung von zwei Wasserstoffatomen
Mercaptane 52
Mercaptursäure 285
meta-Aromaten 104
metastabile Ionen-Spektren (MI) 158
metastabiles Ion 124
Methan 6, 38f, 55
  Aufgabe 1.2 2
Methanol 39, 55, 79
  Aufgabe 1.3 2
  Aufgabe 1.9 18
  IE 201
  PA 183
Methanol-Abspaltung 183
Methioninethylester, Aufgabe 8.10 220
Methoxycyclobutan 191
Methoxygruppen, Wanderung 226
Methylbromid 23, 26, 32
3-Methyl-2-butanon 68
  Aufgabe 4.10 68
6-Methyl-2-heptanon 257
  Massenspektrum 256
3-Methyl-2-pentanon, Aufgabe 4.17 76
4-Methyl-2-pentanon 77
  Aufgabe 4.16 76
Methyl-2-undecen 240
3-Methyl-3-heptanol 250
3-Methyl-3-hexanol, Massenspektrum 63
1-Methyl-3-pentylcyclohexan 241
  Massenspektrum 45
4-Methyl-4-penten-2-on 259
6-Methyl-5-hepten-2-on 259
  Massenspektrum 256
4-Methyl-6-hepten-3-on 259
Methylal, Aufgabe 8.4 180
α-Methylamin 66
Methylbenzylgruppen 100
Methylbromid 31
  Aufgabe 2.2 21
  Massenspektrum 32
3-Methylbutanal 219
3-Methylbutyramid, Aufgabe 9.6 285
Methylcyclohexan 188, 216, 241f
2-Methylcyclohexanol 251
  Massenspektrum 251
Methylcyclohexen 188
Methylcyclopentan 188, 241
Methylcyclopentene 188
Methylcyclopropan 158, 188
Methylencyclohexadien-Ion 159
Methylencyclopentan 188
Methylencyclopropen 148
Methylester 203, 212, 226
  aliphatische 261–264
Methylether 183
N-Methyl-*N*-ethyl-*N*-2-pentylamin 112
Methylisopropylether 217
N-Methyl-*N*-isopropyl-*N*-butylamin 82, 112
  Massenspektrum 280
2-Methylnonan, Massenspektrum 210
des-*n*-Methyl-α-obscurin 282
Methyloxiran 151, 185
5-Methylpentadecan, Aufgabe 5.6 92
4-Methylpentannitril 286
o-Methylphenol, Massenspektrum 253
Methylphenylether 273
2-Methylpiperidin 169
3-Methyltetrahydrofuran 151, 189
2-Methyltetrahydropyran 193
2-Methylthiophen, Aufgabe 4.3 62
4-Methylundecan, Massenspektrum 44
$(M\text{-}H)^+$-Ionen 68
MH^+-Ionen 38, 68f, 105, 111
MI-Spektren 113, 124
Molekül, Stabilität 50
Molekül-Ion 14, 37–52
  Bedingungen 37f
  mit geringer Energie 105
  Struktur und Intensität 43
  Zusammenhang zwischen Intensität und Struktur 43
  Zerfall 13

Molekülstruktur, Bestimmung 87–104
molekulares Leck 12
Molekulargewicht 14
  Berechnung 37
monomolekulare Ionen-Zerfälle 53f
Monoterpenoid-Kohlenwasserstoffe 245
Morpholin 155
Myoglobin 109
Myrcen 239

N

N_3 26
Nachbargruppen-Unterstützung 164f, 223
Naphthalin 97, 246
  Addukte 148
  Aufgabe 5.1 88
natürliche Häufigkeiten 19f
negative Ionen 5, 106
Neopentan 216
  Massenspektrum 41
Neutralisierungs-Reionisierungs-Massenspektren 152
Neutralteilchen
  Abspaltungen 41–43, 99
  Liste 99
  Stabilität 55
NH_3 39, 79
nichtisotopischer Peak 34, 41
Nicht-Wasserstoff-Umlagerungen 221–231
Nicotin 87, 196
  Massenspektrum 88
Niedrigvolt-Massenspektren 105, 237
Nier-Johnson-Geometrie 110
NIST-Spektrensammlung 293f
Nitrile 286–288
  aliphatische 286
  aromatische 287
  ungesättigte 287
Nitrite 178
p-Nitroacetophenon, Aufgabe 8.7 186
Nitroalkane 67, 177, 216, 287
Nitroaniline 288
Nitroaromaten 288
p-Nitro-1,2-diphenylethan 139
Nitrocyclohexan 193
1-Nitrocyclohexen 193
Nitromethan 28
Nitropropan 287f
Nitrotoluole 288
Nitroverbindungen 178, 286–288
  armatische 229
1,8-Nonadiin 241
Norrish-Typ-II-Umlagerung 170, 199
NR-MS-Untersuchungen 187
NR-Technik 113
Nukleophilie 155
Nullpunktsenergie 120

O

allo-Ocimen 239
Octadecansäure 225f
Octadecansäuremethylester 266
9,10-Octadecansäuremethylester 266
Octafluornaphthalin, Gaschromatogramm 5
4-Octanol, Aufgabe 4.19 80
Octanthiol, Aufgabe 5.15 104
Octylbenzol 246
  Aufgabe 5.8 94
OE^{+}-Fragmentierungen 135
OE^{+}-Ion 14, 38, 71
OE^{+}-Ionen-Zerfälle, Ladungsverteilung 147–150
OE^{+}-Umlagerungen 163f, 200
  sterische Effekte 211
optische Isomere 104
Orbitalvermischung 176
ortho-Effekt 79, 159, 204, 253, 267
Oxime 75
Oxiren-Ion 151
Oxonium-Ionen 60, 146

P

para-Aromaten 104
Particle Beam, siehe Teilchen-Strahl-Technik
Paul, W. 8
PBM-Suchen, „fast richtige“ 296–298
Peakgruppe 31
Peak-Intensitäten, Reproduzierbarkeit 16
Peakpaare 235
Peaks
  nichtisotopische 34
  relative Wichtigkeit 40
P(*E*)-Funktionen, Ableitung 125–130
Penning-Ionisation 125
2,2,4,6,6-Pentamethylheptan, Massenspektrum 44
3-Pentanon 68
  Aufgabe 4.9 68
Perfluoralkane 15
Perfluorbenzol 216
perhalogenierte Verbindungen 288, 290
pericyclische Reaktionen, Radikalkationen 150
PF_2 26
Phenole 253
Phenolrest 155
Phenyl-3-butenylether 154
Phenylalaninmethylester, Aufgabe 8.2 169
Phenylalkane 75, 171, 247–249
Phenylalkylsulfide 278
4-Phenylcyclohexan, Massenspektrum 73
Phenylcyclohexan 188
2-Phenylethanol, Eliminierung von Formaldehyd 159
2-Phenylethylbromid 223
Phenylgruppen 100
1-Phenylhexan, Massenspektrum 45

3-Phenylpropionsäureethylester 224
Phosphate 83, 202f
Phosphonate 75, 203
Photoelektronen-Photoionisations-Koinzidenzspektroskopie 129
Photoelektronenspektren 125–127
Photoenolisierung 151
Phthalat 100
Piperidin 196
Plasmadesorption 108
Polyacetoxy-Verbindungen 267
Polyarylverbindungen 249
Polycarbonsäure 268
polycyclische aromatische Verbindungen 249
polycyclische Verbindungen 195
Polyetherlactone 272
Polyethylenglycole, cyclische 272
Polynukleotide 109
positive Ionen 5
  Reaktionen 141
Potentialenergie-Diagramme 133
Potentialkurve 133
potentielle Reaktionsstellen, relative Bedeutung 168
5α-Pregnan 242
  Massenspektrum 243
5α-Pregnan-20β-ol-3-on 113
primäre Amine 52
Pristan (2,6,10,14-Tetramethylpentadecan), Massenspektrum 61, 59
Probability Based Matching System (PBM) 293–298
Proben-Einlaßsysteme 12
Produkt-Ion, komplementäres 145
Produkt-Stabilität 144–157
Propen, PA 183
Propylester 83
Propylphenylether 213f
3-Propyltoluol 248
4-Propyltoluol 248
7-Propyltridecan, Aufgabe 5.7 92
Proteine 109
Protein-Sequenzanalyse 112
Protonenaffinität 57, 69, 79, 81, 106, 152–155
  Korrelation mit Ionisierungsenergie 155
Protonen-Chelatisierung, intramolekulare 164f
Protonen-verbrückter Komplex 152, 154f
Pyridin 27f
2-Pyridyl-1-methylpyrrolidin 196
Pyrolyse 109
Pyrrolidin 189
Pyrrolidin-Derivate 267

Q

Quadrupol-Geräte 109
Quadrupol-Massenfilter 8f
Quasi-Gleichgewichts-Theorie 122–124, 138

R

Radialkationen 38
Radikal 14
radikale Stabilität 55
Radikale
  Energien (Tab-8.1) 145
  stabile 164
radikalinduzierte Reaktionen 56, 167–172, 178–180
Radikalkation 14
Radikalkationen, *IE* (Tab.-8.3) 188
Reaktand-Gas 6
Reaktionseinteilung 172–176
Reaktionsgeschwindigkeit, maximale 131
Reaktionskoordinate 133, 135
Reaktionsmechanismen, Zusammenfassung 85
Reaktionstypen 56–58
Referenzspektren 13, 103
Regel
  der geraden Elektronenzahl 184
  vom Verlust der größten Alkylgruppe 177
Registry of Mass Spectral Data 293
relative Intensität 2
remote-site fragmentation, siehe Fragmentierung, an entfernter Stelle
Resonanz 55
Resonanzstabilisierung 54
Retro-Diels-Alder-Reaktion 71–73, 148f, 169, 187f, 245
Retro-En-Reaktion 170
reverse search 294f
Rezeptorstelle, Aufnahmebereitschaft 207–211
Ribofuranose, permethylierte 166
Rice-Ramsperger-Kassel-Marcus-Theorie (RRKM-Theorie) 130
Richtungsfokussierung 7
Ringabbaureaktionen 241
Ringe, und Doppelbindungen 27f
Ringgröße 158
Ringspaltungen 70–73
Rotationszustände, innere 131
Rückseitenangriff 165

S

Salicylaldehyd, Aufgabe 8.5 180
Salicylsäuremethylester 254
Sauerstoff 22
  Komponente in Aufgabe 1.4 3
sauerstoffhaltige Gruppen 182
Säuren 75, 95, 268f
  aliphatische 268
  aromatische 268f
Schwefel 20
Schwefeldioxid, Aufgabe 2.3 21
Schwefelwasserstoff 55, 79, 183, 201
Schwingungsfreiheitsgrade 129
Schwingungsfrequenz 131
Sektorfeld-Massenspektrometer 8

Sekundärelektronenvervielfacher 11
selected ion monitoring 9, 12
Shift-Technik 115f
sigma-Bindung, Dissiziation 176–178
Silicium 20
Siliciumatome
  Abspaltung von Alkylgruppen 146
SO_2, PA 183
Spaltung
  Allyl- 61
  allylische 59, 71
  einer Bindung 56, 173f
  einfache 133
  heterolytische 67, 73, 156
  homolytische 156f
  induktive 50, 66–70, 153
  ladungsinduzierte 66–70
  radikalisch induzierte 59–66
  spezifische 102
  unter Ladungserhalt 134
  unter Ladungswanderung 134
  von drei Bindungen 57, 175
  von Ringen 70–73
  von zwei Bindungen 57, 174
  und Ladungserhalt 134
α-Spaltung 50, 59–67, 71, 75, 178, 180
β-Spaltung 75
σ-Spaltung 58f, 176–178, 234
Spektreninterpretation 298–301
Spektrensuche 294–298
Spektrenüberlagerung, lineare 13, 15
Stabilität
  des neutralen Zerfallsprodukts 155f
  Produkt-Ion 145f
  thermochemische 133
Standard-Interpretationsverfahren 14–16, 40, 83, 102
stereoelektronische Kontrolle 162
sterische Effekte 55
sterische Faktoren 157–167
sterische Spannungen 159
Steroid-Alkohole 115
Steroide 117, 160
Steroidgerüst 242
Steroidsäuren 243
Stevenson-Regel 55, 73, 77, 133, 135, 147, 150, 152–155
Stickstoff
  Komponente in Aufgabe 1.4 3
  Photoelektronenspektrum 125
Stickstoffmonoxid 55
Stickstoff-Regel 39
Stickstofftrifluorid, Aufgabe 2.7 27
Stoßaktivierung 112
Strukturauswahl 103
Struktur-Informationen 13f
Strukturvorschläge 102f
Strychnin 50
  Massenspektrum 51
Styrol-Radikalkation 73
Substitution (*rd*) 222, 172
Substitutionen
  mit Brom 222
  mit Chlor 222
  versteckte 226
Substitutionsreaktionen 222–226
  ladungsinitiierte 224
  rd 81
Substrukturen 298
Succinsäureanhydrid 269
Sulfide 178, 278
Sulfite 75
Sulfone 83, 203
Sulfoxide 170

T

Tandem-Massenspektrometer, doppelt fokussierendes 112
Tandem-Massenspektrometrie 11, 109, 111–114
Tandem-McLafferty-Umlagerung 163
Tautomerie 155
Teilchenstrahl-Technik 6, 115
Terephthalsäure, Aufgabe 9.3 269
Terpene 115
Tetrachlormethan, Aufgabe 3.6 52
Tetrahydrocannabinol 246
Tetrahydropyran 189, 196
Tetrahydropyranylether 272
Tetralin 246
2,6,10,14-Tetramethyl-7-(3-methylpentyl)pentadecan, Aufgabe 9.1 238
2,2,3,3-Tetramethylbutan, Massenspektrum 235
3,7,11,15-Tetramethylhexadecansäuremethylester, Massenspektrum 262
thermochemische Auftrittsenergie 132
thermochemische Beziehungen 132–137
thermochemischer Stellenwert 132f
thermodynamische Effekte 121f
thermodynamische und kinetische Effekte 166
Thiiran 223
Thioester 83, 203, 266
Thiole 277f
  H_2S-Abspaltung 158
Thiomorpholin 155
1,4-Thioxan 155
Thomson, J. J. Sir 16, 19
Toluol 113, 216, 247
Toluol-Ion 159
Training Interpretive and Retrieval System 293
Tributylamin, Massenspektrum 48
Trichlorethen
  Aufgabe 2.14 30
  Massenspektrum 32
Tridecannitril 223
Triethylphosphat, Massenspektrum 50
Trifluoracetonitril, Aufgabe 5.12 98
2,6,6-Trimethyl-2-vinyltetrahydropyran, Massenspektrum 272

3,3,5-Trimethylcyclohexanon 260
  Massenspektrum 191
Tripel-Quadrupol-Geräte 112
Triphenylphosphat 229
Triterpene 245
Tropylium-Ion 146, 247
typische Massenspektren 43–52

U

Übergangswahrscheinlichkeit 125
Übergangszustand 55, 133
  fünfgliedrige 158
  lockere 158
  maximale Überlappung 162
  sechsgliedrige 74, 158
  siebengliedriger 209
  Struktur 158f
Überlagerung 31, 33
Umlagerungen
  Beispiele (Tab.-8.4) 230f
  in einem Produkt 202
  ladungsinduzierte 81–84
  McLafferty- 74–78
  McLafferty+1 82–84, 203
  Nicht-Wasserstoff- 81
  ortho-Effekt 159
  radikalische 74–81
  spezifische 141
  versteckte 150
  von Wasserstoff 74
  von zwei Wasserstoffatmomen 43, 82–84
  Wasserstoff- 74–81
  Zufalls- 74, 143
Umlagerungspeaks 234
2-Undecanon 128, 167
Undecansäuremethylester,
  Massenspektrum 46
Undecylcyclopentan 241
ungepaartes Elektron 38
α,β-ungesättigte Verbindungen 205
Untergrund 3, 15
Untergrund-Peaks 108
Untergrundspektrum 3, 15

V

Vakuumschleuse 12
Verbindungsklassen (Literatur-
  übersicht) 290f
4-Vinylcyclohexen 148
Vinylradikale 83

W

Wahrhaftig-Diagramm 119f
Wanderung
  Carbene 227
  Methoxygruppen 226
  von Trimethylsilylgruppen 227
  siehe auch Umlagerungen
Wasser 39, 55, 79, 183, 201
  Aufgabe 1.1 1
  Komponente in Aufgabe 1.4 3
Wasserstoff 55
  Labilität 204
Wasserstoffaustausch 150
Wasserstoffwanderung 78, 102, 135f, 141,
  163, 197–221, 264
  Aufnahmebereitschaft der
    Rezeptorstelle 207–211
  bei EE^+-Ionen 212–216
  Beispiele 217–221
  Effekte bei großen Molekülen
    211f
  Folgeumlagerungen 202
  radikalisch initiierte 74
  Spaltung von drei Bindungen
    203f
  Spaltung von zwei Bindungen
    200–202

X

Xanthate 170

Z

Zerfallsauslöser 168
Zerfallsauslöserkonzept, Grenzen
  168–172
Zerfallswege, Vorhersage 56
„Zieh"-Spannung 5
Zucker, derivatisierte 226
Zufalls-Umlagerungen 74, 135–137, 150,
  177, 188, 216f, 234
Zustandsdichte 130, 158
Zustandssumme 130, 132

Tabelle 2.1: Natürliche Isotopenhäufigkeiten häufig vorkommender Elemente[a]

Element	A Masse	A %	A + 1 Masse	A + 1 %	A + 2 Masse	A + 2 %	Element-Typ
H	1	100	2	0.015			"A"
C	12	100	13	1.1[b]			"A + 1"
N	14	100	15	0.37			"A + 1"
O	16	100	17	0.04	18	0.20	"A + 2"
F	19	100					"A"
Si	28	100	29	5.1	30	3.4	"A + 2"
P	31	100					"A"
S	32	100	33	0.79	34	4.4	"A + 2"
Cl	35	100			37	32.0	"A + 2"
Br	79	100			81	97.3	"A + 2"
I	127	100					"A"

[a] Wapstra und Audi (1986).
[b] 1.1 ± 0.02, abhängig von der Herkunft.

Tabelle 2.2: Isotopenbeiträge von Kohlenstoff und Wasserstoff. Bei einer relativen Intensität des A-Peaks von 100 % (nach Korrektur um Isotopenbeiträge) betragen die Isotopenbeiträge:

	(A + 1)	(A + 2)		(A + 1)	(A + 2)	(A + 3)
C_1	1.1	0.00	C_{16}	18	1.5	0.1
C_2	2.2	0.01	C_{17}	19	1.7	0.1
C_3	3.3	0.04	C_{18}	20	1.9	0.1
C_4	4.4	0.07	C_{19}	21	2.1	0.1
C_5	5.5	0.12	C_{20}	22	2.3	0.2
C_6	6.6	0.18	C_{22}	24	2.8	0.2
C_7	7.7	0.25	C_{24}	26	3.3	0.3
C_8	8.8	0.34	C_{26}	29	3.9	0.3
C_9	9.9	0.44	C_{28}	31	4.5	0.4
C_{10}	11.0	0.54	C_{30}	33	5.2	0.5
C_{11}	12.1	0.67	C_{35}	39	7.2	0.9
C_{12}	13.2	0.80	C_{40}	44	9.4	1.3
C_{13}	14.3	0.94	C_{50}	55	15	2.6
C_{14}	15.4	1.1	C_{60}	66	21	4.6
C_{15}	16.5	1.3	C_{100}	110	60	22

Addieren Sie für jedes zusätzlich vorhandene Element pro Atom:

(A + 1): N, 0.37; O, 0.04; Si, 5.1; S, 0.79.

(A + 2): O, 0.20; Si, 3.4; S, 4.4; Cl, 32.0; Br, 97.3.

Typische Werte für (A + 4) sind: C_{25}, 0.02; C_{40}, 0.13; C_{100}, 5.7.

Tabelle 2.3: Intensitäten von Isotopenpeaks für Elementkombinationen (Auflösung 1 Masseneinheit)[a].

Element	Masse *A*	*A*	*(A + 1)*	*(A + 2)*	*(A + 3)*	*(A + 4)*	*(A + 6)*	*(A + 8)*
C_{10}	120	100	*11.*	0.5				
O_3	48	100	0.1	*0.6*				
O_8	128	100	0.3	*1.6*				
C_{20}	240	100	*22.*	2.3	0.2			
Si_1	28	100	5.1	*3.4*				
S_1	32	100	0.8	*4.4*				
Si_2	56	100	10.2	*7.1*	0.4			
S_2	64	100	1.6	*8.8*	0.1			
C_{40}	480	100	44.	*9.4*	1.3			
Si_3	84	100	15.	*11.*	1.1			
S_3	96	100	2.4	*13.*	0.2			
Mg_1	24	100	13.	14.				
Si_4	112	100	20.	*15.*	2.1			
S_4	128	100	3.2	*18.*	0.4			
C_{60}	720	100	66.	*21.*	4.6			
Ag	107	100	*93.*					
B_1	10	25	*100.*					
C_{100}	1200	91	*100.*	55.	20.	6	1	
Pb_1[b]	206	45	43.	*100.*				
Cl_1	35	100		32.				
Ni_1	58	100		*38.*	1.7	5	1	
Cu_1	63	100		*45.*			1	
Zn_1	64	100		57.	8.4	38	1	
Cl_2	70	100		*64.*		10		
Br_1	158	100		*97.*				
Cl_3	105	*100*		96.		*31*	3	
Br_1Cl_1	114	*77*		*100.*		*24*		
Cl_4	140	*78*		*100.*		*48*	10	1
Br_1Cl_2	149	*62*		*100.*		45	6	
Br_2	158	*51*		100.		*49*		
Cl_5	170	*63*		100.		*64*	20	3
Br_1Cl_3	184	*52*		100.		*64*	*17*	2
Br_2Cl_1	193	44		100.		*70*	*13*	
Cl_6	210	52		100.		*80*	34	*8*
Br_2Cl_2	228	39		100.		*89*	31	*4*
Br_3	237	34		100.		*97*	32	
Cl_7	245	*45*		100.		96	51	*16*[c]
Hg_1	198	34	57.	78.	44.	*100*	*23*	
Br_3Cl	272	27		86.		*100*	49	*8*
Br_4	316	18		69.		100	65	*16*
Cl_8	280	35		89.		100	64	*26*[d]
Cl_{10}	350	22		70.		100	85	*48*[e]
Pb_1	204	3		45.	43.	*100*		

[a] Die charakteristischen Intensitäten zur Unterscheidung von verschiedenen Elementkombinationen, die zu gleichen Intensitätsverteilungen führen, sind kursiv geschrieben. Wenn kein Wert angegeben ist, beträgt er $<0.05\%$ für Spalten mit Dezimalzahlen und $<0.5\%$ für die übrigen Spalten.

[b] siehe Eintrag am Ende der Tabelle.

[c] (A + 10) 3%.

[d] (A + 10) 7%.

[e] (A + 10) 18%.

Standard-Interpretationsmethode

1. Tragen Sie alle verfügbaren Informationen (spektroskopische, chemische, Vorgeschichte der Probe) zusammen. Geben Sie klare Anweisungen, wie das Spektrum gemessen werden soll. Überprüfen Sie die *m/z*-Zuordnung.
2. Leiten Sie, wenn möglich, die Elementarzusammensetzung jedes Peaks im Spektrum aus den Isotopenhäufigkeiten ab. Berechnen Sie die Zahl der Doppelbindungsäquivalente.
3. Überprüfen Sie das Molekül-Ion. Es muß der Peak mit der höchsten Masse im Spektrum und ein Ion mit ungerader Elektronenzahl sein. Abspaltungen von Neutralteilchen aus diesem Ion müssen sich logisch erklären lassen. Überprüfen Sie ihre Wahl durch CI oder eine andere weiche Ionisierungsmethode.
4. Kennzeichnen Sie „wichtige" Ionen: *Ionen mit ungerader Elektronenzahl*, die intensivsten Ionen, die mit der höchsten Masse und/oder der höchsten Masse in einer Peakgruppe.
5. Untersuchen Sie das allgemeine Aussehen des Spektrums: Stabilität des Moleküls, labile Bindungen.
6. Formulieren Sie mögliche Strukturelemente und beurteilen Sie sie nach:
   a) bedeutenden Ionen-Serien im unteren Massenbereich;
   b) wichtigen Abspaltungen von Neutralteilchen aus $M^{+\cdot}$, die durch Ionen im oberen Massenbereich angezeigt werden (bevorzugte Abspaltungen der größten Alkylgruppe) und zusätzlich solche aus Folgefragmentierungen, die in CAD-Spektren erscheinen;
   c) wichtigen charakteristischen Ionen.
7. Formulieren Sie die Molekülstrukturen. Überprüfen Sie diese Strukturformeln anhand von Referenzspektren, Spektren von ähnlichen Verbindungen oder Spektren, die anhand der Mechanismen für Ionen-Zerfälle vorhergesagt wurden.

Reaktionsmechanismen
(s. Abschn. 4.11 und Tab. 8.2)

Verbindung	allgemeine Reaktionsgleichung	Beispiel
sigma-Elektronen-Ionisierung (σ):		
Alkane:	$R^{+\cdot}CR_3 \xrightarrow{\sigma} R\cdot + \overset{+}{C}R_3$	(4.8)
Elemente mit geringer *IE*:	$R^{+\cdot}I \xrightarrow{\sigma} R\cdot + I^+$	

Radikalinduzierte Spaltung (alpha-Spaltung, α): N > S, R, O, *π* > Cl, Br > H. Ein Elektron wird gespendet, um eine neue Bindung zu einem benachbarten Atom zu bilden. Gleichzeitig wird eine andere Bindung dieses Atoms gespalten, so daß das Radikal wandert. Die Abspaltung des größten Alkylradikals ist begünstigt.

gesättigte Stelle:	$R{-}CR_2{-}\overset{+\cdot}{Y}R \xrightarrow{\alpha} R\cdot + CR_2{=}\overset{+}{Y}R$	(4.13 und 4.17)
	$\overset{+}{Y}R{-}CH_2{-}\overset{\cdot}{C}H_2 \xrightarrow{\alpha} \overset{+\cdot}{Y}R + CH_2{=}CH_2$	
ungesättigtes Heteroatom:	$R{-}CR{=}\overset{+\cdot}{Y} \xrightarrow{\alpha} R\cdot + CR{\equiv}\overset{+}{Y}$	(4.14)
Alkene (Allylspaltung):	$R{-}CH_2{-}CH\overset{+\cdot}{-}CH_2 \xrightarrow{\alpha} R\cdot + CH_2{=}CH{-}\overset{+}{C}H_2$	(4.15)

Retro-Diels-Alder-Reaktion (doppelte α-Spaltung):

$\xrightarrow{-e^-}$ $\xrightarrow{\alpha^2}$ RHC=H_2C + (4.31)

Ladungswanderung → $RC_2H_3^{+\bullet}$ + C_4H_6 (4.32)

Ladungsinduzierte Spaltung (induktiver Effekt), i): Cl, Br, NO_2 > O, S >> N, C. Die ladungstragende Stelle zieht unter Spaltung der benachbarten Bindung ein Elektronenpaar an. Die Ladung wandert. Die Bildung des stabilsten R^+-Ions ist begünstigt. Diese Spaltung ist weniger wichtig als die α-Spaltung.

$OE^{+\bullet}$: R—$\overset{+\bullet}{Y}$—R $\xrightarrow{i}$ R^+ + $\dot{Y}R$ (4.22–4.25)

EE^+ : R—$\overset{+}{Y}H_2$ $\xrightarrow{i}$ R^+ + YH_2 (4.28–4.29)

Umlagerungen (r): ausgehend von der Radikalstelle wird *über den Raum hinweg* eine neue Bindung zu einem anderen Atom gebildet. Gleichzeitig wird eine andere Bindung des angegriffenen Atoms gespalten. Zur Abspaltung eine Neutralteilchens ist normalerweise eine Folgereaktion nötig. Die Größe des Übergangszustands wird durch die Stabilität der Produkte und der gebildeten und gespaltenen Bindungen sowie sterische Faktoren beeinflußt. Trägt die Rezeptorstelle eine Doppelbindung, sind sechsgliedrige Ringe/Übergangszustände üblich. Die Spaltung von zwei Bindungen führt zu einem $OE^{+\bullet}$-Ion.

H-Wanderung, Rezeptorstelle ungesättigt (im Ring liegend):

$\xrightarrow{rH}$ $\xrightarrow{\alpha}$ + $H\overset{+}{Y}$ (4.33 und 4.35)

Ladungserhalt, das Ion erhält das H-Atom

$\xrightarrow{i}$ + HY (4.34)

Ladungswanderung, das Ion verliert das H-Atom

H-Wanderung, gesättigte Rezeptorstelle:

$\xrightarrow{rH}$ (*) $\xrightarrow{\alpha \text{ oder } rd}$ + $H\overset{+\bullet}{Y}R$ (4.37 und 4.39)

Ladungserhalt, das Ion erhält das H-Atom

$\xrightarrow{rH}$ (**) $\xrightarrow[-\ HYR]{i}$ (—→) (4.38 und 4.40)

Ladungswanderung, das Ion verliert das H-Atom

(*) auch $\overset{+}{Y}$— , H $\overset{+}{Y}$=CHR , H CH=$\overset{+}{Y}$R (**) auch $\overset{+}{Y}$— H $\ddot{Y}$R

siehe 8.53 siehe 4.44 und 4.46 siehe 8.90 siehe 4.45

2 H-Wanderung:

$\xrightarrow{rH}$ ⟷ $\xrightarrow{rH}$ + $H\overset{+}{Y}$ (4.46)

Ladungswanderung

Substitution (*rd*):

R— $\overset{+\bullet}{Y}$R $\xrightarrow{rd}$ R• + $\overset{+}{Y}$R (4.42)

Eliminierung (*re*):

R $\overset{+}{R}$Y $\xrightarrow{re}$ + R—$\overset{+}{R}$Y (Tabelle 8.4)